# CATALOGUE
## DES
# PLANTES DE PROVENCE
### SPONTANÉES OU GÉNÉRALEMENT CULTIVÉES

PAR

**HONORÉ ROUX**

Président de la Société Botanique et Horticole de Provence, Directeur adjoint du
Jardin Botanique de la ville de Marseille

AVEC UNE PRÉFACE

Par M. le Professeur A. DERBÈS

---

Fascicule 1 — THALAMIFLORES

---

MARSEILLE

TYPOGRAPHIE ET LITHOGRAPHIE MARIUS OLIVE
RUE SAINTE, 59

1881

# CATALOGUE

DES

# PLANTES DE PROVENCE

A MARSEILLE
RUE DE ROME 49

TOUS DROITS RÉSERVÉS

———

(Publié par la Société Botanique et Horticole de Provence)

# CATALOGUE

DES

# PLANTES DE PROVENCE

SPONTANÉES OU GÉNÉRALEMENT CULTIVÉES

PAR

## HONORÉ ROUX

Président de la *Société Botanique et Horticole de Provence*, Directeur adjoint du
Jardin botanique de la ville de Marseille

AVEC UNE PRÉFACE

Par M. le Professeur A. DERBÈS

MARSEILLE

TYPOGRAPHIE ET LITHOGRAPHIE MARIUS OLIVE

RUE SAINTE, 39

1881

# PRÉFACE

Le travail que M. **Honoré ROUX** a entrepris et mené à bonne fin, en composant et publiant le *Catalogue* qu'il livre aujourd'hui au public, est une œuvre qui a exigé, chez son auteur, une réunion de qualités qu'il est très rare de rencontrer chez les personnes qui, comme lui, semblent vouées, par la nature de leurs occupations journalières, à de pénibles travaux, lesquels n'ont rien d'intellectuel ou, s'ils demandent un peu d'intelligence, ne la mettent au service que de ce qu'il y a de plus matériel dans les opérations commerciales.

Faire connaître les obstacles que M. Roux a dû vaincre pour parvenir à son but, pourquoi il s'est proposé ce but et comment il y est parvenu, c'est ce que nous nous proposons d'exposer simplement dans cette courte préface. Le public nous saura gré et M. Roux nous pardonnera, si nous entrons dans quelques détails intimes nécessaires à notre thèse. Puissent, du reste, ces détails montrer un exemple encore trop peu suivi jusqu'à aujourd'hui ; mais, nous avons tout lieu d'espérer qu'à l'avenir, les ouvriers, en vertu de l'éducation et des connaissances qu'on s'efforce actuellement de leur donner, chercheront leurs distractions et leurs délassements dans des occupations qui ne laissent pas de remords et n'altèrent pas la santé.

M. Roux appartient à cette célèbre corporation des Portefaix de Marseille, qui n'a jamais trahi son antique réputation de probité ; mais, son éducation et surtout son instruction dut nécessairement être incomplète ; tout au plus fut-elle jugée suffisante pour les travaux auxquels on le destinait. Quelques notions de lecture, d'écriture et de calcul, c'est à peu près tout ce qui formait le bagage qu'il retira de l'école des Frères. Mais son goût naturel pour tout ce qui lui paraissait avoir du rapport avec l'intelligence lui fit suivre avec succès le cours gratuit de dessin professé alors par le sympathique M. Aubert. Les notions qu'il puisa dans ces leçons, il les appliqua à la représentation des objets vivants, parmi lesquels il distingua les oiseaux et surtout les lépidoptères. Bientôt, la représentation ne lui suffit pas, il voulut posséder les objets réels eux-mêmes. La fréquentation de quelques amateurs de papillons le mit à même de connaître les espèces de la localité. Il les recueillit, les prépara avec soin et en fit une collection dont il a conservé au moins une partie, remarquable par sa bonne tenue. Cette collection il la logea dans des boîtes qu'il construisit lui-même et qu'un habile ouvrier ne désavouerait pas. Mais il ne se livra pas seulement à la chasse; un travail de simple collectionneur était trop mécanique pour lui. Il étudia leurs mœurs et leurs métamorphoses. Il voulut connaître non-seulement les insectes parfaits, mais encore leurs larves, et, dans ce but, il éleva des chenilles. (Nous dirons, en passant, que la science lui est redevable de la connaissance de plusieurs chenilles.)

C'est ici qu'est l'origine de ses études botaniques. M. Roux ne se borna pas à cueillir les plantes sur lesquelles vivaient ses intéressants élèves. Ces plantes elles-mêmes excitaient sa curiosité et c'est alors qu'eut lieu une petite anecdote qu'il s'est plu lui-même à raconter plusieurs fois. Il alla trouver une personne qui avait quelque connaissance des plantes et se fit dire le nom d'un certain nombre de celles qu'il récoltait le plus souvent ; puis, il voulut les reconnaître sur place, afin de ne pas s'exposer à les confondre. Il fit, avec la personne en question, sa première herborisation. Il n'avait qu'un tout petit calepin pour serrer ses récoltes, pensant que quelques brins étaient suffisants pour reconnaître les végétaux ; mais lui-même trouva bientôt qu'il ne pouvait pas se contenter de ces échantillons incomplets. Les remarques qu'il fit à ce sujet parurent si judicieuses que, dès ce moment, on n'eut pas de peine à lui prédire que bientôt il échangerait son modeste calepin pour un plus vaste cartable.

En effet, dès lors, il consacra tous ses moments de loisir à l'étude des plantes, dans laquelle bientôt il passa maître. Il négligea un peu les objets de ses études antérieures, comme l'ornithologie et les différentes branches de l'entomologie, car il est peu de parties de l'histoire naturelle qui lui fût entièrement étrangère. Il lui répugnait, du reste, de faire souffrir et de tuer des êtres vivants et inoffensifs, comme il fallait le faire pour conserver leur dépouille. D'un autre côté, les procédés de certains entomologistes, dont il n'eut pas à se louer, comparés à l'urbanité, à la franchise et à l'abandon de la plupart des botanistes, telles furent les principales raisons qui fixèrent sa détermination en faveur de ceux-ci. (Ce n'est pas ici le lieu de parler de ses études et de ses découvertes en géologie, qui eurent lieu beaucoup plus tard, ni de ses essais remarquables en poésie.)

Parmi les botanistes, il se lia avec l'herboriste Marius Blaize, et tous deux fournirent à GRENIER les éléments d'un *Florule exotique des environs de Marseille*.

C'est donc son éducation qui a été l'obstacle fondamental que M. Roux a eu à surmonter, et nous pouvons nous faire une idée de la manière dont il il est parvenu à la vaincre. De plus, il sentait la nécessité d'acquérir des livres et de se procurer des correspondants, car il ne se bornait pas à l'étude des plantes de son pays, il voulait les comparer à celles des contrées voisines et même éloignées, et constater, par ces comparaisons et l'exactitude des caractères, qu'elles étaient bien nommées. Il trouva, dans sa sobriété et dans sa stricte économie, qui ne fut jamais de l'avarice, les moyens d'avoir les uns, et son caractère loyal, franc et liant lui amena les autres.

En recherchant les auteurs qui avaient publié quelque chose sur la botanique de la Provence, M. Roux se convainquit bientôt que leurs livres ou bien étaient trop anciens et ne pouvaient pas satisfaire ceux qui se livrent aujourd'hui à l'étude de *l'aimable science*, tels que Gérard et Garidel, ou bien étaient trop incomplets et n'avaient traité la botanique que subsidiairement, comme Darluc, ou bien encore n'embrassaient qu'une localité restreinte, ou étaient devenus surannés, par suite des nouvelles découvertes, comme la botanique de la *Statistique des Bouches-du-Rhône*, et le *Catalogue* de Castagne. Son but était donc de remplir ce vide, au moins en faisant un catalogue aussi complet que possible, afin de servir de guide aux étudiants et aux explorateurs désireux de connaître la végétation de la Provence, et de leur fournir ainsi un répertoire qui, sous un volume restreint, les renseignât sur les richesses de ce pays et leur indiquât l'habitat de chaque espèce.

Un des motifs qui lui ont encore assigné ce but, c'est qu'il avait affaire à la région botanique peut-être la plus intéressante de France, offrant sur un espace assez resserré les plantes alpines et subalpines dans sa partie montagneuse, jointe à la flore méridionale et maritime dans ses plaines et sur son littoral.

Voilà le but que M. Roux se proposait. Maintenant, comment a-t-il atteint ce but? peu de mots vont suffire à l'exposer.

Sa passion pour la collection, qui lui a fait consacrer tous les jours de fêtes, tous ses moments de loisir à parcourir l'étendue de la Provence ; ce qu'on peut appeler son *flair* pour reconnaître les plantes ; sa mémoire la plus heureuse pour se rappeler les localités une fois parcourues ; son caractère liant et facile qui lui a concilié l'amitié de tous les botanistes, notamment ceux qui habitent hors de Marseille, chez lesquels il a puisé toutes les informations utiles à son but ; joignez à cela une intelligence capable de coordonner tous les renseignements qu'il avait amassés, voilà par quels moyens il est parvenu à parfaire son œuvre. C'est le résultat d'une pratique continue et d'observations suivies pendant une trentaine d'années, qu'il livre avec confiance à l'appréciation de ses compatriotes.

M. Roux ne se fait cependant pas illusion sur le mérite de son travail : il sait que la perfection ne peut être l'attribut de tout ce qui sort des mains et de l'esprit de l'homme, et, à ce titre, il ne prétend pas avoir fait une œuvre sans reproche ; mais sa conscience lui assure qu'il a fait tous ses efforts pour la rendre moins imparfaite et il espère que, tenant compte de ces efforts, ses confrères en botanique voudront bien lui accorder un peu d'indulgence.

Alphonse DERBÈS,

*Ancien professeur de botanique à la Faculté des sciences de Marseille,
Conservateur du Muséum d'histoire naturelle.*

# ABRÉVIATIONS ET CONVENTIONS

POUR LA PARTIE PHANÉROGAMIQUE

---

A.-M. : Alpes-Maritimes. — B.-A. : Basses-Alpes. — B.-R. : Bouches-du-Rhône. — Vaucl. : Vaucluse.

Ard.  Ardoino, *Flore des Alpes-Maritimes* (1867).

Cast.  Castagne, *Catalogue des plantes des environs de Marseille* (1845-1851) et *des Bouches-du-Rhône* (1862).

F. et A.  De Fontvert et Achintre, *Catalogue des plantes des environs d'Aix* (1871).

G. G.  Grenier et Godron, *Flore de France* (1848-1855). J'ai suivi l'ordre des phanérogames de cet ouvrage, et j'y renvoie généralement pour les diagnoses.

Hanry  Partie botanique du *Prodrome d'histoire naturelle du Var* (1853).

Palun  *Catalogue des phanérogames d'Avignon et lieux circonvoisins* (1867).

!  à la suite d'un nom de botaniste, indique qu'un exemplaire provenant de la localité citée est dans mon herbier, ou que j'ai du moins vérifié l'exactitude de la plante cueillie.

# CATALOGUE

DES

# PLANTES DE PROVENCE

SPONTANÉES OU GÉNÉRALEMENT CULTIVÉES

## PHANÉROGAMES

*DICOTYLÉDONÉES*

### THALAMIFLORES

### RENONCULACÉES

**Clematis.** L.
1. C. RECTA. L. — G. G., 1, p. 3. — ♃. Juin, juillet.
    B.-A. — Plaine de Saint-Donat près de Sisteron. (*G. G.*)
    B.-R. — Cette espèce a été indiquée, sans doute par erreur, à Aix, au Montaiguet, à Meyreuil et au Tholonet, par Garidel.
2. C. FLAMMULA. L. — G. G., 1, p. 3. — ♄. Juin, juillet.
    Lieux pierreux, bord des champs de toute la région littorale.
    β. *maritima*. G. G. — Lieux sablonneux.
    B.-R.—Marseille : sables de Mazargues, de Montredon. Bords de l'Arc. (*Roux*) Montaud-lez-Miramas. (*Cast.*)
    Var. — Toulon. (*Robert*)
3. C. VITALBA. L. — G. G., 1, p. 4. — ♄. Juin, juillet.
    Haies du bord des cours d'eau, des vallons.

**Atragene.** L.
4. A. ALPINA. L. — G. G., 1, p. 4. — ♂. Juin, juillet.
   A.-M. — Peu commune, quoique assez répandue dans toutes nos montagnes. (*Ard.*)
   B.-A. — Forêt de Faillefeu, commune de Prads. (*Roux*)

**Thalictrum.** L.
5. T. AQUILEGIFOLIUM. L. — G. G., 1, p. 5. — ♃. Mai-juillet.
   A.-M. — Bois montagneux; au dessus de Breil; Clans; Saint-Martin-Lantosque. (*Ard.*)
   B.-A. — Forêt de Faillefeu, commune de Prads. (*Roux*)
6. T. ALPINUM. L. — G. G., 1, p. 5. — ♃. Août, septembre.
   A.-M. — Au mont Ténibre. Col de la Maddalena. Abonde à la source du Var. Col de Jallorgues. Lac de Rabuons. (*Ard.*)
   B.-A. — Prairies tourbeuses d'Allos au lac. (*Roux*) Barcelonnette. (*G. G.*)
7. T. FŒTIDUM. L. — G. G., p. 6. — ♃. Juin, juillet.
   A.-M. — Rég. alp.; Estenc; Saint-Dalmas-le-Sauvage; versant nord du Tournaïret.
   Var. — Le *T. fœtidum*, cité par Robert à Mourières, a été évidemment confondu avec le *T. minus*.
8. T. MINUS. L. — G. G., 1, p. 6. — ♃. Juin, juillet.
   B.-R. — Marseille : au nord du Pilon-du-Roi et de l'Étoile ; vallon du Ganal, vers N.-D. des Anges. (*Roux*) Tête de Carpiagne. (*Cast.*) En descendant du sommet de Saint-Cyr au vallon des Eaux-Vives. (*Reynier!*) Sainte-Victoire. Rive gauche de l'Arc avant Roquefavour. (*F. et A.*)
   Var. — Rochers élevés de la Sainte-Baume. (*Roux*) Versant nord de Coudon. (*Reynier!*) Bois de Vérignon. (*Albert!*)
   A.-M. — Rég. mont. d'où il descend jusqu'à Sospel, l'Escarène, Grasse. (*Ard.*)
   Vaucl. — Avignon. (*G. G.*) Ventoux. (*Abbé Tisseur!*)
9. T. SAXATILE. D. C. — G. G., p. 7. — ♃. Juin, juillet.
   Var. — Toulon. Draguignan. (*G. G.*)
   B.-A. — Rochers des alentours du lac d'Allos. (*Roux*)

10. T. nutans. Desf. — G. G., 1, p. 7. — ♃. Juillet, août.
   Var. — Indiqué à tort par Castagne aux environs de la Sainte-Baume ; on n'y trouve que *T. minus*.
   Vaucl. — Bois de hêtres du sommet du vallon du Glacier, au Ventoux. (*Roux*)
11. T. majus. Jacq. — G. G., 1, p. 7. — ♃. Juillet, août.
   B.-A. — Colmars. (*G.G.*)
12. T. flavum. L. — G. G., 1, p. 9. — ♃. Juin, juillet.
   B.-R. — Le long des roubines de Montmajour à Arles. (*Roux*) Domaine Fraissinet, à Roquefavour. (*F. et A.*)
13. T. mediterraneum. Jord., Cat., Dijon, 1848. — *T. flavum*, v. *angustifolium*. G. G., 1, p. 9. — ♃. Juin, juillet.
   B.-R. — Bords de l'étang à Berre, Saint-Chamas, Miramas. Roquefavour. (*Roux*) Peyrolles. Marais à Fos. (*Autheman!*)
   Var. — Plaine de la Garde près de Toulon. (*Reynier!*) Le Luc. (*Hanry!*)
   A.-M. — Rég. littor. de Nice à l'Esterel. (*Ard.*)

Anemone. L.

14. A. Halleri. All. — G. G., 1, p. 11. — ♃. Juin, juillet.
   B.-A. — Barcelonnette : prairies de Langet. (*Lannes*)
15. A. alpina. L. — G. G., 1, p. 11. — ♃. Juin, juillet.
   Var. — Cime de Morgès, à Ampus. Bois à Vérignon. (*Albert!*)
   A.-M. — Assez commun dans la région alpine. (*Ard.*)
   B.-A. — Forêt de Faillefeu, commune de Prads. (*Roux*)
16. A. baldensis L. — G. G. 1, p. 12. — ♃. Juillet. Rég. alpine.
   A.-M. — Alpes de Tende, de Fenestre. Le Garet. Val de Strop, dans la haute vallée du Var. (*Ard.*)
   B.-A. — Sommet des Boules, au-dessus de Prads. (*Roux*) Barcelonnette : dans les prairies de Langet. (*Lannes*)
17. A. nemorosa. L. — G. G., 1, p. 13. — ♃. Avril.
   A.-M. — Dans les bois de la région montagneuse. (*Ard.*)
18. A. ranunculoides. L. — G. G., 1, p. 13. — ♃. Mars, avril.
   A.-M. — Mont Massiabo à Menton. (*Thr. Moggridge*) Tende : col de Tanarello. (*Ard.*)

19. A. NARCISSIFLORA. L. — G G., 1, p. 13. — ♃. Juin, juillet. Région alpine.

A.-M. — L'Authion. Col de Tende, de l'Abissso. Vallée de Gardolasca. Forêt de Clans. Lac d'Entrecoulpes. (*Ard.*)

B.-A. — Barcelonnette : dans les prairies de Langet. (*Lannes*)

20. A. CORONARIA. L. — G. G., 1, 14. — ♃ Mars, avril.

Cette espèce, variable par ses feuilles et surtout par la coloration de ses fleurs, présente les formes suivantes :

α. *phœnicea.* — *A. coronaria.* Risso, Hanry. — Fleurs rouges.

Var. — Champs incultes au Pommet près de Toulon. Gonfaron. (*Huet!*) Le Cannet du Luc : dans les bosquets du Bouillidou. (*Hanry*)

A.-M. — Commune dans les lieux cultivés de la rég. litt. (*Ard.*)

β. *cyanea.* — *A. cyanea.* Risso. — *A. coronarioides.* Hanry. — Fleurs bleues.

B.-R. — Marseille : Endoume, Saint-Henry, les Caillols. (*Roux*) Vallon des Bellons, à La Treille. (*Reynier!*) Cassis. Aix. (*Roux*) Martigues. (*Autheman!*)

Var. — Toulon. Hyères. Le Luc. (*Hanry*) Draguignan. (*Albert!*)

A.-M. — Commune dans les lieux cultivés de la rég. litt. (*Ard.*)

γ. *Rissoana.* — *A. stellata.* Risso. — Fleurs pleines, panachées de rose, de blanc et de verdâtre.

A.-M. — Commune dans les lieux cultivés de la rég. litt. (*Ard.*)

δ *purpurea.* — Fleurs pourpres.

A.-M. — Ile Sainte-Marguerite. (*Shutleworth*)

ε. *Ventreana.* — *A. Ventreana.* Hanry. — Fleurs d'un blanc jaunâtre teintées de rouge à la base des sépales, quelquefois entièrement blanchâtres.

Var. — Carqueiranne près d'Hyères. (*Madame Ventre*)

A.-M. — Saint-Jacques près de Grasse. Rocavignon. (*Ard.*)

ζ. *Mouansii.* — *A. Mouansii* et *A. rosea.* Hanry. — Fleurs d'un rose violacé ou blanches, à onglet violacé.

Var. — Lieux cultivés, Toulon, Le Luc. (*Hanry*)

A.-M. — Mouans. (*Hanry*) Grasse. (*Ard.*)

21. A. HORTENSIS. L. — G. G., 1, p. 14. — ♃. Mars, avril.

α. *stellata*. G. G.

B.-R. — Marseille : vallons de Morgiou, de la Nerthe (*Roux*), de la Gérarde vers Carpiagne. (*Derbès !*) Aix : quartier de Cascaveou au nord-ouest de la tour de la Keirié. (*F. et A.*) Vallon de Saint-Pierre à Martigues. (*Autheman !*)

Var. — Au pied des collines de Pipière près de Saint-Nazaire. Gorges d'Ollioules. (*Roux*) Toulon. Le Luc Abbaye du Thoronet. Fréjus. (*Hanry*)

A.-M. — Commune dans les lieux incultes de la rég. litt. (*Ard.*)

β. *fulgens*. G. G.

Var. — Toulon. (G. G.)

A.-M. Grasse. (*G. G.*) Antibes. (*Hanry*)

γ. *pavonina*. G. G.

Var. — Hyères. Le Luc. Fréjus. (*Hanry*)

A.-M. — Commune dans les cultures de la région littorale. (*Ard.*)

M. Ardoino signale encore deux autres variétés dans les Alpes-Maritimes, qui seraient, d'après lui, le résultat du croisement des variétés *stellata* et *pavonina*. L'une, qu'il nomme *variata* (A. *versicolor* Jord.) comprend une série non interrompue de formes intermédiaires, à fleurs roses, rouges, lilacées ou blanches, pourvues ou non d'une couronne blanche ou colorée, à sépales plus ou moins larges, plus ou moins nombreux, etc. ; il la dit abondante dans les champs de Mouans. L'autre, qu'il désigne sous le nom de *lepida* (A. *lepida* Jord.), a ses fleurs d'un rouge ponceau à l'intérieur, violettes à l'extérieur, pourvues ordinairement d'une couronne blanche ; elle a été trouvée à Nice, à Mouans et à Grasse.

22. A. PALMATA. L. — G. G., 1, p. 14. — ♃. Avril.

B.-R. Aix : terrains rocailleux au vallon de Cascaveou, au N. O. de la tour de la Keyrié. (*F. et A.*)

Var. — Bois au-dessus des salines d'Hyères. (*Huet !*)

Cette espèce tend à disparaître de ces deux localités.

23. A. HEPATICA. L. — G. G., 1, p. 15. — ♃. Mars, avril.

B.-R. — Sainte-Victoire. (*F. et A.*) Charleval. (*Peuzin !*) Nord de Roquefourcade. Baou de Bretagne. (*Roux*) Auriol. (*Cast.*)

Var. — Bois de la Sainte-Baume. (*Roux*) Aups. Fox-Amphoux. (*Hanry*) Châteaudouble près de Draguignan. (*Albert!*)

A.-M. — Commune dans les montagnes d'où elle descend jusqu'aux lieux ombragés de Menton, Nice, Cagnes. (*Ard.*)

**Adonis.** L.

24. A. AUTUMNALIS. L. — G. G., 1, p. 15. — ⊙. Mai-septembre.

B.-R. — Pas-des-Lanciers. Les Milles. Aix. (*Roux*)

Var. — Toulon. Hyères. Le Luc. Roquebrune. (*Hanry*)

A.-M. — La Napoule. (*Hanry*) Ile Saint-Honorat. (*Reynier!*) Grasse. Antibes. Nice. (*Ard.*)

25. A. ÆSTIVALIS. L. — G. G., 1, p. 16. — ⊙. Juin.

B.-R. — La Campane près de Puyricard. (*Garidel*) Moissons à Puyricard. (*Philibert*)

A.-M. — Moissons au Castellar, au-dessus de Menton. Gourdon. (*Ard.*)

β. *flava*. Vill.

B.-R. — La Pioline près d'Aix. (*Achintre*)

26. A. FLAMMEA. Jacq. — G. G., 1, p. 16. — ⊙. Juin, juillet.

Vaucl. — Vedènes près d'Avignon, dans les moissons et les garances. (*Palun*)

B.-R. — Roquefavour. Aix. Vallon de Parouvier sous Venelles. Simiane. (*Roux*)

Var. — Plan d'Aups. (*Roux*) Ampus. Draguignan. (*Albert!*)

A.-M. — Mas près de Saint-Auban. (*Ard.*)

**Callianthemum.** C. A. M.

27. C. RUTÆFOLIUM. C. A. M. — G. G., 1, p. 17. — ♃. Juin, juillet.

A.-M. — Rég. alp. Carlin. Mont Bego. (*Ard.*)

**Ceratocephalus.** Mœnch.

28. C. FALCATUS. Pers. — G. G., 1, p. 18. — ⊙. Mars, avril. Champs et moissons.

Vaucluse. — Avignon. (*G. G.*)

B.-R. — Très commun aux environs de Marseille. Aix. (*Roux*) Martigues. (*Autheman!*) La Camargue. (*Jacquemin*)

Var. — Toulon. Sainte-Baume. Le Luc. Cannet du Luc. Fréjus. (*Hanry*)

A-.M. — Entre Gilette et Revest. Utelle. Villars. Toët de Beuil. Saint-Vallier. (*Ard.*)

**Ranunculus.** L.

29. R. AQUATILIS. L., sp. 781 (excl. var. β, γ et δ). — G. G., 1, p. 22. — ♃. Mai-septembre.

B.-R. — Lit de l'Huveaune. Fossés des bords de l'étang de Marignane. (*Roux*) Mare artificielle pour la formation de la glace, au bord de la route de Marseille, au-dessus du pont de l'Arc. (*F. et A.*)

Vaucl. — Avignon. (*Palun*)

30. R. TRICHOPHYLLUS. Chaix. — G. G., 1, p. 23. — ♃. Mai-septembre. Ruisseaux et fossés.

B.-R. — Berre. Entre Venelles et Parouvier. (*Roux*)

Var. — Mares de la plage de Saint-Nazaire. Béal de la minoterie des gorges d'Ollioules. (*Roux*) Mares entre la Seyne et Six-Fours. (*Reynier!*)

A.-M. — Mares et fossés au Var. Golfe Jouan. (*Ard.*)

31. R. DROUETII. Schultz. — G. G., 1, p. 24. — ♃. Mars-juin.

Var. — Toulon. (*G. G.*)

32. R. THORA. L. — G. G., 1, p. 26. — ♃. Juin, juillet.

A.-M. — Hautes régions des Alpes; rare. (*Ard.*)

33. R. ALPESTRIS. L. — G. G., 1, p. 26. — ♃. Juin, juillet.

A.-M. — Hautes régions des Alpes. (*Ard.*)

34. R. GLACIALIS. L. — G. G., 1, p. 26. — ♃. Juillet, août.

Vaucl. — Mont Ventoux. (*G. G.*)

B.-A. — Lac d'Allos. (*G. G.*)

A.-M. — Alpes de Carlin et de Tende. Le Garet. Col de Jallorgues. (*Ard.*)

35. R. SEGUIERII. Vill. — G. G., 1, p. 27. — ♃. Juin, juillet.

Vaucl. — Mont Ventoux. (*Requien*)

B.-A. — Abonde au mont Péla au-dessus du lac d'Allos. (*D.C.*)

A.-M. — Alpes de Tende. Le Garet. (*Ard.*)

36. R. aconitifolius. L. — G. G., 1, p. 27. — ♃. Mai-août.
   A.-M. — Rég. alp. et mont. des Alpes où elle est assez commune. (*Ard.*)
37. R. platanifolius. L. — G. G., 1, p. 27. — ♃. Mai-août.
   A.-M. — Col de Salèse. (*Ard.*)
38. R. parnassifolius. L. — G. G., 1, p. 21. — ♃. Juillet, août.
   B.-A. — De Barcelonnette à la Condamine, en remontant le torrent. (*Lannes*)
39. R. pyrenæus. L. — G. G., 1, p. 29. — ♃. Juin, juillet.
   A.-M. — Forêt de la Maïris. Col de Tende. Col de Salèse. Col de Fenestre. (*Ard.*)
   B.-A. — Forêt de Faillefeu, com. de Prads. (*Abbé Mulsant!*)
40. R. amplexicaulis. L. — G. G., 1, p. 28. — ♃. Juin.
   B.-A. — Mont Maunier. (*De Candolle*)
41. R. gramineus. L. — G. G., 1, p. 29. — ♃ Mai, juin.
   B.-R. — Marseille : Tête de Carpiagne. (*Roux*) Sainte-Victoire : vers le monastère. (*F. et A.*)
   Var. — Prairies au Plan d'Aups. Bois de la Sainte-Baume. (*Roux*) Dans les prés à Oveines près de Châteaudouble, arrond. de Draguignan. (*Albert!*)
   A.-M. — Montagne de Cheiron et de Caussols. (*Ard.*)
42. R. Flammula. L. — G. G., 1, p. 29. — ♃. Juin-octobre.
   B.-R. — Marais, lieux aquatiques. Saint-Remy. (*Autheman!*) Mas-Thibert. (*Peuzin!*)
43. R. Lingua. L. — G. G., 1, p. 30. — ♃. Juin, juillet.
   B.-R. — Marais et fossés. Montmajour près d'Arles. (*Roux*) Mas-Thibert. Étang du Mas-d'Icard. (*Peuzin!*) En Coustiero. Marais de la Crau et la Camargue. (*Jacquemin*)
44. R. montanus. Wild. — G. G., 1, p. 31. — ♃. Mai.
   A.-M. — Rég. alp. et montagn. Col de Tende. Saint-Martin-Lantosque. (*Ard.*)
45. R. Grenieranus. Jord. — *R. Villarsii*. G. G., 1, p. 31. — ♃. Mai.
   A.-M. — Rég. alp. Val de Pesio. (*Ard.*)
   B.-A. — Alpes de Digne. (*G. G.*)

46. R. Gouani. Wild. — G. G. ,1, p. 32. — ♃. Juillet, août.
   A.-M. — Rég. alp. Villard d'Allos. (*De Candolle*)
47. R. Villarsii. D. C. — R. aduncus. G. G., 1, p. 32. — ♃. Juillet, août. Région alpine.
   A.-M. — Depuis les Alpes jusqu'au-dessus de Menton, de l'Escarène et de Grasse. (*Ard.*)
   B.-A. — Prairies du sommet de Cousson, à Digne. Bois vis-à-vis le village de La Condamine près de Barcelonnette. (*Roux*)
   Vaucl. — Bois de hêtres du sommet du vallon du Glacier, au mont Ventoux. (*Roux*)
48. R. acris. L. — G. G., 1, p. 32. — ♃. Mai, juin.
   Commune dans les prés humides, dans toute la Provence.
49. R. Friesianus. Jord., Obs., Avril 1847, p. 17. — R. acris, v. β. *Steveni*, G. G., 1, p. 32. — ♃. Juin-août.
   Var. — Bois de la Sainte-Baume. Bois des Maures du Luc, aux Mayons. Vallon de la Sauvette. (*Roux*)
   B.-A. — Forêt de Faillefeu. Montée de Prads à Tercier. (*Roux*)
50. R. velutinus. Tenore. — G. G., 1, p. 32. — ♃. Mai, juin.
   Var. — Toulon. (*Soyer-Will.*) Draguignan. (*Perreymond*)
   A.-M. — Environs de Cannes et d'Antibes. (*Jordan*)
51. R. repens. L. — G. G., 1, p. 34. — ♃. Mai-septembre.
   Commune sur les bords des fossés, dans toute la Provence.
52. R. neapolitanus. Tenore. — G. G., 1, p. 34. — ♃. Avril.
   Var. — Lieux boisés dans le val de Ginouvier, à Hyères. (*Huet!*) Iles d'Hyères: Porquerolles. Fréjus. (*G.G., d'après Puiseaux*)
53. R. bulbosus. L. — G. G., 1, p. 34. — ♃. Avril-juin.
   Çà et là, vallons frais des collines, dans toute la Provence.
54. R. saxatilis. Balbis, Misc., 27. — R. *monspeliaca*. L., v. α. G. G., 1, p. 35. — ♃. Mai, juin.
   B.-R. — Marseille : bords de l'Huveaune à la Pomme. Roquevaire. Vallon de Vèdes, à Auriol. Roussargues. Simiane. Mimet. (*Roux*).
   Var. — Les Maures du Luc. (*Hanry*)

55. R. ALBICANS. Jord. Obs. frag., 6, p. 10. — *R. monspeliaca.* L., v. β. *angustilobus.* G. G., 1, p. 35. — ♃. Mai, juin.
 Var. Prés secs aux Calles, à Ampus. (*Albert !*)
 A.-M. — Utelle. Berre. Rochers au-dessus de Vence. Andon et Brunet près de Saint-Auban. Caussols. Auribeau. (*Ard.*)

56. R. CHÆROPHYLLOS. L. — G. G., 1, p. 35. — ♃. Mai, juin.
 B.-R. — Marseille : bois à Saint-Tronc ; bords du Jarret vers Saint-Just ; la Croix-Rouge ; plan de Carpiagne ; Luminy. (*Roux*) Aix : au nord-ouest de la tour de la Keirié. (*F. et A.*) En Coustiero. (*Jacquemin*)
 Var. — Toulon. Le Luc. Fréjus. (*Hanry*) Bois des Maures du Luc, aux Mayons. Plan d'Aups. (*Roux*)
 A.-M. — Villefranche : au cap Ferrat. Nice : au Vinaigrier. Biot. L'Estérel. La Roquette. (*Ard.*)

57. R. CANUTI. Ard., Fl. Alp.-Marit., p. 16.
 A.-M. — Col de la Braus. Vallée de Peille. (*Canut*)

58. R. PHILONOTIS. Retz. — G. G., 1, p. 36. — ☉. Mai-septembre.
 B.-R. — Bords de l'étang de Marignane. (*Roux*) Etang de Courtine, à Martigues. (*Autheman !*) En Coustièra. (*Jacquemin*)
 Var. — Commune dans les lieux humides. (*Hanry*)
 A.-M. — Peu commune. Menton. Golfe Juan. (*Ard.*)

59. R. TRILOBUS. Desf. — G. G., 1, p. 37. — ☉. Mai-juillet.
 Var. — Les Sablettes près de Toulon. (*Huet !*)
 B.-R. — Nous l'avons rencontrée quelquefois à Marseille, mais toujours parmi les décombres.

60. R. PARVIFLORUS. L. — G. G., 1, p. 37. — ☉. Mai, juin.
 Var. — Hyères. Iles d'Hyères. Forêt des Maures. L'Estérel. (*Hanry*)
 A.-M. — La Roquette. Villars. Levens. Nice. Menton. (*Ard.*)

61. R. OPHIOGLOSSIFOLIUS. Vill. — G. G., 1, p. 37. — ☉. Mai, juin. Marécages.
 B.-R. — Bords de l'étang de Marignane. (*Roux*) En Coustièro. La Crau. La Camargue. (*Jacquemin*)

Var. — Toulon. Hyères. Forêt des Maures. Fréjus. (*Hanry*)
A.-M. — Nice : au Var. Golfe Juan. Biot. Laval. (*Ard.*)

62. R. arvensis. L. — G. G., 1, p. 38. — ⊙. Mai, juin.
Commune dans les champs et les moissons de toute la Provence.

63. R. muricatus. L. sp. 780. — G. G.; 1, p. 38. — ⊙. Avril-juin.
B.-R. — Bords de l'étang de Marignane. De Martigues à La Couronne. (*Roux*) Aix: ruisseau entre la route d'Istres et le chemin de Galice. (*F. et A.*)
Var. — Champs sous Sixfours. Ollioules. Plage de Saint-Nazaire. (*Roux*) Plaine de La Garde près de Toulon. (*Reynier !*) Hyères. Le Luc. (*Hanry*) Draguignan. (*Albert !*)
A.-M. — Assez commune dans les lieux cultivés, les chemins humides de la région litt. (*Ard.*)
Vaucl. — Orange. (*G. G.*)

64. R. sceleratus. L. — G. G., 1, p. 38. — ⊙. Mai-septembre.
Vaucl. — Avignon: dans les fossés contenant peu d'eau. (*Palun*)
B.-R. — En Coustiero. La Camargue. (*Jacquemin*)
A.-M. — Nice : au Var. (*Ard.*)

**Ficaria.** Dill.

65. F. ranunculoides. Mœnch. — G. G., 1, p. 39. — ♃. Avril, mai.
Bois, rives humides, lieux ombragés de toute la Provence.
β. *grandiflora.* — *F. grandiflora.* Rob., Cat. Toul., p. 57. — *F. calthœfolia.* Rchb., G. G., 1, p. 39.
Champs et vignes; commune dans toute la région litt. de la Provence.

**Caltha.** L.

66. C. palustris. L. — G. G., 1, p. 39. — ♃. Avril, mai.
A.-M. — Assez commune dans toute la région alpine. (*Ard.*)

**Trollius.** L.

67. T. europæus. L. — G. G., 1, p. 40. — ♃. Juin, juillet.
A.-M. — Rég. alp. et mont. jusqu'aux montagnes de Caussols et de Saint-Auban. (*Ard.*)

**Eranthis.** Salisb.

68. E. hyemalis. Salisb. — G. G., 1, p. 40. — ♃. Février, mars.

A.-M. — Très-rare dans le nord du comté de Nice, d'après l'herbier Viviani. Castellane. *(Ard.)*

**Helleborus.** L.

69. H. niger. L. — G. G., 1, p. 41. — ♃. Janvier-avril.

Cette plante est-elle réellement spontanée en Provence? Ardoino la cite à Saorgio (A.-M.), d'après Risso; Grenier et Godron à Colmars et à Allos (B.-A.), d'après Gérard.

70. H. occidentalis. Reut., Cat. de Genève (1868), p. 4. — *H. viridis.* G. G., 1, p. 41 et auct. Gall. (non L.). — ♃. Mars, avril.

A.-M. — Entre Lupéga, Carlin et Tende. *(Ard.)*

71. H. fætidus. L. — G. G., 1, p. 41. — ♃. Février-avril. Lieux pierreux, rives des champs, coteaux, montagnes.

B.-R. — Marseille : bords de l'Huveaune, à Saint-Loup, à la Pomme. *(Roux)*; bords du Jarret, à la Croix-Rouge. *(Reynier!)* Nord de Roquefourcade. Baou de Bretagne, etc. *(Roux)*

Var. — Trans. Cannet du Luc. Cabasse. Fréjus. *(Hanry)* **Sainte-Baume.** *(Roux)*

A.-M. — Dans les endroits pierreux, les torrents. *(Ard.)*

**Garidella.** T.

72. G. nigellastrum. L. — G. G., 1, p. 42. — ☉ Juin-septembre.

B.-R. — Marseille : vallon de la Panouse, Saint-Louis, Château-Gombert. Champs secs et pierreux à gauche de la route d'Aubagne à Saint-Jean de Garguier, avant le chemin de Gémenos au Pont-de-l'Étoile. Sous les oliviers, à la descente de la gare à la ville de Cassis. La Ciotat : champs à droite dans le vallon qui monte au sémaphore. Berre : rives du bord des champs près de la gare. Les Milles près d'Aix : sous les amandiers. *(Roux)*. Aix : très-rare; Montaiguez : vers le bas de Chicalon, 1840; bord garni de chênes kermès d'une terre cultivée vers la tour de la Keyrié, et au pré de Magnan. *(F. et A.)*

Var. — Toulon : champs schisteux au Cap Brun. *(Huet!)* Fort Rouge, Dardennes. *(Robert)* Le Luc. *(Hanry)*

A.-M. — Nice *(All., Risso)* d'où il a disparu. Cannes. *(Ard.* d'après *Hanry)*

B.-A. — Gréoulx. *(G. G.)*

**Nigella.** L.

73. N. DAMASCENA. L. — G. G., 1, p. 43. — *N. arvensis.* Garidel. — ⊙. Juin, juillet.

B.-R. — Marseille : N.-D. de Nazareth à Saint-Marcel ; Les Olives ; La Treille, etc. Cassis. *(Roux)* Aix. *(F. et A.)* Martigues. *(Autheman!)*

Var. — Vallon de Tardeou près Nans. Le Luc. *(Roux)* Toulon. *(Robert)* Fréjus. *(Hanry)*

A.-M. — Assez commun sous les oliviers. *(Ard.)*

74. N. GALLICA. Jord., Pugil. pl. nov., p. 3. — G. G., 1, p. 44 (non L.). — ⊙. Juillet, août.

Vaucl. — Champs de Bédouin, sur la route du Ventoux. *(Roux)* L'Isles-sur-Sorgues. *(Autheman!)* Champs de garance dans l'île de la Barthelasse *(Th. Brown!)* Avignon : les moissons et les chaumes, rare. *(Palun)*

**Aquilegia.** L.

75. A VULGARIS. L — G. G., 1, p. 44. — ♃. Juin, juillet.

Var. — Bois de la Sainte-Baume. *(Roux)*

A.-M. — Forêt de la Maïris. Mine de Tende. Roccabigliera. Entraunes. Gars. Le Mas. *(Ard.)*

B.-A. — Forêt de Faillefeu, com. de Prads. *(Roux)*

76. A. ALPINA. L. — G. G., 1, p. 44 (excl. var. β). — ♃. Juillet, août.

A.-M. — Val de Cairos. Alpes de Tende. Val de Strop dans la haute vallée du Var. *(Ard.)*

B.-A. — L'Arche. *(V. Rendu!)*

77. A. VISCOSA. Gouan, *Fl. monsp.* — *A. alpina*, var. β *Sternbergii.* G. G., 1, p. 45. — Juin-août.

Var. — Lieux pierreux et rochers de Morgès à Aiguines. (*Albert!*)

A.-M. — Grammont au-dessus de Menton. Alpes de Tende. Roubion. Saint-Martin-Lantosque. Lac d'Entrecoulpes. (*Ard.*)

B.-A. — Seyne. (*G. G.*)

Vaucl. — Mont Ventoux. (*G. G.*)

**Delphinium. L.**

78. D. Consolida. L. — G. G., 1, p. 45. — ⊙. — Juin-août.

B.-R. — Champs à Martigues, à Gignac et à Marignane; rare. (*Autheman!*) Champs cultivés à Vauvenargues. (*F. et A.*)

Var. — Fox-Amphoux. (*Hanry*)

A.-M. — Moissons à Saint-Étienne le Sauvage. (*Ard.*)

B.-A. — Moissons des hautes cultures de Coussons à Digne. Champs près la ville de Barcelonnette. (*Roux*).

79. D. pubescens. D. C. — G. G., 1, p. 46. — ⊙. Juin; juillet.

B.-R. — Commun. Marseille : Saint-Julien; Les Martégaux; Saint-Loup; etc. Marignane. Berre, etc. (*Roux*) Aix. (*F. et A.*) Martigues : Le Pourrat. (*Autheman!*)

Var. — Le Cannet du Luc : en dessus de l'écluse du moulin d'Entraigues. (*Hanry*) Fréjus. (*G. G.*)

A.-M. — Moissons entre Roccabigliera et Lantosque. (*Ard.*)

B.-A. — Gréoulx. (*G. G.*)

Vaucl. — Avignon. (*G. G.*) L'Isle-sur-Sorgue. Vaucluse. (*Autheman!*)

80. D. Ajacis. L. — G. G., 1, p. 46. — ⊙. Juin, juillet.

Var. — Ferme de Giniez à la Sainte-Baume. Plan d'Aups et haut du vallon de Roussargues. Montée de la Sainte-Baume par Riboux. (*Roux*) Hyères : au Ceinturon. Fréjus. (*Hanry*)

A.-M. — Castillon. Sospel. (*Ard.*)

81. D. peregrinum. L. — G. G., 1, p. 47. — ⊙. Juillet, août.

B.-R. — Assez rare. La Ciotat : à Notre-Dame de la Garde et

dans le vallon qui monte vers le sémaphore; champs voisins de la mer en allant aux Lecques, avant la limite du département. (*Roux*)

Var. — Saint-Cyr. (*Robert*)

A.-M. — Nice; rare. (*Ard.*)

82. D. fissum. W. K. — G. G., 1, p. 48. — ♃. Juin, juillet. Lieux rocailleux exposés au Nord, dans les broussailles et les taillis.

   B.-R. — Les Alpines, près d'Eyguières. Valon des Crides à Saint-Pons de Gémenos. (*Roux*)

   Var. — Sous le sommet des Béguines à la Sainte-Baume. (*Roux*)

83. D. elatum. L. — G. G., 1, p. 49. — ♃. Juillet, août. Région alpine.

   A.-M. — Alpes de Tende, de Fenestre, de l'Isola, de Strop, d'Estenc et de Saint-Dalmas le Sauvage. (*Ard.*)

   B.-A. — L'Arche. (*G. G.*)

84. D. Requieni. D. C. — G. G., 1, p, 49. — ⊙. Juin.

   Var. — Ile de Porquerolle. (*Tibesar!*) Iles d'Hyères. (*G.G.*)

85. D. Staphysagria. L. — G. G., 1, p. 49. — ⊙. Juin.

   Var. — Evenos. (*Roux*) Nord de Coudon. Lieux ombragés au nord du mont Faron, à Toulon. (*Huet!*) Flassans. Hyères. (*Hanry*)

**Aconitum. L.**

86. A. Anthora. L. — G. G., 1, p. 50. — ♃. Août, septembre. Région alpine.

   A.-M. — Col de Fenestre. (*Ard.*)

   B.-A. — Rochers élevés du sommet de Cousson à Digne. (*Roux*).

87. A. Lycoctonum. L. — G. G., 1, p. 50. — ♃. Juin-août.

   A.-M. — Commun dans la région montagneuse. (*Ard.*)

   B.-A. — Forêt de Faillefeu, com. de Prads. Allos. (*Roux*)

88. A. Napellus. L. — G. G., 1, p, 51. — ♃. Juin, juillet.

   A.-M. — Assez commun dans la région alpine. (*Ard.*)

89. A. paniculatum. Lmk. — G. G., 1, p. 51. — ♃. Juillet, août. Région alpine ; bois.

A.-M.— Roccabigliera. Col de Fenestre. (*Ard.*)

B.-A.— Barcelonnette. (*G. G.*)

**Actæa. L.**

90. A spicata. L. — G. G., 1, p. 51. — ♃. Juin, juillet. Bois de la région alpine.

A.-M. — Mont Mulacé au-dessus de Menton ; prairies de Tendè ; col de Fenestre. (*Ard.*)

B.-A. — Forêt de Faillefeu, com. de Prads. (*Roux*)

**Pæonia. L.**

91. P. peregrina. Mill. — G. G., 1, p. 53. — ♃ Mai, juin.

Var. — Bois de Lagne à Ampus. (*Albert !*)

A.-M. — Montagnes arides, de 900 à 1300 mètres, au-dessus de Menton, Nice, Grasse, Saint-Auban. (*Ard.*)

# BERBÉRIDÉES

**Berberis. L.**

92. B. vulgaris. L. — G. G., 1, p. 54. — ♄. Mai, juin. Les haies, les bois montueux.

B.-R. — Marseille : sommet du vallon de l'Evêque à Saint-Loup ; de Saint-Cyr et de Forbin, à Saint-Marcel. Velaux. Haies à Raphèle. (*Roux*) Quartier de Chauchardi, versant nord de la Trévaresse. (*F. et A.*)

A.-M. — Rare dans la région littorale : Nice ; Caussols et Defends au-dessus de Grasse. Plus abondant dans la région montagneuse : Mine de Tende ; Estenc au-dessus d'Entraunes. (*Ard.*)

B.-A. — Très répandu dans les montagnes : Colmars, Allos, etc. (*Roux*)

# NYMPHÉACÉES

**Nymphæa.** Neck.
93. N. ALBA. L. — ♃. Juin-août.
    B.-R. — Saint-Martin de Crau. Raphèle. Roubines de Montmajour près Arles. (*Roux*) Marais de la Crau et de la Camargue. (*Jacquemin*)
    A.-M. — Antibes : dans les mares à l'embouchure de la Brague. (*Ard.*)

**Nuphar.** Smith.
94. N. LUTEUM. Smith. — G. G., 1, p. 56. — ♃. Juin-août.
    B.-R. — Roubines de Montmajour près Arles. (*Roux*) Paluds de Mouriès. (*Autheman!*) Paluds de Saint-Remy. (*Peuzin!*) Marais de la Crau et de la Camargue. (*Jacquemin*)

# PAPAVÉRACÉES

**Papaver.** L.
95. P. HORTENSIS. L. — G. G., 1, p. 57. — ⊙. Juin, juillet.
    Plante cultivée dans les jardins, d'où très souvent les graines s'échappent et vont croître subspontanément dans les champs voisins.
96. P. SETIGERUM. D. C. — G. G., 1, p. 58. — ⊙. Juin, juillet.
    Var. — Colline de Saint-Mandrier, à Toulon. (*Huet!*) Coteaux cultivés à Hyères et à l'île de Porquerolles. (*Robert*) Saint-Raphaël. (*Hanry*)
    A.-M. — Nice, Menton et Monaco. (*Ard.*)
97. P. RHŒAS. L. — G. G., 1, p. 58. — ⊙. Mai-juillet.
    Commun dans les cultures de toute la Provence.
98. P. DUBIUM. L. — G. G., 1, p. 59. — ⊙. Mai, juin.
    B.-R. — Toujours sur les coteaux incultes. Montée de Sainte-Victoire par Vauvenargues. Montée du vallon de Saint-Pons de Gémenos : à la *Grand'baoumo* en-dessus de *Fouon-de-*

*Grayet*. Cailloux roulants du vallon de l'Oule au-dessus de la cascade, à Saint-Pons de Gémenos. (*Roux*) Champs à Martigues. (*Autheman !*) Champs à Puyricard près d'Aix. (*F. et A.* d'après *Garidel*.)

Var. — Lieux incultes et montueux du vallon de Tardeou près Nans. (*Roux*) Environs de Fréjus. (*Perreymond*)

A.-M. — Commun dans les champs cultivés. (*Ard.*)

99. P. PINNATIFIDUM. Moris. — Ardoino, Fl. des Alp.-Marit., p. 23. — ⊙. Mai.

A.-M. — Commune à Nice et à Menton, où M. Sarato a signalé le premier cette espèce bien distincte. (*Ard.*)

100. P. GLAUCIOIDES. Nobis. — ⊙. Mai, juin.

Sépales hérissés de poils rudes, étalés-redressés ; — Pétales petits, plus larges que hauts, 20 à 25 millim. sur 15 à 18, les intérieurs moins grands et presque orbiculaires, d'un rouge très-pâle ou rosés ; — Filets des étamines noirs, filiformes ; — Anthères brunes ; — Stigmates de 5 à 7, rarement de 4 à 8, sous un disque crénelé, *concave* ; — Capsules obovales, longues de 12 à 16 millim., portées par des pédoncules assez longs, épais, décroissant insensiblement en approchant de la capsule, hérissés *dans toute leur longueur* de poils courts, *rudes et étalés* ; — Feuilles pennatipartites, à lobes entiers arrondis à leur sommet ; dans les radicales et les caulinaires inférieures, lobes plus allongés, et presque en pointe dans les supérieures ; — Racine pivotante.

Plante glaucescente, toute hérissée de poils rudes et étalés, rappelant par son port le *Glaucium luteum* L.

Quoique très rapprochée du *P. dubium*, cette plante peut en être distinguée : 1° par ses pétales plus larges que hauts ; 2° par les filets des étamines plutôt noirs que pourpres ; 3° par le disque de la capsule concave et non relevé au centre ; 4° par sa capsule plutôt ovoïde qu'en massue, plus courte (12 à 16 millim. au lieu de 19 à 21) ; 5° par son pédoncule presque de moitié plus court, plus épais, hérissé jusque sous la capsule de poils rudes, étalés ; 6° enfin par l'ensemble de toute la plante plus trapue, hérissée-hispide de la base au sommet.

Trouvée, le 13 Mai 1875, aux alentours du port de l'île de Pomègue, non loin d'une petite chapelle en ruine bâtie sur un rocher. Plante provenant sans doute de graines apportées d'une patrie inconnue, par quelque navire.

101. P. ARGEMONE. L. — G. G., 1, p. 59. — ⊙. Juin, juillet. Cultures et moissons.

B. R. — Commun. Marseille. Aix. Martigues. Arles, etc

Var. — Toulon. Le Luc. Bargemon. (*Hanry*) Champs sablonneux à Ampus. (*Albert!*)

A. M. — Cultures des régions montagneuses. Tende. Très-rare à Nice. Caussols au-dessus de Grasse. (*Ard.*)

102. P. HYBRIDUM. L. — G. G., 1, p. 59. — ⊙. Mai-juillet.
Dans les champs et les moissons de toute la Provence.

103. P. ALPINUM. L. — *P. alpinum* var. β *flaviflorum*. G. G., 1, p. 59. — ♃. Août. Lieux rocailleux de la région alpine.

A.-M. — Lac Gingali. Mont Bego (*Ard.*)

B.-A. — Digne. (*G. G.*) Coteaux de l'Ubaye à la Condamine. (*Lannes*)

Vaucl. — Sommet du mont Ventoux. (*Roux*)

**Rœmeria**. D. C.

104. R. HYBRIDA. D. C. — G. G., 1, p. 60. — ⊙. Juin. Dans les champs et les moissons.

B.-R. — Marseille. Aix. Martigues. Miramas. Salon. Eyguières. Fos. Cassis. Roussargue, etc.

Var. — Gonfaron. Le Luc. Fréjus. (*Hanry*)

B.-A. — Entre Digne et Seyne. (*G. G.*)

Vaucl. — Avignon. Orange. (*G. G.*)

**Glaucium**. Tourn.

105. G. LUTEUM. Scop. — G. G., 1, p. 61. — ②. Mai, juin. Lieux secs et pierreux.

B.-R. — Bords de la mer. Marseille : Les Catalans ; de Montredon aux Goudes ; Château-Gombert. (*Roux*) Aix : sables du lit de l'Arc. (*F. et A.*) Très-commun sur les bords de l'étang de Berre. (*Autheman!*)

Var. — Toulon. Giens. Sainte-Maxime. Saint-Raphaël. (*Hanry*)

A.-M. — Assez commun dans la région littorale. (*Ard.*)

Vaucl. — Avignon. (*G. G.*)

106. G. CORNICULATUM. Curt. — G. G., 1, p. 61. — ⊙. Juin, juillet.

B.-R. — Marseille : à la Valentine, rare (*Roux*) ; à Séon-

Saint-Henry, rare (*Reynier!*) Entre Saint-Chamas et Istre. Du Pas-des-Lanciers à Marignane, non loin de ce dernier village. Abonde aux environs des Milles. (*Roux*) De Châteauneuf à Marignane. Martigues. (*Autheman!*)

Var. — Champs à Carqueiranne. (*Huet!*) Les Imbiers près de Toulon. (*Robert*)

Vaucl. — Avignon. (*G. G.*)

**Chelidonium** Tourn.

107. C. MAJUS. L. — G. G., 1, p. 62. — ♃. Avril-septembre. Dans les haies; parmi les décombres; contre les vieux murs humides.

B -R. — Marseille: à Saint-Giniez, à Saint-Loup, à Saint-Marcel, aux Crottes, etc. Saint-Pons de Gémenos, etc. (*Roux*) Bosquet du Valentoulen, à Fos. (*Autheman*) Château du Tholonet près d'Aix. (*F. et A.*)

Var. — Bois de la Sainte-Baume. (*Roux*) Commun dans les haies et les décombres. (*Hanry*)

A.-M. — Assez commun dans les haies et les décombres. (*Ard.*)

**Hypecoum.** Tournef.

108. H. PROCUMBENS. L. — G. G., 1, p. 62. — ☉. Mai, juin.

B.-R. — Marseille: Bonnevaine; vallon de la Nerthe (*Roux*); Saint-Louis, terrain vague au-dessus de l'église (*Reynier!*) Cassis. La Ciotat. (*Roux*) La Mède près de Martigues. Fos (*Autheman!*)

Var. — Champs au Revest près de Toulon. (*Huet!*) Fréjus. Saint-Raphaël. (*Abbé Mulsant!*)

A.-M. — Rare; Menton, sous les oliviers. (*Ard.*)

Vaucl. — Orange. (*G. G.*)

109. H. PENDULUM. L. — G. G., 1, p. 63. — ☉. Mai, juin.

B.-R. — Roquefavour. Roque-Martine entre Eyguières et Orgon. (*Roux*) Port de Bouc. (*Autheman!*) Champs à droite de la route de Vauvenargues avant le Prignon. (*F. et A.*)

Vaucl. — Le long du chemin de l'Isle à Vaucluse. (*Autheman!*)

# FUMARIACÉES

**Corydalis.** D. C.

110. C. solida. Smith. — G. G., 1, p. 66. — ♃. Avril-juin. Bois montagneux.

 Var. — Sainte-Baume : montée du Saint-Pilon, à partir de la chapelle des Parisiens. (*Roux*) Bois de Lagnes à Ampus. (*Albert!*)

 A.-M. — Montagnes au-dessus de Menton. Entre Vence et Coursegoules au-dessus de Grasse. Alpes de Tende. Col de Tanarello. (*Ard.*)

111. C. claviculata. D. C. — G. G., 1, p. 65. — ☉. Juin, juillet. Vaucl. — Avignon. (*G. G.*)

**Fumaria.** L.

112. F. capreolata. L. — G. G., 1, p. 66. — *F. pallidiflora* et *F. speciosa*. Jord. — ☉. Mai-juillet. Bord des champs, lieux pierreux, rochers, vieilles murailles.

 B.-R. Marseille : Saint Loup ; vallon de Toulouse ; île de Pomègue, etc. Cuges. (*Roux*)

 Var. — Gorges d'Ollioules. (*Roux*). Toulon. Hyères. Le Luc. Forêt des Maures. (*Hanry*) Ampus. (*Albert!*)

 A.-M. — Très commun dans les lieux cultivés et les haies. (*Ard.*)

113. F. Bastardi. Boreau, in Rev. bot., p. 359 et Fl. cent., p. 2 et 3. — *F. muralis*, G. G., 1, p. 67 (non Sond.). — ☉. Avril-juin.

 A.-M. — Abonde dans les lieux cultivés. (*Ard.*)

114. F. major. Badarro in Moretti, Bot. ital., p. 10. — Jord., Pugil., p. 6.

 B.-R. — Rare. Martigues : dans les champs et dans les terrains cultivés autour de la plâtrière d'Ol.
 Fos. (*Autheman!*)

115. F. AGRARIA. Lagass. Elench. matrit., 1816, 21, n° 282. — G. G., 1, p. 67 (*ex-parte*). — ⊙. Avril, mai.

B.-R. — Rare. Champs sur les bords de la route de Salon à Eyguières. (*Roux*).

116. F. VAGANS. Jord., Cat. Gren., 1849. — ⊙. Avril, mai.

Var. — Lieux cultivés à Pipière entre la voie ferrée et les collines au-dessus de la gare d'Ollioules. (*Roux*) Les Sablettes près de Toulon. (*Huet!*) Les Mayons du Luc. (*Hanry!*) Hyères. (*Jordan*)

117. F. ANATOLICA. Boiss. in Pinar, Plant. exs. (1842) et Diagn., n° 8 (1849). — *F. Kraliki*. Jord., Cat. Dij., 1848. — ⊙. Mai. Rare ; champs et murs.

B.-R. — Marseille : Saint-Tronc ; vallon de Puits-de-Paul à Saint-Loup ; vallon de Forbin à Saint-Marcel. Gare de La Ciotat. Lieux pierreux au-dessus du village de Cuges. (*Roux*)

118. F. OFFICINALIS. L. G. G., 1, p. 68. — ⊙. Mai-septembre. Commune dans les champs de toute la Provence.

119. F. DENSIFLORA. D. C. — G. G., 1, p. 68. — ⊙. Mai-juilllet. Assez commune dans les cultures.

B.-R. — Marseille : Belle-de-Mai ; Château-Gombert ; Martégaux. Saint-Jean de Garguier. Cassis. (*Roux*) Abonde au quartier de Bouenouro près d'Aix (*F. et A.*) Martigues. (*Autheman*)

Var. — Toulon. (*Hanry d'après Mutel*)

120. F. VAILLANTII. Lois. — G. G., 1, p. 69. — ⊙. Avril, mai. Rare.

B.-R. — Au plan de Lorgues près d'Aix. (*F. et A.*) Arles. (*G. G.*)

Vaucl. — Avignon. (*G. G.*)

121. F. PARVIFLORA. Lmk. — G. G., 1, p. 69. — ⊙. Juin-août.

B.-R. — Très commune à Marseille, Aix, Beaulieu, Martigues, Cassis, etc. (*Roux*)

Var. — Toulon, Hyères, Le Luc, La Sauvette, Fréjus. (*Hanry*)

A.-M. — Assez commune dans les lieux cultivés, sablonneux. (*Ard.*)

Vaucl. — Avignon. (*G. G.*)

122. F. SPICATA. L. — G. G., 1, p. 69. — ⊙. Juin, juillet.

B.-R. — Commune à Marseille, Aix, Martigues, etc. (*Roux*)

Var. — Toulon, Hyères, Le Luc, Sainte-Maxime, Fréjus. (*Hanry*).

A.-M. — Très-rare. Nice ; un seul exemplaire. (*Herbier Stire ; Ard.*)

## CRUCIFÈRES

**Raphanus. L.**

123. R. SATIVUS. L. — G. G., 1, p. 71. — ⊙. Mai, juin.

Cultivé sous diverses formes et couleurs ; parfois échappé des cultures.

124. R. RAPHANISTRUM. L. — G. G., 1, p. 72. — ⊙. Juin, juillet

B.-R. — Très rare aux environs de Marseille. Sables de l'Arc à Aix ; rare. (*F. et A.*) Champs sablonneux vers l'étang de Galégean près de Fos ; rare. (*Roux*)

Var. — Assez commun dans les champs à Pipière, près de Saint-Nazaire. (*Roux*)

Commun dans les champs sablonneux. (*Hanry*)

A.-M. — M. Ardoino dit qu'il n'a pas rencontré dans la région littorale cette plante si commune dans toute l'Europe !

125. R. LANDRA. Moretti. — G. G., 1, p. 72. — ♃. Mai, juin.

B.-R. — Marseille : La Rose, Les Martégaux, Saint-Loup, Saint-Marcel, etc. (*Roux*)

Var. — Bord de la mer à Bandol. (*Roux*) Toulon. (*Huet!*) M. Hanry cite à Toulon (d'après Robert) et à Fréjus (d'après Perreymond) le *R. maritimum* qui ne peut être que notre plante.

A.-M. — Très commun dans les lieux cultivés et sur le bord des chemins. (*Ard.*)

**Sinapis** L.

126. S. ARVENSIS, L. — G. G., 1, p. 73. — ☉. Juin-octobre.
Dans les champs, les lieux incultes, les décombres.

B.-R. — Marseille : Saint-Loup ; Saint-Marcel ; les Olives ; bords du Jarret ; etc. (*Roux*) Pas-des-Lanciers. Saint-Remy. (*Autheman*) Sables de l'Arc. Vallon des Pinchinats près d'Aix. (*F. et A.*)

Var. — Toulon. Hyères. Le Luc. (*Hanry*)

A.-M. — Commun dans les lieux cultivés. (*Ard.*)

127. S. CHEIRANTHUS. Koch. — G. G., 1, p. 73. — ♃. Juin-août. Région alpine.

A.-M. — Saint-Grat dans la vallée de la Gordolasca ; vallons de Fenestre et de Rabuons. (*Ard.*)

128. S. ALBA. L. — G. G., p. 74. — ☉. Juin, juillet.

B.-R. — Rare et toujours parmi les décombres. (*Roux*) Champs cultivés au Luc, à Fréjus. (*Hanry*).

A.-M. — Dans les moissons à Tende. (*Ard.*)

129. S. PUBESCENS. L., Mant., 95. — D. C., Prodr., 1, p. 219. — ♃. Mai, juin.

A.-M. — Rare ; çà et là entre le col de Villefranche du côté de Nice et le Baou-Rous près de Beaulieu. (*Ard.*)

B.-R. — Se rencontre quelquefois à Marseille parmi les décombres.

**Eruca.** D. C.

130. E. SATIVA. Lmk. — G. G., 1, p. 74. — ☉. Mai, juin. Plante subspontanée en Provence.

B.-R. — Champs de la rive droite de l'Arc entre la gare de Berre et la route de la Fare. Gare de La Ciotat. (*Roux*) Talus du bord des chemins à Martigues. (*Autheman*) Rive droite de l'Arc à 20 ou 30 mètres au-dessus de la passerelle du Tir. (*F. et A.*)

Var. — Bord des champs à Toulon et à Fréjus. (*Hanry*)

A.-M. — Subspontanée dans les décombres et les lieux cultivés. (*Ard.*)

**Brassica.** L.

131. B. oleracea. L. — G. G., 1, p. 75. — ②. Mai, juin. Cultivé, parfois échappé des cultures.

132. B. Robertiana. Gay. — G. G., 1, p. 75. — ♃. Avril, mai. Parmi les rochers.
   Var. — Gorges d'Ollioules. (*Roux*) Baou de Quatro-houros. (*Reynier!*) Mont Faron. (*Huet!*) Pic de Coudon. (*Robert*)
   A.-M. — Rochers escarpés du littoral : Monaco, Villefranche, Baou-Rous, Nice, Saint-André. (*Ard.*)

133. B. insularis. Moris. — G. G., 1, p. 76. — ♃. Mai.
   A.-M. — Ile Sainte-Marguerite. (*Ard.*)

134. B. Napus. L. — G. G., 1, p. 76. — ②. Avril, mai. Cultivé ; parfois échappé des cultures.

135. B. asperifolia. Lmk. — G. G., 1, p. 77. — ②. Juillet, août. Cultivé ; souvent échappé.

136. B. Richerii. Vill. — G. G., 1, p. 77. — ♃. Juillet, août. Région alpine.
   A.-M. — Col de Pouriac au-dessus de Saint-Étienne. (*Ard.*)
   B-A. — Larche. (*G. G.*) Barcelonnette ; prairies de Langet et du Lauzannet. (*Lannes*)

137. B. nigra. Koch. — G. G., 1, p. 77. — ☉. Juin-août.
   Je n'ai jamais trouvé cette espèce que çà et là parmi des décombres. M. Hanry la cite dans les champs à Toulon, à la presqu'île de Giens, à Flassans et à Fréjus. M. Ardoino ne la mentionne pas dans les Alpes-Maritimes.

**Hirschfeldia.** Mœnch.

138. H. adpressa. Mœnch. — G. G., 1, p. 78. — ②. Juin-septembre.
   Plante commune dans les lieux incultes, au bord des chemins, etc, dans toute la région littorale de la Provence : Aix, Marseille, Martigues, Toulon, Le Luc, Fréjus, Cannes, Nice, Menton, etc., etc.

**Diplotaxis.** D. C.

139. D. repanda. G. G., 1, p. 76. — ♃. Juillet, août. Région alpine.

A.-M. — Au-dessus d'Entraunes. (*Ard.*)

140. D. SAXATILIS. D. C. — G. G., 1, p. 79. — ♃. Juin, juillet.

B.-R. — Sommet de Sainte-Victoire, aux alentours du monastère.

Var. — La Garde-Frainet. (*Hanry*)

B.-A. — Digne. (*G. G.*)

141. D. TENUIFOLIA. D. C. — G. G., 1, p. 80. — ♃. Mai-octobre Commune dans les lieux incultes, le long des chemins, etc. dans toute la Provence.

142. D. MURALIS. D. C. — G. G., 1, p. 80. — ☉. Mai-octobre. Assez commune dans les champs et les lieux sablonneux de la Provence. Aix, Martigues, Marseille, Cassis, La Ciotat, etc.; le Var; les Alpes-Maritimes.

143. D. VIMINEA. D. C. — G. G., 1, p. 80. — ☉. Juin, juillet. Lieux secs et pierreux.

B.-R. — Marseille: à Notre-Dame de la Garde; vallon de Morgiou, etc. (*Roux*) Champs et rives au midi, surtout au petit chemin du Tholonet. (*F. et A.*)

Var. — Toulon: au fort Sainte-Catherine. (*Chambeiron !*)

A.-M. — Sospel. Nice. Antibes. (*Ard.*)

144. D. BRUCOIDES. D. C. — G. G., 1, p. 81. — ☉. Presque toute l'année. — Très-commune dans les champs.

B.-R. — Salon, Aix, Martigues, Marignane, Marseille Aubagne, Cassis, La Ciotat, etc.

Var. — Saint-Cyr, Bandol, Saint-Nazaire. (*Roux*) Toulon, Le Luc, etc. (*Hanry*)

A.-M. — Très rare à Nice, Menton et Monaco; mais très commune à la Girondola, à Grasse, Cannes et Antibes. (*Ard.*)

145. D. ERUCASTRUM. G. G., 1, p. 81. — ② ou ♃. Juin, juillet. Champs, lieux sablonneux, rochers des hauteurs.

B.-R. — Marseille: à la Moutte près de Saint-Loup. Saint-Pons de Gémenos: vallon des Crides. Baou de Bretagne. Commun dans les sables de l'Arc, de Berre à Aix. (*Roux*)

Var. — Hyères. (*Robert*) Fréjus. (*Perreymond*)

A.-M. — L'Estérel, Grasse, Entraune. (*Ard.*)

**Moricandia.** D. C.

146. M. arvensis. D. C. — G. G., 1, p. 82.

A.-M. — Cette plante, disparue des environs de Marseille, est très abondante depuis le pont de la Murtola, entre Menton et Vintimille, jusqu'à cette dernière ville. (*Ard.*)

**Hesperis.** L.

147. H. matronalis. L. — G. G., 1, p. 82. — ② et ♃. Juin.

B.-R. — Le long de la Durance, Peyrolles, Roquefeuille. (*Castagne*)

A.-M. — Entre Tende et Carlin. (*Ard.*)

148. H. laciniata. All. — G. G., 1, p. 82. — ♃. Avril-juin. Fente des rochers escarpés.

B.-R. — Rare. Baou de Bretagne. (*Roux*)

Var. — Haut du bois de la Sainte-Baume. (*Roux*) Borme. (*Huet!* *Chambeiron!*) Ampus. (*Albert!*) Baou de Quatro-houros. (*Robert*)

A.-M. — Montagne de Mulacé au-dessus de Menton. Sospel. La Briga. Roubion. Gourdon. Le Bar. Saint-Arnoux au-dessus de Grasse. (*Ard.*)

B.-A. — Sisteron. Digne. Castellane. (*G. G.*)

**Malcolmia.** R. Brown.

149. africana. R. Brown. — G. G., 1, p. 83. — ⊙. Mai.

B.-R. — Aix. Salon. Tarascon. (*G. G.*) Entre Couvent et les Crottes, territoire de Miramas. (*Castagne*). Miramas. (*Autheman!*)

Var. — Fréjus. (*G.G.*)

B.-A. — Digne. (*G.G.*)

Vaucl. — Avignon. (*G.G.*)

150. M. parviflora. D. C. — G. G., 1, p. 83. — ⊙. Mai, juin. Sables maritimes.

Var. — Le Lavandou. (*Huet!*) Salines d'Hyères. Ile de

Porquerolle, Saint-Tropez. (*Hanry*) De Fréjus à Saint-Raphaël. (*Roux*)

A.-M. — Rare. Embouchure du Var. Golfe Jouan et Cannes. (*Ard.*)

151. M. littoralis. R. Brown. — G. G., 1, p. 84. — ♃. Mai-juillet. Sables maritimes.

B.-R. — Abonde à Fos-lez-Martigues. (*Roux*)

152. M. maritima. R. Brown. — G. G., 1, p. 87. — ☉. Mai, juin. Plante cultivée en bordure dans les jardins et que l'on rencontre parfois dans les lieux voisins.

**Matthiola.** R. Brown.

153. M. incana. R. Brown. — G. G., 1, p. 87. — ♃. Mai, juin. Rochers, falaises marneuses des bords de la mer.

B.-R. — Marseille: île de Ratoneau. Cassis: sous le château et dans les anses jusqu'au Baou de Canaille. Carry-le-Rouet: à la Redone. (*Roux*)

Var. — Toulon. (*Huet !*) Ile de Portcros. (*Robert*) Fréjus. (*G. G.*)

A.-M. — Menton. Monaco. Baou-Rous. (*Ard.*) Abonde sur les ruines du vieux monastère de l'île Saint-Honorat. (*Reynier !*)

154. M. sinuata. R. Brown. — G. G., 1, p. 85. — ②. Mai, juin. Sables maritimes.

B.-R. — Bords de l'étang de Marignane. (*Roux*) Le Jay. (*Autheman*)

Var. — Hyères (*Thr. Moggridge !*) Les Pesquiers. (*Huet !*) La Napoule. (*Hanry*)

A.-M. — Golfe Jouan. Cannes. Menton. (*Ard.*)

155. M. tricuspidata. R. Brown. — G. G., 1, p. 85. — ☉. Mai, juin. Sables maritimes.

Var. — Hyères: à l'Almanare. (*Huet !*) Plage de l'isthme de Giens. (*Abbé Mulsant !*)

156. M. tristis. R. Brown. — G. G., 1, p. 86. — ♃. Mai, juin. Rochers, lieux pierreux ou sablonneux.

B.-R. — Pilon du Roi. Abondant à Orgon, vers le cimetière. (*Roux*) Bord d'un canal à Eyguières. (*Derbès*) Le long de la route d'Orgon à Cavaillon. (*Autheman !*)

A.-M. — Montagne de Ferrion au-dessus de Nice. (*Ard.*)

Vaucl. — Montée de Garde. Avignon. (*Requien*)

**Cheiranthus.** R. Brown.

157. C. Cheiri. L. — G. G., 1, p. 86. — ♃. Avril-juin. Décombres; vieux murs.

B.-R. — Marseille: aux Martégaux. (*Roux*) Aix: vallon de Mouret sur le côteau de Saint-Joseph. (*F. et A.*) Roquevaire: côteau et rochers au-dessus du cimetière. (*Pathier!*)

Var. — Ruines du château d'Ollioules. (*Roux*) Ruines de Six-Fours. (*Robert*) Fréjus. Saint-Raphaël. Fox-Amphoux. Barjols. (*Hanry*)

A.-M. — Monaco. Nice. Ile Sainte-Marguerite. Grasse. Breil. (*Ard.*)

**Erysimum.** L.

158. E virgatum. Roth. — G. G., 1, p. 87. — ②. Juin-août.

B.-A. — Environs de l'habitation de Faillefeu. Descente de Valgelaye, route d'Allos à Barcelonnette. (*Roux*)

159. E. australe. Gay. — G. G. 1, p. 88. — ♃. Juin, juillet.

B.-R. — Vallon entre la tête de Saint-Cyr et celle de Carpiagne; vallons de Saint-Pons de Gémenos, de Saint-Clair à Saint-Jean de Garguier; Baou de Bretagne; Roquefourcade. Derrière le château de Vauvenargues; sommet de Sainte-Victoire. (*Roux*)

Var. — Route de Saint-Zacharie à la Sainte-Baume ; Nans; Sainte-Baume. (*Roux*) Le Luc; Cannet-du-Luc. (*Hanry*) Ampus. (*Albert !*)

A.-M. — Assez commun depuis Saint-Martin Lantosque jusqu'à Menton, Monaco, Villefranche, Nice et Grasse. (*Ard.*)

B.-A. — Saint-Benoît près de Digne. (*Roux*) Saint-Géniés près de Sisteron. Gréoulx. (*G. G.*)

Vaucl. — Le Luberon entre Lourmarin et Apt. (*Autheman*) Abonde au mont Ventoux et dans les vallons voisins. (*Roux*)

160. E. austriacum. Baugm. — Ard., Fl. Alp.-Marit., p. 32. — ⊙. Juin.

A.-M. — Col de Tende.

161. E. ochroleucum. D. C. — G. G., 1, p. 89. — ♃. Mai-juillet.

Vaucl. — Parmi les débris mouvants au mont Ventoux et dans les vallons voisins. (*Roux*)

B.-R. — Cette plante est citée à Vauvenargues, par Castagne ; à Vauvenargues et à Sainte-Victoire, par de F. et Ach., lieux où je n'ai rencontré que l'*E. australe*.

162. E. pumilum. Gaud. — G. G., 1, p. 89. — ♃. Juillet, août.

A.-M. — Çà et là dans toutes nos Alpes. (*Ard.*)

163. E. perfoliatum. Crantz. — G. G., 1, p. 90. — ⊙. Avril-juin.

B.-R. — Marseille : à Montolivet, à Saint-Marcel, etc. Beaulieu près d'Aix. Roquefavour. (*Roux*) Plaine des Milles. (*F. et A.*)

Var. — Cultures de la Sainte-Baume, du Luc et d'Aups. (*Hanry*)

A.-M. — Rare ; une seule fois à Menton ; Nice ; Villars-du-Var ; Sallagriffon. (*Ard.*)

B.-A. — Hautes cultures de Cousson à Digne. (*Roux*)

**Barbarea.** R. Brown.

164. B. vulgaris. R. Brown. — G. G., 1, p. 90. — ② et ♃. Mai, juin.

B.-R. — Entre Saint-Chamas et Cornillon. (*Castagne*) Le pré du moulin du vallon des Pinchinats avant celui du Pavillon de l'Enfant. (*F. et A.*)

Var. — Sainte-Baume. (*Hanry*) (Je ne l'y ai jamais vu!). Le Luc. (*Hanry*)

A.-M. — Col de Tende. Saint-Vallier. La Roquette. (*Ard.*)

165. B. arcuata. Rchb. — G. G., 1, p. 91. — ②. Mai, juin.

B.-R. — Marseille ; rare ; les Martégaux ; propriété de Foresta à Saint-Marcel ; la Reynarde. (*Roux*)

166. B. præcox. R. Brown. — G. G., 1, p. 92. — ②. — Mai, juin.
Var. — Toulon : le Pradet, la Garde. Le Luc. Forêt des Maures. Fréjus. Saint-Raphaël. (*Hanry*) Montagne de la Sauvette, sous les châtaigniers. (*Roux*)

A.-M. — Peu commun. L'Estérel. Cannes. Nice. Menton. Col de Tende. (*Ard.*)

**Sisymbrium. L.**

167. S. officinale. Scop. — G. G., 1, p. 93. — ☉. Juin-septembre. Décombres, bord des chemins, lieux cultivés, dans toute la Provence.

168. S. polyceratium. L. — G. G., 1, p. 93. — ☉. Juin-août. — Décombres, vieux murs, bord des chemins.

B.-R. — Marseille : ruelles d'Endoume ; Saint-Giniez ; Montredon ; Montolivet. (*Roux*)

Var. — La Cadière. (*Roux*) Ile de Porquerolles. Le Luc. Cannet-du-Luc : dans les ruines de l'ancien château seigneurial. Fréjus. (*Hanry*)

A.-M. — Puget-Théniers et Lantosque. (*Ard.*)

Vaucl. — Rocher des Doms à Avignon. (*Palun*)

169. S. asperum. L. — G. G., 1, p. 94. — ☉. Mai-juillet. — Fossés et champs humides, marais desséchés.

B.-R. — Champs à gauche de la route de Roquefavour aux Milles : vers le château de Saint-Pons. (*Roux*) Puyricard. (*F. et A.*)

Vaucl. — Avignon. (*G. G.*)

Var. — Plan d'Aups : vers la ferme dite du Plan et dans le bois de la Sainte-Baume. (*Roux*) Commun dans les champs au-dessous de Rians. (*Garidel*)

A.-M. — La Faye de Mas près de Saint-Auban. (*Ard.*)

170. S. Columnæ. Jacq. — G. G., 1, p. 94. — ②. Juin-juillet. — Pied des murs, décombres, terres cultivées.

B.-R. — Marseille : l'Estaque ; vallons de Vaufrège, de Morgiou, de Forbin. (*Roux*) Martigues. (*Autheman !*) Simiane. (*Roux*) Aix. (*F. et A.*) Arles. (*D. C.*)

Vaucl. — Orange. (*Villars*) Avignon. (*Palun*)

Var. — Gonfaron. Le Luc. Fréjus. (*Hanry*)

A.-M. — Rare à Menton. Carras près de Nice. Grasse. (*Ard.*)

171. S. ALLIARIA. Scop. — G. G., 1, p. 95. — ♃. Avril, mai. — Lieux frais et ombragés.

B.-R. — Marseille : bord du biez entre la route de Mazargues et celle de Sainte-Marguerite ; bord de l'Huveaune, à la Pomme. Saint-Pons de Gémenos. (*Roux*) Aix: thalweg du vallon des Pinchinats vers le Pavillon de l'Enfant. (*F. et A.*)

Var. — Bois de la Sainte-Baume. (*Roux*) Le Luc. Fréjus. (*Hanry*)

A.-M. — Rare dans la région littorale ; plus commun dans la région montagneuse. (*Ard.*)

172. S. IRIO. L. — G. G., 1, p. 95. — ②. Avril, mai. — Sur les murs, le long des chemins, dans les champs et les jardins.

B.-R. — Marseille : commun ; Saint-Giniez, Saint-Loup, Garlaban, etc. Martigues. Aix, etc. (*Roux*)

Var. — Commun. (*Hanry*)

A.-M. — Rare. Une seule fois à Menton. Nice : à Saint-Philippe. Le Bar. Saint-Arnoux. (*Ard.*)

173. S. AUSTRIACUM. Jacq. — G. G., 1, p. 95. — ②. Mai-juillet. — Lieux pierreux, bord des champs de la région montagneuse.

Var. — Aiguine. (*Albert!*)

A.-M. — Assez commune depuis le col de Braus et le Chaudon jusqu'aux Alpes. (*Ard.*)

B.-A. — Environs de l'habitation de Faillefeu, commune de Prads, et montée d'Allos au lac de ce nom. (*Roux*)

174. S. HISPANICUM. Jacq. — Ard., Fl. Alp.-Marit., p. 33. — ②. Juillet, août.

A.-M. — Rég. mont. : col de la Roue, entre Puget-Théniers et Guillaumes. (*Ard.*)

175. S. SOPHIA. L. — G. G., 1, p. 96. — ⊙. Avril-octobre. — Décombres, bord des chemins.

B.-R. — Trouvé quelquefois, mais rarement aux environs de Marseille, parmi les décombres. (*Roux*)

Var. — Toulon. Hyères. (*Hanry* d'après *Robert*) Bagnol. (*Perreymond*)

A.-M. — Tende et probablement ailleurs. (*Ard.*)

B.-A. — Assez commun au village de Tercier, commune de Prads. *(Roux)*

**Hugueninia.** Rchb.

176. H. TANACETIFOLIA. Rchb. — G. G., 1, p. 97. — ♃. Juillet.

A.-M. — Alpes de Tende. Monts Bego et Clapier. Col de Fenestre. Lac d'Entrecoulpe. Alpes de l'Isola. Col de la Maddalena. Val de Jallorgues. Lac de Rabuons. (*Ard.*)

B.-A. — L'Arche. Montagne de Lauzanier. *(Abbé Jean !)*

**Nasturtium.** R. Brown.

177. N. OFFICINALE. R. Brown. — G. G., 1, p. 98. — ♃. Juin-septembre.

Commun dans les ruisseaux, les fontaines, etc. de toute la Provence.

178. N. SYLVESTRE. R. Brown. — G. G., 1, p. 98. — ♃. Juin-août. — Lieux humides, graviers des rivières.

B.-R. — Marseille : bords du Jarret, au pont de Sainte-Marguerite ; bords de l'Huveaune, à Saint-Loup. Les Maïrès à Aubagne. (*Roux*) Bords de l'Arc à Aix. (*F. et A.* d'après *Philibert*)

Var. — Commun dans les lieux humides. (*Hanry*) Lit de la rivière à Saint-Nazaire. (*Roux*) Ampus. (*Albert !*)

A.-M.- Antibes, Grasse. (*Ard.*)

179. N. ANCEPS. D. C. — G. G., 1, p. 98. — ♃. Juin-août.

B.-R. — Rare. Berges du Rhône à Arles. (*Roux*)

Var. — Rare. Bord des ruisseaux à Toulon. (*Chambeiron !*)

**Arabis.** L.

180. A. BRASSICÆFORMIS. Wallr. — G. G., 1, p. 99. — ♃. Mai, juin.

Var. — Bois de la Sainte-Baume. (*Roux*) Bois à Aiguine. (*Albert !*) Montagnes près de Draguignan. (*G. G.*)

A.-M. — Saorgio. Saint-Grat dans la vallée de la Gordolasca. Montagnes au-dessus de Grasse et de Saint-Auban. (*Ard.*)

Vaucl. — Mont Ventoux (*G. G.*)

181. A. SAXATILIS. All. — G. G., 1, p. 99. — ⊙. Mai, juin.

A.-M. — Non signalée par Ardoino. Val de Pesio près de Cunéo. (*E. Burnat*)

182. A. VERNA. R. Brown. — G. G., 1, p. 100. — ⊙. Avril, mai.
— Lieux frais, rochers, dans les vallons, etc.

B.-R. — Marseille : vallons de Toulouse, de l'Evêque, etc. Vallons de Saint-Pons de Gémenos, des Signores, de Saint-Clair. Roquevaire. (*Roux*) Coteau sur lequel s'appuie au midi le barrage du canal Zola. Sainte-Victoire. *(F. et A.)* Châteauneuf-lez-Martigues. (*Autheman!*)

Var. — Montée de la Sainte-Baume par Saint-Zacharie. (*Roux*) Belgentier. (*Huet et Jacquin*) Ampus. (*Albert*) Exposition nord au Revest. Cannet-du-Luc. Mélan et Saint-Jean. (*Hanry*).

A.-M. — Rochers de Sainte-Agnès au-dessus de Menton. (*Ard.*)

Vaucl. — Fontaine de Vaucluse. *(G. G.)*

183. A. AURICULATA. Lamk. — G. G., 1, p. 100. — ⊙. Avril, mai.
— Murs, rochers.

B.-R. — Marseille : vallon de Toulouse ; collines vers Saint-Antoine. Pilon-du-Roi. La Grand-Baoumo dans le vallon de Saint-Pons. Saint-Paul-lez-Durance. (*Roux*) Rochers exposés au nord, à Cuque et au vallon de Repentance près d'Aix. (*F. et A.*)

Var. — Le long de la route de Saint-Zacharie à la Sainte-Baume. Bois de Pipière près de Saint-Nazaire. (*Roux*) Bois et clairières au Luc. (*Huet et Jacquin!*) Ampus. (*Albert!*)

A.-M. — Mont Chauve au-dessus de Nice. La Malle au-dessus de Grasse. Entre Péglia et Sainte-Agnès. La Giandola. Tende. Saint-Martin Lantosque. (*Ard.*)

184. A. STRICTA. Huds. — G. G., 1, p. 100. — ♃. Mai.

Vaucl. — Fontaine de Vaucluse. (*G. G.*)

185. A. SERPYLLIFOLIA. Vill. — G. G., 1, p. 101. — ②. Juin, juillet.

A.-M. — Col de Tende. (*Ard.*)

186. A. CILIATA. Koch. — G. G., 1, p. 101.

A.-M. — L'Authion. Col de Tende. Alpes de l'Isola et col de la Maddalena (*Ard.*)

187. A. HIRSUTA. Scop. — (*A. sagittata.* D. C. et *A. Gerardi.* G. G.) — ②. Mai, juin.

Commun dans les haies, les bois, lieux pierreux, dans toute la Provence.

188. A. MURALIS. Bertol. — G. G., 1, p. 101. — ♃. Mai. — Rochers, lieux pierreux.

B.-R. — Marseille : vallon de la Panouse ; Tête de Carpiagne, etc. Baou-Redoun à Cassis. Roquevaire. Roquefourcade. (*Roux*) Bords de la mer à Sausset près de Martigues. (*Autheman!*) Cuques. Le Prignon. Montaiguet. (*F. et A.*)

Vaucl. — Fontaine de Vaucluse. (*G. G.*)

Var. — Sainte-Baume (*Roux*) Ampus. (*Albert!*) Baou de Quatro-houros. (*Robert*)

A.-M. — Assez commun sur les rochers de la région montagneuse jusque près de Menton et de Nice. (*Ard.*)

189. A. PERFOLIATA. Lamk. — G. G., 1, p. 103. — ②. Juin, juillet. — Bois secs.

Var. — Notre-Dame des Anges près de Pignans. (*Hanry*)

A.-M. — Rare. Nice : vallon de Saint-André. Sospel. Saint-Sauveur. Bertemont. Saint-Étienne-le-Sauvage. (*Ard.*)

190. A. THALIANA. L. — G. G., 1, p. 103. — ☉. Avril, mai. — Champs et lieux sablonneux.

B.-R. — Marseille : dans les cultures du vallon de Forbin à Saint-Marcel. Notre-Dame de la Garde à La Ciotat. Vallon derrière la tour de la Keirié à Aix. Saint-Paul-lez-Durance. (*Roux*) Plaine des Dédaou et vallon de Repentance. (*F. et A.*) Châteauneuf-lez-Martigues. (*Autheman!*)

Var. — Le Revest. Les Maures. Fréjus. (*Hanry*)

A.-M. — Commun dans les lieux cultivés. (*Ard.*)

191. A. ALPINA. L. — G. G., 1, p. 104. — ♃. Juin–août.

B.-R. — Rare. Baou de Bretagne. (*Roux*)

Var. — Assez commun dans le bois de la Sainte-Baume. (*Roux*) Morgès à Aiguines. (*Albert!*)

A.-M. — Assez commun depuis les Alpes jusqu'aux montagnes au-dessus de Menton et de Grasse. (*Ard.*)

B.-A. — Commun jusqu'au sommet des Boules à Faillefeu. (*Roux*)

192. A. CÆRULEA. Jacq. — G. G., 1, p. 104. — ♃. Juillet, août.

A.-M. — Dans les pierrailles autour de la neige fondante, au col de Jallorgues ; rare. (*Ard.*)

193. A. BELLIDIFOLIA. Jacq. — G. G., 1, p. 105. — ⊙. Juin, juillet.

A.-M. — Alpes de Tende. Col de Jallorgues et col de la Maddalena. (*Ard.*)

194. A. TURRITA. L. — G. G., 1, p. 106. — ②. Mai, juin.

Var. — Bois de la Sainte-Baume. (*Roux*) Ampus. (*Albert !*) Bord du ruisseau de Dardennes à Toulon. (*Robert*) Brignoles. (*Hanry*)

A.-M. — Nice : vallon de Saint-André. Le Chaudan. Duranus. La Giandola. (*Ard.*)

**Cardamine.** L.

195. C. ASARIFOLIA. L. — G. G., 1, p. 106. — ♃. Juillet, août. — Région alpine.

A.-M. — Depuis les Alpes d'où il descend jusqu'au-dessus du Breil et de Touët-de-Beuil. (*Ard.*)

B.-A. — Vallée de l'Arche sur les bords de l'Ubayette (*Chavanis!*) Prairie de Lauzanier. (*Gacogne*) Lauzanier. (*Abbé Jean !*)

196. C. AMARA. L. — G. G., 1, p. 108. — ♃. Avril, mai.

A.-M. — La Giandola. Fontan. Tende. Vallée du Boréon. (*Ard.*)

197. C. PRATENSIS. L. — G. G., 1, p. 108. — ♃. Mai, juin.

Var. — Les prés humides au Luc. (*Hanry!*)

198. C. IMPATIENS. L. — G. G., 1, p. 109. — ②. Mai-juillet.
   A.-M. — Bois de la région montagneuse. (*Ard.*)
   B.-A. — Assez commun dans la forêt de Faillefeu. (*Roux.*)

199. C. HIRSUTA. L. — G. G., 1, p. 109. — ⊙. Avril-juin. Commun dans les lieux frais, au pied des murs et dans les cultures de toute la Provence.

200. C. ALPINA. Wild. — G. G., 1, p. 110. — ♃. Juillet, août.
   A.-M. — Toute la région alpine; moins commune que la suivante. (*Ard.*)

201. C. RESEDIFOLIA. L. — G. G., 1, p. 111. — ♃. Juillet, août.
   A.-M. — Dans toute la région alpine. (*Ard.*)
   B.-A. — Montagne de la Vachère près de Faillefeu. (*Roux*)

**Dentaria.** L.

202. D. DIGITATA. Lmk. — G. G., 1, p. 111. — ♃. Juin-août.
   A.-M. — Assez répandu dans toute la région montagneuse. (*Ard.*)
   B.-A. — Enchastrayes. (*Abbé Olivier!*)

203. D. PINNATIFIDA. Lmk. — G. G., 1, p. 111. — ♃. Avril-juin.
   A.-M. — Mont Mulacé au-dessus de Menton et dans la vallée de Caïros. (*Ard.*)
   B.-A. — Forêt de Faillefeu, com. de Prads. (*Roux*) Enchastrayes (*Abbé Olivier!*)

204. D. BULBIFERA. L. — G. G., 1, p. 112. — ♃. Avril, mai.
   A.-M. — Col de Tende. Val de Pesio. (*Ard.*)

**Lunaria.** L.

205. L. REDIVIVA. L. — G. G., 1, p. 112. — ♃. Mai, juin.
   A.-M. — Gorges de Saorgio. Val de Caïros. Tende. Lantosque. (*Ard.*)

**Alyssum.** L.

206. A. INCANUM. L. — G. G., 1, p. 114. — ♃. Juin-août.
   B.-R. — Nous avons rencontré quelquefois cette espèce autour de Marseille, mais toujours parmi les décombres. M. Reynier

l'a trouvée, en 1876, près des habitations des pêcheurs, au vallon de Morgiou.

Var. — Remparts de Toulon. (*Robert*)

A.-M. — Montagnes arides. *(Risso)* Tende. (*Ard.*)

207. A. CALYCINUM. L. — G. G., 1, p. 115. — ⊙. Mai, juin. Commun dans les champs, les lieux pierreux de toute la Provence.

208. A. CAMPESTRE. L. — G. G., 1, p. 115. — ⊙. Mai, juin. — Champs, lieux sablonneux ou pierreux.

B.-R. — Martigues; Châteauneuf-lez-Martigues. (*Autheman!*) Simiane. Montaiguet près d'Aix. Sainte-Victoire. (*Roux*) Bord des champs à Aix, mais moins commun que le précédent. (*F. et A.*)

Var. — Plan d'Aups. (*Roux*) Ampus. (*Albert!*) Commun dans les lieux cultivés. (*Hanry!*)

A.-M. — Au-dessus de Grasse. (*Reynier!*)

209. A. MONTANUM. L. — G. G., 1, p. 115. — ♃. Mai-juillet.

A.-M. — Col de Tende. Les Lattes près de Saint-Auban. (*Ard.*)

210. A. FLEXICAULE. Jord. — G. G., 1, p. 116. — ♃. Juin, juillet.

Vaucl. — Débris mouvants au sommet du mont Ventoux. (*Roux*)

B.-A. — Barcelonnette : prairie de Longet. (*Gacogne*)

211. A. ALPESTRE. L. — G. G., 1, p. 117. — ♃. Juin-août.

A.-M. — Région alpine. (*Ard.* d'après *De Notaris*)

B.-A. — La Condamine : vallon de Bérard. (*Abbé Jean!*)

212. A. SERPYLLIFOLIUM. Desf. — G. G., 1, p. 117 . ♃. Juin, juillet.

Var. — Pierres et broussailles de la Cabrière près de Draguignan. (*Albert!*)

Vaucl. — Malaucène, dans la gorge dite la Cadière, à la base du mont Ventoux. (*Fabre!*)

213. A. MARITIMUM. Lmk. — G. G., 1, p. 118. — ♃. Presque toute l'année.

Commun dans les champs, les lieux incultes du littoral de toute la Provence.

214. A. halimifolium. L. — G. G., 1, p. 119. — ♃. Mai, juin. — Rochers de la région montagneuse.

A.-M. — Au-dessus de Menton. Sospel. Saorgio. Saint-Sauveur. Au confluent du Var et de la Tinée ; Sigale et Gars dans la vallée de l'Esteron. La Caille et Saint-Auban. Saint-Vallier. (*Ard.*)

215. A. spinosum. L. — G. G., 1, p. 119. — ♃. Mai, juin.

Var. — Crête des hauteurs entre le Baou de Quatro-houros et Touris. (*Reynier !*) Sommet du mont Faron. (*Huet !*) Pic de Coudon. (*Robert*)

**Clypeola. L.**

216. C. Jonthlaspi. L. — G. G., 1, p. 120. — ☉. Avril, mai. — Cette espèce, très variable par ses silicules petites, glabres ou glabres-ciliées sur le bord, hispides sur le disque ou entièrement hispides, présente deux formes principales :

α. *genuina*. — Silicules assez grandes, orbiculaires, planes-comprimées, émarginées, glabres, ciliées ou hispides, à disque convexe ; graine occupant le quart de la silicule.

B.-R. — Marseille : Montolivet, Saint-Julien, les Martégaux ; Saint-Tronc. Pas-des-Lanciers. Eyguières. (*Roux*) Martigues. (*Autheman !*)

Var. — De Saint-Zacharie à la Sainte-Baume. (*Roux*) Baou de Quatro-houros. (*Abbé Mulsant !*) Ampus. (*Albert !*)

β. *microcarpa*. — *C. Gaudini*. Trachsel., in Flora, 1831, n° 43, p. 737. — *C. microcarpa*. Choulette, Fragm. floræ alger. exsicc. — *C. pyrenaica*. Bordère et DR. in Semin. horti burdigalensis, 1866. — Silicules plus petites que dans le type, orbiculaires ou un peu ovales, planes-comprimées, émarginées, glabres, ciliées ou plus ou moins hispides, à disque convexe ; graine n'occupant que la moitié de la silicule.

B.-R. — Marseille : vallon de Morgiou ; Luminy ; la Gineste ; Saint-Jean du désert ; Montolivet ; Saint-Julien ; les Martégaux. La Ciotat. (*Roux*) Entre Lauron et Carro près de Martigues. (*Autheman !*)

217. C. GRACILIS. Planchon, in Bull. Soc. bot. de France, V, p. 494. — Silicules petites, subovales, convexes, vaguement émarginées, toujours très hispides, d'un vert jaunâtre, ou violettes, disque non apparent.

B.-R. — Marseille : sables dolomitiques de Mazargues ; versant méridional de la Tête de Carpiagne ; vallon du Rouet, au pied du Pilon du Roi ; à droite et au-dessus du vallon de Passo-temps à la Treille. (*Roux*)

**Draba.** L.

218. D. PYRENAICA. L. — G. G., 1, p. 121. — ♃. Juin-août.

A.-M. — Col de Tende. Col de Fenestre. (*Ard.*)

B.-A. — Crêtes des montagnes au-dessus de Cavière. (*Abbé Jean !*)

219. D. AIZOIDES. L. — G. G., 1, p. 122. — ♃. Mai, juin.

Var. — Sur les rochers du sommet de Morgès à Aiguines. (*Albert !*)

A.-M. — Assez commun dans toute la région alpine. (*Ard.*)

Vaucl. — Sommet du mont Ventoux. (*Roux*)

220. D. TOMENTOSA. Wahl. — G. G., 1, p. 125. — ②. Juillet.

A.-M. — Ça et là dans toutes les Alpes-Maritimes. (*Ard.*)

B.-A. — Faillefeu près Prads. (*Mulsant*)

221. D. WAHLENBERGII. Hartm. — G. G., 1, p. 124. — ♃. Juillet, août. — Région alpine.

A.-M. — Col de Jallorgués. (*Ard*)

222. D. MURALIS. L. — G. G., 1, p. 124. — ☉. Mai, juin.

B.-R. — Quartier de la Louve et de Puyricard. (*F. et A.* d'après *Garidel*)

Var. — Dans un bouquet de pins à la descente du Baou de Bretagne au Plan d'Aups, et au bas des rochers ombragés d'un vallon de la route de Saint-Zacharie à la Sainte-Baume. (*Roux*) Pierrefeu. (*Chambeiron !*) Le long des haies au Luc et à Fréjus. (*Hanry*)

A.-M. — Rochers de Sainte-Agnès au-dessus de Menton. Monaco. Sanctuaire de Laghet. Biot. Vaucluse près de Mouans (*Ard.*)

223. D. VERNA. L. — G. G., p. 125. ⊙. Au premier printemps. — Cette espèce variable soit dans ses silicules, soit par la forme de ses feuilles et sa pubescence, offre dans nos environs quatre formes assez bien caractérisées :

α. *stenocarpa*. — *Erophila stenocarpa*. Jord. — Silicules presque linéaires; feuilles à poils rameux.

B.-R. — Marseille : bord des chemins à Montolivet, Saint-Tronc, bords du Jarret, etc.

β. *glabrescens*. — *E. glabrescens*. Jord. — Silicules oblongues-elliptiques ; feuilles étroites.

Var. — Sur les emplacements où l'on a fait du charbon, à la descente du Baou de Bretagne au Plan d'Aups.

γ. *majuscula*. — *E. majuscula*. Jord. — Silicules ovales-oblongues; feuilles larges et très pubescentes.

B.-R. — Commune à Marseille : sables de Mazargues ; la Gineste ; champs aux Martégaux ; la Treille, Pichaury ; les Pennes, etc.

δ. *brachycarpa*. — *E. brachycarpa*. Jord. — Silicules ovales ou presque orbiculaires, arrondies à leur sommet.

B.-R. — Marseille : bord des chemins à Montolivet, à Saint-Julien, dans les champs aux Martégaux, aux Aygalades, dans les sables de Mazargues, etc.

**Roripa.** Besser.

224. R. PYRENAICA. Spach. — G. G., 1, p. 126. — ♃. Mai, juin.
A.-M. — Mine de Tende. (*Ard.*)

225 R. AMPHIBIA. Bess. — G. G., 1, p. 126. — ♃. Juin, juillet.
B.-R. — Bords des roubines de Montmajour à Arles. (*Roux*)
Var. — Roquebrune, le Muy. (*Hanry*)
A.-M. — Rare. Fossés et ruisseaux à Saint-Martin du Var. (*Ard.*)

**Cochlearia.** L.

226. C. GLASTIFOLIA. L. — G. G., 1, p. 127. — ②. Mai, juillet.

B.-R. — Parmi les roseaux des bords de l'étang de Berre, à la Mède près de Martigues, où il est rare ; commun sur les bords de la Durançole, depuis le pont du chemin de fer jusqu'au moulin de Merveille ; contre les falaises humides de l'étang, entre Berre et Saint-Chamas. (*Roux*)

**Kernera.** Medik.

227. K. SAXATILIS. Rchb. — G. G., 1, p. 126. — ♃. Juin, juillet.
Var. — Rochers de Morgès à Aiguines. (*Albert!*)
A.-M. — Col de Tende. Au-dessus de Saint-Martin Lantosque (*Ard.*)

**Myagrum.** Tournef.

228. M. PERFOLIATUM. L. — G. G., 1, p. 129. — ⊙. Mai, juin. — Dans les champs et les moissons ; rare en Provence.
B.-R. — Marseille : dans les dernières cultures du vallon du Rouet (*Roux*) ; à l'entrée du vallon de l'Évêque à Saint-Loup (*Reynier!*) Vallon de Vède à Auriol (*Roux*). Dans un champ maigre au quartier de Barret. (*F. et A.* d'après *Garidel*)
Var. — Champs sablonneux à Flassans. (*Hanry*)
A.-M. — Nice. (*Ard.* d'après *Risso* et *Montalivo*)

**Camelina.** Crantz.

229. C. SYLVESTRIS. Wallr. — G. G., 1, p. 130. — ⊙. Mai-juillet.
— Champs ; rare.
B.-R. — Dans les blés à Gignac près de Marignane. (*Autheman!*) Moissons entre Saint-Paul-lez-Durance et le château de Cadarache. (*Roux*)

230. C. SATIVA. Friès. — G. G., 1, p. 130. — ⊙. Mai-juillet.
B.-R. Très-rare à Marseille et toujours parmi les décombres. Entre les Mille et la Pioline, près d'Aix (un seul pied !) (*Roux*) Champs cultivés au Gour-de-Martelli, 1859, et aux Trois-Bons-Dieux, 1868. (*F. et A.*)
A.-M. — Rare. Menton. Port de Mala, près de Monaco. Nice. (*Ard.*)

**Neslia.** Desv.

231. N. paniculata. Desv. — G. G., 1, p. 132. — ☉. Mai-juillet.
Commune dans les moissons de toute la Provence.

**Calepina.** Adans.

232. C. Corvini. Desv. — G. G., 1, p. 132. — ☉. Mars-mai.
B.-R. — Marseille : dans un pré aux Crottes, près de la vieille église ; bords du ruisseau aux Cadenets ; traverse de Saint-Loup à Pons-de-Paou. (*Roux*) Bord de l'Huveaune : entre la route de Gémenos et le chemin de Saint-Jean de Garguier. (*Reynier!*) Bords de la route à Aix. (*Autheman!*) Quartier de Fenouillère, pré au couchant où il abonde. (*F. et A.*)

**Bunias.** R. Brown.

233. B. Erucago. L. — G. G, 1, p. 133. — ☉. Juin, juillet. — Nous n'avons, en Provence, que la forme à silicules fortement ailées.
B -R. — Rare aux environs de Marseille : Bonnevaine (*Roux*) ; sous le Moulin du-Diable (*Reynier!*). Marignane. Simiane. Commun dans le territoire d'Aix, dans tous les champs, les graviers de l'Arc. (*Roux*)
Var. — Plan d'Aups. (*Roux*) Commun dans les lieux cultivés. (*Hanry*)
A.-M. — Moissons, mais rare dans la région littorale. Une seule fois à Menton. Villefranche. La Napoule. Berre. Utelle. Grasse. (*Ard.*)

**Isatis.** L.

234. I. tinctoria. L. — G. G., 1, p 133. — ②. Mai, juin.
Lieux incultes, bord des champs dans toute la Provence.

**Biscutella.** L.

235. B. auriculata. L. — G. G., 1, p. 134. — ☉. Mai, juin.
Var. — Toulon. (*G. G.*) Je ne l'ai jamais reçue de cette localité.

236. B. hispida. D. C. — *B. Burseri.* Jord. — *B cichoriifolia.* G. G., 1, p. 135 (*ex parte*). — ☉. Juin-juillet.

Var. — Bormes. (*Chambeyron !*) Ampus. (*Albert !*) Toulon. Aups. Roquebrune. (*Hanry*) Collobrières. Fréjus. (*G. G.*)

A.-M. — Menton : au port Saint-Louis. Monaco : au port de Mala. Braus. Brouis. Saorgio. La Briga. Tende. Le Chaudon. Beuil. Roubion. Saint-Sauveur. Saint-Martin Lantosque. Le Bar. Saint-Arnoux. Gars. Le Mas. (*Ard.*)

B.-A. — Au fort de Tournoux. La Condamine près de Barcelonnette. (*Roux*) Col de Saint-Pierre près de Sisteron. (*G.G.*)

237. B. LÆVIGATA. L. — G. G., 1, p. 136. — ♃. Mai-juillet.

β. *dentata*. — *B. lævigata*. D. C.

B.-R. — Martigues. (*Autheman !*) Les Milles près d'Aix. D'Aubagne à Garlaban. Saint-Jean de Garguier. De Gémenos à Saint-Pons. Vallon de Vède à Auriol. (*Roux*)

γ. *intermedia*. — *B. ambigua*. D. C.

B.-R. — Marseille : vallons de la Panouse, de Morgiou, etc.

Var. — La Sauvette des Mayons. (*Hanry !*)

B.-A. — Sommet des Boules à Faillefeu près de Prast. La Condamine près de Barcelonnette. (*Roux*)

δ. *pinnatifida*. — *B. coronopifolia*. All.

Var. — Abonde dans le bois de la Sainte-Baume. (*Roux*)

**Iberis**. L.

238. I. AUROSICA. Vill. — G. G., 1, p. 137. — ♃. Juillet, août.

A.-M. — Alpes de Viosennes. Mont Bégo. Mont Monnier. (*Ard.*)

Vaucl. — Sommet du mont Ventoux. (*Roux*)

239. I. PINNATA. Gouan. — G. G., 1, p. 137. — ♃. Mai, juin.

B.-R. — Marseille : Saint-Julien ; les Martégaux ; la Treille ; Saint-Loup. Roussargues. (*Roux*) Aix. (*F. et A.*)

Var. — Le Luc. Fréjus. Aups. Fox-Amphoux. (*Hanry*)

A.-M. — Menton. Nice. Col de Braus. Tende : Châteauneuf près de Grasse. (*Ard.*)

240. I. CILIATA. All. — G. G., 1, p. 138. — ②. Juin.

B.-R. — Marseille : vallon des Tuves à Saint-Antoine (*Reynier !*); vallon du Nègre à Château-Gombert ; vallon de la Vache à la Bourdonnière ; au-dessus de la gare de

Rognac. (*Roux*) Meyrargues. (*Autheman !*) Au domaine de Parouvier et dans le vallon de ce nom. (*F. et A.*)

Var. — Brignoles, Toulon. (*Hanry*)

A.-M. — L'Escarène. Contes. Tourrette. Levens. Puget-Théniers. Cabris près de Grasse. (*Ard.*)

Vaucl. — Mornas. (*G. G.*)

241. I. UMBELLATA. L. — Ard., Fl. Alp.-Marit., p. 42. — ⊙. Juillet, août.

A.-M. — Nice à Bellet et aux environs de Lingostiera près du Var. Saint-Martin Lantosque. L'Estérel.

242. I. LINIFOLIA. L. — G. G., 1, p. 138. — ②. Presque toute l'année.

B.-R. — Marseille : hauteurs de Fontaine d'ivoire à Mazargues ; Saint-Tronc ; vallons de Toulouse, de l'Évêque et Puits-de-Paul, à Saint-Loup, etc. Roquevaire. Saint-Jean de Garguier : dans les vallons des Signores et de Saint-Clair. Coteaux de la rive droite de l'Arc au-dessus d'Aix. (*Roux*) Le Montaiguet. (*F. et A.*)

Var. — Coteaux du calcaire jurassique au-dessus du Luc. (*Roux*) Partégal près de Toulon. (*Huet et Jacquin !*) Coteaux secs à Toulon, au Luc, à Fox-Amphoux, à Barjols. (*Hanry*) Fréjus. (*G. G.*)

A.-M. — Nice. Le Chaudan. Valbonne. Grasse. L'Estérel. (*Ard.*)

Vaucl. — Orange. (*G. G.*)

243. I. GARREXIANA. All. — G. G., 1, p. 139. — ♃. Juin, juillet.

A.-M. — Col de Tende. Carlin. Tanarello. Entre la Tour et Saint-Sauveur.

B.-A. — Rare. Vallon d'Horonaye près de l'Arche. (*Chavanis !*) L'Arche à Clapière, chemin d'Ornanie. (*Abbé Olivier !*)

244. I. SAXATILIS. L. — G. G., 1, p. 140. — ♃. Mai, juin.

B.-R. — Sommet du mont Sainte-Victoire près d'Aix. Environs de Roquefourcade. (*Roux*) Tête de Carpiagne. (*Reynier !*)

Var. — Haut du bois de la Sainte-Baume. (*Roux*) Montrieux. (*Huet et Jacquin !*) Rochers de Morgès à Aiguines (*Albert !*)

A.-M. — Tende. Montagnes de Caussols et du Cheiron au-dessus de Grasse. (*Ard.*)

B.-A. — Sisteron. (*G. G.*)

Vaucl. — Sommet du mont Ventoux. (*Roux*)

**Teesdalia. R. Brown.**

245. T. Lepidium. D. C. — G. G., 1, p. 142. — ☉. Mars, avril. Lieux sablonneux; rare en Provence

Var. — Le Luc à la Pardiguières. La Garde-Frainet. (*Hanry*) Les Maures du Luc aux Mayons. (*Roux*)

A.-M. — Berre. Saint-Cassien sur Siagne. (*Ard.*)

**Æthionema. R. Brown.**

246. Æ. saxatile. R. Brown. — G. G., 1, p. 142. — ♃. Mai, juin. Rochers, lieux secs et montueux.

B.-R. — Marseille: vallon de Toulouse, à Saint-Tronc; vallon de la Panouse; vallon de l'Evêque à Saint-Loup; Saint-Marcel; La Treille; etc. Saint-Pons de Gémenos. Cuges: vallon de Sainte-Madeleine et autres. (*Roux*) Vallon de Grivoton au Montaiguet près d'Aix. (*F. et A.*) Route de Saint-Zacharie à la Sainte-Baume (*Roux*) Bagnol. (*Perreymond*) Toulon. (*G. G.*)

A.-M. — Saorgio. Castillon. Nice. Le Chaudan. Touët-de-Beuil. Vence. Grasse. Gourdon. (*Ard.*)

**Thlaspi. Dill.**

247. T. arvense. L. — G. G., 1, p. 143. — ☉. Mai-septembre. Champs et moissons.

B.-R. — Cultures dans la plaine d'Aubagne à Gémenos; rare et rabougri. (*Reynier!*)

Var. — Fréjus. (*Perreymond*)

A.-M. — Assez rare. Nice au Var. Tende. Vallon de Fenestre. Estenc. (*Ard.*)

B.-A. — Assez commun à Blégiers, à Prast, à Tercier; à la Foux, route d'Allos à Barcelonnette. (*Roux*)

248. T. perfoliatum. L. — G. G., 1, p. 144. — ②. Mars-mai. Champs, pelouses, haies et bois de toute la Provence.

249. T. alliaceum. L. — G. G., 1, p. 144. — ②. Mai, juin.
   Var. — Rare. Bord des prés le long du Reyran près de Fréjus. (*Perreymond*) Draguignan. (*G. G.*)
   A.-M. — Rare. Trouvé par M. Goati à la Foux de Mouans près de Grasse, et entre Saint-Auban et Castellane par M. Loret. (*Ard.*)

250. T. alpestre. L. — G. G., 1, p. 146. — ②. Avril–juillet.
   A.-M. — Tende. Saint-Martin Lantosque. Clans. Valdiblora. (*Ard.*)
   B.-A. — Forêt de Faillefeu près de Prast. (*Roux*)

251. T. rotundifolia. Gaud. — G. G., 1, p. 147. — ♃. Juin, juillet.
   A.-M. — Assez abondant dans toute la région alpine. (*Ard.*)
   B.-A. — La Condamine : au sommet du vallon de Bérard. (*Abbé Jean !*)

**Capsella.** Vent.

252. C. Bursa-pastoris. Mœnch. — G. G., 1, p. 147. — ☉. Mars-décembre.
   Commune dans les cultures, au pied des murs, etc., dans toute la Provence.

253. C. rubella. Reut. Soc. Hall., 1854, p. 18. et in Bill. Annot., 124. — *C. rubescens.* Personnat in Bull. Soc. bot. de Fr., VII, p. 511. — ☉. Presque toute l'année.
   Cette espèce, qui a été longtemps confondue avec la précédente, se rencontre à Marseille : sur les bords du Jarret ; à Montolivet ; à Saint-Julien ; les Martégaux, etc., etc.

**Hutchinsia.** R. Brown.

254. H. alpina. R. Brown. — G. G., 1, p. 147. — ♃. Avril-juillet.
   A.-M. — Assez répandue dans toute la région montagneuse. (*Ard.*)
   B.-A. — La Condamine : vallon de Bérard. (*Abbé Jean !*)

255. H. petræa. R. Brown. G. G., 1, p. 149. — ☉. Avril, mai.
   Vieux murs, lieux pierreux, rochers, coteaux, etc. Commun dans toute la Provence.

256. H. procumbens. Desv. — G. G., 1, p. 149. — ⊙. Mars, avril.
Lieux humides, sablonneux des bords de la mer, des étangs, etc.

B.-R. — Marseille : anse de Malmousque (*Reynier!*) ; autrefois sous la tour des Catalans ; île de Pomègue ; plage des Goudes ; calanque de la Mounine ; à l'entrée d'une petite grotte à gauche du vallon du Rouet, presque à son entrée par Château-Gombert (*Roux*). Sous les tamarisques des bords de l'étang de Berre, à la Mède près de Martigues. (*Roux*)

Var. — Aux salines d'Hyères. (*Huet et Jacquin !*) Isthme de Giens, aux salines neuves. (*Hanry*)

A.-M. — Ile Saint-Honorat : à la batterie des Républicains. (*Reynier!*)

**Lepidium. L.**

257. L. sativum. L. — G. G., 1, p. 149. — ②. Juin, juillet.
Cultivé, parfois échappé des cultures.

258. L. campestre. R. Brown. — G. G., 1, p. 149. — ②. Juin, juillet.

B.-R. — Lieux herbeux des Alpines près d'Eygalières. (*Roux*) Bord du chemin de Gardanne : entre le moulin et le domaine de M. Jannet. (*F. et A.*)

Var. — Champs incultes. (*Hanry*) Prairies du bord des bois de la Sainte-Baume et champs voisins. (*Roux*)

A.-M. — Champs, bords des chemins montagneux, rare dans la région littorale. (*Ard.*)

259. L. hirtum. D. C. — G. G., 1, p. 150. — ♃. Mai, juin.

B.-R. — Luminy près de Marseille. Roussargues. Pichaury. Cassis. Vauvenargues. Simiane. Montée de Saint-Jean de Tretz. (*Roux*) Vallon des Gardes et de Saint-Donat. Entre le Prignon et Collongue. (*F. et A.*) Lieux montueux à Châteauneuf. (*Autheman!*)

Var. — Bois de la Sainte-Baume. (*Roux*) Gonfaron. Le Luc. Touris. Fréjus. (*Hanry*) Ampus. (*Albert !*)

A.-M. — La Turbie. Nice : au Vinaigrier et au mont Chauve. Levens. Antibes. Grasse et Saint-Vallier. (*Ard.*)

260. L. GRAMINIFOLIUM. L. — G. G., 1, p. 152. — ♃. Juin-octobre.

Très-commun sur le bord des chemins, au pied des vieilles murailles, et dans les lieux incultes de presque toute la Provence.

261. L. LATIFOLIUM. L. — G. G., 1, p. 152. — ♃. Juin, juillet.

B.-R. — Marseille : bord des prairies du moulin Barret à la Capelette ; à la minoterie sous Saint-Loup. (*Roux*) Quartier de Fenouillère ; aux murs du bassin du domaine de M. Fouquet. (*F. et A.*) Aix : Pont de Béraud. Miramas : au Moulin-Neuf. (*Castagne*) Les Alpines. (*Jacquemin*) Rochers du bord de l'étang de l'Estomac sous Fos-lez-Martigues. (*Autheman !*)

Var. — Le long des ruisseaux à Hyères, au Luc et à Fréjus. (*Hanry*)

A.-M. — Rare. Le Bar et parc du château de Gourdon au-dessus de Grasse. (*Ard.*)

262. L. DRABA. L. — G. G., 1, p. 153. — ♃. Mai, juin.

Commun dans les champs, le long des fossés des chemins et dans les lieux incultes de toute la Provence.

**Senebiera.** Pers.

263. S. CORONOPUS. Poir. — G. G., 1, p. 153. — ⊙. Juin-août.

B.-R. — Rare. Port de Bouc près de Martigues. Bord de l'étang de Berre entre Miramas et Istre, avant le grand banc d'huîtres. Près d'une écluse de l'Arc, en-dessous de la route de Marseille à Aix. (*Roux*) Sur le bord de la route d'Avignon, entre la gare et le château de la Calade, 1869. (*F. et A.*)

Var. — Commun à la Palud près de Fréjus. (*Hanry*)

A.-M. — Rare. Au bord des chemins à Nice. (*Ard.*)

264. S. PINNATIFIDA. D. C. — G. G., 1, p. 154. — ⊙. Juin-août.

Cette plante américaine a été quelquefois trouvée aux alentours de Marseille, mais parmi les décombres ou dans les lavoirs à laines. Robert dit l'avoir rencontrée à la Grosse-Tour et à la Garde près de Toulon; sans doute accidentellement.

**Cakile.** Tournef.

265. C. MARITIMA. Scop. — G. G., 1, p. 154, v. *australis*. Coss. — C. *littoralis* Jord., Diagn. 345. — ⊙. Juin–septembre.
Sables et graviers des bords de la mer et des étangs maritimes.

**Rapistrum.** Boerh.

266. R. RUGOSUM. All. — G. G., 1, p. 156. — ⊙. Mai, juin.
B.-R. — Rare à Marseille: Bonneveine, le Verdaou à Saint-Julien. Commun dans l'arrondissement d'Aix: aux Pas-des-Lanciers, Marignane, Martigues, Fos, Roquefavour, Les Milles, Aix. (*Roux*)
Var. — Hyères, Le Luc. Fréjus. (*Hanry*) Plan d'Aups (*Roux*)
A.-M. — Assez commun au bord des chemins. (*Ard.*)
B.-A. — Hautes cultures de Cousson à Digne. (*Roux*)

267. R. LINNÆANUM. Boiss. et Reut. — G. G., 1, p. 156.
B.-R. — Marseille: çà et là, parmi les décombres et dans les champs; bords du Jarret; parmi les vignes au Verdaou à Saint-Julien; bords du canal de Saint-Loup à Saint-Marcel; la Valentine; minoteries sous Saint-Loup et à la Pomme; Saint-Giniez; île de Pomègue. Roquevaire. (*Roux*) Champs cultivés à Gignac près de Marignane. (*Autheman !*)
Var. — Dans un champ au Luc. (*Roux*)
*Variété à fruits pubescents.* — Marseille: bords du Jarret; bords du canal entre Saint-Loup et Saint-Marcel. (*Roux*)

## CAPPARIDÉES

**Capparis.** L.

268. C. SPINOSA. L. — G. G., 1, p. 159. — ♃. Juin, juillet. Sur les murs des champs montueux; dans les terrains secs et graveleux.
B.-R. — Marseille. Gémenos. Saint-Jean de Garguier. Cuges.

Var. — Solliès-Pont, La Valette. Belgentier. (*Hanry*)

A.-M. — Cultivé et subspontané dans la région littorale où il ne donne que bien rarement des fruits fertiles. (*Ard.*)

269. C. RUPESTRIS. Smith. — Ardoino, Fl. Alp.-Marit., p. 46. — ♃. Mai - août.

Var. — Vieux murs au Cannet du Luc. (*Hanry*) Fréjus. (*Traherne Moggridge!*)

A.-M. — Subspontané à Villefranche où il fructifie abondamment. (*Ard.*)

## CISTINÉES

Cistus. Tournefort.

270. C. LAURIFOLIUS. L. — G. G., 1, p. 162. — ♃. Juin. Collines sèches du Midi.

Vaucl. — Apt, Avignon. (*G. G.*)

271. C. LADANIFERUS. L. — G. G., 1, p. 162. — ♃. Mai, juin.

Var. — Bois de pins et bruyères à Fréjus. Bagnol. Roquebrune. (*Hanry*) Entre le Muy et le Puget. (*G. G.*)

A.-M. — L'Estérel. (*Giraudy!*)

272. C. ALBIDUS. L. — G. G., 1, p. 163. — ♃. Mai, juin.

Très-commun sur les coteaux pierreux et dans les bois de pins de toute la région littorale de la Provence.

273. C. CRISPUS. L. — G. G., 1, p. 163. — ♃. Mai, juin.

Var. — Les Sablettes près de la Seyne (*Huet!*) Cap Cepet près de Toulon. (*Mulsant!*) Fréjus. (*Perreymond!*) Bois rocailleux près de Saint-Raphaël. (*Roux*)

A.-M. — Cannes (*Ard.*) Ile Sainte-Marguerite. (*Traherne Moggridge!*)

Vaucl. — Avignon. (*G. G.*)

274. C. SALVIÆFOLIUS. L. — G. G., 1, p. 164. — ♃. Mai, juin.

Commun dans les lieux secs et montueux, dans les vallons, les bois de pins, etc., sur tout le littoral de la Provence ; remonte jusqu'au pied des Alpes.

275. C. LEDON. Lamk. — G. G., 1, p. 166. — ♃. Mai, juin.

B.-R. — Marseille. (*G. G.*) Je ne l'y ai jamais rencontré.

Var. — Ile de Porquerolle. (*Huet!*) Fréjus (*G. G.*) où M. Hanry ne le cite pas.

276. C. MONSPELIENSIS. L. — G. G., 1, p. 166. — ♃. Juin.

Lieux incultes, vallons et coteaux pierreux, bois de pins, etc., dans toute la région littorale de la Provence.

277. C. MONSPELIENSI–SALVIÆFOLIUS. Loret, Fl. Montp. p. 67. — *C. porquerollensis*. Huet et Hanry, Bull. Soc. Bot. de Fr., t. 7, p. 345. — *C. olbiensis*. Huet et Hanry, Bull. soc. d'étud. scient. de Draguignan, année 1860, p. 145. — ♃. Juin.

Var. — Hyères : au Ceinturon ; aux Pesquiers ; à la presqu'île de Giens. Ile de Porquerolles. Le Luc. Les Mayons. (*Huet et Hanry !*)

**Helianthemum.** Tournef.

278. H. LEDIFOLIUM. Willd. — *H. niloticum*. G. G., 1, p. 167. — ⊙. Mai, juin.

B.-R. — Rare. Rive escarpée du bord de l'Arc, à l'est et tout près du village des Milles. (*Roux*) Bord du petit chemin des Milles vers le Gour de Martelli. (*F. et A.*) Talus du chemin descendant de la route de Martigues au hameau de la Mède (*Roux*) et bord du sentier montant de la même route vers les collines près de la maison du garde du chemin de fer. (*Autheman!*)

279. H. SALICIFOLIUS. Pers. — G. G., 1, p. 167. — ⊙. Mai, juin.

B.-R. — Marseille : Notre-Dame de la Garde. Saint-Tronc. Carpiagne. La Gineste. Luminy, etc. Roquefavour. Saint-Jean de Tretz. (*Roux*) Cuques. (*F. et A.*) Martigues. (*Autheman !*)

Var. — Hauteurs de la Sainte-Baume. (*Roux*) Fréjus. Aups. (*Hanry*) Ampus. (*Albert!*)

A.-M. — Nice : au mont Gros. Cannes. Saint-Vallier. La Malle au-dessus de Grasse. (*Ard.*)

Vaucl. — Avignon. (*G. G.*)

280. H. intermedium. Thib. — G. G., 1, p. 168. — ☉. Mai, juin.

B.-R. — Cette espèce rare a été rencontrée dans les lieux secs et incultes au Pas-des-Lanciers et à Saint-Mitre, par M. Autheman.

281. H. lavandulæfolium. D. C. — G. G., 1, p. 168. — ♃. Mai, juin.

B.-R. — Marseille : sables de Bonnevaine et de Mazargues ; cap Croisette, au nord du coteau dominé par l'ancienne batterie et jusqu'à Callelongue ; dolomies des vallons de Toulouse et d'Évêque près de Saint-Loup, de Notre-Dame des Anges, du vallon de la Nerthe. Sur les falaises marneuses derrière le château de Cassis, au lieu dit Banc-des-Lombards. Sous le Baou de Canaille entre Cassis et La Ciotat. Vallon de la Bourdonnière. (*Roux*) Falaises escarpées de Fegeirolles, entre Sainte-Croix et la Couronne. Sur les hauteurs qui dominent l'étang desséché de Courtine entre Martigues et Saint-Mitre. (*Autheman !*)

Var. — Toulon. (*G. G.*) Il est douteux que cette espèce s'y rencontre. M. Hanry ne la signale que d'après Mutel (1834) ; or, Robert dans son Catalogue (1838) ne la mentionne pas.

282. H. hirtum. Pers. — G. G., 1, p. 169. — ♃. Juin, juillet.

B.-R. — Marseille : vallons de la Panouse, de la Nerthe ; hauteurs des vallons de Saint-Pons, de Saint-Clair, etc. (*Roux*) Cuques, Colline des Pauvres. (*F. et A.*)

Var. — Touris. (*Robert*)

Vaucl. — Avignon. (*G.G.*)

β. *albiflorum*. G. G., loc. cit.

B.-R. — Lieux incultes à la Mède près de Martigues ; à Gignac près de Marignane. (*Autheman !*) Vallon du Rouet vers Notre-Dame des Anges. Vallons de Saint-Clair et de Saint-Pons. (*Roux*) Montmajour près d'Arles. (*D.C.*)

Var. — Toulon : au Baou de Quatre-houros. (*Robert*) Aups. (*Hanry*)

Vaucl. — Entre Gadagne et Morières. (*Th. Brown*)

283. H. vulgare. Gærtn. — G. G., 1, p. 169. — ♃. Mai, juin.

α. *tomentosum.* G. G., loc. cit.

B.-A. — Bois de pins sur le bord de l'Ubaye vis-à-vis de la Condamine près de Barcelonnette. (*Roux*)

β. *virescens.* G. G., loc. cit.

B.-R. — Vallons de Barret et des Pinchinats. (*F. et A.*) Bord des prés au Tholonet, à Simiane. Chaîne de l'Étoile. Vallons et hauteurs de Gémenos. Baou de Bretagne, etc. (*Roux*) Vallon de Carpiagne. (*Castagne*)

Var. — Sainte-Baume. (*Roux*) Terres arides et incultes, le long des haies ; commun. (*Hanry*)

A.-M. — Assez commun de Monaco à Nice, d'où elle remonte jusqu'aux Alpes. La variété à fleurs roses abonde à Menton, à Levens et à Aiglun. (*Ard.*)

284. H. Jacquini. Willk. — Ard., Fl. Alp.-Marit., p. 49. — ♃. Avril-juin.

A.-M. — N'est pas rare à Menton, mêlé à la variété à fleurs roses de l'espèce précédente. (*Ard.*)

285. H. glaucum. Boiss. — Ard., Fl. Alp-Marit., p. 49. — ♃. Juin.

A.-M. — Environs de Nice. La Maria. Saint-Etienne. (*Ard.*)

286. H. polifolium. D. C. — G. G., 1, p. 170. — ♄. Mai, juin.

B.-R. — Marseille : chaîne de l'Étoile ; la Nerthe ; crête entre le vallon de Saint-Cyr et de Valbarelle à Saint-Loup. Vallon de Saint-Clair. Roussargues. (*Roux*) La Crau. (*Castagne*) Quartiers de Barret, de Mouret près d'Aix. (*F. et A.*)

Var. — Sommet de Saint-Cassien à la Sainte-Baume. (*Roux*) Le Thoronet. (*Hanry*)

A.-M. — Montagnes du Cheiron, du Ferrion, de Braus et de Brouis. Tende. La variété à fleurs roses à Villefranche et à la Giandola. (*Ard.*)

Vaucl. — Avignon. (*G. G.*)

287. H. pilosum. Pers. — G. G., 1, p. 170. — ♄. Mai, juin.

B.-R. — Marseille : sables de Mazargues ; vallon de la Panouse ; etc.

Var. — Mouriès près de Toulon. (*Robert*) La Sauvette des Mayons. (*Roux*) Ampus. (*Albert !*)

A.-M. — Le Chaudan. Montagne de Cheiron. (*Ard.*)

Vaucl. — Avignon. (*G. G.*)

288. H. ITALICUM. Pers. — β. *alpestre* et γ. *micranthum*. G. G., 1, p. 171. — ♃. Mai, juin. Ces deux variétés croissent ensemble, peut-être avec d'autres formes, sur les rochers, dans les lieux secs, les bois montueux depuis la région littorale jusqu'aux points les plus élevés de la Provence.

B.-R. — Marseille : hauteurs de Saint-Loup, de Saint-Cyr, de Luminy; etc. Roquefavour. Aix. Orgon. Saint-Pons de Gémenos, etc. (*Roux*) Velaux (*Autheman !*)

Var. — Sainte-Baume. (*Roux*)

A.-M. — Au-dessus de Menton. Col de Braus. Montagnes du Ferrion et du Cheiron. (*Ard.*)

B.-A. — Digne. Faillefeu. La Vachère et sommet des Boules près de Prast. (*Roux*)

289. H. CANUM. Dun. — G. G., 1, p. 171 —. ♃. Juin, juillet.

Vaucl. — Rocailles du sommet du mont Ventoux. (*Roux*)

290. H. MARIFOLIUM. Dun. — β. *tomentosum*. G. G., 1, p., 277. — ♃. Mai, juin.

B.-R. — Commun sur les côteaux calcaire ou de mollasses qui entourent les étangs de Marignane, de Berre, de Caronte, etc. Les Pennes. Rognac. Saint-Chamas. Miramas. Istres. Saint-Mitre. De Port de Bouc à Martigues, etc.(*Roux*) Vallon du Baou entre Roquefavour et Rognac. (*F. et A.*)

291. H. LUNULATUM. D. C. — Ard., Fl. Alp.-Marit., p. 47. — ♃. Juillet.

A.-M. — Alpes de la Briga, de Tende et de Limon, et plus particulièrement entre Carlin et le Rio freddo. (*Ard.*)

292. H. GUTTATUM. Mill. — G. G., 1, p. 172. — ☉. Juin, juillet.

B.-R. — Rare. Notre-Dame de la Garde de la Ciotat. (*Roux*) Chaîne de l'Estaque ? (*Castagne*) Aix ? (*G. G.*) il n'y est pas indiqué par MM. De Fontvert et Achintre.

Var. — Bois de Pipière près de Saint-Nazaire. Vallon de la Sauvette aux Mayons. (*Roux*) Toulon. Le Luc. Forêt des Maures. Fréjus. (*Hanry*).

A.-M. — La Roquette. Cannes. Antibes. Nice. Menton. (*Ard.*)

Vaucl. — Avignon. (*G. G.*)

293. H. TUBERARIA. Mill. — G. G., 1, p. 173. — ♃. Juin, juillet. Terrains sablonneux.

Var. — La Seyne : aux Sablettes. (*Abbé Mulsant!*) Bois des Maures du Luc aux Mayons. (*Roux*) Fréjus. (*Abbé Mulsant!*) Iles d'Hyères. (*G. G.*)

A.-M. — Vallon de la Sainte-Baume du cap Roux, dans la chaîne de l'Estérel. (*Reynier!*) Cannes. (*Traherne Moggridge!*) Contes. Berre. La Roquette. (*Ard.*)

**Fumana.** Spach.

294. F. PROCUMBENS. G. G., 1, p. 174. — ♃. Mai-juillet.

B.-R. — Rare. Coteaux secs des environs d'Aix. (*F. et A.*) Sables de l'Arc, aux Milles. (*Roux*)

A.-M. — Embouchure du Var. Tende. Saint-Martin Lantosque. (*Ard.*)

Var. — Toulon. Le Luc. Roquebrune. (*Hanry*)

295. F. SPACHII. G. G., 1, p. 174. — ♃. Mai, juin.

Très commun sur les coteaux, les lieux arides de la région littorale : Marseille, Aix, Martigues, Cassis, la Ciotat, Toulon, le Luc, Ampus, Nice, etc.

296. F. LÆVIPES. Spach. — G. G., 1, p. 174. — ♃. Mai, juin.

B.-R. — Marseille : Mazargues, Puits de Paul à Saint-Loup, vallon de Morgiou, île de Ratoneau, etc. Cassis. La Ciotat, etc. (*Roux*) Coteau ouest de la colline des Pauvres près d'Aix. (*F. et A.*) Martigues. (*Authemand*)

Var. — Toulon. Le Luc. Aups. Fréjus. (*Hanry*)

A.-M. — Menton. Monaco. Villefranche. Nice. Grasse. (*Ard.*)

297. F. VISCIDA. Spach. — α. *vulgare* et β. *læve*. G. G., 1, p. 174. — ♃. Mai, juin.

Commun sur les coteaux, les rochers, dans les bois de pins de toute la région littorale de la Provence.

## VIOLARIÉES

Viola. Tournef.

298. V. PINNATA. L. — G. G., 1, p. 175. — ♃. Juin, juillet.
   B.-A. — La Condamine au-dessus de Barcelonnette, dans les environs de Sérennes. (*Lannes*) Sérennes. Chatelard. (*Abbé Jean*)

299. V. PALUSTRIS. L. — G. G., 1, p. 176. — ♃. Mai, juin. Lieux marécageux de la région alpine.
   A.-M. — Carlin. Tende. Molière. Col de Salèse. (*Ard.*)

300. V. HIRTA. L. — G. G., 1, p. 176. — ♃. Mars, avril.
   B.-R. — Marseille : assez commune dans les bois de pins à Saint-Loup, Saint-Marcel, etc. (*Roux*) Aix. (*F. et A.*)
   Var. — Commune. (*Hanry*)
   A.-M. — La Giandola. (*Traherne Moggridge !*) Tende. Col de Salèze au-dessus de Grasse. (*Ard.*)
   *Variété picta*. Moggridge. — Lieux incultes à Sainte-Hélène au Luc ; rare. (*Hanry !*)

301. V. ODORATA. L. — G. G., 1, p. 177. — ♃. Janvier-avril.
   Commune dans les prés, les haies et lieux humides de toute la Provence.

302. V. INCOMPTA. Jord. Obs. pl. nov., fr. 7, p. 11. — ♃. Mars.
   Var. — Dans les haies, les bois, au bord des ruisseaux et des prairies à Hyères, au Luc. (*Jordan*)

303. V. PERMIXTA. Jord., Obs. pl. nouv. fr. 7, p. 6. — ♃. Mars, avril.
   B.-R. — Bois de pins sur les hauteurs entre le Baou de Canaille et Baou-Redoun à Cassis. (*Roux*)

304. V. SEPINCOLA. Jord. Obs. pl. nouv. fr. 7, p. 8. — ♃. Mai.
   Var. — Bois de la Sainte-Baume. (*Roux*)

305. V. SYLVATICA. Friès. — G. G., 1, p. 178. — ♃. Mars-mai.

B.-R. — Marseille : bords de l'Huveaune à Saint-Loup, à Saint-Marcel. (*Roux*) Rives de l'Arc à Roquefavour. (*Roux*) Rives de l'Arc ; pré au levant du Moulin-Fort à Aix. (*F. et A.*)

A.-M. — Assez commune dans les bois frais, les buissons. (*Ard.*)

β. *grandiflora.* G. G. — V. *Riviniana.* Rchb.

Var. — Bois de la Sainte Baume. (*Roux*)

306. V. ARENARIA. D. C. — G. G., 1, p. 178. — ♃. Avril-juin.

Var. — Rochers à la Cabrière près d'Ampus, à Morgès près d'Aiguines. (*Albert !*)

A.-M. — Saint-Martin Lantosque. Montagnes du Cheiron, de Caussols, du Bar et de Séranon. (*Ard.*)

B.-A. — Rochers aux environs du lac d'Allos. (*Roux*)

Vaucl. — Mont Ventoux. (*G. G.*)

307. V. ELATIOR. Fries. — G. G., 1, p. 181. — ♃. Avril-juin. Lieux incultes.

B.-R. — Vauvenargues : au vallon des Masques. (*Peuzin !*)

Var. — Le Cannet du Luc. Bagnol. L'Estérel. (*Hanry*) Draguignan. (*G. G.*)

A.-M. — Figaret au-dessus de Coarazza. Saint-Vallier. (*Loret*)

308. V. ARBORESCENS. L. — G. G., 1, p. 182. — ♄. Septembre, octobre, etc. Lieux sablonneux.

B.-R. — Cassis : sous le Baou de Canaille, dans les bois de pins non loin de la mer. Rochers et talus sur la route de La Ciotat aux Lecques, un peu avant la limite des deux départements. (*Roux*)

Var. — Bois sablonneux près des ruines de Taurœntum sur la plage de Saint-Cyr. (*Roux*)

309. V. BIFLORA. L. — G. G., 1, p. 182. — ♃. Juin, juillet.

A.-M. — Assez abondante dans toutes les Alpes. (*Ard.*)

B.-A. — Forêt de Faillefeu près de Prast. (*Roux*)

310. V. SEGETALIS. Jord. — G. G., 1, p. 183. — ☉. Mai.

B.-R. — Rare. Champs entre Gémenos et la route de Cuges.

Champs à droite de la descente de la route de la gare à La Ciotat, non loin du pont. (*Roux*)

Var. — Bormes. (*Hanry*)

A.-M. — Cap de la Croisette près de Cannes, où elle abonde. (*Hanry*)

311. V. AGRESTIS. Jord. — G. G., 1, p. 183. — ⊙. Mai, juin.

Var. — Le Luc : au quartier du Plan. (*Hanry*)

A.-M. — Commune dans les lieux cultivés. (*Ard.*)

312. V. CONFINIS. Jord. in Bill. n° 1825, 1825 *bis* et 1825 *ter*. — ⊙. Juillet, août.

B.-A. — Rare. Montée du lac d'Allos. (*Roux*)

313. V. ALPESTRIS. Jord. — G. G., 1, p. 184. — ⊙. Mai, juin.

A.-M. — Dans nos Alpes. (*Ard.*)

314. V. NEMAUSENSIS. Jord. — *V. tricolor*, var. *mediterranea*. G. G., 1, p. 183. — ⊙. Avril, mai.

B.-R. — Clairières des bois vers Mimet. (*Peuzin!*)

Var. — Gonfaron. Le Luc : à la Lauzade, où elle est fréquente. Forêt des Maures. (*Hanry*) Lieux incultes dans les grès rouges au Luc. (*Hanry!*)

Vaucl. — L'Isle et Bonnieux. (*Autheman!*)

315. V. CALCARATA. L. — G. G., 1. p. 185. — ⊙. Juillet, août.

A.-M. — Assez abondante dans toutes nos Alpes. (*Ard.*)

B.-A. — Sommet des Boules au-dessus de la forêt de Faillefeu près de Prast. (*Abbé Mulsant !*)

316. V. CENISIA. L. — G. G., 1, p. 186. — ♃. Juillet, août.

A.-M. — Assez répandue dans toutes nos Alpes. (*Ard.*)

B.-A. — Barcelonnette. Vars. L'Arche. (*G. G.*)

Vaucl. — Sommet du mont Ventoux. (*Roux*)

317. V. NUMMULARIFOLIA. All. — G. G., 1, p. 186.

A.-M. — Vallée de Fontanalba près de Tende. Mont Bégo. Col de Frema-morta. Col de Fenestre et mont Tenibre au-dessus de Saint-Etienne. Abonde aux lacs de Mercantourn et de Rabuons. (*Ard.*)

# RÉSÉDACÉES

**Reseda. L.**

318. R. Phyteuma. L. G. G., 1, p. 187. — ☉. Mai–août.

Commun dans les champs, les lieux incultes de toute la région littorale de la Provence jusqu'aux Alpes.

319. R. odorata. L. — G. G., 1. p. 188. — ☉. Mai, août.

Cultivé. On le rencontre çà et là sur le bord des chemins, sur les murs, échappé des jardins.

320. R. lutea. L. — G. G., 1, p. 188. — ②. Juin–août.

B.-R. — Marseille : Montredon, Saint-Tronc, sur les bords de l'Huveaune à la Pomme, etc. Aubagne. Vallon de Saint-Pons. Sur les deux rives de l'Arc, des Milles à Aix et plus haut. (*Roux*) Vallon de Barret. (*F. et A.*) Champs arides à Martigues. (*Autheman!*)

Var. — Hauteurs de Saint-Cassien à la Sainte-Baume. (*Roux*) Le Luc. (*Hanry*)

A.-M. — Lieux pierreux, vieux murs, peu commun. (*Ard.*)

B.-A. — Montée d'Allos au lac. (*Roux*)

321. S. suffruticulosa. L. — G.G., 1, p. 189. — ②. Mai-juillet.

B.-R. — Marseille : île de Pomègue (rare) ; île de Maïré (assez commun). Plage de La Ciotat (très rare). (*Roux*)

Var. — Sables maritimes de l'Almanare près d'Hyères. (*Huet!*) Plage de l'isthme de Giens, des Pesquiers près d'Hyères. (*Hanry*)

A.-M. — Rare. Nice : au Var. (*Ard.*)

322. R. Luteola. L. — G. G., 1, p. 190. — ②. Juillet, août. Rare en Provence.

B.-R. — Champs des environs d'Arles. (*Roux*) Tarascon. (*Autheman!*)

Var. — Iles d'Hyères. (*Hanry*)

A.-M. — Vallée d'Agay. Ile Sainte-Marguerite près de Cannes. (*Hanry*) Rare à Nice, Séranon, la Doire. (*Ard.*)

Vaucluse. — Avignon.

## DROSÉRACÉES

**Aldrovandia.** Monti.

323. A. vesiculosa. L. — G. G., 1, p. 193. — ☉. Août, septembre.
 B.-R. — Dans les fossés des deux côtés de la gare de Raphèle près d'Arles. (*Duval-Jouve ; Roux*) Fossés à Montmajour près d'Arles. (*G.G.* d'après *Delavaux*)
 Vaucl. — Bords du Rhône à Orange. (*G. G.* d'après *Villars*)

**Parnassia.** Tournef.

324. P. palustris. L. — G. G., 1, p. 193. — ♃. Août, septembre.
 B.-R. Marais de Fos. (*Autheman!*) Marais du mas de l'Audience. (*Peuzin!*) Bords de la Luyne, vers le hameau de ce nom. (*Teissier* dans *F. et A.*)
 Var. — Ampus : dans les prés humides de Fontigou. (*Albert!*)
 A.-M. — Le Grammont au-dessus de Menton ; la Giandola ; Tende ; Notre-Dame de Fenestre ; entre Séranon et Saint-Auban. (*Ard.*)
 B.-A. — Vallon de Sagnas à Faillefeu près de Prast. (*Roux*)

## POLYGALÉES

**Polygala.** L.

325. P. comosa. Schk. — G. G., 1, p. 195. — ♃. Mai, juin.
 B.-R. — Marseille : vallons des Ouïdes et du Rouet. (*Roux*) Bords des étangs à la Mède près de Martigues, à Berre. Les Alpines. Rives de l'Arc aux Milles. Entressen en Crau. (*Roux*) Lieux herbeux des bords de l'Arc. (*F. et A.*)
 Var. — Les Sablettes près de Toulon. (*Roux*) Montrieux. (*Huet!*)
 A.-M. — Drap près de Nice. Cannes. (*Th. Moggridge!*) Rare à Menton. Alluvions du Var près de Nice. Caussols. Saint-Martin-Lantosque. (*Ard.*)

326. P. nicæensis. Risso; *Fl. de Nice*; p. 54. — ♃. Avril, mai.

A.-M. — Commun dans les lieux ombragés et au bord des bois à Menton, Nice, Grasse, l'Escarène, Sospel, Touët-de-Beuil, Saint-Martin-Lantosque, etc.

Var. — M. Hanry la cite dans l'Estérel, à Bagnols, aux rochers des Lions à Saint-Raphaël, à Nice. Il ajoute : « espèce douteuse, à caractères trompeurs, se rattachant peut-être à l'espèce suivante ». (Les échantillons que j'ai reçus de Gonfaron et de la forêt des Maures, sous les noms de *P. roseum* ou de *nicœensis* ne sont pas autre chose que le *P. vulgaris.*)

327. P. VULGARIS. L. — G. G., 1, p. 195. — ♃. Mai, juin.

B.-R. — Marseille : bord des prés à Saint-Marcel. (*Roux*) Vallon de Saint-Clair à Saint-Jean de Garguier. Rives de l'Arc à Roquefavour, aux Milles. Coteaux à Parouvier près d'Aix. Paluds de Raphèle près d'Arles. (*Roux*) Prés humides à Roquefavour. (*F. et A.*)

Var. — Rochers, bois, taillis de la montée de la Sainte-Baume par Nans. Bois de la Sainte-Baume. Vallon de la Sauvette aux Mayons. Bois des Maures du Luc aux Mayons. (*Roux*)

328. P. CALCAREA. Schultz. — G. G., 1, p. 196. — ♃. Mai-juillet.

Var. — Bois taillis de la montée de la Sainte-Baume par Nans. Prairies de la lisière du bois de la Sainte Baume. (*Roux*)

B.-A. — Vallon du Sagnas à Faillefeu près de Prast. Montée d'Allos au lac. (*Roux*)

329. P. ALPESTRIS. Rchb. — G. G., 1, p. 197. — ♃. Juin, juillet.

A.-M. — Col de Braus. Val de Strop au-dessus d'Entraune. (*Ard.*)

330. P. AUSTRIACA. Crantz. — G. G., 1, p. 197. — ☉ ou ②. Juin, juillet.

A.-M. — Calmiane entre Saint-Martin et Valdiblora. (*Ard.*)

331. P. RUPESTRIS. Pourr. — G. G., 1, p. 198. — ♃. Mai, juin.

B.-R. — Marseille : sables de Mazargues ; rochers entre l'Escu et Podestat ; à l'entrée du vallon de Ricard à Luminy ; bois de pins, vers le bas du vallon de Morgiou, à droite de la gorge qui monte à Luminy ; vallon de Sormiou ; vallon des Tuves à Saint-Antoine. (*Roux*) ; Butte du télégraphe, à la Madrague de la ville. (*Reynier!*) Sainte-Marthe. (*Blaize!*)

332. P. MONSPELIACA. L. — G.G., 1, p. 198. — ⊙. Mai, juin.

B.-R. — Marseille : Montredon ; la Gineste ; vallon de la Nerthe, etc. (*Roux*) Pas-des-Lanciers. (*Autheman! Roux*) Plateau de la colline des Pauvres. Vallon de la Guiramande à Aix. (*F. et A.*) Baou de Bretagne. (*Roux*)

Var. — Plan d'Aups. (*Roux*) Nord de Coudon à Toulon. Forêt des Maures. (*Hanry*) Brignoles. (*G. G.*)

A.-M. — Rare. Environs de Grasse. Baou-Rous. (*Ard.*)

Vaucl. — Avignon. (*G.G.*)

333. P. EXILIS. D. C. — G.G., 1, p. 198. — ⊙. Juillet, août.

B.-R. — Lieux incultes au Pas-des-Lanciers. (*Roux*) Graviers de la Durance à Meyrargues. (*Autheman!*) Marais à Raphèle près d'Arles. (*Duval-Jouve!*)

D.-A. — Castellano. (*G.G.*)

Vaucl. — Bords de la Durance près d'Avignon. (*G.G.*)

334. P. CHAMÆBUXUS. L. — G.G., 1, p. 199. — ♃. Mai, juin.

Var. — Bois des environs de Montrieux. (*Huet!*)

A.-M. — Mine de Tende, Calmiane entre Saint-Martin et Valdiblora. Clans. Gillette. Aiglun. Les Lattes près de Saint-Auban. Mont Cheiron. Thorenc. (*Ard.*)

# FRANKÉNIACÉES

**Frankenia. L.**

335. F. PULVERULENTA. L. — G.G., 1, p. 200. — ⊙. Juin-août.

B.-R. — Marseille : Montredon ; les Goudes ; îles de Pomégue et de Ratoneau. Champs et lieux incultes des bords de l'étang de Marignane et de Berre. (*Roux*)

Var. — Bords de la mer à Toulon. (*Robert!*)

336. F. LÆVIS. L. — G.G., 1, p. 200. — ♃. Mai, juin.

Var. — Les Sablettes près de Toulon. (*Robert*) Hyères. (*Hanry*) Entrée de l'isthme de Giens. (*Abbé Mulsant !*)

A.-M. — Rochers maritimes de l'île Sainte-Marguerite. (*Ard.*)

337. F. INTERMEDIA. D. C. — G. G., 1, p. 200. — ♃. Juin, juillet.

B.-R. — Marseille : vallon des Auffes, à Endoume ; Montredon ; les Goudes et le cap Croisette ; îles de Pomègue, de Ratoneau et de Jarro. (*Roux*) Bords de l'étang de Berre : aux Trois-Frères, à la Mède. (*Autheman !*)

Var. — Rochers des Lions près de Saint-Raphaël. (*Hanry*)

A.-M. — Antibes. Ile Sainte-Marguerite. (*Ard.*)

## SILÉNÉES

**Cucubalus.** Gærtn.

338. C. BACCIFERUS. L. — G. G., 1, p. 202. — ♃. Juillet, août.

B.-R. — Marseille : bords de l'Huveaune, à la Moutte entre Saint-Loup et Saint-Marcel. (*Roux*) Arles. (*Castagne*) Les Roques près de Jouques. (*Autheman !*)

Var. — Le long du Reyran et de la Garonnette près de Fréjus. (*Hanry*)

Vaucl. — Ile de la Barthelasse à Avignon. (*Th. Brown !*)

**Silene.** L.

339. S. INFLATA. Sm. — G. G., 1, p. 202. — ♃. Juin-août.

Commun sur les coteaux, dans les lieux pierreux, sur le bord des champs, les bois de pins dans toute la Provence.

340. S. ALPINA. Thomas. — G. G., 1, p. 103. — ♃. Juillet, août.

A.-M. — Mont Bégo. Saint-Martin-Lantosque. Le Garet. Val de Strop et col de Jallorgues au-dessus d'Entraune. (*Ard.*)

B.-A. — Montée d'Allos au lac. (*Roux*) Environs de Barcelonnette. (*Abbés Jean et Olivier !*)

341. S. CAMPANULA. Pers., *Ench.* ; 1, p. 500. — ♃. Juillet.

A.-M. — Vallée de Valmasca sous le Clapier. Sommet du Clapier. Alpes de Tende. (*Ard.*)

342. S. conica. L. — G. G., 1, p. 294. — ⊙. Juin, juillet.
  B.-R. — Marseille : sables de Mazargues. Vallon de Siège à Simiane. Le pont Clapet et sables de l'étang de Galégeon près de Fos. (*Roux*) Sables du lit de l'Arc à Aix. (*F. et A.*)
  A.-M. — Rare. Cannes. Nice. (*Ard.*)

343. S. conoidea. — L. — G. G., 1, p. 205. — ⊙. Juin, juillet. Dans les moissons ; rare.
  Var. — Le Revest. (*Hanry*)
  A.-M. — Nice. (*Ard.*)
  B.-A. — Castellane. (*G. G.*)

344. S. gallica. L. — G. G., 1, p. 206. — ⊙. Mai-juillet.
  B.-R. — Derrière le château de Cassis. Notre-Dame de la Garde à la Ciotat. (*Roux*)
  Var. — Champs de Pipière près de Saint-Nazaire. (*Roux*) Les Sablettes près de Toulon. (*Abbé Mulsant !*) Roquefort au Revest près de Toulon. (*Huet et Jacquin !*) Saint-Tropez. (*Albert !*)
  A.-M. — Commun dans les lieux sablonneux. (*Ard.*)

345. S. nocturna. L. — G. G., 1, p. 206. — ⊙. Mai, juin.
  Commun dans les champs, le long des chemins et des sentiers, les lieux sablonneux de toute la région littorale de la Provence.

346. S. brachypetala. Rob. et Cast. — *S. nocturna*, var. β. G. G., 1, p. 207. — ⊙. Mai-juillet.
  B.-R. — Marseille, bord des chemins : Endoume ; Saint-Giniez ; Mazargues ; Saint-Loup ; Saint-Barnabé ; Saint-Julien, etc. Hauteurs de Gémenos. La Ciotat. Ceyreste. (*Roux*)
  Var. — Bords de la route de Saint-Zacharie à Nans (*Roux*) Fréjus. (*Hanry*)
  A.-M. — Cannes. Nice. Menton. (*Ard.*)

  C'est à tort que MM. Grenier et Godron ont considéré cette espèce comme une variété de la précédente ; elle s'en distingue par ses fleurs bien moins nombreuses, très espacées les unes des autres, plus écartées de l'axe ; par ses pétales bien plus courts, souvent ne sortant qu'à peine du calice, rosés et non pas blancs.

347. S. sericea. All. — G. G., 1, p. 207. — ⊙. Juin, juillet.

A.-M. — Sables maritimes. Nice : abonde entre Vintimille et la Bordighera.

348. S. nicæensis. All. — G. G., 1, p. 208. — ⊙. Mai-juillet. Sables maritimes.

Var. — Bandol. (*Roux*) Les Sablettes près de Toulon. (*Huet!*) Iles d'Hyères. (*Hanry*) Fréjus. (*Giraudy!*) Saint-Raphaël. (*Roux*)

A.-M. — La Napoule. Cannes Antibes. Nice. Menton. (*Ard.*)

349. S. vallesia. L. v. β. *graminea* Vis. — G. G., 1, p. 200. — ♃. Juillet, août.

Vaucl. — Sommet du mont Ventoux. (*Abbés Gonnet et Tisseur!! Roux*)

350. S. bicolor. Thore, *Chl.*, p. 174. (1803) — *S. portensis*. L. selon G. G. ; *S. polyphylla* L. selon Koch. — ⊙. Juin-août.

Vaucl. — Coteaux sablonneux en face du village de Bédouin. (*Roux*) Mornas près d'Orange. (*G. G.* d'après *Requien*)

351. S. armeria. L. — G. G., 1, p. 211. — ⊙. Juin, juillet.

A.-M. — Berre. Tende. Saint-Sauveur. Sainte-Anne de Vinaï. Saint-Etienne et Saint-Dalmas-le-Sauvage. (*Ard.*)

352. S. fuscata. Link. — ⊙. Mars, avril.

A.-M. — « Cette plante, assez abondante à San-Rémo, n'a été trouvée, dans les limites de notre flore, qu'à la propriété de M. Mouton au-dessous de Roquebrune, par M. Moggridge. » (*Ard.*)

353. S. cordifolia. All. — ♃. Juillet.

A.-M. — Alpes de Saorgio et de Tende. Val de Fontanalba. Val de la Gordolasca. Col de l'Abisso. Vallons de la Madone, du Cavallé et de Salèze. Sainte-Anne de Vinaï. Mont Tenibre et val de Rabuons au-dessus de Saint-Etienne. (*Ard.*)

354. S. inaperta. L. — G. G., 1, p. 112. — ⊙. Juin, juillet.

Var. — Micaschites de Pipière, de Reynier et du Brusc près de Saint-Nazaire. (*Roux*) Environs de Toulon (*Huet!*) Fréjus. (*Giraudy!*) Le Cannet du Luc. (*Hanry*)

355. S. sedoides. Jacq. — G. G., 1, p. 112. — ☉. Avril, mai.
   B.-R. — Marseille : anse de Malmousque (*Reynier!*) vallon des Auffes ; rochers maritimes de la Madrague de Montredon jusqu'à l'Escalette ; les Goudes et le cap Croisette ; entre le sémaphore et le Plan-des-Cailles : îles de Pomègue, de Ratoneau et de Jarro. (*Roux*) La Ciotat. (*G. G.*) Je ne l'y ai pas rencontré !
   Var. — Bandol. (*G. G.*) Je ne l'y ai pas vu !

356. S. saxifraga. L. — G. G.. 1, p. 213. — ♃. Juin-août.
   B.-R. — Marseille : au nord du sommet de Marsilho-Veiré ; fontaine d'Ivoire ; Tête de Puget. Sainte-Victoire. Hauteurs de Gémenos jusqu'au Baou de Bretagne. (*Roux*)
   Var. — Sainte-Baume. (*Roux*)
   A.-M. — Col de Tende, etc., jusqu'aux montagnes de Menton et de Séranon. (*Ard.*)
   Vaucl. — Fontaine de Vaucluse. (*Th. Brown!*)
   B.-A. — Barcelonnette : au Chatelard. (*Gacogne*)

357. S. quadrifida. L. G. G., 1, p. 213. — ♃. Juillet, août.
   A.-M. — Val de Pesio. (*Ard.*)

358. S. rupestris. L. — G. G., 1, p. 214. — ♃. Juin-août.
   A.-M. — Assez répandu dans toutes nos Alpes. (*Ard.*)

359. S. acaulis. L. — G. G.. 1, p. 214. — ♃. Juin-août.
   B.-A. — Digne. Seyne. Mont Lauzanier. (*G. G.*)
   A.-M. — Assez répandu dans toutes nos Alpes. (*Ard.*)
   Une forme rabougrie (*S. exscapa* All., *Ped.*, 2, p. 83) se rencontre dans les régions très élevées, au col de l'Abisso, au col de Fenestre, dans les Alpes de Saint-Étienne, au col de Jallorgues au-dessus d'Entraune. (*Ard.*)

360. S. cretica. L. — G. G., 1, p. 215. — ☉. Mai-juillet. Rare.
   Var. — Dans les cultures à Fréjus. (*Hanry*)
   A.-M. — Grasse ? La Napoule ? (*G. G.*) où Ardoino ne la signale pas.

361. S. Muscipula. L. — G. G., 1, p. 215. — ☉. Juin, juillet.
   B.-R. — Champs sur la ligne du chemin de fer au-delà du

pont de l'Arc. Marignane. Simiane : en montant au Pilon du Roi. Septèmes. Entre les Milles et le château de l'Enfant. (*Roux*) Pas-des-Lanciers. (*Reynier!*) Cuques près d'Aix. (*F. et A.*)

Var. — Toulon. Le Luc. Draguignan. (*Hanry*)

A.-M. — Dans les moissons à Antibes, Cannes, au col d'Eze. (*Ard.*)

362. S. PRATENSIS. G.G., 1, p. 216. — ♃. Mai-août.

B.-R. — Marseille : Saint-Loup ; Notre-Dame des Anges, etc. Saint-Pons de Gémenos. Montmajour à Arles. (*Roux*)

Var. — Le Luc. La Sauvette. Nice, etc., etc.

363. S. DIURNA. G.G., 1, p. 217. — ♃. Mai-juillet.

A.-M. — Val de Pesio. Saint-Dalmas-le-Sauvage. Bouziejo. (*Ard.*)

B.-A. — Forêt de Faillefeu près de Prast. (*Roux*)

364. S. VIRIDIFLORA. L. — ♃.

Var. — Dans les bois du vallon de la Sauvette des Mayons du Luc. (Juin 1870 et 1874) (*Roux*)

Plante nouvelle pour la Provence et pour la France.

365 S. NUTANS. L. — G.G., 1, p. 218. — ♃. Juin, juillet.

A.-M. — Bois de l'Estérel. (*Hanry*) Tende. Saint-Martin-Lanstosque. Sainte-Anne de Vinaï. (*Ard.*)

366. S. ITALICA. Pers. — G.G., 1, p. 218. — ♃. Mai-août.

B.-R. — Marseille. Aix. Martigues. Cassis, etc.

Var. — Sainte-Baume. Toulon. Le Luc. Draguignan. Fréjus, etc.

A.-M. — Cannes. Nice, etc.

367. S. PARADOXA. L. — G.G., 1, p. 218. — ♃. Juillet.

Vaucl. — Saint-Didier près de Perne. (*Abbé Gonnet!*) Fontaine de Vaucluse. (*G.G.*)

368. S. OTITES. Sm. — G.G., 1, p. 219. — ♃. Mai, juillet.

B.-R. — Marseille : vallon de la Nerthe (*Reynier!*) ; vallon de l'Evêque à Saint-Loup ; Pilon-du-Roi ; vallon du Rouet et Notre-Dame des Anges. (*Roux*) Cuques près d'Aix. (*F. et A.*)

Les Alpines entre Saint-Remy et Eyguières. (*Peuzin!*)

Var. — Vallon de Tardeou près de Nans. (*Roux*) Mourière près de Toulon. (*Hanry*)

A.-M. — Lieux arides au-dessus de Menton. Nice. Antibes. Valbonne. Saint-Vallier. Caussols. Saint-Sauveur. Saint-Martin-Lantosque. (*Ard.*)

369. S. Loiseleurii. G. G., 1, p. 220. — *Lychnis corsica*. Lois. — ⊙. Avril, mai. Rare.

Var. — Prairies marécageuses au Lavandou. (*Huet!*) Prairies humides à Bormes. (*Chambeyron!*) Fréjus. (*G. G.*)

A.-M. — Vallée d'Agay. (*Hanry*) Cap de la Croisette près de Cannes. (*Ard.*)

370. S. Coeli-Rosa. G. G., 1, p. 221. — ⊙. Avril, mai.

Var. — Les Sablettes près de Toulon. (*Robert*) Hyères. (*G.G.*)

Cette plante est-elle réellement spontanée en Provence ?

**Viscaria.** Rohl.

371. V. purpurea. Wimm. — G. G., 1, p. 221. — ♃. Mai, juin.

A.-M. — Val de Pesio. Entre Saint-Étienne-le-Sauvage et l'Enchastraye. (*Ard.*)

**Lychnis.** L.

372. L. Flos-Cuculi. L. — G. G., 1, p. 223. — ♃. Mai-juillet.

Var. — Sur la lisière du bois de la Sainte-Baume : rare. La Sauvette des Mayons du Luc. (*Roux*) Prairies le long du ruisseau des Amoureux à Toulon. (*Reynier!*)

A.-M. — Commun dans les prés. (*Ard.*)

373. L. Flos-Jovis. Lamk. — G. G., 1, p. 223. — ♃. Juin, juillet.

A.-M. — Assez répandu dans toutes nos Alpes. (*Ard.*)

B.-A. — Castellane. (*G.G.* d'après *Duval-Jouve*) Prairies de Lauzannier près de Barcelonnette. (*Lannes*)

374. L. coronaria. Lamk. — G. G., 1, p. 224. — ♃. Juin.

A.-M. — Val Crivina et val Pesio. (*E. Burnat!*)

**Agrostemma.** L.

375. A. Githago. L. — G. G., 1, p. 224. — ⊙. Juin, juillet. Commun dans les champs et les moissons de toute la Provence.

**Saponaria. L.**

376. S. OFFICINALIS. L. — G. G., 1, p. 225 — ♃. Juillet, août. Çà et là le long des champs humides, des haies et des cours d'eau, dans toute la Provence.

377. S. OCYMOIDES. L. — G. G., 1, p. 225. — ♃. Mai, juin. — Assez commun dans les lieux montueux, les coteaux pierreux.

B.-R. — Marseille : Saint-Tronc ; Saint-Loup ; Saint-Marcel ; la Treille, etc. Roquevaire. Vallon de Saint-Clair. (*Roux*) Aix : au quartier de Barret, etc. (*F. et A.*)

Var. — Toulon. Barjols. Aups, etc. (*Hanry*)

A.-M. — Depuis les Alpes jusqu'à Menton, Nice et Grasse. (*Ard.*)

B.-A. — Digne. (*Roux*)

Vaucl. — Vallon de Sivergues dans le Lubéron. (*Autheman !*)

378. S. LUTEA. L. G. G., 1. p. 227. — ♃. Juillet, août.

A.-M. — Rare. Col de Fenestre. Alpes de Saint-Etienne. (*Ard.*)

**Gypsophila. L.**

379. G. VACCARIA. Sibth. — G. G., 1, p. 227. ⊙. — Juin, juillet. Assez commun dans les moissons de toute la Provence.

380. G. REPENS. L. — G. G., 1, p. 228. — ♃. Juin-août.

Var. — Sables du Verdon sous Morgès à Aiguine. (*Albert !*)

A.-M. — Saint-Etienne-le-Sauvage. Val de Pesio. (*Ard.*)

B.-A. — Digne : bords de la Bleone. Allos : routes du lac et de Barcelonnette ; commun. (*Roux*)

**Dianthus. L.** — G. G., 1, p. 228.

381. D. SAXIFRAGUS. L. — G. G., 1, p. 228. — ♃. Juillet, août.

B.-R. — Terrains rocailleux à la Couronne près de Martigues. (*Autheman !*) Montmajour et montagne de Cordes près d'Arles. (*Roux*)

Var. — Rochers à Nans. Puget de Fréjus. (*Roux*) Chapelle de Saint-Martin souterrain au Cannet du Luc. Saint-Raphaël. (*Hanry*)

A.-M. — Commun dans les lieux arides et pierreux. (*Ard.*)

B.-A. — Digne : chapelle de Saint-Vincent. (*Roux*)

382. D. PROLIFER. L. — G. G., 1, p. 229. — ⊙. Juin-septembre.
Commun dans les lieux arides, les champs sablonneux ou pierreux de toute la Provence.

383. D. VELUTINUS. Guss. — G. G., 1, p. 229. — ⊙. Avril, mai.
Var. — Commun dans les champs incultes et au bord des torrents des terrains siliceux à Pierrefeu. (*Chambeiron !*) Lieux sablonneux à Gonfaron. (*Hanry*) Bois des Maures du Luc aux Mayons. (*Roux*)

384. D. ARMERIA. L. — G. G., 1, p. 230. — ⊙. Juin, juillet.
Var. — Prairies et bois à la Sainte-Baume. (*Roux*) Notre-Dame des Anges près de Pignans. Forêt des Maures. Fréjus. (*Hanry*) Vallon de la Sauvette, aux Mayons. (*Roux*)

A.-M. — Bois sablonneux ; peu commun. Grasse. Vaugrenier. Nice. Menton. (*Ard.*)

385. D. LIBURNICUS. Bartling. — G. G., 1, p. 231. — ♃ Juin, juillet.
B.-R. — Bords des champs aux Maïrés, à Aubagne. Pied des collines entre Aubagne et Cuges. (*Roux*) Aix : au vallon de Barret et à la colline des Pauvres. (*F. et A.*) Bois du Ligourès à Meyrargues. (*Autheman !*)

Var. — Pied des collines de Pipière à Saint-Nazaire. (*Roux*) Toulon : vallée de Dardennes. (*Reynier !*) Fréjus. (*Hanry*) Bois des Maures de Gonfaron aux Mayons. (*Roux*) Coteaux aux Avols près de Chateaudouble. (*Albert !*)

A.-M. — Collines pierreuses à Grasse, Antibes, Nice et Menton. (*Ard.*)

386. D. CARTHUSIANORUM. L. — G. G., 1, p. 231. — ♃. Juin-septembre.
B.-R. — Rare. Parmi les chênes kermès à l'entrée du vallon du Grand-Valat au-dessus de Roquefavour. (*Roux*) Colline des Pauvres. Haut du vallon des Lauriers près d'Aix. (*F. et A.*)

A.-M. — Région alpine et montagneuse. Entre Tende et Carlin. Col de Tende. (*Ard.*)

387. D. Seguieri. Chaix. — G.G., 1, p. 232 (non Rchb.) — ♃. Juin-août.

    A.-M. — Col de Tanarello. Col de Tende. Saint-Sauveur. Saint-Martin-Lantosque. (*Ard.*)

388. D. hirtus. Vill. — G. G., 1, p. 234. — ♃. Juillet, août.

    B.-R. — Marseille : vallon de la Bourdonnière. Aix : sur le bord de l'Arc, de Roquefavour aux Milles. (*Roux*) Colline des Pauvres. Chemin de Vauvenargues après le Prégnon. (*F. et A.*)

    Var. — Lisière du bois de la Sainte-Baume. (*Roux*) Montrieux. (*Huet!*) Coteaux secs à Ampus (*Albert !*) Au-dessus de Draguignan, sur la route de Castellane. (*Jordan*)

    A.-M. — Montagnes de Caussols et de Claps au-dessus de Grasse. (*Ard.*)

    B.-A. — Digne : à la montagne de Saint-Vincent, au vallon de la Marderie et au sommet de Cousson. (*Roux*) Sisteron. (*Hanry*) Gréoulx, Manosque, Digne, Colmars. (*G. G.*) Castellane. (*Jord.*)

    Vaucl. — Avignon. (*G. G.*)

389. D. pungens. L. — G.G., 1, p. 234. — ♃. Juin.

    A.-M. — Alpes de Raus, de Tende, de Fenestre ; Sainte-Anne de Vinaï. (*Ard.*)

390. D. subacaulis. Vill. — G. G., 1, p. 235. — ♃. Juillet, août. Vaucl. — Sommet du mont Ventoux. (*Roux*)

391. D. neglectus. Lois. — G. G., 1, p. 236. — ♃. Juillet, août.

    A.-M. — Assez commun dans toutes nos Alpes. (*Ard.*)

    B.-A. — Environs du lac d'Allos. Montagne de la Vachière à Faillefeu près de Prast. (*Roux*) Mont Monnier. Digne. Col de l'Arche. Vallée de Barcelonnette. (*G. G.*) Le Chatelar près de Barcelonnette. (*Lannes*)

    Vaucl. — Mont Ventoux. (*G. G.*)

392. D. deltoides. L. — G. G., 1, p. 236. — ♃. Juin-septembre.

    A.-M. — Alpes de Tende, de Fenestre et de Molières.

393. D. silvestris. Wulf. — G. G., 1, p. 237. — ♃. Juillet, août.
Var. — Baou de Quatro-houros près de Toulon ?? (*Robert*)
A.-M. — Assez commun dans la région alpine. (*Ard.*)
394. D. longicaulis, Tenore. — *D. Godronianus* Jord. — *D. virgineus* G. G., 1, p. 238 (non L.) — ♃. Juillet-septembre.
B.-R. — Marseille : sables de Montredon et de Mazargues ; coteaux à Saint-Loup; vallons de Toulouse et de la Panouse; Notre-Dame des Anges. Les Alpines. La Crau. Baou de Bretagne. Aix. Martigues. La Ciotat, etc.
Var. — Sainte-Baume, etc. (*Roux*) Bois et collines : Le Luc. (*Hanry*)
A.-M. — Assez commun sur les collines arides de la région littorale entre Nice et Menton. Grasse. (*Ard.*)
B.-A. — Digne : à Saint-Benoit, sur les montagnes de Saint-Vincent et de Cousson. (*Roux*)
Vaucl. — Avignon. (*Th. Brown*) Basses montagnes de Bédouin au mont Ventoux. (*Roux*). Apt. Vaucluse. (*G. G.*)
395. D. tener, Balbis. — G. G., 1, p. 240. — ♃. Juillet.
A.-M. — Alpes de Tende. Col de Fenestre. Vallon du Cavallé au-dessus de Saint-Martin. (*Ard.*)
396. D. monspessulanus. L. — G. G., 1, p. 241. — ♃. Juillet, août.
A.-M. — Le Farghet au-dessus de l'Escarène. Alpes de Raus au-dessus de Saorgio. (*Ard.*)

**Velezia.** L.

397. V. rigida. L. — G. G., 1, p. 242. — ⊙. Mai, juin.
B.-R. — Pas des Lanciers. Roquefavour. Les Milles. (*Roux*) Aix : colline des Pauvres. (*F. et A.*) Vauvenargues. Istres. Saint-Mitre. Les Martigues et la Mède. (*Autheman!*)
Var. — Evenos. Forêt des Maures. Le Luc : à la Lauzade et à la Rouisse. Fréjus. (*Hanry*) Gonfaron. (*Roux*)
A.-M. — Très rare. Aux environs de Nice (d'après Allioni, Bertoloni et l'herbier de Turin) où cette plante n'a plus été retrouvée. Grasse. (*Ard.*)
Vaucl. — Avignon. (*G. G.*) Carpentras. (*Abbé Gonnet!*)

# ALSINÉES

**Sagina.** L.

398. S. procumbens. L. — G. G., 1, p. 245. — ♃. Mai-juillet.
Var. — Forêt des Maures du Luc. (*Hanry*)
A.-M. — Col de Fenestre. Maures de Tanneron. (*Ard.*)

399. S. apetala. L. — G. G., 1, p 245. — ☉. Mai-octobre.
Pied des murs, lieux humides et sablonneux. Commun dans toute la Provence.

400. S. maritima. Don., *Engl. bot.*, t. 2195. (Comprend *S. stricta* Friès et G. G., 1, p. 246.)
B.-R. — Bords de l'étang de Marignane. Bords de l'étang de Berre, à Berre. Bords de la mer à La Ciotat, au cours de *la Tasse.* (*Roux*)
Var. — Les Sablettes près de Toulon. (*Huet !*) Toulon. Iles d'Hyères. (*Hanry*) Bois des Maures du Luc aux Mayons. (*Roux*)
A.-M. — Antibes : au golfe Juan. Menton : au cap Martin. (*Ard.*)

401. — S. densa. Jord. — G. G., 1, p. 346. — ☉. Mai.
Var. — Sables humides sur lesquels l'eau a séjourné pendant l'hiver, aux environs d'Hyères. (*Jord.*)

402. S. subulata. Wimm. — G. G., 1, p. 247. — ♃. Mai, juin.
Var. — Les Sablettes près de Toulon. (*Huet !*)
A.-M. — Grasse. (*G. G.*) Cannes et les Maures de Tanneron, (*Ard.*)

403. — S. Linnæi. Presl. — G. G., 1, p. 247. — ♃. Juillet, août.
A.-M. — La Maïris, la Fraca. Sainte-Anne de Vinaï. Vallon du Boréon.

404. S. glabra. Willd. — G. G., 1, p. 247. — ♃. Juin-août
Var. — Bords des ruisseaux du vallon de la Sauvette, aux Mayons. (*Roux*)
A.-M. — Assez répandue dans toutes nos Alpes. (*Ard.*)

B.-A. — Assez commun, surtout dans les prairies des environs du lac d'Allos et de la forêt de Faillefeu près de Prast. (*Roux*)

**Buffonia.** Sauvage.

405. B. MACROSPERMA. Gay. — G. G., 1, p. 248. — ⊙. Juillet-septembre.

B.-R. — Marseille : Château-Gombert ; la Treille ; vallon de la Bourdonnière, etc. (*Roux*) Vallon de Saint-Pons, dans les graviers en montant à Roquefourcade. (*Roux*) Terrains arides à Martigues. (*Autheman!*)

Var. — Coteaux pierreux au Deffend du Luc. (*Roux*) Draguignan. (*G. G.*)

A.-M. — Grasse. (*Duval-Jouve!*)

B-A. — Digne, vers la plâtrière de Saint-Benoît. Graviers de l'Ubaye, vis-à-vis de la Condamine près de Barcelonnette. (*Roux*)

Vaucl. — Avignon. (*G. G.*) Entre Avignon et les Angles. (*Th. Brown!*) Ravins des basses montagnes sur la route de Bedouin au mont Ventoux. (*Roux*)

406. B. TENUIFOLIA. L. — G. G., 1, p. 349. — ⊙.

B.-R. — Marseille : vallons de Vaufrège, de Luminy ; Saint-Julien, près du four à chaux au-dessus des Martégaux. Septême. Champs pierreux, à Saint-Jean de Garguier, des environs de la gare de Berre et des Milles près d'Aix. (*Roux*) Rives et coteaux secs à Aix. (*F. et A.*)

Var. — Hyères. (*G. G.*)

Vaucl. — Avignon. (*G. G.*)

407. B. PERENNIS. Pourr. — G. G., 1, p. 249. — ♃. Juin, juillet.

Var. — Fréjus. (*Hanry*) Garde-Freinet : au fort Freissinet. (*Goulard!*)

A.-M. — Sainte-Baume du cap Roux dans la chaîne de l'Estérel. (*Reynier!*)

**Alsine.** Wahl.

408. A. HYBRIDA. Jord., *Pugillus*, p. 33. — *Alsine tenuifolia*, v. β *viscida*. G. G., 1, p. 250. — ⊙. Juin-août.

B.-R. — Marseille : sables dolomitiques du Pilon-du-Roi ; rochers dans le vallon de Passe-Temps à La Treille. Aix : au sommet du mont Sainte-Victoire. Talus de la route vers le pont de Mirabeau. (*Roux*)

Var. — Hauteurs de Saint-Cassien et des Béguines à la Sainte-Baume. (*Roux*)

409. A. TENUIFOLIA. Crantz. — G. G., 1, p. 250 (*ex parte*). — ⊙. Mai, juin.

Champs, coteaux, bord des chemins, etc. Commune dans toute la Provence.

410. A. CONFERTA. Jord., *Pugill. pl. nov.*, 35. — *A. tenuifolia*, var. *confertiflora*. Fenzl. — ⊙. Mai, juin. — Confondu longtemps avec l'*A. tenuifolia*.

B.-R. — Marseille : Endoume ; vallons de Vaufrège, de Ricard à Luminy. Champs sablonneux à Châteauneuf-lez-Martigues. Roquefavour. Lieux pierreux à Gémenos, à Cassis, etc. (*Roux*) Martigues. (*Autheman!*) Plaine des Milles : dans un fossé d'extraction sur la rive gauche du chemin de fer. (*F. et A.*)

411. A. JACQUINI. Koch. — G. G., 1. p. 250 — ⊙. Juillet, août.

A.-M. — Sans indication précise. (*Herbier Stire*) Roura. Vignols. La Malle au-dessus de Grasse ? (*Ard.*)

412. A. MUCRONATA. L. — G. G., 1, p. 251. — ♃. Juin-août.

B.-R. — Crêtes des montagnes des environs de Marseille ; Tête de Carpiagne ; Septème ; chaîne de l'Etoile ; Pilon-du-Roi ; Notre Dame des Anges. Simiane : au vallon de Siège. Mont de Mimet. Saint-Jean de Tretz. Sainte-Victoire. (*Roux*)

Var. — Plateau rocailleux du plan d'Aups. (*Roux*) Lieux arides de la Cabrière à Ampus. (*Albert!*)

A.-M. — Vallon de Chaus, Guillaume, Venanson, Tende, col de Fenestre. (*Ard.*)

B.-A. — Tersier. Sommet des Boules à Faillefeu. Montagne de la Vachière près de Prast. Route d'Allos à Barcelonnette.

Vaucl. — Rochers au-dessus de la Fontaine de Vaucluse.
(*Th. Brown!*) Bédouin près de Carpentras. (*Roux.*)

413. A. verna. Berth. — G. G., 1, p. 251. — ♃. Juillet, août.
A.-M. — Çà et là dans nos Alpes jusqu'à la Maïris. (*Ard.*)
B.-A. — Montagne de la Vachière et sommet des Boules à Faillefeu près de Prads. (*Roux*)

414. A. recurva. Walhenb. — G. G., 1, p. 252. — ♃. Août.
A.-M.- Alpes de Tende. Mont Bégo. Col de Fenestre. Lac d'Entrecoulpes. Estenc et lacs de Strop au-dessus d'Entraunes. Rochers du lac de Rabuons près de Saint-Etienne. *Ard.*)
B.-A. — Forêt de Faillefeu et montagne de la Vachière près de Prads. (*Roux*)

415. A. Villarsii. M. et K. — G. G., 1, p. 252. — ♃. Juillet, août.
Var. — Lieux ombragés de Morgès à Aiguines. (*Albert !*)
A.-M. — Assez répandue dans toutes nos Alpes. (*Ard.*)
Vaucl. — Sommet du mont Ventoux. (*Abbés Gonnet et Tisseur ! ! Roux*)
β. *rupestris*. Nobis. Plante diffuse, à feuilles très-étroites. — Fente des rochers ombragés.
B.-R. — Sainte-Victoire près d'Aix. Baou de Bretagne.
Var. — Bois de la Sainte-Baume et hauteurs de Saint-Cassien. (*Roux*)
C'est sans doute cette forme qui a été prise pour l'*A. setacea* M. et K., par Robert et G. et G.

416. A. stricta. Grenier. — G. G., 1, p. 253. — ♃. Juillet, août.
A.-M. — Région alp. ; assez répandue dans toutes nos Alpes. (*Ard.*)

417. A. Bauhinorum. Gay. — G. G., 1, p. 253. — ♃ Juillet août.
B.-R. — Abonde vers le sommet de Sainte-Victoire près d'Aix. (*F. et A., Autheman!*)
Var. — Rochers de Morgès à Aiguines. (*Albert!*)

A.-M. — Mont Frontero. Saint-Martin-Lantosque. La Malle au-dessus de Grasse. (*Ard.*)

B.-A. — Castellane. Sisteron. (*G. G.*)

Vaucl. — Sommet du mont Ventoux. (*Roux*)

418. A. CHERLERI. Fenzl. — G. G., 1, p. 253. — ♃. Juillet, août.

A. M. — Région alpine. Alpes de Raus. Sommet de l'Abisso. Lacs d'Entrecoulpes et du Mercantourn. Estenc. Lacs de Strop et de Rabuons. Salsamorena. (*Ard.*)

419. A. LANCEOLATA. M. et K. — G. G., 1, p. 254. — ♃. Juillet, août.

A.-M. — Col de Tende. Villars d'Entraunes. Saint-Etienne, etc. (*Ard.*)

B.-A. — Sommet des Alpes de Provence. (*G. G.*) Montée d'Allos au lac. (*Roux*).

**Mœhringia. L.**

420. M. MUSCOSA. L. — G. G., 1, p. 255. — ♃. Juin-août.

A. M. — Région alpine. Col de Fenestre. Calmiane près de Valdiblora. (*Ard.*)

B.-A. — Alentours du lac de Lamas à Faillefeu près de Prads. (*Roux*) Montagnes entre Digne et Seyne. (*G. G.*)

421. M. DASYPHYLLA. Bruno. — G. G., 1, p. 256. — ♃. Mai. — Région montagneuse.

Var. — Fissures des rochers dans les escarpements du Verdon à Aiguines. (*Albert !*)

A.-M. — Montagnes qui de Tende descendent à Nice et à Draguignan. (*G. G.*) Rochers à l'est et tout près de Tende. (*Ard.*)

422. M. TRINERVIA. Clairv. — G. G., 1, p. 257. — ⊙. Mai, juin. — Bois, lieux humides.

B.-R. — Environs de Saint-Bachi, territoire de Jouques. (*Castagne*)

Var. — La Sainte-Baume : à la chapelle des Parisiens, en montant au Saint-Pilon. (*Roux*) Nord de Coudon, à Toulon. (*Hanry*)

A.-M. — Figaret au-dessus de Berre. Vallée du Boréon. (*Ard.*)
423. M. pentandra. Gay. — G. G., 1, p. 257. — ⊙. Mai, juin.
Var. — Parmi les pierres mouvantes à Fréjus. (*Hanry*)
A.-M. — L'Esterel et Maures de Tanneron. (*Ard.*)

Arenaria. L.

424. A. ciliata. L. — G. G., 1, p.2 59. — ♀. Juillet, août.
A.-M. — Col de Tende. Estenc. Saint-Etienne, etc. (*Ard.*)
B.-A. — Vallon du Sagnas ; lac de Lamas ; sommet des Boules et la Vachière, à Faillefeu près de Prads. Lac d'Allos. (*Roux*)

425. A. serpyllifolia. L. — G. G., 1, p. 250. — ⊙. Mai-juillet.
α. *sphœrocarpa*. — Se rencontre principalement sur les hauteurs.
B.-R. — Marseille : Tête de Carpiagne ; sommet de la Gineste. Hauteurs de Cassis, de Sainte-Victoire, de Meyrargues, etc.
Var. — Saint-Pilon de la Sainte-Baume, etc. (*Roux*)
Vaucl. — Mont Ventoux. (*Roux*) Gadagne près d'Avignon. (*Th. Brown*)
β. *leptoclados*. — Commune dans les champs incultes, sablonneux, sur les murs, etc., de la basse région de toute la Provence.

426. A. cinerea. D. C. — G. G., 1, p. 260. — ♀. Juin.
A.-M. — Rare : Sigale ; le Mas dans le canton de Saint-Auban. (*Ard.*)
B.-A. — Dans les environs de Castellane. (*G. G.*)

427. A. hispida. L. — G. G., 1, p. 260. — ♀. Juillet, août.
Vaucl. — Environs de la chapelle du sommet du mont Ventoux. (*Abbé Tisseur! Roux*)

428. A. modesta. Desf. — G. G., 1, p. 261. — ⊙. Mai, juin.
Lieux sablonneux.
B.-R. — Marseille : sur les coteaux à Mazargues ; vallon entre la tête de Saint-Cyr et celle de Carpiagne ; dolomies à la base méridionale de la tête de Carpiagne ; **vallon de**

l'Évêque ; la Gineste ; le Pilon du Roi ; Notre-Dame des Anges. (*Roux*) Aix : Sainte-Victoire. Cassis : sur le Baou de Canaille. (*Roux*)

Var. — Sables dolomitiques à la montée de la Sainte-Baume par Nans. (*Roux*)

429. A. GRANDIFLORA. All. — G. G., 1, p. 261. — ♃. Juin-août.

B.-R. — Aix : crête du sommet de Sainte-Victoire, entre le monastère et le Garagay. (*F. et A.*) (?)

A.-M. — Alpes de Fenestre et de Tende. Lacs du mont Bego. Val de Pesio. (*Ard.*)

430. A. TETRAQUETRA. L. Variété α. *legitima*. G. G., 1, p. 261. — ♃. Juin, juillet.

B.-R. — Marseille : dans le vallon qui sépare la tête de Saint-Cyr de celle de Carpiagne ; chaîne de l'Étoile jusqu'au Pilon du Roi. (*Roux*) Aix : au mont Sainte-Victoire (*F. et A.*)

Var. — Champs et lieux incultes au Plan d'Aups. Saint-Pilon à la Sainte-Baume. (*Roux*) Barjols. (*Hanry*) Coteaux incultes à Ampus. (*Albert!*)

A.-M. — Environs de Tende. Montagne de l'Aiguille au-dessus de Menton. Monts Chauve et Ferion au-dessus de Nice. Mont Lachen au-dessus de Séranon. (*Ard.*)

431. A. MASSILIENSIS. Fenzl. — G. G., 1, p. 262. — *Gouffeia arenarioides*. Rob. et Cast. — ⊙. Avril, juin.

B-R. — Marseille : vallons de l'Évêque, de Toulouse, de Morgiou, de Maouvallon ; hauteurs de la Treille. Saint-Pons. Débris de grès sur les hauteurs de Roquefort à Ceyreste (*Peuzin!*) et derrière le Baou de Canaille entre Cassis et La Ciotat. (*Roux*)

Var. — Alentours du Saint-Pilon, à la Sainte-Baume ; à la descente vers Riboux. (*Roux*) Baou de Quatre-houros près de Toulon. (*Robert, Reynier!*)

**Stellaria.** L.

432. S. NEMORUM. L. — G. G., 1, p. 263. — ♃. Juin, août.

A.-M. — La Fraca. Mine de Tende. Vallée du Boréon. Sainte-Anne de Vinaï. (*Ard.*)

B.-A. — Forêt de Faillefeu près de Prads. (*Roux*)

433. S. MEDIA. Vill. — G. G., 1, p. 263. — ☉. Avril-juin.

Les variétés *major*, Koch, et *apetala*, Boreau, ainsi que le type, croissent souvent ensemble ; elles sont communes dans les champs, les jardins, le long des chemins, dans les bois, à l'ombre des rochers, etc., dans toute la Provence.

434. S. HOLOSTEA. L. — G. G., 1, p. 264. — ♃. Mai, juin.

A.-M. — Au-dessus de Menton. Bois de Farghet. Berre. L'Authion. La Briga. Bois de Gourdon au-dessus de Grasse et les Mujoulx. (*Ard.*)

435. S. GRAMINEA. L. — G. G., 1, p. 264. — ♃. Mai-juillet. — Les prés et les gazons.

Var. — Fréjus. (*Hanry*)

A.-M. — Une seule fois à Menton, probablement moins rare dans la région montagneuse. (*Ard.*)

**Holosteum. L.**

436. H. UMBELLATUM. L. — G. G., 1, p. 265. — ☉. Mai, juin.

B.-R. — Rare. Bords du ruisseau aux Cadenets près de Marseille. (*Roux*) Notre-Dame des Anges. Vallon de l'Assassin. Miramas. (*Castagne*) Sur la route d'Aix à Avignon, après la route des Minimes. Cuques. (*F. et A.*)

Var. — Moissons et alentours d'une fontaine à la Grand' Bastide sur la route de Sainte-Baume par Saint-Zacharie. (*Roux*) Champs sablonneux à Ampus. (*Albert !*)

A.-M. — Champs à Grasse. (*Giraudy, Hanry*) La Combe du Bar et Saint-Vallier près de Grasse. (*Ard.*)

**Cerastium. L.**

437. C. TRIGYNUM. Vill. — G. G., 1, p. 266. — ♃. Juillet, août.

A.-M. — Alpes de Molière. Col de Fenestre. (*Ard.*)

438. C. GLAUCUM. Grenier. — G. G., 1, p. 266. — ☉. Avril, mai.

α. *manticum*.

A.-M. — Dans l'Esterel de Fréjus. (*G. G.*)

β. *octandrum*.

Var. — Toulon. Draguignan. Fréjus. (*G. G.*) Forêt des Maures vers les Mayons. (*Huet et Jacquin!*) Terrains sablonneux à Fréjus. (*Hanry*)

A.-M. — Saint-Hospice. Biot. Cannes. Abondant dans l'Esterel. (*Ard.*)

439. C. viscosum. L. — G. G., 1, p. 267. — ⊙. Avril-juin. Champs, lieux sablonneux dans toute la Provence.

440. C. brachypetalum. Desp. — G. G., 1, p. 267. — ⊙. Avril, mai. — Champs incultes et cultivés ; moins commun que le précédent.

B.-R. — Hauteurs de Saint-Pons. Vallon au nord de la tour de la Keirié à Aix. (*Roux*) Sainte-Victoire. (*F. et A.*) Arles. (*Hanry*)

Var. — Fréjus. (*Hanry*)

A.-M. — Çà et là dans les lieux sablonneux. Nice, etc. (*Ard.*)

441. C. semidecandrum. L. — G. G., 1, p. 268. — ⊙. Avril, mai.

B.-R. — Bord des marais à Fos. (*Autheman!*) Coteaux au-dessus du cimetière de Roquevaire. Bord du chemin des Pas-des-Lanciers aux Pennes. (*Roux*) Abonde au bas du coteau et du vallon de la Torse en aval du petit chemin du Tholonet à Aix. (*F. et A.*)

A.-M. — Çà et là dans les lieux sablonneux. Menton, etc. (*Ard.*)

442. C. obscurum. Chaub. — *C. glutinosum*. G. G., 1, p. 268. — ⊙. Avril, mai.

Lieux pierreux, coteaux, bord des champs et des sentiers dans toute la Provence.

443. C. pumilum. Curt. — G. G., 1, p. 269. — ⊙. Avril, mai.

B.-R. — Marseille. (*G. G.*) (???)

Var. Le Luc. (*Hanry*)

A.-M. — Lieux arides au-dessus de Menton. Nice, Biot. (*Ard.*)

444. C. agregatum. Durieu. — G. G., 1, p. 269. — ☉. Avril, Mai.
> B.-R. — Bords de l'étang de Marignane aux Palunettes vers le Jay ; de l'étang de Galegean près de Fos-lez-Martigues. Notre-Dame de la Garde de la Ciotat. (*Roux*)
>
> Var. — Pelouses sablonneuses aux Pesquiers près d'Hyères. (*Huet !*) Glacis du fort Lamalgue à Toulon. (*Chambeiron !*)

445. C. vulgatum. L. — G. G., 1, p. 270. — ② ou ♃. Tout l'été.
> B.-R. — Marseille : assez rare. Les Crottes. Saint-Loup. La Pomme, La Penne, etc. (*Roux*) Grande prairie de Tholonet près d'Aix. (*Philibert* dans *F. et A.*)
>
> A.-M. — Commun dans les lieux herbeux, au bord des chemins. (*Ard.*)

446. C. alpinum. L. — G. G., 1, p. 271. — ♃. Août.
> B.-A. — Barcelonnette, dans la prairie de Langet. (*Gacogne*)

447. C. arvense. L. — G. G., 1, p. 271. — ♃. Mai, juin.
> B.-R. — Marseille : La Treille ; sur les hauteurs du vallon des Ouïdes et Pilon du Roi ; Notre-Dame des Anges. Mimet. Simiane. Pichaury. Baou de Bretagne, etc. (*Roux*) Sainte-Victoire, descend jusqu'au vallon de Ribière vers le hameau des Bonfilhons. (*F. et A.*)
>
> Var. — La Sainte-Baume. (*Roux*)
>
> A.-M. — Assez commun dans les lieux pierreux de la région montagneuse d'où il descend jusqu'à Menton. (*Ard.*)
>
> β. *strictum*. — ♃. Juillet, août.
>
> B.-A. — Montée d'Allos au lac. Sommet des Boules à Faillefeu près de Prads. (*Roux*)

448. C. latifolium. L. — G. G., 1, p. 272. — ♃. Août.
> A.-M. — Mont Bégo. Val de Strop et Col de Jallorgues au-dessus d'Entraunes. (*Ard.*)
>
> B.-A. — Barcelonnette, dans la prairie de Langet. (*Gacogne*)

**Malachium.** Friès.

449. M. aquaticum. Friès. — G. G., 1, p. 275. — ♃. Juin-août.
> A.-M. — Bord des fossés à Saint-Martin du Var ; à Guillaumes. (*Ard.*)

**Spergula.** L.

450. S. arvensis. L. — G. G., 1, p. 274. — ⊙. Avril-juin.
Var. — Hyères. Fréjus. (*Hanry*)
A.-M. — Moissons à Antibes; Cannes ; Pegomas. (*Ard.*)

451. S. pentandra. L. — G. G., 1, p. 274. — ⊙. Avril, mai.
Var. — Pignans. Le Luc. Fréjus. (*Hanry*)
A.-M. — Moissons à Berre. (*Ard.*)

**Spergularia.** Pers.

452. S. rubra. Pers. — G. G., 1, p. 275. — ⊙. et ②. Mai-septembre.
Champs, lieux sablonneux, bord des chemins dans toute la Provence.

453. S. marina. Lange. — G. G., 1, p. 276. — ②. Mai-juillet.
B.-R. — Marseille : au Pharo, aux Catalans, au vallon des Auffes, etc. Bord des étangs de Marignane et de Berre. (*Roux*). La Mède et les Martigues. (*Autheman !*)
Var. — Bords de la mer à Fréjus. (*Hanry*)
A.-M. — Sables et rochers de la Napoule, d'Antibes, de Nice. (*Ard.*)

454. S. marginata. Bor. G. G., 1, p. 276. — ♃. Mai-juillet.
Dans les mêmes lieux que la précédente et croît avec elle.

455. S. salsuginea. Fenzl. — G. G., 1, p. 275.
N'est pas spontanée à Marseille ; on l'y a rencontrée quelquefois, mais toujours dans les lavoirs à laine ou parmi des décombres.

## ÉLATINÉES

Aucune espèce de cette famille n'a été signalée en Provence.

## LINÉES

**Linum.** L.

456. L. nodiflorum L. — G. G., 1, p. 279. — ⊙. Mai-Juillet.
Var. — Au cap Brun, dans un champ près de Sainte-

Marguerite. (*Huet et Jacquin!*) Les Sablettes, près de Toulon. (*Hanry*)

A.-M. — Rare. Monts Chauve et Ferrion au-dessus de Nice. Grasse. Cannes. (*Ard.*)

457. GLANDULOSUM. Mœnch. — *L. campanulatum.* G. G., 1, p. 280. — ♃. Mai, juin.

B.-R. — Marseille : commun dans les vallons à Saint-Loup, Saint-Marcel, Château-Gombert, etc. Vallons de Saint-Pons de Gémenos, de Saint-Clair à Saint-Jean de Garguier. (*Roux*) Les Martigues. (*Autheman!*) Aix : au quartier de Mouret. (*F. et A.*)

Var. — Bagnols, Vidauban, Fox-Amphoux. (*Hanry*)

A.-M. — La Trinité au nord-est de Nice. (*Moggridge!*) Au-dessus de Nice, depuis le village de la Trinité jusqu'à l'Escarène. (*Ard.*)

B.-A. — Digne. (*Abbé Mulsant*) Saint-Benoit près de Digne. (*Roux*)

458. L. GALLICUM. L. — G. G., 1, p. 280. — ☉. Juin, juillet.

B.-R. — Notre-Dame de la Garde à La Ciotat. La Crau : à Entressen, etc. (*Roux*) Montaud-lez-Miramas. (*Castagne*)

Var. — Saint-Nazaire, entre le cap Nègre et le Brusc. (*Roux*)

A.-M. — Commun dans les champs arides. (*Ard.*)

459. L. STRICTUM. L. — G. G., 1, p. 281. — ☉. Mai-juillet. Commun dans les lieux secs et incultes, les coteaux pierreux de toute la Provence.

460. L. MARITIMUM. L. — G. G., 1, p. 281. — ♃. Juin, juillet.

B.-R. — Marignane, Berre, Martigues, Raphèle, Arles. (*Roux*) Rives de l'Arc à Aix. (*F. et A.*)

Var. — Toulon, Fréjus. (*Hanry*) Plage de Saint-Nazaire. (*Roux*)

A.-M. — Lieux humides de la région littorale à Menton, Nice, etc. (*Ard.*)

461. L. VISCOSUM. L. — G. G., 1, p. 281. — ♃. Mai-juillet.

A. M. — Gorbio. Castillon. L'Escarène. Bois du Farghet.

Col de Braus. Col de Brouis. Bois de la Maïris. La Briga. Col de Tende. Antibes. (*Ard.*)

462. L. TENUIFOLIUM. L. — G. G., 1, p. 282. — ♃. Juin, juillet.

B.-R. — Rare. Bords du ruisseau de Luynes au-dessus de la Pioline. Bords des bois à Simiane. (*Roux*) Vallon des Cailles et Fongamate au Montaiguez près d'Aix. (*F. et A.*)

Var. — Toulon. Roquebrune. (*Hanry*)

A.-M. — Assez commun sur les collines pierreuses. Menton. Nice, etc. (*Ard.*)

463. L. SUFFRUTICOSUM. L. — G. G., 1, p. 282. — ♃. Mai, juin.

B.-R. — Marseille: L'Estaque (*Reynier!*); vallon du Nègre à Château-Gombert ; les Trois-Lucs ; la Treille ; la Gineste ; Carpiagne, etc. Bords de l'Arc aux Milles. Coteaux de la route de Simiane à Mimet. Roquevaire. (*Roux*) Aix : au Prégnon, au vallon du Tir, au Montaiguez. (*F. et A.*)

Var. — Nans. Touris. Toulon. (*Hanry*)

A.-M. — Assez commun dans les basses montagnes pierreuses. (*Ard.*)

B.-A. — Digne : sur la route des Bains. (*Mulsant!*)

Vaucl. — Champs entre Gadagne et Morière. (*Th. Brown*)

464. L. NARBONENSE. L. — G. G., 1, p. 282. — ♃. Mai, juillet.

B.-R. — Marseille : vallons d'Evêque à Saint-Loup, de Forbin à Saint-Marcel, de la Nerthe, de Morgiou, etc. (*Roux*) Aix : coteaux secs au quartier de Mauret. (*F. et A.*)

Var. — Lieux arides, bois : Bagnols. Le Luc. Aups. (*Hanry*)

A.-M. — Montagnes basses au-dessus de Menton et de l'Escarène. Sospel. La Giandola. Fontan. Tourrette. Levens. Saint-Vallier. Grasse, etc. (*Ard.*)

Vaucl. — Bords des champs entre Gadagne et Morière à Avignon. (*Th. Brown!*)

465. L. ANGUSTIFOLIUM. Huds. — G. G., 1, p. 283. — ♃. Mai, juin.

B.-R. — Marseille : dans les prés de Saint-Loup, de Saint-Marcel, etc. Bord des champs aux Pas-des-Lanciers, etc.

(*Roux*) Lieux frais : La Torse, les bords de l'Arc, vallon des Pinchinats. (*F. et A.*)

Var. — Prairies et pâturages. (*Hanry*)

A.-M. — Lieux cultivés, bord des chemins. (*Ard.*)

Quand cette plante n'est qu'annuelle, c'est le *Linum ambiguum*, Jord. (Cat. hort. div., 1848, p. 27), que l'on rencontre dans les lieux secs, tels que les grès de Notre-Dame de la Garde de La Ciotat ; les micaschistes du Var : Pipière près de Saint-Nazaire, le cap Brun près de Toulon (*Huet!*), les collines des environs d'Hyères. (*Jord.*)

466. L. usitatissimum. — G. G., 1, p. 283. — ⊙. Juin-août.

Ça et là, parmi les décombres, au bord des chemins. Provient soit des cultures, soit des transports de ces graines aux diverses huileries des environs de Marseille.

467. L. saxicola. Jord., Adnot. in ind. sem. hort. div., 1848. — *L. alpinum*, v. *alpicola* G. G., 1, p. 284. — ♃. Juillet.

A.-M. — Le Garet près d'Entraunes. Val de Jallorgues. (*Ard.*)

468. L. provincialis. Jord., Obs. pl. nouv., frag. 7, p. 17. — *L. alpinum*. var. *collinum*. G. G., 1, p. 284 (*ex parte*). — *L. Leonii*. Schultz. — ②-♃.

B.-R. — Assez commun sur les bords sablonneux de l'Arc, en le remontant depuis la voie ferrée de Berre jusqu'à la route de la Fare ; moins commun en descendant vers l'étang. (*Roux*)

Vaucl. — Lieux sablonneux des bords de la Durance à Avignon, etc. (*Jord.*)

469. L. catharticum. L. — G. G., 1, p. 284. — ⊙. Mai-septembre.

B.-R. — Marseille : vallon des Ouïdes (*Reynier!*) ; du Rouet, de Saint-Pons et de l'Oule à Gémenos. Bords de l'Huveaune à Aubagne. Simiane. (*Roux*) Aix : au Tholonet, à Langesse. (*F. et A.*) Paluds de Saint-Remy. (*Autheman!*)

Var. — Notre-Dame des Anges près de Pignans. Toulon : au Revest. (*Hanry*) Bords de l'Huveaune entre Saint-Zacharie et Nans. Prairies humides du bord du bois de la Sainte-Baume, près de la source la plus rapprochée de Ginié. (*Roux*)

A.-M. — Commun dans les lieux humides et ombragés.

B.-A. — Vallon du Sagnas à Faillefeu près de Prads. (*Roux*)

**Radiola.** Gmel.

470. R. LINOIDES. Gmel. — G. G , 1, p. 284. — ⊙. Mai-août.

Var. — Hyères. Forêt des Maures. (*Hanry*)

A.-M. — Lieux couverts ; assez rare : Menton, sous les châtaigniers. Au Quatre-Chemins au-dessus de Villefranche. Antibes. (*Ard.*)

## TILIACÉES

**Tilia.** L.

471. T. PLATYPHYLLA. Scop. — G. G., 1, p. 285. — ♃. Juillet.

A.-M. — Rare. Les Sausses dans le canton de Saint-Auban. (*Ard.*)

472. T. SYLVESTRIS. Desf. — G. G., 1. p. 286. — ♃. Mai, juin.

B.-R. — Aix : à Sainte Victoire, dans le vallon du Baou-Trouca, vers le haut. (*F. et A.*)

Var. — Assez commun dans le bois de la Sainte-Baume et bois taillis des Béguines. (*Roux*) Forêt des Maures. (*Hanry*)

A.-M. — Rare. Gorges de Saorgio. Coursegoule. (*Ard.*)

## MALVACÉES

**Malope.** L.

473. M. MALACOIDES. L. — G. G., 1, p. 288. — ♃. Juin, juillet. — Lieux incultes. Rare en Provence.

A.-M. — La Roquette. Grasse. Cannes. Aiglun. (*Hanry*) Une seule fois à Menton. (*Ard.*) Une seule fois au littoral d'Eze. (*Abbé Montolivo*) Nice : au Var. La Paoute près de Grasse et à la Roquette. (*Ard.*)

**Malva.** L.

474. M. Alcea. L. — G. G., 1, p. 288. — ♃. Juin-août.

A.-M. — Mine de Tende. Saint-Martin Lantosque. Le plus souvent cultivée.

γ. *fastigiata*. Koch. — G. G., *loc. cit.*

Var. — La Verne dans les Maures. (*Huet!*) Les Mayons : presque au sommet de la Sauvette. (*Roux*) Pignans. Roquebrune. (*Hanry*)

B.-A. — Digne : sur les rochers du sommet de Cousson. Bord des champs près de Villars-Colmars. (*Roux*)

475. M. moschata. L. — G, G., 1, p. 288. — ♃. Juin-août.

A.-M. — Tende. L'Authion. Saint-Martin Lantosque. (*Ard.*)

476. M. Tournefortiana. L. — G. G., 1, p. 289. — ♃. Mai, juin.

Var. — Près du pont du torrent, dans les bois des Maures, sur la route du Luc aux Mayons, et montagne de la Sauvette. (*Roux*) La Verne dans les Maures. (*Huet!*) Bois de pins, parmi les bruyères à Fréjus. Notre-Dame des Anges près de Pignans. L'Esterel. (*Hanry*)

477. M. sylvestris. L. — G. G., 1, p. 289. — ②. Juin-août. Commune dans les champs, les lieux incultes de toute la Provence.

478. M. ambigua. Guss. — G. G., 1, p. 290. — ☉. Mai-juillet. — Champs, bord des chemins de la région méditerranéenne.

A.-M. — Antibes. Menton. (*Ard.*)

479. M. nicæensis. All. — G. G., 1, p. 290. — ☉. Mai-juillet.

B.-R. — Marseille : vallon de Vaufrège, Saint-Julien, les Martégaux, etc. Môle de Cassis. Les Saintes-Maries en Camargue. Bords de l'étang de Berre : au moulin de Merveille. (*Roux*) Aix : Cuques. (*F. et A.*) Martigues. Bords de l'étang de Galégeon à Fos. (*Autheman!*)

Var. — Bord des champs, de Nans à la montée de la Sainte-Baume. (*Roux.*) Toulon. Le Luc. Le Puget de Fréjus. (*Hanry*)

A.-M. — Assez commune dans les lieux cultivés, les décombres de la région littorale. (*Ard.*)

480. M. rotundifolia. L. — G. G., 1, p. 290. — ⊙. Mai–septembre. — Rare en Provence.

Var. — Autour des habitations, au bord des chemins à Ampus. (*Albert !*)

A.-M. — Décombres ; rare dans la région littorale. Eze. Saint-Vallier. Saint-Martin Lantosque. (*Ard.*)

Vaucl. — Aux alentours des bergeries, sur la route de Bédouin au mont Ventoux. (*Roux*)

481. M. parviflora. L. — G.G., 1, p. 291. — ⊙. Avril-juin.

B.-R. — Marseille : Sainte–Anne près de Mazargues. Saint-Tronc. Commune le long des fossés du bord de l'étang de Marignane. (*Roux*) Terrains salés des bords de l'étang de Caronte à Martigues. (*Autheman!*) Bord des chemins et de la mer à La Ciotat. (*Roux*)

Var. — Iles d'Hyères. (*Hanry*) Plage de Saint-Nazaire. (*Roux*)

A.-M. — Lieux cultivés, bord des champs ; Menton, Nice, le Bar, Courmes. (*Ard.*) Iles Sainte-Marguerite et Saint-Honorat. (*Reynier!*)

482. M. microcarpa. Desf. — G. G., 1, p. 291.

Var. — Toulon. Hyères. (*G. G.*)

**Lavatera. L.**

483. L. arborea. L. — G. G., 1, p. 292. — ♂. Mai–juillet.

B.-R. — Marseille : île de Pomègue où elle abonde. Château d'If. Ile de Jarro. (*Roux*)

Var. — Rochers et vieux murs. Fréjus. Rochers des Lions près de Saint-Raphaël. (*Hanry*)

A.-M. — Golfe Jouan. (*Hanry*). Subspontanée à Menton, Nice et île Sainte-Marguerite. (*Ard.*) Ile Saint-Honorat. (*Reynier!*)

484. L. cretica. L. — G. G., 1, p. 292. — ②. Avril, juin.

Var. — Bords de la mer à Toulon. (*G. G.*) Les Pesquiers près d'Hyères. (*Hanry*)

A.-M. — Menton. (*Huet et Jacquin!*) Abondante à Menton dans les lieux cultivés, sous les citronniers. (*Ard.*)

485. L. Olbia. L. — G. G., 1, p. 292. — ♂. Juin, juillet.
   B.-R. — Les Coustièros d'Arles. (*Jacquemin*) (?)
   Var. — Hyères. (*Hanry*) Sainte-Maxime. Fréjus. (*Hanry*)
   A.-M. — Rare. Ile Sainte-Marguerite. L'Esterel. (*Ard.*)
486. L. maritima. Gouan. — G. G., 1, p. 293. — ♂. Mai-septembre.
   B.-R. — La Ciotat : au-dessus de Notre-Dame de la Garde. (*Roux*) Les Coustièros d'Arles. (*Jacquemin*)
   Var. — Les Gorges d'Ollioules. (*Roux*) Baou de Quatrohouros. (*Reynier!*) Mont Coudon. (*Huet!*) La Seyne. (*Mulsant!*) Mont Faron. (*Hanry*)
   A.-M. — Nice. (*Hanry*) Menton. Monaco. Villefranche. Se retrouve au Bar, à Saint-Arnoux. (*Ard.*)
487. L. punctata. All. — G. G., 1, p. 293. — ⊙. Juin, juillet.
   Var. — Toulon. Fréjus. (*Hanry*) Saint-Tropez. (*G. G.*)
   A.-M. — Assez commune sous les oliviers dans toute la région littorale. (*Ard.*) Antibes (*G. G.*) Grasse, Cannes (*G. G., Hanry*) Ile Saint-Honorat et golfe Juan jusqu'à l'extrémité du cap d'Antibes. (*Reynier!*)
488. L. trimestris. L. — G. G., 1, p. 294. — ⊙. Mai, juin. — Rare ; çà et là dans les cultures ; ne se montre pas toutes les années dans le même endroit.
   B.-R. — Marseille : au Verdaou entre Saint-Julien et les Olives ; Saint-Tronc (*Roux*) ; Mazargues, Château-Gombert (*Blaize!*) Marignane. (*Roux*)
   Var. — Au Pradet, au Fort Rouge. (*Robert*)
   A.-M. — Rare. Une seule fois au littoral d'Eze. Villefranche. Nice : à Montboron et au Fabron. La Napoule. (*Ard.*)
   **Althæa.** L.
489. A officinalis. L. — G. G., 1, p. 294. — ♃. Juin-août.
   B.-R. — Bords des étangs de Berre et de Marignane. Raphèle. Saintes-Maries en Camargue. Aubagne.
   Var. — Bords de l'Huveaune au-dessus de Saint-Zacharie. (*Roux*) Bords des fossés et pâturages humides. (*Hanry*)

A.-M. — Nice: au Var. Antibes. La Napoule. (*Ard.*)

490. A. ROSEA. Cav., *Diss.* 2, n° 156, t. 28, f. 1. — ②-♃. Juin-août. — Subspontanée.

B.-R. — Marseille : moulin de Sartan (sur le bord du Jarret); les Martégaux, etc. (*Roux*)

Var. — Bord des champs, Pignans, Le Luc. (*Hanry*)

491. A. PALLIDA. Waldr. et Kit., *Pl. hung.*, t. 475. — ② Juin.

Var. — Lieux incultes, bord des champs, Le Luc à Sainte-Hélène. (*Hanry! Huet! Roux*)

492. A. CANNABINA. L. — G. G., 1, p. 294. — ♃. Juin-août.

B.-R. — Marseille: Saint-Loup (*Roux*); Camp-Major (*Laué!*). Aubagne : le long du ruisseau des Maïres. Vallon des Crides à Saint-Pons. Roquevaire : bords de l'Huveaune. (*Roux*) Aix : sentier conduisant à la campagne de M. Guignon. (*F. et A.*)

Var. — Touris près de Toulon. (*Reynier!*) Hyères. Le Luc. Fréjus. (*Hanry*)

A.-M. — Grasse, Antibes, Vaugrenier, Nice : à Cimiez. Monaco. (*Ard.*)

493. A. HIRSUTA. L. — G. G., 295. — ☉. Mai-juillet.

Champs pierreux, jachères, coteaux, etc. dans toute la Provence.

**Abutilon.** Gærtn.

494. A. AVICENNÆ. Presl. — G. G., 1, p. 296. — ☉. Juin-août.

B.-R. — Montaud-lez-Miramas. (*Castagne*)

Var. — Hyères. (*Auzande*) Terres cultivées, échappée des jardins autour des villes. (*Hanry*)

## GÉRANIACÉES

**Geranium** L.

495. — G. TUBEROSUM. L. — G. G., 1, p. 297. — ♃. Avril, mai.

B.-R. — Marseille : Château-Gombert, la Valentine, le Plan-de-Cuques. Vallon de Gord de Roubaou aux Camoins. (*Roux*); sous l'aqueduc entre la Treille et les Accates (*Reynier !*) ; la Bourdonnière (*Castagne*). La Ciotat : propriété Rambaud (*Coste !*) Cassis : dans un champ à gauche en descendant de la gare. (*Roux*) Aix : cultures du quartier de Peyblanc. (*F. et A.*)

Var. — Toulon : dans les champs du Revest. (*Hanry*) La Seyne. (*Mulsant !*)

A.-M. — Nice : rare. Mont Chauve. Antibes. Abondant à Cannes. (*Ard.*)

496. G. sylvaticum. L. — G. G., 1, p. 298. — ♃. Juin, juillet.

A.-M. — Mont Bego. Col de la Maddalena. (*Ard.*)

B.-A. — Forêt de Faillefeu près de Prads. (*Roux*)

498. G. Perreymondii. Schuttleworth et Huet. — *G. bohemicum*. G. G., 1, p. 299 (non L. ni Koch) — ☉. Mai, juin.

Var. — Fréjus. (*G. G.*) Broussailles le long du chemin de Collobrières à la Verne. (*Huet !*)

A.-M. — L'Esterel, vallon de la Grande Ragues. (*G. G.*) La Napoule. (*Hanry*) Maures de Tanneron. (*Ard.*)

499. G. nodosum. L. — G. G., 1, p. 299. — ♃. Mai-juillet.

Var. — Bords du Verdon sous Morgès. (*Albert !*)

A.-M. — Commun dans la région montagneuse jusque près de Menton et de Grasse. (*Ard.*)

B.-A. — Forêt de Faillefeu près de Prads. (*Roux*)

500. G. phæum. L. — G. G., 1, p. 300. — ♃. Juin, juillet.

A.-M. — Alpes de Tende. Sainte-Anne de Vinaï. (*Ard.*)

501. G. macrorrhizum. L. — ♃. Mai, juin.

A.-M. — Saorgio. Saint-Dalmas. Mines de Tende. La Briga. (*Ard.*)

502. G. argenteum. L. — G. G., 1, p. 302. — ♃. Juillet, août.

B.-A. — Crête de la montagne entre la Vachière et le vallon de Jouan. Sommet des Boules au-dessus de la forêt de Faillefeu près de Prads. (*Roux*)

503. G. sanguineum. L. — G. G., 1, p. 302. — ♃. Juin-août.

B.-R. — Marseille : vers le fond du vallon de la Barrasse ; fond du vallon de Saint-Cyr de Saint-Marcel ; nord de l'Étoile ; Notre-Dame des Anges, etc. Vallon de Saint-Clair à Saint-Jean de Garguier. *(Roux)* Aix : vallon du Saint-Esprit au quartier de Malouesso. *(F. et A.)*

Var. — Prés secs, bords des bois. *(Hanry)* Forêt des Maures, du Luc aux Mayons. *(Roux)* Ampus. *(Albert!)*

A.-M. — Menton. Nice, etc. *(Ard.)*

504. G. COLUMBINUM. L. — G. G., 1, p. 302. — ⊙. Mai–juillet.
Champs, bords des chemins, lieux sablonneux, etc. dans toute la Provence.

505 G. DISSECTUM. L. — G. G., 1, p. 303. — ⊙. Mai–juillet.
Assez commun le long des chemins, des fossés, au bord des bois et dans les lieux humides de toute la Provence.

506. G. PYRENAICUM. L. — G. G., 1. p. 303. — ♃. Mai-août.
B.-R. — Marseille : autrefois aux bords du Jarret en face du boulevard Chave. Baou de Bretagne. *(Castagne)*

Var. — Bois de la Sainte-Baume. *(Roux)*

A.-M. — Assez commun depuis l'Escarène et Caussols jusqu'aux Alpes. *(Ard.)*

B.-A. — Digne : dans le vallon de Richelme, etc. *(Roux)*

507. G. MOLLE. L. — G. G., 1, p. 304. — ⊙. Mai–juillet.
Commun sur les bords des chemins, etc. dans toute la Provence.

508. G. PUSILLUM. L. — G. G., 1, p. 304. — ⊙
Je crois cette plante rare en Provence. Castagne la cite dans les lieux pierreux, et Hanry dans les haies, au bord des sentiers et lieux incultes ; je ne l'ai jamais rencontrée. Fonvert et Achintre et Ardoino ne la citent pas.

Vaucl. — L'Isle, le long des chemins. *(Autheman!)*

509. G. LUCIDUM. L. — G. G., 1, p. 306. — Mai–juillet.
B.-R. — Marseille : nord du Pilon du Roi ; Notre-Dame des Anges *(Roux)* ; vallon des Eaux-Vives *(Reynier!)*. Simiane *(Roux)* Aix : vallon de Cascaveou sous le barrage du canal Zola. Sainte-Victoire. *(F. et A.)*

Var. — Commun dans le bois de la Sainte-Baume. (*Roux*)
Le Luc. Roquebrune. (*Hanry*)

A.-M. — Sainte-Agnès, Gorbio, l'Escarène, Levens. (*Ard.*)

510. G. ROBERTIANUM. L. (*ex parte*). — G. G., 1, p. 306 (*ex parte*).
— ⊙. Mai-août.

Var. — Commun dans le bois de la Sainte-Baume, surtout à la chapelle des Parisiens. Je ne suis sûr jusqu'à présent que de cette localité ; les auteurs de catalogues ou de flores de nos contrées ont confondu cette espèce avec les suivantes :

511. G. MEDITERRANEUM. Jord., Pugil. plant. nov., p. 40. — ⊙. Avril-juin.

B.-R. — Marseille : rochers ombragés du vallon de Passotemps à la Treille ; Saint-Loup dans le vallon de Puits de Paul. Vallon de Saint-Clair à Saint-Jean de Garguier. Bois à Simiane. (*Roux*)

Var. — Toulon. (*Jord.*)

512. G. PURPUREUM. Vill., Fl. du Dauph., 3, p. 374. — *G. Villarsianum*. Jord., Pug., p. 38. — *G. Robertianum*, v. β. *parviflorum*. G. G., 1, p. 306. — ⊙. Juin-août. — Lieux pierreux ombragés.

B.-R. — Marseille : Maou-vallon derrière Marseille-Veiré ; vallon de Sormiou. Pilon du Roi. Vallon de Saint-Clair à Saint-Jean de Garguier. Aix : à Sainte-Victoire. Notre-Dame de la Garde de La Ciotat. (*Roux*)

Var. — Saint-Cassien à la Sainte-Baume. La Sauvette des Mayons. (*Roux*)

Le *Geranium modestum* Jord. me paraît être la même plante à fleurs plus petites.

513. G. MINUTIFLORUM. Jord., Pug. plant. nov., p. 39. — ⊙. Mai-août.

B.-R. — Marseille : bois de Mazargues, Maou-vallon, vallons de Toulouse et de Sormiou. Vallon de Saint-Clair à Saint-Jean de Garguier. Saint-Pons de Gémenos. Baou de Canaille à Cassis. La Ciotat. Roquefavour. Les Alpines. (*Roux*)

Var. — Hyères. (*Jordan, Hanry*)

B.-A. — Digne : vallon de Richelme. (*Roux*)

Vaucl. — Fontaine de Vaucluse. (*Roux*)

**Erodium.** L'Hérit.

514. E. MALACOIDES. Wild. — G. G., 1, p. 308. — ⊙. Avril-juin. Commun dans les lieux cultivés et incultes sur tout le littoral de la Provence.

515. E. ALTHÆOIDES. Jord., Pug. plant. nov., p. 41. — ⊙. Juin.

Var. — Toulon. (*Jordan*) Baou de Quatro-houros près de Toulon. (*Chambeiron !*)

516. E. SUBTRILOBUS. Jord., Pug. plant. nov., p. 42 — ⊙. Mai, juin.

Var. — Collongues. (*Jordan*)

B.-A. — Castellane. (*Jordan*)

517. E. CHIUM. Willd. — G. G., 1, p. 308. — ⊙. Mai-septembre.

B.-R. — Marseille : île de Ratoneau. Petit vallon au-dessus de Châteauneuf-lez-Martigues. (*Roux*) Martigues : dans les terres cultivées et incultes. (*Autheman !*) Cassis : aux ruines du château et sous le Baou de Canaille. (*Roux*)

Var. — Toulon. (*Chambeyron !*) Fréjus. (*Hanry* d'après *Perreymond*)

518. E. LITTOREUM. Leman. — G. G., 1, p. 308. — ♃. Mai, juin.

B.-R. — Marseille : des Catalans au vallon des Auffes; pointe d'Endoume ; batterie de Montredon ; cap Croisette, sous la batterie. Iles de Ratoneau et de Pomègue. Cassis : au môle. La Ciotat : sur les bords de la mer et du chemin de la gare. (*Roux*)

519. E. LACINIATUM. Cav. — G. G., 1, p. 309. — ⊙. Mai, juin. Très rare en Provence.

Var. — Sables maritimes, au Ceinturon près d'Hyères. (*Huet et Jacquin !*) Salines d'Hyères. (*G. G.*)

A.-M. — Vallée de Menton. (*Th. Moggridge*) Nice. (*Bertol.* in *Ard.*)

520. E. BOTRYS. Bertol. — G. G., 1, p. 309. — ⊙. Avril, mai.

Var. — Dans les champs des environs de la Garde près de Toulon. (*Huet!*) Terrains granitiques : Hyères ; Le Luc ; Roquebrune. (*Hanry*) Forêt des Maures : près du pont d'un torrent, sur la route du Luc aux Mayons. (*Roux*)

A.-M. — Rare. Nice. Cannes : au cap Croisette. (*Ard.*)

521. E. ciconium. Willd. — G. G., 1, p, 310. — ⊙. Avril-juin.

B.-R. — Marseille : Mazargues ; vallon de Gord de Roubaou à la Treille. Aubagne. Saint-Jean de Garguier. Simiane. La Ciotat. (*Roux*) Aix : champs, pied des murs, décombres. (*F. et A.*)

Var. — Lieux secs et sablonneux. (*Hanry*)

A.-M. — Nice : au Var. L'Escarène. Grasse. (*Ard.*)

522. E. moschatum. L'Herit. — G. G., 1, p. 310. — ⊙. Avril-juin.

B.-R. — Marseille : rare, pelouses sous le fort Saint-Nicolas en face des Catalans. (*Roux*)

Var. — Lieux sablonneux : Toulon, Hyères, Le Luc, Fréjus. (*Hanry*)

A.-M. — Assez commun dans les lieux cultivés et au bord des chemins. (*Ard.*)

523. E. Boreanum. Jord. — ⊙ Avril, mai.

B.-R. — Marseille : rare ; bords du Jarret. Cassis : sur les pelouses des environs de la gare.

524. E. carneum. Jord., Pug. plant. nov., p. 47. — ⊙. Avril, mai.

B.-R. — Marseille : Notre-Dame de la Garde ; Mazargues : dans la traverse du Roi d'Espagne. Berre : dans les champs. Roquefavour : dans la gorge à droite du pont et en face de la gare.

525. E. parviflorum. Jord., Pug. plant. nov., p. 46. — ⊙. Avril, mai.

B.-R. — Marseille : Notre-Dame de la Garde ; pelouses sablonneuses du bord des chemins à Mazargues.

526. E. subalbidum. Jord., Pug. plant. nov., p. 45. — ⊙. Avril, mai.

B.-R. — Marseille : Traverse des Moulins à Saint-Barnabé,

etc. Bords de l'étang de Berre à la Mède près de Martigues. Cassis : sur la route de Marseille, au-dessus du vallon des Brayo.

527. E. romanum. Willd. — G. G., 1, p. 311. — ♃. Mars-mai.

B.-R. — Marseille : Notre-Dame de la Garde, Mazargues, Luminy, les Martégaux, etc. Aix. Roquefavour. Aubagne. Vallon de Saint-Pons. Saint-Jean de Garguier. Cassis, etc. (*Roux*)

Var. — Le Luc. Fox-Amphonx. Fréjus. (*Hanry*)

A.-M. — Assez commun au bord des chemins. (*Ard.*)

## HYPÉRICINÉES

**Hypericum. L.**

528. H. perforatum. L. — G. G., 1, p. 314. — ♃. Mai-août.

Lieux incultes, bord des chemins et des champs, coteaux pierreux dans toute la Provence.

529. H. quadrangulum. L. — G. G., 1, p. 314. — ♃. Juillet, août.

A.-M. — Col de Tende. (*Ard.*)

B.-A. — Digne : à Saint-Benoît. (*Roux*)

530. H. tetrapterum. Fries. — G. G., 1, p. 314. — ♃. Juin.

B.-R. — Marseille : bords du Jarret, de l'Huveaune, etc. Roquefavour. Marignane. Raphèle près d'Arles. (*Roux*) Aix : vallon des Pinchinats. (*F. et A.*)

531. H. australe. Tenore. — G. G., 1, p. 315. — ♃. Juin, juillet.

Var. — Hyères aux Pesquiers. (*Huet et Jacquin!*) Le Luc. (*Hanry*)

A.-M. — Cannes. Antibes. (*Hanry*) La Roquette. L'Estérel. (*Ard.*)

532. H. tomentosum. L. — G. G., 1, p. 316. — ♃. Juin, juillet.

B.-R. — Marseille ; bords de la mer à l'Estaque ; fond du vallon des Ouïdes. Pas-des-Lanciers. Bords de la Cadière à Marignane et à Saint-Victoret. Roquefavour. (*Roux*) Martigues : bords du grand vallat. Saint-Mître. (*Autheman!*)

Aix : petit chemin du Tholonet, après le pont de la Fourchette ; bords de l'Arc. (*F. et A.*)

A.-M. — Nice à Saint-André. Blausasc. L'Escarène. Entre Levens et Coarazza. Tende. Cannes. Grasse. Antibes. (*Ard.*)

533. H. Coris. L. — G. G., 1, p. 317. — ♃. Mai-juillet.

Var. — Châteaudouble à Ampus. (*Albert!*)

A.-M. — Saint-Arnoux. (*Giraudy!*). Assez commun dans tout le comté de Nice; plus rare dans l'arrondissement de Grasse. (*Ard.*)

B.-A. — Sur la route d'Allos à Barcelonnette. Rochers des bords de la Bléone entre la Javi et Prads. (*Roux*) Barcelonnette. (*Abbés Jean et Olivier!*)

534. H. hyssopifolium. Vill. — G. G., 1, p. 317. — ♃. Juin, juillet.

B.-R. — Vallon de Saint-Clair à Saint-Jean de Garguier. Baou de Bretagne. Aix : Sainte-Victoire. (*Roux*)

Var. — Bois de la Sainte-Baume. (*Roux*) Bois taillis à Ampus (*Albert!*)

A.-M. — Rare : sommet de l'Agnel au-dessus de la Turbie. Sigale. (*Ard.*)

B.-A. — Digne. (*G. G.*)

535. H. nummularium. L. — G. G., 1, p. 318. — ♃. Juillet-septembre.

A.-M. — Alpes de Nice, sans désignation plus précise (*Herb. Stire*) ; Alpes de Roubion. (*Ard.*)

536. H. hirsutum. L. — G. G., 1, p. 318. — ♃. Juillet-septembre.

A.-M. — Le Chaudan ; les Mujoulx dans la vallée de l'Esteron et probablement ailleurs. (*Ard.*)

537. H. montanum. L. — G. G., 1, p. 318. — ♃. Juillet, août.

B.-R. — Vallon de Saint-Pons de Gémenos, près de la source. (*Roux*) Roquevaire : à la Culasse. (*Pàthier!*)

Var. — Montée de la Sainte-Baume par Saint-Zacharie. Sainte-Baume. (*Roux*) Montrieux. Pignans. (*Hanry*) La Sauvette des Mayons. (*Roux*)

A.-M. — L'Esterel. (*Hanry*) Région montagneuse d'où il descend jusqu'à Menton. (*Ard.*)

B.-A. — Rives de l'Ubaye à la Condamine près de Barcelonnette. (*Roux*)

538. H. Richerii. Vill. — G. G., 1, p. 319. — ♃. Juin, juillet.

A.-M. — Assez répandu dans toutes nos Alpes d'où il descend jusqu'à la forêt de la Maïris. (*Ard.*)

539. H. ciliatum. Lamk. — G. G., 1, p. 319. — ♃. Avril-juin.

Var. — Collines des environs d'Hyères. (*Huet et Jacquin!*) Iles d'Hyères. (*Requien*)

A.-M. — Ile Sainte-Marguerite : extrémité ouest. (*Burnat!*)

540. H. crispum. L. — D. C., Fl. fr., IV, p. 863. — ♃. Juillet, août.

B.-R. — Marseille : talus à gauche de la route de Camoins-les-bains à Néoules, à cent mètres au-delà du canal. Unique localité, découverte par feu *Marius Blaize*.

541. H. Androsæmum. L. — G. G., 1, p. 321. — ♄. Mai-juillet.

B.-R. — Arles. (*Castagne*) (?)

Var. — Bois des Maures. Bord d'un torrent sur la route du Luc aux Mayons. (*Roux*) La Verne et Pierrefeu. (*Huet!*) Les Maures. (*Hanry*)

A.-M. — L'Esterel. (*Hanry*) Menton. Nice. Gourdon. Le Revest. (*Ard.*)

## ACÉRINÉES

Acer. L.

542. A. pseudo-Platanus. L. — G. G., 1, p. 321. — ♄. Mai.

B.-R. — Planté çà et là. Marseille : à la Moutte près de Saint-Loup. Aix : bords de la Torse. Saint-Pons. (*Roux*)

A.-M. — Rare, environs de Saint-Martin Lantosque. Cultivé sur les promenades. (*Ard.*)

543. A. opulifolium. Vill. — G. G., 1, p. 321. — ♄. Mars, avril.

B.-R. — Vallon de Saint-Pons de Gémenos. (*Roux*)

Var. — Bois de la Sainte-Baume. (*Roux.*)

A.-M. — Lieux arides, rochers de la région montagneuse : au-dessus de Menton. Saorgio. L'Authion. (*Ard.*)

B.-A. — Route d'Allos à Barcelonnette. (*Roux*))

544. A. monspessulanum. L. — G. G., 1, p. 322. — ♃. Mai.

B.-R. — Marseille : vallon de la Barrasse. Vallons des Signores et de Saint-Clair à Saint-Jean de Garguier. Roussargue. Vallons de Rouvière et de la Figuière entre la Bédoule et Gémenos. (*Roux*) Sous la source, au sommet de Garlaban. (*Reynier!*) Roquefavour. Saint-Jean de Tretz. (*Roux*) Coteau nord de la Trévaresse. Sainte-Victoire. (*F. et A.*)

Var. — La-Sainte-Baume. (*Roux*) Mont Coudon à Toulon. (*Hanry*)

545. A. campestre. L. — G. G., 1, p. 322. — ♃. Avril, mai.

Çà et là dans les bois, au bord des champs, des rivières, etc., dans toute la Provence.

**Negundo.** Nutt.

546. N. fraxinifolium. Nutt. — *Acer Negundo.* L. — ♃.

Cultivé çà et là. Marseille : boulevard des Chartreux. Saint-Giniez. Roquefavour, etc.

## AMPÉLIDÉES

**Vitis.** L.

547. V. vinifera. L. — G. G., 1, p. 323. — ♃. Juin. — Cultivée et subspontanée.

B.-R. — Marseille : bords de l'Huveaune. Saint-Pons de Gémenos. Marignane et surtout dans la Crau. Raphèle, etc.

Var. — Commun dans les bocages des bords de l'Argens à Entraigues.

A.-M. — Bois du Var. Saint-Arnoux. L'Esterel. (*Ard.*) Dans le bois de la *Cascade*, à Grasse. (*Reynier*)

## HIPPOCASTANÉES

**Æsculus.** L.

548. Æ. Hippocastanum. L. — G. G., 1, p. 324. — ♃. Mai.

Cultivé et souvent subspontané.

# MÉLIACÉES

**Melia.** L.

549. M. Azedarach. L. — G. G., 1, p. 324. — ♃. Mai, juin.

Grenier et Godron le citent comme naturalisé dans le midi de la France ; Hanry le mentionne au Bouillidou près du Cannet du Luc.

# BALSAMINÉES

**Impatiens.** L.

550. I. Noli-tangere. L. — G. G., 1, p. 325. — ☉. Juillet, août.
Bois ombragés de la région montagneuse.

A.-M. — Rare ; val de Pesio. Tende. Sainte-Anne de Vinaï. (*Ard.*)

# OXALIDÉES

**Oxalis.** L.

551. O. Acetosella. L. — G. G., 1, p. 325. — ♃. Avril, mai.

A.-M. — Bois de Farghet. L'Authion. La Fraca. La Giandola. Clans. Saint-Martin-Lantosque. (*Ard.*)

B.-A. — Forêt de Faillefeu près de Prads. (*Roux*)

552. O. libyca. Viv. — G. G., 1, p. 326. — ♃. Février-avril.

A.-M. — « Cette plante, du cap de Bonne-Espérance, que j'ai souvent remarquée dans les sentiers pierreux autour de Monaco et qui me paraissait échappée des jardins, vient d'être retrouvée à Menton, à Villefranche, à Nice et à Cannes. Elle est en train de se naturaliser chez nous. » (*Ard.*)

553. O. stricta. L. — G. G., 1, p. 326. — ♃. Juin-octobre.
Var. — Fréjus. (*Hanry*)

A.-M. — Rare. Colline de Villefranche, du côté de Nice. (*Ard.*)

554. O. corniculata. L. — G. G., 1, p. 325. — ☉. Juin-septembre.
Champs, jardins, pelouses de presque toute la Provence.

## ZYGOPHYLLÉES

**Tribulus.** L.

555. T. TERRESTRIS. L. — G. G., 1, p. 327. — Mai-octobre.

B.-R. — Marseille : Bonnevaine, Montredon, les Goudes, L'Estaque, etc. (*Roux*) Aix : Cuques, Chemin du cours Sainte-Anne. La Torse. (*F. et A.*)

Var. — Champs cultivés. (*Hanry*)

A.-M. — Çà et là dans les lieux sablonneux. (*Ard.*)

Vaucl. — Champs négligés à Mourrières près d'Avignon. (*Th. Brown!*)

## RUTACÉES

**Ruta.** L.

556. R. MONTANA. Cl. — G. G., 1, p. 328. — ♃. Juin, juillet.

B.-R. — Marseille : Saint-Tronc, Mazargues. Saint-Jean de Garguier, etc. Pas des Lanciers. Bords de l'Arc à Berre. (*Roux*) Aix : coteaux secs et pierreux (*F. et A.*) Bords de l'étang entre Rognac et Berre. (*Authemun!*)

Var. — Lieux secs et pierreux. (*Hanry*) La Valette près de Toulon. (*Huet!*)

Vaucl. — Sorgues près d'Avignon. (*Th. Brown!*)

557. R. ANGUSTIFOLIA. Pers. — G. G., 1, p. 328. — ♃. Juin, juillet.

Coteaux secs et pierreux, basses montagnes, lieux arides de la région littorale de la Provence : Aix, Martigues, Marseille, Cassis, La Ciotat, Toulon, Le Luc, Fréjus, Cannes, Nice, etc.

558. R. BRACTEOSA. D. C. — G. G., 1, p. 328. — ♃. Mai-juillet.

B.-R. — Marseille : le long d'un mur au Cabot, près de Sainte-Marguerite, Séon Saint-André, île de Ratoneau. Martigues : contre le mur d'une campagne au quartier du Ventron dans le vallon de Saint-Pierre. Dans les haies à Raphèle près d'Arles. (*Roux*) Aix : près du bâtiment d'habitation du domaine de M. Doumbres, quartier de Bouenouro. Le Montaiguet au-dessus du vallon du Tir. (*F. et A.*)

Var. — Fente des rochers au château d'Hyères. *(Mulsant!)* Grimaud. *(Hanry)* Fréjus. *(Roux)*

A.-M. — Assez commune dans les lieux arides et pierreux de toute la région littorale. *(Ard.)* Ile Sainte-Marguerite. *(G. G.)* Ile Saint-Honorat. *(Reynier!)*

**Dictamnus. L.**

559. D. ALBUS. L. — G. G., 1, p. 329. — ♃. Mai, juin.

B.-R. — Rogne : au vallon du Dragon. *(F. et A. d'après Garidel.)* Les Alpines. *(Peuzin!)* Esparon. Saint-Martin. *(Gérard).*

Var. — Bois de Blagnes à Châteaudouble près de Draguignan. *(Albert!)*

A.-M. — Nice. *(Hanry)* Saint-Dalmas de Tende et Malaussène près de Villars. Utèle. Saint-Antoine. Au-dessus de Grasse. *(Ard.)*

## CORIARIÉES

**Coriaria. L.**

560. C. MYRTIFOLIA. L. — G, G., 1, p. 330. — ♄. Février-juin.

Var. — Bagnol, vers Curebesace. Seillans. *(Hanry)* Fréjus le long du Reyran. *(Reynier!)*

A.-M. — Cannes. *(Hanry)* Menton. *(Huet!)* Assez commune au bord des bois à Menton, Nice. Grasse, Antibes. *(Ard.)*

#  CALICIFLORES

## CÉLASTRINÉES

**Evonymus**. Tourn.

561. E. EUROPÆUS. L. — G. G., 1, p. 331. — ♃. Avril-juin.

Assez commun dans les haies, au bord des champs pierreux, le long des cours d'eau de toute la Provence.

562. E. LATIFOLIUS. Scop. — G. G., 1, p. 332. — ♃. Mai, juin.

B.-R. — Arles : montagne de Cordes. (*Peuzin !*)

Var. — Plan d'Aups : dans les grandes fissures de rochers nommées *tournes* en face de l'hospice, et sur les rochers les plus élevés du bois de la Sainte-Baume, surtout au Pas de la Chèvre. (*Roux*)

A.-M. — Alpes de la Briga. Val de Pesio. (*Ard.*)

B.-A. — Sisteron. (*G. G.*)

Vaucl. — Apt. (*G. G.*)

## STAPHYLÉACÉES

Cette famille n'est pas représentée en Provence.

## ILICINÉES

**Ilex**. L.

563. AQUIFOLIUM. L. — G. G., 1, p. 333. — ♃. Mai, juin.

B.-R. — Marseille : mont de Luminy. Vallon de l'Oule à Saint-Pons de Gémenos. Rives de l'Arc aux Milles. (*Roux*) Aix : le Montaiguet ; le versant nord de la Trévaresse. (*F. et A.*)

Var. — Commun dans le bois de la Sainte-Baume. Vallon de la Sauvette des Mayons. (*Roux*) Cabasse. Fox-Amphoux. (*Hanry*)

A.-M. — Sainte-Baume du cap Roux, dans la chaîne de l'Esterel. (*Reynier !*) Au-dessus de Menton, entre Gorbio et Roquebrune. Mont Chauve au-dessus de Nice. Vallée de Chaus au-dessus de Touët-de-Beuil. Tournon-sur-Siagne. (*Ard.*)

## RHAMNEES

**Zizyphus**. Tourn.

564. Z. vulgaris. Lamk. — G. G., 1, p. 334. — ♃. Juin.
Naturalisé en Provence. Subspontané çà et là

**Paliurus**. Tourn.

565. P. australis. Rœm. et Schult. — G. G., 1, p. 335. — ♃. Mars-mai.

B.-R. — Rives de l'Arc à Roquefavour, aux Milles, au Tholonet. Saint-Chamas. (*Roux*) Aix : chemin partant du bout du cours Sainte-Anne et descendant à la Torse ; chemin de Meyreuil. (*F. et A.*)

Var. — Haies, bois ; commun. (*Hanry*) Bois des Maures vers les Mayons. (*Roux*)

A.-M. — Comté de Nice, vallée de l'Esteron, Grasse, Auribeau. (*Ard.*)

B.-A. — Gréoulx. (*Roux*)

Vaucl. — Carpentras. (*Roux*)

**Rhamnus**. L.

566. R. cathartica. L. — G. G., 1, p. 335. — ♃. Mai, juin.

Var. — Bois de la Sainte-Baume. (*Roux*) Bois à Toulon. (*Hanry*)

A.-M. — Levens. Molinet. Abondant à Entraunes, Saint-Etienne, Saint-Dalmas-le-Sauvage. (*Ard.*)

567. R. saxatilis. L. — G. G., 1, p. 335. — ♃. Juin, juillet.

A.-M. — Saint-Dalmas-le-Sauvage. Montagnes de Caussols et de Défens. (*Ard.*)

568. R. infectoria. L. — G. G., 1, p. 336. — ♃. Mai.

B.-R. — Aix : vers la tour de la Keirié ; vallon de Parouvier Pied des Alpines vers Saint-Remy. Montagne de Cordes près d'Arles. (*Roux*) Aix : chemin du Défens ; chemin de Meyreuil, du pont des Trois-Sautets au vallon de Fontgamate ; Sainte-Victoire. (*F. et A.*)

569. R. Villarsii. Jord. Obs. pl. nouv., 7ᵐᵉ Frag., p. 18. — *R. infectoria*. Vill., Dauph., 2, p. 536 (non Linné). — *R. tinctorius*. Mutel, Fl. fr., p. 218. — ♃. Mai.

B.-R. — Marseille : sommets des vallons de l'Evêque et de Saint-Cyr, entre Saint-Loup et Saint-Marcel ; vallon des Eaux-Vives. Mont de Mimet. Saint-Jean de Trets. Vallon de Saint-Clair. Roquefourcade. (*Roux*)

Var. — Bois taillis des Béguines à la Sainte-Baume. Hauteurs du Baou de Bretagne. (*Roux*)

Vaucl. — Région des pins au mont Ventoux. (*Roux*)

570. R. alpina. L. — G. G., 1, p. 336. — ♃. Mai, juin.

B.-R. — Hauteurs de Gémenos : la Grand'Baoumo, Baou de Bretagne, Roquefourcade. (*Roux*)

Var. — Nord du département. (*Hanry*)

A.-M. — Entre Saint-Dalmas de Tende et Saint-Martin Lantosque. Estenc au-dessus d'Entraunes. (*Ard.*)

571. R. pumila. L. — G. G., 1, p. 337. — ♃. Avril-juin.

A.-M. — Col de Tende. La Briga. Saint-Sauveur. Estenc. Bouziejo. Salsamorena. (*Ard.*)

B.-A. — Fentes des rochers de la montée d'Allos au lac et d'Allos à Barcelonnette. (*Roux*) Faillefeu près de Prads. (*Abbé Mulsant!*)

572. R. alaternus. L. — G. G., 1, p. 337. — ♃. Mars, avril.

Commun dans les haies, sur les coteaux secs, dans les bois de pins, dans toute la région littorale de la Provence.

573. R. Frangula. L. — G. G., 1, p. 338. — ♃. Avril-juin.

Var. — Environs de Fréjus. (*Hanry*)

A.-M. — Nice : au bois du Var ; moins rare probablement dans la région montagneuse. (*Ard.*)

# TÉRÉBINTHACÉES

**Pistacia.** L.

574. P. Lentiscus. L. — G. G., 1. p, 339. — ♃. Avril, mai.

B.-R. — Marseille : Montredon, Mazargues, vallon de Morgiou et de Sormiou, Saint-Loup, etc. Vallon des Signores et de Saint-Clair à Saint-Jean de Garguier. Cassis. La Ciotat, etc. (*Roux*) Aix : petit chemin du Tholonet. (*F. et A.*)

Var. — Saint-Zacharie. (*Marion !*) Le Luc. (*Roux*) Bois et rochers. (*Hanry*)

A.-M. — Région littorale. (*Ard.*)

575. P. Terebinthus. L. — G. G., 1, p. 339. — ♃. Avril.

Haies, collines, bord des champs montueux, coteaux pierreux ; assez commun dans toute la région littorale de la Provence ; remonte dans les Alpes jusqu'à Digne, etc.

576. P. vera. L. — G. G., 1, 339. — ♃. Mai.

Cultivé, on le rencontre assez souvent greffé sur le *Pistacia Terebinthus*. Il existe à Puits-de-Paul, près de Saint-Loup (banlieue de Marseille), un pied de cette espèce, à l'état sauvage, dont les fruits sont intermédiaires entre le type cultivé et le Térébinthe : c'est, sous cette forme, le *P. cappadocica* Turm., *P. narbonensis* L. (pro parte), *P. nemausensis* Req., Delile, *P. narbonensis* β *Bauhini* Tenore, *P. hybrida* Gasparini, etc.

577. P. lentisco-terebinthus. G. de Saporta et A.-P. Marion, Obs. sur un hybride spont. du Téréb. et du Lentisq.; 1871, *Ann. des Sc. nat.*, 5ᵐᵉ série, Bot., t. 14, fig. 1, 2, 3.

Cet hybride observé d'abord, par MM. de Saporta et Marion, dans le Var, à Saint-Zacharie, a été retrouvé à Marseille, dans la propriété de M. Rey, architecte, entre Saint-Loup et Saint-Marcel (*Saporta et Marion*); dans le vallon de Morgiou, dans celui de Maouvallon, dans la propriété Pastré ; au sommet du vallon de la *Figuièro* près de

Roquefort (*Roux*); à Aix : à Barre au-dessus des Pères de la Foi, près du Tholonet (*De Saporta et Marion !*).

**Rhus. L.**

578. R. Coriaria. L. — G. G., 1, p. 340. — ♃. Mai, juin. Coteaux arides et pierreux, haies, bord des champs montueux, murs de soutènement, etc.

B.-R. — Marseille : Saint-Tronc, Saint-Loup, Saint-Marcel, Montolivet, etc. (*Roux*) Martigues. (*Autheman!*) Aix : collines des Pauvres, etc. (*F. et A.*)

Var. — Coteaux et lieux secs. (*Hanry*)

A.-M. — Nice : à la Turbie. (*D. C.*) Ardoino ne le signale pas, sans doute par oubli.

579. R. Cotinus. L. — G. G., 1, p. 340. — ♃. Mai, juin. Assez rare en Provence.

B.-R. — Marseille : vallon de Canal vers N.-D. des Anges. (*Roux*) Versant nord et crête de la Trévaresse. (*F. et A.*) Les Alpines. (*Autheman !*)

Var. — Le Luc. Fox-Amphoux. (*Hanry*) Vallon de Tardeou près de Nans. Bois de la Sainte-Baume. (*Roux*)

A.-M. — L'Esterel. (*Hanry*) Dans le bois de la *Cascade* à Grasse. (*Reynier!*) Assez commun dans les bois rocailleux de la région montagneuse, d'où il descend jusque près de Menton et de Nice. (*Ard.*)

B.-A. — Digne à Saint-Benoît. (*Roux*)

Vaucl. — Avignon. (*G. G.*) Vallon de la Roullière, près de Caumont. (*Coste !*)

**Ailanthus.**

580. A. glandulosus. Desf. — ♃. Juin.

Planté çà et là. Subspontané dans le vallon de Saint-Pons de Gémenos, à Roquefavour, etc.

**Cneorum. L.**

581. C. tricoccum. L. — G. G., 1, p. 341. — ♃. Février-mai.

A.-M. — Lieux rocailleux de la région littorale. Antibes. (*Huet !*) Nice. Menton. Monaco. (*Ard.*)

## PAPILIONACÉES

**Anagyris.** Tourn.

582. A. FOETIDA. L. — G. G., 1, p. 415. — ♃. Janvier, février.

B.-R. — Il n'est que subspontané en Provence ; on le rencontrait autrefois dans les haies du bord du chemin de Gémenos au Pont de l'Étoile ; sur celui d'Aubagne à Saint-Pierre ; sur la route entre Châteauneuf et Martigues ; mais il n'y est plus depuis longtemps. On en trouve encore quelques jeunes pieds dans les bois de pins entre La Ciotat et Cassis. (*Roux*) Aix : versant ouest de la colline des Pauvres. (*F. et A.*) Arles : Montmajor, où il a été planté.

Var. — Parmi les ruines du vieux château d'Ollioules. (*Hanry*)

A.-M. — Subspontané au château de Nice. (*Ard.*)

**Ulex.** L.

583. U. EUROPÆUS. Sm. — G. G., 1, p. 344. — ♃. Mai, juin.

Var. — Ampus : le long du ruisseau du Plan. (*Albert !*)

584. U. PARVIFLORUS. Pourr — ♃. Février, mars. — Très-répandu dans certaine partie du littoral de la Provence.

B.-R. — Dans la Crau. (*G. G.*) Aix : champs marneux, ceux surtout de la rive gauche de l'Arc. (*F. et A.*) Marseille : coteaux, lieux secs, bois de pins ; Montredon, Mazargues, Saint-Loup, Saint-Marcel, Saint-Julien, les Olives, la Treille, etc. Aubagne, Gémenos, Cuges, Cassis et jusqu'à Ceyreste. (*Roux*)

A.-M. — Ile Sainte-Marguerite (*G. G.*)

**Calycotome.** Link.

585. C. SPINOSA. Link. — G. G., 1, p. 346. — ♃. Mai, juin.
Coteaux secs et rocailleux, bois de pins.

B.-R. — Il ne se trouve pas à Marseille où l'indiquent Grenier et Godron; on commence à le rencontrer à Cassis, La Ciotat, Ceyreste, plan de Rouvière et vallon de la Figuière au-dessus de Coulin, route de Cuges. (*Roux*)

Var. — Il remplace l'*Ulex parviflorus*. Saint-Cyr, Bandol, Saint-Nazaire. (*Roux*) Toulon, Hyères, Fréjus. (*G. G.*)

A. M. — Cannes, Grasse, Nice, Menton. (*Ard.*)

**Spartium. L.**

586. S. junceum. L. — G. G., 1, p. 347. — ♃. Mai, juin

Assez répandu sur tout le littoral de la Provence depuis les bords du Rhône jusqu'à Nice et Menton; on le rencontre sur les coteaux, les basses montagnes, etc.

**Sarothamnus. Wimmer.**

587. S. vulgaris Wimmer. — G. G., 1, p. 348. — ♃. Mai, juin.

A.-M. — Çà et là dans la région montagneuse; les bois de Gourdon et de Saint-Vallier. (*Ard.*)

588. S. pungans. G. G., Fl. de Fr., 1, p. 349. — ♃. Mai, juin.

B.-A. — Gréoulx : lieux secs et arides du bord du Verdon. (*Hanry*)

**Genista. L.**

589. G. sagittalis. L. — G. G., 1, p. 350. — ♃. Mai, juin. Collines sèches, bois montagneux.

Var. — Sommet de la Sauvette des Mayons du Luc. (*Roux*) Pignans. (*Hanry et Roux*)

A.-M. — Forêt de la Maïris. Environs de Berre. Bois de Gourdon. Vence. (*Ard.*)

590. G. pilosa. L. — G. G., 1, p. 351. — ♃. Mai, juin. Côteaux, bois montagneux de presque toute la Provence.

B.-R. — Marseille : vallon de l'Evêque près de Saint-Loup, la Treille, la Penne, Saint-Jean de Garguier, Roquefavour, etc. (*Roux*) Aix : quartier de la Tour de la Keirié, Montaiguet. (*F. et A.*)

Var. — Forêt des Maures. (*Hanry*) N.-D. des Anges près Pignans. (*Roux*)

A.-M. — Rare à Menton; Cannes. Antibes. L'Estérel. Berre. Villars. Gourdon. Auribeau, etc. (*Ard.*)

591. G. PULCHELLA. Visiani. — G. G., 1, p. 351. — ♂. Juin, juillet.

Var. — Ampus : dans les terrains argilo-pierreux et rochers du sommet de Morgès à Aiguines. (*Albert!*)

592. G. TINCTORIA. L. — G. et G., 1, p. 352. — ♂. Mai-juillet.

Assez commun sur le bord des prés dans les bois, etc. d'une grande partie de la Provence.

593. G. MANTICA. Pollini. — *G. tinctoria* var. β. *lasiocarpa*. G. G., 1, 352. — ♂. Mai-juillet. Bois sablonneux.

A.-M. — Grasse. Vallée de Thorenc. Vence. Villeneuve-Loubet. Menton. (*Ard.*)

594. G. CINEREA. D. C. — G. G., 1, p. 353. — ♂. Mai, juin.

B.-R. — Route d'Auriol à la Sainte-Baume, le long du torrent. (*Roux*) Aix: bords de la Torse. (*Roux*) Ancien chemin de Rogne; peu au-dessus de Ganay; Saint-Canadet. (*F. et A.*) Peyroles et montagnes de Jouques. (*Peuzin!*) Entre Saint-Paul-les-Durance et le château de Cadarache. (*Roux*)

Var. — Signe. (*Hanry*) Bords de l'Huveaune dans le vallon de Tardeou près de Nans. (*Roux*) Plan d'Aups à la Brasque. (*Roux*)

A.-M. — Assez commun depuis Tende et Saint-Etienne-le-Sauvage jusques à Nice et Menton. Saint-Vallier. Caussols. Le Revest et Coursegoules. (*Ard.*)

B.-A. — Vinon. Gréoulx. Digne : à Saint-Benoît et montagne de Cousson. (*Roux*) Sisteron. Manosque, etc.

Vaucl. — Apt. (*G. G.*)

595. G. ASPALATHOIDES. Lmk. — G.G., 1, p. 353. — ♂. Mai, juin.

Assez commun sur quelques hauteurs de la Provence.

B.-R. — Marseille : Marseille-Veire ; Luminy ; tête de Carpiagne ; chaîne de l'Etoile. Hauteurs de Gémenos.

Roquefourcade. Baou de Bretagne. Crête du mont de Mimet. Baou de Canaille vers La Ciotat. (*Roux*) Cuges. (*Hanry*) Aix : rive gauche de l'Arc, en amont de la passerelle du tir, sur les rochers et en amont de la Timone Sainte-Victoire: vers le monastère (*F. et A.*)

Var. — Rochers du Plan d'Aups et du sommet des Béguines. (*Roux*) Toulon : au mont Faron. (*Reynier!*)

Vaucl. — Mont Ventoux. (*G. G.*)

596. G. Scorpius. D. C. — G. G., 1, p. 354. — ♂. Mai-juillet. Lieux incultes.

B.-R. — D'Eyguières aux Alpines. D'Aix à Venelles, sur le bord de la route. (*Roux*) Aix : sur le bord du chemin de Saint-Canadet, vers la crête de la Trévaresse et à la partie est du versant nord de cette colline. (*F. et A.*)

Vaucl. — Avignon. (*G. G.*) L'Isle, dans le vallon de Chinchon. (*Autheman!*)

597. G. germanica. L. — G. G., 1, p. 356. — ♂. Mai, juin. Région montagneuse.

A.-M. — Bois du Farghet. L'Authion. Col de Fenestre. Saint-Martin-Lantosque. (*Ard.*)

598. G. hispanica. L. — G. G., 1, p. 356. — ♂. Mai, juin. Lieux secs et arides, bois de pins.

B.-R. — Marseille : Saint-Tronc, Saint-Loup, Saint-Marcel, Saint-Julien, les Olives. Crête du mont de Mimet. Gémenos. Saint-Jean de Garguier. Roquefavour, etc. (*Roux*) Aix : Cuques, Moret. (*F. et A.*)

Var. — Sainte-Baume. (*Roux*) Commune dans les lieux secs. (*Hanry*) Toulon. Fréjus. (*G. G.*)

A.-M. — Au-dessus de Menton. Cimiez. Falicon. L'Escarène. Vence. Grasse. (*Ard.*)

599. G. linifolia. L. — G. G., 1, p. 354. — ♂. Avril, mai.

Var. — Iles d'Hyères. (*Chambeiron!*) Ile de Porquerolle. (*Mulsant, Sollier!*) Grès rouge de la Colle Noire près de

Toulon. (*Huet et Jacquin !*) Le Pradet. Ile de Porquerolle. (*Hanry*)

600. G. RADIATA. Scop. — G. G., 1, p. 358. — ♃. Mai, juin. Rare.

B.-A. — Montagne de Lure près de Sisteron, au lieu dit Trau deï Ginesto, dans la safrière de Crius. (*Comte De Salve !*). Hanry le cite à Nice (?) où Ardoino ne le signale pas.

601. G. CANDICANS. L. — G. G., 1. p. 358. — ♃. Avril, mai.

Var. — La Sauvette des Mayons du Luc. (*Cartier !*) Fréjus. (*Giraudy !*) Hyères. Ile de Porquerolle. (*Hanry*)

A.-M. — Cannes. L'Estérel. (*Ard.*)

**Cytisus.** D. C.

602. C. LABURNUM. L. — G. G., 1, p. 359. — ♃. Avril, mai.

B.-R. — Subspontané à Saint-Pons de Gémenos; parc du château de Tournefort près d'Aix. Souvent planté dans les jardins et les bosquets. (*Roux*)

603 C. ALPINUS. Mill. — G. G., 1, p. 359. — ♃. Juin, juillet. Bois montagneux.

Var. — Bois de Morgès à Aiguine. (*Albert !*)

A.-M. Forêt de la Maïris. Mine de Tende. Sainte-Anne de Vinaï. Forêt de Claus. Vallon de Salèse et au-dessus de Saint-Martin le Sauvage. Coursegoules. (*Ard.*)

B.-A. — Commun dans la forêt de Faillefeu près de Prast. (*Roux*)

604. C. SESSILIFOLIUS. L. — G. G., 1, p. 359. — ♃. Mai, juin. Bois et lisière des bois, surtout de la région montagneuse.

B.-R. — Marseille : vallon de l'Evêque à Saint-Loup, la Treille. Saint-Pons de Gémenos. Vallon de Saint-Clair à Saint-Jean de Garguier. Roquefavour. Vallon de la Vache à la Bourdonnière. (*Roux*) Aix : Vallon de Moret. (*F. et A.*)

Var. — Bois de la Sainte-Baume. (*Roux*) La Seyne près de Toulon. Fréjus. (*Mulsant !*) Toulon, Aups, Draguignan. (*Hanry*)

A.-M. — Çà et là sur les côteaux secs; Menton, Nice et dans la région montagneuse. (*Ard.*)

605. C. Ardoini. Fournier in Bull. Soc. Bot. Fr., 27 juillet 1866. — Ardoino, Fl. Alp. Marit., p. 93. — ♄. Avril, mai.

A.-M. — Montagne d'Aiguille, à 1200 mètres d'altitude au-dessus de Menton; la Cima-d'Ours et mont de Meras, entre l'Aiguille de Menton et le Farghet. (*Ard.*)

606. C. triflorus. L'Herit. — G. G., 1, p. 361. — ♄. Mai.

Var. — Forêt des Maures, Garde-Frainet. (*Hanry*) Toulon. Hyères. Fréjus. (*G. G.*) les Mayons du Luc, dans le vallon de la Sauvette. (*Roux*)

A.-M. — Cannes. (*Duval-Jouve!*) L'Estérel. Auribeau. Triat Nice. Menton. (*Ard.*)

607. C. hirsutus. L. — G. G., 1, p. 361. — ♄. Mai, juin. Bois.

A.-M. — Rare à Menton. Levens. Berre. (*Ard.*)

608. C. supinus. L. — G. G., 1, p. 362. — ♄. Mai.

Var. — Forêt des Maures. Fréjus. (*Hanry*)

A.-M. — Grasse. (*G. G.*)

609. C. pumilus. De Notaris. — Ardoino, Fl. Alp. Marit., p. 93. — ♄. Juin, juillet.

A.-M. — Région alpine et montagneuse; au Mont d'Or près de Luceram; abondant au col de Tende. (*Ard.*)

610. C. alpestris Thuret et Bornet herb.; Ardoino, Fl. Alp. Marit., p. 93 — ♄. Juillet.

A.-M. — Région alpine et montagneuse; au vallon de Nanduébis et de la Madone, à la mine de Cérèse et au col de Salèse. (*Ard.*)

**Argyrolobium.** Eckl. et Zeyh.

611. A. Linnæanum. Walpers. — G. G., 1, p. 362. — ♄. Mai. Coteaux, lieux secs et arides, bois de pins.

B.-R. — Marseille: Montredon, Mazargues, Luminy, Saint-Loup, Saint-Julien, la Treille, etc. Carry. Martigues. Roquefavour, Aix, etc. (*Roux*)

Var. — Toulon. Ile de Porquerolle. Fréjus. (*Hanry*) Ampus près Draguignan. (*Albert!*)

A.-M. — Assez commun de Menton à Nice, Grasse. (*Ard.*)

Vaucl. — Avignon. (*G. G.*)

**Adenocarpus** D. C.

612. A. GRANDIFLORUS. Boiss. — G. G., 1, p. 363. — ♃. Mai, juin.

Var. — Hyères. (*G. G.*) Colline de Sauvebonne près d'Hyères. (*Mulsant!*) Bois des environs d'Hyères. (*Huet!*) Coteaux secs et stériles du golfe des Lecques (*Hanry*) où je ne l'ai pas encore rencontré !

**Lupinus.** Tournef.

613. L. TERMIS. Forsk. — G. G., 1, p. 365. — ⊙ Mai.

Var. — Dans les moissons à Toulon. (*G. G.*) Je ne l'ai jamais reçu de mes correspondants de Toulon !

614. L. HIRTUS. L. — G. G., 1, p. 365. — ⊙. Mai. Moissons, champs sablonneux.

Var. — Hyères. (*Hanry*) Toulon, Hyères, Fréjus. (*G. G.*) Le Luc. (*Cartier!*) Les Mayons. (*Hanry!*) Mourière près de la Seyne. (*Mulsant!*) Prés maritimes aux Sablettes près de Toulon. (*Huet!*)

A.-M. — Cannes. (*Hanry*)

615. L. RETICULATUS. Desv. — G. G., 1, p. 366. — ⊙. Juin, juillet.

Var. — Iles d'Hyères. Fréjus. (*G. G.*)

A.-M. — Grasse. (*G. G.*) Rare à Menton, Antibes, Cannes au cap Croisette, La Roquette. (*Ard.*)

616. L. ANGUSTIFOLIUS L. — G. G., 1, p. 367. — ⊙. Avril, mai. Rare.

Var. — Sommet de la Sauvette des Mayons. (*Roux*) Champs sablonneux, les Mayons du Luc. (*Hanry!*)

617. L. CRYPTANTHOS. Schutleworth. Inédit. — Mai.

Cette plante, dont je ne connais pas la graine, n'est probablement qu'une forme rabougrie de l'espèce précédente. (*Roux*) Lieux incultes aux Mayons du Luc (Var). (*Hanry!*)

618. L. varius. L. — D. C. Fl. fr., 4, p. 517. — ☉. Mai. Dans les champs et parmi les récoltes.

Var. — La Garde près de Toulon. (*Huet!*) Hyères. (*Hanry*)

A.-M. Nice. (*Hanry*) Ardoino ne la cite pas! je la crois rare et non spontanée.

**Ononis.** L.

619. O. rotundifolia. L. — G. G., 1, p. 367. — ♃. Mai-juillet. Région alpine et montagneuse.

Var. — Bords du Verdon sous Morgès, à Aiguine. (*Albert!*)

A.-M. — Levens. Le Chaudan. Touët de Beuil. Entre Grasse et Castellane. Saint-Etienne-le-Sauvage. (*Ard.*)

B.-A. — Digne : Saint-Benoît ; montée de Cousson. (*Roux*) Barcelonnette. (*G. G.*)

620. O. fruticosa. L. — G. G., 1, p. 368. — ♂. Juin, juillet. Région montagneuse.

A.-M. — Entre Berre et Bendigiun. Utelle. Tournafort. La Maria. Saint-Etienne. Guillaume. Abondant à Entraunes. (*Ard.*)

B.-A. Montée d'Allos au lac. Bord de la route entre Uvernet et Barcelonnette. (*Roux*) Digne. (*G. G.*) Côteaux de l'Ubaye à la Condamine. (*Lannes*)

621. O. natrix. L. — G. G., 1, p. 369. — ♃. Juin, juillet. Plante variable, champs et lieux sablonneux.

B.-R. — Marseille : sables de Mazargues ; vallons de Toulouse, de la Panouse, de l'Evêque ; Saint-Julien ; les Martégaux, etc. Martigues, Berre, Aix, etc. (*Roux*)

Var. — Toulon, Saint-Raphaël, etc. (*Roux*)

A.-M. — Menton. Nice : au Var, Grasse, etc. (*Ard.*)

Vaucl. — Sables de la Durance près d'Avignon. (*Th. Brown!*)

622. O. ramosissima. Desf. — G. G., 1, p. 370. — ♃. Juin, juillet. Lieux incultes et sablonneux.

Var. — Hyères, Fréjus. (*Hanry*)

A.-M. — Nice, Cannes. (*Ard.*)

623. O. viscosa. L. — G. G., 1, p. 370. — ⊙. Avril, mai. Champs et lieux incultes.

B.-R. — Aix au Prégnon. *(F. et A. d'après Garidel)* Martigues : entre Saint-Pierre et la mer. *(Derbès !)* Entrée du vallon de Gueule d'Enfer. (*Roux*) La Ciotat : champs d'oliviers sur la route de la gare et à Notre-Dame de la Garde. (*Roux*)

Var. — Saint-Nazaire : hauteurs de Pipière ; cap Nègre. (*Roux*) Toulon : à la Garonne. (*Huet !*) Pierrefeu. (*Huet ! Chambeiron !*) Toulon, Hyères, Fréjus. (*Hanry, G. G.*)

624. O. breviflora. D. C. — G. G., 1, p. 371. — ⊙. Mai, juin.

B.-R. — Marignane : le long de la voie ferrée près de la gare. (*Autheman !*)

Var. — Hyères, Fréjus. (*G. G., Hanry*) Pierrefeu : le long du ruisseau le Pharemberg ; dans les champs siliceux. (*Huet ! Chambeiron !*)

A.-M. — Lieux arides, lits des torrents. Menton. Nice. Antibes. Ile Sainte-Marguerite. Grasse. Col de Brouis et Tende. (*Ard.*) Ile Saint-Honorat. (*Reynier !*)

625. O. pubescens. L. — G. G., 1, p. 371. — ⊙. Juin. Champs et lieux incultes.

B.-R. — Saint-Chamas : champs au-dessus de la gare. Falaises des bords de l'étang, entre Miramas et Istres. Cassis ; lieux pierreux sur la route de La Ciotat. (*Roux*)

Var. — Bandol. (*G. G.*) Environs de Toulon. (*Robert*) Pierrefeu : le long du ruisseau de Pharamberg. (*Chambeiron ! Huet !*)

Vaucl. — Avignon. (*G. G.*)

626. O. cenisia. L. — G. G., 1, p. 372. — ♃. Juin, juillet. Région alpine et montagneuse.

Var. — Cité à la Sainte-Baume par Grenier et Godron et Hanry ; mais je ne l'y ai jamais rencontré !

A.-M. — Alpes de la Briga et Tende ; Roubion ; abondant à

Entraunes et à Saint-Dalmas-le-Sauvage; Mas et Audon dans le canton de Saint-Auban. (*Ard.*)

B.-A. — Forêt de Faillefeu près de Prast ; bois de pins du bord de l'Ubaye en face du village de la Condamine près de Barcelonnette. (*Roux*)

Vaucl. — Mont Ventoux : vallon du Glacier, etc. (*Roux*)

627. O. RECLINATA. L. — G. G., 1, p. 372. — ⊙. Mai, juin. Lieux sablonneux ou pierreux de la région littorale.

B.-R. — Marseille : Pilon du Roi (*Reynier!*) ; Montredon ; sables de Mazargues ; vallon de la Panouse ; les Trois-Lucs ; etc. (*Roux*) Martigues : champs montueux à la Couronne. (*Roux*) La Mède, le Grand-Vallat, le Gros-Mourré. (*Autheman !*) Vallon de la Vache à la Bourdonnière. (*Roux*) Eygalière : au pied des Alpines. Fos : au Galegeon. (*Roux*) Aix : nord de la tour de la Keirié. (*F. et A.*)

Var. — Ile de Porquerolle. Côteaux au Luc. (*Hanry*) Toulon. (*G. G.*) Sixfours. (*Roux*) La Seyne. (*Mulsant !*) Cap Nègre à Saint-Nazaire. (*Roux*)

A.-M. — Ile Sainte-Marguerite. Antibes. Nice. Menton. (*Ard.*) Grasse. Cannes. (*G. G.*)

628. O. CAMPESTRIS. Koch. — G. G., 1, p. 375. — ♂. Juin, juillet. Je ne l'ai rencontrée, jusqu'à présent, que dans les prairies salées de Berre (B.-d.-R.)

β. *antiquorum*. G. G. (non L.). Commune dans les champs, les lieux arides et pierreux, le long des routes dans toute la Provence.

629. O. REPENS. L. — *O. procurrens*, v. β. *maritima*. G. G., 1, p. 375. — ♃. Juin, juillet.

Var. — Bois des Maures ; de Gonfaron aux Mayons ; vallon de la Sauvette. (*Roux*)

A.-M. — Commun dans les champs stériles. (*Ard.*)

β. *arvensis*. — *O. procurrens*. Wall.

B.-R. — Marseille : lieux marécageux du fond du vallon du Rouet. — Aix : sur les rives de l'Arc. *(Roux)*

Vaucl. — Avignon : les prairies. *(Th. Brown)*

630. O. VARIEGATA. L. — G. G., 1, p. 375. — ⊙. Avril, mai.

Il est douteux que cette plante de Corse et de Sardaigne se rencontre dans les sables maritimes des îles d'Hyères et du cap de la Croisette près de Cannes, où l'indique Hanry ; d'ailleurs, ni Grenier et Godron ni Ardoino n'en font mention.

631. O. STRIATA. Gouan. — G. G., 1, p. 376. — ♃. Juin, juillet. Région montagneuse.

A.-M. — Tende. Abondant à Saint-Martin-Lantosque. Bois de Guillaume. Entraunes. Saint-Dalmas-le-Sauvage. Saint-Auban. *(Ard.)*

B.-A. — Castellane. *(G. G.)*

Vaucl. — Mont Ventoux. *(G. G.)*

632. O. COLUMNÆ. All. — G. G., 1, p. 376. — ♃. Mai-juillet. Coteaux calcaires.

B.-R. — Aix : du Tholonet à Sainte-Victoire. *(F. et A. d'après Castagne)* Dans un fossé d'extraction peu après la gare des Milles. *(F. et A.)* Sentier vers la Galinière entre Simiane et Mimet. Montée du Pilon du Roi par Simiane. Graviers de l'Arc vers Berre. *(Roux)*

A.-M. — Rare au-dessus de Menton. Entre Levens et la Tour. Saint-Martin-Lantosque. Tende et col de Tanarelle *(Ard.)*

Vaucl. — Basses montagnes, sur la route de Bedoin au mont Ventoux. *(Roux)*

633. O. MINUTISSIMA. L. — G. G., 1, p. 377. ♃. Avril-septembre. Commun dans la région littorale de la Provence, surtout dans les lieux pierreux.

B.-R. — Marseille : Montredon, Mazargues, Saint-Loup, Saint-Julien, la Treille, vallon de la Nerte, île de Ratoneau, etc. Vallons de Saint-Clair à Saint-Jean de Garguier;

de Saint-Pons à Gémenos. (*Roux*) Aix : vallon de Barret, etc. (*F. et A.*)

Var. — Commun. (*Hanry*)

A.-M. — Cap Martin. (*Thr. Moggridge*) Commun. (*Ard.*)

Vaucl. — Avignon. (*Th. Brown*)

634. O. MITISSIMA. L. — G. G., 1, p. 377. — ⊙. Mai, juin.

B.-R. — Rare. Marignane : parmi les roseaux, sur la rive des champs et du fossé qui longe les prairies marécageuses de l'étang. (*Roux*) Martigues : dans le vallon qui descend de Saint-Pierre à la mer (*Derbès*) ; bords de l'étang desséché de Courtine (*Autheman*). Saint-Mitre : fossés voisins de l'étang desséché du Pourrat. (*Autheman*)

Var. — Iles d'Hyères. (*Hanry*)

A.-M. — Ile Sainte-Marguerite. (*Hanry, Ardoino, Grenier et Godron*) Autrefois au château de Nice. (*Ard.*)

635. O. ALOPECUROIDES. L. — G. G., 1, p. 378. — ⊙. Mai, juin.

Var. — Environs de Fréjus. (*Grenier et Godron*) Y est-il réellement?

**Anthyllis. L.**

636. A. CYTISOIDES. L. — G. G., 1, p. 378. — ♃. Avril-juin. Terrains marneux ou siliceux.

B.-R. — Cassis : derrière le château, au lieu dit Banc des Lombards ; dans l'anse de l'Arène ; abondant dans les bois de pins entre le Baou de Canaille et la mer. La Ciotat : Bec de l'Aigle. Notre-Dame de la Garde jusque sous le sémaphore. (*Roux*)

A.-M. — Ile Sainte-Marguerite. (*Grenier et Godron*) Ne s'y trouve pas ; il faut lire : Toulon, vieux fort de Sainte-Marguerite. (*Reynier!*)

637. A. BARBA-JOVIS. L. — G. G., p. 379. — ♃. Mai, juin. Rochers maritimes.

Var. — Toulon : falaises sous le cap Brun, après le fort de la Malgue. (*Reynier!*) Ile de Porquerolles. Rochers des

Lions près de Saint-Raphaël. (*Hanry*) Bords de la mer à Fréjus. (*Giraudy !*)

A.-M. — Monaco. Villefranche. (*Ard.*) Menton. (*Thr. Moggridge*) Antibes. (*Grenier et Godron*)

638. A. MONTANA. L. — G. G., 1, p. 380. — ♃. Juin, juillet. Fente des rochers dans les lieux montagneux.

B.-R. — Aix: sommet de Sainte-Victoire. (*F. et A.*, *Roux*) Marseille : crête de Mimet à Notre-Dame des Anges. (*Roux*)

Var. — Sainte-Baume: rochers les plus élevés, surtout au lieu dit Pas de la Chèvre. (*Roux*) Ampus : coteaux secs. (*Albert*) Aiguines : sur les rochers de la forêt de Morgès. (*Cartier !*)

A.-M. — Commun dans la région alpine jusqu'au-dessus de Grasse et de Menton. (*Ard.*)

Vaucl. — Mont Ventoux. (*Grenier et Godron*)

639. A. VULNERARIA. L. — G. G., 1, p. 380. — ♃. Mai, juin. Cette plante a généralement les fleurs rouges. Coteaux, bois de pins, etc.

B.-R. — Marseille: vallon de l'Evêque à Saint-Loup; Saint-Julien ; les Trois-Lucs ; la Treille ; la Nerte ; etc. (*Roux*)

Var. — Je l'ai rencontrée jusque sur les rochers les plus élevés de la Sainte-Baume. Toulon. Aups. Le Luc. (*Hanry*)

A.-M. — A fleurs jaunes ou rouges, assez répandue dans la région montagneuse d'où elle descend jusque près de Nice et de Menton. (*Ard.*)

J'en ai rencontré quelques pieds à fleurs blanches dans le vallon de Saint-Pons, en montant à Roquefourcade ; à la montée de la Sainte-Baume par Nans ; dans le vallon qui sépare la tête de Saint-Cyr de celle de Carpiagne Un seul pied à fleurs jaunes dans le vallon de Forbin à Saint-Marcel.

640. A. TETRAPHYLLA. L. — G. G., 1, p. 381. — ☉. Mai-juillet.

B.-R. — Marseille : vallon derrière Notre-Dame de la Garde ; bois de pins vers Garlaban. (*Roux*) Martigues : vallon de Gueule-d'Enfer. (*Autheman, Roux*) Aix : vallon de Peireguiou, vers le haut et dans le vallon des Gardes. (*F. et A.*) La Ciotat : bords des champs vers Notre-Dame de la Garde. Cassis *(Roux)*

Var. — Abondant à Pipière près de Saint-Nazaire. Lieux élevés au Luc. (*Roux*) La Seyne. (*Mulsant!*) Toulon, le Luc Vidauban, Fréjus. (*Hanry*)

A.-M. — Champs de la région littorale. (*Ard.*) Iles de Lérins. (*Reynier!*)

**Hymenocarpus.** Savi.

641. H. CIRCINATUS. Savi. — G. G , 1, p. 382. — ⊙. Mai.

Var. — Toulon : au cap Brun, où il a été semé de graines récoltées dans l'île de Sainte-Marguerite ; se resème de lui-même. (*Huet*)

A.-M. — Cannes. (*Hanry*) Nice. Villefranche. (*Ard.*)

**Medicago.** L.

642. M. RADIATA. L. — G. G., 1, p. 383.

A.-M. — Cannes, Nice. (*Hanry*) Ni Grenier et Godron, ni Ardoino ne le signalent.

643. M. LUPULINA. L. — G. G., 1, p. 383. — ②. Presque toute l'année.

Champs, lieux herbeux dans toute la Provence.

644. M. FALCATA. L. — G. G., 1, p. 383. — ♃. Mai–octobre.

Bord des chemins, coteaux, etc. dans toute la Provence.

645. M MEDIA. Pers. — *M. falcato-sativa*. Rchb. — G. G., 1, p. 384. — ♃. Même époque et mêmes lieux.

646. M. SATIVA. L. — G. G., 1, p. 384. — ♃. Même époque.

Mêmes lieux que les deux précédentes. Communément cultivé en prairies artificielles.

647. M. SCUTELLATA. All. — G. G., 1, p. 384. — ⊙. Mai, juin.

Var. — Saint-Nazaire : dans les champs élevés de Pipière. (*Roux*) Toulon. (*Huet!*) Dans les bois au Luc. (*Hanry!*)

A.-M. — Ile Saint-Honorat. (*Hanry, Reynier!*) Antibes, Nice et Menton ; peu commun. (*Ard.*)

648. M. ORBICULARIS. All. — G. G., 1, p. 385. — ☉. Mai, juin.
Ça et là dans les champs et les lieux incultes de la région littorale.

649. M. AMBIGUA. Jord. in Boreau, *Fl. du Centre*, p. 147. — ☉. Mai, juin. — Station plus montagneuse que le précédent.
B.-R. — Gémenos, sur les pelouses du vallon de l'Oule. Aix : au Tholonet, sur les bords du barrage. (*Roux*)
Var. — Montée de la Sainte-Baume par Riboux et Plan d'Aups. (*Roux*)

650. M. MARGINATA. Willd. — G. G., 1, p. 385. — ☉. Mai, juin. Commun dans les champs secs et pierreux.
B.-R. — Marseille : sables de Mazargues, Luminy, Montolivet, Saint-Julien, les Martégaux. (*Roux*) A été sans doute confondu, ailleurs, en Provence, avec les deux précédents.

651. M. SOLEIROLII. Duby. — G. G., 1, p. 386. — ☉. Avril, mai. Très rare en Provence.
Var. — Le long d'un sentier au nord des collines de Pipière et de Six-Fours. (*Roux*)
A.-M. Cannes. (*E. Burnat!*)

652. M. DISCIFORMIS. D. C. — G. G., 1, p. 388. — ☉. Mai, juin.
B.-R. — Marseille : sables de Mazargues, vers la fontaine d'ivoire ; Saint Marcel : à Notre-Dame de Nazareth ; Montolivet ; vallon de Gord de Roubaou, aux Camoins ; etc. Vallon de Saint-Pons : aux ruines du vieux Gémenos. (*Roux*)
Var. — Bord des champs au pied du mont Faron. (*Chambeyron!*)

653. M. TENOREANA. D. C. — G. G., 1, p. 388. — ☉. Mai.
Var. — Lieux incultes au pied du mont Faron. (*Chambeiron!*) La Valette. (*Hanry, d'après l'herbier Jordan*). Le Revest. (*Albert!*)

654. M. CORONATA. Lmk. — G. G., 1, p. 389. — ☉. Avril-juin. Lieux pierreux des vallons et coteaux.

B. — R. — Marseille : vallon de la Nerte, la Gineste, la Treille, etc. Auriol et Saint-Pons, en montant à Roquefourcade. Roquefavour. La Crau : aux environs d'Entressen. (*Roux*) Châteauneuf-lez-Martigues. (*Autheman !*) Aix : dans le vallon au midi du Prégnon, parfois dans les champs cultivés. *(F. et A.)*

Var. — Au pied des rochers du mont Faron. *(Chambeiron !)* Coudon et Clairet. (*Hanry*)

Vaucluse. — A Vaucluse. (*Grenier et Godron*)

655. M. præcox. D. C. — G. G., 1, p. 389. — ⊙. Avril, mai.

Var. — Toulon : à la presqu'île de Saint-Mandrier. (*Huet !*) Forêt des Maures, du Luc aux Mayons. (*Roux*) Ancienne voie aurélienne au Cannet du Luc ; ancien fort de Cavalaire ; Fréjus. (*Hanry*)

A.-M. — Rare ! Nice. (*Ard., d'après l'herbier Stire*)

656. M. apiculata. Willd. — *M. polycarpa, v.* α *et* β. G. G., 1, p. 390. — ⊙. Avril-juin.

Commun dans les champs, les lieux incultes, les bois de pins, etc., dans toute la Provence.

657. M. denticulata. Willd. — *M. polycarpa, v.* γ. G. G., 1, p. 390. — ⊙. Avril-juin.

Commun dans les champs et les lieux incultes de presque toute la Provence.

658. M. lappacea. Lmk. — *M. lappacea, v. tricycla.* G. G., 1, p. 390. — ⊙. Avril-juin.

B.-R. — Cassis : près du port. La Ciotat : dans les champs pierreux vers N.-D. de la Garde. Aix : dans les graviers de l'Arc. Toujours en petit nombre d'exemplaires. (*Roux*)

659. M. pentacycla. D. C. — *M. lappacea v. pentacycla.* G. G., 1, p. 390. — ⊙. Mai, juin.

B.-R. — Marignane : sur les bords des champs voisins de l'étang. Martigues. Cassis. La Ciotat : à N.-D. de la Garde. (*Roux*)

Var. — Bandol : sables maritimes. Saint-Nazaire : hauteurs

de Pipière. Le Luc : bois des Maures. *(Roux)* Fréjus : commun dans les moissons. *(Hanry)*

A.-M. — Grasse. Antibes. Nice. Menton. *(Ard.)*

660. M. maculata. Wild. — G. G., 1, p. 391. — ☉. Mai, juin.

B.-R. — Marseille : le long du Jarret, vers Malpassé ; bois de pins à Saint-Julien ; bords du canal à Saint-Loup, etc. *(Roux)* Martigues. *(Autheman !)* Aix : au bord de l'Arc et dans les prairies. *(F. et A.)*

Var. — Toulon. Fréjus *(Hanry)*. Ampus. *(Albert!)*

A.-M. — Commun aux bords des champs. *(Ard.)*

661. M. minima. Lmk. — G. G., 1, p. 391. — ☉. Avril, mai, Commun dans les lieux incultes.

B.-R. — Marseille : vallon de Toulouse, Saint-Julien, la Treille. Gémenos. Les Alpines. Aix. Martigues. *(Roux)*.

Var. — Coteaux et champs arides. *(Hanry)*

A.-M. — Lieux arides ; rare dans la région littorale. *(Ard.)*

662. M. græca. Hornem h. hofn., p. 728. — *M. minima, v.* β. *mollissima.* Koch, Syn., 180. — ☉. Avril, mai. Presque aussi commun que le précédent.

B.-R. — Marseille: Montolivet, Saint-Julien, les Martégaux, etc. Berre : dans les sables des bords de l'étang. *(Roux)* Martigues. *(Autheman!)*

Var. — Coteaux incultes au Luc, barre de Précoumin. *(Hanry)* Plan d'Aups. Forêt des Maures. *(Roux)* Ampus. *(Albert!)*

A.-M. — Commun dans les endroits pierreux de la région littorale. *(Ard.)*

663. M. marina. L. — G. G., 1, p. 392. — ♃. Mai-juillet. Sables maritimes.

B.-R. — Marseille : Montredon, Mazargues. Martigues : au cap Couronne. *(Roux)*

Var et A.-M. — Sur toute la côte. *(Hanry, Ard.)*

664. M. littoralis Rhode. — *M. littoralis* et *M. Braunii.* G. G., 1, p. 393. — ☉. Mai, juin.

B.-R. — Marseille : Sables de Montredon et de Mazargues ;

sables dolomitiques du vallon de Toulouse, du Pilon du Roi. Commun sur le bord de l'étang, à Marignane, Martigues, Istres, Saint-Chamas, Berre. (*Roux*)

Var. — Hyères (*Albert!*) Saint-Raphaël. (*Hanry, Roux*).

A.-M. — Commun sur toute la côte. (*Ard.*)

665. M. AGRESTIS. Ten. — *M. germana* et *M. depressa*. Jordan. — *M. Gerardi*. G. G., 1, p. 394 *(ex parte)*. — ☉. Mai, juin. Commun dans les champs.

B.-R. — Marseille: Saint-Julien, les Martégaux, Luminy, la Gineste. Aubagne: Garlaban, etc. (*Roux*) Martigues. (*Autheman!*) Aix: coteau au-dessus de Saint-André. (*F. et A.*)

Var. — Plan d'Aups. (*Roux*)

A.-M. — Cannes. (*Ard.*)

666. M. CINERESCENS. Jordan, Cat. Dijon, 1848, p. 29. — *M. Gerardi*. G. G., 1, p. 394 *(ex parte)*. — ☉. Avril, mai.

B.-R. — Marseille: Château-Gombert, la Treille, les Camoins. Gémenos. Roquevaire. Auriol. Simiane. Mimet. Meyrargues. (*Roux*) Aix: sur les rives exposées au midi, au petit chemin de la Pinette. (*F. et A.*)

Var. — Nans: au vallon de Tardeou. (*Roux*) Ampus. (*Albert!*)

A.-M. — Nice. Menton. Monaco. (*Ard.*)

667. M. TRUNCATULA. Gœrtn. — *M. murex* et *M. truncatulata*. G. G., 1, p. 394 et 395. — ☉. Mai, juin. Commun au bord des champs et dans les lieux incultes.

B.-R. — Marseille: Saint-Julien, les Martégaux, la Treille, vallon de Morgiou, île de Ratoneau, etc. Cassis. La Ciotat. (*Roux*) Martigues. (*Autheman!*) Aix. (*F. et A.*)

Var. — Solliès-Pont, la Farlède. (*Albert!*)

A.-M. — Commun dans toute la région littorale. (*Ard.*)

668. M. TURBINATA. Willd. — G. G., 1, p. 395. — ☉. Mai.

Var. — Toulon: dans les champs schisteux du cap Brun. (*Huet!*)

669. M. TUBERCULATA. Willd. — G. G., 1, p. 395. — ☉. Mai, juin.

A.-M. — Rare. Nice : près de Saint-Pons et à Vaugrenier près Antibes. (*Ard.*)

670. M. aculeata. Gœrtn. — *M. muricata.* G. G., 1, p. 396. — ⊙. Mai, juin. Bord des champs ; rare.

B.-R. — Martigues. (*Autheman!*) Talus de la route de Martigues à Istres. (*Roux*)

Var — La Garde près de Toulon. (*Huet!*) Fréjus. (*Hanry*)

A.-M. — Antibes. Nice : à Saint-Roch. (*Ard.*)

671. M. sphærocarpa. Bert. — G. G., 1, p. 396. — ⊙. Mai, juin.

B.-R. — La Ciotat : dans les grès du Bec de l'Aigle et de Notre-Dame de la Garde. (*Roux*)

Var. — Dans les champs micaschisteux des coteaux de Pipière près de Saint-Nazaire. (*Roux*) Toulon : au cap Brun (*Huet!*); vieux fort de Sainte-Marguerite. (*Reynier!*) Hyères. Fréjus. (*Hanry*)

A.-M. — Ile Saint-Honorat. (*Perreymond.* Y a été cherché vainement par M. Reynier.) Cannes. Antibes. Menton.(*Ard.*)

**Trigonella.** L.

672. T. Fænum-græcum. L. — G. G., 1, p. 397 — ⊙. Mai, juin. Çà et là dans les moissons.

B.-R. — Marseille : à Luminy, dans les blés de la ferme de la Route, en 1856. *(Roux)* Martigues. *(Autheman!)*

Vaucl. — L'Isle ; assez commune. *(Autheman!)*

673 T. gladiata. Stev. — G. G., 1, p. 397. — ⊙. Mai, juin. Lieux secs et pierreux, bord des champs.

B.-R. — Marseille : Montolivet, Saint-Julien, les Olives, la Valentine, vallon des Tuves à Saint-Antoine, etc. Cassis. La Ciotat. (*Roux*) Martigues. (*Autheman!*) Aix : vallon au midi du Prégnon. (*F. et A.*)

Var. — Gonfaron, le Luc, Fréjus. (*Hanry*) Comps, Ampus. (*Albert!*)

A.-M. — Peu commun ; Grasse ; l'Escarène ; Nice, au Baou Rous ; Menton. (*Ard.*)

Vaucl. — Avignon. (*Grenier et Godron*)

674. T. MONSPELIACA. L. — G. G., 1, p. 397. — ⊙. Mai, juin. Commun dans les lieux secs et les champs incultes.

    B.-R. Marseille : Montolivet, Saint-Julien, vallon de la Nerte, etc. Roquefavour. Les Milles. (*Roux*) Aix : dans le vallon au midi du Prégnon. (*F. et A.*)

    Var. — Bords des chemins. (*Hanry*) La Seyne. (*Abbé Mulsant!*) Ampus. (*Albert!*)

    A.-M. — Peu commun ; Grasse, à la Paoulo ; Biot ; Nice ; Eze ; Menton ; Monaco. (*Ard.*)

675. T. POLYCERATA. L. — G. G., 1, p. 398. — ⊙. Mai, juin.

    B.-R. — Indiquée à Marseille par Grenier et Godron, d'après Castagne qui la cite probablement sur la foi de l'herbier Solier où le *T. monspeliaca* porte par erreur le nom de *T. polycerata*. Jusqu'à présent, cette espèce, que l'on trouve parfois dans les lavoirs à laines à Marseille, n'a pas été rencontrée à l'état spontané. La Ciotat : N.-D. de la Garde ; très rare. (*Roux*)

676. T. CORNICULATA. L. — G. G., 1, p. 398. — ⊙. Mai, juin. Rare.

    B.-R. — Le long de la route de Tarascon à Saint-Remy. (*Roux*) Les Alpines. (*Peuzin !*) Saint-Remy. (*Autheman !*)

    A.-M. — Nice. (*Hanry*) Ardoino ne l'y signale pas.

    Vaucl. — Avignon. (*Grenier et Godron*)

**Melilotus. L.**

677. M. MESSANENSIS. Desf. — G. G., 1, p. 399. — ⊙. Avril, mai.

    B.-R. — Marseille : île de Ratoneau (*Castagne*), par confusion : c'est le *M. elegans* qu'on y rencontre.

    Var. — Hyères, dans les prairies maritimes. (*Hanry ! Cartier !*) Le Ceinturon, parmi les salicornes. (*Huet et Schuttleworth!*)

678. M. SULCATA. Desf. — G. G., 1, p. 400. — ⊙. Avril, mai. Commun dans les lieux secs et pierreux, sur les coteaux, les bois de pins, etc.

    B.-R. — Marseille : Montolivet, Saint-Julien, les Olives, la

Valentine, etc. Martigues. Roquefavour. (*Roux*) Aix : chemin de Vauvenargues, après la Pinette. (*F. et A.*)

Var. — Toulon, Fréjus. (*Hanry*) Ampus, Châteaudouble. (*Albert !*)

A.-M. — Région littorale : Antibes, Nice, Menton, etc. (*Ard.*)

679. M. COMPACTA. Salzm. — *M. sulcata, v.* β *major.* G. G., 1, p. 400. — ⊙. Mai, juin. Plante adventice; parmi les décombres.

B.-R. — Marseille : aux Martégaux (1859) ; le long d'un ruisseau sous Saint-Antoine (1881). Aubagne : au quartier des Maïrès (1859).

Var. — Saint-Nazaire : entre Pipière et Six-Fours (1869). (*Roux*) Glacis du fort Malbousquet (1869). (*Hanry !*)

680. M. ITALICA. Lmk. — G. G., 1, p. 400. — ⊙. Mai, juin. Spontanée en Provence ?

B.-R. — Aix : à Puyricard. (*Grenier et Godron, d'après Castagne.*)

Var. — Toulon : parc de Saint-Mandrier ; moissons à la Garonne. (*Huet !*)

A.-M. — Rare. Château de Nice. (*Ardoino, d'après Montalivo.*)

681. M. ELEGANS. Salzm. — G. G., 1, p. 401. — ⊙. Avril-juin Lieux incultes et pierreux ; champs maigres.

B.-R. — Marseille : îles de Pomègue et de Ratoneau. Martigues : sous le village de la Couronne, en vue de l'anse du Verdon. La Ciotat : Bec de l'Aigle, N.-D. de la Garde jusque sous le sémaphore, vallon de Toumet. (*Roux*)

Var. — Iles d'Hyères. (*Grenier et Godron*) Coudon. La Farlède. (*Albert !*)

682. M. PARVIFLORA. Desf. — G. G., 1, p. 401. — ⊙. Mai, juin. Bord des chemins, pelouses humides, champs cultivés et jardins.

B.-R. — Marseille : bords du Jarret vers la Rose, Saint-Giniez, Saint-Julien, Château-Gombert, vallon du Gord de Roubaou aux Camoins ; etc. Marignane : dans les champs voisins de l'étang. Martigues : à Saint-Giniez (*Roux*) ; à la Mède et sur le Jay. (*Autheman !*) La Ciotat : N.-D. de la Garde. (*Roux*) Aix : sur les coteaux, clos des Capucins. (*F. et A.*)

Var. — Toulon, Le Luc, Fréjus. (*Hanry, Chambeiron !*)

A.-M. — Rare. Menton. Nice. Antibes et île Sainte-Marguerite. (*Ard.*)

683. M. NEAPOLITANA. Ten. — G. G., 1, p. 401. — ⊙. Mai, juin. Lieux pierreux ou sablonneux, surtout dans les collines.

B.-R. — Marseille : vallon de la Vache à la Bourdonnière ; montée du Pilon du Roi par le vallon du Rouet (*Roux*) ; l'Estaque : ravin à l'entrée du tunnel de la Nerthe. (*Reynier !*) Vallon de Saint-Pons à Gémenos et dans celui de Saint-Clair à Saint-Jean de Garguier. (*Roux*) Martigues : dans les terres cultivées du Pati. (*Autheman !*)

Var. — Saint-Raphaël : dans un bouquet de pins, sur la route de Fréjus. (*Hanry, Roux*) Toulon. Draguignan. Fréjus. (*Grenier et Godron*) Ampus (*Albert !*)

A.-M. — Grasse. (*Grenier et Godron*)

684. M. OFFICINALIS. Lmk. — G. G., 1, p. 402. — ⊙. Juillet-septembre.

Champs et lieux incultes de toute la Provence.

685. M. ALBA. Lmk. — G. G., 1, p. 402. — ②. Juillet-septembre. Lieux sablonneux ou pierreux ; bords et lits des ruisseaux dans toute la Provence.

686. M. MACRORHIZA. Pers. — G. G., 1, p. 402. — ②. Juillet-septembre.

B.-R. — Rive-droite de l'Arc, des Milles à Aix. Prairies marécageuses des bords de l'étang entre Rognac et Berre. Commun à Raphèle près Arles. (*Roux*) Marécages de la Durance près le pont de Pertuis. (*F. et A.*)

Var. — Le long des cours d'eau à Ampus. (*Albert !*)

B.-A. — Digne : à Saint-Benoît. (*Roux*)

**Trifolium. L.**

687. T. stellatum. L. — G. G., 1, p. 403. — ☉. Mai, juin.

Commun dans les lieux incultes, sur les pelouses, dans les bois de pins de toute la région littorale de la Provence.

688. T. angustifolium. L. — G. G., 1, p. 403. — ☉. Mai, juin.

Presque aussi commun que le précédent, dans les mêmes lieux.

689. T. incarnatum. L. — G. G., 1, p. 404. — ☉. Juin, juillet. Rare en Provence.

Var. — Sur le plateau de N.-D. des Anges de Pignans. (*Hanry*) Sommet de la Sauvette, aux Mayons du Luc. (*Roux*)

A.-M. — Région montagneuse. (*Ard.*)

690. T. purpureum. L. — G. G., 1, p. 404. — ☉. Juin-août.

B.-R. — La Crau d'Arles : au quartier dit la Baïsse doou Grand Clar. (*Duval-Jouve*)

691. T. rubens. L. — G. G., 1, p. 404. — ♃. Mai-juillet. Bois montueux.

Var. — Nans : au vallon de Tardeou. Pignans : vallon de Notre-Dame des Anges. Mayons du Luc : vallon de la Sauvette. (*Roux*) Forêt des Maures. (*Hanry*) Ampus. (*Albert!*)

A.-M. — L'Estérel. (*Hanry*) Dans les bois depuis la région montagneuse jusqu'à Menton, etc. (*Ard.*)

692. T. alpestre. L. — G. G., 1 p. 405. — ♃. Juin-août.

Var. — Bois de Vérignon. Ampus : au sommet de la Bargeaude. Aiguines. (*Albert!*)

A.-M. — Col de Tende. Saint-Martin-Lantosque. Val de Jallorgues. Montagnes de Caussols et de Défens. (*Ard.*)

693. T. hirtum. All. — G. G., 1, p. 405. — ☉. Mai, juin.

Grenier et Godron le citent à Toulon, où Robert ne le mentionne pas. M. Hanry l'indique dans le nord du Var et à Avignon. Il est fort douteux que cette espèce soit provençale.

694. T. Cherleri. L. — G. G., 1, p. 406. — ⊙. Mai, juin. Région littorale de la Provence, où il est assez rare.

B.-R. — Martigues : terrains humides. (*Autheman!*)

Var. — Toulon : aux Sablettes. (*Reynier!*) Bois des Maures, route du Luc aux Mayons. (*Roux*)

A.-M. — Cannes. Nice. (*Ard.*)

695. T. medium. L. — G. G., 1, p. 406. — ♃. Mai–juillet. Région montagneuse.

A.-M. — Tende. (*Ard.*)

696. T. pratense. L. — G. G., 1, p. 407. — ♃. Mai-août.
Prairies, pelouses, bords des champs et des bois dans toute la Provence.

697. T. ochroleucum. L. — G. G., 1, p. 404. — ♃. Juin, juillet. Prairies sèches, bois montagneux.

B.-R. — Aix : à Sainte-Victoire, entre Vauvenargues et le Bec de l'Aigle. (*F. et A.*) Saint-Antonin. (*Peuzin!*) Rives de la Luynes. Montée du mont de Mimet. (*Roux*)

Var. — Commun dans le bois de la Sainte-Baume. Vallon de Sauvette, aux Mayons du Luc. (*Roux*) Notre-Dame des Anges près Pignans. (*Hanry*) Ampus : dans le bois de Lagne. (*Albert!*)

A.-M. — L'Estérel. (*Hanry*) Bois montagneux jusqu'à Antibes, Nice et Menton. (*Ard.*)

698. T. maritimum. Huds. — G. G., 1, p. 408. — ⊙. Mai-juillet. Prairies humides, bord des fossés.

B.-R. — Commun sur le bord des étangs de Marignane et de Berre. Cassis : aux environs du port ; rare. (*Roux*)

Var. — Prairies maritimes à Hyères. (*Huet!*) Lieux sablonneux. (*Hanry*).

A.-M. — Golfe Jouan. Châteauneuf. (*Ard.*)

699. T. panormitanum. Presl. — G. G., 1, p. 409. — ⊙. Mai-juillet. Rare.

Var. — Toulon et Fréjus. (*Grenier et Godron*) Le Revest. (*Robert*)

A.-M. — Ile Sainte-Marguerite. (*Ard.*)

700. T. LAPPACEUM. L. — G. G., 1, p. 409. — ☉. Mai-juin. Çà et là dans les champs, les lieux humides.

B.-R. — Bord de l'étang de Marignane. (*Roux*) Aix : vallon de Bouenoure ; coteau est et coteau au-dessus de Saint-André. (*F. et A.*)

Var. — Plan d'Aups. Pipière près Saint-Nazaire. (*Roux*) Toulon. Le Luc. Fréjus. (*Hanry*) Saint-Raphaël. (*Roux*) Ampus. *(Albert!)*

A.-M. — Grasse. Antibes. Nice. Menton. Saorgio. (*Ard.*) Ile Saint-Honorat. (*Reynier!*)

701. T. LIGUSTICUM. Balb. — G. G., 1, p. 409. — ☉. Mai, juin.

Var. — Toulon. Hyères. (*Grenier et Godron*) Iles d'Hyères. Forêt des Maures. (*Hanry!*) Maures de Pierrefeu. (*Chambeiron!*) Vallon et sommet de la Sauvette des Mayons du Luc. (*Roux*)

A.-M. — Rare. Cannes. La Roquette. Menton. (*Ard.*)

702. T. ARVENSE. L. — G. G., 1, p. 410. — ☉. Mai-juillet. Coteaux, champs sablonneux.

B.-R. — Marseille : au vallon du Rouet, en montant au Pilon du Roi. Mimet. Bec de l'Aigle et Notre-Dame de la Garde à La Ciotat. (*Roux*) Aix : vallon des Gardes. (*F. et A.*) Vauvenargues. Saint-Rémy : dans les Alpines. (*Autheman!*)

Var. — De Saint-Zacharie à Nans : sur les bords de l'Huveaune. Sainte-Baume. Saint-Nazaire : au cap Nègre, au Brusc et à Pipière. Val d'Arène entre la Cadière et Ollioules. Vallon de la Sauvette aux Mayons du Luc. (*Roux*) Ampus. (*Albert!*) Champs sablonneux. (*Hanry*)

A.-M. — Assez commun dans les champs sablonneux. (*Ard.*)

Vaucl. — Sables de la Durance à Cheval-Blanc. (*Autheman*)

703. T. LAGOPUS. Pourr. — G. G., 1, p. 410. — ☉. Mai, juin. Lieux sablonneux.

Var. — Toulon. Bois des Maures. Fréjus. (*Grenier et Go-*

*dron*) Collobrière. (*Hanry ! Chambeiron !*) Ampus, Bargeaude. (*Albert !*) Vallon de la Sauvette aux Mayons du Luc. (*Roux*)

704. T. Bocconi. Savi. — G. G., 1, p. 411. — ☉. Mai-juillet. Coteaux secs, lieux pierreux.

Var. — Toulon. Hyères. Fréjus. (*Grenier et Godron*) Iles d'Hyères. Bois des Maures. (*Hanry*) Saint-Raphaël. (*Hanry ! Roux*) Vallon de la Sauvette aux Mayons du Luc. (*Roux*)

A.-M. — Nice : aux collines de Bellet. Antibes. Pégomas. Laval. (*Ard.*)

705. T. dalmaticum. Vis. — G. G., 1, p. 411. — ☉. Mai-juillet.

B.-R. — Aix : le Tholonet, dans les graviers du ruisseau, au barrage ; hauteurs de Sainte-Victoire. (*Roux*)

Var. — Draguignan. (*Grenier et Godron*) Ampus : dans les champs arides d'Aby et pâturages pierreux de Priane. (*Albert !*)

706. T. striatum. L. — G. G., 1, p. 412. — ☉. Mai, juin. Coteaux secs, bords des champs.

Var. — Plan d'Aups, entre les mines de lignite et le Baou de Bretagne. Vallon de la Sauvette aux Mayons du Luc. (*Roux*) Hyères. Les Maures du Cannet, chez M. de Colbert. (*Hanry !*) Ampus : au plan de Lagnes. (*Albert !*)

A.-M. — L'Estérel. (*Hanry*) Antibes. (*Ard.*)

707. T. scabrum. L. — G. G., 1, p. 412. — ☉. Mai, juin.

Lieux secs et pierreux, champs sablonneux de toute la Provence.

708. T. subterraneum. L. — G. G., 1, p. 413. — ☉. Avril, juin. Assez rare.

Var. — Gazons et pâturages. (*Hanry*) Saint-Nazaire, le long des sentiers en montant à Pipière. Saint-Raphael : dans les champs. (*Roux*) Hyères : à Sauvebonne. (*Albert !*) Toulon : dans les haies. (*Huet !*)

A.-M. — Nice : au Var. Antibes. Biot. Auribeau. (*Ard.*)

709. T. fragiferum. L. — G. G., 1, p. 413. — ♃. Juin-septembre. Commun en Provence dans les prairies, sur les pelouses des fossés et au bord des chemins.

710. T. resupinatum. L. — G. G., 1, p. 414. — ☉. Mai, juin.

B.-R. — Marseille : Saint-Pierre, Saint-Loup, Saint-Marcel, etc. Marignane. Martigues. (*Roux*) Aix : Puyricard, dans le lit de la Touloubre. (*F. et A.*)

Var. — Les prés secs, parmi les gazons. (*Hanry*) Puget-Ville. (*Albert !*)

A.-M. — Peu commun. Grasse. Cannes. Antibes. Nice. Menton. (*Ard.*)

711. T. tomentosum. L. — G. G., 1, p. 414. — ☉. Avril, mai.

B.-R. — Marseille : dans la traverse des Olives vers Saint-Julien ; les Catalans, etc. Martigues. (*Roux*) Aix. (*F. et A.*) d'après Grenier et Godron)

Var. — Gazons et sables maritimes à Hyères et à Fréjus. (*Hanry*) La Farlède. (*Albert !*)

A.-M. — Cannes. Antibes. Nice. (*Ard.*).

712. T. spumosum. L. — G. G., 1, p. 415. — ☉. Mai.

B.-R. — Grenier et Godron le citent à Montredon près Marseille. C'est toujours parmi les décombres et les lavoirs à laine que nous l'avons rencontré. (*Roux*)

Var. — Quelques pieds à Saint-Nazaire entre la gare et la rivière de la Reppe. (*Roux*)

713. T. glomeratum. L. — G. G., 1. p. 416. — ☉. Mai, juin. Champs et lieux incultes.

B.-R. — La Ciotat : à N.-D. de la Garde. (*Roux*)

Var. — Saint-Nazaire : abondant sur les hauteurs de Pipière. (*Roux*) Toulon : plage de la Garonne vers les Pradets. (*Reynier !*) Iles d'Hyères. Le Luc. Fréjus. (*Hanry*) Vallon de la Sauvette aux Mayons du Luc. Saint-Raphael. (*Roux*)

A.-M. — Peu commun. La Roquette. Antibes. Nice et Menton. (*Ard*).

714. T. suffocatum. L. — G. G., 1, p. 416. — ⊙. Avril, mai. Çà et là sur les pelouses, le long des chemins, etc.

  B.-R. — Marseille : sous le fort Saint-Nicolas, en face des Catalans ; Notre-Dame de la Garde ; Saint-Tronc ; Montolivet, dans la traverse des Olives ; etc. Aubagne : sur les aires au-dessus de la ville. Cassis : aux environs du port. (*Roux*) Martigues : autour de la chapelle de Notre-Dame de Miséricorde. Saint-Mitre. Miramas : dans les champs. (*Autheman!*) Raphèle près Arles : sous la gare. (*Roux*)

  Var. — Toulon. Cavalaire. Fréjus. (*Hanry*)

  A.-M. — Assez rare. Nice. Biot. Antibes. (*Ard.*)

715. T. montanum. L. — G. G., 1, p. 417. — ♃. Mai-juillet. Lieux herbeux de la région montagneuse.

  Var. — Comps. Montagne de Lachen. (*Albert!*)

  A.-M. — Assez répandu depuis les Alpes jusqu'au col de Braus et à Caussols. (*Ard.*)

  B.-A. — Digne : sur la montagne de Cousson. Allos : à la montée de Valgelaye sur la route de Barcelonnette. (*Roux*)

716. S. Savianum. Guss. — G. G., 1, p. 417. — ♃. Avril, mai.

  B.-R. — Cassis : sur le mole et sur l'aire voisine. Cette localité paraît être unique en France ; Grenier et Godron mentionnent bien le *T. Savianum* à Toulon, à Marseille et à Montpellier, mais ni Robert ni Hanry ne le citent, il a disparu depuis longtemps de Marseille et il n'en est pas question dans la Flore de M. Loret.

717. T. alpinum. L. — G. G., p. 418. — ♃. Juin-août. Région alpine.

  A.-M. — Assez répandu dans les régions alpines. (*Ard.*)

  B.-A. — Vallon de Juan près de Villars-Colmars ; environs du lac d'Allos. (*Roux*) Lauzanier près Barcelonnette. (*Abbé Jean!*)

718. T. Thalii. Vill. — G. G., 1, p. 418. — ♃. Juillet, août.

  A.-M. — Assez répandu dans toutes nos Alpes. (*Ard.*)

  Vaucl. — Mont Ventoux. (*Grenier et Godron, d'après Requien*)

719. T. repens. L. — G. G., p. 419. — ♃. Mai-octobre.

Commun dans toute la Provence, sur les pelouses, au bord des champs et des fossés.

720. T. nigrescens. Viv. — G. G., 1, p. 419. — ☉. Mai, juin. Rare. Prairies, pelouses.

B.-R. — Marignane : sur les bords de l'étang. (*Roux*) Fos : sur les talus du canal d'Arles. (*Autheman!*)

Var. — Hyères : aux Pesquiers. Roquebrune. (*Hanry*) Ampus. Vérignon. (*Albert!*)

A.-M. — Saint-Vallier. (*Hanry*) Antibes. Montagne du Cheiron au-dessus de Grasse. (*Ard.*)

721. T. elegans. Savi. — G. G., 1, p. 420. — ♃. Juin-août.

A.-M. — Région montagneuse. (*De Notaris*) Val de Pesio. (*Ard.*)

722. T. minus. Rchb. — *T. procumbens*. G. G., 1, p. 423 (*non Lin.*) — ☉. Mai, juin. Très-rare.

B.-R. — Je ne l'ai rencontré que deux fois à Marseille : dans les fossés du Prado, en 1853, et aux sables de Mazargues, en 1856. (*Roux*)

A.-M. — Golfe Jouan et probablement ailleurs. (*Ard*)

723. T. campestre. Schreb. — *T. agrarium*. G. G., 1, p. 423 (*non Lin.*) — ☉. Mai-juillet. Commun dans les champs et lieux incultes de toute la Provence.

La forme à capitules plus petits, à pédoncules bien plus longs, à fleurs plus pâles, *T. agrarium*, v. β, *minus*, G. G., 1, p. 423 (*T. Schreberi*, Jord.) est encore plus commune.

724. T. patens. Schreb. — G. G., 1, p. 423. — ☉. Mai, juin. Prairies, lieux humides.

Var. — Le Luc. La Garde-Frainet. Fréjus. Bagnol. (*Hanry*)

A.-M. — Nice : au Var. Antibes. Entre Fontan et Tende. Roccabigliera. (*Ard.*)

725. T. badium. Schreb. — G. G., 1, p. 424. — ♃. Juillet, août. Région alpine.

A.-M. — Assez répandu dans toutes nos Alpes. (*Ard.*)

B.-A. — Vallon de Juan près de Villars-Colmars (*Roux*) Lauzanier. Larche. Enchastraye. (*Abbés Jean et Olivier!*)

726. T. SPADICEUM. L. — G. G., 1, p. 425. — ⊙. Juillet, août. Région alpine.

A.-M. — Col de Fremamorta. (*Ard.*)

**Dorycnopsis**. Boiss.

727. D. GERARDI. Boiss. — G. G., 1, p. 425. — ♃. Juin, juillet. Rare.

B.-R. — Aix. (*Grenier et Godron, d'après Castagne*)

Var. — Pierrefeu : dans les grès bigarrés de la forêt des Maures. (*Chambeiron!*) Le Luc : dans les bois de pins. (*Hanry!*) Fréjus. (*Grenier et Godron*)

**Dorycnium**. Tourn.

728. D. SUFFRUTICOSUM. Vill. — G. G., 1, p. 426. — ♂. Mai, juin. Commun sur les coteaux, lieux rocailleux.

B.-R. — Marseille : Montredon, Mazargues, vallon de Morgiou, vallon de l'Évêque à Saint-Loup, vallon de Saint-Cyr à Saint-Marcel, île de Pomègue. Gémeros : vallons de Saint-Pons et de Saint-Clair. (*Roux*) Martigues. (*Autheman!*) Aix : coteaux secs. (*F. et A.*)

Var. — Toulon. Ile de Porquerolle. Fréjus. (*Hanry*) Ampus. (*Albert!*)

A.-M. — Commun sur les collines arides. (*Ard.*)

B.-A. — Digne : à Saint-Benoît. (*Roux*)

Vaucl. — Avignon, sur les bords de la Durance. (*Th. Brow!*)

729. D. DECUMBENS. Jord. — G. G., 1, p. 427. — ♃. Juin, juillet.

B.-R. — Prairies de la Durance, vers le pont de Pertuis. (*F. et A.*)

Vaucl. — Sables de la Durance à son confluent entre Barbantane et Avignon. (*Abbé Gonnet! Autheman!*)

730. D. GRACILE. Jord. — G. G., 1, p. 427. — ♃. Mai, juin.

B.-R. — Bords des étangs de Berre et de Marignane. La Mède

près Martigues. Étang de Galejon, à Fos. Roquefavour. (*Roux*) Aix : bords de l'Arc. (*F. et A.*)

Var. — Saint-Nazaire, dans les prairies de la plage. (*Roux*) Toulon : aux Sablettes. Hyères : aux Pesquiers. (*Hanry ! Huet ! Niederlinder !*)

A.-M. — Nice : au Var. (*Ard.*)

**Tetragonolobus.** Scop.

731. T. siliquosus. Roth. — G. G., 1, p. 428. — ♃. Mai, juin.
Commun dans les prairies et les lieux humides de toute la Provence.

732. T. purpureus. Mœnch. — G. G., 1, p. 428. — ☉. Mai.

A.-M. — Vence : parmi les gazons. (*Hanry*) Ventimille. Nice : au Var. Ile Sainte-Marguerite. (*Grenier et Godron, d'après Giraudy*)

**Bonjeanea.** Rchb.

733. B. recta. Rchb. — G. G., 1, p. 429. — ♃. Mai, juin.

B.-R. — Marseille : bords du Jarret ; bords de l'Huveaune : à Saint-Loup, la Pomme, Saint-Marcel. Aubagne. Gémenos. Roquefavour. Les Milles. Aix. (*Roux*)

Var. — Bords des fossés et des marais. (*Hanry*)

A.-M. — Le Bar. Grasse. Antibes. Nice. Menton. (*Ard.*)

734. B. hirsuta. Rchb. — G. G., 1, p. 429. — ♃. Mai, juillet.

α. Le type est commun sur les coteaux et lieux arides.

B.-R. — Gémenos : au vallon de Saint-Pons. Auriol. Aix. Salon. Eyguières. Raphèle près Arles. Saint-Martin de Crau. (*Roux*)

Var. — Bords de la mer à Saint-Cyr et à Saint-Raphaël. (*Roux*) Toulon : aux Sablettes. Roquebrune. Le Muy. (*Hanry*)

A.-M. — Commun sur les coteaux. (*Ard.*)

B.-A. — Digne : à Saint-Benoît. (*Roux*)

Vaucl. — Avignon. (*Th. Brown !*)

β. *Incana*. Koch. G. G., 1, p. 430.

Var. — Lieux incultes et sablonneux le long de la voie ferrée à Saint-Raphaël. (*Roux*) Ile de Porquerolle. (*Huet! Hanry!*)

γ. *Angustifolia*. (Roux)

Var. — Saint-Raphaël; avec la variété β, mais moins commune. (*Roux*)

**Lotus. L.**

735. L. PARVIFLORUS. Desf. — G. G., 1, p. 430. — ⊙. Avril, mai. Coteaux et bois.

Var. — Ile de Porquerolle; bois des Maures (*Hanry*); presqu'île de Gien (*Huet!*); Maures de Pierrefeu (*Chambeiron!*). bois des Maures, du Luc aux Mayons (*Roux*).

A.-M. — Cannes (*Moggridge!*)

B.-A. — Gréoulx (G. G. *d'après Roffavier*).

736. L. ANGUSTISSIMUS. L. — G. G., 1, p. 430. — ⊙. Mai, juin. Prairies et coteaux.

Var. — Iles d'Hyères; Maures de Pierrefeu (*Chambeiron*); Péguior (*Hanry!*); bois des Maures: de Gonfaron aux Mayons; St-Raphaël (*Roux*).

A.-M. — Nice, Antibes, Grasse (*Ard.*).

737. L. HISPIDUS. Desf. — G. G., 1, p. 431. — ⊙. Mai-juillet. Champs et coteaux.

B.-R. — Aix: coteaux argileux au revers de la Trévaresse (*F. et A.*).

Var. — Le Luc; forêt des Maures (*Hanry*); île de Porquerolle (*Huet! Chambeiron!*)

738. L. CONIMBRICENSIS. Brot. — G. G., 1, p. 431. — ⊙ Mai. Sables et pâturages maritimes.

Var. — Fréjus (*Pereymond, G. et G., Hanry*); St-Raphaël: dans les champs de grès rouge (*Hanry! Cartier! Roux*); St-Nazaire entre le cap Nègre et le Brusc (*Roux*).

739. L. DECUMBENS. Poir. — G. G., 1, p. 331. — ♃. Mai, juin. Prairies, bords des fossés, champs humides et lieux marécageux.

B.-R. — Bords des étangs de Berre, de Marignane ; St-Chamas ; paluds de Raphèle près Arles ; bords de l'Arc aux Milles ; marais desséchés de Mouriès à Maussane *(Roux)*.

Var. — St-Nazaire : dans les prés marécageux de la plage *(Roux)*.

740. L. CORNICULATUS. L. — G. G., 1, p. 432. — ♃. Mai-octobre. Prairies, lieux et champs humides de toute la Provence.

741. L. DELORTI. Timb. Lagrave, *in* Jord. *Pugill.*, 1852, p. 58. — L. *corniculatus, forma auct.* — ♃. Mai-juillet.

Cette espèce ou variété diffère du *L. corniculatus*. L. par ses fleurs plus grandes, d'un jaune plus foncé, par les dents du calice un peu plus longues que le tube et par les poils qui couvrent toute la plante. On la trouve dans les lieux secs, montueux et pierreux, sur la lisière des bois, etc.

B.-R. — Marseille : au vallon de l'Evêque à St-Loup, sur les hauteurs de St-Cyr, de St-Marcel, sur la chaîne de l'Etoile, etc. Aix : à Roquefavour, au Tholonet, à la tour de la Keirié. Orgon. Vallon de St-Pons *(Roux)* ; Ste-Victoire *(F. et A.)*.

Var. — Nans : au vallon de Tardeou ; Ste-Baume *(Roux)*.

A.-M. — Menton ; Levens *(Ard.)*.

B.-A. — Digne : à St-Benoit *(Roux)*.

Vaucl. — Mont Ventoux : dans les bois de hêtres *(Roux)*.

742. L. PILOSUS. Jord., *Pugill.*, 1852, p. 60. — ♃.

Je ne connais pas cette plante, que M. Jordan cite dans les Basses-Alpes, à Sisteron.

743. L. TENUIS. Kit. — G. G. 1, p. 432. — ♃. Juin-août. Lieux humides, prairies, pelouses, bord des champs, des ruisseaux et des rivières.

B.-R. — Marseille : à la Rose, aux Martégaux, à St-Loup, St-Marcel, etc. ; Carry ; Berre ; la Fare ; Marignane ; vallon de St-Pons *(Roux)*. Aix : dans les prés du Prégnon *(F. et A.)* ; au Tholonet, à Roquefavour *(Roux)*.

Var. — St-Cyr : sur la plage ; St-Raphaël : parmi les rochers du bord de la mer *(Roux)*.

A.-M.—Nice : au Var; golfe Jouan ; Biot ; île Ste-Marguerite *(Ard.)*

744. L. Allionii. Desv. — G. G., 1, p. 433. — ♃. Mai, juin. Rochers maritimes.

B.-R. — Marseille : au vallon des Auffes, à la Madrague de Montredon, au cap Croisette, à l'île de Ratonneau où il est très abondant. La Ciotat : du Bec de l'Aigle à N.-D. de la Garde. *(Roux)*

Var. — Toulon : au fort Lamalgue *(Hanry! Huet!)*; îles d'Hyères *(Gr. et G.)*; St-Raphaël *(Roux)*; rochers des Lions *(Hanry)*.

A.-M. — Çà et là, de Cannes à Menton *(Ard.)*; île St-Honorat *(Hanry!)*; Grasse *(G. et G.)*.

745. L. ornithopodioides. L. — G. G., 1, p. 434. — ☉. Avril, mai. Dans les champs, sur les coteaux, les talus herbeux, le long des fossés, etc.

B.-R. — Martigues *(Autheman!)*; rives au quartier de St-Giniez, au cap Couronne *(Roux)*; Cassis ; la Ciotat : à N.-D. de la Garde, etc. *(Roux)*.

Var. — Toulon ; Fréjus *(Hanry)*; St-Nazaire : sur les hauteurs de Pipière *(Roux)*; Hyères *(Hanry!)*

A.-M. — Commun au bord des chemins et des champs de la rég. litt. *(Ard.)*; Grasse *(G. G.)*; Cannes ; île St-Honorat *(Hanry!)*.

746 L. edulis. L. — G. G., 1, p. 434. — ☉. Avril, mai. Çà et là sur les coteaux, les lieux incultes de la région littorale.

B.-R. — Marseille : à N.-D. de la Garde ; île de Ratonneau *(Roux)*; Cassis : derrière le château ; la Ciotat : à N.-D. de la Garde *(Roux)*.

Var. — St-Nazaire : sur les hauteurs de Pipière *(Roux)*; Toulon *(Chambeiron!)*; fort du cap Brun *(Huet!)*; île de Porqucrolle *(Hanry)*.

A.-M. — Assez commun depuis l'Esterel jusqu'à Menton (*Ard.*); île St-Honorat : à la batterie républicaine; Agay (*Hanry!*).

**Astragalus.** L.

747. A. pentaglottis. L. — G. G., 1, p. 435. — ⊙. Mai, juin. Coteaux et collines sèches.

B.-R. — Marseille : coteaux près de la minoterie *la Félicie* sur la route des Olives à la Valentine. (1853). L'y trouve-t-on toujours ?

Var. — Bord des champs. Toulon. Le Luc. (*Hanry*) La Valette. La Garonne près Toulon. (*G. G.*)

748. A. Stella. Gouan. — G. G., 1, p. 435. — ⊙. Mai, juin. Çà et là dans les champs incultes, les lieux herbeux.

B.-R. — Pas-des-Lanciers. Roquefavour. Martigues : à la Mède. *(Roux)* Miramas : dans les champs voisins de la gare. Velaux : à la Garenne. *(Autheman!)* Aix : plateau au nord-ouest de la tour de Keirié. *(F. et A.)*

Var. — Toulon. *(Hanry d'après Mutel)* Draguignan. (*G. G.*)

A.-M. — Nice ? *(Hanry)* Ardoino ne la cite pas.

Vaucl. — Avignon. *(G. G.)*

749. A. sesameus. L. — G. G., 1, p. 436. — ⊙. Mai. Lieux incultes, pelouses du bord des champs et des chemins.

B.-R. — Marseille : à Saint-Julien, à Saint-Loup, à Luminy, au vallon des Tuves à Saint-Antoine, etc. Gémenos : au vallon de Saint-Pons, etc. *(Roux)* Pas-des-Lanciers. Martigues : à la Mède. Miramas. *(Autheman!)* Aix : aux Trois-Moulins, au chemin de Saint-André. *(F. et A.)*

Var. — Toulon : à la Garonne. *(Hanry)*

A.-M. — Rare et n'a été trouvée qu'à Nice. *(Ard.)*

Vaucl. — Avignon. *(G. G.)*

750. A. epiglottis. L. — G. G., 1, p. 436. — ⊙. Avril, mai. Rare.

Var. — Toulon : pentes du mont Coudon, sur les pelouses et

les débris de calcaire à *Chama. (Huet et Jacquin!)* La Valette : sur le calcaire jurassique du versant méridional de la montagne de Coudon et sentier qui mène de la Valette à cette montagne. *(Chambeiron!)*

751. A. HAMOSUS. L. — G. G., 1, p. 437. — ⊙. Avril, mai. Lieux pierreux, bord des champs, pelouses, etc.

B.-R. — Marseille : à Saint-Loup, Saint-Julien, les Martégaux, etc.; Gémenos : dans le vallon de Saint-Pons ; Martigues : au cap Couronne. *(Roux)* Pas-des-Lanciers. *(Autheman!)* Salon. *(G. G.)* Aix : à Cuques, etc. *(F. et A.)*

Var. — Plan d'Aups : vers la Sainte-Baume. *(Roux)* Toulon, le Luc, Saint-Raphael. *(Hanry)* Iles d'Hyères. *(G. G.)* Pipière près Saint-Nazaire. *(Roux)*

A.-M. — Peu commune. — Menton, Nice, Antibes et île Sainte-Marguerite. *(Ardoino)*

752. A. GLYCYPHYLLOS. L. — G. G., 1, p. 438. — ♃. Mai-juillet. — Bois montueux.

Var. — Dans le bois de la Sainte-Baume. *(Blaize, W. Twight, Hanry)* Bois des Maures, Fréjus. *(Hanry)*

A.-M. — Menton, Villeneuve-Loubet, Grasse. — Moins rare dans la rég. mont. *(Ard.)*

753. A. ALOPECUROIDES. L. — G. G., 1, p. 439. — ♃. Juillet, août. Rare.

B.-A. — Barcelonnette : aux environs de Boussolières. *(Lannes)*

754. A. PURPUREUS. Lam. — G. G., 1, p. 440. — ♃. Mai, juin. Coteaux, bois et lieux stériles.

B.-R. — Gémenos : dans le vallon de Saint-Pons, dans celui de Saint-Clair à Saint-Jean de Garguier. De Simiane à Mimet, mont de Mimet. *(Roux)* Les Alpines. Aix : coteaux en montant du Tholonet à Sainte-Victoire. *(Roux)* Sainte-Victoire. Au domaine de Cabanne (vers le sommet de la Trévaresse), le long de l'avenue. *(F. et A.)*

Var. — Bagnols, Cuers, le Luc. (*Hanry*) Nans : dans les sables dolomitiques de la montée de la Sainte-Baume, vallon de Tardeou. *(Roux)* Ampus près Draguignan. *(Albert !)*

A.-M. — Assez commune dans toutes nos montagnes chaudes. (*Ard.*)

B.-A. — Sisteron : à la montagne de Gache. (*G. G.*) Barcelonnette : au Chatelard. (*Gacogne*)

755. A. hypoglottis. L. — G. G., 1, p. 441. — ♃. Mai-juillet. Rég. alp. et mont.

A.-M. — Sommet de la Colmiane entre Saint-Martin et Valdiblora ; col de la Maddalena ; Estenc ; montagne de Caussols au-dessus de Grasse. (*Ard.*)

756. A. Onobrychis. L. — G. G., 1, p. 442 — ♃. Juin, juillet. Rég. alp.

A.-M. — Sainte-Anne de Vinaï, l'Isola, Saint-Etienne, val de Bourdous au-dessus d'Entraunes. (*Ard.*)

B.-A. — Montée de l'Ubaye au village de Saint-Vincent, route de Barcelonnette à Seyne. (*Roux*).

757. A. vesicarius. L. — G. G., 1, p. 443. — ♃. Mai, juin. Rare.

A.-M. — Rare. — Utelle, Claps au-dessus de Grasse. (*Ard.*) Caussols. *(Hanry)*

758. A. austriacus. L. — G. G., 1, p. 443. — ♃.

B.-A. — Forêt de Tournoux près Barcelonnette. (*Abbé Jean !*)

759. A. monspessulanus. L. — G. G., 1, p. 444. — ♃. Avril, mai. Commune sur les coteaux, les lieux montueux.

B.-R. — Marseille : au vallon de la Nerte, au Pilon du Roi, etc. Roquevaire. (*Roux*) Cassis : au baou de Canaille. (*Roux*) Fos, Istres. (*Autheman !*) Gémenos : au vallon de Saint-Pons, etc. (*Roux*) Aix : bords de l'Arc, plaine des Milles. (*F. et A.*)

Var. — Cabasse, bords de l'Argens à Entraigues (commune du Cannet). (*Hanry*)

A.-M. — Commun sur les coteaux arides, depuis la rég. mont. jusqu'à Menton, Nice et Grasse. *(Ard.)*

Vaucl. — Avignon. *(Th. Brown !)*

760. A. INCANUS. L. — G. G., 1, p. 445. — ♃. Avril, mai. Lieux secs et pierreux.

B.-R. — Marseille : au Pilon du Roi. Martigues : à la Mède sur les bords de l'étang. Coteaux entre Simiane et la Malle. Les Milles : sur les rives de l'Arc. Aix : à la tour de la Keirié *(Roux)*; plateau au nord-ouest de la tour de la Keirié *(F. et A.)*. Istres *(Autheman !)*

Var. — Plan d'Aups. *(Roux)* Ampus près Draguignan. *(Albert!)* Toulon : à Mourrière. *(Robert, G. G., Hanry)*

B.-A. — Sisteron. *(G. G.)*

Vaucl. — Avignon. *(G. G. d'après Requien)*

761. A. DEPRESSUS. L. — G. G., 1, p. 445. — ♃. Mai, juin. Rég. alp.

A.-M. — Entre Tende et Carlin ; montagne du Cheiron *(Ard.)*

762. A. TRAGACANTHA. L. — G. G., 1, p. 446. — ♄. Avril, mai. Sables et rochers maritimes.

B.-R. — Marseille : à Endoume, au Roucas-Blanc, à Montredon, dans les sables de Mazargues, à Arenc, dans l'île de Pomègue, etc.

Var. — Golfe des Lecques ; ruines de Taurœntum à Saint-Cyr *(Roux)*. Toulon : aux Sablettes et à la batterie Saint-Elme *(G. G.)*

763. A. ARISTATUS. L'Hérit. — G. G., 1, p. 447. — ♄. Mai-juillet. Rég. alp. et mont.

A.-M. — Col de Tende ; vallon de Chaus ; abondé depuis Puget-Théniers jusqu'aux sources du Var ; Saint-Etienne *(Ard.)*

B.-A. — Faillefeu près Prast, dans le vallon de Sagnas. *(Roux)*.

Vaucl. — Versant oriental du mont Ventoux. *(Abbé Tisseur !)*

**Oxytropis.** D. C.

764. O. FÆTIDA. D. C. — G. G., 1, p. 448. — ♃. Juillet, août.

B.-A. — Environs de Barcelonnette. (*G. G.*)

765. O. HALLERI. Bunge. — G. G., 1, p 449. — ♃. Juin, juillet.

B.-A. — Barcelonnette : dans les prairies de Lauzannier. (*Gacogne*)

766. O. CYANEA. Bieb. — G. G., 1, p. 450. (C'est, suivant Ard., *O. Gaudini*, Bunge, *O. cyanea*, G. G., non Bieb) — ♃. Juillet, août. Rég. alpine.

A.-M. — Lauthion ; Tende ; val de Strops et col de Jallorgues ; alpes de Saint-Etienne. (*Ard.*)

B.-A. — Saint-Paul (*G. G.*); sommet de Boules à Faillefeu près Prast.

Vaucl. — Sommet du Ventoux. (*Roux*)

767. O. MONTANA. D. C. — G. G., 1, p. 450. — ♃. Juillet, août.

A.-M. — Rég. alpine. (*De Notaris, Risso*) Entre Tende et Carlin ; mont Bégo ; le Garret au dessus d'Entraunes ; col de Pouriac (*Ard.*).

**Phaca.** Lin.

768. P. ALPINA. Wulf. — G. G., 1, p. 452. — ♃. Juillet, août. Région alpine.

A.-M. — Alpes de la Briga et de Beccaroussa ; col de Fenestre ; col de la Maddalena (*Ard.*).

B.-A. — Faillefeu près Prast. (*Roux*) Barcelonnette : dans la prairie du Lauzet. (*Gacogne*)

769. P. ASTRAGALINA D. C. — G. G., 1, p. 452. — ♃. Juillet, août. Rég. alp.

A.-M. — Col de Tanarello ; col de Jallorguès (*Ard.*).

770. P. AUSTRALIS. L. — G. G., 1, p. 453. — ♃. Juillet, août. Rég. alp.

A.-M. — Col Bertrand ; Alpes de Tende ; col de Pouriac et de la Maddalena (*Ard.*).

**Biserrula. L.**

771. B. Pelecinus. L. — G. G., 1, p. 453 — ⊙. Mai. Prairies et terrains sablonneux.

Var. — Toulon; îles d'Hyères; Bormes (*G. G.*); île du Levant; Lavandou; Saint-Tropez; Fréjus (*Hanry*); commune dans les prairies sablonneuses de Pierrefeu et de Bormes (*Chambeiron!*).

A.-M. — Nice? (*All.*); Antibes (*Hanry, G. G.*); entre le Napoule et Agay (*Ard.*).

**Colutea. L.**

772. C. arborescens. L. — G. G., 1, p. 454. — ♃. Mai, juin.
Çà et là dans les bois, les coteaux et autres lieux montueux.

B.-R. — Marseille: sur les Fabresses, à Saint-Marcel. Hauteurs de Gémenos et de Saint-Jean de Garguier, etc. *(Roux)* L'Estaque: au vallon des Sardines. (*Reynier! Pauzat!*) Pas-des-Lanciers: à l'entrée du vallon de la Nerthe. (*Autheman!*) Roquevaire. (*Roux*) Lascours près Roquevaire. (*Pathier!*) Saint-Jean de Trets; vallon de la Figuière au-dessus de Coulin, route de Cuges, y abonde. (*Roux*) Aix: au vallon de Mauret, sur le coteau au midi du Prégnon. (*F. et A.*) Pont de Mirabeau; montagnes de Jouques. (*Peuzin!*)

Var. — Toulon: au sommet de Coudon. Le Luc; Fréjus; Fox-Amphoux. *(Hanry)* Val d'Aren entre la Cadière et Ollioule, où il abonde. (*Roux*)

A.-M. — Broglio; Villars du Var; Lantosque; Grasse; Gourdon; le Revest (*Ard.*).

**Robinia. D. C.**

773. R. pseudo-acacia. L. — G. G., 1, p. 455. — ♃. Mai. — Planté çà et là sur les routes, les avenues, devant les maisons de campagne, presque subspontané au vallon de Saint-Pons et ailleurs.

**Galega.** Tourn.

774. G. OFFICINALIS. L. — G. G., 1, p. 455. — ♃. Juillet, août.

Cultivé dans quelques jardins d'où la graine se répand quelquefois dans le voisinage.

A.-M. — Antibes : au bord des ruisseaux. (*Hanry, Ard. d'après Lille*)

Vaucl. — Avignon : dans les garancières de l'île de la Barthelasse ; rare. (*Th. Brown!*)

**Glycyrrhiza.** L.

775. G. GLABRA. L. — G. G., 1, p. 455. — ♃. Juin, juillet.

B.-R. — D'après M. Hanry, cette plante croit dans les champs de Peynier. Les habitants de Peynier sont appelés en provençal *leï mangeo-rascalissi*, ce qui prouverait que cette plante n'y est pas rare.

Var. — Fox-Amphoux. (*Hanry*)

**Psoralea.** L.

776. P. BITUMINOSA. L. — G. G., 1, p. 456. — ♃ Juillet, août.

Commun dans les lieux secs et stériles, sur les coteaux, les vieux murs de tout le littoral de la Provence ; on le rencontre même, mais plus rare, jusqu'à Gréoulx, Digne et Barcelonnette.

777. P. PLUMOSA. Rchb. — G. G., 1, p. 456. — ♃. Juillet, août.

Var. — Toulon ? (*G.G.*)

**Phaseolus.** L.

778. P. VULGARIS. L. — G. G., 1, p. 457. — ☉. Juillet, août.

Cultivé en grand dans les champs de la partie chaude de la Provence ; parfois échappé.

**Dolichos.** L.

779. D. MELANOPHTALMUS. D. C. *Prodr.*, vol. 2, p. 400. — ☉. Juillet, août.

Cultivé en grand dans la région littorale de la Provence ; parfois échappé des cultures.

**Vicia.** L.

780. V. sativa. L., sp. 1073, *excl. var.* β. G. G., 1, p. 458. — ⊙. Mai, juin.

Champs, prairies et moissons dans toute la Provence ; la forme à folioles et à fruits plus grands, *Vicia macrocarpa*, Moris, est fréquente dans la région littorale.

781. V. segetalis. Thuill. *F. Paris*, p. 367. — *V. angustifolia*, var. α. *segetalis*, Koch. G. G., 1, p. 459. — ⊙. Mai, juin. — Lieux pierreux, champs incultes.

B.-R. — Marseille : aux sables de Mazargues ; au Cabot. Martigues. Raphèle près d'Arles. La Ciotat : à N.-D. de la Garde. Aix, etc. (*Roux*)

Var. — Toulon ; le Luc ; Fréjus ; Nice, etc.

782. V. Bobartii. Forst. — *V. angustifolia*, var. α. *segetalis*. Koch, G. G., 1, p. 459. — ⊙. Mai, juin. Lieux secs et pierreux.

B.-R. — Marseille : aux sables de Mazargues ; dans les vallons de la Penne. Ruines du vieux Gémenos, dans le vallon de Saint-Pons Roquefavour : sur les pelouses, etc. (*Roux*) Chaussée du chemin de fer à Raphèle près d'Arles. (*Duval-Jouve!*) Istres. (*Autheman!*)

Var. — Sommet de la Sauvette des Mayons. (*Roux*).

783. V. lathyroides. L. — G. G, 1, p. 460. — ⊙. Avril, mai. Rare en Provence.

Var. — Fréjus. (*Hanry!*) Lieux sablonneux dans les Maures du Cannet. (*Hanry*) Versant méridional de la montagne la Sauvette, commune de Collobrières. (*Roux*).

A.-M. — Nice ; Biot ; Cannes ; Saint-Vallier. (*Ard.*)

784. V. amphicarpa. Dorth. — G. G., 1, p. 461. — ⊙. Avril, mai. Champs, lieux incultes, coteaux, etc.

B.-R — Marseille : Château-Gombert, les Martégaux, Vaufrège, le Cabot, Carpiague, vallon du Gord de Roubaud aux Camoins, etc. Aubagne : au pied de Garlaban. Gémenos : dans le vallon de Saint-Pons. Martigues : à

Saint-Giniez. (*Roux*)! Châteauneuf-lez-Martigues. Port-de-Bouc : terrains incultes le long de la route de Fos. (*Autheman!*) Aix : versant sud de la colline à l'ouest du Prégnon et dans les terres cultivées au quartier de Bagnols. (*F. et A.*)

Var. — Toulon, le Luc.

A.-M. — Rare. Nice : au Vinaigrier ; Biot ; Grasse. (*Ard.*)

785. V. PEREGRINA. L. — G. G., 1, p. 461. — ⊙. Mai, juin. — Commune dans les champs et les moissons dans toute la région littorale de la Provence.

B.-R. — Marseille : à Saint-Loup, Saint-Marcel, Saint-Julien, les Martégaux, les Olives, la Treille, etc. Martigues. Aix.

Var. — Toulon, le Luc, Fréjus.

A.-M. — Nice.

Vaucl. — Avignon, etc.

786. V. PEDUNCULATA. Schuttleworth., sp. nov. ined. — ⊙. Mai, juin. — A en juger par un misérable échantillon que m'a donné M. Hanry, sans fleurs et ne portant que quelques fruits, cette plante a le plus grand rapport avec le *Vicia peregrina;* mais ses pétioles aussi longs que ses fruits, les sépales du calice courts, atteignant à peine la base du fruit, les folioles étroites non tronquées à leur sommet, la distingueraient assez bien de l'espèce précédente. On la trouve dans le Var à l'île de Porquerolle et aux autres îles d'Hyères.

787. V. LUTEA. L. — G. G., 1, p. 462. — ⊙. Mai, juin. — Assez rare ; çà et là sur le bord des champs, des bois, des lieux incultes.

B.-R. — Eygalière : sur le bord d'un canal. (*Derbès!*) Aix : dans le vallon des Gardes. (*F. et A.*)

Var. — Le Lavandou, le Luc. (*Hanry*) Plan d'Aups : près du bois de la Sainte-Baume. (*Roux.*)

A.-M. — Grasse ; Nice, etc. (*Ard.*)

788. V. HIRTA. Balb., *Misc. alt. ex. Pers. Syn.*, 2, p. 308.— *Vicia*

*lutea*, G. G., *forma*, p. 462. — ⊙. Mai, juin. Plus répandu que le précédent; bord des champs, des prés, lieux incultes.

B.-R. — Champs voisins de l'étang de Marignane : à Marignane, à Châteauneuf-lez-Martigues. (*Roux*) Sables du Jay entre les étangs de Berre et de Marignane. (*Autheman!*) La Crau : à Entressen, à Raphèle, etc. (*Roux*)

Var. — Saint-Nazaire : dans les champs élevés de Pipière. (*Roux*) Le Luc; Fréjus; presqu'île de Giens (*Hanry*).

A.-M. — Cannes. (*Hanry*) Antibes; Nice, etc. (*Ard.*)

789. V. HYBRIDA. L. — G. G., 1, p. 462. — ⊙. Mai, juin.
Champs et moissons de la région littorale.

B.-R. — Marseille : à Saint-Julien, aux Martégaux, aux Olives, à Saint-Loup, etc. Martigues, Aix, etc.

Var. — Toulon; le Luc; Fréjus, etc.

A.-M. — Cannes, Antibes, Nice, etc.

Vaucl. — Avignon, etc.

790. V. FABA. L. — G. G., 1, p. 462. — ⊙. Avril, mai.
Cultivé en grand et très souvent subspontané.

791. V. NARBONENSIS. L. — G. G., 1, p. 463. — ⊙. Mai, juin.
Çà et là dans les champs ou sur leurs bords, haies, rives et talus.

B.-R. — Rare à Marseille : à la Servianne; aux Caillols, derrière le château de la Salle. Martigues. (*Autheman!*) A Saint-Giniez où il abonde. (*Roux)* Aix : aux quartiers de Mauret et de Fontlèbre (*F. et A.*) Saint-Jean de Trets. (*Roux*)

Var. — Le Luc; Fréjus (*Hanry*). Nous l'avons trouvé très abondant dans les prairies des clairières du bois de la Sainte-Baume, du côté de l'avenue de Nans; y avait-on jeté la graine?

A.-M. — Peu commun. Menton; Nice : au Vinaigrier; l'Escarène (*Ard.*).

792. V. BITHYNICA. L. — G. G., 1, p. 463. — ⊙. Mai, juin.
Champs et bois.

B.-R. — Chaussée du chemin de fer près d'Arles. (*Duval-Jouve!*)

Var. — Abonde à Saint-Nazaire, sur les hauteurs de Pipière. Six-Fours. *(Roux)* Commune dans les champs à Ampus près Draguignan. (*Albert!*) Toulon ; Hyères ; Fréjus, (*Hanry*).

A.-M. — Grasse ; Antibes ; Menton ; Villefranche, etc. (*Ard.*)

793. V. sepium. L. — G. G., 1, p. 463. — ♃. Avril-septembre. Haies, bois et buissons.

B.-R. — Nord de Roquefourcade au-dessus de Roussargues. (*Roux*)

Var. — Commun dans le bois de la Sainte-Baume. Vallon de la Sauvette des Mayons. (*Roux*) Forêt des Maures. (*Hanry*)

A.-M. — Assez commun dans la rég. mont. d'où il descend jusqu'à Castil'on, l'Escarène, Vence et Grasse. (*Ard.*)

794. V. pannonica. Jacq. — G. G., 1, p. 464. — ☉. Mai, juin. — Très rare en Provence ; une seule fois dans les moissons aux Martégaux près de Marseille, en 1858. Dans un champ de *Lathyrus sativus*, à Simiane.

Var. — Le Luc. (*Cartier !*) Y est-il abondant ?

795. V. melanops. Sibth et Sur. (1813). *Vicia tricolor*. Seb. et Maus. (1818). — ☉. Mai, juin.

Var. — Dans les micaschistes, sous les châtaigniers du versant nord de la Sauvette des Mayons, non loin d'une source qui coule à mi-vallon.

796. V. onobrychioides. L. — G. G., 1, p. 465. — ♃. Mai-août. Lieux arides, bord des champs, prairies sèches.

B.-R. — Sommet du vallon de Saint-Clair à Saint-Jean de Garguier, en vue de Roquefourcade ; montée de Roquefourcarde par Roussargues au-dessus d'Auriol (*Roux*).

Var. — Sainte-Baume : à la ferme de Ginié. (*Roux*) Champs et bois. *(Hanry)*

A.-M. — Rég. mont. l'Agel au-dessus de la Turbie ; Tende ; Bouyon ; Coursegoules ; Vence ; Caussols ; Saint-Vallier ; Saint-Lambert (*Ard.*).

797. V. DUMETORUM. L. — G. G., 1, p. 466. — ♃. Juillet, août.
A.-M. — Rég. mont. (*Risso*); Ilonza ; val de Pesio (*Ard.*).
798. V. SYLVATICA. L. — G. G., 1, p. 467. — ♃. Juin-août.
Alpes de la Provence.
799. V. CRACCA. L. — *Cracca major*. G. G., 1, p. 468. — ♃. Mai-août.
Prairies, haies, bords des ruisseaux, etc., dans presque toute la Provence.
800. V. GERARDI. Vill. — *Cracca Gerardi*. G. G., 1, p. 469. — ♃. Juin, juillet. Bois et prairies.
B.-R. — Aix : au vallon de Barret, sur le coteau sud en amont du canal. (*F. et A.*)
Var. — Toulon ; Fréjus (*G. et G.*). Commun sur la montagne de la Sauvette des Mayons du Luc. (*Roux*)
A.-M. — Tende ; col de Braus ; mont Mulacé ; Berre ; Grasse ; la Roquette ; Cannes ; l'Estérel (*Ard.*).
801. V. TENUIFOLIA. Roth. — *Cracca tenuifolia*. G. G., 1, p. 469. — ♃. Juin, juillet. Rare en Provence.
Var. — Péguier dans les Maures, la Sauvette des Mayons (*Hanry!*)
A.-M. — Rég. mont. Col de Braus ; l'Escarène ; Touël-de-Beuil ; Guillaumes *(Ard.)*.
802. V. VARIA. Host. — *Cracca varia*. G. G., 1, p. 469. — ☉. ②. Mai, juin. Bien que MM. Gr. et Godr. la citent dans les moissons de presque toute la France, elle semble manquer en Provence. Je ne l'ai rencontrée que deux fois accidentellement aux environs de Marseille.
B.-R. — Marseille : au pied de N.-D. de la Garde et aux Martégaux ; prairies chez M. Talabot. Rare dans les prairies de Roquevaire.
A.-M. — M. Ardoino ne la cite que dans la rég. mont. aux environs de Sospel.
803. V. VILLOSA. Roth. — *Cracca villosa*. G. G., 1, p. 470. — ♃. Mai-juillet. Rare.

Var. — Hyères : aux Salines vieilles (*Hanry!*) ; sables maritimes entre Léoube et les salines (*Huet!*) ; Fréjus. (*Hanry*)

B.-A. — Allemagne. (*Hanry*)

804. V. LITTORALIS. Salzm. — *Cracca Bertoloni*. G. G., 1, p. 470. — ☉. Avril-juin. Rare ; rochers voisins de la mer.

B.-R. — La Ciotat : à N.-D. de la Garde. (*Roux*)

Var. — Toulon : à Saint-Mandrier. (*Roux*) Ile de Porquerolle. (*Hanry! Huet!*) Iles d'Hyères ; Fréjus. (*G. G.*)

805. V. ATROPURPUREA. Desf. — *Cracca atropurpurea*. G. G., 1, p. 471. — ☉ ou ②. Juin. Bois et moissons de la rég. litt.

B.-R. — Les Alpines (*Peuzin!*)

Var. — Iles de Porquerolle et du Levant (*Hanry*) ; bois des Maures ; moissons dans les grès bigarrés à la verrerie de M. le comte de Colbert (*Abbé Lelièvre! Hanry!*) ; le Luc : parmi les bruyères (*Hanry!*).

A.-M. — Rare. Menton : au cap Martin. Grasse : à la Napoule. (*Ard.*).

806. V. DISPERMA. D. C. — *Cracca disperma*. G. G., 1, p. 472. — ☉. Avril-juin. Lieux incultes, champs sablonneux, haies dans la rég. litt.

Var. — Saint-Nazaire : sur les hauteurs de Pipière (*Roux*) ; Toulon (*Huet!*) ; Hyères (*G. G.*) ; la Sauvette des Mayons du Luc (*Hanry!*) ; Fréjus (*Hanry*).

A.-M. — Cannes (*Hanry, Ard.*) ; la Roquette ; Nice ; Menton (*Ard.*) ; ile Sainte-Marguerite (*G. G.*).

**Ervum** L.

807. E. HIRSUTUM. L. — *Cracca minor* G. G., 1, p. 473. — ☉. Avril-juillet.

Var. — Moissons et récoltes (*Hanry*).

A.-M. — Assez commune au bord des haies et des champs (*Ard.*).

808. E. TETRASPERMUM. L. — G. G., 1, p. 474. — ☉. Mai-juillet.

B.-R. — Rare. — Marseille : sur les bords de la route des Olives à la Valentine ; Gémenos : sur les hauteurs du vallon de Saint-Pons ; la Ciotat : au vallon du Toumet. (*Roux*).

Var. — Champs et buissons (*Hanry*).

809. E. PUBESCENS. D. C. — G. G., 1, p. 474. — ☉. Mai, juin.

B.-R. — Marseille. (*G. G.*). Je ne l'y ai pas encore rencontré.

Var. — Toulon : dans les bois (*Huet!*); Hyères (*G. G., Hanry*); vallon de la Sauvette des Mayons du Luc (*Roux*).

810. E. GRACILIS. D. C — G. G., 1, p. 475. — ☉. Mai-juillet. — Lieux cultivés, moissons, champs humides et herbeux.

B.-R. — Martigues : à la Mède, au cap Couronne ; Raphèle près Arles ; vallon de Saint-Pons à Gémenos, etc. *(Roux)* Aix : au petit chemin du Tholonet, au pont de la Fourchette (*F. et A.*).

Var. — Saint-Nazaire : à Pipière ; la Sauvette des Mayons, Saint-Raphaël (*Roux*); le Luc (*Hanry*).

A.-M. — Cannes (*Hanry*); la Roquette ; Antibes ; Nice, Menton (*Ard.*).

**Ervilia** Link.

811. E. SATIVA. Link. — G. G., 1, p. 475. — ☉. Mai, juin. — Cultivé ; se répand çà et là dans les moissons et autres lieux.

B.-R. — Aix : à Roquefavour, à Cabassol près Vauvenargues, au Tholonet. Gignac près Marignane ; etc.

Var. — Cultivé en grand pour les bestiaux (*Hanry*).

A.-M. — Subspontané dans les moissons ; Nice : au Var ; Antibes (*Ard.*).

**Lens.** Tourn.

812. L. ESCULENTA. Moench. — G. G., 1, p. 476. — ☉. Juin, juillet.

Cultivé en grand, souvent échappé des cultures.

813. L. NIGRICANS. God. — G. G., 1, p. 476. — ☉. Avril, mai. — Coteaux, lieux arides.

B.-R. — Marseille : au vallon de l'Evêque à Saint-Loup ; Saint-Tronc ; Mazargues ; la Gineste et dans le vallon de Luminy. Cassis. Roquefavour. (*Roux*) Aix : vallon au midi du Prégnon (*F. et A.*). La Crau. (*G. G.*)

Var. — Toulon, le Luc (*Hanry*); bois des Maures: du Luc aux Mayons (*Roux*); Ampus près Draguignan (*Albert !*).

A.-M. — Tende et la Briga: dans les moissons (*Ard.*).

Vaucl. — Mont-Ventoux: bois arides (*Tillet*, *Autheman !*).

**Cicer.** L.

814. C. ARIETINUM. L. — G. G., 1, p. 477. — ⊙. Juin, juillet.
Cultivé en grand dans la basse Provence.

**Pisum.** L.

815. P. SATIVUM. L. — G. G., 1, p. 477. — ⊙. Mai, juin.
Cultivé et souvent échappé des cultures, soit que la graine se trouve mêlée avec les blés, soit qu'elle se trouve dans les engrais.

816. P. GRANULATUM. Lloyd. — *P. elatius.* G. G., 1, p. 478. — ⊙. Avril, mai. — Rare. Lieux montueux et pierreux.

B.-R. — Gémenos: dans les débris roulants du fond du vallon de l'Oule à Saint-Pons, au-dessus de la cascade (*Roux*).

Var. — Hyères: à Fenouillet (*G. G.*); Mont Coudon (*Huet !*), le Luc: à la Barre (*Hanry*).

A.-M. — Subspontané dans les moissons. Menton, Saint-Michel d'Eza (*Ard.*). Ardoino dit que sa plante n'est pas la même que celle de G. et G. Serait-ce donc le *P. elatius* de Bieb?

Vaucl. — Parmi les ruines du fort de Buoux dans le Léberon (*Autheman !*).

**Lathyrus.** L.

817. L. CLYMENUM. L. — G. G., 1, p. 479. — ⊙. Mai, juin.
— Coteaux pierreux, lieux secs, bruyères arides de la rég. litt.

B.-R. — La Ciotat: au Bec de l'Aigle, à N.-D. de la Garde (*Roux*).

Var. — Saint-Nazaire: à Pipière; Sixfours (*Roux*). Toulon; Hyères; Fréjus (*Hanry*).

A.-M. — Grasse; Cannes; Nice; Menton (*Ard.*).

818. L. articulatus. L. — G. G., 1, p. 479. — ☉. Mai, juin.
— Rare ; lieux arides de quelques points du litt. du Var et des Alpes-Maritimes.

Var. — Saint-Nazaire: sur les granits des hauteurs de Pipière (*Roux*); Carqueirane : dans les champs (*Huet !*); Toulon Fréjus (*Hanry*) ; Hyères (*G. G.*).

A.-M. — Nice (*Hanry*); Grasse ; Cannes (*Ard.*).

819. L. Ochrus. D. C. — G. G., 1, p. 480. — ☉. Avril, mai. — Rare ; çà et là dans les champs et les moissons de la rég. litt.

B.-R. — Martigues ; Fos-lez-Martigues (*Roux*).

Var. — Saint-Nazaire: dans les champs élevés de Pipière (*Roux*); Hyères (*Hanry*); cultivé pour fourrage (*Hanry*).

A.-M. — Grasse; Cannes; Nice ; Menton (*Ard.*).

820. L. Aphaca. L. — G. G., 1, p. 480. — ☉. Mai, juin.
Commun dans les champs, les moissons, sur les coteaux et dans les lieux incultes de toute la Provence.

821. L. Nissolia. L. — G. G., 1, p. 481. — ☉. Mai, juin. — Rare en Provence.

B.-R. — Raphèle près Arles : sur le bord des mares (*Duval-Jouve !*)

Var. — Forêt des Maures; Saint-Raphaël : dans les champs pierreux (*Hanry*).

A.-M. — Cannes : au cap Croisette ; Nice (*Ard.*).

822. L. hirsutus. L. — G. G., 1, p. 481. — ☉. Mai, juin. — Assez rare ; rives, prairies, champs.

B.-R. — Berre : sur les rives du canal qui va déboucher dans l'étang ; Arles: à Montmajour sur les bords des fossés (*Roux*); la Camargue (*Autheman!*).

Var. — Hyères : aux Salins ; Fréjus (*Hanry*).

Vaucl. — Avignon (*Th. Brown*).

823. L. Cicera. L. — G. G., 1, p. 481. — ☉. Mai, juin.
Cultivé, puis çà et là dans les champs et les moissons.

B.-R. — Marseille (*Roux*); Martigues (*Autheman*); Aix, cultivé, croît aussi dans les moissons et autres lieux, à Cuques, etc. (*F. et A.*).

Var. — Cultivé en grand (*Hanry*).

A.-M. — Subspontané dans les lieux cultivés ; Menton; Nice ; Grasse, etc. (*Ard.*)

824. L. sativus. L. — G. G., 1, p. 482. — ☉. Mai, juin.
Cultivé et souvent subspontané.

825. L. annuus. L. — G. G., 1, p. 482. — ☉. Mai, juin. — Commun dans les moissons et les lieux cultivés de la région littorale.

B.-R. — Marseille : à Saint-Julien, aux Martégaux, aux Camoins, à Saint-Loup, etc. Châteauneuf-lez-Martigues. (*Roux*) Martigues. (*Autheman!*) Aix : peu commun et isolé ; petit chemin du Tholonet, Bouonouro. (*F. et A.*) Saint-Chamas; Miramas. (*Roux*)

Var. — Les moissons (*Hanry*).

A.-M. — Peu commun ; Menton; Nice; Antibes; Cannes ; Grasse ; Châteauneuf (*Ard.*).

826. L. odoratus. L., *Sp.*, ed. 1, p. 723 et ed. 2, p. 1032, Ser. *in* D. C. *Prod.*, 2, p. 374. — ☉. Mai, juin. — Cultivé dans les jardins; trouvé dans les moissons de la Ciotat, vers N.-D. de la Garde ; rare. (*Roux*) Aix : subspontané dans plusieurs lieux, notamment dans le vallon des Gardes; ses fleurs sont violettes et non roses comme il arrive souvent lorsqu'il est cultivé. (*F. et A.*)

827. L. sylvestris. L. — G. G., 1, p. 482. — ♃. Juin-août. Bois.

A.-M. — Grasse; Saint-Martin Lantosque; Utelle; l'Isola ; Breil. (*Ard.*)

828. L. heterophyllus. L. — G. G., 1, p. 483. — ♃. Juin-août. Bois de la rég. mont.

A.-M. — Luceron, abonde à Saint-Dalmas-le-Sauvage, la Roquette-sur-Siagne. (*Ard.*)

829. L. latifolius. L. — G. G., 1, p. 483 et 484 (*ex parte*). — ♃. Juin, juillet. Rare ; haies et buissons.

B.-R. — Marseille : aux Comtes près de la Pomme. Gémenos : au vallon de Saint-Pons et au Baou-de-Bretagne. Bord du ruisseau les Mères à Aubagne. Raphèle près Arles. (*Roux*) Aix : au bord de l'Arc. (*F. et A.*).

Var. — Lisière du bois de la Sainte-Baume. Vallon de la Saüvette des Mayons du Luc. (*Roux*)

B.-A. — Digne : sur la montagne de Cousson (*Roux*).

Vaucl. — Avignon. (*Th. Brown*)

Je ne puis citer Hanry et Ardoino qui confondent cette plante avec la suivante.

830. L. ENSIFOLIUS. Bodero. — *L. latifolius* v. β. *angustifolius*. G. G., 1, p. 484. — ♃. Juin-août. Assez commun dans les haies, les broussailles et les bois.

B.-R. — Gémenos : dans le vallon de Saint-Pons. Simiane : à Saint-Germain. Roquevaire. Cassis. La Ciotat ; etc. (*Roux*) Aix : sur les bords de l'Arc. (*F. et A.*) Roquefavour. Les Milles. (*Roux*)

Var. — Brignoles. (*G. G.*)

Vaucl. — Avignon (*G. G.*)

831. L. TINGITANUS. L., sp. 1032. — ☉. Mai, juin.

Var. — Dans les ravins et parmi les bruyères de l'île de Porquerolle. (*Hanry*) Y est-il spontané ?

832. L. TUBEROSUS. L. — G. G., 1, p. 484. — ♃. Juin-août. — Haies, champs et moissons. Rare en Provence.

B.-R. — Aix : sur les bords de la Touloubre, vers la Calade. (*F. et A.*) Arles : sur le bord des fossés, vers Montmajour. (*Roux*).

Var. — Haies, bord des champs. (*Hanry*)

A.-M. — Rare ; Antibes, Tende, Venanson, Estenc. (*Ard.*)

B.-A. — Allos : à la montée du lac et à la Foux, sur la route de Barcelonnette. (*Roux*)

Vaucl. — L'Isle : sur la route d'Avignon. (*Autheman !*)

833. L. VERNUS. Wimmer. — G. G., 1, p. 485. — ♃. Avril, mai. Bois de la région montagneuse.

A.-M. — Montagnes au-dessus de Menton ; vallée du Cairos ; bois de Gourdon, etc. (*Ard.*)

B.-A. — Forêt de Faillefeu près Prast. (*Roux*)

834. L. montanus. G. G., 1, p. 486. — ♃. Mai, juin. Rég. alp. et mont.

A.-M. — A la source du Var, Saint-Etienne, col de la Maddalena. (*Ard.*)

835. L. palustris. L. — G. G., 1, p. 487. — ♃. Mai, juin. G. G. disent : juillet et août. Rare.

B.-R. — Prairies marécageuses sous la gare de Raphèle près Arles (*Roux*).

836. L. macrorhyzus. Wimmer. — G. G., 1, p. 487. — ♃. Avril-juin.

A.-M. — Bois de la rég. mont. jusqu'à Menton, Nice et l'Estérel. (*Ard.*)

837. L. niger. Wimmer. — G. G., 1, p. 488. — ♃. Mai-juillet. Bois montagneux.

Var. — Les Mayons du Luc : sous les châtaigniers. (*Roux*) Commun dans les bois. (*Hanry*)

A.-M. — Berre ; Clans ; Grasse : à Saint-Christophe ; le Bar : aux bords du Loup. (*Ard.*)

838. L. pratensis. L. — J G., 1, p. 488. — ♃. Mai-juillet. Commune dans les haies, les prairies, le bord des ruisseaux, etc., dans toute la Provence.

839. L. canescens. G. G., 1, p. 489. — ♃. Avril, mai. — Prairies mont.

B.-R. — Gémenos : sur les hauteurs entre la glacière Rozan et le Baou de Bretagne. (*Roux*) Aix : à Vauvenargues, sur les coteaux (*Roux*) ; coteaux à droite de Vauvenargues vers le vallon des Masques (*Philibert, dans F. et A.*).

Var. — Toulon, Fréjus. (*G. G.*). Montrieux : sur le bord des haies. (*Huet!*). Le Luc, coteaux herbeux. (*Hanry*) Prairies au-dessus du Baou de Bretagne, en face du village du Plan d'Aups.

A.-M. — Mont Mulacé et Agel au-dessus de Menton ; bois du Farghet au-dessus de L'Escarène ; Figaret au-dessus de Berre ; Vence ; Caussols ; bois de Gourdon. (*Ard.*) Grasse. (*G. G.*).

B.-A. — Digne (*G. G.*).

840. L. ANGULATUS. L. — G. G., 1, p. 490 — ⊙. Mai, juin. Champs et moissons, rare en Provence.

Var. — Champs de grès rouge entre le Luc et le Cannet ; sommet de la Sauvette, penchant méridional ; Saint-Raphaël. (*Roux*)

841. L. SPHÆRICUS. Retz. — G. G., 1, p. 490. — ⊙. Mai, juin. — Commun dans les lieux secs et pierreux, les champs incultes, les bois de pins, etc.

B.-R. — Marseille : à Montredon, Bonneveine, aux sables de Mazargues, etc. La Ciotat. Cassis, etc. (*Roux*) Aix : au vallon de Brunet, etc. (*F. et A.*) Roquefavour. Saint-Chamas. (*Roux*) Istres. (*Autheman !*)

Var. — Saint-Nazaire : sur les hauteurs de Pipiòro ; la Sauvette des Mayons du Luc. (*Roux*) Sables maritimes de la Seyne et de Fréjus. (*Hanry*)

A.-M. — Assez commun dans les lieux cultivés. (*Ard.*)

842. L. INCONSPICUUS. L. — G. G., 1, p. 491. — ⊙. Juin, juillet. Dans les cultures, les moissons et sous les oliviers.

B.-R. — Marseille : aux Olives, à la Valentine, aux Camoins, à la Treille. Auriol : au vallon de Vède. Gémenos : dans le vallon de Saint-Pons. Saint-Chamas. Aix : sur la route de Vauvenargues (*Roux*) ; au quartier de Saint-André, au domaine de M. Lisbonne, sur le petit chemin du Tholonet (*F. et A.*).

Var. — Toulon. (*Chambeiron !*) Le Luc. (*Hanry, Roux*) Draguignan et Fréjus. (*Hanry*)

A.-M. — Rare. Nice. (*Ardoino, d'après Montalivo.*)

843. L. SETIFOLIUS. L. — G. G., 1, p. 491. — ⊙. Avril-juin. Lieux incultes et arides de la rég. litt.

B.-R. — Marseille : dans les bois de pins de Mazargues, du Puits de Paul à Saint-Loup, au vallon de Toulouse, à Saint-Cyr de Saint-Marcel, etc. Gémenos : au vallon de Saint-Pons, etc. (*Roux*) Martigues. (*Autheman!*) Aix : aux vallons de Barret, de Mauret, des Gardes. *(F. et A.)* La Crau d'Arles. *(G. G.)*

Var. — Toulon ; Fréjus (*G. G.*)

A.-M. — Assez commun au bord des champs pierreux.(*Ard.*)

Vaucl. — Avignon. (*G. G.*)

844. L. ciliatus. Guss. — G. G., 1, p. 492. — ⊙. Mai, juin. Lieux montueux, vallons pierreux.

.-R. — Marseille : dans les vallons de Toulouse à Saint-Tronc, de l'Evêque à Saint Loup, de Morgiou etc. Gémenos : aux ruines du vieux Gémenos dans le vallon de Saint-Pons. La Ciotat : entre la mer et le sémaphore. (*Roux*) Aix : au midi du Prégnon. (*F. et A.*)

Var. — Toulon : à Clairet. (*G. G.*) Le Luc : à la Barre. (*Hanry*)

**Scorpiurus.** L.

845. S. subvillosus. L. — G. G., 1, p. 492. — ⊙. Mai, juin.

Commun dans les champs, les lieux incultes, le long des sentiers de tout le littoral de la Provence, Marseille, Aix, Martigues, Marignane, Toulon, le Luc, Fréjus, Nice, Avignon, etc.

846. S. vermiculata. L. — G. G., 1, p. 493. — ⊙. Mai, juin. Rare. Dans les champs.

Var. — Toulon, Hyères. (*G. G.*)

A.-M. — Antibes. (*Hanry, d'après le cat. Lille.*)

**Coronilla.** Neck.

847. C. Emerus. L. — G. G., 1, p. 493. — ♃. Avril-juin. Parmi les rochers, sur les coteaux et dans les bois mont.

B.-R. — Les Alpines. (*Peuzin!*). Saint-Remy. Orgon. Baou de Bretagne. (*Roux*) Aix : à droite de la route de Vauvenargues avant le Prégnon. (*F. et A.*)

Var. — Commune dans le bois de la Sainte-Baume (*Roux*); Aups, Montrieux, Fréjus (*Hanry*).

A.-M. — Assez commune dans les ravins, au bord des bois (*Ard.*); Grasse (*G. G.*).

B.-A. — Digne : à Saint-Benoît.

Vaucl. — A la fontaine de Vaucluse (*Roux*).

848. C. glauca. L. — G. G., 1, p. 494. — ♄. Avril, mai.

B.-R. — Marseille : subspontané dans les bois de pins, aux Quatre-Chemins entre les Olives et la Valentine. Aix : sur les bords de la Torse (*Roux*); au Tholonet et à Roquefavour (*F. et A.*).

849. C. valentina. L. — G. G., 1, p. 494.

A.-M. — Menton : aux rochers du torrent au pont Saint-Louis (*Huet!*); Monaco (*Th. Moggridge!*); Nice : à Saint-André (*Ard.*).

850. C. minima. L. sp. 1048, var. β. *australis*. — G. G., 1, p. 496. — ♄. Avril, mai (juin sur les hauteurs) — Assez commune dans les bois sablonneux, sur les coteaux, dans les bois de pins.

B.-R. — Marseille : dans les sables de Mazargues, de Bonneveine, à Luminy, vallons de Saint-Cyr et de l'Evêque ; etc. Martigues : à Bellevue. Saint-Jean de Trets. Arles : à Montmajour. (*Roux*) Les Alpines. (*Peuzin!*) Aix : sur les coteaux de Mauret, de Saint-Joseph et à Sainte-Victoire. (*F. et A.*)

Var. — Rochers les plus élevés des Béguines, au-dessus de la Sainte-Baume (*Roux*); Toulon ; le Luc, Fréjus (*Hanry*).

A.-M. — Menton ; Nice ; Grasse, etc. (*Ard.*)

851. C. juncea. L. — G. G., 1, p. 496. — ♄. Mai, juin. Lieux montueux, secs et pierreux ; bois de pins.

B.-R. — Marseille : très commun dans les sables de Mazargues, dans les vallons de Toulouse, de Morgiou, de l'Evêque, à l'île de Pomègue, etc. Martigues ; Cassis ; la Ciotat ; Roquevaire ; Gémenos : dans le vallon de Saint-Pons ;

etc. (*Roux*) Aix : au vallon de Chicalon ; vers le domaine des Anges, au Montaiguet; et aux Infernets.(*F. et A.*)

Var. — Toulon; le Luc. (*Hanry*)

A.-M. — Très rare; Nice (*Ard., d'après All., Risso et l'herb. Stira*) ; il ajoute : « d'où il semble avoir disparu ».

B.-A. — Digne : à Saint-Benoît (*Roux*).

852. C. VARIA. L. — G. G., 1, p. 497. — ♃. Mai-juillet. Haies, bois et collines.

B.-R. — Marseille: à Saint-Giniez, Sainte-Marguerite, dans les haies ; bords du canal de Saint-Loup à Saint-Marcel ; Eyguières, les Alpines. (*Roux*) Salon; Jouque; Peyrolles. (*Peuzin*) Aix : aux bords de l'Arc. (*F. et A.*)

Var. — Bois de la Sainte-Baume ; forêt des Maures. (*Hanry*)

A.-M. — Rég. mont. ; assez rare dans la rég. litt.; Nice; le Bar ; Auribeau ; etc. (*Ard.*)

B.-A. — Digne (*Roux*).

Vaucl. — Avignon (*Th. Brown!*).

853. C. SCORPIOIDES. Koch. — G. G., 1, p. 497. — ⊙. Mai, juin. Champs, moissons et lieux incultes de toute la région litt. de la Provence.

**Ornithopus. Desv.**

854. O. EBRACTEATUS. Brat. — G. G., 1, p.498. — ⊙. Avril, mai.
— Lieux sablonneux et bord des champs.

Var. — La Seyne (*Mulsant!*) ; Toulon, îles d'Hyères (*Hanry*) ; Fréjus (*G. et G.*).

A.-M. — Cannes, Antibes (*G. G., Hanry, Ard.*) ; la Roquette ; Nice ; Menton (*Ard.*).

855. O. PERPUSILLUS. L. — G. G., 1, p. 498. — ⊙. Mai-juillet.
— Rare en Provence.

A.-M.—Nice; Antibes (*Ard., d'après de Not. et Montalivo*).

856. O. COMPRESSUS. L. — G. G., 1, p. 499. — ⊙. Avril, mai.
— Champs, bois et lieux sablonneux.

Var. — Toulon : aux Sablettes. Forêt des Maures. Fréjus. (*Hanry*) Vallon de la Sauvette des Mayons (*Roux*).

A.-M. — Nice; Menton ; Berre ; Antibes ; la Roquette, etc. (*Ard.*)

**Hippocrepis.** L.

857. H. comosa. L. — G. G., 1, p. 500. — ♃. Avril-juin. — Rare en Provence.

B.-R.—Aix : sur la rive droite du chemin de la tour de Keirié, en face du domaine de M. Trouche (*F. et A.*).

Var. — Toulon ; Bagnol. (*Hanry*)

A.-M. — Assez commun au bord des bois, sur les pelouses (*Ard.*).

C'est sans doute par confusion avec l'espèce suivante que cette plante est citée dans le Var par Hanry et dans les A.-M. par Ardoino, où ils ne mentionnent pas l'*H. glauca*.

858. H. glauca. Ten. — G. G., 1 p. 501. — ♃. Mai, juin. — Lieux incultes, rives, bois et vallons.

B.-R. — Marseille : au vallon de l'Evêque, à Saint-Loup, à Luminy, au Pilon du Roi, etc. Gémenos : dans les vallons de Saint-Pons et de Saint-Clair. Montée du mont de Mimet. Roquefavour. Miramas. Les Alpines. (*Roux*) Istres. (*Autheman!*) Aix : sur les rives de l'Arc. (*F. et A.*)

Var. — Sables dolomitiques de la montée de la Sainte-Baume par Nans (*Roux*).

Vaucl. — Avignon (*Th. Brown!*).

859. H. ciliata. Willd. — G. G., 1, p. 501. — ☉. Avril, mai. Champs, lieux incultes et stériles.

B.-R. — Marseille : dans les sables de Mazargues, au vallon de Morgiou, à Saint-Julien, aux Martégaux, etc. Cassis. La Ciotat. Martigues. Roquefavour. Salon. Saint-Chamas, etc. (*Roux*) Aix : à Cuques. (*F. et A.*)

Var. — Toulon, le Luc, Fréjus. (*Hanry*)

A.-M. — Rare ; Nice : aux Baumettes. (*Ard.*)

Vaucl. — Avignon. (*G. et G.*)

860. H. unisiliquosa. L. — G. G., 1, p. 502. — ☉. Mai, juin. —

Commun dans la rég. litt., lieux arides, garrigues, bords des sentiers, etc.

B.-R.— Marseille: à Montolivet, à Saint-Julien, aux Olives, au vallon de Morgiou, etc. Martigues. Aix. Auriol.

Var. — Toulon, le Luc, Fréjus, etc. (*Hanry*)

A.-M. — Assez commun dans les lieux arides. (*Ard.*).

**Hedysarum. L.**

861. H. obscurum. L. — G. G., 1, p. 503. — ♃. Juillet, août. — Rég. alp.

A.-M. — Fentes des rochers escarpés au val de Strop, de Bordons, de Bouziejo, sources du Var et de la Tinée. (*Ard.*).

B.-A. — Mont Pelat. (*G. et G.*).

862. H. humile. L.— G. G., 1, p. 503. — ♃. Mai, juin. — Rare. Lieux incultes.

B.-R. — Aix: au quartier de Barret? (*F. A., d'après Cast.*). Ils ne disent pas l'avoir trouvé eux-mêmes.

Var.— Le Bausset: sur les talus de la route de Toulon à Marseille, vers Sainte-Anne. (*Roux*) Le Castelet?

863. H. capitatum. Desf.— G. G., 1, p. 504 et 505. — ☉. Mai, juin.

B.-R. — Marseille: à Montredon. Bord de l'étang de Berre: entre Châteauneuf et Martigues; bord de l'étang de Caronte: entre Martigues et Port de Bouc. (*Roux*) Miramas. Istres. Fos. (*Autheman!*)

Var. — Bandol, Toulon. (*G. G.*) Fréjus. (*Hanry*) De Saint-Nazaire au Brus. (*Roux*)

A.-M. — Rare. Vallée de Gorbio près de Menton, Nice. (*Ard.*).

**Onobrychis. Tourn.**

864. O. sativa. Lamk. — G. G., 1, p. 505. — ♃. Mai-juillet. Cultivé, et çà et là sur le bord des chemins et des sentiers.

865 O. montana. D. C. — G. G., 1, p. 505. — ♃. Mai- juillet. — Rég. alp. et mont.

A.-M. — Col de Tende, etc. (*Ard.*).

866. O. SUPINA. D. C. — G. G. 1, p. 506. — ♃. Juin, juillet. — Coteaux, vallons pierreux et autres lieux incultes.

B.-R. — Gémenos : dans le vallon de Saint-Pons. Cassis : sous le Baou de Canaille. (*Roux*) Simiane : sur les coteaux. La Patouyado au pied des Alpines, etc. (*Roux*) Gignac : mamelons incultes aux environs de la gare. (*Autheman !*) Aix : à Sainte-Victoire, au-dessus du Bec de l'Aigle. (*F. et A.*)

Var. — Toulon. (*G. G.*); le Luc, Touris, Draguignan (*Hanry*).

A.-M. — Menton. Embouchure du Var. (*Ard.*)

B.-A. — Digne : sur la montagne de Cousson. (*Roux*).

Vaucl. — Avignon. (*G. G.*)

867. O. SAXATILIS. All. — G. G. 1, p. 506. — ♃. Juillet, août. — Coteaux secs et pierreux.

B.-R. — Aix : à Mauret, au Prégnon. (*F. et A.*). Le Tholonet. Montaud-lez-Miramas. Coteaux secs du midi des Alpines. (*Roux*) Istres. (*Autheman*).

Var. — Toulon. (*G. G.*) Le Luc. (*Hanry*).

A.-M. — Nice : à l'embouchure du Var. Entre Draps et l'Escarène. Touël-de-Beuil. (*Ard.*)

B.-A. — Gréoulx, Digne. (*G. G.*) Barcelonnette : à la Condamine. (*Gacogne*).

Vaucl. — Avignon. (*G. G.*)

868. O. ÆQUIDENTATA. — D'Urville, *Enum.*, p. 90. D. C. *Prodr.*, 2, p. 346. — ☉. Avril, mai.

B.-R. — Marseille : aux Camoins, vers le haut du vallon de Gord de Roubaud, le long du sentier avant la bergerie parmi les graminées, le thym et autres plantes des lieux secs et arides ; j'ai rencontré cette plante en 1859 pour la première fois ; depuis, elle persiste et se resème d'elle-même.

869. O. CAPUT-GALLI. Lamk. — G. G. 1, p. 507. — ☉. — Juin, juillet. — Lieux incultes, champs pierreux, rives et coteaux.

B.-R. — Marseille: à Saint-Julien, aux Olives, à la Valentine. Pas-des-Lanciers. Gémenos : au vallon de Saint-Pons, etc. (*Roux*) Aix : aux bords du chemin de Vauvenargues près des Trois-Bons-Dieux, au vallon des Gardes, etc. (*F. et A.*) Montaud-lez-Miramas. Arles. (*G. et G.*)

Var. — Sur les coteaux et dans les pâturages. (*Hanry*) Toulon, Fréjus. (*G. et G.*)

A.-M. — Grasse. (*G. et G.*) Nice : aux Grenouillères ; Menton. (*Ard.*)

Vaucl. — Avignon. (*G. et G.*)

## CÉSALPINIÉES

**Cercis.** L.

870. C. Siliquastrum. L. — G. G., 1, p. 510. — ♂. Avril, mai. — Cultivé ; il se répand partout aux alentours dans les haies, sur les rives, les talus, etc. ; il est assez commun dans les vallons de Saint-Pons, de Gémenos et ailleurs.

**Ceratonia.** L.

871. C. Siliqua. L. — G. G., 1, p. 511. — ♂. Septembre et octobre.

B.-R. — Il en existait un pied à Château-Gombert, vers l'entrée du vallon du Nègre, qui portait des fruits ; il fut gelé pendant l'hiver et maintenant il forme un énorme buisson.

Var. — Toulon : aux Pommets. (*Hanry, G. G.*) La Cadière. (*Gabriel*)

A.-M. — Assez répandu aux environs de Menton, Roquebrune, Monaco, Villefranche et Nice. (*Ard.*) Ile Saint-Honorat. (*Reynier!*)

**Gletdischia.** L.

872. G. triacantha. L.

♂. Il est assez souvent employé pour former des haies sur le bord des champs. Marseille : à Château-Gombert ; Entressen en Crau ; etc.

# AMYGDALÉES

**Amygdalus.** L.

873. A. communis. L. — G. G., 1, p. 512. — ♃. Février, mars. — Cultivé en grand dans les plaines cailloutenses de Berre, de la Fare, d'Aix; et çà et là dans les champs de la région litt. de la Provence.

874. A. persica. L. — G. G., 1, p. 513. — ♃. Mars, avril. — Cultivé dans les jardins, les vergers, les vignes, etc.

**Prunus.** L.

875. P. armeniaca. L. — G. G., 1, p. 513. — ♃. Février, mars. — Cultivé dans les champs et les vergers.

876. P. brigantiaca. Vill. — G. G., 1, p. 513. — ♃. Mai. — Fruits septembre. Rég. alp. et mont.
    A.-M. — La Briga, col de Tanarello, Estenc, Saint-Dalmas-le-Sauvage. (*Ard.*)
    B.-A. — Maujeane, à la descente du Bachelar, sur la route d'Allos à Barcelonnette. (*Roux*) Barcelonnette: le long de la vallée de l'Ubaye et de celle de l'Arche. (*G. G.*)

877. P. domestica. L. — G. G., 1, p. 514. — ♃. Mars, avril. — Fruits juillet-septembre.
    Cultivé dans les champs; subspontané à la Treille, aux Martégaux, etc., près Marseille. (*Roux*) Dans les haies à Menton, à Entraunes. (*Ard.*)

878. P. spinosa. L. — G. G., 1, p. 515. — ♃. Avril.
    Commun dans les haies, le bord des champs, les vallons et les coteaux pierreux.

879. P. Cerasus. L. — G. G., 1, p. 515. — ♃. Avril, mai.
    Cultivé dans les champs; le type sauvage croît sur les bords des champs, des fossés, les haies, etc.
    B.-R. — Marseille: aux Martégaux, etc. Velaux. Aix: au Tholonet; (*Roux*) au Montaiguet. (*F. et A.*) Roquevaire: sur les bords de l'Huveaune. Cassis, etc. (*Roux*).

880. P. juliana. D. C., *Fl. fr.*, 4, p. 482. — ♂. Avril. — Cultivé dans les champs et les vignes.

881. P. avium. L. — G. G., 1, p. 515. — ♂. Avril, mai.— Cultivé; bois; peu commun.

B.-R. — Aix : sur les bords de la Torse, le Malvallat. (*F. et A.*)

A.-M. — Biot. Environs de Guillaumes et d'Entraunes. (*Ard.*)

882. P. Mahaleb. L. — G. G., 1, p. 516. — ♂. Mai. — Haies, bois et rochers, surtout dans la rég. mont.

B.-R. — Roquefourcade au-dessus de Roussargues ; Baou de Bretagne ; Aix : à Sainte-Victoire. (*Roux*) Au vallon du Bec de l'Aigle. (*F. et A.*) Saint-Rémy : dans les Alpines. (*Autheman !*)

Var. — La Sainte-Baume : sur les rochers du haut du bois. (*Roux*).

A.-M. — Menton, la Turbie, Monaco. (*Ard.*)

B.-A. — Digne: à Saint-Benoît (*Roux*).

883. P. Lauro-cerasus. L.

♂. Mars, avril. — Planté dans les jardins, les bosquets, les haies, etc.

# ROSACÉES

### TRIBU I. SPIREÆ

Spiræa. L.

884. S. Filipendula. L. — G. G., 1, p. 517. — ♃. Juin, juillet. Bois, taillis et prairies de la rég. mont.

B.-R.— Marseille : au fond du vallon du Rouet. (*Roux*) Notre-Dame-des-Anges. (*Castagne*) Aix : au quartier de Sauto-lebré. (*F. et A.*) Roquefavour, les Milles. (*Roux*)

Var. — Nans : à la montée de la Sainte-Baume, Plan d'Aups et bois de la Sainte-Baume. (*Roux*) Toulon. (*G. G.*) Bois, pâturages, commun. (*Hanry*)

A.-M. — Drap, Contes, Vence, Caussols, bois de Gourdon au-dessus de Grasse, Tende. (*Ard.*)

885. S. ULMARIA. L. — G. G., 1, p. 517. — ♃. Juin, Août. Bois et prairies humides de la rég. mont.

A.-M. — Sospel, Roccabigliera, Tende, Saint-Martin-Lantosque. (*Ard.*)

B.-A. — Seyne : dans les haies et les prairies (*Roux*).

886. S. ARUNCUS. L. — G. G., 1, p. 518. — ♃. Juin, juillet. — Régions montagneuses.

A.-M. — Clans, Saint-Martin-Lantosque. (*Ard.*)

## TRIBU II. DRYADEÆ

**Dryas. L.**

887. D. OCTOPETALA. L. — G. G., 1, p. 519. — ♂. Juillet, août. Rég. alp.

A.-M. — Col de Tende, col de l'Abisso, col de Ray entre Venanson et Clans, Val de Strop au-dessus d'Entraunes. (*Ard.*)

B.-A. — Sommet de Boules au-dessus de Faillefeu près Prads. (*Abbé-Mulsant!, Roux*)

**Geum. L.**

888. G. URBANUM. L. — G. G., 1, p. 519. — ♃. Juillet, août. — Haies, rives, bois et prairies.

B.-R. — Aix : sur les bords de la Torse. (*F. et A.*) Gémenos : à Saint-Pons ; Roquefourcade au-dessus de Roussargues. (*Roux*)

Var. — Bois de la Sainte-Baume ; vallon de la Sauvette aux Mayons-du Luc, (*Roux*). le Luc, Fréjus. (*Hanry*).

A.-M. — Çà et là dans la rég. mont., rare dans la rég. litt.. (*Ard.*)

889. G. RIVALE. L. — G. G., 1, p. 520. — ♃. Mai, juin. — Rég. Alp. et mont.

A.-M. — Mine de Tende, Sainte-Anne-de-Vinaï, Saint-Etienne, Saint-Dalmas-le-Sauvage. (*Ard.*)

890. G. sylvaticum. Pourr. — G. G., 1, p. 520. — ♃. Juin, juillet. Régions montagneuses.

B.-R. — Aix : au sommet de Sainte-Victoire. (*Roux, F. et A.*) vallon de Saint-Clair à saint Jean-de-Garguier ; vallon de la Figuière au-dessus de Coulin, route de Cuges. (*Roux*)

Var. — Bois de la Sainte-Baume, sommet des Béguines, montée de la Sainte-Baume par Nans, vallon de la Sauvette des Mayons-du-Luc. (*Roux*) Toulon, Fréjus, (*G. G*) Ampus : à la Cabrière et à Bergeauts. (*Albert!*) les Maures du Luc (*Hanry*)

A.-M. — L'Esterel. (*Hanry*) Berre, collines de Tannaron en face d'Auribeau. (*Ard.*)

891. G. montanum. L. — G. G., 1, p. 521. — ♃. Juillet, août. — Rég. alp. et mont.

A.-M. — Au-dessus de l'Escarène, Mont Bego, col de Tende, col de Salèse. (*Ard.*)

B.-A. — Sommet de Boules et montagne de la Vachière au-dessus de Faillefeu près Prads. (*Roux*)

892. G. reptans. L.-G. G., 1, p. 521. — ♃. Juillet, août. — Rég. alp. et mont.

A.-M. — Saint-Dalmas-le-Sauvage (*Ard.*)

B.-A. — Barcelonnette. (*G. G.*)

**Sibaldia. L.**

893. S. procumbens. L. — G. G., 1, p. 521. — ♃. Juillet, août. Rég. alp.

A.-M. — Lac d'Entrecoulpes, col de Fenestre, col de Salèse, Sainte-Anne de Vinaï, mont Tinibras au-dessus de Saint-Etienne, lac de Rabuons. (*Ard.*)

B.-A. — Barcelonnette : au col de saint-Pons. (*Abbé Olivier!*)

**Potentilla. L.**

*Fleurs blanches.*

894. P. Saxifraga. Ard. in de Notaris. — ♃. Mai, juin. — Feuilles inférieures digitées, à 5 folioles lancéolées, coriaces, avec

deux trois dents au sommet, vertes et glabres en dessus, à bords réfléchis, non ciliés ; stipules linéaires-lanceolées; étamines glabres ; carpelles très velus ; souche robuste, ligneuse ; pétales blancs, deux fois plus longs que le calice. (*Ardoino*, p. 126) rég. mont

A.-M. — Entre Sainte-Agnès et Castillon, à 870 mètres au-dessus de Menton ; gorges de Saorgio, alpes de Raus et de la Briga ; le Chaudon ; Duranus ; vallée du Var depuis le confluent de la Vesubie jusqu'à celui de la Tinée ; vallée de Thorenc au-dessus de Grasse. (*Ard.*) Val Cairos près la Giondola *(Th. Moggridge !)* Lantosque (*Alioth !*)

895. P. fragariastrum. Ehrh. — G. G., 1, p. 522. — ♃. Avril, mai. — Bois montagneux.

Var. — Mourrière près Toulon. (*Huet !*)

896. P. micrantha. Ramond in Dc. — G. G., 1, p. 523. — ♃. Avril, mai. — Rég. mont.

A.-M. — Sainte-Agnès : au-dessus de Menton ; forêt de la Maïrie, Mont-d'Or près de Lucéram ; mine de Tende. (*Ard.*)

897. P. alba. L. — G. G., 1, p. 523. — ♃. Juin. août. — Rég. mont.

A.-M. — Beuil, Roubion, vallée de Thorenc ; dans les bois et non sur les rochers (*Ard.*)

898. P. caulescens. L. — G. G., 1, p. 524. — ♃. Juin, juillet. Rég. mont.

Var. — Ampus : au bord de la rivière ; Aiguines : dans les escarpements du Verdon. (*Albert !*)

A.-M. — Assez commun sur les rochers de toutes nos Alpes jusqu'à Sainte-Agnès au-dessus de Menton et de Caussols au-dessus de Grasse. (*Ard.*)

B.-A. — Serrennes : rocher du châlet près Barcelonnette. (*Abbé Olivier !*)

Vaucl. — Mont Ventoux : sur les rochers à droite dans le vallon du Glacier (*Roux*).

899. P. valderia. L. — Dc. fl. Fr. 4, p. 465. — ♃. Juillet, août. Rég. alp.

A.-M.— Col et mine de Tende ; vallée de Castarin ; col de Raus ; vallée de la Gordolasca ; N.-D.-de-Fenestre ; vallon de Nanduébis ; Sainte-Anne-de-Vinaï ; Salsamorena : aux sources de la Tinée ; val de Rabuons. (*Ard.*)

*Fleurs jaunes — Feuilles ternées.*

900. P. minima. Hall. fils. — G. G., 1, p. 526. — ♃. Juillet, août. — Rég. Alp.

A.-M. — Les Voisennes. (*Ard.*) Alpes de la Provence (*G. G.*).

901. P. arenaricola. Nobis. — P. arenaria. Albert, dans Feuille des jeunes naturalistes, VI, p. 76, (non Borckh.). — ♃. Mai, juin.

Cette plante a de grands rapports avec le Potentilla minima, cependant elle en diffère par ses dimensions plus fortes, par les divisions du calice plus obtuses, par ses pétales plus grands ; bien que ses feuilles soient de même forme et de même couleur, on peut la distinguer par ses folioles plus épaisses, rugueuses-bosselées en dessus, plus poilues en dessous, glutineuses et couvertes de grains de sable, par les dents terminales plus arrondies à leurs sommets ; enfin par les poils qui couvrent le calice, les tiges, les pétioles et toute la plante.

Var. — M. Albert a trouvé cette plante à Ampus dans les sables dolomitiques de Fontigon.

902. P. grandiflora. L. — G. G., 1, p. 526. — ♃. Juillet, août. Rég. Alp. et mont.

A.-M. — Assez répandu dans toutes nos Alpes. (*Ard.*).

903. P. subacaulis. L. —?

Plante à folioles très épaisses, couvertes d'un tomentum *d'un gris jaunâtre*, à nervures très saillantes, invisibles à travers, dents terminales petites et obtuses. *Constamment à trois folioles !* — Lieux secs et pierreux.

Var. — Ampus : à la Cabrière ; Aiguines : à Margès. (*Albert !*)
A.-M. — Caussols : sur la route de Grasse. (*E. Burnat !*)

904. P. Tommasiniana. Schultz ; (non Ardoino). P. Subacaulis.

Dc. F. F. 4, p. 463. — G. G., 1, p. 527. (non Lin.). (non Guillet). — ♃. Avril, mai. Diffère de la précédente par ses folioles moins épaisses, couvertes d'un tomentum *gris blanchâtre*, par ses nervures peu saillantes et visibles à travers, terminées par des dents plus grandes, obtuses, enfin par la variation de ses folioles à 3 et souvent à 5. Rég. Mont.

B.-R. — Marseille: sur la tête de Carpiagne. Aix: au sommet de Sainte-Victoire (*Roux, F. A.*). Rochers du bord de l'Arc en dessus de Roquefavour. (*Roux*)

Vaucl. — Orange. (*G et G.*)

*Feuilles à 5 folioles.*

905. P. CINEREA. Chaix. — G. G. 1, p. 527. — ♃. Avril, juin. Côteaux, lieux incultes.

B.-R. — Aix: au vallon de la Gueramande, au Montaiguet et plus abondant au vallon de Mangeo-Garri vers Valabre (*F. A.*). Saint-Paul-les-Durance. (*Roux*)

Var. — Val d'Arenc: entre la Cadière et Ollioules. (*Roux*)

A.-M. — Montagne du Cheiron au-dessus de Grasse, mont Lachen au-dessus de Seranon. (*Ard.*)

906. P. VERNA. L. — G. G., 1, p. 528. — ♃. Mars, avril, mai. — Lieux incultes, pelouses sèches.

B.-R. — Marseille: vallon de la Nerthe, Luminy, les Trois-Lucs; Cassis, Ceyreste, etc. (*Roux*) Aix: colline des Pauvres, etc. (*F. A.*)

Var. — Sainte-Baume: hauteurs de Saint-Cassien (*Roux*).

A.-M. — Assez commun sur les collines pierreuses, les pelouses sèches. (*Ard.*)

907. P. AMANSIANA. Schultz. P. Rubens. Saint-Amans, fl. agen. (non Vill.). Diffère du P. Verna: par ses pétales plus allongés, plus étroits, très écartés les uns des autres; par **les divisions du calicule moins arrondies à leurs sommets;** par son feuillage d'un vert plus sombre; par ses folioles

plus courtes, bien moins écartées les unes des autres et plus poilues ; par des tiges rougeâtres. Elle tient du P. alpestris par la couleur et la forme de ses folioles, mais à dents plus profondes, plus arrondies à leurs sommets, par les longs poils blancs ; couvrant toute la partie inférieure des feuilles, des pétioles et des tiges, plus longs, plus étalés que dans le P. Verna. Pelouses, bois rocailleux.

B.-R. — Marseille : dans les bois de pins aux Caillols, tête de Saint-Cyr et de Carpiagne, etc. Aix : au vallon de Parouvier, aux Milles, Roquefavour, etc. Gémenos : à Saint-Jean-de-Garguier, dans les vallons de Saint-Clair, des Signores, etc., probablement dans les autres départements, confondue sans doute avec la précédente. (*Roux*)

M. Ch. Grenier m'écrivait le 6 décembre 1852 : cette plante est intermédiaire au Potentilla verna et alpestris : je l'ai reçue d'Agen, sous le nom de P. rubens, est-ce une espèce nouvelle ?

908. P. ALPESTRIS. Hall. fils. — G. G., 1, p. 528. — ♃. Juin, août. Rég. Alp. et mont.

A.-M. — Alpes de Tende ; Val de Pesio. (*Ard.*)

B.-A. — Sommet de Boules au-dessus de la forêt de Faillefeu, près Prads. (*Roux*) Mont Pelat (*DC.*)

909. AUREA. L. — G. G., 1, p. 528. — ♃. Juillet, août. — Rég. Alp.

B. A. — Allos : aux environs du lac ; Prads : au jas de la Vachière. (*Roux*)

910. P. TORMANTILLA. Nestl. — G. G., 1, p. 530. — ♃. Juin, septembre. — Prairies et bois humides.

B.-R. — Arles : dans les paluds de Raphèle (*Roux*). Paluds de Saint-Remy (*Autheman !*)

Var. — Ampus : à Fontigon (*Albert !*)

A.-M. — L'Estérel (*Hanry*), assez commun dans les bois jusqu'à l'Escarène. (*Ard.*)

B.-A. — Faillefeu au-dessus de Prads : dans le vallon du Sagnas (*Roux*).

911. P. reptans. L. — G. G., 1, p. 531. — ♃. Mai, juillet. Champs, rives, haies et prairies dans toute la Provence.
912. P. demissa. Jordan. — P. argentea. L. — G. G., 1, p. 533, (*ex parte*). ♃. Juillet, août. — Rég. mont.
   Var. — Pignans : à Notre-Dame des Anges (*Hanry !*)
   A.-M. — Nice : à la Minière (*Th. Moggridge !*). Montagnes pierreuses au-dessus de Saint-Martin-Lantosque ; Grasse, les Mujoulx, Saint-Auban, etc. (*Ard.*)
   B.-A. — Le long de la route d'Allos à Barcelonnette (*Roux*).
913. P. anserina. L. — G. G., 1, p. 531. — ♃. Mai, juillet.
   B.-R. — En Crau : sur les bords du marais de mas Thibert (*Legré !*) Tarascon. *(Guichard !)*
914. P. rupestris. L. — G. G., 1, p. 532. — ♃. Mai, juillet. — Rég. mont.
   A.-M. — Entre Lucéram et la forêt de la Maïris ; Saint-Martin-Lantosque ; col de Tende ; Montagne de Caussols et de Roque-Berenguier au-dessus de Grasse. (*Ard.*)
   B.-A. Enchastraye près Barcelonnette. (*abbé Olivier !*)
915. P. inclinata. Vill. — G. G., 1, p. 533. ♃. — Juin, juillet. Rég. mont.
   A.-M. — Mine de Tende. (*Ard.*)
916. P. recta. L. — G. G., 1, p. 534. — ♃. Mai, juin. — Assez rare. Lieux incultes.
   B.-R. Arles (*G. G.*) Les Alpines. (*Peuzin !*) Aix : à Cuques, à Brunet. (*F. A.*)
   Var. — la Sauvette des Mayons-du-Luc. (*Roux*) Ampus près Draguignan. (*Albert*)
   A.-M. — Menton, Grasse, la Roquette, col de Tende. (*Ard.*)
917. P. hirta. L. — G. G., 1, p. 534. — ♃. Mai, juillet. — Commun sur les coteaux, les rives et les autres lieux incultes.
   B.-R. — Marseille : aux vallons de Puits-de-Paul, de l'Evêque ; vallon de la Nerthe ; la Treille ; Saint-Cyr de Saint-Marcel, etc. (*Roux*) Aix : au vallon du Tir. (*F. A.*) Martigues. (*Autheman !*)

Var. — la Sainte-Baume ; la Sauvette des Mayons-du-Luc. (*Roux*) Ampus (*Albert !*)

A.-M. — Menton ; Nice ; Antibes ; ile Sainte-Marguerite ; la Roquette ; Grasse. (*Ard.*)

918. P. FRUTICOSA. L. — G. G., 1, p. 535. — ♃. Juillet.

A.-M. — Vallée d'Enfer: près des mines de Tende. (*Allioni*) sources du Boréon : entre le petit lac des Sagnes et le lac d'Agnel sous le Mercantourn. (*Ard.*)

**Fragaria. L.**

919. F. VESCA. L. — G. G., 1, p. 535. — ♃. Avril, juillet. — Bois et lieux frais.

B.-R. — Marseille : au fond du vallon de Forbin à Saint-Marcel, Luminy, nord du Pilon du Roi (*Roux.*) Aix: à Sainte-Victoire, Roquefavour. (*Roux*) au Montaiguet, vers le haut du vallon de Grivoton. (*F. A.*)

Var. — Bois de la Sainte-Baume ; la Sauvette des Mayons-du-Luc. (*Roux*) Forêt des Maures. (*Hanry.*)

A.-M. — Assez commun dans les bois frais. (*Ard.*)

B.-A. — Très commun dans la forêt de Faillefeu au-dessus de Prads, Villars-Colmars, etc. *(Roux.)* et dans toutes les forêts des Alpes.

**Rubus. L.**

920. R. SAXATILIS. L. — G. G., 1, p. 537. — ♃. Mai, juin. — Rég. alp. et montag.

A.-M. — Montagne d'Or près de Lucéram ; Colmine entre Valdiblora et Saint-Martin ; Gars près de Briançonnet. (*Ard.*)

Var. — Ampus : à Verignon et à Brouis. (*Albert !*)

921. R. CÆSIUS. L. — G. G., 1, p. 537. — ♃. Mai, juillet.— Champs, vignes, rives, etc., dans toute la Provence. La forme à feuille verte *R. Cœsius Var. Umbrasus.* Wall., G. G. croit dans les lieux ombragés.

922. R. GLANDULOSUS. Bell. — G. G., 1, p. 542. — ♃. Juin, juillet.

A.-M. — Régions montagneuses (*de Notaris,*) entre Tende et Fontan (*Ard.*)

923. R. TOMENTOSUS. Barckh. — G. G., 1, p. 544. — Juin, juillet. Rocailles, surtout dans les lieux montueux.

B.-R. — Marseille : entre les Olives et la Valentine, la Treille, etc. Gémenos : dans les vallons de Saint-Clair, des Crides, Baou-de-Bretagne. (*Roux*) Aix : plateaux pierreux. (*F. A.*) Mimet (*Roux.*)

Var. — Sainte-Baume, le Luc, (*Hanry.*) Six-Fours. (*Roux.*)

A.-M. — Menton. la Turbie, Nice, Grasse, Tende, Clars. (*Ard.*)

924. R. COLLINUS. DC. — G. G., 1, p. 545. — ♃. Juin, juillet. Côteaux, lieux pierreux et montueux.

B.-R. — Marseille : dans le vallon de Passo-Tens à la Treille, vallon de la Vache à la Bourdonnière. (*Roux*) à N.-D.-des-Anges ; Gémenos : vers le haut du vallon de Saint-Clair et des Signores à Saint-Jean-de-Garguier, Baou-de-Brotagno, etc. (*Roux*) Aix : à la montée de Sainte-Victoire par Cabassols. (*Roux.*)

Var. — Bois taillis des Beguines à la Sainte-Baume. (*Roux*) Touris près Toulon. (*Hanry* d'après *Robert*) Bois des Maures : du Luc aux Mayons. (*Roux.*)

Vaucl. — Avignon. (*G. et G.*)

925. R. DISCOLOR. Weih. et Neess. — G. G., 1, p. 546. — ♃. Juin, juillet. — Bords des champs, haies, rochers, ruines, etc., de toute la Provence.

926. R. IDÆUS. L. — G. G., 1, p. 551. — ♃. Mai, juillet. — Rég. mont.

Var. — Sainte-Baume ? (*Hanry*) ; où je ne l'ai jamais rencontré !

A.-M. — Bois de la Maïris ; Sainte-Anne-de-Vinaï ; Saint-Martin-Lantosque ; Thorenc ; Seranon ; Mont Lachen. (*Ard.*)

Vaucl. — Mont Ventoux ; dans les clairières des bois de hêtres. (*Roux.*)

**TRIBU III. ROSEÆ. DC.**

Section I<sup>re</sup>. **Pimpinellæ** (Christ)

**Rosœ. L.**

927. R. ALPINA. L.

Forme α ou type *nuda*. — G. G., page 556. — ♃. Juin. Rég. mont.

Var. — Vérignon *(Burnat dans herbier Hanry)*.

A.-M. — Val de Pesio, environs de Saint-Martin-Lantosque, bord du Boréon : versant Nord du Mont Cheiron.

Forme α α. Burnat, — folioles pubescentes inférieurement.

A.-M. — *Burnat* : sans localité précise.

B.-A. — Digne : sur la montagne de Cousson. *(Roux)*

Var. β. *aculeata*. Sering. in DC. prod. — *Vestita*, G. G., 1, p. 556. — ♃.

A.-M. — Val de Pesio ; Val de Giovanni près Limone ; forêt de la Maïris ; environs de Lantosque ; vallon Balma di Ghilie au nord du Mercantour ; vallon de Nanduébis et près Saint-Martin Lantosque ; forêt de Claus ; forêt de Bairols ; Mont Cheiron ; bois de la Faurée près Saint-Auban ; versant Nord du Mont de la Chens. *(Burnat)*

Vaucl. — Mont Ventoux : dans le bois de hêtres de la Jaïsse. *(Roux)*

928. R. RUBELLA. Smith. Burnat. Cat. p. 59. — ♃. Mai, juin. Type.

A.-M. — Mont Cheiron. *(Burnat)*

Var. β. *Mediterranea*. Christ. — Diffère du type par la présence de poils mous, allongés, qui se trouvent sur toute la surface inférieure des folioles.

A.-M. — Versant Nord du Mont Cheiron ; dans des bois découverts, vers 12 à 1300 mètres d'alt., dans le voisinage du Senecio Gerardi, Plantago argentea, etc. *(Burnat)*

929. R. SPINOSISSIMA. L. — R. pimpinellifolia. — *Var.* γ. G. G., 1, p. 554. — ♃. Juin. — Rég. mont.

B.-R. — Aix : au sommet du Mont Sainte-Victoire, (1856).

Var. — Sur plusieurs points du bois de la Sainte-Baume ; au Pas-de-la-Chèvre, montée du Saint-Pilon, etc. (*Roux*) Baou de Bretagne ; Montrieux ; Toulon : au Mont Coudon (*herbier Hanry et Huet*).

A.-M. — Environs de Mondovi ; montagne de Tende ; environs de Bezaudun et de Caussols ; près Pons, versant Nord du Cheiron ; descente du col de Crous dans le vallon de la Roja, massif du mont Mounier ; vallon de Bourdous près d'Entraune ; environs de Saint-Dalmas-le-Sauvage ; entre Argentera et Sambuco ; vallèe de la Stura ; près Saint-Auban ; environs de Séranon, etc. (*Burnat*)

B.-A. — Forêt de Faillefeu au-dessus de Prads ; bois de pins à la Coudamine près de Barcelonnette (*Roux*)

Var. *Myriacantha*. R. Myriacantha Dc. — Var. δ. G. G., 1, p. 554. ♃. juin. — Folioles doublement dentées, pétioles hispides-glanduleux. — Bois montueux. Marseille : dans le vallon de Forbin et de Saint-Cyr à Saint-Marcel, haut du vallon de l'Evêque à Saint-Loup. (*Roux*)

Var. — M. Burnat dit l'avoir reçu de ce département ?

### Section I. Canineæ (Christ)

#### Sous-section A. — Vestitæ (Christ)

930. R. POMIFERA J. Hermann. — G. G., 1, p. 560. — ♃. Juin juillet

Var. β. *recondita*. — Rosa recondita. Puget.

A.-M. — Extrémité supérieure du val de Pesio ; entre Vernotte et Pallanfré ; forêt de la Maïris ; territoire de Lantosque ; bois de Colmiane, près Saint-Martin-Lantosque ; près Bezaudun. (*Burnat*)

Var. γ. *Grenieri*. — Rosa Grenieri. Déséglise

A.-M. — Extrémité supérieure du val de Pesio ; Limonetto près de Limone ; près de Pallanfré, vallée Grande sur Vernante ; Saint-Giacomo, au nord du col de Fenestre ;

val de la Meris, près Valdieri ; environs de Valdieri les bains ; col de Saint-Martin, près Saint-Martin Lantosque ; près de Molière ; bassin de la Tinée ; Vignols, au pied du Mont-Mounier ; Argentera, dans la vallée supérieure de la Stura ; Saint-Martin d'Entraunes ; Estenc aux sources du Var ; val de Soleilhas, près de Saint-Auban.

*Var. δ. personata.* — Rosa personata. Gremli.

A.-M. — Entre le val Corsiglia et l'Alpe Rascaira, au sud de Mandovi. (*Burnat*)

*Var. ε. Gaudini.* — Rosa Gaudini. Puget

A.-M. — Caussols ; les Defens. (*Burnat*)

### Sous-section B. — Rubigineæ (Christ)

931. R. RUBIGINOSA L. — G. G., 1. p. 560. — ♂. Juin, juillet.

B.-R. — Marseille : vallon de Canal vers N.-D.-des-Anges ; crètes des montagnes entre N.-D -des-Anges et le Mont de Mimet ; vallon de la Vache à la Bourdonnière. Auriol : montée de Roussargues par le vallon de Vèdes et hauteurs voisines. (*Roux*) pont de-Joux près d'Auriol. (*Pathier !*) Aix : côteaux à la ferme la Galinière, entre Simiane et Mimet ; montée du Pilon du Roi par Simiane ; de Trets à l'ermitage de Saint-Jean. (*Roux*)

Var. — Nans : sur les bords de l'Huveaune ; montée du Plan d'Aups au Baou-de-Bretagne ; la Sainte-Baume, bois taillis des Béguines. (*Roux*)

A.-M. — Entre Vernante et Pallanfré ; la Bastide ; au pied du Mont de la Chens (*Burnat.*) ; partie inférieure du val Castiglione sur Isola ; entre Isola et le col de la Vallette ; près de Beuil : au pied méridional du Mont Mounier ; Andon : au nord du Mont Audibergue ; entre Guillaumes et Saint-Martin d'Entraune ; Amen près de Guillaumes ; Mont de la Chens près de Seranon. (*Burnat*)

*Forma β. Pulvinaris.* Christ.

B -R. — Auriol : Sur les hauteurs de Roussargues, au nord du vallon de Saint-Clair, rare (*Roux*)

A.-M. — Partie inférieure du val Castiglione près d'Isola (*Burnat.*)

Vaucluse. — Mont-Ventoux : au vallon de la Grave (*Roux*)

932. R. MICRANTHA. Smith, type et *var. calvescens*. — Burnat, Roses des Alpes Marit., p. 71.

Var. — Entre Montferrat et Comps. (*Burnat*)

A.-M. — Montagnes au-dessus de Fontan ; près Touët de l'Escarène ; Mont Farguet près l'Escarène ; Levens ; entre Saint-Laurent et Saint-Martin du Var ; près Touet de Beuil ; le Poux : versant nord du Cheiron ; vallon de Crosillias près d'Isola ; etc. (*Burnat*)

933. R. MERIDIONALIS. Burnat. — ♃. Juillet, août.

A.-M — Vallon de Nanduébis près de Saint-Martin Lantosque (*Burnat*)

934. R. CALABRICA. Huter. var. β. *Thuretti*. — Burnat.

A.-M. — Sommités du massif du Mont de la Chen, au Mont de la Chen dans la partie orientale ( à environ 1470 mèt.) qui avoisine Seranon, assez abondante, mais dans une seule station. (*Burnat*)

935. R. SERAPHINI. Viv. R. graveolens *var*. γ. G. G., 1, p. 560. — ♃. Juillet, août.

A.-M. — Saint-Sauveur, environ 1200 mètr. au-dessus du village ; près de Spisios, au-dessus du val Longon et de Margheria de Roure, au sud du mont Gravière ; massif du mont Mounier, à environ 1700 mèt. ; près de Limone ; près Pallanfré dans la vallée Grande sur Vernante ; désert de Saint-Barnabé près de Saint-Martin d'Entraune. (*Burnat*)

936. R. GRAVEOLENS. G. et G., 1, p. 560. *var*. α. — ♃. Juillet, août.

B.-R. — Martigues : côteaux dans les Espérelles ; vallon de

Gueule-d'Enfer ; Saint-Macaire ; Pilon-Fassant ; vallon de Saint-Pierre, sur le bord du ruisseau la Béraille. (*Autheman!*)

Var. — La Bastide : au pied du Mont de la Chen ; environs Camps. (*Burnat*)

A.-M.— Diverses formes : Gorges de la Vésubie, près de son confluent avec le Var ; environ d'Isola, vallon de la Tinée ; col de Vegay, entre les vallées de l'Esteron et de Thorenc ; Pas de Sabatier, entre Puget-Theniers et Guillaume ; entre Levens et Duranus ; entre Tourrette et Toudon, vallée de l'Esteron ; val de Thorenc ; versant nord du Mont Cheiron ; près de Beuil, versant sud du Mont Mounier ; entre Saint-Etienne et Vens, vallée de la Tinée supérieure ; Saint-Martin d'Entraune ; val de Soleilhas, près de Saint-Auban ; environs de Sigale et près la Bastide du Poux. (*Burnat*)

937. R. sepium. Thuill. Rosa rubriginosa, var β. G. G., 1, p. 560. — ♂. Juillet, août.

A. — *Type :* folioles médiocres, très glanduleuses, fruits ovales.

B.-R. — Marseille : vallon de la Nerthe ; plan du Rove ; Mazargues : au Puits des Passants ; au vallon de l'Evêque à Saint-Loup ; Saint-Marcel : au pied des Fabresses ; Chateau Gombert : vallon du Nègre ; vallon de la Vache à la Bourdonnière ; Gémenos : vallons de Saint-Pons, des Crides et Saint-Jean-de-Garguier ; Cassis ; Roquefavour ; rive de l'Arc : des Milles à Aix ; Trets : montée de l'ermitage. (*Roux*) Arles : Raphèle dans les haies (*Autheman!*)

Var. — Commun ; Saint-Zacharie, Nans, plan d'Aups, etc.

A.-M. — Menton et Nice. (*Ard.*) Mont Farguet près l'Escarène ; val Castiglione et environs d'Isola ; entre Gillette et Revest ; entre Vence et Coursegoules ; Vegay : val de l'Esteron ; près de Sigale ; Vaugrenier et environs d'Antibes ; île Saint-Marguerite ; d'Agay à la Sainte-Baume. (*Burnat*)

B. — *Forma agrestis*. (Rosa agrestis. Savi.)
Folioles très petites, fruit généralement petit et solitaire.
B.-R. — Marseille: vallon de Morgiou, rare; le plan du Rove. (*Roux*) Martigues: sommet du Pati, sur la carrière de pierres. (*Autheman !*) Roquefavour au bord de l'Arc. (*Roux*) Gignac (*Autheman !*) Auriol: hauteurs de Roussargues et chemin de Roussargues au plan d'Aups. (*Roux*)
Var. — Saint-Zacharie: montée de la Sainte-Baume et plan d'Aups. (*Roux*)
A.-M. — Nice et Menton. (*Ard.*) Mont Farguet près l'Escarène; vallée inférieure de la Gordolasque. (*Burnat*)

C. — *Forma robusta*. Christ.
Folioles glanduleuses, grandes, parfois 30 mil. sur 15, même 35 sur 17, fruits ovoïdes souvent en ombelle !
B.-R. — Marseille: Saint-Marcel au vallon de Saint-Cyr (dit de Pescatoris); Aubagne: bord de l'Huveaune sur la route de Saint-Pierre; Gémenos: route de Saint-Pons et haut du vallon de Saint-Clair; Auriol: montée de Roussargues à Roquefourcade (*Roux*) Velaux: buisson sous le village. (*Autheman !*)
A.-M. — Entre Saint-Jean de la rivière et Duranus; Saint-Martin du Var; Gorges de la Vésubie, près de son confluent avec le Var; près Marie, vallée de la Tinée. (*Burnat !*)

D. — *Forma virgultorum* (Rosa virgultorum. Rip.)
Fruits globuleux, styles velus.
B.-R. — Marseille: vallon de la Vache à la Bourdonnière; vallon de la Nerthe et plan du Rove; Gémenos; vallon de Saint-Clair. (*Roux*)
Var. — Saint-Zacharie: route de la Sainte-Baume; plan d'Aups. (*Roux*)
A.-M. — Entre Saint-Jean de la rivière et Duranus; Vogay: vallon de l'Esteron; près de Sigale; Vaugrenier et environs d'Antibes; île Sainte-Marguerite; d'Agay à la Sainte-Baume. (*Burnat*)

*E.* — *Forma mentita.* Christ (Rosa mentita. Déségl.)

Folioles grandes très peu glanduleuses.

B.-R. — Marseille: traverse de Puits-de-Paul à Saint-Loup; vallon des Tuves à Saint-Antoine ; Aubagne : rives de l'Huveaune sur la route de Saint-Pierre ; Gémenos : au-dessus de la cascade du Gord-de-l'Oule à Saint-Pons ; Roquefavour (*Roux*) Saint-Victoret. (*Autheman!*)

Var. — Saint-Zacharie : montée de la Sainte-Baume. (*Roux*)

*F.* — *Forma abscondita* (Rosa arvatica. Puget)

Pétioles et folioles pubescents.

B.-R. — Roquevaire : rives de l'Huveaune (*Roux*) Velaux. (*Autheman!*)

A.-M. — Côteaux pierreux à Saint-Martin Lantosque ; Limone : route du col de Tende ; Sigale : vers le pont de l'Esteron ; Saint-Auban. (*Burnat*)

Vaucl. — Rives de la Sorgues entre l'Isle et Vaucluse. (*Roux*) Vaucluse : buisson près de la source (*Autheman!*)

#### Sous-section C. Transitoræ (Burnat)

938. R. TOMENTELLA. Lem. Burnat. n° 13. — Type. ♄. Juin.

B.-R. — Gémenos : Saint-Pons au-dessus de la cascade du Gord de l'Oule et dans le fond du vallon de Saint-Clair, bifurcation à gauche ; Meyrargues : bord des champs montueux. (*Roux*)

Var. — Plan d'Aups ; Sainte-Baume : au Pas de la Chèvre. (*Roux*) le Luc ; environs de Verignon ; entre Comps et la Bastide. (*Burnat*)

A.-M. — La Briga : chemin de la Madone de Fontan ; près de Saint-Martin-Lantosque. (*Burnat*)

Var. β. *Affinis.* Godet, supp.

Var. — Entre Mont-Ferrat et Comps. (*Burnat*)

939. R. BURNATI. Christ in herb. Burnat.

A.-M. — Pentes des Monts Pivola Panard, près du Mont

Farguet, sur l'Escarène, en plusieurs stations ; haute plaine de rochers entre Vence et Corsegoules ; au-dessus de Bougon ; Mont-Siroul, versant de Libaré ; près de Vananson. (*Burnat*)

940. R. Pouzini. Tratt. Burnat. 15. ♃. Mai. juin.

B.-R. — Marseille : vallon de la Barrasse près Saint-Marcel (*Deleuil !*) vallon des Tuves à Saint-Antoine ; vallon de la Vache à la Bourdonnière ; nord du Pilon-du-Roi ; environ d'un puits à N.-D. des-Anges (*Roux*) Roquevaire (*Pathier !*) Auriol : montée de Roussargues par le vallon de Vèdes et hauteurs voisines ; Gémenos : le long du ruisseau de Saint-Pons en montant vers Roquefourcade ; fond du vallon de Saint-Clair, bifurcation à gauche ; la Galinière entre Simiane et Mimet ; bois montueux au pied du mont de Mimet et crête entre ce mont et N.-D.-des-Anges ; Trets : montée de l'ermitage de Saint-Jean ; Roquefavour : petit vallon sur la route de Ventabren ; Aix : montée de Sainte-Victoire par Cabassol. (*Roux*)

Var. — Saint-Zacharie : montée de la Sainte-Baume ; bois de la Sainte-Baume : avenue de Nans et bois taillis des Béguines ; le plan d'Aups jusque sur le Baou-Bretagne ; la Cadière au quartier de la Noblesse. (*Roux*)

A.-M. — Descente du Mont Angellino sur Saint-Dalmas de Tende ; Saint-Dalmas de Tende ; vallée supérieure de Clans, près Sainte-Anne à environ 1300 mèt. ; entre Gillette et Revest, vallée de l'Esteron ; près Bezaudun ; entre Aiglun et Vegay ; entre Amen et Guillaumes ; vallon de Crosillias près d'Isola. (*Burnat*)

941. R. Allioni. Burnat. supp. Roses des Alpes-Maritimes. — ♃. juin-juillet.

A.-M. — L'Escarène ; col de Braus sur Sospel. (*Burnat*)

**Sous-section caninæ** (Christ)

942. R. dumetorum. Thuil. — G. G.. 1, p. 558. — ♃. Juin.

1. *Type.* — Folioles pubescentes surtout en dessous.

    B.-R. — Marseille: vallons de la Nerthe et de la Vache ; vallon de Saint-Clair à Saint-Jean-de-Garguier ; entre Pas-de-Lanciers et Marignane par le chemin de raccourci ; côteaux, bord des champs entre Simiane et Mimet ; Roquefavour le long de l'Arc ; montée de Trets à l'ermitage de Saint-Jean ; Cassis : base du Baou-de-Canaille. (*Roux*)

    Var. — près de Comps. (*Burnat*)

    A.-M. — Près de Pallanfré, vallée Grande sur Vernante ; la Briga ; pentes du Mont Farguet, sur l'Escarène ; bois de Valdieri ; vallée inférieure de la Gardalasque ; environs de Saint-Martin Lantosque ; entre Poux et Sigale, au nord du Cheiron ; entre Saint-Martin et Entraune ; près d'Andon, au nord de l'Audibergue ; entre Sigale et Aiglun et près de Vegay, val de l'Esteron ; Roure sur Saint-Sauveur ; Estenc aux Sources du Var ; près de Valderi les bains ; val de Soleilhas, près Saint-Auban ; Caussols. (*Burnat*)

2. *Var. platyphylla.*

Folioles plus minces, glabres et pubescentes sur les nervures.

    B.-R. — Marseille : à Saint-Loup, sous Puits-de-Paul ; vallon de Gord-de-Roubau aux Camoins ; Simiane sur la route de Mimet ; Aubagne ; Saint-Jean-de-Garguier. (*Roux*) Martigues : vallons du Petit-Pati et de Gueule d'Enfer ; vieux chemin de Saint-Pierre (*Autheman!*)

    A.-M. — les Viozenes, vallée supérieure du Tanaro ; extrémité supérieure du val de Pesio ; versant nord du Mont Cheiron ; bois de Gourdon ; Entraune ; Saint-Auban ; Saint-Martin-Lantosque ; Estenc aux sources du Var. (*Burnat*)

    B.-A. — Allos : rives du Verdon. (*Roux*)

943. R. stylosa. Desv. Journ.— G. G., 1, p. 555. R. Systyla. Bast. — ♃. Mai, juin.

    Var. — Toulon, *herbier Huet*. Le Luc *herbier Haury*, en plusieurs stations. Environs d'Hyères, *herbier Godet*.

944. R. coriifolia. Fries nov. ed. 1.

*Type*. — A.-M. — A Limone ; de Valdieri-bains à Valdieri-Ville ; Estenc, aux Sources du Var ; pentes élevées du Mont Agnellino, au-dessus de Tende et de Saint-Dalmas ; val Sabbione, entre Entraque et la vallée de la Minière de Tende ; Saint-Auban. (*Burnat*)

*A*. — *Var. Bovernieriana*. — Estenc, aux Sources du Var. Argentera, vallée supérieure de la Stura. (*Burnat !*)

*B*. — *Var. Entraunensis*. Burnat. Haute vallée du Var. (*Burnat !*)

945. R. canina. L. — G. G., 1, p. 557. en partie. — ♃. Juin.
Folioles simplement ou presque simplement dentées.

1. *Var. Luteliana*. Rosa lutetiana.
Folioles entièrement glabres.

B.-R. — Marseille : aux Martégaux ; au vallon de la Vache, à la Bourdonnière ; Gémenos : au vallon de Saint-Clair ; Simiane, sur la route Mimet. (*Roux*) Velaux à la Garenne. (*Autheman !*)

Var. — Saint-Nazaire, à Pipière. (*Roux*) Environs de Draguignan et de Camps. (*Burnat*)

A.-M. — Val de Pesio, forêt de la Maïris, territoire de Lantosque ; valon inférieur de Gordolasque ; vallon du Boréon près Saint-Martin Lantosque ; Saint-Martin d'Entraune, aux sources du Var. (*Burnat*)

2. *Var. sphærica*. Rosa sphærica. Grenier.
Fruits sphériques.

A.-M. — Diverses stations aux environs de Saint-Martin Lantosque. (*Burnat*)

3. *Var. suffulta*. Christ.
Stipules rapprochées et très dilatées, entourant l'inflorescence.

Var. — Bois de la Sainte-Baume. (*Roux*)

A.-M. — Vallon inférieur de Gordolasque, près de Beuil, route du Mont Mounier ; Andon, au nord de l'Audibergue ; entre Entraune et Estenc, haute vallée du Var. (*Burnat*)

4. **Var. Andegavensis.** Rosa Andegavensis. Bast.

Pedoncules et fruits hispides glanduleux.

B.-R. — Aubagne : bords de l'Huveaune, route de Saint-Pierre. (*Roux*) Raphèle, près d'Arles, le long de la voie ferrée. (*Autheman!*)

Var. — Entre Montferrat et Camps. (*Burnat*)

A.-M. — Environs d'Andon, au Nord de l'Audibergue. (*Burnat.*)

Folioles doublement ou presque toutes doublement dentées.

5. **Var. Dumalis.** Rosa Dumalis. Bech.

Folioles g'abres.

B.-R. Marseille : à Mazargues, dans la traverse qui mène aux Sablières ; Saint-Loup, à la grotte de Blaioun et au vallon de l'Evêque ; Martégaux, bord de champs montueux ; les Camoins, vallon de Gord-de-Roubau ; Aubagne : rives de l'Huveaune, route de Saint-Pierre, entre la ferme de Saint-Jean-de-Garguier, et la montée du vallon de Saint-Clair ; Roquevaire : vallon du Bassan et de Saussette ; Auriol : au nord de Roquefourcade, au-dessus de Roussargues ; rives de l'Arc, de Roquefavour aux Milles e. à Aix. (*Roux*) Velaux. (*Autheman!*)

Var. — Environs de Toulon. (*Burnat*)

A.-M. — Limonetta, près de Limone ; environs de la Briga ; environs de Saint-Martin Lantosque ; Venanson et vallon du Boréon ; environs Sigale, près de Seranon. (*Burnat.*)

B.-A. — Les Mées. (*Roux*)

Vaucl. — Rives de la Sorgues, au-dessus de Mausquety. (*Autheman!*)

6. **Var. Spuria.** Rosa Spuria. Puget.

Folioles passant au rouge, fruits allongés.

B.-R. - Gémenos : hauteur du vallon de Saint-Clair. Rare. (*Roux.*) Auriol : hauteurs de Roussargues, au nord du vallon de Saint-Clair et au nord de Roquefourcade, assez commun. (*Roux*)

7. *Var. hispidissima.* Christ.

Sépales redressés après la floraison, pédoncules, fruits et dos des sépales hispides glanduleux, style velu.

A.-M. — Vallon du Boréon, près Saint-Martin Lantosque. (*Burnat*)

946. R. GLAUCA. Vill. Rosa Reuteri. God. — ♂. Juin, juillet.

*Type.* — A.-M. — Environs d'Aiglun ; de la Cascade du Boréon, Saint-Martin Lantosque ; Saint-Dalmas-le-Sauvage ; environs de Vens, dans la haute vallée de la Tinée et du Val de Soleilhas, près Saint-Auban. (*Burnat*)

*Var* β *caballicensis.* Rosa Caballicensis. Puget.

A.-M. — Bois près de la Madone des Fenêtres. (*Burnat.*)

*Var.* γ *mutata.* Burnat.

A.-M. — Environs de Pallanfré, Vallée Grande, près Vernante ; près d'Estenc, sur le chemin d'Allos. (*Burnat*)

947. R. RUBRIFOLIA. Vill. — G. G., 1, p. 557. — ♂. Juin.

Var. — Aiguines : dans les bois escarpés et les lieux découverts de Marges. (*Albert !*)

A.-M. — Entre Pallanfré et Vernante ; vallon de Valasco, près de Valdieri-les-Bains ; près de Séranon ; Clus de Saint-Auban, à environ 1,100 mètres. (*Burnat*)

*Var.* β *hispidula.*

A.-M. — Entre les Bains de Vinadio et les Planches. (*Burnat*)

948. R. MONTANA. Chaix in vill. G. G., 1, p. 558. — ♂. Juin, juillet.

B.-R. — Auriol : au nord de Roquefourcade, au-dessus de Roussargues, où j'en ai rencontré un seul buisson ; un autre pied à fruits inermes se trouve au sommet du vallon de Saint-Clair (*Roux*) Aix : au Mont Sainte-Victoire, un seul exemplaire ! (*Autheman !*)

Var. — Sainte-Baume : plusieurs sujets, haut du bois et sous le Saint-Pilon, entre la grotte et le passage qui mène sur les hauts plateaux et un où deux pieds au Pas-de-la-Chèvre. (*Roux*)

A.-M. — Carnino : vallon supérieur du Tanaro ; entre Vinadio-les-Bains et les Planches ; col des Fenêtres ; vallon du Libaré, près Saint-Martin Lantosque et vallon du Boréon ; près d'Isola, sur la route du col de la Valette ; au-dessus de Beuil, sur le chemin du Mont Mounier ; Amen, près de Guillaumes ; Estenc, haute vallée du Var. (*Burnat*)

B.-A. — Digne : vers le haut de la montagne de Cousson ; forêt de Faillefeu, au-dessus de Prads. (*Roux*)

Var. β *Chavini*. Rosa Chavini. Rap.

A.-M. — Séranon, près du village, à environ 1,100 mètres. (*Burnat*)

Vaucl. — Mont Ventoux. (*Autheman!*)

### Section III. Gallicanæ. Crep.

949. GALLICA. L. — G. G , 1, p. 552. — (Rosa Austriaca. Crantz. Ard.) ♃. Juin.

Var. — M. Burnat dit l'avoir vue de ce département dans l'herbier Hanry du Luc, sous sa forme typique et sous celle de *Rosa provincialis*. Ait. ; cette dernière est d'un indigénat douteux pour le Var, M. Hanry me l'a donnée récoltée aux Mayons-du-Luc. (*Roux*)

A.-M. — Bois près Villars du Var ; Corségoules, au Nord du Cheiron ; près de Sigale et Aiglun, où elle est certainement spontanée. (*Burnat*)

### Section IV. Synstylæ. Crep.

950. R. ARVENSIS. Huds — G. G., 1, p 554. — *Var.* α. — ♃. Juin.

A.-M. — Cuneo : près de la frontière ; entre Vernante et Pallanfré ; Valdieri-les-Bains ; pentes du Mont Farguet, sur l'Escarène ; Roquesteron ; environs de Bezaudun et de Caussols (*Burnat*)

Var. — vallon du Reyran dans l'Estérel. (*Burnat*)

951. R. sempervirens. L. — G. G., 1, p. 555. — ♃. Juin.

B.-R. — Marseille : bord du ruisseau d'Arenc ; bord de l'Huveaune, à la Pomme ; commun dans les haies du bord des champs et de la petite route de Saint-Loup à Saint-Marcel ; vallons à Château-Gombert (*Roux*); Martigues : bord du grand Vallat. (*Autheman !*) Aubagne : rives de l'Huveaune, route de Saint-Pierre, etc. (*Roux*) Rives de l'Arc, de Roquefavour aux Milles et à Aix. (*Roux*) Bords de la Torse. (*F. et A.*)

Var. — Du Luc aux Mayons (*Roux*). Hyères, le Luc, Fréjus. (*Hanry*)

A.-M. — Environs de Menton, de Nice, Antibes, Cannes, Grasse. (*Ard.*)

Var. β *microphylla*.

B.-R. — Cassis ; lieux secs et pierreux (*Roux*). Saint-Remy (*Autheman !*)

Var. — Environs du Luc (*herb. Hanry*). Saint-Raphaël (*herb. Huet*). (*Burnat*)

A.-M. — Rochers au Mont Baron, près de Nice ; Vaugrenier, près d'Antibes. (*Burnat*)

**TRIBU IV. SANGUISORBÆ**

**Agrimonia.** Tourn.

952. A. Eupatoria. L. — G. G., 1, p. 561. — ♃. Mai. juin. Rives, bords des champs, lieux humides dans toute la Provence.

**Poterium.** L.

953. P. dictyocarpum. Spach. — G. G., 1, p. 562. — ♃. Mai, août.

B.-R. — Aix : gravier du ruisseau du Tholonet et sous le pont de Roquefavour ; Mimet (*Roux*). Gémenos : au-dessus de la cascade du Gord de l'Oule. (*Roux*)

Var. — Sables dolomitiques à la montée de la Sainte-Baume par Nans et bois de la Sainte-Baume ; Val d'Arenc au Castellet. (*Roux*)

A.-M. — Sables du Var et probablement ailleurs. (*Ard.*)

954. P. MURICATUM. Spach. — G. G., 1, p. 563. — ♃. Mai, août. — Murs, rives, rochers et bords des champs de toute la Provence.

955. P. MAGNOLII. Spach. — G. G., 1, p. 563. — ♃. juin, août. Lieux incultes, vieux murs, bords des sentiers.

B.-R. — Marseille : à la Rose, aux Martégaux, aux vallons de Vaufrège, de Morgiou, de Luminy, etc ; Aubagne : à Garlaban, etc ; Martigues ; Pas-de-Lanciers, etc. (*Roux*)

Var. — Saint-Nazaire : à Pipière ; le Luc. (*Roux*)

Ardoino ne le cite pas dans les A.-M.

956. P. MICROPHYLLUM. Jord. obs. noms. 1845, 7$^{me}$ fragm. p. 20. — ♃. Mai, juin. — Collines calcaires.

Var. — Toulon. (*Jord.*)

Vaucl. — Avignon. (*Jord.*)

**Sanguisorba.** L.

957. S. OFFICINALIS. L. — G. G., 1, p. 564. — ♃. Juin, juillet. Lieux humides, prairies marécageuses.

B.-R. — Raphèle près d'Arles (*Roux*). Fos : sur les bords du canal d'Arles, marais de Fos et de Saint-Remy. (*Autheman !*)

A.-M. — Régions montagneuses, d'où il descend jusqu'à l'Escarène, Thorenc et Caussols. (*Ard.*)

**Alchemilla.** Tourn.

958. A. ALPINA. L. — G. G., 1, p. 564. — ♃. Juin, août. — Rég. alp. et mont.

Var. — Aiguines : lieux herbeux du sommet de Margès, au versant septentrional (*Albert !*)

A.-M. — Assez répandu dans toutes nos Alpes au-dessus de 1,400 mètr. (*Ard.*)

B.-A — Partie supérieure de la forêt de Faillefeu au-dessus de Prads; montée d'Allos au lac ; Digne : vers le sommet de la montagne de Cousson. (*Roux*)

959. A. VULGARIS. L. — G. G., 1, p. 564. — ♃. Mai, août. — Rég. alp. et mont.

A.-M. — Assez répandu dans toutes nos Alpes. (*Ard.*)

B.-A. — Rochers des environs du lac d'Allos. (*Roux*) environ de Barcelonnette (*Abbés Jean et Olivier !*)

960. A. PUBESCENS. M. B. Ardoino Alpes Marit. p. 338.

Diffère de la précédente, suivant Ardoino, par ses feuilles moins soyeuses, tronquées et dentées au sommet seulement et non dans tout le pourtour. — Rég. alp.

A.-M. — Vallon de Fénestre ; col de Salèse. (*Ard.*)

B.-A. — Digne : sur les rochers du sommet de Cousson. (*Roux*)

Vaucl. — Sommet du Mont Ventoux. (*Roux*)

961. A. PYRENAICA. L. Dufour. — G. G., 1, p. 565. — ♃. Juin, août. — Rég. alp.

A.-M. — Au bord du lac de Fénestre. (*Ard.*)

B.-A. — Barcelonnette : à la Condamine, au vallon de Bérard (*Abbé Jean !*)

962. A. PENTAPHYLLEA. L. — G. G., 1, p. 565. ♃. Juillet, août. Rég. alp élevées.

A.-M. — Lacs d'Entrecoulpes et du Mercantourn ; col de Fremamorta ; Alpes de l'Enchastraye. (*Ard.*)

B.-A. — Prairie du Lauzet près Barcelonnette. (*Gacógne*)

963. A. ARVENSIS. Scop. — G. G., 1, p. 565. — ①. Mai, juin.

A.-M. — Çà et là dans les champs sablonneux. Menton ; Nice ; Biot ; Foux-de-Mouans et sans doute ailleurs, mais peu commun. (*Ard.*)

964. A. MICROCARPA. Bois. — ①. Mai, juin. — Lieux frais et herbeux.

B.-R. — Roquefavour : dans la première gorge après l'aqueduc à gauche de l'Arc et en face de la gare, au pied des grands rochers qui barrent cette gorge. (*Roux*)

# POMACÉES

**Eriobotrya.** Lindl.

965. E. japonica. Lindl. Mespilus (Thumb).— ♄. floraison automnale, fruits en mai-juin. — Généralement cultivé dans les bosquets et les jardins.

**Mespilus.** L.

966. M. germanica. L. — G. G., 1, p. 567. — ♄. Mai, juin. — Cultivé çà et là dans les champs, les vergers et les jardins.

**Cratœgus.** L.

967. C. ruscinonencis. Grenier et Blanc in Billot p. 71. — ♄. Mai. Arbrisseau peu épineux, de 5 à 6 mètres de hauteur, à fruits intermédiaires entre ceux du C. azarolus et du C. monogyna.

B.-R. — Marseille : Autrefois dans les lieux secs et pierreux à la base des collines entre les vallons de Toulouse et de la Panouse, aujourd'hui fermés ; dans une propriété fermée dans la traverse de saint Tronc à Saint-Loup ; sur les rives d'un champ aux Comtes près la Pomme. (*Roux*)

Var. — Toulon au Revest. (*Hanry*)

968. C. monogyna. Jacq.— G. G., 1, p. 567. ♄. Mai. — Haies, buissons, vallons et basses montagnes de toute la Provence.

969. C. Azarolus. L. G. G., 1, p. 568. — ♄. Mai. — Cultivé : çà et là dans les champs, les vergers, etc.

**Photinia.** Lindl.

970. P. serrulata. Lindl. — Cratægus glabra. Thumb. — ♄. Mai. cultivé dans les jardins, les bosquets et les avenues.

**Cotoneaster.** Medik.

971. C. Pyracantha. Spaeh. — G. G., 1, p. 568. — ♄. Mai. — Çà et là dans les haies, mais rare et subspontané.

B.-R. — Marseille : à Saint Loup, aux Martégaux, à Chateau-Gombert, etc. (*Roux*) Aix : sur la rive gauche du petit chemin du Tholonet en descendant au pont des Gardes. (*F. et A.*)

A.-M.— Rare, Nice à Rimini ; Contes ; Berre. (*Ard.*)

972. C. vulgaris. Lindl. — G. G., 1, p. 568. — ♃. Avril, mai. — Rég. mont.

B.-R. — Aix : sommet du mont Sainte-Victoire.(*F. A.*, *Roux*)

Var. — Aiguines, dans les bois de Margès. (*Albert !*)

A.-M. — Montagnes au-dessus de Menton ; Utelle ; Tende; Colmiane ; source du Var ; Saint-Dalmas-le-Sauvage ; montagnes de Caussols et de Défens. (*Ard.*)

B.-A. — Digne, au sommet de Cousson. (*Roux*)

Vaucl. — Mont-Ventoux. (*Roux*)

973. C. tomentosa. Lindl. — G. G , 1. p. 569. — ♃. Avril, mai. — Rég. mont.

B.-R. — Aix : sommet du mont Sainte Victoire (*Roux, F. A.*) Auriol; nord de Roquefourcade ; Baou-de-Bretagne. (*Roux*)

Var. — Sainte-Baume, sur les rochers les plus élevés. (*Roux*) Aiguines dans les bois de Margés. (*Albert !*)

B.-A. — Digne : sommet de Cousson. (*Roux*)

**Cydonia.** Tourn.

974. C. vulgaris. Pers. — G. G., 1, p. 569. — ♃. Mai. Cultivé et subspontané dans les haies, les bords des ruisseaux et des chemins.

**Pyrus.** L.

975. P. communis. L. — G. G., 1, p. 570. ♃. Avril, mai. — Rare ; bords des champs et des chemins.

B.-R. — Marseille : les Caillols, route de Saint Marcel aux Caillols ; d'Aubagne à Saint Pierre sur les rives de l'Huveaune, Saint-Jean-de-Garguier, Roussargue ; Gémenos : vallon des Grides ; Aix : route des Milles.

A.-M. — Çà et là dans les haies ; Menton ; Chateau-Neuf près de Grasse (*Ard.*

Var. — Le Luc (*Hanry.*); montée de la Sainte-Baume par Saint-Zacharie. (*Roux*)

976. P. AMYGDALIFORMIS. Vill. — G. G., 1, p. 570. — ♂. Avril, mai. — Assez commun dans les lieux secs et pierreux.

B.-R. — Marseille : vallons de Morgiou et de la Nerthe, le Rove, Bonneveine etc (*Roux*); Marignane; Berre. (*Roux*) Aix (*F.-A.*); Cassis (*Roux*); Gémenos : vallon des Crides, vallon de Saint-Clair, Roussargues. (*Roux*)

Var. — Saint Cyr (*Roux*); Toulon ; le Luc (*Hanry*); montée de la Sainte-Baume par Saint-Zacharie. (*Roux*)

977. P. MALUS. L. — G. G., p. 571. — ♂. Mai.
Cultivé en grand, sous une foule de variétés.

978. P. ACERBA. DC. — G. G., 1, p. 572. — ♂. Mai. — Haies, bois de la région montagneuse.

B.-R. — Gémenos : vallon de Saint-Pons, des Crides, de Saint-Clair, Baou de Bretagne, Roquefourcade. (*Roux*)

Var. — Montée de la Sainte-Baume par Saint-Zacharie, bois de la Sainte-Baume et bois taillis sous Saint-Cassien. (*Roux*) Nord du département. (*Hanry*)

**Sorbus.** L.

979. S. DOMESTICA. L. — G. G., 1, p. 572. — ♂. Mai, juin.
Cultivé, puis çà et là dans les bois de toute la Provence.

980. S. AUCUPARIA. L. — G. G., 1, p. 572. — ♂. Mai, juin.
Région montagneuse.

B.-A. — Forêt de Faillefeu, au-dessus de Prads, descente de Valgelaye, sur la route d'Allos à Barcelonnette. (*Roux*)

A.-M. — Forêt de la Maïris; Sainte-Anne de Vinaï; Entraune ; vallon de Libare ; col de Salèse. (*Ard.*)

981. S. ARIA. Crantz. — G. G., 1, p. 573. — ♂. Mai, juin. — Bois montagneux.

B. R. — Marseille : Saint-Loup, Saint-Marcel, etc.; Gémenos, Saint-Pons, Roquefourcade. (*Roux*) Aix : bas du vallon de Chicalou au Montaiguet, la Trevaresse, Sainte-Victoire. (*F. A.*)

Var. — Nans : Sainte-Baume. (*Roux*) Bagnol. (*Hanry*) Aiguines : dans le bois de Margès. (*Albert!*).

A.-M — L'Estérel. (*Hanry*) Montagnes au-dessus de Menton, de Grasse et de Séranon; Guillaume, etc. (*Ard.*)

982. S. LATIFOLIA. Pers. — G. G., 1, p. 574. — ♃. Mai, juin. Région montagneuse.

Var. — Rochers les plus élevés du bois de la Sainte-Baume. (*Roux*) Bois taillis des Béguines sous Saint-Cassien, à la Sainte-Baume. (*Roux*).

983. S. TORMINALIS. Crantz. — G. G., 1, p. 574. — ♃. Mai, juin. Bois montagneux.

A.-M. — L'Estérel. (*Hanry*) Bois de Tournon sur Siagne. (*Ard.*)

Var. — Nans : au vallon de Tardeou, rare. (*Roux*) Toulon : dans les bois de Mourrière. (*Huet! Hanry.*)

984. S. CHAMOEMESPILUS. Crantz. — G. G., 1, p. 574. — ♃. Juin. Région alpine.

A.-M. — Col de Fremamorta ; val de Pesio (*Ard.*)

**Amelanchier.** Médik.

985. A. VULGARIS. Mœnch. — G. G., 1, p. 575. — ♃. Avril, mai. Côteaux, collines, lieux rocailleux dans toute la Provence.

## GRANATÉES

**Punica.** Tourn.

986. P. GRANATUM. L. — G. G., 1. p. 575. — ♃. Juin. — Cultivé et subspontané dans les haies, lieux rocailleux de la région littorale.

B.-R. — Martigues, sur la route de Port de Bouc ; Miramas ; Aix ; Roquevaire, etc. (*Roux*).

Var. — Toulon ; le Luc. (*Hanry.*)

A.-M. — Menton ; Antibes ; Grasse ; Auribeau. (*Ard.*)

# ONAGRARIÉES

## TRIBU I. EPILOBIEÆ

**Epilobium. L.**

937. E. ALSINEFOLIUM Vill. — G. G., 1, p. 577. — ♃. Juillet, août.
— Région alpine.

A. M. — Col de Tende; vallons de Libaré et du Boréon. (*Ard.*)

B.-A. — Faillefeu, au-dessus de Prads. (*L. Granier.*)

988. E. ALPINUM. L. — G. G., 1, p. 577. — ♃. Juillet, août. Région alpine.

A.-M. — Lac des Merveilles sous le mont Bego; vallon de Valmasque; Fenèstre; Salsomerena; col de Jallargues. (*Ard.*)

989. E. VIRGATUM. Fries. — G. G., 1, p. 578. — ♃. Juillet, août. Lieux humides.

A.-M. — Nice; Saint-Martin Lantosque. (*Ard.*)

990. L. TETRAGONUM. L. — G. G., 1, p. 579. — ♃. Juin, août. Lieux humides.

B.-R. — Marseille: sur les bords du Jarret, au vallon du Rouet, etc. (*Roux*) Aix: au vallon des Gardes et de Bouenouro (*F. A.*)

Var. — Plan d'Aups (*Roux*); bords des fossés (*Hanry*); Forêt des Maures: de Gonfaron aux Mayons; Saint-Raphaël. (*Roux.*)

A.-M. — Çà et là; rare à Menton; Vaugrenier, près d'Antibes. (*Ard.*)

991. E. TOURNEFORTII. Michalet. — Société Botanique de France, 1855, p. 1, 751. — ♃. Juillet, septembre. — Lieux humides, bords des prairies et jardins.

B.-R. — Marseille: au Rouet, à Saint-Giniez; ces localités sont aujourd'hui fermées.

992. E. roseum. Schrer. — G. G., 1, p. 580. — ♃. Juillet, août. Région montagneuse.

 A.-M. — Saint-Martin-Lantosque. (*Ard.*)

993. E. montanum. L. — G. G., 1, p. 581. — Juillet, août. — Çà et là dans les bois.

 A.-M. — Assez commun dans la région montagneuse (*Ard*).

 B.-A. — Forêt de Faillefeu au-dessus de Prads ; lac d'Allos (*Roux*).

 Var.— Bois de la Sainte-Baume (*Roux*) ; Pignans ; le Luc (*Hanry*).

994. E. collinum. Gmel. — G. G., 1, p. 581. — ♃. Juillet, août. Région alpine.

 B.-A. — Digne, sur le bord du ruisseau du vallon de Richelme ; montée de Prads à Tersier. (*Roux*)

995. E. lanceolatum. Sébast. et Maur. — G. G., 1, p. 581. — ♃. Juin, septembre. — Terrains micaschisteux.

 Var. — Bords du ruisseau du vallon de la Sauvette aux Mayons-du-Luc (*Roux*).

996. E. parviflorum. L. — G. G., 1, p. 582.— ♃. Juin, juillet. — Lieux humides, bord des fossés et des ruisseaux dans toute la Provence.

997. E. hirsutum. L. — G.G., 1, p. 582. — ♃. Juin, juillet. Commun sur les bords des fossés et ruisseaux dans toute la Provence, si ce n'est dans les A.-M. où il est rare d'après *Ardoino*

998. E. spicatum. Lamk. — G. G., 1, p. 583. — ♃. Juillet, août. Région montagneuse.

 A -M. — Forêt de la Maïris ; Saint-Martin-Lantosque (*Ard.*)

 B.-A. — Forêt de Faillefeu au-dessus de Prads : Barcelonnette dans les graviers de l'Ubhaye, vis-à-vis le village de la Condamine. (*Roux*)

 Var. — Dans les bois de Varignon. (*Albert !*)

999. E. rosmarinifolium. Hœnk. — G. G., 1, p. 583. — ♃. Juillet

août. — Lieux secs et pierreux, bords des torrents, gravier des rivières.

B.-R. — Aix le long de la route du Sambuc à Vauvenargues (*Autheman!*), carrières de molasse marine du plateau de la colline des Pauvres (*F. A.*); Roquefavour le long de la voie ferrée ; Jouques; Martigues, aux carrières de pierres blanches (calcaire à chaux) sur l'ancienne route de Saint-Pierre ; Roquefort de Cassis ; fond du vallon de Saint-Clair à Saint-Jean-de-Garguier, aux alentours d'un vieux four à chaux (*Roux*).

A.-M. — Menton, Nice, Levens, Grasse, le Bar, Saint-Auban (*Ard.*)

B.-A. — Digne, à Saint Benoit ; Prads, dans les graviers de la Bléone (*Roux*).

Var. — Signe ; Fréjus ; Mons (*Hanry*).

Vaucl. — Source de Vaucluse (*G. G,*); côteaux et collines sur la route du mont Ventoux par Bedoin (*Roux*).

1000. E. FLEISCHERI. Hochst. — G. G., 1, p. 584. — ♃. Juillet, août. — Région alpine.

A.-M. — Val de Pesio ; col de Fremamorta ; vallon de Fenestre (*Ard.*)

B.-A. — Allos, dans les graviers du Chaudolin en montant au lac ; Barcelonnette, dans les graviers de l'Ubaye en face de la Condamine (*Roux*).

**Œnothera. L.**

1001. OE. BIENNIS. L. — G. G., 1, p. 584. — ①. Juin, juillet. — Rare, bords des rivières.

B.-R. — Prairies marécageuses des bords de la Durance vers le pont de Pertuis (*F. A.*); Arles, sur les bords du Rhône à Trinquetaille (*Roux*).

Var. — Fréjus, le long de l'Argens (*Hanry*).

Vaucl. — l'Isle, sur les bords du canal de Carpentras. (*Autheman!*)

## TRIBU II. JUSSIEVEÆ

**Isnardia.** L.

1002. I. PALUSTRIS. L. — G. G., 1, p. 585. — ♃. Juillet, août. — Très rare en Provence.

Var. — Le long du vallon de Mourrefrey près la verrerie du Cannet. (*Hanry*).

A.-M. — Vallée d'Agay (*Gérard*); étang de Vaugrenier près d'Antibes (*Ard*).

**Jussiæa.** L.

1003. J. GRANDIFLORA. Michx. — ♃. Juin-septembre. — Cette plante originaire de la Géorgie et de la Caroline a fait son apparition à Marseille, vers 1876 ; on la rencontre dans le lac aux cygnes, et dans les fossés du parc Borély, vers l'embouchure de l'Huveaune.

## TRIBU III. CIRCÆACEÆ

**Circæa.** L.

1004. C. LUTETIANA. L. — G. G., 1, p. 586. — ♃. Juin-août. Lieux humides et ombragés.

A.-M. — Mine de Tende ; Fontan ; Saint-Martin-Lantosque ; Sainte-Anne de Vinaï (*Ard*)

Var. — Vallon de la Sauvette des Mayons-du-Luc (*Roux*); Mayons-du-Luc, Pignans (*Hanry*).

1005. C. ALPINA. L. — G. G., 1, p. 586. — ♃. Juin, juillet. — Région alpine.

A.-M. — Col de Fenestre ; la Briga ; val de Pesio ; Sainte-Anne de Vinaï (*Ard.*)

# HALORAGÉES

**Myriophyllum.** Vaill.

1006. M. VERTICILLATUM. L. — G. G., 1, p. 587. — ♃. Juin-août. Lieux marécageux.

B.-R. — Marignane dans les fossés des bords de l'étang (*Roux*); canal d'Arles à Fos et paluds de Mouriès et de Saint-Remy (*Autheman!*)

A.-M. — Nice à Caras (*Ard.*)

Var. — Eaux tranquilles à Toulon ; Fréjus (*Hanry*).

1007. M. SPICATUM. L. — G. G., 1, p. 588. — ♃. Juillet-août. — Lieux marécageux.

B.-R. — Fos dans le canal d'Arles (*Autheman!*) ; Arles dans les roubines de Mont-Majour (*Roux*).

Var. — Toulon, Fréjus (*Hanry*).

## HIPPURIDÉES

**Hippuris. L.**

1008. H. VULGARIS. L. — G. G., 1, p. 589. — ♃. Juillet, août. Rare.

B.-R. — Arles, dans les roubines (*Roux*).

## CALLITRICHINÉES

**Callitriche. L.**

1009. C. STAGNALIS. Scop. — G. G., 1, p. 590. — ☉. Avril-septembre. — Mares et ruisseaux.

B.-R. — Mares, dans l'Huveaune.

Var. — La Sauvette-des-Mayons (*Roux*).

1010. C. PLATYCARPA. Kutzing. — G. G., 1, p. 591. — ♃. Avril-octobre. — Mares et fossés.

B.-R. — Saint-Remy (*Autheman!*)

A.-M. — Çà et là dans les eaux courantes.

## CÉRATOPHYLLÉES

**Ceratophyllum. L.**

1011. C. DEMERSUM. L. — G. G., 1, p. 592. — ♃. Juillet, août. Étangs, fossés, rivières.

B.-R. — Fos-les-Martigues, dans l'étang de Galégeon

(*Autheman!*); Arles, dans les roubines du Mont-Majour (*Roux*).

Var. — Lac de Tourves ; Fréjus (*Hanry*)

## LYTHRARIÉES

**Lythrum. L.**

1012. L. SALICARIA. L. — G. G., 1, p. 593. — ♃. Juin-septembre. Commun sur les bords des ruisseaux, des fossés, dans les mares et les prés humides dans toute la Provence : Marseille, Aix, Arles, Marignane, Berre, etc., le Var, les Alpes-Maritimes, les Basses-Alpes.

1013. L. GRÆFFERI. Ten. — G. G., p. 594. ♃. Juin-septembre. Lieux humides.

B.-R. — On le rencontre quelquefois à Marseille dans certaines localités d'où il peut disparaître l'année suivante ; c'est ainsi que je l'ai récolté sur les bords du Jarret en 1870 ; dans le lit de l'Huveaune, sous l'écluse de la Pomme, en 1875 ; sous une chute d'eau au boulevard du Jardin Zoologique en 1876, etc.

Var. — Hyères (*G. G.*) ; Fréjus (*G. G., Hanry*)

A.-M. — Grasse (*G. G.*); Cannes, au cap Croisette ; golfe Juan (*Hanry*); Menton ; Nice ; Antibes ; Auribeau ; le Bar (*Ard.*)

1014. L. HYSSOPIFOLIA. L. — G. G., 1, p. 594. — ①. Mai-septembre. Assez commun dans les lieux humides.

B.-R. — Marseille : à Bonneveine, à Château-Gombert, à Notre-Dame-des-Anges, etc.; Marignane. (*Roux*); Aix, sur la route du Tholonet et sur celle d'Istres, très commun le long de la petite route du Tholonet. (*Coste et Roux*) Raphèle ; près d'Arles.

Var. — Toulon ; Fréjus. (*Hanry.*)

A.-M. — Moins commun que le L. Græfferi, dans la région littorale, se rencontre aussi dans la région montagneuse. (*Ard.*)

1015. L. bibracteatum. Salzm. — G. G., 1, p 595. — ①. Mai, juin. — Lieux inondés l'hiver.

B.-R. — Marignane, sur le bord de l'étang. (*Roux*); Miramas, sur le bord de l'étang de Berre (*Castagne*); Saint-Martin de Crau. (*Duval-Jouve* et *Billot!*)

1016. L. thymifolia. L. — G. G., 1, p. 596. — ①. Juin. — Lieux inondés l'hiver.

Var. — Fréjus. (*Giraudy! Hanry*); Toulon; forêt des Maures. (*Hanry*); les Mayons (*frère Faustinier!*)

A.-M. — Rare; collines de Biot, près d'Antibes. (*Ard.*)

**Peplis.** L.

1017. P. portula. L. — G. G., 1, p. 597. — ①. Juin-septembre. Lieux humides, fossés et mares.

Var. — Le Luc, Fréjus. (*Hanry*.)

1018. P. erecta. Req. — G. G., 1, p. 598. — ①. Juin, juillet. Lieux humides, bords des mares.

Var. — Le Luc; Saint-Raphaël (*Hanry*); Hyères; Fréjus (*G. G.*)

A.-M. — Rare: Collines de Vaugrenier, près d'Antibes (*Ard.*)

## TAMARISCINÉES

**Tamarix.** Desv.

1019. T. gallica. L — G. G., p. 600. — ♃. Mai-août. — Commun dans la région littorale.

B.-R. — Marseille, au Prado; bords des étangs de Berre et de Marignane, remonte les rives de l'Arc et du Rhône. (*Roux*).

Var. — Bords des eaux (*Hanry*); La Seyne, près Toulon. (*Mulsant!*)

1020. T. africana. Poir. — G. G., 1, p. 601. — ♃. Juin, août. Sables maritimes.

Var. — Toulon, aux Pesquiers. (*Huet!*) Hyères, aux Salines neuves; Fréjus. (*Hanry*).

A.-M. — Menton, Nice, Antibes, Cannes. (*Ard.*)

**Myricaria.** Desv.

1021. M. GERMANICA. Desv. — G. G., 1, p. 601. — ♃. Juin, juillet. Bords des rivières, des torrents.

B.-R. — Roquefavour, sur les bords d'une mare. (*Roux*) Aix, dans les sables de la Durance, vers le pont de Pertuis (*F. A.*); Saint-Paul-les-Durance; Cadarache; pont de Mirabeau. (*Roux.*)

A.-M. — Lit du Var. (*Ard.*)

B.-A. — Digne, au bord de la Bléone; Gréoulx, au bord du Verdon. (*Roux.*)

## MYRTACÉES

**Myrtus.** Tourn.

1022. M. COMMUNIS. L. — G. G., 1, p. 602. — ♃. Mai, juin. — Côteaux, bords des champs, lieux incultes de la région littorale.

B.-R. — Vallon de la Nerthe; Carry-le-Rouet; bords de l'étang de Berre, entre Martigues et Istres; Cassis; La Ciotat, etc. (*Roux*); Martigues, dans le vallon de Gueule d'Enfer. (*Autheman!*) Aix, à la limite sud du quartier de Bompart. (*F. A.*)

Var. — Saint-Cyr, au cap Baumelle (*Huet! Roux*) Toulon, entre Carqueirane et l'Almanare, le Revest. (*Huet!*)

A.-M. — Assez commun dans la région littorale. (*Ard.*)

## CUCURBITACÉES

**Bryonia.** L.

1023. B. DIOICA. Jacq. — G. G., 1, p. 603. — ♃. Mai, juillet. Rare; dans les haies et les broussailles.

B.-R. — Marseille: à Saint-Giniez, à Saint-Loup, etc.; Aix: dans les haies du domaine de Fantaisie, sur le petit chemin du Tholonet, etc. (*F. A*) Arles: parmi les ruines du Mont-Majour. (*Roux*); Saint-Martin de Crau. (*Roux*.)

Var. — Haies au Luc, à Fréjus. (*Hanry*.)

A.-M. — Haies au-dessus de Menton; Nice, au Var; le Bar; l'Estérel; plus abondant dans la région montagneuse. (*Ard.*)

**Ecballium.** C. Rich.

1024. E. ELATERIUM. Rich. L. C. — G. G., 1, p. 604. — ♃. Mai-août. — Commun parmi les décombres, les lieux incultes, le bord des routes de toute la région littorale. Marseille, Aix, Arles, Toulon, le Luc, Nice, etc.

Les Cucurbita, Maxima. Duch., Pepo., Duch., Citrullus. L.— Le Lagenaria Vulgaris. Ser. — Les Cucumis, Melo. L. Sativus. L. — Sont généralement cultivés en Provence sous une grande diversité de formes.

## PORTULACÉES

**Portulaca.** Tourn.

1025. P. OLERACEA. L. — G. G., 1, p. 605. — ①. Juin-septembre. Commun dans les champs, les jardins et les lieux incultes dans toute la Provence.

**Montia.** L.

1026. M. RIVULARIS. Gmel. — G. G., 1, p. 606. — ♃. Juillet-septembre. — Rare.

Var. — Petites flaques du vallon micaschisteux de la Sauvette aux Mayons du Luc, (*Roux*.)

## PARONYCHIÉES

### TRIBU I. POLYCARPEÆ

**Polycarpum.** Læfl.

1027. P. TETRAPHYLLUM. L. — G. G., 1, p. 607. — ①. Mai-juillet. Commun dans les lieux sablonneux, le bord des champs, le long des chemins dans toute la Provence.

**TRIBU II. TELEPHIEÆ**

**Telephium.** L.

1028. T. imperati. L. — G. G., 1, p. 608. — ♃. Juin, juillet. — Graviers, cailloux roulants de la région montagneuse.

B.-R. — Arrondissement de Marseille : sous la croix de Garlaban du côté oriental ; fond du vallon des Signores à Saint-Jean-de-Garguier (*Roux*) ; arrondissement d'Aix : Vauvenargues dans le vallon des Masques (*F. A.*) ; arrondissement d'Arles : dans les Alpines (*Roux*).

Var. — La Garde-Frainet, au fort Freyssinet (*Goulard*).

A.-M.— Col de Brouis ; Saorgio ; la Briga ; Tende ; Utelle ; vallon du Chaus ; la Croix, Rimplus ; aux Escales d'Aiglun. (*Ard.*)

B.-A. — Gréoulx (*Hanry*) ; Barcelonnette au Chatelard (*Gacogne*) ; la Condamine, le Chatelard (*Abbé Jean !*).

**TRIBU III. ILLECEBREÆ**

**Paronychia** Tourn.

1029. P. cymosa. Lamk. — G. G., 1, p. 609. — ①. Mai. Bois, parmi les cistes et les bruyères,

Var. — Iles d'Hyères (*G. G.*,) ; Hyères ; le Luc ; Fréjus (*Hanry*) ; forêt des Maures, du Luc aux Mayons (*Roux*).

A.- M. — Grasse. (*G. G.*) ; golfe Jouan (*Ard*)

1030. P. echinata. Lamk. — G. G., 1, p. 609.— ①. Mai. — Région littorale.

B.-R.— La Ciotat : dans les champs pierreux à Notre-Dame de la Garde (*Roux*).

Var. — Toulon ; Cavalaire ; Saint Raphaël (*Hanry*) ; Toulon aux Sablettes (*Huet !*)

A.-M. — Cannes, à la Napoule ; Biot ; Antibes (*Ard.*)

1031. P. argentea. Lamk. — G. G., 1, p. 610. — ♃. Mai, juin. Pelouses, lieux secs et pierreux.

B.-R. — Marseille : au moulin à vent d'Arenc (*Blaize !*), à

Saint Louis et à la montée de la Viste (*Roux*); Saint-Chamas au pont Flavien (*Roux*); Martigues, au Ventron dans le vallon de Saint-Pierre (*Roux*); Fos, sur les petits côteaux qui dominent l'étang de Galégeon (*Roux*); Aix, sur les côteaux aux trois moulins et dans la plaine des Dédaous (*F. A.*) sous le nom de *P. capitata !*

Var. — Toulon (*G. G.*); Fréjus *(Mulsant !)*

1032 P. POLYGONIFOLIA. DC. — G. G., 1, p. 610. — ♃. Juillet-septembre. — Région alpine et montagneuse.

A.-M. — Alpes de la Briga ; vallée de Rabuons ; lac d'Encoulpes (*Ard*).

1033. P. CAPITATA. Lamk. — G. G., 1, p. 610. — ♃. Juin, juillet. *P. Argentea* (Hanry). *Ill· cebrum capitatum*. L.—Région montagneuse.

Var. — Plateau du Saint-Pilon à la Sainte-Baume (*Hanry, Roux*).

Vaucl. — Moyennes montagnes et jusqu'au sommet du mont Ventoux (*Roux*).

*Var*. β. *Serpyllifolia*. G. G. — P. Serpyllifolia. D.C. — Région alpine.

A.-M. — Carlin près de Tende ; Roubion ; Touët de Beuil ; très abondant entre Puget-Thénier et Guillaumes (*Ard*).

B.-A. — Faillefeu au-dessus de Prads (*Arias !*)

1034. P. NIVEA. D.C. — G. G., 1, p. 611. — ♃. Mai, juin. —Lieux incultes et sablonneux du littoral.

B.-R. — Marseille, sur le bord du chemin à Sainte-Marguerite ; dans l'île de Pomègue (*Roux*); Aix : Roquefavour près la maison du garde (*F. A.*); Pas-des-Lanciers (*Autheman ! Roux*); Chateauneuf-les-Martigues ; de Miramas à Istres (*Roux*); Martigues ; Saint-Mitre ; Istres ; la Mède ; Fos au Galégeon ; Miramas - station. (*Autheman !*)

Var. - Toulon ; Fréjus (*Hanry*).

Vaucl. — Cavaillon, à la colline Saint Jacques (*Autheman !*)

**Herniaria.** Tourn.

1035. H. GLABRA. L. — G. G., 1, p. 611. — ♃. Juin-septembre. Champs sablonneux.

B.-R. — Aix : dans les champs et les sables de l'Arc ; sommet de Sainte-Victoire (*Roux*).

Var. — Les champs (*Hanry*) ; plan d'Aups et Sainte-Baume (*Roux*)

B.-A. — La Condamine, près Barcelonnette (*abbé Jean!*)

A.-M. — Rare : col de Tanarelle ; Saint-Martin-Lantosque ; Saint-Etienne-le-Sauvage (*Ard.*)

1036. H. HIRSUTA. L. — G. G., 1, p. 612. — ♃. Juin-septembre. Assez commun dans les champs.

B.-R. — Marseille à Saint-Julien, aux Olives, aux Martégaux, etc.; Aix : de Miramas à Istres ; Marignane ; la Ciotat, etc.

B.-A. — La Condamine au pont de l'Estuc (*abbé Jean!*)

Var. — Saint-Cyr ; Saint-Nazaire ; Toulon ; Fréjus ; le Luc, etc.

A.-M. — Nice ; Cannes, etc.

1037. H. CINEREA. D.C. — G. G., 1, p. 62. — ♃. ? Juillet, août. Commun sur les pelouses, le long des murs, des chemins.

B.-R. — Marseille : dans la traverse des Olives à Saint-Barnabé ; entre Saint-Jérôme et Château-Gombert ; à Saint-Jean-du-Désert (*Roux*).

A.-M. — Vis-à-vis Pagonas, rive droite de la Siagne et à Agon, près Cannes (*E. Burnat!*)

Vaucl. — Avignon (*G. G.*).

1038. H. INCANA. Lamk. — G. G., 1, p. 612. — ♃. Juillet, août. — Pelouses sèches, bords des chemins, lieux incultes.

B.-R. — Marseille : Saint-Julien, Montolivet, les Martégaux ; plateau de l'Etoile, etc. Mimet. (*Roux*) Roquevaire ; vallon de Saint-Pons, etc. (*Roux*) Aix : plaine des Dédaous, chemin de cette plaine vers le domaine de M. Jeannet.

(*F. A.*) Roquefavour. (*Roux*) Port de Bouc, Fos-les-Martigues, Pas-des-Lanciers. (*Autheman!*)

Var. — Sur les côteaux. (*Hanry*) Bois des Maures de Gonfaron aux Mayons. (*Hanry!*) Ampus, près Draguignan. (*Albert!*)

A.-M. — Levens; Touët-de-Beuil; Roubion; Saint-Dalmas-le-Sauvage. (*Ard.*)

1039. H. ALPINA. Vill. — G. G., 1, p. 613. — ♃. Juillet, août. Région alpine.

A.-M. — Col de Fremamorta; col de l'Enchastraye. (*Ard.*)

**Corrigiola.** L.

1040. C. LITTORALIS L. — G. G., 1, p. 613. — ①. Juin, septembre. Lieux sablonneux.

Var. — Hyères; le Luc. (*Hanry*) Fréjus (*Hanry, Giraudy!*) vallée de Reyran, près de Saint-Raphaël (*Roux.*)

A.-M. — Cannes (*T. Moggridge!* sous le nom de C. Telephifolia).

1041. C. TELEPHIFOLIA. Pourr. — G. G., 1, p. 614. — ♃. Juin, juillet. — Rare.

Var. — Lavandou? Fréjus? (*Hanry*) Je doute que cette plante croisse dans le Var.

A.-M. — Cannes, au cap Croisette. (*Ard.*) Agay, près de Cannes (*T. Moggridge!*)

**TRIBU IV. SCLERANTHEÆ**

**Scleranthus.** L.

1042. S. ANNUUS. L. — G. G., 1, p. 614. — ①. Mai, juin. — Champs sablonneux et lieux incultes.

B.-R. — Baou de Bretagne. (*Roux*)

Var. — Plan d'Aups vers la Sainte-Baume et surtout près des mines de charbon. (*Roux*)

A.-M. — Mont Chauve; Châteauneuf, au-dessus de Nice;

Berre (*Ard.*); entre Bezadou et Coursegoules (*E. Burnat!*)

1043. S. biennis. Rout. — Bull. soc. helv., p. 20. — ②. Mai, juin.

Var. — Dans les micaschistes de la Sauvette, aux Mayons-du-Luc. (*Roux*)

1044. S. perennis. L. — G. G., 1, p. 614. — ♃. Mai, juin. — Lieux arides et sablonneux de la région montagneuse.

A.-M. — Caussols, au-dessus de Grasse; Col de Tende. (*Ard.*)

## CRASSULACÉES

**Tillæa.** Mich.

1045. T. muscosa. L. — G. G., 1, p. 616. — ①. Avril, mai. — Lieux sablonneux de la région littorale.

Var. — Hyères; le Luc; Fréjus. (*Hanry*)

A.-M. — Menton, derrière le Pigautier; Nice à Sainte-Hélène; Antibes; Cannes (*Ard.*)

**Bulliarda.** D.C.

1046. B. Vaillantii. D.C. — G. G., 1, p. 617. — ①. Mai-août. — Lieux humides.

Var. — Le Luc dans les mares des Maures (*Hanry*); les Mayons. (*Goulard!*)

**Sedum.** D.C.

1047. S. Rhadiola. D.C. — G. G., 1, p. 617. — ♃. Juillet, août. — Région alpine.

A.-M. — Mont Bego; Col de l'Abisso; lac d'Entrecoulpes. (*Ard.*)

1048. S. maximum. Suter. — G. G., 1, p. 617. — ♃. Août. — Vieux murs.

A.-M. — Château de la Garde, près de Villeneuve-Loubet; Vence, bord de la Siagne; Saint-Martin. (*Ard.*)

1049. S. telephium. L. — G. G., 1, p. 618. — ♃. Juillet, août. — Rochers de la région montagneuse.

A.-M. — Saorgio; bord de la Siagne et probablement ailleurs. (*Ard.*)

1050. S. anocampseros. L. — G. G., 1, p. 618. — ♃. Août. — Région alpine.

A.-M. — Val de Pesio; Notre-Dame de Fenestre; Sainte-Anne de Vinaï. (*Ard.*)

B.-A. — Montée de Boules à Faillefeu, au-dessus de Prads. (*Roux*).

1051. S. stellatum. L. — G. G., 1, p. 619.— ①. Juin, juillet. — Sentiers pierreux de la région littorale.

Var. — Hyères; Fréjus. (*G. G.*)

A.-M. — L'Estérel (*Hanry*); Cannes; Antibes; Biot; Nice; Menton (*Ard.*); île Sainte-Marguerite, sous la fenêtre de la prison du Masque de Fer. (*Réynier!*)

1052. S. cepæa. L.— G. G., 1, p. 619.— ①. Juin, juillet.— Lieux humides, rochers couverts.

Var. — Vallon de la Sauvette aux Mayons-du-Luc. (*Roux*)

A.-M. — L'Estérel; Claus; Venanson; Antibes; Château de la Garde, près Villeneuve; Menton. (*Ard.*)

1053. S. alsinefolium. All. — ②. Juin, juillet. — Rég. montag.

A.-M. — Rochers humides, près de la ville de Tende; Saint-Martin-Lantosque (*Ard.*)

1054. S. rubens. L. — G. G., 1, p. 620.— ①. Mai, juillet.— Çà et là dans les champs et les lieux incultes.

B.-R. — Gémenos, dans le sentier du vallon de Saint-Pons, sous la platrière. (*Roux*)

Var. — Toulon; Hyères (*G. G.*); le Luc; Saint-Raphaël. (*Hanry*)

A.-M. — L'Estérel (*Hanry*); Antibes; Berre; Nice; assez rare (*Ard.*); île Saint-Honorat à la batterie des Républicains. (*Reynier!*)

1055. S. littoreum. Guss. — Rochers du bord de la mer.

B.-R. — Marseille, à la pointe du vallon des Auffes, d'où il a disparu; île de Pomègue et de Ratoneau où il est assez abondant (*Roux*); retrouvé en 1879 à la calanque de la Mounine, sous le Sémaphore. (*Taxis, Coste, Roux*)

1056. S. coespitosum. D. C. — G. G., 1, p. 620. — ①. Avril-juin. — Lieux incultes, secs ou pierreux.

B.-R. — Marseille: Saint-Tronc, Saint-Julien, etc.; Plan de Cuques (*Roux*); Miramas (*Castag.*); Aix: dans la plaine des Dedaous, au midi et non loin du pont des Trois-Sautels; barre de poudingue, au sud-ouest du domaine de M. Avril, quartier du Défens (*F. A.*); Pas-des-Lanciers; Istres. (*Autheman!*)

Var. — Hyères, aux Pesquiers; le Luc; Bagnol (*Hanry*); bois des Maures, du Luc aux Mayons. (*Goulard!*)

A.-M. — Cannes; Antibes; Monaco, sur les rochers des remparts. (*Ard.*)

1057. S. atratum. L. — G. G., 1, p. 621. — ①. Juillet, août. — Région alpine.

A.-M. — Col de Tende; Estenc; col de Jallorgues; Saint-Etienne. (*Ard.*)

B.-A. — Montagne de Tournon (*Delaporte!*); rochers voisins du lac d'Allos (*Roux*)

Vaucl. — Sommet du Ventoux (*abbé Gonnet!*)

1058. S. annuum. L. — G. G., 1, p. 621. — ①. Juin-août. — Région alpine.

A.-M. — Alpes de Tende; Saint-Martin-Lantosque; Sainte-Anne de Vinaï; col de Jallorgues; Saint-Dalmas-le-Sauvage (*Ard.*)

1059. S. villosum. L. — G. G., 1, p. 622. — ②. Juillet, août.

Var. — Ampus: sur les taupinières et les endroits dépourvus d'herbe, dans les près de Sagnes (*Albert!*)

B.-A. — Vieux murs humides sous l'habitation de Faille-feu, au-dessus de Prads (*Roux*).

1060. S. cruciatum. Desf. — G. G., 1, p. 623. — ♃. Juin, juillet.

B.-A. — Montagnes de la Provence; Colmars; Mont Monnier (*G. G.*)

M. Achintre m'a assuré en avoir pris un pied au sommet de Sainte-Victoire, à l'entrée du Garagay, près d'Aix ; nous y sommes allés, mais nous ne l'avons pas vu !

1061. S. ALBUM. L. — G. G., 1, p. 623. — ♃. Juin, juillet. Commun sur les vieux murs, les rochers et les rocailles dans toute la Provence.

1062. S. MICRANTHUM. Bast. — G. G., 1, p. 623. — Juin, juillet.
B.-R. — Marseille : hauteurs de Notre-Dame des Anges.
Var. — Hauteurs de la Sainte-Baume.
A.-M. — Collines de Biot (*Ard.*)

1063 S. DASYPHYLLUM. L. — G. G., 1, p. 624. — ♃. Juin, juillet. Çà et là dans les fentes des rochers, contre les vieux murs dans toute la Provence.

1064. S. ALPESTRE. Vill. — G. G., 1, p. 625. — ♃. Juin, juillet. Région alpine.
A.-M. — Mont Bego ; col de l'Abisso ; Saint-Martin ; lac d'Entrecoulpes ; col de Cérèze ; Saint-Dalmas-le-Sauvage (*Ard.*)

1065. S. ACRE L. — G. G., 1, p. 625. — ♃. Juin, juillet. — Pelouses sèches, vieux murs, côteaux et lieux rocailleux.
B.-R. — Marseille ; Aix, où il est commun.
Var. — Roquebrune ; Aups ; Sainte Baume (*Hanry*).
A.-M. — Rare d'après Ardoino qui ne le cite qu'à Antibes.

1066. S. BOLONIENSE. Lois. — G. G., 1, p. 626. — ♃. Juin, juillet. Lieux pierreux.
A.-M. — Assez commun dans les endroits pierreux depuis la région montagneuse jusque près de Menton, de Nice et de Vence (*Ard.*)

1067. S. ALBESCENS. Haw. — G. G., 1, p. 627. — ♃. Juillet, août. — Vieux murs, bords des champs.
B.-A. — Allos sur la route de Barcelonnette (*Roux*). Je l'ai planté à Marseille en 1871, il n'a jamais fleuri (1877).

1068. S. NICÆENSE. All. — G. G. 1, p. 627. — ♃. Juin, juillet. Commun sur les rochers, les vieux murs, le bord des champs de la région littorale, d'où il remonte assez avant dans la région alpine.

1069. S. ANOPETALUM. DC.— G. G., 1, p. 627. *S.ochroleucum* Chaix. — ♃. Juin, juillet. — Côteaux et montagnes rocailleuses du littoral, d'où il remonte bien avant dans la région alpine : la Sainte-Baume dans le Var; le Mont Ventoux dans Vaucluse, etc.

1070. S. AMPLEXICAULE. DC. — G. G., 1, p. 628. — ♃. Mai, Juin. Vaucl. — Mont Ventoux (*G. G. d'après Requiem*).

**Sempervivum. L.**

1071. S. TECTORUM. L.— G. G., 1, p. 628. — ♃. Juillet, août. Région montagneuse.

B.-R. — Aix : sommet de Sainte-Victoire (*Roux, F. A.*)

Var. — Touris, près Toulon (*Hanry.*)

A. M. — Çà et là sur les rochers de la région montagneuse (*Ard.*)

1072. S. CALCAREUM. Jord. — ♃. Juillet.

Ardoino dit qu'il diffère du précédent par des feuilles glauques, un peu pubescentes, à pointes rougeâtres, et par ses fleurs pâles, plus petites, à pétales plus étroits. Cette description convient bien à notre plante de Sainte-Victoire.

A.-M. — Rochers des montagnes chaudes; Berre, Molines, au-dessus de Menton et jusqu'au col d'Eze à un kilomètre de la mer (*Ard.*)

1073. S. MONTANUM. L. — G. G., 1, p. 629. — ♃. Juillet, août. Région montagneuse.

A.-M. — Sainte-Anne de Vinaï; Notre-Dame de Fenestre; Estenc; plateau de Jallorgues (*Ard.*)

Vaucluse. — Sommet du Mont Ventoux (*Roux*).

1074. S. ARACHNOIDEUM. L. —G. J., 1, p. 630.— ♃. Juillet, août. Région alpine et montagneuse.

Var. — Toulon : sur les rochers de Mourière? (*Hanry*). C'est bien près de la mer !

A.-M. — Assez répandu dans toutes nos Alpes (*Ard.*)

B.-A. — Environs du lac d'Allos ; vallon de Juan au-dessus de Villars-Colmar, etc. (*Roux*).

1075. S. HIRTUM. L. — G. G., 1, p. 630. — ♃. Juillet, août. Région alpine.

A.-M. — Alpes de Tende, de la Gordolasca, de Fenestre de l'Enchastraye (*Ard.*)

B.-A. — Mont Monnier (*G. G.*)

**Umbilicus.** D.C.

1076. U. PENDULINUS. D.C. — G. G., 1, p. 630. — ♃. Mai, juin. Vieux murs, rochers ombragés dans presque toute la Provence.

## CACTÉES

**Cactus.** L.

1077. C. OPUNTIA. L. — G. G., 1, p. 632. — ♂. Mai, juin. — Subspontané et naturalisé sur quelques points du littoral de la Provence.

B.-R. — Cassis, dans l'anse de l'Arène derrière le Château (*Roux*).

Var. — Rochers et murs abrités (*Hanry*).

A. M. — Nice ; Menton ; Monaco (*Ard.*)

## FICOÏDÉES

**Mesembryanthemum.** L.

1078. M. NODIFLORUM. L. — G. G., 1, p. 633. — ①. Juin, juillet. Rare en Provence.

B.-R. — Marseille : batterie d'Endoume ; devant une grotte au-dessus de l'Escu entre Sormiou et Podestat ; Cassis : sables de la base de la barre du baou Canaille ; quelques pieds dans l'île de Pomègue (*Roux*) ; La Ciotat (*G. G. d'après Auzandre*).

Var. — Ile de Bandol (*Hanry*).

A.-M. — Cannes (*Hanry*); très rare, un seul exemplaire en 1866 au col de Villefranche, trouvé par Soroto ; Nice, Moris (*Ard.*)

## GROSSULARIÉES

**Ribes. L.**

1079. R. uva crispa. L. — G. G., 1, p. 634. — ♃. Mars, avril. Région montagneuse.

B.-R. — Aix : ramification de la Trevaresse vers la pointe de Sainte-Réparade (*F. A.*)

Var. — Fox-Amphoux (*Hanry*).

A.-M. — Tende ; Clans ; Saint-Martin-Lantosque ; versant nord du Mont Cheiron ; Séranon (*Ard.*)

B.-A. — Digne : montagne de Cousson (*Roux*). Faillefeu, au-dessus de Prads (*Granier*).

1080. R. alpinum. L. — F. G., 1, p. 635. — ♃. Avril, mai. Région sous-alpine.

B.-R. — Montagne de Vernègue dans les fentes des rochers (*Peuzin!*)

Var. — Haut du bois de la Sainte-Baume ; bois taillis des Léguines à la Sainte-Baume (*Roux*).

A.-M. — Assez commun dans les forêts sous-alpines, surtout à la Maïris (*Ard.*)

1081. R. rubrum. L. — G. G., 1, p. 637. — ♃. Avril, mai. Généralement cultivé, non spontané en Provence.

1082. R. petræum. Wulf. — G. G., 1, p. 636. — ♃. Avril-juin. Région alpine.

A.-M. — Val de Pesio ; Saint-Etienne-le-Sauvage (*Ard.*)

B.-A. — Forêt de Faillefeu, au-dessus de Prads (*Roux*).

## SAXIFRAGÉES

**Saxifraga. L.**

1083. S. stellaris. L. — G. G., 1, p. 638. — ♃. Juillet, août. Région alpine et montagneuse.

A.-M. — Assez répandu dans toutes nos Alpes, jusqu'à Sospel (*Ard.*)

•1084. S. CUNEIFOLIA. L. — G. G., 1, p. 638. — ♃. Juin, juillet. Région montagneuse.

A.-M. — Très répandu dans toutes nos Alpes, jusqu'au dessus de Menton et de Vence (*Ard.*)

1085. S. FLORULENTA. Moretti. — Ard. Alp. marit., p. 148. — ♃. Août. — M. Ardoino le décrit ainsi : feuilles lancéolées, mucronées, ciliées dans leur moitié inférieure ; bractées linéaires, égalant les pédicelles ; styles et carpelles 3 ; tige glanduleuse, de 1 à 3 décim., entièrement occupée par un thyrse pyramidal de fleurs très nombreuses, d'un beau rose. Région alpine élevée.

A.-M. — Fentes des rochers autour du lac d'Entrecoulpes ; Mont Bego ; le Clapier ; Mont Ponset dans la vallée de la Gordolasca (*Ard.*)

1086. S. ROTUNDIFOLIA. L. — G. G., 1, p. 639. — ♃. Juin, juillet.— Région alpine et montagneuse.

Var. — Aiguines : bois de Margès (*Albert !*)

A.-M. — Bois de Forghet : la Maïris ; mines et col de Tende ; Roccabligliera ; Sainte-Anne de Vinaïs ; Saint-Dalmas-le-Sauvage (*Ard.*)

B.-A. — Bord du petit lac de la forêt de Faillefeu, au-dessus de Prads (*Roux*).

1087. S. ASPERA. L. — G. G., 1, p. 640. — ♃. Juillet, août. Région alpine.

A.-M. — Assez répandu dans toutes nos Alpes (*Ard.*)

1088. S. BRYOIDES. L. — G. G., 1, p. 641. — ♃. Juillet, août. Région montagneuse.

A.-M. — Col de Tende ; col de Fenestre, lac du Mercantourn ; lac de Strop, aux sources du Var (*Ard.*)

B.-A. — Sommet de la Vachière, au-dessus de Prads. (*Roux*).

1089. S. aizoides. L. — G. G., 1, p. 641. — ♃. Juillet, août.
Lieux humides de la région alpine.

A.-M. — Assez répandu dans toutes nos Alpes, d'où il descend jusqu'à Saint-Dalmas de Tende, près de Puget-Thénier (*Ard.*)

B.-A. — Prads : bords de la Bléone ; Seyne : bords de la Blanche ; Mourgues : bords du Bachelard ; Allos, sur la route du lac (*Roux*).

1090. S. granulata. L. — G. G., 1, p. 641. — ♃. Mai, juin. — Régions montagneuses et boisées.

B.-R. — Nord de Roquefourcade, au-dessus de Roussargues (*Roux*).

Var. — Bois de la Sainte-Baume (*Roux*) ; Toulon ; Fréjus (*G. G.*)

A.-M — Montagnes, au-dessus de Menton, de Nice ; Saint-Agnès ; la Giondola ; Fontan ; Clans ; Biot ; Villeneuve, près de Cagnes ; le Bar ; Auribeau (*Ard.*)

1091. S. tridactylites L. — G. G., 1, p. 643. — ☉. Mars, avril. Rochers, vieux murs, champs sablonneux de toute la Provence.

1092. S. petræa. L. — G. G., 1, p. 643. — ☉. Juillet, août.

B.-A. — Prairies du Lauzet près de Barcelonnette. (*Gacogne*)

1093. S. pedemontana. All. — G. G., 1, p. 645. — ♃. Juin. — Région alpine et montagneuse.

A -M. — Mont Bego ; col de Tende ; vallée de Fontanalba ; col de l'Abisso ; col de Fenestre ; lac d'Entrecoulpes. (*Ard.*)

1094. S. exarata Vill. — G. G., 1, p. 650. — ♃. Juillet, août. Région alpine.

A.-M. — Col de Tende et dans toutes nos Alpes. (*Ard.*)

1095. S. muscoïdes. Wulf. — G. G., 1, p.650. — ♃. Juillet, août. Région montagneuse.

Var. — Aiguines : rochers à Margès. (*Albert l*)

A.-M. — Mont Bego ; Alpes de Tende, de Saint-Etienne et d'Entraunes. (*Ard.*)

B.-A. — Environs du lac d'Allos, du petit lac de Faillefeu et montée de Boules à Faillefeu au dessus de Prads. (*Roux*)

Vaucl. — Sommet du Ventoux. (*Abbé Gonnet, Roux*)

1096. S. ANDROSACEA. L. — G. G., 1. p. 652. — ♃. Juillet, août. Région alpine.

A.-M. — Peu commun : col de Fenestre ; col de Strop, au-dessus d'Entraunes. (*Ard.*)

1097. S. HYPNOIDES. L. — G. G., 1, p. 653. — ♃. Mai, juin. — Rochers et débris mouvants dans les régions montagneuses.

B.-R. — La Penne, à Patroun-Moutoun dans le fond du vallon de la Barrasse ; Pichauris ; vallon de Saint-Clair à Saint-Jean de Garguier ; Baou de Bretagne (*Roux*) ; Aix : sommet de Sainte-Victoire (*F. A.*) ; Simiane ; Mimet ; Roquevaire. (*Roux*)

Var. — La Sainte-Baume (*Roux*); Toulon sur le Mont Coudon (*Huet!*); montagne de Roquebrune ; chaînes des Maures. (*Hanry*)

1098. S. AIZOON. Jacq. — G. G. 1, p. 654. — Juin, juillet. — Région alpine et montagneuse.

A.-M. — Assez répandu dans toutes nos Alpes. (*Ard.*)

B.-A. — Montagne de la Vachière et montée de Boules à Faillefeu, au-dessus de Prads. *(Roux)*

1099. S. LINGULATA. Bell. — G. G. 1, p. 655. — ♃. Juin, juillet. Rochers ombragés de la région montagneuse.

Var. — Haut du bois de la Sainte-Baume (*Roux*); Aiguines, sur les rochers de Margès. (*Albert!*)

A.-M. — Assez commun depuis le col de Tende jusqu'aux montagnes au-dessus de Menton et de Grasse (*Ard.*)

B.-A. — Digne, vers le sommet de Cousson ; rochers près le lac d'Allos (*Roux*); Faillefeu au-dessus de Prads. (*abbé Mulsant!*); montagne de l'Arche (*Hanry*);

Coulebrousse, près de Seyne (*Granier!*); Mont Pela. (*Jord.*)

1100. S. LANTOSCANA. Boiss.

Ardoino dit qu'il se distingue du précédent par ses feuilles moins longuement atténuées au sommet et ses fleurs moins nombreuses; plante glabre plutôt brune que grisâtre. — Région alpine et montagneuse.

A.-M. — Mont Aiguille, au-dessus de Menton ; entre le Fontan, Belvédère et Lantosque ; Saint-Martin-Lantosque ; le Chaudon ; Villars ; Entraune. (*Ard.*)

1101. S. COCHLEARIS. Rchb.

Ardoino dit qu'il a les feuilles linéaires, spatulées, élargies et obtuses au sommet, entières ; les pétales obovés ; que la plante a de 1 à 3 décim. ; qu'elle est glanduleuse dans le haut, brunâtre ; que les fleurs sont nombreuses en panicule unilatérale, blanches. — Région alpine montagneuse.

A.-M. — Depuis le col de Tende jusqu'au Mont Merlacé, au-dessus de Menton. (*Ard.*)

1102. S. DIAPENSOIDES. Bell. — G. G., p. 1, 657. — ♃. Juillet, août. — Région alpine et montagneuse.

A.-M. — Mont Orno, près du col de Tende ; cima di Gelas entre le Mont Clapier et le col de Fenestre ; plateau de Jallargues. (*Ard.*)

1103. S. CÆSIA. L. — G. G., 1, p. 658. — ♃. Juillet, août. — Région alpine.

A.-M. — Val de Pesio ; alpes de Tende ; alpes de Roubion ; Saint-Martin-Lantosque. (*Ard.*)

1104. S. OPPOSITIFOLIA. L. — G. G., 1, p. 658. — ♃. Juin, juillet. Région alpine.

A.-M. — Assez répandu dans toutes nos alpes élevées. (*Ard.*)

B.-A. — La Vachière, au-dessus de Prads. (*Roux*).

Vaucl. — Rocailles du sommet du Mont Ventoux. (*abbé Tisseur et Roux*)

1105. S. biflora. All. — G. G., 1, p. 659. — ♃. Juillet, août.
B.-A. — Barcelonnette, dans les prairies du Lauzet? *(Gacogne)*

1106. S. retusa. Gouan. — G. G., 1, p. 659. — ♃. Juillet, août.
A.-M. — Région alpine élevée (*de Not.*); col de Fenèstre. (*Ard.*)

**Chrysosphleium. L.**

1107. C. alternifolium. L. — G. G., 1, p. 660. — ♃. Mars, mai. Lieux frais de la région montagneuse.
A.-M. — Vallée de la mine de Tende. (*Ard.*)

# OMBELLIFÈRES

### TRIBU I. — DAUCINEÆ

**Daucus. L.**

1108. D. carota. L. — G. G., 1, p. 665. — ②. Juin-octobre. Commun dans les champs, les prés et les lieux incultes dans toute la Provence.

1109. D. bocconi. Guss. — G. G., 1, p. 666. — ②. Juin, juillet.
Var. — Fréjus? (*G. G.*)
A.-M. — Grasse? (*G. G.*)
Je ne crois pas cette plante provençale; je ne l'ai pas reçue. M. Hanry ne la cite pas dans le Var, ni M. Ardoino dans les Alpes-Maritimes.

1110. D. maximus. Desf. — G. G., 1. p. 667. — ②. Juin, août. Çà et là dans les prés, les champs, sur les rives et les côteaux.
B.-R. — Marseille : dans les prés à la Belle-de-Mai. (*Blaize!*)
Var. — Toulon : sur les côteaux calcaires au pied de Faron (*Huet*); la Garde, près Toulon; bord de la route de Gonfaron au Luc; vallon de la Sauvette des Mayons du Luc. (*Roux*)

1111. D. gummifer. Lamk. — G. G., 1, p. 668. — ②. Juillet, août. — Rochers maritimes, siliceux ou micaschisteux.

    B.-R. — La Ciotat: dans les ravins des bords de la mer sous Notre-Dame de la Garde. *(Roux)*

    Var. — Saint-Nazaire: au cap Nègre (*Roux*); iles des Embiès; rochers des Lions, près de Saint-Raphaël; Saint-Aigon (*Hanry*, sous le nom de *D. siculus*).

    A.-M. — Rare: Nice, au Lazaret. (*Ard.*)

1112. D. gingidium. L. — G. G., 1, p. 669. — ②. Juin-septembre. Rochers maritimes.

    B.-R. — Marseille: sur les falaises d'Arenc à l'Estaque; au Roucas Blanc; à Endoume; au plan des Cailles; à Morgiou; dans les îles de Maïre et de Jarre; Cassis (*Roux*); de la Redone à Méjean (*Roux*). La Couronne. *(Autheman!)*

    Var. — Saint-Cyr: depuis les ruines de Tauroentum jusqu'au cap Baumelles. (*Roux*)

1113. D. siculus. Ten. — G. G., 1, p. 670. — ②. Mai-septembre. *D. Gummifer.* (Castagne, non Lamk.)

Lieux incultes et sablonneux, rochers et prairies du bord de la mer.

    B.-R. — Marseille: de Montredon aux Goudes, et au cap Croisette, au plan des Cailles, dans l'île de Pomègue et de Ratoneau. (*Roux*)

1114. D. muricatus. L. — G. G., 1, p. 671. — ①. Juin. — Champs secs.

    A.-M. — Rare: Menton, Boquebrune. (*Ard.*)

**Orlaya.** Hoffm.

1115. O. grandiflora. Hoffm. — G. G., 1, p. 671. — ①. Juin-août. — *Caucalis grandiflora* L. — Champs, vignes, et lieux incultes.

    B.-R. — Marseille: rare. Vallon de Saint-Cyr à Saint-Marcel; Aix: à Mauret, au vallon des Pinchinats (*F. A.*);

les Milles, de Roquefavour au bassin de Realtor, etc. (*Roux*)

Var. — Nans : au vallon de Tardeou (*Roux*); le Luc; Bagnol, Fox-Amphoux. (*Hanry*)

A.-M. — Moissons, au-dessus de Menton ; environs de Nice; Levens, col de Tende; Grasse. (*Ard.*)

Vaucl. — Avignon. (*Th. Brown!*)

1116. O. PLATYCARPOS. Koch. — G. G., 1, p. 672. — ①. Juin, juillet. — Çà et là dans les champs, les moissons, sur les rives de la région littorale.

B.-R. — Marseille : des Olives à la Valentine (*Roux*); Aix : au chemin de Saint-André (*F. A.*); Martigues (*Authemanl*); Gémenos : sur les côteaux, à Saint-Pons (*Roux*); Salon (*G. G.*).

Var. — Toulon, Hyères, le Luc, Fréjus. (*Hanry*)

A.-M. — Menton ; Nice; Biot ; Grasse, etc. (*Ard.*).

1117. O. MARITIMA. Koch. — G. G. 1, p. 672. — ①. Mai, juin. Sables maritimes.

Var. — Toulon ; Hyères (*Hanry*); les Pesquiers. (*Huet!*)

A.-M. — De Menton à Cannes (*Ard.*).

### TRIBU II. — CAUCALINEÆ

**Turgenia. Hoffm.**

1118. T. LATIFOLIA. Hoffm. — G. G., 1, p. 673. — *Caucalis latifolia*. L. — ①. Juin, juillet. — Çà et là dans les champs.

B.-R. — Aix : petit chemin du Tholonet ; quartier de Bounehoure (*F. A.*); les Milles ; Marignane (*Roux*); Martigues (*Authemanl*); vallon de Vèdes à Auriol : Simiane, entre la ferme de la Galinière et Mimet (*Roux*)

Var. — Bords des champs (*Hanry*)

A.-M. — Rare : au-dessus de Garbis ; Gallière. (*Ard.*)

**Caucalis. Hoffm.**

1119. C. DAUCOIDES. L. — G. G. 1, p. 674. — ①. Juin, juillet.

Assez commun dans les champs, les moissons, sur les rives, etc., de toute la Provence.

1120. C. LEPTOPHYLLA. L. — G. G., 1, p. 674. — ①. Juin. — Champs, moissons, lieux incultes.

B.-R. — Marseille: des Olives à la Valentine; vallon de Toulouse, des Ouides; la Treille, etc.; Baou de Bretagne (*Roux*); Aix: moissons (*F. A.*); Martigues (*Autheman !*)

Var. — Dans les champs (*Hanry*); Nans: vallon de Tardeou, etc. (*Roux*)

A.-M. — Rare: moissons à Nice; Tende; Saint-Martin-Lantosque (*Ard.*).

**Torilis.** Hoffm.

1121. T. ANTHRISCUS. Gmel. — G. G., 1, p. 675. — ①. Juin-Août. Haies, décombres.

A.-M. — Très rare: Menton; Grasse; plus répandu dans la région montagneuse; Saint-Martin-Lantosque. (*Ard.*)

1122. T. HELVETICA. Gmel. — G. G., 1, p. 675. — Juin, juillet. Commun dans les haies, les champs, les lieux pierreux de toute la Provence.

1123. T. HETEROPHYLLA. Guss. — G. G., 1, p. 676. — ①. Mai, juin. — Lieux secs et montueux.

B.-R. Marseille: vallon de la Panouse; Gémenos: vallon de Saint-Pons; Cassis; vallon de la Vache à la Bourdonière (*Roux*)

Var. — Toulon; le Luc; Fréjus. (*Hanry*)

Vaucl. — Avignon. (*G. G.*)

1124. T. NODOSA. Gœrtn. — G. G., 1, p. 676. — ①. Avril, mai. — Lieux incultes, bords des chemins.

B.-R. — Marseille: vallon de la Panouse, Saint-Tronc, Saint-Loup, etc. (*Roux*); Berre, etc.; Aix: petit chemin de la Pinette, etc. (*F. A.*)

Var. — Le Luc; Fréjus (*Hanry*); Saint-Nazaire à Pipière. (*Roux*)

A.-M. — Assez commun sur le bord des chemins. (*Ard.*)

## TRIBU III. — CORIANDREÆ.

**Bifora.** Hoffm.

1125. B. testiculata. D.C. — G. G. 1, p. 677. — ①. Avril, mai. Champs et moissons.

B.-R. — Aix : terrain cultivé devant la maison de Maître Venture (*F. A.*); Saint-Antoine (*Père Eugène!*); champs au-dessus de Roquefavour (*Roux*): Martigues (*Autheman!*); abonde dans les champs à Saint-Giniez (*Roux*)

Var. — Bagnol. (*Hanry*)

A.-M. — Cannes, au cap de la Croisette (*Hanry*); Nice, au Vinaigrier; Cannes; Grasse. (*Ard.*)

1126. B. radians. Bich. — G. G., 1, p. 677. — ①. Mai, juin. Champs et moissons.

B.-R. — Aix : vallon de Parouvier sous Venelle (*Roux*); dans la terre de la Sauvaire (*Achintre!*); champs cultivés vers la gare de la Calade. (*F. A.*)

A.-M. — Rare · Menton, Antibes. (*Ard.*)

Vaucl. — L'Isle. (*Autheman!*)

**Coriandrum.** L.

1127. C. sativum L. — G. G., 1, p. 678. — ①. Juin, juillet. — Cultivé, puis çà et là parmi les décombres.

## TRIBU IV. — THAPSIÆ.

**Thapsia.** Tourn.

1128. T. villosa. L. — G. G., 1, p. 679. — ♃. Juin, juillet. — Lieux secs et pierreux, plaines et coteaux.

B.-R. — Marseille : hauteurs de Montredon ; Saint-Tronc ; les Fabresses près Saint-Marcel ; la Treille ; Gémenos : hauteurs du vallon des Crides et dans le vallon de Saint-Clair (*Roux*); Martigues : quartier du plan Fassant (*Autheman!*) Aix : en dessus et un peu à l'est du vallon du Tir. (*F. A.*)

Var. — Toulon, à Coudon ; le Luc ; forêt des Maures ; Saint-Raphael (*Hanry*)

A.-M. — L'Esterel (*Hanry*) ; collines de Tanneron en face d'Auribeau. (*Ard.*)

Vaucl. — Avignon. (*G. G.*)

**Laserpitium. L.**

1129. L. LATIFOLIUM. L. — G. G., 1, p. 680. — ♃. Juillet, août. Région montagneuse.

A.-M. — Forêt de la Maïris ; vallée de Gordolasca ; la Fraca ; bois de Clans. (*Ard.*)

1130. L. GALLICUM. C. Bauh. — G. G., 1, p. 681. — ♃. Juin, juillet. — Coteaux, montagnes arides et pierreuses.

B.-R. — Marseille : Sainte-Croix de Saint-Loup ; puits de Paul ; vallon de l'Évêque ; vallon de Toulouse ; îles de Maïre, de Jarre ; Notre-Dame des Anges, etc. ; Gémenos : hauteurs de Saint-Pons, etc. (*Roux*) ; Aix : Sainte-Victoire (*F. A*) ; Martigues : vallon de Gueule-d'Enfer (*Autheman!*) ; Roquevaire (*Roux*)

Var. — Toulon (*G. G.*) ; Bagnol. (*Hanry*)

A.-M. — Assez répandu dans toute la région montagneuse jusqu'au-dessus de Menton, Levens, Saint-Vallier, etc. (*Ard*)

1131. L. SILER. L. — G. G., 1, p. 681. — ♃. Juin, août. — Rochers de la région montagneuse.

B.-R. — Marseille : tête de Carpiagne ; nord de la chaîne de l'Etoile jusqu'à Mimet (*Roux*) ; Aix : Sainte-Victoire (*F. A*) ; vallon de Canal vers N.-D. des Anges. (*Roux*)

Var. — Sainte-Baume, sur les rochers les plus élevés du bois. (*Hanry, Roux*)

A.-M. — Mont Mulacé au-desus de Menton. (*Ard.*)

1132. L. PANAX. Gouan. — G. G., 1, p. 682. — ♃. Juin, juillet. Dans les Alpes de la Provence. (*G. G.*)

## TRIBU V. — SILERINEÆ.

**Siler.** Scop.

1133. S. TRILOBUM. Scop. — G. G., 1, p. 683. — ♃. Juin, juillet. Dans les bois montagneux.

B.-A. — (G. G. d'après *Duval-Jouve*).

## TRIBU VI. — ANGELICEÆ.

**Levisticum.** Koch.

1134. L. OFFICINALE. Koch. — G. G., 1, p. 684. — ♃. Juillet, août. Alpes de la Provence : l'Arche. (*G.G.*)

A.-M. — L'Estérel ? (*Hanry* d'après le cat. *Lille*).

**Angelica** L.

1135. A. SYLVESTRIS. L. — G. G., 1, p. 684. — ♃. Juillet, août. Prairies de la région montagneuse.

B.-R. — Meyrargues, dans les bois de la Durance. *(Autheman!)*

A.-M. — Mont Cheiron ; le Bar ; l'Isola ; Saint-Dalmas ; etc. *(Ard.)*

B.-A. — Allos, Seyne *(Roux)*

## TRIBU VII. — PEUCEDANEÆ.

**Peucedanum.** Koch.

1136. P. OFFICINALE. L. — G. G. 1, p. 687. — ♃. Juillet-septembre. — Prairies humides.

Var. — Bagnol *(Hanry)* ; Fréjus. (*G. G.*)

A.-M. — L'Estérel *(Hanry)* ; cà et là dans la région montagneuse jusque près de Menton, Nice et Grasse. *(Ard.)*

1137. P. CERVARIA. Lapey. — G. G., 1, p. 688. — ♃. Juillet-septembre. — Bois des coteaux et des montagnes.

B.-R. — Marseille : Saint-Cyr de Saint-Marcel ; vallon de Forbin à Saint-Marcel ; nord du Pilon du Roi ; collines au sud du Rove (*Roux*); Gémenos : vallon de Saint-Pons, de Saint-Clair, etc. *(Roux)*; Aix : quartier de Mouret. (*F. A.*)

Var. — Bois des Maures ; le Luc *(Hanry)* ; quartier du Défens. (*Roux*)

A.-M. — L'Estérel (*Hanry*); commun dans la région montagneuse descendant jusque dans les bois de Menton, de Roquebrune et dans le vallon de Saint-Michel près d'Eze. (*Ard.*)

1138. P. OREOSELINUM. Mœnch. — G. G., 1, p. 688. — ♃. Août-septembre.

A.-M. — Région montagneuse (*de Not.*); bois de la vallée de Caïras; Saint-Martin-Lantosque ; N.-D. de Fenestre. (*Ard.*)

Vaucl. — Bois sablonneux au-dessus du village de Bedoin près Carpentras. (*Roux*)

1139. P. VENETUM. Koch. — G. G., 1, p. 689. — Août-octobre. — Bois humides.

A.-M. — Assez commun à Menton, Nice, Sospel, et la Giondala. (*Ard.*)

1140. P. PETROEUM. Née.

Feuilles pinnées; glauques, les radicales à segments multifides, les caulinaires à segments linéaires, allongés, entiers ; ombelles à 6-12 rayons ; involucre nul; fleurs blanches (*Ardoino*). — Région montagneuse.

A.-M. — Rochers et lieux très secs entre 800 et 1,000 mètres d'altitude ; aux montagnes de Grammont et du Mulacé au-dessus de Menton et au col de Braus et de Brouis. (*Ard.*)

1141. P. OSTRUTIUM. Koch. — G. G., 1, p. 691. — ♃. Juin-juillet.

A.-M. — Région alpine (*de Not.*); bois de Boréon ; vallon de Fenestre; Sainte-Anne de Vinaï; Salsemorena. (*Ard.*)

**Ferula.** Tourn.

1142. F. NODIFLORA. L. — G. G., 1, p. 691. — ♃. Juillet, août. — Coteaux, lieux arides.

Var. — Hyères; îles d'Hyères (*Hanry*); Toulon; Fréjus. (*G. G.*)

A.-M. — Grasse; île Sainte-Marguerite (*G. G.*); coteaux de Saint-Antoine, près de Grasse. (*Ard.*)

1143. F. GLAUCA. L — G. G., 1, p. 692. — ♃. Mai. — Lieux incultes.

Var. — Ile de Bandol (*G. G.*) et sur le continent (*Roux*); iles des Embiès près Saint-Nazaire (*G. G.*); Toulon : sur la colline du jardin botanique de Saint-Mandrier. (*Huet !*)

1144. F. FERULAGO. L. — G. G., 1, p. 692. — ♃. Juin, juillet. — Coteaux, lieux en friches, bord des champs.

Var. — Le Luc; Fréjus (*Hanry*); colline de Sainte-Hélène au Luc. (*Roux*)

A.-M. — Grasse (*Hanry*); Nice, à Drap; col de Braus; Vence. (*Ard*)

**Opoponax.** Koch.

1145. O. CHIRONIUM. Koch. — G. G., 1, p. 693. *Pastinaca opoponax*. L. — Rochers, lieux pierreux de la région montagneuse. — ♃. Juin, juillet.

B.-R. — Gémenos : dans le vallon de l'Oule et des Crides (*Roux*). Pont de Mirabeau sur les rochers escarpés et presque inaccessibles. *(Autheman !)*

Var. — Toulon ; Hyères (*G. G.*); le Luc; Touris(*Hanry*); Fréjus (*G. G.*, *Hanry*); partie méridionale de la montagne de la Sainte-Baume, à l'ombre des grands rochers du Saint-Pilon. (*Roux*)

A.-M. — Abonde dans la plaine de Drap près de Nice. (*Ard.*

**Pastinaca.** L.

1146. P. PRATENSIS Jord. — P. sativa. (*Auct. parte*)

Fruit ovale-arrondi ou orbiculaire; ombelles à 6-10 **rayons** très inégaux ; tige haute de 8-20 décim., anguleuse et striée; feuilles inférieures à 9-10 segments ovales ou ovales-oblongs, lobés et crénelés. Prairies.

B.-R. — Gémenos : vallon de Saint-Pons ; Peyrolles. (*Roux*)

A.-M. — Assez commun dans les prés de la région montagneuse; la Giondala; Tende ; Saint-Martin-Lantosque; Le Bar. (*Ard.*)

B.-A. — Digne : dans les prés. (*Roux*)

1147. P. opaca. Bernh. — *P. urens*. Req. — *P. sativa* (*Auct. part*). — ②. Juillet, août.

Fruit ovale ; ombelles à 4-8 rayons presque égaux ; tige haute de 5-9 décim., arrondie et à peine striée ; feuilles inférieures à 9-11 segments ovales ou ovales-oblongs très allongés, lobés et crénelés. — Les prés, les haies, le bord des eaux.

B.-R. — Marseille: bords de l'Huveaune à Saint-Loup, à la Pomme, etc.; Aubagne; Roquevaire, etc. (*Roux*); Aix : bord de la Torse (*Roux*) ; Marignane: bords de la Cadière (*Autheman!*)

Var. — Le Canet: bord d'Argens à Entraigues. (*Roux*)

A.-M. — Menton ; Sospel; la Giondala ; le Bar (*Ard.*)

Vaucl. — Avignon (*Roux*); île de la Barthelasse (*Tribout!*); bords de la Sorgues entre l'Isle et Vaucluse. (*Roux*)

**Heracleum.** L.

1148. H. Sphondylium. L. — G., G., 1, p. 696. — ②. Juin-septembre. — Bois et prairies.

Var. — Bois de la Sainte-Baume. (*Hanry, Roux*)

A.-M. — Assez commun dans les prés de la région montagneuse, d'où il descend jusqu'à Sospel et Drap. (*Ard.*)

1149. H. Panaces. L. — G. G., 1, p. 696. — ②. Juillet, août
— Région montagneuse: Alpes de la Provence (*G. G.*)

Vaucl. — Mont Ventoux dans les bois de hêtres des environs de la Jaïsse (*Roux*)

1150. H. MINIMUM. Lamk. — G. G., 1, p. 697. — ♃. Juin, juillet. — Région alpine.

Vaucl. — Mont Ventoux, parmi les cailloux et les rocailles. (*Roux*)

**Tordylium.** L.

1149. T. MAXIMUM. L. — G. G., 1, p. 698. — ①. Juillet, août. — Coteaux, haies, lieux incultes.

B.-R. — Marseille : Saint-Tronc, au levant du grand bois de pins, aujourd'hui fermé ; vallon de la Vache à la Bourdonière (*Roux*); Arles : Mont-Majour (*Roux*); Aix : bords de la Torse (*F. A.*); marais de Fos, le long du canal d'Arles. (*Autheman !*)

Var. — Commun : haies, bois (*Hanry*); vallon de Tardéou ; Saint-Zacharie. (*Roux*)

A.-M. — Peu commun ; au-dessus de Menton ; Nice à Montgros ; Levens, etc. (*Ard.*)

**Gaya.** Gaud. (non Kunth.)

1150. G. SIMPLEX. Gaud. — G. G., 1, p. 699. — ♃. Juillet, août. — Région alpine élevée.

A.-M. — Sommet du mont Bego ; col de Fenestre, lac d'Entrecoulpe. (*Ard.*)

### TRIBU X. — SESELINEÆ.

**Crithmum.** L.

1151. C. MARITIMUM. Jacq. — G. G., p. 701. — ♃. Juillet, août. — Commun sur les rochers, les falaises et les graviers maritimes de la région littorale de la Provence.

**Meum.** Tourn.

1152. M. ATHAMANTICUM. Jacq. — G. G., 1, p. 701. — ♃. Juillet, août. — Région alpine.

A.-M. — Assez répandu dans toutes nos Alpes. (*Ard.*)

1153. M. mutellina. Gœrtn. — G. G., 1, p. 701. — ♃. Juillet, août. — Région alpine.

A.-M. — Hautes Alpes du comté de Nice, sans désignation plus spéciale. (*Ard. d'après l'herbier Stire*)

**Silaus.** Besser.

1154. S. pratensis. Bess. — G. G., 1, p. 701. *Peucedanum Silaus*. L. — ♃. Juillet, août. — Commun dans les prés et les lieux humides de toute la Provence.

**Ligusticum.** L.

1155. L. ferulaceum. All. — G. G., 1, p. 703. — ♃. Juin-août. — Région alpine.

A.-M. — Coteaux schisteux dénudés : col Bertrand entre Lantosque et Tende ; val de Bourdous au-dessus d'Entraune ; Salsemorena. (*Ard.*)

B.-A. — Forêt de Faillefeu au-dessus de Prads (*Roux*) ; Barcelonnette ; l'Arche. (*G. G.*)

**Athamanta.** Koch.

1156. A. cretensis. L. — G. G., 1, p. 704. — ♃. Juin, juillet. — Rochers de la rég. alp.

Var. — Aiguines : sur les rochers à Margès. (*Albert!*)

A.-M. — Assez répandu dans toutes nos alpes jusqu'au col de Brouis. (*Ard.*)

Vaucl. — Rochers du sommet du Mont Ventoux. (*Roux*)

**Trochiscanthes.** Koch.

*1157. T. nodiflorus. Koch. — G. G., 1, p. 705. — ♃. Juillet, août. — Rég. alp. et mont.

Var. — Mont Lachen, à la Martre (*Cartier!*)

A.-M. — Bois de Farghet ; col de Tende ; Sainte-Anne de Vinaï ; Saint-Martin-Lantosque ; Rocabigliera (*Ard.*)

**Cnidium.** Cosson.

1158. C. apioides. Spreng. — G. G., 1, p. 705. — ♃. Juillet, août. — Rég. mont.

A.-M. — Montagne de l'Agel au-dessus de la Turbie. (*Ard.*)

B.-A. — Digne, à la montée de Cousson et dans le vallon du Marderie. (*Roux*)

**Seseli. Lin.**

1159. S. TORTUOSUM. L. — G. et G., 1, P. 707. — ♃. Juillet, août. — Lieux secs et incultes, bord des routes et des champs.

B.-R. — Rives de l'Arc depuis Berre jusqu'à Aix. (*Roux*) Aix à Cuques (*F. A.*) Martigues. (*Autheman!*) Châteauneuf-les-Martigues; Arles à Mont Majour. (*Roux*) La Crau. (*G. G.*)

Var. — Toulon. (*G. G. Hanry*)

A.-M. — L'Escarène; Luceron; golfe Jouan; île Sainte-Marguerite; le Bar; Saint-Césaire. (*Ard.*) Cannes. (*G. G.*)

Vaucl. — Remonte le Rhône jusqu'à Orange. (*G. G.*) l'Isle. (*Autheman!*)

1160. S. ELATUM. L. — G. G., 1, p. 708. — ②. Août, septembre. — Côteaux sablonneux, lieux secs et pierreux.

B.-R. — Marseille: montagnes à Montredon, vallon de Morgiou, vallon de l'Evêque, à Saint Loup, etc. Roquevaire: vallon du Bassan (*Roux*). Aix: à Cuques, etc. (*F. A.*) Eguilles (*Peuzin!*) Martigues (*Autheman!*) Arles: Mont Majour. (*G G.*)

Vaucl. — Avignon; Vaucluse. (*G. G.*)

1161. S. MONTANUM. L. — G. G., 1, p. 709. — ♃. Juillet-septembre.— Rég. mont.

B.-R. — Vallon des Signores et de Saint-Clair à Saint-Jean-de-Garguier. (*Roux*) Aix: de Vauvenargues au Grand Sambuc, vallon des Masques. (*Peuzin!*) Sainte-Victoire. (*F. A.*)

Var. — Bois de la Sainte-Baume (*Roux*) Bagnol; Touris (*Hanry*) Ampus (*Albert!*)

A.-M. — Nice à Saint-André ; entre Tourette et Levens ; au-dessus de Menton ; l'Escarène ; Saint-Sauveur. (*Ard.*)

B.-A. — Digne à Saint-Benoît. (*Roux*)

1162. S. coloratum. Erhrh. — G. G., 1, p. 709. — ♃. et ②. Juillet-septembre. — Côteaux.

A.-M. — Environs de Nice ; col de Braus ; Raus. (*Ard.*)

1163. S. carvifolium. vill. — G. G, 1, p. 710. — ♃. Juillet, août. — Rég. mont.

Var. — Ampus : dans les prés d'Oveines, près de Châteaudouble. (*Albert!*)

A.-M. — Saint-Martin-Lantosque. (*Ard.*)

B.-A. — Forêt de Faillefeu, au-dessus de Prads (*Roux*)

1164. S. libanotis. Koch. — G. G., 1, p. 710. — ②. Juillet, août. — Rég. alp.

A.-M. — Les Voisennes ; Lupega ; Sauson. (*Ard.*)

**Fœniculum.** Hoffm.

1165. F. vulgare. Gœrtn. — G. G., 1, p. 712. — ♃. Juillet, août. — Commun sur le bord des champs, les coteaux, les lieux rocailleux de toute la Provence.

**Ridolfia.** Moris.

1166. R. segetum. Moris. — *Anethum segetum*. L. — ①. Juin-août. — Rare. Çà et là dans les champs, les moissons et parmi des décombres.

B.-R. — Marseille : a été trouvé à la Pomme, à Saint-Loup, aux Olives, aux Camoins, à Aubagne. (*Roux*) Aix : dans un champ cultivé au quartier du Défens. (*F. A.*) Marignane (*Roux, Autheman!*)

Var. — Toulon, au cap Brun. (*Huet!*) Six-Fours ; le Luc. (*Hanry*)

A.-M. — Nice, dans la plaine de Drap. (*Ard.*)

**Æthusa.** L.

1167. Æ. cynapium. L. — G. G., 1, p. 712. — ①. Juin-octobre. — Lieux cultivés.

A.-M. — Peu commun dans les cultures de la rég. mont. Revest; Lantosque; Saint-Martin-Lantosque; Saint-Auban. (*Ard.*)

**Œnanthe.** L.

1168. ŒE. PIMPINELLOIDES. L. — G. G., 1, p. 713. — ♃. Mai-juillet. — Prairies sèches, bois.

Var. — Toulon, Fréjus. (*G. G.*) Le Luc. (*Hanry*) Lisière du bois de la Sainte-Baume; Saint-Nazaire, dans les bois de Pipière; bois des Maures, du Luc aux Mayons. (*Roux*)

A.-M. — Menton, au cap Martin; Baou-Rous, près Villefranche; château de la Garde, près de Villeneuve; Grasse; Cannes. (*Ard.*)

1169. ŒE. LACHENALII. Gmel. — G. G., 1, p. 714. — ♃. Juin, juillet. — Fossés, prés humides.

B.-R. — Marseille: Çà et là le long du canal, Saint-Loup, les Olives, etc. (*Roux*) Aix: dans les prairies des bords de la Durance, vers le pont de Pertuis. (*F. A.*) Fossés voisins de l'étang à Marignane; Raphèle, près Arles. (*Roux*) Martigues. (*Autheman!*)

1170. ŒE. PEUCEDANIFOLIA. Pall. — G. G., 1, p. 715. — ♃. Juin, juillet. — Prés humides.

A.-M. — Nice au Var: col de Tende. (*Ard.*)

1171. ŒE. FISTULOSA. L. — G. G., 1, p. 715. — ♃. Juin, juillet. — Fossés, prairies marécageuses.

B.-R. — Marignane; Berre. (*Roux*) Le Mas-Thiber. (*Peuzin!*) Paluds de Saint-Remy. (*Autheman!*)

Var. — Toulon. (*Hanry*)

A.-M. — Rare. Vaugrenier, près d'Antibes; Cannes (*Hanry, Ard.*) Châteauneuf. (*Ard.*)

1172. ŒE. GLOBOSA. L. — G. G., 1, p. 716. — ♃. Mai, juin. — Etangs, marais.

B.-.R — Marignane, au Paludelle. (*Roux*)

Var. — Le Lavandou; le Luc; Saint-Raphaël (*Hanry*) Toulon; îles d'Hyères; Fréjus. (*G. G.*)

A.-M. — Très rare. Menton; Nice au Var; Antibes; Cannes. (*Ard,*)

1173. OE. phellandrium. Lamk. — G. G., 1. p. 716. — ♃. Juillet, août. — Marais.

A.-M. — Rare. Vaugrenier, près d'Antibes (*Ard.*)

**TRIBU XI. — AMMINEÆ**

**Bupleuvrum.** L.

1174. rotundifolium. L. — G, G., 1, p. 717. — ①. Juin, juillet. Moissons, lieux incultes.

B.-R. — Aix : aux abords du Moulin-Fort, probablement de graines importées. (*F. A.*) Assez abondant autour du village des Milles ; Marignane, dans les moissons des bords de l'étang. (*Roux*).

Var. — Terres cultivées, bords des champs. (*Hanry*).

A.-M. — Peu commun. Nice à Montgros ; entre Castillon et Sospel ; la Giandola ; Levens ; Venanson. (*Ard.*)

B.-A. Digne : dans les hautes cultures de la montagne de Cousson. (*Roux*).

1175. B. protractum. Link. et Hoffm. — G. G., 1, p. 717. — ☉. Juin, juillet. — Çà et là dans les champs et les moissons.

B.-R. — Marseille : à Saint-Loup ; aux Martégaux ; à la Treille ; au vallon des Tuves à Saint-Antoine, etc. ; Cassis ; la Ciotat, etc. (*Roux*). Aix : au vallon de Bouenoure. (*F. A.*) Martigues. (*Autheman!*)

Var. — Toulon ; Hyères ; le Luc. (*Hanry*).

A.-M. — Cannes. (*Hanry*) Région littorale. (*Ard.*)

1176. B. stellatum. L. — G. G., 1. p. 719. — ♃. Juillet, août. — Région alp.

A.-M — Lac des Merveilles au-dessus des mines de Tende. (*Ard.*)

1177. B. ranunculoides. L. — G. G., 1, p. 719. — ♃. Juillet, août. — Région alp. et mont.

A.-M. — Assez répandu dans toutes nos Alpes. (*Ard.*)

1178. B. caricifolium. Rchb. — *B. ranunculoides* Var. β. G. G., 1, p. 720. — ♃. Juillet-septembre. — Rochers de la rég. montagneuse.

B.-R. — Marseille; fentes des rochers du Vallon entre la tête de Saint-Cyr et de celle de Carpiagne; Baou-de-Bretagne. (*Roux*).

Var.— La Sainte-Baume : au lieu dit le Pas-de-la-Chèvre ; rochers au-dessus des Béguines et sous Saint-Cassien. (*Roux*). Toulon : au sommet du mont Faron. (*Chambeiron !*)

1179. B. petræum. L. — G. G., 1, p. 720. — ♃. Juillet-septembre. — Rég. alp.

A.-M. — Col de Tende; le Garret; Croues-de-l'Ase; Bouziego. (*Ard.*)

B.-A. — Horonaye près l'Arche (*Chavanis !*) : Mont Pelat ; Allos ; Colmars. (*G. G.*)

1180. B. gramineum. Vill. — G. G., 1, p. 721. — ♃. — Juillet, août.

A.-M. — Rochers à l'ouest et tout près de la ville de Tende ; col de Tende ; Saint-Martin Lantosque ; Saint-Dalmas le Sauvage. (*Ard.*)

Vaucl. — Mont Ventoux, dans les bois de hêtres. (*Roux*).

1181. B. junceum. L. — G. G., 1, p. 722. — ☉. Juillet, août. — Lieux pierreux.

B.-R. — Les Alpines, entre Saint-Remy et Eyguières. (*Peuzin !*) Roquefavour, près de l'aqueduc ; Gémenos ; dans tout le vallon de Saint-Pons jusqu'au Baou-Bretagne. (*Roux*).

Var. — Toulon à Mourières (*Reynier !*); le Revest. (*Hanry*), le Luc (*Hanry, Roux*). Sainte-Baume. (*Roux*).

A.-M. — Menton ; Nice, à Saint-André; Grasse. (*Ard.*)

1182. B. jacquinianum. Jord. Pugill. p. 71. — ☉. Juin-août. Se rapporte assez bien à la description du *B. affinis* de G. G., 1, p. 723. — Rare.

Vaucl. — Avignon : dans l'île de la Barthelasse. (*Th. Brown !*)

1183. B. AUSTRALIS. Jord. Pugill. p. 72. — *B. Gerardi*, auct. Gall. exp. (non Jacq.) G. G., 1, p 722.

Commun dans les champs et les moissons.

B.-R. — Marseille : vallon de la Panouse ; N.-D. de Nazareth à Saint-Marcel ; la Serviane ; la Treille, les Olives ; vallon de la Vache, à la Bourdonière ; Roquevaire ; Roussargues ; Cassis ; la Ciotat (*Roux*). Aix : au quartier de Bouenoure, etc. (*F. A.*)

Var. — Toulon : au Fort Rouge ; le Luc (*Hanry*).

A.-M. — Lit des torrents : Menton ; Nice, etc. (*Ard.*)

1184. B. TENUISSIMUM. L. — G. G., 1, p. 723. — ☉. Juillet, août. Lieux incultes.

B.-R. — Commun parmi les joncs et les graminées des bords des étangs de Marignane et de Berre ; Raphèle près d'Arles. (*Roux*). Puyloubier (*Peuzin !*) Aix : à la montée des Capucins ; à la Pioline. (*F. A.*)

Var. — Hyères : aux salines neuves ; aux Pesquiers. (*Hanry*).

A.-M. — Assez rare. Golfe Jouan ; île Sainte-Marguerite. (*Ard.*)

1185. B. GLAUCUM. Rob. et Cast. in DC. — G. G., p. 724. — ☉. Mai, juin. — Lieux secs et arides de la région littorale.

B.-R. — Marseille : commun à Montredon, Bonneveine ; Mazargues, vers les fabriques, etc. (*Roux*). Pas-des-Lanciers ; bord de l'étang de Berre entre Merveille et Saint-Chamas. (*Roux*). Miramas ; la Crau (*Castagne*); la Mède; Martigues ; Saint-Mitre, à Rouquet. (*Autheman !*)

Var. — Toulon : à la Garone ; aux Sablettes. (*Hanry*).

A.-M. — Assez rare. Nice, à la plage de Sainte-Hélène. (*Ard.*)

1186. B. ARISTATUM. Barhling. — G. G., 1, p. 724. — ☉. Juin, juillet. — Lieux secs et pierreux.

B.-R. — Marseille : Saint-Tronc, vallon de Morgiou, Saint-

Marcel ; les Trois-Lucs ; vallon des Tuves à Saint-Antoine, etc. (*Roux*). Martigues. (*Autheman!*) Aix : sur le côteau ouest de la montagne des Pauvres. (*F. A.*)

Var. — Sainte-Baume, sur les hauteurs du Saint-Pilon. (*Roux*). Toulon ; Bagnol ; le Luc. (*Hanry*)

A.-M. — Castillon : la Turbie ; Saint-Hospice ; Montalban ; Nice ; Antibes ; Grasse ; Tende. (*Ard.*)

Vaucl. — Avignon. (*Th. Brown!*)

1187. B. RIGIDUM. L. — G. G., 1, p. 725. — ♃. Juillet, août. Côteaux, lieux secs et arides.

B.-R. — Roquevaire : vallon du Bassan. (*Pathier!*) Les Alpines (*Peuzin! Roux*). Montagne de Rognes (*Peuzin!*) Aix : au couchant de la plaine des Dédaous et vallon au-dessus. (*F. A.*)

Var. — Le Luc. (*Hanry! Huet!*) Draguignan. (*G. G. Roux*).

Vaucl. — Avignon. (*G. G.*)

1188. B. FALCATUM. L. — G. G., 1, p. 725. — ♃. Juillet-octobre. Côteaux, haies, lieux secs.

Var. — Commun dans les haies ?? (*Hanry*).

B.-A. — Digne : à Saint-Benoit, vallon du Marderie ; Allos ; la Condamine, dans les bois de pins. (*Roux*).

Vaucl. — A la montée du Mont Ventoux. (*Roux*).

1189. B. FRUTICOSUM. L. — G. G., 1, p. 725. — ♂. Juillet, août. Côteaux, rochers, falaises et haies.

B.-R. — Marseille : traverse de la Rose aux fours à chaux de Saint-Julien et bois de pins en face les Martégaux ; hauteurs de Pichaury. (*Reynier!*) Gémenos ; dans le vallon de Saint-Pons et vallons entre Gémenos et Saint-Jean de Garguier. (*Roux*). Aix : cultivé, il est spontané au domaine de la Croix de Malte, plus sùrement au vallon du quartier Maillard, vers les limites du territoire ; du côté de Gardane. (*F. A.*) Commun à Saint-Chamas et Miramas ; les Baux. (*Roux*).

A.-M. — Bois de Liouson près de Saint Etienne le Sauvage. (*Ard.*)

B.-A. — Gréoulx : sur les bords du Verdon. (*Hanry*)

Vaucl. — Avignon. (G. G.)

**Berula.** Koch.

1190. B. ANGUSTIFOLIA. Koch. — G. G., 1, p. 726. — ♃. Juillet, août. — Lieux aquatiques.

B.-R. — Marseille : fossés du Château Borély, etc. ; Saint-Chamas ; Saint-Martin de Crau ; Raphèle, etc. (*Roux*).

Var. — Fossés aquatiques. (*Hanry*).

A.-M. — Nice ; Grasse et probablement dans toute la rég. mont. (*Ard.*)

**Pimpinella.** Lin.

1191. P. MAGNA. L. — G. G., 1, p. 727. — ♃. Juin, août. Rives, prairies, bois humides.

B.-R. — Bords de l'Huveaune, entre la Penne et Aubagne. (*Blaize !*) Roquevaire ; Baou de Bretagne. (*Roux*). Meyrargues, dans les prés. (*Autheman !*)

Var. — Pignans. (*Hanry*). Bois de la Sainte-Baume. (*Roux*).

A.-M. — Assez répandu dans toutes nos Alpes. (*Ard.*)

1192. P. SAXIFRAGA. L. — G. G., 1, p. 727. — ♃. Juillet, août. Rég. mont.

B.-R. — Les Alpines, entre Eyguières et Saint-Remy (*Cast. Cat. BR.*) Pont de Mirabeau. (*Peuzin !*)

Var. — Lieux rocailleux, paturages élevés. (*Hanry*).

A.-M. — Assez commun dans toutes nos Alpes. (*Ard.*)

B.-A. — Digne, à la montée de Cousson ; Faillefeu, au-dessus de Prads : la Condamine près de Barcelonnette. (*Roux*).

1193. P. PEREGRINA. L. — G. G., 1, p. 728. — ②. Mai, juin. Collines, lieux ombragés, bord des chemins.

Var. — Toulon aux Améniers. (*Huet et Jacquin !*) Hyères, (*Hanry*). Saint-Tropez ; Fréjus. (G. G.)

A.-M. — Menton ; Roquebrune ; Nice. (*Ard.*)

1194. P. Tragium. Vill. — G. G., 1, p. 728. — ♃. Juin, juillet. Fentes des rochers.

B.-R. — Marseille : au Mont de Luminy ; vallon de la Barrasse près de la Penne. (*Roux*). Aix : sommet de Sainte-Victoire, surtout vers le monastère (*Roux. — F. A.*) ; les Alpines ; Saint-Remy (*Cast. Cat. B. R.*).

Var. — Montagnes au-dessus de Montrieux (*Huet et Jacquin !*)

A.-M. — Entre Levens et la Tour ; Saint-Auban. (*Ard.*)

Vaucl. — Mont-Dragon près d'Orange ; Mont Ventoux. (*G. G.*)

**Bunium.** Lin.

1195. B. Carvi. Bieb. — G. G. 1, p. 729. — ②. Avril-juin. Prairies et bois de la rég. mont.

Var. — Draguignan à Ampus. (*Albert !*)

A.-M. — Très répandu dans toutes nos Alpes. (*Ard.*)

B.-A. Commun dans la forêt de Faillefeu au-dessus de Prads ; Allos ; à la montée du lac, etc. (*Roux*)

1196. B. Bulbocastanum. L. — G. G., 1, p. 730. — ♃. Juin, juillet. — Bois, rives et champs.

B.-R. — Marseille : Sur les bords de l'Huveaune à la Pomme ; dans les champs montueux du vallon de Fondacle à Saint-Julien, assez rare. (*Roux*) Aix : Sainte-Victoire, à Roquefeuille. (*Cast. Cat. B. R.*) Champs dans la plaine des Milles. (*F. A.*)

Var. — Pignans ; Fréjus. (*Hanry*). Plan d'Aups : la Sainte-Baume. (*Roux*).

A.-M. Moissons de la rég. mont. jusqu'au-dessus de la Turbie, Biot ; Auribeau. (*Ard.*)

**Ægopodium.** L.

1197. Æ. Podagraria. L. — G. G., 1, p. 731. — ♃. Mai-juillet.

A.-M. — Çà et là dans les haies humides de toute la rég. mont. (*Ard.*)

**Ammi.** Tourn.

1198. A. majus. L. — G. G., p. 731. — ①. Juin, juillet. — Assez commun dans les champs et les lieux incultes dans toute la Provence.

1199. A. Visnaga. Lamk. — G. G., 1, p. 732. — ①. Juin, juillet. Cultures et bords des champs.

B.-R. — Berre ; dans les champs du bord de l'étang, vers la minoterie et au Paty près de l'embouchure de l'Arc. (*Roux*). Aix: dans les champs au midi de la Pioline. (*F. A. — Roux*) Gignac, très rare. (*Autheman !*)

Var. — Champs humides. (*Hanry*)

A.-M. — Nice; Cannes; Saint-Martin-Lantosque. (*Ard.*)

Vaucl. — Avignon ; Orange. (*G. G.*) L'Isle. (*Autheman !*)

**Sison.** Lagas.

1200. S. Amomum. L. — G. G., 1, p. 732 — ♃. Juillet-septembre. Lieux humides, haies, buissons.

B.-R. — Mimet : près la source, au levant du village. (*Reynier !*) Arles : sur les bords du Rhône. (*Peuzin !*)

Var. — La Sainte-Baume. (*Hanry*, *Roux*). Montrieux; Fréjus. (*Hanry*).

A.-M. — Assez commun à Menton. (*Ard.*)

**Falcaria.** Riv.

1201. F. Rivini. Host. — G. G., 1, p. 733. — ②. Juillet, août. Bords des champs, rives et lieux incultes.

B.-R. — Aix, à Fenouillière. (*F. A.*) Les Milles; Beaulieu. (*Roux*). Martigues, dans le vallon de Saint-Pierre. (*Autheman !*) Puy-Sainte-Réparade (*Peuzin !*)

Vaucl. — Avignon. (*Tribout !*) Apt; Orange; Carpentras, etc.

**Ptychotis.** Koch.

1202. P. heterophylla. Koch. — G. G., 1, p. 734. — ②. Juin-août. Lieux secs et pierreux.

B.-R. — Marseille : vallon de Morgiou, de l'Evêque, de Saint-Cyr. etc.; Roquevaire ; vallon de Saint-Clair ; Baou-de-Bretagne, etc. (*Roux*). Aix: sur les côteaux du Montaiguet (*F. A.*) Meyrargues : graviers de la Durance. (*Autheman!*)

Var. — Toulon ; Fréjus. (*G. G.*, *Hanry*).

A.-M. — Commun à Menton et dans toute la rég. mont. (*Ard.*)

B.-A. — Allos : Barcelonnette ; la Condamine. (*Roux*).

Vaucl. — Avignon. (*G. G.*)

**Helosciadium**. Koch.

1203. H. NODIFLORUM. Koch. — G. G., 1, p. 735. — ♃. Juin, juillet. — Commun dans tous les fossés et les petits cours d'eau dans toute la Provence.

**Trinia**. Hoffm.

1204. T. VULGARIS. D.C. — G. G., 1, p. 737. — ♃. Avril, mai. — Lieux pierreux, secs et arides, côteaux et montagnes.

B.-R. — Marseille : vallon de la Panouse ; de Morgiou : de Sormiou ; Chaîne de l'Etoile, etc. Gémenos : dans le vallon des Crides, etc. (*Roux*). Aix : à la montagne des Pauvres, dans la plaine des Dedaous, au Montaiguet. (*F. A.*) Martigues. (*Autheman!*)

Var. — Toulon ; Bagnol (*Hanry*) ; Hyères ; Fréjus. (*G.G.*)

A.-M. — Mont Agel au-dessus de la Turbie ; col de Braus ; Flassans ; Caussols ; Saint-Martin-Lantosque. (*Ard.*).

B.-A. — La Condamine, etc. (*Roux*)

Vaucl. — Avignon. (*Th. Bown!*)

**Petroselinum**. Hoffm.

1205. P. SEGETUM. Koch. — G. G., 1, p. 738. — ①. Juillet, août. Champs humides et argileux. Rare.

A.-M. — Menton ; Nice. (*Ard*).

1206. P. SATIVUM. Hoff. — G. G., 1, p. 738. — ②. Mai-juillet. Cultivé, très souvent échappé des cultures, croît parmi les décombres, le long des chemins et des murs.

**Apium**. Hoffm.

1207. A. graveolens. L. — G. G., 1, p. 739. — ②. Juin-août. Commun sur le bord des eaux.

B.-R. — Marseille : le long des ruisseaux ; abonde sur les bords des étangs de Marignane, de Berre ; Raphèle, etc. (*Roux*). Aix : sur les bords de la Torse. (*F A.*)

Var. — Marais et bords des ruisseaux. (*Hanry.*)

A.-M. — Spontané, bords des fossés à Nice ; Menton, Grasse, etc. (*Ard.*)

### TRIBU XII. — SCANDICINEÆ

**Scandix**. Gœrtn.

1028. S. pecten-veneris. L.—G. G., 1, p. 740.— ☉. Avril-juin.— Commun dans les champs et les lieux pierreux de toute la Provence.

1209. S. australis. L. — G. G., 1, p. 740. — ①. Mai, juin. — Lieux secs et pierreux, talus, bords des champs.

B.-R. — Marseille : à Notre-Dame de la Garde ; Montolivet ; la Treille ; vallon de Morgiou, etc. Roquevaire ; Saint-Jean de Garguier, Cassis. etc. (*Roux*). Aix : à Cuques. (*F. A.*) Martigues, à la Mède (*Autheman!*)

Var. — Toulon, au Mont Coudon (*Huet, sous le nom de S. hispanica!*), le Luc (*Hanry*), Nans, dans le vallon de Tardeou. (*Roux*). Ampus. (*Albert!*)

Je ne crois pas que le *Scandix hispanica*, Boiss. croisse en Provence. Ce que j'ai reçu sous ce nom jusqu'à présent se rapporte au *Scandix australis* L.

**Anthriscus**. Hoffm.

1210. A. vulgaris. Pers. — G. G., 1, p. 741. — ①. Mai, juin. — Rég. mont. — Rare.

Var. — Sainte-Baume : au pied des rochers sous Saint-Cassien (*Dulac et W. Twigt!*) ; au pied des grands rochers de la partie méridionale de la chaîne de la

Sainte-Baume, montée de Ribous, où il est assez commun (*Roux*). Aiguines, à Margès (*Albert!*)
Vaucl. — Bédoin. (*Roux*).

1211. A. cerefolium. Hoffm. — G. G., 1, p. 741. — ①. Avril, mai.

Cultivé et souvent échappé des cultures.

1212. A. sylvestris. Hoffm. — G. G., 1, p. 742. — ♃. Mai, juin. Prairies, bois, haies et buissons.

B.-R. — Marseille ; le long du Béal entre les chemins de Mazargues et de Sainte-Marguerite, bords de l'Huveaune à St-Loup, la Pomme, etc ; Roquevaire, etc (*Roux*). Aix : au château de Vauvenargues. (*F. A.*)

Var. — Le Luc (*Hanry*). Bois de la Sainte-Baume (*Hanry, Roux*). Aiguines dans les bois de Margès. (*Albert!*)

A.-M. — L'Estérel. (*Hanry*). Rég. mont. d'où il descend jusqu'à Levens. (*Ard.*)

B.-A. — Forêt de Faillefeu au-dessus de Prads, etc. (*Roux*)

**Conopodium.** D.C.

1213. C. denudatum. Koch. — G. G., 1, p. 743. — ♃. Mai-juillet. — Prairies et bois.

Var. — Bois de la Sainte-Baume, surtout dans la partie la plus rapprochée de la ferme de Giniez. (*Roux*).

A.-M. — Bois de l'Estérel (*Hanry*), rare ; montagnes du Comté de Nice ; environs de Carozza. (*Ard.*)

**Chœrophyllum.** L.

1214. C. aureum. L. — G. G., 1, p. 744. — ♃. Juin, juillet. — Rég. alp. et mont.

A.-M. — Saint-Martin-Lantosque ; Estenc ; Val de Jallorgues. (*Ard.*)

1215. C. hirsutum. L. — G. G., 1, p. 744. — ♃. Juin-août. — Rég. alp. et mont.

A.-M. — Vallon du Boréon, de la Madone de Fenèstre et du Libaré près Venanson, (*Ard.*)

B.-A. — Forêt de Faillefeu ; chemin d'Allos à la Foux ; lac d'Allos ; la Condamine, près de Barcelonnette. (*Roux*).

2216. C. CICUTARIA. Vill. — G. G., 1, p. 744. (non Lin). — ♃. Juin-août. — Rég. alp. et mont.

A.-M. — Val de Pesio et probablement ailleurs. (*Ard.*)

1217. C. TEMULUM. L. — G. G., 1, p. 745. — ②. Juin, juillet. Haies, buissons.

Var. — La Sauvette des Mayons ; la Verne dans les Maures. (*Huet!*) Pignans ; Fréjus. (*Hanry*).

A.-M. — Rare. Menton ; Sospel ; Tende ; Lantosque ; Grasse. (*Ard.*)

**Myrrhis.** Scop.

1218. M. ODORATA. Scop. — G. G., 1, p. 746. — ♃. Juin, juillet. Rég. alp.

A.-M. — Peu commun. Alpes de Tende et de la Briga ; **val de Jallorgues** ; Bouziago ; mont de Langeron sur Entraunes. (*Ard*)

B.-A. — Entre Colmars et le lac Signet ; Lauzannier ; **Vallon Bérard.** (*Saint-Lag.*)

### TRIBU XIII. SMYRNEÆ.

**Pleurospermum.** Hoffm.

1219. P. AUSTRIACUM. Hoffm. — G. G., 1, p. 746. — ♄. Juin, juillet. Les Alpes de la Provence, suivant Gren. et God.

**Molopospermum.** Koch.

1220. M. CICUTARIUM. DC. — G. G., 1, p. 747. — ♃. Juillet, août. Escarpement des Alpes.

A.-M. — Montagne du Mulacé au-dessus de Menton ; Brouis ; l'Authion. (*Ard.*)

B.-A. — Colmars, au Grand-Couyer ; Annot, entre le pont de Guedan et Entrevaux (*Saint-Lager, Cat.*); Barcelonnette. (*Vill.*)

**Echinophora.** Tourn.

1221. E. spinosa. L. — G. G., 1, p. 748. - ♃. Juillet, août. — Sables maritimes.

B.-R. — Fos-les-Martigues. *(Roux)*.

Var. — Saint-Nazaire; entre le cap Nègre et le Brusc : Saint-Raphaël. *(Roux)*. Fréjus ; Sainte-Maxime ; presqu'île de Gien. *(Hanry)*.

A.-M. — Assez commun dans les sables maritimes. *(Ard.)*

**Smyrnium** L.

1222. S. olusatrum. L. — G. G., 1. p. 749. — ②. Avril, mai. Décombres, haies, lieux ombragés.

B.-R. — Marseille : à Saint-Giniez, propriété Baccuet ; Cassis : sous le château ; Gémenos, dans le vallon de Saint-Pons. *(Roux)*. Aix : dans le pré au midi de l'abattoir ; vallon de Barret. *(F.-A.)*.

Var. — Bord des champs, commun. *(Hanry)*. Toulon ; le Revest ; Hyères ; île de Porquerolle ; le Luc ; Saint-Tropez. *(Saint-Lager)*.

A.-M. — Gorbio ; Monaco ; Nice ; île Sainte-Marguerite ; Grasse. *(Ard.)*

1223. S. perfoliatum. L — G. G., 1, p. 749. — ②. Avril, mai.

Var. — Hameau des Mayons, sous les châtaigniers (*Hanry. Roux*) ; la Verne dans les Maures. *(Huet !)* ; Ampus à Lagne, sous les chênes. *(Albert !)*

A.-M. — Très rare. Vallée de Thorenc au-dessus de Grasse. *(Ard.)*

**Conium.** L.

1224. C. maculatum. L. — G. G., 1, p. 750. — ②. Juin-août. — Rives, décombres.

B.-R. — Marseille : autrefois au bord de l'Huveaune, près du pont de Sainte-Marguerite. *(Roux)*. Aix : dans les prés au midi de l'abattoir. *(F. A.)*

Var. — Lieux cultivés, fossés, décombres (*Hanry*) ;

ferme du Plan au Plan d'Aups. (*Roux*). Hyères. (*Saint-Lager*).

A.-M. — Assez rare. Utelle ; Tende ; Roccasteron, etc. (*Ard.*)

**Cachrys.** Tourn.

1225. C. LŒVIGATA. Lamk. — G. G., 1, p. 751. — ♃. Mai, juin. Rochers escarpés.

B.-R. — Gémenos : abonde sur les rochers calcaires-marneux des terrains jurassiques dans les vallons du Gord de l'Oule et des Crides, à Saint-Pons. (*Roux*). Aix : au vallon des Masques. (*F. A.*, *Philibert*).

Var. — Le Luc.: sur les rochers jurassiques exposés au nord. (*Hanry*). Le Cannet, au pied des rochers calcaires à Pas-Recours. (*Hanry!*)

A.-M. — Très rare, au-dessus de Breglio à l'endroit nommé Maurianes. (*Ard.*)

### TRIBU XIV. — HYDROCOTYLEÆ

**Hydrocotyle.** Tourn.

1226. H. VULGARIS. L. — G. G., 1, p. 751. — ♃. Juillet, août. Prairies marécageuses, rives et lieux humides.

B.-R. — Bords de l'étang de Marignane, sous Châteauneuf ; bords de l'étang de Berre, à la Mède près Martigues ; Raphèle près d'Arles. (*Roux*).

Var. — Toulon aux Sablettes. (*Hanry, d'après Robert*)

### TRIBU XV. — ASTRANTIEÆ

**Astrantia.** L

1227. A. MAJOR. L. — G. G., 1, p. 752. — ♃. Juillet, août. — Rég. montagneuse.

A.-M. — Assez commun. (*Ard.*)

B.-A. — Forêt de Faillefeu au-dessus de Prads : col de Valgelaye, route d'Allos à Barcelonnette. (*Roux*). Parpaillon ; Lauzannier ; Bérard. (*Saint-Lager*)

1228. A. minor. L. — G. G., 1, p. 752. — ♃. Juillet, août. — Rég. alp. — Assez commun dans toutes nos Alpes d'où il descend jusqu'à la forêt de la Maïris. (*Ard.*)

B.-A. — De Barcelonnette au pied de Séolane (*Saint-Lager*).

**TRIBU XVI. — ERYNGIEÆ**

**Eryngium. L.**

1229. E. alpinum. L. — G. G., 1, p. 755. — ♃. Juillet, août. — Rég. alpine ; rare.

A.-M. — Alpes de Fenèstre ; Saint-Dalmas-le-Sauvage ; col de la Maddelena. (*Ard.*)

B.-A. — L'Arche (*Roux*); prairies du Lauzannier. (*Gacogne*).

1230. E. spina-alba. Vill. — G. G., 1. p. 755. — ♃. Juin, juillet. Rég. mont.

A.-M. — Col de Braus ; Sanson ; la Briga. (*Ard.*)

B.-A. — (*G. G.*)

Vaucl. — Côteaux et vallons de la rég. moyenne du mont Ventoux par Bedouin. (*Roux*)

1231. E. campestre. L. — G. G., 1, p. 756. — ♃. Juillet, août. Champs et lieux arides de toute la région de la basse Provence.

1232. E. maritimum. L. — G. G., 1, p. 757. — ♃. Juin-août. — Sables maritimes.

B.-R. — Marseille : aux Goudes ; aux Croisettes ; à Morgiou ; à Sormiou ; plage de Fos-les-Martigues. (*Roux*).

Var. — Plages de Saint-Cyr ; de Saint-Nazaire. (*Roux*). Toulon aux Sablettes ; Sainte-Maxime ; Fréjus. (*Hanry*).

A.-M. — Assez commun dans les sables maritimes. (*Ard.*)

**Sanicula.** Tourn.

1233. S. europœa. L. — G. G., 1, p. 757. — ♃. Mai, juin. — Bois.

Var. — Hauts plateaux du Baou de Bretagne ; bois de la Sainte-Baume ; vallon de la Sauvette aux Mayons-du-Luc. (*Roux*). Vallons frais, lieux couverts. (*Hanry*).

A.-M. — Assez commun dans les bois de la région montagneuse, d'où il descend jusqu'à Menton et Nice (*Ard.*)

## ARALIACÉES

**Hedera.** L.

1234. H. helix. L. — G. G., 2, p. 2. — ♄. Septembre. — Commun sur les rochers, les vieux murs et les troncs d'arbres dans toute la Provence.

## CORNÉES

**Cornus.** L.

1235. C. mas. L. — G. G., 2, p. 2. — ♄. Mars, avril. — Bois et haies.

B.-R. — Mimet. (*Blaize*). Nord de Roquefourcade au-dessus de Roussargues. (*Roux*). Aix : dans le vallon des Pinchinats. (*F. A.*)

Var. — Commun dans le bois de la Sainte-Baume. (*Roux*). Montrieux; le Luc; Fox-Amphoux. (*Hanry*).

A.-M. — Assez rare, au-dessus de Vence ; Grasse ; le Bar ; (*Ard.*)

1236. C. sanguinea. L. — G. G., 2, p. 3 — ♄. Mai, juin. — Commun dans les bois, les haies, le bord des champs de toute la Provence.

## LORANTHACÉES

**Viscum.** Tourn.

1237. V. album. L. — G G., 2, p. 4. — ♄. Mars, avril. — Parasite sur les troncs et les branches des arbres.

B.-R. — Rare. Saint-Jean de Garguier, sur les amandiers. (*Roux*). Aix: sur l'ormeau, le peuplier d'Italie, l'aubépine et l'amandier (*F. A.*); la Fare, sur les amandiers. (*Blaize*)

Var. — Bois de la Sainte-Baume, sur le hêtre, l'if, le *sorbus latifolia*, etc. (*Roux*). Fox-Amphoux. (*Hanry*).

A.-M. — Sur le *pinus sylvestris*, forêt de la Maïris; Tende; la Briga; forêt de Clans; entre Todon et Pierrefeu, Caussols; vallée de Thorenc. (*Ard.*)

B.-A. — Gréoulx. (*Hanry*).

**Arceutobium.** Bieb.

1238. A. oxycedri. Bieb. — G. G., 2, p. 4. — ♄. Septembre. — Parasite sur les *juniperus oxycedri* et *communis*.

Var. — Fox-Amphoux; Riez. (*Hanry*). Entre Saint-Auban et Montfort. (*P. Faure!*)

B.-A. — A 12 kilom. de Sisteron, dans la commune de Château-Arnoux, ou bien quartier de Piétrus et sur le territoire de Montfort; sur la commune d'Augès, plus près de Forcalquier (*G. G.*)

## CAPRIFOLIACÉES

### TRIBU I. — SAMBUCINEÆ.

**Adoxa.** L.

1239. A. Moschatellina. L. — G. G., 2, p. 6. — ♃. Mars, avril.— Lieux frais et humides.

Var. — Toulon au Revest? (*G. G. et Hanry, d'après Robert*)

A.-M. — Rare. Vallée de la mine de Tende. (*Ard.*)

**Sambucus.** Tourn.

1240. S. Ebulus. L. — G. G., 2, p. 6. — ♃. Mai, juin. — Bords des routes, des champs, le long des haies et des fossés:

B.-R. — Marseille, rare: la Capelette, au moulin Barret; Raphèle près d'Arles (*Roux*). Aix: sur les bords de la Torse. (*F. A.*)

Var. — Bords des ruisseaux et des haies (*Hanry*). Plan d'Aups (*Roux*).

A.-M. — Auribeau ; Grasse ; Nice ; Saint-Pons ; Peille ; Mont Agel ; Isola, etc. (*Ard.*)

Vaucl. — Fontaine de Vaucluse ; Mont Ventoux (*Roux*).

1241. S. NIGRA. L. — G. G., 2, p. 7. — ♄. Mai, juin. — Haies, bord des cours d'eaux.

B.-R. — Marseille : bords du Jarret, de l'Huveaune, etc. (*Roux*) Aix : dans les haies. (*F. A.*)

Var. — Bois de la Sainte-Baume, à Fouen-Croutado *(Roux)*. Carnoules ; le Luc ; Fox-Amphoux (*Hanry*).

A.-M. — Subspontané dans les haies et les bois ; sauvage au vallon de Libaré près de Venauson (*Ard.*).

1242. S. RACEMOSA. L. — G. G., 2, p. 7. — ♄. Avril, mai. — Rég. montagneuse.

Var. — Aiguines dans les bois de Margès (*Albert!*).

A.-M. — Mine de Tende ; Sainte-Anne de Vinaï ; Bouzego aux sources de la Tinée (*Ard.*).

B.-A. — Forêt de Faillefeu au-dessus de Prads (*Roux*).

**Viburnum. L.**

1243. V. TINUS. L. — G. G., 2, p. 7. — Février-mai. — Haies, côteaux, rochers de la région littorale.

B.-R. — Marseille : Marseille-Veiré (*Castag.*) ; Sainte-Marguerite ; Saint-Loup, à Puits-de-Paul, etc. ; Cassis. (*Roux*) Aix, cultivé et parfois spontané (*F. A.*).

Var. — Belgentier, le Luc (*Hanry*).

A.-M. — Notre-Dame de Laghet ; les vallons qui dominent le Var ; Vallauris ; île Sainte-Marguerite ; l'Estérel ; Grasse. (*Ard.*)

1244. V. LANTANA. L. — G. G., 2, p. 8. — ♄. Avril, mai. — Haies et bois, surtout de la région montagneuse.

B.-R. — Marseille : entre Notre-Dame des Anges et Mimet (*Blaize*). Aix : dans les haies vers Vauvenargues ; Saint-Jean de Trets (*Roux*). Chemin de la rive gauche de l'Arc en amont du pont en face de Palette ;

côteau Nord de la Trevaresse (*F. A.*) Montaiguet et sur quelques côteaux voisins (*Cast. Cat. B. du R.*).

Var. — Bois taillis de la Sainte-Baume sous Saint-Cassien. (*Roux*). Ampus près Draguignan (*Albert!*). Fox-Amphoux ; Aups (*Hanry*).

A.-M. — Berre ; bois de Forghet ; Mont Mulacé au-dessus de Menton ; gorges de Saorgio ; Saint-Dalmas-le-Sauvage ; montagnes au-dessus de Grasse (*Ard.*).

B.-A. — Les Mées ; Digne, au sommet de Cousson (*Roux*).

1245. V. Opulus. L. — G. G., 2, p. 8. — Mai, juin. — Rég. mont.

A.-M. — Roccabigliera (*Ard.*).

B.-A. — Barcelonnette, à Enchastrayes (*Abbé Olivier !*).

### TRIBU II. — CAPRIFOLIEÆ.

**Lonicera. L.**

1246. L. implexa. Ait. — G. G., 2, p. 9. — ♂. Mai, juin. — Lieux secs et pierreux, bois de pins, bords des champs élevés de la rég. littorale.

B.-R. — Marseille : à Saint-Julien ; les Martégaux ; Mazargues ; Saint-Loup ; les îles, etc. (*Roux*). Aix : le long de la Torse, etc. (*F. A.*) Martigues (*Autheman!*).

Var. — Toulon, au cap Brun (*Huet!*) le Luc ; Fréjus. (*Hanry!*)

A.-M. — Assez commun au bord des bois (*Ard.*).

1247 L. etrusca. Santi. — G. G., 2, p. 10. — ♂. Mai, juin. — Haies, rochers de la rég. montagneuse.

B.-R. — Gémenos dans les vallons de Saint-Clair, de Saint-Pons, des Crides ; Roquefourcade, Baou de Bretagne (*Roux*). Aix : haies et buissons (*F. A.*). Simiane ; Mimet ; (*Roux*). Velaux, à la Garène ; Miramas-station (*Autheman!*).

Var. — Plan d'Aups ; Sainte-Baume. (*Roux*) Toulon : le Luc (*Hanry*).

A.-M. — L'Estérel ; Biot (*Hanry*). Castillon et Mont Agel

au-dessus de Menton; Mont Chauve au-dessus de Nice; Grasse; l'Escarène; Levens; Utelle; Roubion, etc. (*Ard.*)

1248. L. XYLOSTEUM. L. — G. G., 2, p. 10. — ♃. Mai, juin. — Bois et buissons de la région montagneuse.

Var. — Sainte-Baume, dans les taillis sous Saint-Cassien. (*Roux*)

A.-M. — La Briga; entre Carlin et Tende; Saint-Dalmas-le-Sauvage; Saint-Martin-Lantosque; montagnes de Grasse et de Seranon. (*Ard.*)

B.-A. — Digne : vallon du Marderie et sommet de Cousson. (*Roux*)

1249. L. NIGRA. L. — G. G., 2, p. 11, — ♃. Mai, juin. — Région alpine et montagneuse.

A.-M. — Clans; alpes de Tende; col de Fremamorta (*Ard.*).

1250. L. ALPIGENA. L — G. G., 2, p. 11. — ♃. Mai, juin. — Rég. alpine.

A.-M. — Clans; la Colmiane entre Venanson et Saint-Martin-Lantosque. (*Ard.*)

# RUBIACÉES

**Rubia. L.**

1251. R. TINCTORIA. L. — G. G., 2, p. 13. — ♃. Mai, juin. — Cultivé et échappé des cultures. Environs de Marignane; bords de l'étang entre Miramas et Istres (*Roux*) Aix : cultivé et subspontané (*F. et A.*)

Vaucl. — Dans les bois des environs d'Avignon, où il y est subspontané; cultivé en grand dans la plaine d'Avignon. (*Palun*)

1252. R. PEREGRINA. L. — G. G., 2, p. 13. — ♃. Mai, juillet. — Commun dans les lieux secs et pierreux, les haies, les buissons de toute la région littorale de la Provence.

**Galium. Lin.**

### Section I. — Cruciata (Tourn.)

1253. G. CRUCIATA. Scop. — G. G., 2, p. 16. — ♃. Avril, mai.

B.-R. — Marseille, rare : Saint-Julien, dans un bois de pins au fond de la traverse près du cimetière (*Roux*). Bords du canal à Fontainieu (*Blaize!*). Simiane (*Laué!*).

Var. — Assez commun dans le vallon de la Sauvette des Mayons (*Roux*). Bords des champs, haies (*Hanry*).

A.-M. — Çà et là dans la rég. mont. au-dessus de Menton ; l'Estérel ; Col de Tende ; Grasse. (*Ard.*)

1254. G. vernum. Scop. — G. G., 2, p. 16. — ♃. Juin, juillet. — Rég. alp. et mont.

A.-M. — Col de Tende ; vallon de Fenestre ; Saint-Martin-Lantosque ; Clans. (*Ard.*)

B.-A. — Vallon d'Horonaye près de l'Arche. (*Chavini!*)

1255. G. pedemontanum. All. auct. p. 2. D.C. fl. fr. iv, p. 250 — ①. Juin. — Rég. alp.

Var. — Aiguines : parmi les buissons dans les escarpements du Verdon. (*Albert!*) Reçu sous le nom de *G. verticillatum*.

### Section II. — **Plalygalium** (Koch.)

1256. G. rotundifolium. L. — G. G., 2, p. 17. — ♃. Mai, juin.

A.-M. — Alpes de la Briga ; de Tende. (*Ard.*)

1257. G. boreale. L. — G. G., 2, p. 17. — ♃. Juillet, août. — Rég. alp. et mont.

A.-M. — Mont Bego ; alpes de Tende ; Salsomorena aux sources de la Tinée (*Ard.*)

B.-A. — Lieux incultes sur la route d'Allos à Barcelonnette. (*Roux*)

### Section III. — **Asperulopsis** (G. G.)

1258. G. glaucum. L. — G. G., 2, p. 18. — ♃. Juillet.

B.-R. — Marseille. (*G. G.*) Les prés du Château Borély (*Coste!*). Bords des prés aux Milles et à Saint-Chamas (*Roux*). Aix : dans le pré au levant du Moulin-Fort et sur les rives de l'Arc en face de ce pré ; dans le pré à gauche de l'avenue du Tholonet et à la Pioline (*F. A.*).

Var. — Le Luc. *(Hanry)* Toulon ; Fréjus. (*G. G.*)

A.-M. — Antibes ; Auribeau près de Grasse. (*Ard.*)

### Section IV. — Eugalium (Koch.)

1259. G. VERUM. L. — G. G., 2, p. 19. — ♃. Juin-septembre. — Commun dans les prés, les bords des champs, les lieux secs et pierreux de toute la Provence.

1260. G. PURPUREUM. L. — G. G., 2, p. 20. — ♃. Août.
 A.-M. — Assez commun dans les lieux pierreux. (*Ard.*) Grasse. (*Duval-Jouve!*) Antibes. (*Thuret!*)
 B.-A. — Entrevaux (*G. G. d'après Jordan*).

1261. G. LOEVIGATUM. L. — G. G., 2, p. 21. — ♃. Juillet, août. — Rég. mont.
 Var. — Aiguines dans les bois de Margès. (*Albert!*)
 A.-M. — L'Escarène ; le Revest ; la Maïris ; la Briga ; Grasse. (*Ard.*)

1262. G. ELATUM. Thuill. — G. G., 2, p. 22. — ♃. Juillet, août. — Haies, buissons et broussailles dans toute la Provence.

1263. G. ERECTUM. Huds. — G. G., 2, p. p. 23. — ♃. Mai, juin. — Commun dans les prés, le long de sentiers de la rég. litt. et mont. de la Provence. M. Ardoino ne le signale que dans la rég. mont.; à Levens ; à la Maïris et au val de Jallorgues.

1264. G. RIGIDUM. Vill. — Jord., pugill., p. 78. — ♃. Juin, juillet.
 Var. — Vallon de la Sauvette des Mayons du Luc (*Roux*).
 Vaucl. — Mont Ventoux, dans les bois de hêtres de la Jaïsse. (*Roux*)

1265. G. CORRUDÆFOLIUM. Vill. — G. G., 2, p. 24. — ♃. Juin, juillet. — Commun sur les côteaux, les lieux pierreux dans toute la Provence.

1266. G. CINEREUM. All. — G. G., 2, p. 24. — ♃. Juin, juillet. — Lieux secs et pierreux, bords des sentiers montueux.
 B.-R. — Marseille, à Château-Gombert ; aux Camoins, au Gord de Roubau ; la Treille ; Roquevaire, au vallon du Bassan ;

Gémenos, au vallon de Saint-Pons ; Cassis, à la Bedoule ; Aix, à Vauvenargues (*Roux*). Rives sèches du chemin d'Aix à la Tour de la Keyrié et sur les côteaux voisins de Sainte-Victoire (*F. A.*)

Var. — Nans, au vallon de Tardeou (*Roux*). Toulon ; Hyères ; le Luc. (*Hanry*)

A.-M. — L'Estérel. (*Hanry*) Sospel ; Saorgio ; la Giordola entre Tende et Nice ; Grasse (*Ard.*)

B -A. — Gréoulx, au bord des champs ; Digne, sur la montagne de Cousson ; Barcelonnette. (*Roux*)

1267. G. RUBIDUM. Jord. — G. G , 2, p. 27. — ♃. Juin.— Côteaux secs et pierreux, lieux incultes, etc.

B.-R. — Marseille : vallon de Toulouse ; de Sormiou ; Morgiou ; Marseille-Veiré, etc. Baou de Bretagne ; Sainte-Victoire près d'Aix, etc. (*Roux*) Aix au Prégnon. (*F. A.*)

Var. — Toulon au Baou-de-Quatroures (*Huet!*) Saint-Raphaël. (*Hanry*) Toulon ; Bormes ; Hyères. (*Jord.*)

A.-M.— Grasse (*Giraudy!*) Assez commun dans les champs, dans toute la rég. litt. et même montagneuse. (*Ard.*)

B.-A. — Digne. (*G. G.*)

1268. G. GRACILENTUM. Jord. — Obs. sept. 1846, p. 134.

Il ne diffère du précédent que par ses fleurs d'un blanc jaunâtre ; il croît dans les mêmes lieux. Marseille : aux vallons de Toulouse, de la Panouse, etc. Baou de Bretagne ; Aix, au Tholonet, etc. (*Roux*)

Var. — Montée de la Sainte-Baume par Nans (*Roux*), le Luc. (*Hanry*)

1269. G. MYRIANTHUM. Jord. — G. G., 2, p. 27. — ♃. Juin, juillet. — Lieux pierreux.

B.-R. — Aix à Sainte-Victoire (*Autheman!*), vallons de Mouret et de Montaiguet. (*F. A.*)

Var. — Bords des champs au Plan d'Aups. (*Roux*)

1270. G. LUTEOLUM. Jord. — G. G., 2, p. 28. — ♃. Juillet. — Pelouses sèches et lieux pierreux.

B.-A. — Chemin d'Allos à la Foux ; montée de Prads à à Faillefeu et de Faillefeu à Boules ; montée d'Allos au lac ; Digne à Saint-Benoît *(Roux)*.

1271. G. ALPICOLA. Jord. — G. G., 2, p. 28. — ♃. Juillet, août.
A.-M. — Tende ; col de Tende ; val de Pesio ; val de Strop aux sources du Var. *(Ard.)*

1272. G. BRACHYPODUM. Jord. — G. G., 2, p. 29. — ♃. Juillet.
B.-A. — Barcelonnette, dans les lieux secs des bois et des collines *(G. G., d'après Jord.)*.

1273. G. LÆTUM. Jord. — G. G., 2, p. 29. — ♃. Juillet.
B.-R. — Auriol, au vallon de Vèdes ; Baou de Bretagne ; Aix, aux ruines du monastère de Saint-Victoire *(Roux)*, Paluds de Saint-Remy. *(Autheman!)*
Var. — Nans, dans la vallée de l'Huveaune, à la Sambuque ; Plan d'Aups *(Roux)*.
B.-A. — Gravier de l'Ubaye à la Condamine près Barcelonnette. *(Roux)* Castellane ; Sisteron. *(G. G.)*

1274. G. SCABRIDUM. Jord. — G. G., 2, p. 30. — ♃. Juin, juillet. — Pelouses, prairies sèches, lieux pierreux.
B.-R. — Marseille : dans la traverse des Olives avant le four à chaux de Saint-Julien ; vallon des Ouïdes, etc. ; Pas-des-Lanciers ; Simiane ; Vauvenargues. *(Roux)*
Var. — Plan d'Aups, etc. *(Roux)*.

1275. G. TIMEROYI. Jord. — G. G., 2, p. 30. — ♃. Juin. — Lieux pierreux, prairies sèches.
B.-R. — Baou de Bretagne ; le Tholonet près d'Aix. *(Roux)*
B.-A. — Digne : sur la montagne de Cousson. *(Roux)*
Vaucl. — Avignon *(G. G.)*.

1276. G. IMPLEXUM. Jord. — G. G., 2, p. 30. — ♃. Juin, juillet. — Lieux incultes, bords des champs et des chemins.
B.-R. — Graviers de l'Arc vers Berre ; Roquefavour ; les Milles ; le Tholonet et Vauvenargues près d'Aix. *(Roux)*

1277. G. INTERTEXTUM. Jord. — G. G., 2, p. 32. — ♃. Juillet, août. — Bords des champs, prairies sèches.

B.-R. — Aix : au Tholonet ; de Simiane à Mimet ; montée du Mont de Mimet (*Roux*).

Var. — Plan d'Aups et prairies sèches de la Sainte-Baume. (*Roux*).

B.-A. — Billoc (*G. G.*).

1278. G. COMMULATUM. Jord. — G. G., 2, p. 33. — ♃. Juin, juillet.

Vaucl. — Mont Ventoux, dans les bois de hêtres voisins de la Jaïsse (*Roux*).

1279. G. PUSILLUM. L. — G. G , 2, p. 36. — ♃. Juillet, août. — Fentes des rochers calcaires dans la rég. mont.

B.-R. — Marseille au vallon de la Panouse ; à Luminy ; à Saint-Loup ; au Pilon du Roi, etc.; Cassis ; La Ciotat, etc. (*Roux*); île de Maïré (*Roux*). Aix; Sainte-Victoire (*F. A.*).

Var. — Toulon ; Aups (*Hanry*).

A.-M. — Mont Bego ; Sainte-Anne de Vinaï. (*Ard.*)

1280. G. HYPNOÏDES. Vill. — *G. pusillum Var. hypnoides*. G. G. 2, p. 36. — ♃. Juillet, août.

Vaucl. — Fontaine de Vaucluse (*G. G.*) Mont Ventoux, débris mouvants (*Roux*).

1281. G. HELVETICUM. Weigg. — G. G., 2, p. 37. — ♃. Juillet, août.

A.-M. — Alpes de Tende ; Mont Bego ; Estenc ; col de Jallorgues. (*Ard.*)

B.-A. — Gravier de l'Aulne et montée de Boules à Faillefeu au-dessus de Prads ; gravier de l'Ubaye à la Condamine près de Barcelonnette (*Roux*, *Abbé Jean!*).

1282. G. MEGALOSPERMUM. Vill. — G. G., 2, p. 37. — ♃. Juillet, août. — Graviers et débris mouvants.

A.-M. — Col de Tende ; vallon de Valmasca, de Fenestre, du Cavallé et de Rabouns. (*Ard.*)

Vaucl. — Vallon du glacier et du Mont Ventoux. (*Gounet !  Tisseur, Roux*)

### Section V. — Aparinoides (Jord.)

1283. G. PALUSTRE. L. — G G., 2, p. 39. — ♃. Juin, juillet. — Fossés et autres lieux aquatiques.
   B.-R. — Marignane; Berre; Raphèle près d'Arles. (*Roux*).
   Var. — Saint-Nazaire, dans les fossés des prairies de la plage. (*Roux*).
   Vaucl. — Avignon (*G. G.*), l'Isle (*Autheman!*).

1284. G. ELONGATUM. Presl. — G. G., 2, 39. — ♃. Juin, juillet. — Mêmes localités que le précédent; Marignane; Berre, etc.

1285. G. DEBILE. Dew. — G. G., 2, p. 40. — ♃. Mai-juillet. — Lieux humides, prairies marécageuses.
   B.-R. — Bords de l'étang de Marignane; Martigues, sur les bords de l'étang de Berre à la Mède et de l'étang desséché de Courtine. (*Roux*).
   Var. — Hyères. (*Hanry*).
   A.-M. — Assez commun au bord des eaux. (*Ard.*)

1286. G. SETACEUM. Lamk. — G. G., 2, p. 41. — ①. Mai. — Lieux secs et sablonneux des côteaux et des montagnes.
   B.-R. — Marseille : vallon de Toulouse, de la Panouse, etc.; Gémenos, sur les hauteurs du vallon de Saint-Pons; Cassis; La Ciotat; les Alpines, etc. (*Roux*) Aix: barrage du canal Zola. (*F. A.*) Salon. (*Reg.*) Arles. (*G. G.*)
   Var. — Bords de la route de Saint-Zacharie à Nans et dans le vallon de Tardeou. (*Roux*) Toulon; le Luc. (*Hanry*)
   A.-M. — Environs de Grasse. (*Ard.*)

1287. G. DIVARICATUM. Lamk. — G. G., 2, p. 41. — ①. Mai, juin.
   Var. — Champs et lieux incultes du bois des Maures, du Luc aux Mayons. (*Roux*).
   A.-M. — Biot. (*Ard.*)

1288. G. PARISIENSE. L. — G. G., 2, p. 42. — ①. Mai, juin. — Champs et autres lieux secs et pierreux.

B.-R. — Pas-des-Lanciers ; Berre, au moulin de Merveille ; Saint-Chamas ; Saint-Martin de Crau ; Gémenos, au vallon de Saint-Pons et Baou de Bretagne (*Roux*). Aix, au vallon du Prégnon et lit de l'Arc. (*F. A.*)

Var. — Le Luc. (*Hanry*).

A.-M. — Çà et là. (*Ard.*)

Var. β. **Vestitum**. — G. G., 2, p. 42.

B.-R. — Marseille : sables de Montredon et de Mazargues ; Cassis, etc. (*Roux*).

Var. — Toulon, aux Sablettes ; montagne d'Hyères ; Saint-Raphaël, etc.

1289. G. decipiens. Jord. — G. G., 2, p. 42. — ①. Juin, juillet.

B.-R. — Anciennes cultures des hauteurs de Garlaban près d'Aubagne. (*Roux*).

Var. — Collines de St-Raphaël. (*Hanry, d'après Müller*).

1290. G. tenellum. Jord. — G. G., 2, p. 43. — ①. Juin.

B.-R. — Marseille : fentes des rochers calcaires dans les bois de pins de Mazargues vers la fontaine d'Ivoire ; La Ciotat : terrains siliceux de Notre-Dame de la Garde ; bords de l'étang de Berre, entre Merveille et Saint-Chamas ; Aix : à l'ombre des rochers calcaires au-dessus du barrage du Tholonet (*Roux*).

A.-M. — Antibes ; dans les terrains primitifs (*Hanry, Ard. d'après Jord.*)

1291. G. aparine. L. — G. G., 2, p. 43. — ①. Tout l'été. — Haies, buissons, bords des champs dans toute la Provence.

1292. G. spurium. L. — *G. Aparine, var.* β. **Vaillantii**. G. G., 2, p. 44. — ①. Juin, septembre.

B.-R. — Abonde parmi les joncs, les cypéracées et les graminées sur les bords des étangs de Berre et de Marignane. (*Roux*).

1293. G. tenerum. Schl. — in Gaud. helv, 1, p. 442. — ①. Juin.

Var. — Croît en touffe serrée dans les escarpements du Verdon à Aiguines. (*Albert!*)

1294. G. tricorne. With. — G. G., 2, p. 44. — ①. Tout l'été. — Commun dans les champs et les moissons de toute la Provence.

1295. G. sacharatum. All. — G. G., 2, p. 45. — ①. Mars, avril.— Lieux pierreux, graviers et cailloux roulants de la rég. litt.

B.-R. — La Ciotat, vers Notre-Dame de la Garde, le Bec de l'Aigle; Cassis. (*Roux*).

Var. — Champ du bord de mer entre Bandol et Saint-Nazaire, entre Pipière et Six-Fours. (*Roux*). Toulon. (*Huet!*) La Farlède. (*Albert!*) Fréjus. (*G. G.*)

A.-M. — Cannes; île Saint-Honorat. (*Hanry.*) Commun dans la rég. litt. (*Ard.*)

1296. G. verticillatum. Danth. — G. G., 2, p. 45. — ①. Mai, juin. — Rocailles des lieux montagneux.

B.-R. — Marseille: vallon de Toulouse; la Gineste; Gémenos au vallon de Saint-Pons; Baou de Bretagne, etc. (*Roux*). Aix : côteau ouest de la montagne des Pauvres; Sainte-Victoire; Roquefavour. (*F. A.*) Meyrargues (*Roux*).

Var. — Toulon à Mourière. (*Hanry.*) Sainte-Baume. (*Roux*).

Vaucl. — Avignon, rare. (*Palun*).

1297. G. minutulum. Jord. — G. G., 2, p. 45. — ①. Juin.

Var. — Ile de Porquerolle, aux Mèdes (*Hanry!*), pointe orientale de l'île de Porquerolle, où il croît en quantité autour des blocs granitiques et à l'entrée des grottes, il forme souvent de petits gazons. (*Jord.*)

1298. G. murale. All. — G. G., 2, p. 46. — ♃. Avril, juin. — Le long des chemins, au bas des murs.

B.-R. — Marseille : à Montolivet; Mazargues; Sainte-Marguerite, etc. La Ciotat, sur les bords de la mer, etc. (*Roux*) Aix, dans les cours pavées de la ville et bords de la petite route des Milles. (*F. A.*) Martigues. (*Autheman!*)

Var. — Toulon: Hyères et Fréjus. (*Hanry!*)

A.-M. — Sur les vieux murs herbeux et ombragés de la rég. litt. (*Ard.*)

Vaucl. — Pied du Ventoux. (*G. G.*)

**Vaillantia.** D.C.

1299. V. muralis. L. — G. G., 2, p. 46. — ①. Juin. — Toute la rég. litt. de la Provence; bords des chemins, rochers, etc.

B.-R. — Marseille: Montredon, Mazargues, Saint-Loup, Gémenos, au vallon de Saint-Pons, etc.

Var. — Toulon; le Luc; Fréjus, etc.

A.-M. — Antibes, Nice, Menton, etc.

Vaucl. — Avignon, etc.

1300. V. hispida. L. — Ard. A. Marit., p. 180. — ①. Avril, mai.

A.-M. — Cette plante rare a été trouvée par M. Canut entre le col de Villefranche et l'endroit dit les Quatre Chemins. (*Ard.*)

**Asperula.** L.

### Section I. — Galioideæ (D.C.)

1301. A. odorata. L. — G. G., 2, p. 47. — ♃. Mai, juin.

A.-M. — Col de Tende; val de Pesio. (*Ard.*)

### Section II. — Cynanchioeæ (D.C.)

1302. A. cynanchica. L. — G. G., 2, p. 47. — ♃. Juin, juillet. — Lieux secs et arides, côteaux, rochers de toute la Provence.

1303. A. longiflora. W. et K. — G. G., 2, p. 48. — ♃. Juillet, août.

Var. — Notre-Dame des Anges près Pignans. (*Hanry.*)

A.-M. — L'Estérel (*Hanry d'après Pereymond.*); la Condamine; Tende; col de Tende; Saint-Martin-Lantosque. (*Ard.*)

B.-A. — Digne: vers le sommet de Cousson; sous le pont du Bachelard, route d'Allos à Barcelonnette et graviers de l'Ubaye à la Condamine près Barcelonnette. (*Roux*).

1304. A. rupicola. Jord. pugil. pl. nov. p. 76. — ♃. Juin, juillet.

B.-A. — Vers le sommet du col de Valgelaye, route d'Allos à Barcelonnette. (*Roux*).

1305. A. hexaphylla. All. — DC. fl. fr., 4. p. 244. — ♃. Juin, juillet.

A.-M. — Rare. Çà et là depuis Tende jusqu'au sommet de Grammont à 1300 mèt. d'alt. au-dessus de Menton; au Brec d'Utelle; vallon du Libaré; vallon de la Colmiane près de Saint-Martin. (*Ard.*); rochers près la ville de Tende. (*E. Burnat!*)

1306. A. loevigata. L. — G. G., 2 p. 48. — ♃. Mai, juin.

Var. — Vallon de la Sauvette des Mayons du Luc. (*Roux*).

A.-M. — L'Estérel. (*Pereymond.*) Bois de Tanneron sur la Siagne, rare. (*Ard.*)

1307. A. taurina. L. — G. G., 2, p. 49. — ♃. Avril, mai.

A.-M. — Environs de Tende; val de Pesio. (*Ard.*)

D.-A. — Environs de Sisteron. (*G. G.*)

1308. A. arvensis. L. — G. G., p. 49. — ①. Mai, juin. — Commun dans les champs de toute la Provence.

**Sherardia. L.**

1309. S. arvensis. L. — G. G., 2, p. 50. — ①. Avril, juin. — Champs incultes et cultures de toute la Provence.

**Crucianella. L.**

1310. C. maritima. L. — G. G., 2, p. 50. — ♂. Juin. — Çà et là sur les rochers et dans les sables maritimes.

B.-R. — Marseille, au cap Croisette. (*Roux*).

Var. — Saint-Cyr, sur les ruines de Tauroentum; Toulon aux Sablettes. (*Roux*).

A.-M. — Golfe Juan et Cannes. (*Ard.*)

1311. C. latifolia. L. — G. G., 2, p. 51. — ①. Juin. — Lieux secs et pierreux de la rég. litt. de la Provence. Marseille,

Martigues, Aix; Toulon, Hyères, le Luc, Draguignan; Nice, Menton; Avignon, etc.

1312. C. ANGUSTIFOLIA. L. — G. G., 2, p. 51. — ①. Juin. — Croît dans les mêmes lieux et les mêmes localités que la précédente.

## VALÉRIANÉES

### Centranthus. D.C.

1313. C. ANGUSTIFOLIUS. D.C.—G. G., 2, p. 53. (Part.)—♃. Juillet, août. — Lieux rocailleux et débris mouvant de la région alpine.

A.-M. — Guillaume; Saint-Etienne et surtout à Saint-Dalmas-le-Sauvage. (Ard.)

B.-A. — Bords de l'Aulne sous l'habitation de Faillefeu, au-dessus de Prads; bords des champs et graviers de l'Ubaye à la Condamine près Barcelonnette. (Roux),

Vaucl. — Commun sur la colline appelée vulgairement Mouré Pluma. (Palun).

1314. C. LECOQII. Jord. pugill. pl. nov. p. 76. — ♃. Mai, juin. — Plante confondue avec la précédente, elle croît parmi les rocailles, le long des ravins des basses montagnes.

B.-R. — Les Alpines, Orgon. (Roux).

Vaucl. — Environs de la source de Vaucluse. (Autheman! Roux).

1315. C. RUBER. D.C. — G. G., 2, p. 53. — ♃. Mai, septembre. — Commun sur les vieux murs, les fentes des roches, on le rencontre partout, à Marseille, Aix, Aubagne, Roquevaire, Cassis, La Ciotat, etc., il n'est pas à Martigues, il se trouve dans le Var: à Saint-Cyr, Bandol, Toulon, commun de Nice à Menton, etc.

1316. C. CALCITRAPA. Dufr. — G. G., 2, p. 53. — ①. Avril, mai. — Lieux arides dans les vallons et sur les côteaux.

B.-R. — Marseille: vallons de la Nerthe, de Toulouse, de l'Estaque, etc.; Gémenos: vallons de Saint-Pons, de Saint-

Clair, des Signores, etc. (*Roux*). Aix : Cuques, au chemin du côteau Rouge, etc. (*F. et A.*) Martigues. (*Autheman !*)

Var. — Nans au vallon de Tardeou; Saint-Nazaire à Pipière, etc. (*Roux*).

A.-M. — Monaco; Nice; l'Escarène; château de la Garde, près Villeneuve; Antibes; Auribeau; Saint-Vallier. (*Ard.*)

**Valeriana. L.**

1317. V. officinalis. L. — G. G., 2, p. 54. — ♃. Juin, août. — Lieux frais surtout dans la rég. mont.

A.-M. — Saint-Auban; la Croix de Puget-Thénier; Entraune; Saint-Etienne. (*Ard.*)

B.-A. — Dans les haies de la montée d'Allos au lac (*Roux*).

Vaucl. — Bords de la Sorgues entre Sorgues et Roberty. (*Palun.*)

1318. V. tuberosa. L. — G. G., 2, p. 55. — ♃. Mai. — Régions montagneuses.

B.-R. — Gémenos au vallon de Saint-Clair, des Signores, etc.; Septèmes; les Alpines (*Roux*). Aix : Montagne des Pauvres. (*F. .*)

Var. — La Sainte-Baume. (*Roux*).

A.-M. — Montagnes au-dessus de Menton; le Cheiron; Montagnes de Caussols et aux Lattes; Utelle. (*Ard.*)

B.-A. — Sisteron. (*G. G.*)

1319. V. tripteris. L. — G. G. 2, p. 56. — ♃. Mai-juillet. — Région montagneuse.

A.-M. — Mines de Tende; Sainte-Anne de Vinaï; Clans. (*Ard.*)

Vaucl. — Mont Ventoux, parmi les rocailles dans la région du *pinus uncinatus*. (*Roux*).

1320. V. montana. L. — G. G., 2, p. 57. — ♃. Juin, juillet. — Rég. mont.

A.-M. — Bois de Caïros; col Bertrand; Clans; Entraune; col de la Maddalena. (*Ard.*)

B.-A. — Lieux boisés vers le pont du Bachelard, route d'Allos à Barcelonnette. (*Roux*).

1321. V. saliunca. All. — G. G., 2, p. 57. — ♃. Juillet, août. — Rég. alp. et mont.

A.-M. — Alpes de Viasonnes ; Mont Bego ; col de Fenestre ; Mont Monnier. (*Ard.*)

B.-A. — Environs de Barcelonnette (*Blanc!*) Meyronnes, au rocher de l'Ours près Barcelonnette (*Abbés Jean et Olivier!*)

**Valerianella.** Poll.

### Section I. — Locustæ (D.C.)

1322. V. olitoria. Poll. — G. G., 2, p. 58. — ①. Avril, mai. — Rare en Provence, lieux cultivés.

B.-R. — Fos-les-Martigues, sur les berges du canal, dans les marais. (*Autheman!*)

Var. — Toulon : dans les moissons des bords de la Garonne. (*Huet!*)

A.-M. — Rare. Grasse. (*Ard.*)

### Section II. — Selenocœlæ (D.C.)

1323. V. carinata. Lois. — G. G., 2, p. 59. — ①. Avril, mai. — Cultures et autres lieux, mais assez rare.

B.-R. — Marignane : sur le talus des fossés au pied des roseaux, vers l'étang de Marignane. (*Roux*) Martigues. (*Autheman!*) Aix au Montaiguet. (*F. A.*)

Var. — Toulon : sur les vieux murs des bords de la Garonne (*Huet!*) ; le Luc dans les bruyères. (*Hanry*).

A.-M. — Assez commun dans les lieux cultivés ; Menton ; Nice ; Grasse, etc. (*Ard.*)

### Section III. — Platycœlæ (D.C.)

1324. V. auricula. D.C. — G. G., 2, p. 59. — ①. Avril, mai. — Rare en Provence.

B.-R. — Raphèle, dans les champs voisins des Paluds. (*Roux*).

Var. — Hyères. (*Hanry*).

A.-M. — Nice; Antibes; Saint-Vallier; Saint-Martin-Lantosque. (*Ard.*)

Vaucl. — Avignon, dans les lieux sablonneux des bords du Rhône. (*Palun*).

1325. V. PUMILA. D.C. — G. G., 2, p. 60. — ①. Mai. — Commun dans les champs, les moissons et les lieux incultes de la Provence.

### Section IV. — Cornigeræ (G. G.)

1326. V. ECHINATA. D.C. — G. G., 2, p. 61. — ①. Avril, mai. — Champs et rives humides.

B.-R. — Marseille: vallon des Tuves à Saint-Antoine, les Camoins; Auriol: vallon de Vèdes; Marignane, au bord de l'étang; Martigues; Beaulieu près d'Aix; Roquefavour (*Roux*). Montaud-les-Miramas. (*G. G.*)

Var. — Ollioules, Sixfours, (*Roux*) Toulon; Fréjus (*G. G.*)

A.-M. — Nice; Levens; Gilette au Revest; Grasse. (*Ard.*)

Vaucl. — Avignon, dans les moissons de Mourière. (*Palun*).

### Section V. — Siphonocœlæ (G. G.)

1327. V. PUBERULA. D.C. — G. G., 2, p. 62. — ①. Avril, mai.

Var. — Saint-Nazaire, dans les champs des terrains granitiques de Pipière; sommet de la Sauvette des Mayons. (*Roux*) Sixfours et Toulon au Baou-Rouge. (*Huet !*) Hyères. (*G. G.*)

A.-M. — Grasse. (*G. G.*)

1328. V. MICROCARPA. Lois. — G. G., 2, p. 62. — ①. Avril, mai. — Rare en Provence.

B.-R. — Martigues: dans les lieux incultes et au bord des champs. (*Autheman !*) Montaud-les-Miramas. (*Cast.*)

Var. — Toulon au cap Brun (*Huet!*) Fréjus (*Hanry*).

A.-M. — Grasse. (*G. G.*)

1329. V. Morisonii. D.C. — G. G., 2, p. 63. — ♃. Juillet, août.

B.-R. — Je n'ai rencontré cette espèce que sur un seul point et c'est sur les hauteurs de Gémenos, dans le vallon de l'ancienne fabrique de coton, aujourd'hui moulin à ciment. (*Roux*).

A.-M. — Dans les moissons de la rég. mont.; Saint-Martin-Lantosque, la Caille près de Saint-Auban. (*Ard.*)

1330. V. truncata. D.C., 2, p. 9. — ①. Juin. — Il est facile de confondre cette espèce avec la suivante, si l'on n'observe pas de près la couronne du fruit coupée en bec de plume et non en couronne régulière; croît dans les lieux incultes, mais herbeux.

B.-R. — Marseille : vallon de la Nerthe; Luminy, la Gineste, vallon de Morgiou, Puits de Paul à Saint-Loup, etc.; Gémenos, à Saint-Pons; Marignane; Martigues, à Courtine et au vieux chemin de Saint-Pierre ; Roquefavour; la Ciotat, dans le vallon montant au Sémaphore, etc. (*Roux*) Montaud-les-Miramas (*Cast.*), Châteauneuf-les-Martigues ; Gignac. (*Autheman!*)

A.-M. — Monaco ; Menton; Nice ; Antibes. (*Ard.*)

1331. V. eriocarpa. Desv. — G. G., 2, p. 64. — ①. Avril, mai. — Champs et lieux incultes.

B.-R. — Marseille, au vallon de Toulouse, etc.; vallon de Saint-Clair à Saint-Jean de Garguier ; Marignane, vers l'étang ; Martigues, sur les bords de l'étang de Courtine (*Roux*), sur plusieurs points des environs de Martigues. (*Autheman*).

Var. — Toulon au Baou-Rouge. (*Hue'!*)

1332. V. coronata. D.C. — G. G., 2, p. 65. — ①. Juin, août. — Champs et lieux incultes d'une grande partie de la Provence. Aix, Martigues, Marseille, etc.; Toulon, le Luc, etc.; Antibes, Saint-Vallier, Tende, etc.; Avignon.

1333. V. discoidea. Lois. — G. G., 2, p. 66. — ①. Mai, juin. — Dans les mêmes lieux que le précédent.

Personne de nous n'a trouvé le *V. Vesicularis*. Mœnch., ni à Marseille, ni dans le département, ni même en Provence.

## LXV. DIPSACÉES

**Dipsacus.** Tourn.

1334. D. sylvestris. Mill.— G. G., 2, p. 67. — ①. Juin, août. — *D. Sylvestris.*, var. α. L. sp. 140.— Çà et là sur les bords des champs, des fossés et les lieux incultes, dans toute la Provence.

B.-R.— Saint-Chamas ; Marignane ; Sausset au grand Valat ; glacière du Baou de Bretagne ; Aix.

1335. D. fullonum. Mill.— G. G., 2, p. 68.— ②. Juin.— Cultivé sur quelques points de la Provence : aux environs de l'étang de Marignane, aux Milles, à Aix, etc.; plus généralement dans le départ. de Vaucluse, surtout aux environs d'Avignon.

**Cephalaria.** Schrad.

1336. C. syriaca. Schrad.— G. G., 2, p. 69.— ①. Juin.— *Scabiosa Syriaca*. L.— Très rare ; quelquefois dans les moissons, provenant de graines venues avec les blés ou les fumiers et que l'on ne rencontre plus l'année suivante.

B.-R.— Moissons à Roquefavour (*Roux*); à Château-Gombert près de Marseille. (*Blaize !*)

1337. C. transylvanica. Schrad. — G. G., 2, p. 70. — ①. Août, septembre. — *Scabiosa transylvanica*. L. — Dans les champs et sous les oliviers.

Var.— A la Garde. (*Huet !*)

A. M. — Grasse (*Perreymond*); Cannes ; Menton ; au Cap Martin ; Antibes, (*Ard.*)

1338. C. leucantha. Schrad. — G. G., 2, p. 71.— ♃. Juillet, août. — *Scabiosa leucantha.* L. — Coteaux calcaires, rochers et lieux pierreux de presque toute la Provence.

B.-R.— Marseille : N.-D. de la Garde ; Saint-Tronc ; Vallon de la Nerthe, de la Vache ; le Rove, etc. ; Baou de Bretagne ; Aix ; Cassis.

Var.— La Sainte-Baume ; Toulon ; Le Luc ; Fréjus, etc.

A.-M.— Depuis Tende jusqu'à Menton et Nice ; Grasse et dans l'Estérel.

B.-A.— Digne.

Vaucl.— Source de Vaucluse, etc.

**Knautia.** Coult.

1339. K. hybrida. Coult.— G. G., 2, p. 71.— ①. Mai, juin. — Champs, coteaux et lieux incultes.

B.-R.— Marseille : Puits-de-Paul près Saint-Loup, La Treille ; commun à Marignane ; Gignac ; Martigues ; Aix.

Var.— Plan d'Aups, Saint-Cyr (*Roux*), Draguignan, Ampus (*Albert!*), Fréjus, Roquebrune. (*Henry*).

A.-M.— Cannes, Antibes, Nice, Menton. (*Ard.*)

Vaucl.— Avignon, dans les moissons.

1340. K. arvensis. Koch.— G. G., 2, p. 72.— ♃. Juillet, août.— Çà et là sur les rives, dans les bois.

B.-R.— Auriol à Roussargues ; Aix au Tholonet, Roquefavour (*Roux*), à Mouret (*F. A.*), Vallon de la Vache à la Bourdonnière, Mimet. (*Roux*).

Var.— La Sainte-Baume ; Saint-Cyr ; Saint-Nazaire dans les bois de Pipière. (*Roux*).

A.-M.— Peu commun, au-dessus de Menton et dans la région montagneuse. (*Ard.*)

B.-A.— Assez commun à Digne, Allos, etc. (*Roux*).

Vaucl.— Rare, aux environs d'Avignon. (*Palun*).

1341. K. dipsacifolia. Hos.— G. G., 2, p. 72. — ♃. Juillet, août.

A.-M.— Bois de la région montagneuse. (*Ard., d'après l'abbé Montolivo*).

1342. K. timeroyi. Jord.— G. G., 2, p. 73.— ♃. et ②. Juillet.—
Vaucl.— Rocailles au pied du Mont Ventoux. (*Abbé Tisseur!*)

1343. K. mollis. Jord.— G. G., 2, p. 73.— ♃. Juillet. — Régions alpines et montagneuses.
A.-M.— Col de Fenestre, Saint-Vallier. (*Ard.*)

1344. K. collina.— G. G., 2, p. 75.— ♃. Juin, juillet. — Coteaux et vallons.
B.-R.— Marseille : Montagnes de Saint-Loup, surtout vers Saint-Cyr, Vallon de Fondacle sous Saint-Julien, Vallon de la Nerthe, etc.; Gémenos, au vallon de Saint-Pons ; Cuges ; Simiane, etc.; Aix : Coteaux des environs, surtout à la montagne des Pauvres et au vallon des Gardes. (*F. A.*)
Var.— Toulon ; Le Luc. (*Hanry*).
A.-M.— Le Mas près de Saint-Auban, Tourelle, Levens, Guillaumes, Entroune, Val de Jallorgues et Saint-Martin-Lantosque. (*Ard.*)
B.-A. — Faillefeu au-dessus de Pradt (*Roux*), Sisteron (*G. G.*), Castellane. (*Jord.*)
Vaucl.— Avignon. (*Jord., Hanry*).

**Scabiosa. L.**

### Section I.— Asterocephalus (Coult.)

1345. S. graminifolia. L. — G. G., 2, p. 75.— ♃ Juin, août.— Région alpine, rare.
A.-M.—Alpes de Carlin, Lupega, Col de Ray entre Vananson et la forêt de Claus. (*Ard.*)
B.-A.— Barcelonnette (*G. G.*), Rochers à la Condamine. (*Delaport!*)

1346. S. stellata. L.— G. G., 2, p. 77.— ①. Mai-juin.—Çà et là sur les rives, le bord des champs et les lieux incultes.
B.-R.—Marseille : entre les Olives et la Valentine, la

Treille ; Pas-des-Lanciers ; Aix : très commun le long de la petite route d'Aix au Tholonet (*Roux*), chemin de Saint-André. (*F. A.*)

Var.— Le Luc ; Le Puget de Fréjus (*Hanry*) ; Toulon (*G. G.*)

A.-M.— Rare ; Nice, Grasse. (*Ard.*)

B.-A.— Gréoulx, Sisteron. (*G. G.*)

Vaucl.— Avignon. (*G. G.*)

### Section II.— **Vidua** (Coult.)

1347. S. MARITIMA. L.— G. G., 2, p. 77. — ①. Juin, juillet.— Bords des champs, lieux incultes de toute la Provence.—

### Section III.— **Sclerostemma** (Koch.)

1348. S. COLUMBARIA. L.— G. G., 2, p. 78.— ♃. Juin, septembre.

A.-M.— Col de Tende. (*Reuter*).

1349. S. LUCIDA. Vill. — G. G., 2, p. 79.— ♃. Juillet, août.— Région alpine.

A.-M.— Au col Bertrand. (*Ard.*)

1350. S. GRAMUNTIA. L. — G. G., 2, p. 79. — ♃. Juin, juillet. Lieux incultes, coteaux, vallons et bois de pins. Marseille : vallon de Forbin à Saint-Marcel, de l'Evêque à Saint-Loup, de Vaufrège, de Gord-de-Roubaou aux Camoins, de la Nerte et chaîne de l'Etoile, etc. le Rove ; Bedoule de Cassis ; Gémenos : vallon de Saint-Pons et de Saint-Clair ; Roquevaire ; Cuges ; Aix : rives de l'Arc, etc. *(Roux)*.

B.-A. — Digne à Saint-Benoît. *(Roux)*.

Vaucl. — Coteaux au pied du Mont-Ventoux. (*Roux*).

1351. S. CANDICANS. Jord. pugil. pl. nov. p. 99. — ♃. Août, octobre.

A.-M. — Assez commun sur les basses montagnes pierreuses depuis Tende jusqu'à Menton, Nice, Vence, Grasse, Aiglun, etc. (*Ard.*)

1352. S. VESTITA. Jord. pugill. pl. nov. p. 86. — ♃. Août. — Région alpine et montagneuse.

A-M. — Saint-Martin-Lantosque, col de Fenestre et val de Pesia. (*Ard.*)

B.-A. — Colmars. (*Jord.*)

1353. S. breviseta. Jord. pugill. pl. nov. p. 92. — ♃.

B.-A. — Sisteron (*Jord.*)

1354. S. succisa. L. — G. G., 2, p. 81. — ♃. Août, septembre. — Lieux humides, bords des fossés dans toute la Provence; Marseille : dans les prés du parc Borély ; Marignane, les Pennes, Aix sur les rives de l'Arc et du Grand-Valat à Roquefavour, les prés humides du Var, des Alpes-Maritimes, des Basses-Alpes et de Vaucluse.

## LXVI. SYNANTHÉRÉES

### Sous-famille I. — Tubuliflores.

**Division I. — Corymbiferœ.** (Juss. gen. 177.)

#### TRIBU I. — ADENOSTYLEÆ

**Eupatorium. L.**

1355. E. cannabinum. L. — G. G., 2, p. 85. — ♃. Juin, juillet. — Bords des eaux, et autres lieux humides de toute la Provence.

**Adenostyles. Cass.**

1356. A. albifrons. Rchb. — G. G., 2, p. 86. — ♃. Juillet, août.

A.-M. — Assez commun dans les torrents qui descendent des Alpes dans la rég. mont. (*Ard.*)

1357. A. alpina. Bluff et Fing. — G. G., 2, p. 87. — ♃. Juillet, août. Lieux herbeux des montagnes.

Var. — Aiguines dans les bois de Margès. (*Albert !*)

A.-M. — Çà et là dans toutes les Alpes ; au-dessus de Séranon et de Saint-Auban. (*Ard.*)

B.-A. — Forêt de Faillefeu au-dessus de Pradt. (*Roux*).

Vaucl. — Mont-Ventoux dans les bois de hêtres. (*Roux*).

1358. A. leucophylla. Rchb. — G. G., 2, p. 87. — ♃. Juillet, août.

    A.-M. — Çà et là dans toute la région Alpine. (*Ard.*)

    B.-A. — Meyronnes près de Barcelonette (*Abbés Jean et Olivier !*)

### TRIBU II. — TUSSILAGINEÆ. (Less. syn. 158.)

**Homogyne.** Cass.

1359. H. alpina Cass. — G. G., 2, p. 88. — *Tussilago alpina* ͬ. — ♃. Juillet, août.

    A.-M. — Assez abondant dans les régions alpines et montagneuses. (*Ard.*)

    B.-A. — Barcelonnette, Lauzanier, près Barcelonnette. (*Abbés Jean et Olivier !*)

**Petasites.** Tourn.

1360. P. officinalis. Mœnch. — G. G., 2, p. 89. — ♃. Mars, avril. — Régions alpines et montagneuses.

    A.-M. — Tende, les prés des hautes vallées jusqu'au Var prés de Nice, le Bar au bord du Loup. (*Ard.*)

1361. P. albus. Goertn. — G. G., 2, p. 89. — ♃. Avril, mai. — Régions alpines et montagneuses.

    A.-M. — La Fraca. (*Ard.*)

1362. P. niveus Baumg. — G. G., 2, p. 90. — ♃. Avril, mai. — Régions alpines et montagneuses.

    A.-M. — Tende, Alpes de Fenestre. (*Ard.*)

1363. P. fragrans. Presl. — G. G., 2, p. 90. — ♃. Janvier, février. — Etranger à la Provence, mais presque naturalisé sur quelques points.

    B.-R. — Aix sur le bord d'un ruisseau au bas et à l'ouest de la vieille pinette. (*F. A.*)

    Var. — Le Luc à la Bérarde, etc. (*Hanry, Roux*).

    A.-M. — Naturalisé à Menton, Nice et Grasse. (*Ard.*)

    B.-A. — Sisteron. (*G. G.*)

**Tussilago.** L.

1364. T. farfara. L. — G. G., 2, p. 91. — ♃. Mars, avril. — Lieux humides-argileux dans toute la Provence. Marseille, Saint-Mitre, Aix ; Toulon, le Luc ; Grasse, Nice ; Avignon, etc.

### TRIBU III. — ERIGENEÆ. (Godr. et Gren.)

**Solidago.** L.

1365. S. virga-aurea. L. — G. G., 2, p. 92. — ♃. Septembre, octobre. — Haies, rives, lieux montueux et ombragés.

B.-R. — Marseille : bords de l'Huveaune à la Pomme, vallon d'Evêque à Saint-Loup, de Forbin à Saint-Marcel ; des Eaux-Vives ; Aubagne ; Gémenos : vallon de Saint-Clair et des Signores.

Var. — Le Luc, les Mayons. *(Roux)* ; Aiguines. *(Albert!)*

A.-M. - Menton, Nice, Grasse et toute la région montagneuse. *(Ard.)*

1366 S. glabra. Desf. — G. G., 2, p. 93. — ♃. Août.

Var. — Bords des champs, jardins autour des habitations, le Luc ? Fox-Amphoux ? *(Hanry)* ; je ne le crois pas spontané dans le Var, j'en ai vu quelques pieds au Plan d'Aups, à la ferme du Plan ; mais ils avaient dû y avoir été plantés.

Vaucl. — Avignon, sur les bords des fossés des remparts de la ville et dans d'autres lieux marécageux. *(Roux.)*

**Linosyris.** Lob.

1367. L. vulgaris. DC. — G. G., 2, p. 94. — *Chrysocoma Linosyris*. L. — ♃. Août-septembre.

B.-R. — La Crau en Coustiero *(Peuzin!)*.

Var. — Lieux sablonneux et côteaux *(Hanry)*, le Luc, les Mayons. *(Roux.)*

A.-M. — Rare ; Vananson, la Paoute près de Grasse, Cannes. *(Ard.)*

**Phagnalon.** Cass.

1368. P. sordidum. Dc. — G. G., 2, p. 94. — ♃. Mai-juin. — Çà et là contre les vieux murs, les fentes des rochers et les lieux pierreux.

B.-R. — Marseille : aux Martégaux, aux Comtes près la Pomme, au vallon de la Vache, à la Bourdonnière, au vallon de Morgiou, etc.; Cassis, la Ciotat *(Roux)*; Aix, au chemin de Vauvenargues depuis la Pinette jusqu'au chemin de Repentance et à l'entrée de ce chemin, au vallon des Gardes. *(F. A.)*.

Var. — Vieux murs, rochers *(Hanry)*; les Lecques *(Roux)*.

A.-M. — Assez commun dans toute la région littorale.

Vaucl. — Rochers de la fontaine de ce nom. *(Frère Telesphore!)*.

1369. P. telonense. Jordan. — ♃. Mai-juin.

Cette espèce, créée par M. Jordan, tient du *P. Sordidum* par ses tiges grêles, ses rameaux effilés, portant pédoncules plus ou moins longs, munis d'une seule feuille à leurs bases, par les folioles du péricline. Elle s'en éloigne par ses calathides plus grandes, toujours solitaires, moins en cône, plus compressibles, par les folioles du péricline plus lâchement imbriquées, par ses feuilles plus larges, plus redressées, vertes, aranéeuses en dessus et non blanches sur les deux faces. Elle tient du *P. Saxatile* par ses calathides solitaires, par la direction, la forme et la couleur de ses feuilles; elle s'en éloigne par ses tiges moins robustes, par ses rameaux plus effilés, par ses pédoncules plus nombreux, plus ou moins longs, munis à leurs bases d'une seule et non de plusieurs feuilles, par les folioles du péricline ovales, subétalées et non lancéolées, étalées ou réfléchies;

enfin par le port de toute la plante, plus grêle, plus effilée, rappelant celui du *P. Sordidum.*

Rives, murs et lieux rocailleux des vallons.

B.-R. — La Ciotat : du Bec de l'Aigle à Notre-Dame-de-la-Garde.

Var. — Sixfours *(Roux)*, Toulon, d'après son nom, et probablement dans beaucoup d'autres lieux où elle aura été confondue avec le *P. Saxatile*, qui croît plutôt sur les côteaux que dans les vallons !

1370 — P. saxatile. Cass. — G. G., 2, p. 92. — ♃. Mai-août. — Lieux secs et arides, côteaux et rochers de la région littorale.

B.-R. — La Ciotat, sur les hauteurs du Bec de l'Aigle jusqu'à Notre-Dame-de-la-Garde *(Roux).*

Var. — Sixfours *(Roux)* ; Toulon *(Huet)* ; Hyères, Grimaud *(Hanry)* ; val d'Arenc *(Roux).*

A.-M. — L'Estérel *(Hanry)* ; Grasse *(Giraudy!)* ; le Bar ; Nice, Villefranche, Monaco et Menton.

**Conyza.** Less.

1371. C. ambigua. Dc. — G. G., 2, p. 96. — ①. Juillet-octobre. — Commun sur les bords des champs, des chemins, au bas des murs, etc.

B.-R. — Marseille : à Saint-Giniez, Mazargues, Saint-Tronc, Saint-Loup, Montolivet, Martégaux, bords du Jarret, etc.; Aubagne, Gémenos *(Roux)*, Martigues le long des chemins *(Autheman!)* Raphèle près Arles *(Roux)* ; n'est pas signalé à Aix *(F. A.)* ni dans le Var par *Hanry.*

A.-M. — Très commun à Menton, Villefranche, Nice, Antibes et Cannes.

**Erigeron.** L.

1372. — E. canadensis. L. — G. G., 2, p. 95. — ①. Juillet-septembre. — Commun dans les cultures, lieux incultes, etc.

1373. E. acris. L. — G. G., 2, p. 97. — ①. Mai–septembre. — Rives, talus et terrains frais.

B.-R. — Marseille : sur les bords du Jarret, au moulin de Sartan, aux Martégaux, etc ; Gémenos, au vallon de Saint-Pons (*Roux*); les Pennes ; Raphèle près d'Arles, etc,; Aix, au chemin de l'est de Repentance (*F. A.*); Meyrargues au bord de la Durance ; Fos-les-Martigues (*Authemanl*).

Var. — La Sainte-Baume (*Hanry*).

A.-M. — Çà et là au bord des champs et des bois (*Ard.*)

B.-A. — Digne, à Saint-Benoit, Faillefeu, etc. (*Roux*).

1374. — E. Willarsii. Bell. — G. G., 2, p. 97. — ♃. Juillet–août. Rég. alp.

A.-M. — Alpes de la Briga et de Tende, mines de Cerèze, vallée de Boréon, Sainte-Anne de Vinaï, Estenc au-dessus d'Entraunes (*Ard*).

B.-A. — Colmars (*G. G.*).

1375. E. alpinus. L. — G. G., 2, p. 98. — ♃. Juillet-août. — Rég. alp.

A.-M. — Assez répandu dans toutes les Alpes (*Ard.*).

B.-A. — Forêt de Faillefeu au-dessus de Prads, Valgelaye sur la route d'Allos à Barcelonnette (*Roux*).

1376. E. glabratus. Hopp. — G. G., 2, p. 98. — ♃. Juillet, août. — Rég. alp.

A.-M. — Vallon de Cavallé au-dessus de Saint-Martin (*Ard*).

1377. E. uniflorus. L. — G. G., 2, p. 99. — ♃. Juillet-août. Rég. alp.

A.-M. — Col de l'Abisso, lac d'Entrecoulpes, col de Fenestre (*Ard.*).

**Aster.** Nees.

1378. A. alpinus. L. — G. G., 2, p. 100. — ♃. Juillet-septembre.

A.-M. — Assez commun dans toute la région alpine (*Ard.*).

B.-A. — Sommet de Boules à Faillefeu au-dessus de Prads (*Roux*).

1379. A. amellus. L. — G. G., 2, p. 101. — ♃. Août-octobre.
A.-M. — Rare ; Tende, Venanson, Grasse (*Ard.*).

1380. A. tripolium. L. — G. G., 2, p. 101. — ②. Août-septembre. — Lieux humides, prairies salées, marais.
B.-R. — Bord des étangs de Berre, de Marignane, de Caronte à Martigues, du Galegeon à Fos, la Camargue, etc. (*Roux*).
Var. — Toulon, Fréjus, plage de Giens (*Hanry*).
A.-M. — Nice au Var, golfe Jouan, la Napoule (*Ard.*).

1381. A. brumalis. Nées. — G. G., 2, p. 102. — ♃. Août-septembre.
B.-R. — Arles sur les bords du Rhône (*Peuzin!*), y est-il spontané ?

1382. A. acris. L. — G. G., 2, p. 103. — ♃. Juillet-août.
Lieux incultes et montueux, bois de pins.
B.-R. — Marseille : Mazargues, Saint-Loup, Saint-Marcel, etc. ; vallons de Saint-Clair, de Saint-Pons à Gémenos ; rives de l'Arc de Roquefavour à Aix ; Martigues, etc. (*Roux*) ; Montaud-les-Miramas (*G. G.*).
Var. — Toulon, le Luc, Fox-Amphoux, Aups, Fréjus (*Hanry*).
A.-M. — Çà et là dans les lieux rocailleux, le bord des bois dans toute la région littorale (*Ard.*).
B.-A. — Sisteron, Digne (*G. G.*).
Vaucl. — Avignon (*G. G.*)

**Bellidiastrum.** Michelii.

1383. B. michelii. Cass. — G. G., 2, p. 104. — ♃. Juin-juillet. Rég. alp. et mont.
Var. — Aiguines, parmi les rochers du bord du Verdon. (*Albert*).
A.-M. — Assez répandu dans toutes nos Alpes d'où il des-

cend jusqu'au Chaudon et jusqu'à Saint-Agnès à 600 mèt. au-dessus de Menton (*Ard.*)

B.-A. — Forêt de Faillefeu et sommet de Boules au-dessus de Prads (*Roux*).

### TRIBU IV. — BELLIDEÆ (Dc.).

**Bellis. L.**

1384 B. ANNUA. L. — G. G., 2, p. 105. — ①. Février-juin. — Lieux incultes des bords de la mer et des étangs.

B.-R. — Marseille : au Pharo, Endoume, Montredon à la Madrague ; bords de l'étang de Marignane, de Berre ; à Berre (*Roux*), à la Mède (*Autheman !*)

Var. — Saint-Nazaire sur la Plage (*Roux*) ; Toulon ; île de Porquerolle ; forêt des Maures, Fréjus (*Hanry*) ; Hyères (*G. G.*).

A.-M. — Cannes (*Hanry*) ; rare à Nice, assez abondant à Antibes, Biot, Châteauneuf près Grasse (*Ard.*).

1385. B. PERENNIS. L. — G. G., 2, p. 107. — ♃. Avril-mai. — Lieux frais et humides, bord des prés, pelouses, dans toute la Provence.

1386. B. SYLVESTRIS. Cyr. — G. G. 2, p. 106. — ♃. Septembre-janvier. — Lieux incultes, pelouses, bois de pins, etc.

B.-R.—Marseille : à Mazargues, au vallon de Morgiou, Saint-Tronc, Luminy, Saint-Loup, Saint-Jullien, les Olives, etc.; Aubagne ; Gémenos ; Cassis, la Crau, etc. (*Roux*) ; Aix sous la vieille Pinette, etc. (*F. A.*) ; Cuges (*Hanry*).

Var. — Toulon, Hyères, le Luc, Fréjus (*Hanry*).

A. M. — Commun dans toute la région littorale. (*Ard.*).

Vaucl. — Avignon (*G. G.*).

### TRIBU V. — SENECIONEÆ (Cav. opusc. phyt. 3. p. 69.)

**Doronicum. Lin. gen. 959.**

1387. D. PARDALIANCHES. Wild. sp. 3, p. 2113. — G. et G., 2, p. 107. — ♃. Juin-juillet. — Rég. alp. et mont.

A.-M. — Forêt de la Maïris, bois du Boréon au-dessus de Saint-Martin-Lantosque.

1388. D. austriacum. Jacq. arst. 2, p. 18.—G. G., 2, p. 108.— ♃. Juin-juillet. — Rég. alp. et mont.

A.-M. — La Briga, val de Pésio (*Ard.*).

**Aronicum.** Neck. Elem. N° 49.

1389. A. Doronicum. Rechb. — G. G., 2, p. 109. — ♃. Juillet-août. — Rég. alp. et montagneuse.

A.-M. — Alpes de Tende, col de l'Abisso, col de Fenestre, lac d'Entrecoulpe, Estenc (*Ard.*).

1390. A. glaciale. Rechb. — Ard. Alpes maritimes, p. 221. — ♃. Juillet-août.

A.-M. — Le Garret au-dessus d'Entraunes (*Ard.*).—M. Ardoino dit que cette plante se distingue de la précédente par ses feuilles raides et un peu épaisses, par sa tige non fistuleuse, bien moins élevée.

1391. A. scorpioides. DC.— G. G., 2, p. 109.—*Arnica scorpioides*. L. — ♃. Juillet-août. — Rég. alp. et mont.

A.-M. — Col de Raus. cols de Tende et de Fremamorta, le Garret et val de Strop au-dessus d'Entraunes (*Ard.*).

B.-A. — Montée de Boules à Faillefeu au-dessus de Prads (*Roux*), Barcelonnette à Meyronnet au rocher de l'Ours. (*Abbés Jean et Olivier!*).

Vaucl. — Sommet du Mont Ventoux (*Roux*).

**Arnica.** Lin.

1392. A. montana. L. — G. G., 2. p. 110 — ♃. Juin-août.

A.-M. — Assez commun dans toute la région alp. et mont. (*Ard.*).

B.-A. — Barcelonnette à la Condamine, à Enchastrayes. (*Abbés Jean et Olivier!*).

**Senecio.** Lessing.

### Section I. — Eusenecio

1393. S. vulgaris. L. — G. G., 2, p. 111. — ①. Toute l'année. —

Champs, jardins, vieux murs et lieux incultes dans toute la Provence.

1394. S. viscosus. L. — ①. Juin-octobre. — G. G., 2, p. 111. — Rare en Provence.

A.-M. — Assez répandu dans toutes les hautes vallées de la région mont. (*Ard*.).

B.-A. — Tersier et Faillefeu au-dessus de Prads, etc. (*Roux*).

1395. S. sylvaticus. L. — G. G., 2, p. 111. — ①. Juin-août. — Bois dans la région montagneuse.

A.-M. — Fontan, Estenc au-dessus d'Entraunes (*Ard*.).

1396. S. lividus. L. — G. G., 2, p. 112. — ①. Avril-juin — Champs et lieux sablonneux.

A.-M. — L'Esterel, Cannes (*Hanry, Ard.*), Grasse (*G. G.*).

Var. — Toulon, îles d'Hyères (*G. G.*), Hyères, le Luc. Fréjus (*Hanry*), les Maures de Pierrefeu (*Chambeiron!*), les Maures du Luc (*Huet et Jacquin!*), la Sauvette des Mayons (*Hanry!*), Collobrières à la Verne (*Roux*).

### Section II. — Jacobœa. (Tourn.)

1397. S. leucanthemifolius. Poirr. — G. G., 2, p. 112. — ①. Février-mars.

Var. — Toulon? (*G. G.*) d'où je ne l'ai jamais reçu !

1398. S. crassifolius. Will. — G. G., 2, p. 113. — ①. Mars-avril. — Falaises et rochers maritimes ; rare.

B.-R. — Marseille : autrefois à l'anse de l'Ourse et au Lazaret, aujourd'hui disparu avec ces localités ; pointe du cap Croisette, îles de Jarre, de Ratonneau, île Plane, Château-d'If (*Roux*).

Var. — Ile des Ambiers près de Saint-Nazaire (*Huet!*), Toulon, île de Porquerolle à la Batterie des Mèdes, Saint-Raphaël aux rochers des Lions (*Hanry*), Fréjus (*G. G.*).

1399. S. gallicus. Chaix in Vill. — G. G., 2, p. 113. — ①. Mai-juillet. — Lieux secs et pierreux.

B.-R. — Aix (*F. A.*); Marseille, à la Treille (*Roux*); Rives de l'Arc depuis Berre jusqu'à la Fare, Roquefavour, Vauvenargues, Saint-Chamas, etc. (*Roux*), Martigues, rare (*Autheman !*) marais de Mouriés (*Roux*).

A.-M. — Assez rare ; Menton, Nice au Chaudan et Touel-de-Beuil, col de Braus, Venanson, Grasse, Gars (*Ard.*).

B.-A. — Digne, à Saint-Benoit (*Roux*).

Var. — Toulon, le Luc, Fréjus (*Hanry*), Nans au vallon de Tardeou, plage de Saint-Raphaël (*Roux*).

Vaucl. — Avignon (*G. G.*).

1400. S. AQUATICUS. Huds. — G. G., 2, p. 114. — ②. Juin-août. — Lieux humides.

B.-R. — Arles sur les bords des Roubines de Mont-Majour (*Roux*).

Var. — Prés humides et bords des fossés (*Hanry*), les Maures, du Luc aux Mayons sur les bords de la rivière (*Roux*).

1401. S. ALPESTRE. DC. ? — *S. cordifolia*. All. ? — Ard. Alp.-Marit. p. 220. — ♃. Mai-juillet. — Région Alpine.

A.-M. — Les Viosennes, Colmiane au-dessus de Saint-Martin-Lantosque ; Alpes de Clans (*Ard.*). M. Ardoino dit que cette plante a les feuilles ovales-oblongues ou sub-cordées, entières ou dentées, blanchâtres ; l'involucre à folioles sur un seul rang ; qu'elle est cotonneuse, de 3 à 6 décim., portant 4 à 8 calathides assez grandes, à fleurs jaunes.

1402. S. ERRATICUS. Bertol. — G. G., 2, p. 115. — ②. Juillet-octobre. — Lieux humides.

B.-R. — Marseille, le long du ruisseau d'Arenc vers les Crottes, 1854 ; rives de l'Arc depuis la station de Berre jusqu'à la route de la Fare, Roquefavour (*Roux*).

A.-M. — Vaugrenier près d'Antibes, Tende, Saint-Etienne-le-Sauvage (*Ard.*).

Vaucl. — Bords des fossés de la route de l'Isle à Apt. (*Autheman !*)

1403. S. NEMOROSUS. Jord. — *S. Jacobœa*. L. Var. β. *Nemorosus*. Loret. — ②. Juin-août. — Prairies ombragées, bois, buissons.

B.-A. — Prads sur les bords de la Bléone, la Condamine (*Roux, Granier*).

Var. — Bois de la Sainte-Baume (*Roux*).

1404. S. FLOSCULOSUS. Jord. — ②. Juin-juillet. — Lisières des bois.

Var. — Le Luc, forêt des Maures, Fréjus (*Hanry*).

1405. S. ERUCIFOLIUS. L. — G. G., 2, p. 116. — ♃. Juin-septembre. — Egalement dans les lieux secs ou humides, haies, bords des chemins et des eaux.

B.-R. — Marseille, sur le bord du Jarret à la Rose, bords de l'Huveaune à Saint-Loup, la Pomme, etc.; Aubagne; Aix, Arles, etc. (*Roux*).

A.-M. — Nice, Menton, Antibes, Grasse, île de Ste-Marguerite, etc.

Var. — Toulon, le Luc, etc.

Vaucl. — Avignon, l'Isle, etc.

1406. S. CALVESCENS. Moris et de Not. — ♃. Juin.

Cette plante, intermédiaire entre les S. ERUCIFOLIUS et CINERARIA, a été trouvée en petit nombre de sujets dans les bois de Montrieux, dans le Var, par MM. Hanry et Huet; à Antibes, dans les A.-M., par MM. Turet et Bernet (*Ard.*). Elle avait été trouvée d'abord dans l'île de Capréja par MM. Moris et de Not.

1407. S. CINERARIA. — DC. *Cineraria maritima*. L. — G. G.; 2, p. 116 — ⚥ Juin-juillet. — Rég. littorale depuis le cap Couronne jusqu'à Menton, les îles de Marseille, d'Hyères, remonte jusque bien avant dans l'intérieur: les Baux, Gonfaron, le Luc, Draguignan, Digne, fontaine de Vaucluse, etc.

1408. S. incanus. L. — G. G., 2, p. 117. — ♃. Juillet-août. — Rég. alp. et mont.

    A.-M. — Assez répandu dans toute la région élevée des Alpes (*Ard.*).

### Section III. — Doria. (Rchb.)

1409. S. seracenicus. L. (*ex parte*). — G. G. 2, p. 118. — ♃. Juin-août. — Bois de la rég. mont.

    A.-M. — Forêt de la Maïris, de la Briga, Rocabigliera, bois du Boréon, Sainte-Anne de Vinai (*Ard.*).

    B.-A. — Forêt de Faillefeu au-dessus de Prads (*Roux*).

1410. S. doria. L. — G. G., 2, p. 120. — ♃. Juin-juillet. — Çà et là dans les prairies humides, le long des fossés et des ruisseaux.

    B.-R. — Martigues à la Mède, Roquefavour, la Crau le long des canaux (*Roux*); Aix sur les rives de l'Arc (*F. A.*); Berre au moulin de Merveille, Saint-Martin de Crau (*Roux*).

    A.-M. — Rare, rég. mont.: Mont Cheiron dans l'arrondissement de Grasse, Vallée de Thorenc (*Ard.*).

    B.-A. — Prads sur les bords de la Bléone (*Roux*).

    Var. — Le Muy, Trans (*Hanry*); Fréjus (*G. G.*); Ampus à Fontigon, au Plan (*Albert!*).

    Vaucl. — Avignon, fontaine de Vaucluse (*G. G.*).

1411. S. doronicum. L. — G. G., 2, p. 121. — ♃. Juillet-août. — Rég. alp.

    A.-M. — Assez répandu dans toute la rég. alp. et mont. (*Ard.*).

    B.-A. — Alpes de la Provence (*G. G.*); montée d'Allos au lac, descente de Valgelaye sur la route d'Allos à Barcelonnette (*Roux*).

    Var. — Aiguines dans les lieux herbeux de Margès (*Albert!*)

1412. S. Gerardi. G. G., 2, p. 123. — ♃. Juin. — Rég. mont.

    B.-R. — Marseille, sur la tête de Carpiagne (*Roux*), fond du vallon de Saint-Cyr de Saint-Marcel en montant au vallon d'Evêque (*Roux*). Aix, au sommet du mont Sainte-Victoire (*Roux*); chemin longeant la rive gauche de l'Arc peu en amont de la Simone et Sainte-Victoire (*F. A.*); Roussargue sous Roquefourcade et sommet du vallon de Saint-Clair (*Roux*).

A.-M. — Montagne de Coussols et de Défens dans l'arrondissement de Grasse (*Ard.*).

Var. — Toulon à Coudon (*Hanry* sous le nom de S. doronicum), Ampus à la Cabrière (*Albert!*).

1413. S. balbisiana. DC. — Ard. Alp. Marit. p. 220. — ♃. Mai-juillet. — Région alpine.

A.-M. — Alpes de Tende, vallée de la Gordolasca, N.-D. de Fenestre, torrent de Erps dans la vallée du Boréon et val de Rabouns au-dessus d'Entraunes (*Ard.*).

Selon M. Ardoino, cette plante diffère du S. alpestris par ses feuilles plus allongées et par ses aigrettes de moitié plus courtes et non presque aussi longues que le tube des fleurons ; tige de 8-12 décim., profondément sillonnée.

1414. S. aurantiacus DC. — G. G., 2, p. 123. — ♃. Juin-juillet. — Région alpine.

A.-M. — Vallée de Caïros, col de Raus, mine de Tende, col de Tende, forêt de Clans (*Ard.*).

B.-A. — Vallée de l'Ubaye dans les prairies de Lauzonnier (*Gacogne*).

**TRIBU VI. — ARTEMISIEÆ** (Less. syn. 263.)

**Artemisia. L.**

1415. A. absinthium. L. — G. G., 2, p. 126. — ♃. Juillet-août. — Cultivé et parfois subspontané près des habitations rurales.

B.-R. — Aix au quartier de Montaiguet et de Lévésy (*F. A.*).

A.-M. — Assez répandu dans toutes les Alpes jusqu'au dessus de Menton (Ard.).

1416. A. ARBORESCENS. L. — G. G., 2, p. 126. — ♂. Juillet-août. Rochers maritimes.

Var. — Hyères (G. G., Hanry, Mulsant! Huet).

1417. A. CAMPHORATA Vill. — G. G., 2, p. 127. — ♂. Août-septembre.

B.-R. — Marseille, au sommet de l'Etoile (Reynier!); Aix, de Vauvenargues au Sambuc (F. A. Coste, Peuzin!); Alleins, au quartier de Meycale (Gouirand!); Orgon, sur les coteaux (Roux).

A.-M. — Assez commun dans la rég. mont. depuis Tende jusqu'aux montagnes au-dessus de Menton et de Nice (Ard.).

B.-A. — Castellane (Duval-Jouve!).

Var. — Collines et lieux secs (Hanry).

1418. A. INCANESCENS. Jord. — G. G., 2, p. 127. — ♂. Août-septembre. — Rég. mont.

B.-A. — Digne, au vallon de Richelme et au col de Valgelaye sur la route d'Allos à Barcelonnette (Roux).

Var. — Toulon? (G. G.).

1419. A. MUTELLINA. Vill. — G. G., 2, p. 128. — ♃. Juillet, août. Rég. alp. élevée.

A.-M. — Mont Bego, Alpes de Fenestre (Ard.)

B.-A. — L'Arche et mont Lausanier (G. G.); Meyronnes au rocher de l'Ours près Barcelonnette (Abbés Jean et Olivier!).

1420. A. PEDEMONTANA. Balb. — Ard. Alpes Marit., p. 209. — ♃. Juillet, août. — Rég. alp.

A.-M. — Rare : Mont Ponset sur le versant qui regarde la Gordolosca, lac d'Entrecoulpes, col de Fenestre, mont Tenibre au-dessus de Saint-Etienne (Ard.).

M. Ardoino dit que les feuilles de cette plante sont blanches, laineuses, palmatipartites, à segments linéaires, les supérieurs sessiles ; que les calathides sont globuleuses, penchées en grappe allongée; que sa tige est simple, de 1/2 décim.

1421. A. GLACIALIS. L. — G. G., 2, p. 128. — ♃. Juillet, août. — Rég. alp. élevée.

A.-M. — Col Bertrand, sommet du mont Bego (*Ard.*).

B.-A. — Meronne (*G. G.*) Barcelonnettte dans la prairie de Langet (*Gacogne*), Meyronnes au rocher de l'Ours (*Abbés Jean et Olivier!*)

1422. A. VULGARIS. L. — G.G., 2, p. 129.

A.-M. — Assez commun à Tende, à Saint-Martin-Lantosque, vallée de la Tinée, Grasse *(Ard.)*.

B.-R. — Cultivé et parfois subspontané, quelques pieds sur le bord du Rhône à Arles (*Roux*).

Var. — Décombres et murs *(Hanry sans localité précise)*.

1423. A. SPICATA. Wolf. — G. G., 2, p. 134. — ♃. Juillet, août. — Rég. alp. élevée.

A.-M. — Sommet du Gélas à côté du Clapier et au col de Fenestre *(Ard.)*.

B.-A. — Barcelonnette, à Meyronnes au rocher de l'Ours (*Abbés Jean et Olivier!*).

1424. A. CHAMÆMELIFOLIA. Vill. — G. G., 2, p. 131. — ♃. Juin, juillet. — Rég. alp.

A.-M. — Val de Jallorgues près de Saint-Dalmas-le-Sauvage (*Ard.*).

B.-A. — Maurin : Malzacet au-dessus des maisons, environs de Barcelonnette (*Abbés Jean et Olivier!*).

1425. A. CAMPESTRIS. L. — G. G., 2. p. 133. — ♃. Août-septembre. — Rives, bords des champs, côteaux et autres lieux incultes.

B.-R. — Alleins sur la route de Lamanon à Eyguières (*Gouirand!*); Aix : bords des champs, rives de l'Arc

(*F. A.*) ; je l'y ai rencontré mêlé à l'A. GLUTINOSA Gay, depuis Roquefavour jusqu'au dessus d'Aix.

A.-M. — Assez commun dans la rég. mont., et rare dans la rég. littorale (*Ard.*).

Var. — Bords des champs, des routes et sur les collines (*Hanry*).

1426. A. GLUTINOSA. Gay. — G. G., 2, p. 134. — ♂. Août, septembre. — Principalement dans la rég. litt.

B.-R. — Marseille, dans les sables de Montredon, de Bonneveine, de Mazargues, etc.; Martigues, le long des chemins jusqu'au cap Couronne ; Fos-les-Martigues ; rives de l'Arc depuis Roquefavour jusqu'à Aix, mêlé au précédent *(Roux)*.

Var. — Toulon (*G. G.*). Hyères, aux Pesquiers (*Huet et Jacquin!*); Cannet-du-Luc, sur le bord d'Argens à Entraigues, de Fréjus à Saint-Raphaël (*Roux*).

A. ANNUA. L. — Lam. dic. 1, p. 266. — ♂. Juillet-septembre. — Se rencontre assez souvent parmi les décombres aux alentours de Marseille.

**Section II. — Seriphidium.** (Bess. in bull. soc. mosc. 1829 et 1834.)

1427. A. GALLICA. Wild. — G. G., 2, p. 135. — ♃. Août, septembre. — Rochers et sables maritimes.

B.-R. — Marseille au Roucas-Blanc, Endoume, Montredon, Les Goudes, etc.; bords de la mer à Port de Bouc ; Fos-les-Martigues, etc.; bords des étangs à Martigues, la Mède, Istres, Berre, Saint-Chamas, etc.; la Camargue *(Roux)*.

A.-M. — Antibes, Cannes et île Sainte-Marguerite *(Ard)*.

Var. — Toulon (*G. G.*); Hyères aux Pesquiers *(Huet !)* Saint-Raphaël, Saint-Nazaire (*Roux*).

**Tanacetum.** Less.

1428. T. VULGARE. L. — G. G., 2, p. 137. — ♃. Juillet, août. Lieux incultes.

B.-R. — Alleins à la montagne de Varnègue (*Gouirand!*), Aix au Montaiguet proche d'une maison d'habitation, Garidel le dit spontané dans plusieurs endroits du terroir d'Aix (*F. A.*).

A.-M. — Nice, Tende, Saint-Martin-Lantosque (*Ard.*).

B.-A. — Digne sur le bord des champs, des hautes cultures de Cousson (*Roux*).

Var. — Barjols, la Garde-Frainet, la Verne (*Hanry*)

1429. T. annuum. L. — G. G., 2, p. 138. — ①. Août-octobre. — Champs et lieux sablonneux.

B.-R. — Maillane, Graveson (*Autheman!*); Raphèle, près d'Arles (*Roux*); Tarascon (*G. G.*).

A.-M. — Rare; Nice au Var? Antibes, Cannes, la Napoule (*Ard.*).

Var. — La Garde près de Toulon (*Huet!*), le Cannet, (*Hanry*), le Luc (*Hanry! Roux*).

**Plagius** L'Hérit. in DC. prodr. 6. p. 135.

1430. P. allionii. L'Hérit. *l. c.* — Ard. Alp. Marit. p. 207. — ♃. Août-octobre. — Feuilles linéaires-lancéolées, dentées; calathides solitaires terminant les rameaux allongés; nu au sommet; fleurs d'un jaune-orangé. (*Ardoino p. 207 et 208*).

A.-M. — Assez commun dans les ravins, les vallons ombragés à Castillon, Menton, Nice, Saint-Martin-du-Var, Levens et jusqu'à Tende. (*Ard.*)

**TRIBU VII. — CHRYSANTHEMEÆ** (DC. Prodr. 6, p. 38.)

**Leucanthemum** Tourn. Inst. 492.

Section I. — **Euleucanthemum** G. G., 2, p. 140.

1431. L. vulcare. Lamk. — G. G., 2, p. 140. — ♃. Juin-septembre. — Prés, gazons, bords des bois dans toute la Provence.

1432. L. pallens. DC. — G. G., 2, p. 140. — ♃. Mai-juin. — Coteaux, rives, bois montueux.

B.-R. — Marseille, au Pilon-du-Roi (*Roux*); Gignac, fossés humides (*Autheman!*); ruisseau le Gros-Martin à Marignane *(Roux)*; Aix, sur le bord de l'Arc, le Tholonet *(F. A.)*; Baou de Bretagne (*Roux*); Vallon de la Vache à la Bourdonnière ; la Galinière entre Simiane et Mimet, Saint-Jean de Trets, les Baux (*Roux*).

A.-M. — La Briga, val de Pesio, etc. *(Ard.)*.

Var. — Plan d'Aups, lisière du bois de la Sainte-Baume (*Roux*); le Luc (*Hanry*) ; Toulon : la Farlède, dans les bois du nord du mont Coudon (*Albert !*).

1433. L. maximum. DC. — G. G., 2, p. 141. — ♃. Juin-juillet. — Rég. mont.

A.-M. — La Briga, val de Pesio, etc. (*Ard.*).

1434. L. montanum. DC. — G. G., 2, p. 141. — ♃. Juin-août. — Bois, rochers.

A.-M. — Menton, Nice, Saint-Valliers, col de Brouis, Venanson, Saint-Martin-Lantosque, Saint-Dalmas-le-Sauvage (*Ard.*).

B.-A. — Digne, dans les hautes cultures de Cousson, montagne de la Vachière au-dessus de Prads, bois de pins à la Condamine près de Barcelonnette (*Roux*).

Var. — Draguignan (*G. G.*).

1435. L. graminifolium. Lamk. — G. G., 2, p. 142. — ♃. Juin-juillet. — Coteaux et montagnes.

B.-R. — Aix, au sommet du mont Sainte-Victoire, versant nord vers le sommet, entre Vauvenargues et le Bec-de-l'Aigle (*F. A.*).

A.-M. — Montagnes de Coussols et de Défens au-dessus de Grasse (*Ard.*).

Var. — Montagnes au nord du département (*Hanry*).

1436. L. coronopifolium. Lamk. — G. G., 2, p. 132. — Juillet-août. — Région alpine et montagneuse.

A.-M. — Assez répandu dans toutes les Alpes d'où il descend jusqu'à Contes au-dessus de Nice (*Ard.*).

B.-A. — Allos, l'Arche. (*G. G.*) ; prairies de Langet près de Barcelonnette (*Gacogne*).

1437. L. ALPINUM. Lamk. — G. G., 2, p. 144. — ♃. Juillet, août.

A.-M. — Assez commun dans toute la région alpine (*Ard.*).

B.-A. — Montagne de la Vachière et sommet de Boules à Faillefeu au-dessus de Prads (*Roux*).

### Section II. — Parthenium (G. G.)

1438. L. CORYMBOSUM. G. G.—*Chrysanthemum corymbosum. L.*— G. G., 2, p. 145. — ♃. Juin-août. — Coteaux, bois montueux.

B.-R. — Marseille, aux Olives, au nord du Pilon-du-Roi (*Roux*); Gémenos, au vallon de Saint-Pons, de Saint-Clair (*Roux*); Aix, au quartier de Mauret (*F.A.*); Roquefavour (*Roux*).

A.-M. — Bords des bois au-dessus de Menton, Nice au mont Gros et à Saint-André, Levens, Grasse, l'Esterel et dans toute la région montagneuse (*Ard.*).

Var. — Nans, au vallon de Tardeou, la Sainte-Baume, la Sauvette des Mayons, Collobrières (*Roux*).

1439. L. PARTHENIUM. G. G., 2, p. 145. — ♃. Juin-août. — Décombres, vieux murs, non spontané !

A.-M. — Subspontané dans les décombres, dans le voisinage des habitations rurales (*Ard.*).

Var. — Chartreuse de la Verne. (*Hanry, Dupré, Robert*).

**Chrysanthemum.** Tourn.

1440. C. SEGETUM. L. — G. G., 2, p. 146. — ①. Juin-août. — Lieux cultivés, décombres.

B.-R. — Marseille, rare et toujours parmi les décombres : à

la Capelette, au moulin de Sartan à la Rose, etc. (*Roux*); Aix, dans le pré au midi de l'Abattoir 1867 (*F. A.*); Martigues, à la Mède (*Autheman !*).

A.-M. — Assez commun dans les lieux cultivés, sablonneux (*Ard.*).

Var. — Champs, moissons (*Hanry*); Fréjus (*Roux*).

1441. C. MYCONIS. L. — G. G., 2, p. 146. — ①. Juin-août. — Moissons et champs incultes.

A.-M. — Cannes (*Hanry*); la Roquette, Grasse, Antibes, Nice, Menton (*Ard.*).

Var. — De Fréjus à Saint-Raphaël le long de la route; Pierrefeu, Collobrières (*Roux*); Toulon, Hyères, le Luc, Fréjus (*Hanry*).

**Pinardia.** Less. syn. 255.

1442. P. CORONARIA. Less. — *Chrysanthemum coronaria. L.* — G. G., 2, p. 147. — ①. Juin-septembre. — Non spontané en Provence.

B.-R. — Marseille, parmi les décombres ou sur le bord des chemins et auprès des jardins.

A.-M. — Subspontané sur les vieux murs dans la région littorale; Roquebrune, Nice, Antibes, île Saint-Honorat (*Ard.*).

**Matricaria.** L.

1443. M. CHAMOMILLA. L. — G. G., 2, p. 148. — ①. Avril-septembre. — Champs et autres lieux.

B.-R. — Marseille, dans la traverse de Saint-Loup à Puits-de-Paul, très rare; champs voisins des étangs de Marignane et de Berre, de Raphèle près d'Arles, assez commun, Saint-Chamas (*Roux*).

Var.— Toulon, Saint-Mandrier, Gonfaron, le Luc (*Hanry.*)

A.-M. — Ça et là dans les moissons de la rég. mont. mais peu commun.

Vaucl. — L'Isle dans les champs (*Autheman !*)

1444. M. INODORA. L. — G. G., 2, p. 149. — ①. Juin-octobre. —

Moissons et bords des champs de la rég. mont.

A.-M. — Tende, Saint-Dalmas-le-Sauvage (*Ard.*)

**TRIBU VIII. — CHAMOMILLEÆ. (G. G.)**

**Chamomilla.** Godr.

1445. C. nobilis. Godr. —*Anthemis nobilis. L.*—G. G., 2, p. 150.— ♃. Juin-août.

Var. — Dans les collines et les prés secs à Fox-Amphoux (*Hanry!*).

1446. C. mixta. G. G.—*Anthemis mixta L.* — G. G., 2, p. 151. — Mai, juin. — Champs sablonneux.

Var. — Toulon, aux Sablettes, bois des Maures du Luc aux Mayons (*Roux*); Toulon, le Luc, Fréjus (*Hanry*).

A.-M. — Nice, golfe Jouan, Cannes. (*Ard.*).

1447. C. fuscata. G. G. — G. G., 2, p. 151. — ①. Mars-juin. — Champs et cultures.

Var. — Toulon, Hyères, le Luc (*Hanry*); la Garde près de Toulon (*Huet!*).

**Anthemis.** L.

1448. A. arvensis. L. — G. G., 2, p. 153. part. — ①. Mai-septembre. — Champs de la rég. alp. et mont.

B.-R. — Aix au mont Sainte-Victoire (*F. A.*)

Var. — Toulon ? Fréjus ? (*Hanry*).

A.-M. — Commun au bord des chemins et des champs sablonneux (*Ard.*).

C'est sans doute l'espèce suivante qui est indiquée dans le Var et les Alpes-Maritimes.

1449. A. nicæensis. Willd. — *A. arvensis L.; var. β. incrassata.* — G. G., 2, p. 153. — Très commun dans les champs et les lieux incultes.

B.-R. — Marseille, à Saint-Tronc, Saint-Loup, les Martégaux, la Treille, etc. ; Roquefavour, Aix, Martigues, etc. (*Roux*); Salon, Arles (*G. G.*).

Var. — Plan d'Aups, le Luc, Saint-Raphaël (*Roux*); île des Embiers, Fréjus (*Hanry*).

A.-M. — Cannes (*Hanry*).

1450. A. cotula. L. — G. G., 2, p. 153. — ①. Mai-septembre. — Rare en Provence.

B.-R. — Marseille, dans des enclos et des terrains vagues de la Joliette, lit de l'Huveaune à la Pomme, île de Ratoneau (*Roux*).

Var. — Dans les champs (*Hanry*).

A.-M. — Çà et là dans les champs de la rég. mont. mais peu commun (*Ard.*).

1451. A. secundiramea. Biv. — G. G., 2, p. 153. ①. Mai-juin.— Rochers et sables maritimes.

B.-R. — Marseille, à Montredon, aux Goudes; bord des fossés de l'étang de Marignane (*Roux*); bord de l'étang de Berre à la Mède près de Martigues *(Autheman !)*.

1452. A. maritima. L. — G. G., 2, p. 154. — ♃. Mai-août. — Sables marit.

B.-R. — Marseille, dans l'île Ratoneau ; Foz-les-Martigues, bord de l'étang de Marignane (*Roux*).

Var. — Toulon (*G. G., Hanry*).

1453. A. Gerardiana. Jord.—*A. montana. L.; var. α. Linnœana.*— G. G., 2, p. 151.—♃. Juin-août.—Coteaux, lieux incultes.

Var. — Le Luc, forêt des Maures (*Jord.*); Pignans (*Hanry d'après Robert*); la Sauvette des Mayons-du-Luc, la Verne (*Roux*); Ampus, sur les coteaux arides du bord de la rivière (*Albert !*).

A.-M. — Tende, la Briga, vallon de Saleze, vallée de Fenestre, l'Estérel, bois de Gourdon (*Ard.*).

Vaucl. — L'Isle dans les lieux montueux *(Autheman !)*, rochers de la fontaine de Vaucluse (*Th. Delacour !*).

**Cota.** Gay, in Guss. syn. 2, p. 866.

1454. C. altissima. Gay. — *Anthemis altissima. L.* — G G., 2, p. 155. — ①. Mai-août. — Champs et moissons.

B.-R. — Martigues, à la Mède et à Saint-Giniez ; Berre ; Miramas (*Roux*) ; Salon (*G. G.*).

Var. — Toulon, le Luc, Fréjus (*Hanry*), Hyères (*G. G.*).

A.-M. — Nice, au Var, Vaugrenier près d'Antibes, Grasse, Lantosque et probablement ailleurs (*Ard.*).

1455. C. TINCTORIA. Gay. — G. G., 2, p. 156. — ♃. Juin-août. — Rare.

B.-R. — Co-d'Olive près de Valdonne; se trouvent les deux formes (*Roux*).

Var. — Sur les remparts de Toulon près de la boulangerie (*Hanry*).

A.-M. — Rég. mont. : la Briga, Tende, Saorgio, Roccabigliero, le Mas près de Saint-Auban ; la forme à fleurons tubuleux est la seule que l'on rencontre dans le département (*Ard.*).

Vaucl. — Avignon (*G. G.*).

**Cotula.** L.

1456. C. AUREA. L. — Dc. prod. 6, p. 78. — ♃. Mai.

Var. — Dans la propriété de Beauregard à Hyères, sur terrains de transition modifiés (*Huet et Schuttleworth !*).

**Anacyclus.** Pers.

1457. A. CLAVATUS. Pers. — G. G., 2, p. 157. — ①. Juin-août. — Lieux incultes.

B.-R. — Saint-Chamas, au pont Flavien sur la Touloubre ; Miramas (*Roux*).

Var. — Toulon sur les glacis du fort Malbousquet (*Hanry!*).

1458. A. RADIATUS. Lois. — *Anthemis valentina. L.* — G. G., 2, p. 158. — ①. Juin, juillet. — Lieux incultes, bords des champs.

B.-R. — Arles, sur les talus (*Autheman!*) ; bords du Rhône à Trinquetaille (*Roux*).

Var. — Hyères, Fréjus, Saint-Raphaël (*Roux et Hanry*).

A.-M.—Cannes (*Hanry*); rare, environs de Nice, île Sainte-Marguerite (*Ard.*).

**Dioitis.** Desf.

1459. D. CANDIDISSIMA. Desf.—*Athanasia maritima. L.* — G. G., 2, p. 159. — ♃. Mai-juillet. — Sables maritimes et graviers.

Var. — Isthme de Giens (*Huet!*); Saint-Aigon, presqu'île de Giens (*Hanry*).

A.-M. — Saint-Laurent-du-Var, Antibes, Cannes (*Ard.*); Bordighiera près de Menton (*T. Moggridge!*).

**Santolina.** Tourn.

1460. S. INCANA. Lamk.—*S. chamœcyparissus. L.* — G. G., 2, p. 160. — ♄. Juillet, août. — Coteaux, lieux pierreux, secs et élevés.

B.-R. — Marseille, sur les hauteurs de Montredon, des vallons de Toulouse et de la Panouse, tête de Carpiagne, etc.; Gémenos, au vallon des Crides, au Baou-de-Bretagne, Roquefourcade, etc.; Deue, au moulin de Merveille (*Roux*); Aix, à Sainte-Victoire d'où il descend sur les bords de l'Arc jusqu'aux Milles; il borde aussi la route de Gap au bas du versant nord de la Trevaresse (*F. A.*); Salon (*G. G.*).

Var. — Plan d'Aups, jusque sur les hauteurs du Saint-Pilon (*Roux*); Toulon, au sommet du mont Faron (*Huet!*), Baou de Quatre-Heures (*Hanry*); le Luc, dans la vallée de Muraire; Flassans, Nans (*Hanry*).

A.-M. — Grasse, à la Roquette; cultivé ou subspontané à Nice, à Menton, etc. (*Ard.*).

B.-A. — Sisteron au mont Gervi, Forcalquier (*G.G.*).

Vaucl. — Avignon, Mornas (*G. G.*).

1461. S. VIRIDIS. Wild. — G. G., 2, p. 160. — ♄. Juin-août.

Var. — Lieux incultes à la Garde près de Toulon et des bords de la mer au cap Brun (*Huet!*). — Y est-il réellement spontané?

**Achillea. L.**

### Section I. — **Millefolium** (Tourn.).

1462. A. TOMENTOSA. L. — G. G., 2, p. 161. — ♃. Mai, juin. — Lieux secs et arides.

B.-R. — Pas-des-Lanciers, Roquefavour, Saint-Paul-les-Durance, Château de Cadarache. (*Roux*); Saint-Pons de Roquefavour (*F. A.*); Martigues à la Mède (*Autheman*); Montaud-les-Miramas (*G. G.*).

Var. — Plan d'Aups, Saint-Pilon au-dessus de la Sainte-Baume (*Roux*); Mourière, Bagnol, Nans (*Hanry*); Toulon (*G. G.*).

A.-M. — Environs de Nice, Utelle, Clans, Touel-de-Beuil, Saint-Vallier, Grasse *(Ard.)*.

Vaucl. — Avignon *(G. G.)*.

1463. A. ODORATA. L. — G. G., 2, p. 162. — ♃. Juillet, août. — Lieux incultes.

B.-R. — Pas-des-Lanciers (*Roux*); Istres, Saint-Remy *(Autheman!)* Montaud-les-Miramas (*G. G.*).

Var. — Plan d'Aups, lisière du bois de la Sainte-Baume *(Roux)*; Mourière près de Toulon *(Hanry)*.

A.M. — Drap, Contes, Berre *(Ard.)*.

Vaucl. — Avignon *(G. G.)*; mont Ventoux *(Roux)*.

1464. A. MILLEFOLIUM. L. — G. G. 2, p. 162. — ♃. Juin-octobre. — Prairies, pelouses, lieux incultes, bords des bois dans toute la Provence.

1465. A. SETACEA. Waldst. et Kit. — *A. millefolium. L.* var. β. *setacea*. Kock. — G. G., 2, p. 162. — ♃. Juillet, août.

B.-R. — Marseille, dans les lieux marécageux du vallon du Rouet; vallon de la Vache; Baou de Bretagne; Aix, à Cabassol près de Vauvenargues (*Roux*); Sainte-Victoire (*F. A.*).

Var. — Nans, Notre-Dame des Anges près de Pignans;

Fréjus *(Hanry)* ; montée de la Sainte-Baume par Saint-Zacharie, Plan d'Aups, bois de la Sainte-Baume *(Roux)*.

B.-A. — Gréoulx ; Digne, dans les prairies et les hautes cultures de Cousson ; sommet de Boules, à Faillefeu au-dessus de Prads *(Roux)*.

1466. A. COMPACTA. Lamk. — G. G., 2, p. 163. — ♃. Juin-septembre. — Lieux incultes, rives et coteaux arides, rare.

B.-R. — Marseille : autrefois au Rouet ; aujourd'hui cette localité est fermée ; quelques pieds dans le prolongement de la rue Paradis, dans la propriété Baccuet également fermée ; rives sur la route d'Aubagne à Gémenos avant le chemin de Saint-Pierre, Gémenos dans le vallon de Saint-Pons près d'un moulin à ciment ; bord de la route d'Aix à Vauvenargues *(Roux)* ; Alliens sur la montagne de Varnègue *(Gouirand!)* ; Aix sur le bord de l'Arc *(F. A.)*.

Var. — Plateau de Notre-Dame des Anges près de Pignans *(Hanry)* ; Toulon, Fréjus *(G. G.)*.

B.-A. — Mont Monnier *(G. G.)*.

1467. A. TANACETIFOLIA. All. — G. G., 2, p. 163. — ♃. Juillet, août. — Rég. alp. et mont.

A.-M. — Vallon du Cavallet au-dessus de Saint-Martin ? Sainte-Anne-de-Vinaï, etc. *(Ard)*.

1468. A. DENTIFERA. DC. — G. G., 2, p. 163. — ♃. Juillet, août. — Rég. alp.

B.-A. — Barcelonnette à Vars *(G. G.)* ; prairies du Lauzounier *(Gacogne)*.

1469. A. NOBILIS. L. — G. G., 2, p. 164. — ♃. Juillet, août. — Coteaux et lieux frais.

B.-R. — Meyrargues *(Autheman!)* ; Orgon, Saint-Paul-les-Durance *(Roux)*.

Var. — Toulon *(Hanry, G. G.)* ; Maures du Luc, à Peguier, Colle Noire, le Luc *(Hanry)*.

A.-M. — Tende, au-dessus de Menton (*Ard.*).

B.-A. — Digne, Seyne (*G. G.*).

Vaucl. — Avignon (*G. G.*).

1470. A. ligustica. All. — G. G., 2, p. 164. — ♃. Juin, juillet.

B.-R. — Marseille, à Saint-Loup sur le coteau entre le vallon de Puits-de-Paul et celui de la Baume de Blaioun près d'un ancien poste à feu *(Derbès!)*.

Var. — Toulon (*Hanry d'après Robert*); la Crau d'Hyères (*G. G., Hanry d'après Robert*).

A.-M. — Nice (*Hanry*); coteaux arides de la rég. litt. ; peu commun ; au mont de l'Euze et au mont Gros entre la Turbie et Nice (*Ard.*).

1471. A. ageratum. L. — G. G., 2, p. 165. — ♃. Juillet, août. — Lieux arides, fossés desséchés de la rég. litt.

B.-R. — Rognac *(Roux)*; Velaux *(Autheman!)*; les Milles vers le château de l'Enfeut ; Arles *(Roux)*; Aix, à Fenouillères, aux murs du bassin du domaine de M. Fouque, domaine de Bompart vers le bâtiment, bord de la Jouque *(F. A.)*; Baou de Bretagne, à la Glacière *(Roux)*; Salon (*G. G.*).

Var. — Lieux humides *(Hanry)*; Toulon (*G. G.*).

A.-M. — Grasse, Antibes, Nice, Menton (*Ard.*).

Vaucl. — Avignon, Orange *(G. G.)*.

### Section II. — Ptarmica (Tourn.)

1472. A. ptarmica. L. — G. G. 2, p. 165. — ♃. Juin-août. — Bien que cette plante soit commune dans toute la France suivant MM. G. et G., assurément elle ne l'est pas en Provence ; car elle est inconnue dans les Bouches-du-Rhône; Hanry ne la signale pas dans le Var, ni Ardoino dans les Alpes-Maritimes ; je ne l'ai rencontrée que dans un pré entre la Sorgues et la route d'Apt à l'Isles.

1473. A. herba-rota. All. — G. G. 2, p. 166. — ♃. Juillet, août.

A.-M. — Assez commun dans toute la rég. alp. *(Ard.)*.

1474. A. MACROPHYLLA. L. — G. G. 2, p. 167. — ♃. Juillet, août. — Rég. alp. et mont.

A.-M. — Alpes de Tende, bois de Boréon au-dessus de Saint-Martin, Sainte-Anne-de-Vinaï *(Ard.)*.

B.-A. — Barcelonnette dans la forêt de Silor (*Gacogne*).

1475. A. NANA. — G. G. 2, p, 167. — ♃. Juillet, août. — Rég. alp.

A.-M. — Col de Fenestre, le Garret, col de Jallorgues, col de la Maddalena (*Ard.*).

B.-A. — Barcelonnette à Meyronnes au rocher de l'Ours (*abbés Jean et Olivier* !).

**TRIBU IX. — BIDENTIDEÆ.** Less.

**Bidens** L. gen. 952, excl. sp.

1476. B. FRONDOSA. L. — Sp. ed. 1, p. 832 et ed. 2, p. 1166. DC. prodr. V, p. 594. — ①. Septembre.

Var. — La Garde près de Toulon, assez commun dans les champs parmi les vignes *(Robert, Cat. Toulon, p. 111)*.

1477. B. TRIPARTITA. L. — G. G. 2, p. 168. — ①. Juin-octobre.— Lieux humides, bords des fossés.

B.-R. — Marseille sur les bords extérieurs des fossés du château Borely, sur l'écluse de l'Huveaune à la Pomme (*Roux*); lit de l'Huveaune au-dessus d'Aubagne; Raphèle près d'Arles (*Roux*).

**Kerneria.** Moench.

1478. K. BIPINNATA. Godr. et Gr. 2, p. 169. — *Bidens bipinnata*. L. — ①. Septembre.

Var. — La Garde près de Toulon, dans les vignes (*Robert, Cat. Toulon, Hanry*).

**TRIBU X. — BUPHTHALMEÆ.** Less. syn. 209.

**Buphthalmum.** L.

1479. B. GRANDIFLORUM. L. — G. G. 2, p. 171. — ♃. Juillet, août. — Haies, bois taillis, pelouses et prairies sèches.

Var. — Draguignan à Cabrière près d'Ampus (*Albert !*)

A.-M. — Depuis Tende et Saint-Martin de Lantosque près de Menton et de Nice et dans presque tout l'arrondissement de Grasse (*Ard*.).

B.-A. — Assez répandu; Digne à Saint-Benoit et à Cousson, Colmars, Allos, etc. (*Roux*).

**Helianthus.** L.

1480. H. annuus. L. sp. 1276. Dc. fl. fr. 4, p. 220. — ♃. Août-septembre. — Du Pérou, cultivé dans les jardins d'où il se répand dans les champs voisins.

1481. H. tuberosus. L. sp. 1277. Dc. fl. fr. 4, p. 220. — ♃. Septembre, octobre. — Du Brésil, dans les champs où il persiste et devient presque spontané.

Var. — M. Hanry dit qu'il est spontané dans les vignes à Fox-Amphoux, au Cannet, à Aups, à Barjols et à Toulon.

**Asteriscus.** Moench.

1482. A. maritimus. Moench. — G. G., 2, p. 171. — *Buphthalmus maritimus*. L. — ♃. Juin-août. — Rochers et lieux pierreux du bord de la mer.

B.-R. — Marseille aux Catalans, Endoume, Roucas-Blanc, Montredon, l'Estaque, les îles de Ratonneau, de Pomègue, etc. (*Roux*) ; rivage entre Sausset et cap Couronne (*Autheman* !).

Var. — Golfes des Lecques, plage de Saint-Cyr à Tauroentum (*Roux*); Toulon (*G. G.*).

1483. A. aquaticus. Moench. — G. G., 2, p. 172. *Buphthalmum aquaticum*. L. — ①. Juin-août. — Indistinctement dans les lieux frais ou secs et pierreux.

B.-R. — Marseille à l'Estaque, à Mourrépiane près de Saint-Henry, île de Ratonneau ; Pas-des-Lanciers, Fos-les-Martigues, la Crau à Entressens et à Saint-Martin (*Roux*); Montaud-les-Miramas (*G. G.*); de Sausset au grand Vallat près des Martigues (*Autheman !*).

Var. — Saint-Cyr sur les bords de la mer *(Roux)*; île de Porquerolle *(Huet!)*; le Luc, Fréjus *(Hanry)*; Toulon *(G. G.)*.

A.-M. — Grasse *(G. G.)*; assez commun au bord des chemins pierreux dans toute la rég. litt. *(Ard.)*.

1484. A. SPINOSUS. — G. G., 2, p. 172. — *Buphthalmum spinosum*. L. — ②. Juin-août. — Lieux incultes, bords des champs et des chemins dans toute la rég. litt. de la Provence; Aix, Martigues, Marseille, Cassis, la Ciotat; Toulon, le Luc, Fréjus; Grasse, Nice; Avignon, Orange, etc.

## TRIBU II. — INULEÆ. Cass.

**Inula. L.**

1485. I. CONYZA. DC. — G. G., 2, p. 174. — *Conyza squarrosa*. L. — ②. Juin-août. — Çà et là dans les haies, le bord des fossés, des chemins, sur les coteaux, etc., dans toute la Provence.

1486. I. BIFRONS. L. — G. G., 2, p. 174. — ②. Juillet, août.

B.-R. — Aix au chemin de Banon vers le domaine de Rey au quartier de Touloubre *(F. A.)*.

A.-M. — Rég. mont. entre Levens et le Chaudon, Luceron, Vananson, Tende *(Ard.)*; Grasse *(G. G.)*.

B.-A. — Castellane, Barcelonnette *(G. G.)*; Maujouan à la descente du Bachelard et bois de la Condamine près Barcelonnette *(Roux)*.

1487. I. SPIRÆIFOLIA. L. — G. G., 2, p. 175. — *I. squarrosa*. L. — ♃. Juillet, août. — Lieux montueux, pierreux et ombragés.

B.-R. — Marseille au vallon d'Evêque à Saint-Loup, Miramas *(Roux)*; Aix au quartier de Mouret et à la colline des Pauvres *(F. A.)*; Martigues dans les bois de pins de Saint-Giniez *(Autheman!)*; Salon *(G. G.)*; Arles à Mont-Major *(Roux)*.

Var. — Toulon, le Luc, Fréjus *(Hanry)*; Bagnol *(G. G.)*; montagne au-dessus de Montrieux *(Huet!)*.

A.-M. — Montagne au-dessus de Menton, Nice, entre la Tour et Saint-Sauveur, Grasse (*Ard.*).

B.-A. — Digne à Saint-Benoit (*Roux*).

Vaucl. — Avignon (*G. G.*); Sorgues (*Th. Brown!*).

1488. I. HIRTA. L. — G. G., 2, p. 175. — ♃. Juin-août. — Prés montueux.

Var. — Fréjus (*G. G.*); Château-Vieux, la Bastide au Deffens (*Albert !*).

A.-M. — Grasse (*G. G.*); au-dessus de Menton, Saint-Martin-Lantosque, Soargio, la Roquette (*Ard.*).

Vaucl. — Orange (*G. G.*).

1489. I. SALICINA. L. — G. G., 2, p. 176. — ♃. Juin-août. — Bois montueux.

B.-R. — Aix aux Prégnons et au Montaiguet (*F. A. d'après Castagne*); Marseille au-dessus du bassin de N.-D. des Anges (*Roux*).

Var. — Pignans, la Sainte-Baume (*Hanry*).

A.-M. — Sainte-Anne de Vinaï, Lantosque, château de la Garde près de Villeneuve, Auribeau (*Ard.*).

B.-A. — Digne à Saint-Benoit (*Roux*).

1490. I. VAILLANTII. Vill. — G. G., 2, p. 176. — ♃. Juillet-septembre. — Rare.

B.-R. — Sur le talus du chemin de fer au bord de la Durance vers Meyrargues (*Autheman !*).

1491. I. CRITHMOIDES. L. — G. G., 2, p. 176. — ♃. Août-septembre. — Bords de la mer et des étangs.

B.-R. — Marseille dans les îles de Maïre, de Pomègue et de Jarre ; bords de l'étang de Marignane et de celui de Berre à Saint-Chamas, de celui de Caronte à Martigues, Istres (*Roux*).

Var. — Toulon, Fréjus (*Hanry*).

A.-M. — Autrefois à Nice, Antibes, île de Sainte-Marguerite (*Ard.*).

1492. I. montana. L. — G. G., 2, p. 177. — ♃. Juillet, août. — Coteaux, lieux montagneux.

B.-R. — Marseille, au vallon d'Evêque à Saint-Loup, de De Forbin à Saint-Marcel, etc. (*Roux*); Aix à Cuque, etc. *(F. A.)*; La Crau (*G. G.*).

Var. — Toulon, Bagnol, Fréjus (*G. G.*); Toulon au mont Faron (*Huet!*); Le Luc (*Hanry*).

A.-M. — Alpes jusqu'aux montagnes au-dessus de Grasse et de Menton, Nice au Vinaigrier (*Ard*).

Vaucl. — Avignon *(G. G.)*; Sorgues (*Th. Brow.!*).

1493. I. britannica. L. — G. G., 2, p. 177. — ♃. Juin-août. — Lieux frais et humides.

B.-R. — Fossés des paluds de Saint-Remy (*Autheman!*); bords des Roubines de Mont-Major à Arles (*Roux*).

Var. — Bords des fossés à Pignans (*Hanry*).

Vaucl. — Rocher de Notre-Dame des Doms à Avignon (*Roux*).

1494. I. helenioides. Dc. — G. G., 2, p. 178. ♃. Juin.

B.-R. — Aix, MM. F. et A. disent que cette plante très rare croît encore dans les lieux indiqués par Garidel, au Montaiguet; plus précisément au bas du quartier du pré de Magnan, sur les bords et dans le lit du ruisseau qui sort de ce quartier.

**Pulicaria.** Goertn.

1495. P. odora. Rchb. — *Inula odora*. L. — G. G., 2, p. 178. — ♃. Juillet, août. — Rég. litt.

B.-R. — La Ciotat au Bec de l'Aigle, rare (*Roux*).

Var. — Saint-Nazaire dans les bois de Pipière, commun (*Roux*); Toulon, Hyère, île de Porquerolle, Le Luc, Fréjus *(Hanry)*.

A.-M. — Grasse (*G. G.*); assez commun au bord des champs et des bois dans toute la Rég. litt. (*Ard*).

1496. P. dysenterica. Goertn. — *Inula dysenterica*. L. — G.

G., 2, p. 179. — ♃. Juin-août. — Fossés, champs humides, lieux marécageux dans toute la Provence.

1497. P. vulgaris. Goertn. — *Inula pulicaria.* L. — G. G., 2, p. 179· — ①. Juin-août. — Prairies, lieux inondés pendant l'hiver.

Var. — Hyères, Fréjus (*Hanry, Giraudy!*).

Vaucl. — Avignon sur les bords du Rhône (*Roux*).

1498. P. sicula. Moris. — *Erigeron siculum.* L. — G. G., 2, p. 180. — ①. Août-octobre. — Fossés, marais, lieux incultes.

B.-R. — Arles (*G. G.*); port de Bouc le long du chemin de halage du canal d'Arles, très rare (*Autheman!*)

Var. — Pelouses maritimes au Ceinturon près d'Hyères (*Huet!*); Hyères aux Pesquiers, Fréjus (*Hanry*).

A.-M. Cannes, Grasse (*Ard. d'après G. G.*).

**Cupularia.** Godr. et Gr.

1499. C. graveolens. Podr. et Gr. 2, p. 180. — *Erigeron graveolens.* L. — ①. Août-septembre. — Champs humides.

B.-R. — Marignane et Château-neuf-les-Martigues dans les cultures voisines de l'étang, Arles (*Roux*); Martigues, abonde à Rouquet près de Saint-Mittre (*Autheman!*); Aix dans les sables de l'Arc (*F. G.*).

Var. — Le Luc, forêt des Maures du Luc aux Mayons (*Roux*).

A.-M. — Commun dans les lieux pierreux, le bord des chemins, les torrents (*Ard.*).

1500. C. viscosa. G. et G., 2, p. 181. — *Erigeron viscosum.* L. — ♃. Août-octobre. — Très commun dans les lieux secs et incultes, sur les vieux murs, etc.

B.-R. — Marseille, Saint-Giniez, La Pomme, Saint-Loup, Saint-Tronc, Saint-Jullien, Les Martégaux, etc., île de Ratoneau, etc. (*Roux*); Aix au pont des Gardes, bords de l'Arc (*F. A.*); Martigues (*Autheman!*); Salon (*G. G.*).

Var. — Toulon, le Luc (*Hanry*); Hyères (*G. G.*).

A.-M. — Toute la rég litt. (*Ard.*).

Vaucl. — Avignon, Orange (*G. G.*).

**Jasonia.** DC.

1501. J. GLUTINOSA. DC. — *Erigeron glutinosum*. L. — G. G., 2, p. 182. — ♃. Juillet-septembre. — Fentes des rochers exposés au soleil.

B.-R. — Marseille le long de la côte depuis le vallon de la Nerthe jusqu'à la hauteur de la mer du Rove; hauteurs du vallon de Sormiou ; vallon de Maouvallon derrière Marseille-Veïre; vallon d'Evêque à Saint-Loup ; vallon du Rouet, de Gord-de-Roubaou aux Camoins; Gémenos au vallon de Saint-Pons (*Roux*); Roquevaire (*cap. Pathier!*); vallon de la Vache à la Bourdonnière et vallon de la Bourdonnière (*Roux*).

Var. — Toulon, au mont Faron, au Revest *(Huet!)*; au Baou-de-Quatre-heures, Notre-Dame des Anges près de Pignans (*Hanry*).

**TRIBU. — GNAPHALIEÆ.** (Less.)

**Helichrysum.** DC.

1502. H. ORIENTALIS. DC. Prodr. 6, p. 169. — *Gnaphalium orientale*. L. — ♃. Mai, juin. — De Crète et d'Afrique, cultivé en grand.

B.-R. — La Ciotat au Bec de l'Aigle.

Var. — Bandol, Ollioules, etc.

Nous n'avons pas rencontré l' *H. decumbens* Comb. indiqué à Marseille par G. G.

1503. H. STÆCHAS. Dc. — *Gnaphalium stœchas*. L. — G. G., 2, p. 184. — ♃. Juin, juillet. — Commun sur les coteaux, les lieux arides de toute la rég. litt. de la Provence.

B.-R. — Marseille à Mazargues, Saint-Loup, les îles, etc. ; Aix, Martigues, Cassis, La Ciotat (*Roux*).

Var. — Toulon, îles d'Hyères, Barjols.

A.-M. — Cannes, Grasse, Nice, etc.

1504. H. angustifolium. DC. — G. G., 2, p. 184. — ♂. Mai-juillet. Lieux arides.

A.-M. — Rare, Mont-Baron près de Nice, Antibes, île de Sainte-Marguerite (*Ard.*).

**Gnaphalium. Don.**

1505. G. luteo-album. L. — G. G., 2, p. 187. — ♃. Juin-août. — Rochers, vieux murs humides.

B.-R. — Marseille, contre les murs de la route entre Saint-Just et la Rose, de Saint-Barnabé à Saint-Jullien, aux Comtes près de la Pomme; Roquevaire, Saint-Chamas, champs marécageux entre Mouriès et Maussanne, etc. (*Roux*); Aix dans les sables de l'Arc (*F. A.*).

Var. — Lieux humides et sablonneux (*Hanry*).

A.-M. — Assez commun dans les lieux sablonneux, les vieux murs humides (*Ard.*),

Vaucl. — Avignon à la Barthelasse (*Th. Brown!*).

1506. G. sylvaticum. L. — G. G., 2, p. 187. — ♃. Juin-septembre. — Rég. mont.

A.-M. — Saint-Dalmas de Tende, Sainte-Anne de Vinaï, etc. (*Ard.*).

B.-A. — Forêt de Faillefeu au-dessus de Prads (*Roux*).

Vaucl. — Carpentras (*abbé Gonnet!*)

1507. G. norvegicum. Gunn. — G. G., 2, p. 187. — ♃. Juillet, août. — Rég. alp.

A.-M. — Bois du Boréon au-dessus de Saint-Martin. (*Ard.*).

1508. G. uliginosum. L. — G. G., 2, p. 189. — ①. Juin-août. Rég. mont., très rare en Provence.

A.-M. — Beuil, La Fraca (*Ard.*).

1509. G. supinum. L. — G. G., 2, p. 188. — ①. Juillet, août. Rég. alp.

A.-M. — Col de Fenestre, lac d'Entrecoulpe, Sainte-Anne de Vinaï, mont Tenibre au-dessus de Saint-Etienne, col de Jallorgues (*Ard.*).

B.-A. — Sommet de Boules à Faillefeu au-dessus de Prads (*Roux*).

**Antennaria.** R. Brown.

1510. A. carpathica. Blupp. et Fing. — G. G., 2, p. 189. — ♃. Juillet, août. — Rare et dans la rég. alp.

A.-M. — Mont Formose près du col de Tende, lac d'Entrecoulpe, col de Fenestre (*Ard.*).

1511. A. dioica. Goertn. — G. G., 2, p. 189. — ♃. Mai-juin.

B.-R. — Aix *(F. A. d'après Castagne, il paraît qu'ils ne l'ont pas retrouvé eux-mêmes)*.

A.-M. — Assez répandu dans toute la rég. alp. d'où il descend jusqu'à Saint-Agnès à 600 mèt. d'alt., au-dessus de Menton, Grasse (*Ard.*).

B.-A. — Montée de Boules à Faillefeu, vallon de Juan au-dessus de Villars-Colmars (*Roux*). Montagne de Lure (*Legré*).

Vaucl. — Sommet du mont Ventoux (*Roux*).

**Leontopidium.** R. Brown.

1512. L. alpinum. Cass. — *Filago leontopoides*. L. — G. G., 2, p. 190. — ♃. Juillet, août. — Rég. alp.

A.-M. — Sommet de Capelet de Raus, Alpes de Tende, Colmiane, près de Saint-Martin, Alpes d'Entraunes (*Ard.*).

B.-A. — Sisteron (*G. G.*); montagnes d'Allos (*Roux*); l'Arche (*V. Randu!*).

**Filago.** Tourn.

### Section I. — Gifola (Cass.)

1513. F. spathulata. Prest. — G. G., 2, p. 191. — ①. Juillet, août. — Moissons, lieux incultes, champs pierreux dans toute la Provence.

1514. F. germanica. L. — G. G., 2, p. 191. — ①. Juillet, août. Champs, bords des chemins.

Var. — Var. α. bassin de Collobrières, bassin de la Verne (*Roux*).

B.-A. — Var. β. canescens. Jord. Allemagne (*Jaillieu*).

1515. F. eriocephala. Guss. — G. G., 2, p. 192. — ①. Juin, juillet. — Terrains primitifs.

Var. — Iles d'Hyères (*Hanry d'après Jord.*); Forêt des Maures (*Hanry d'après Müller de Genève*); les Maures de Gonfaron aux Mayons et au hameau des Mayons. (*Roux*). Collobrières (*Roux*).

### Section II. — Oglifa (Cass.)

1516. F. arvensis. L. — G. G., 2, p. 192. — ①. Juin-août. — Champs siliceux.

Var. — Hyères (*Hanry*).

1517. F. minima. Friès. — G. G., 2, p. 193. — ①. Juillet, août. — Champs et lieux incultes.

B.-R. — Aix, dans les champs en dessus de Roquefavour, coteaux vers Vauvenargues (*Roux*); la plaine des Dedaou (*F. A. d'après Garidel*).

A.-M. — Champs sablonneux, assez rare; Nice, Mulinet, Pierrefeu (*Ard.*).

Var.—Bassin de Collobrières, bassin de la Verne, etc. (*Roux*).

**Logfia.** Cass.

1518. L. subulata. Cass. — G. G., 2, p. 194. —*Filago gallica*. L. — ①. Juin-août.—Champs sablonneux et lieux incultes.

B.-R. — Marseille, à l'entrée du vallon de Ricard à Luminy; champs voisins de la gare de Miramas; La Ciotat à Notre-Dame de la Garde (*Roux*).

Var. — Saint-Nazaire au cap Nègre; forêt des Maures de Gonfaron aux Mayons, la Sauvette, etc. (*Roux*).

A.-M. — Çà et là dans les champs stériles et sablonneux (*Ard.*).

### TRIBU XIII. — TARCHONANTHÆ (Less.)

**Micropus.** L.

1519. M. erectus L. — G. G., 2, p. 194. — ①. Mai-juillet. Coteaux, champs et lieux incultes.

B.-R. — Marseille, aux vallons de Toulouse, de la Panouse, Montolivet, Saint-Julien, etc. ; Baou de Bretagne ; Berre, etc. (*Roux*) ; Martigues (*Autheman!*) ; Aix au versant sud de la colline et à l'ouest du Pregnon, plaine des Milles (*F. A.*).

Var. — Mourrière près de Toulon, Fréjus, Plan d'Aups (*Hanry*).

A.-M. — Castellard, mont Agnel, col de Braus, Jillette (*Ard.*).

Le *M. Bombicinus* Lag. est une plante étrangère qui n'a été trouvée à Marseille que parmi les décombres ou dans des lavoirs à laine.

**Evax.** Gœrtn.

1520. E. PYGMOEA. Pers. — *Filago pygmœa*. L. — G. G., 2, p. 195. — ①. Mai, juin.

Lieux secs et arides des bords de la mer et des étangs.

B.-R. — Marseille, aux Catalans, Endoume, Montredon, etc., les îles de Marseille ; Martigues, Châteauneuf-les-Martigues (*Roux*) ; Montaud-les-Miramas (*G. G.*).

Var. — Toulon, à la Grosse-Tour, Giens, île de Porquerolles (*Hanry*) ; cap Nègre à Saint-Nazaire (*Roux*).

A.-M. — La Napoule, cap Croisette près de Cannes (*Hanry*) ; çà et là dans les lieux desséchés près de la mer (*Ard.*).

**TRIBU XIV. — CALENDULEÆ** (Less.)

**Calendula.** Neck.

1521. C. ARVENSIS. — G. G., 2, p. 197. — ①. Toute l'année.

Champs et lieux incultes dans toute la Provence et surtout dans la rég. litt.

Une variété ? ou espèce ? à disque violet (*C. bicolor* Raff.), croît sur les glacis du fort Malmousquet et les talus du chemin couvert des fortifications de Toulon et m'a été envoyée par MM. Hanry et Huet.

Le *C. Parviflora* Raff., indiqué par Castagne dans le suppl. pl. des environs de Marseille à Notre-Dame de la Garde et à Château-Colomb, est étranger et n'a été trouvé que parmi des décombres ou dans des lavoirs à laine.

## DIVISION II — CYNAROCEPHALÆ (Guss.)

### TRIBU I. — ECHINOPSIDEÆ (Less.)

**Echinops. L.**

1522. E. SPHÆROCEPHALUS. L. — G. G., 2, p. 201. — ♃. Juillet-août. — Lieux incultes.

Var. — Fos-Amphoux, Verigon (*Hanry*).

A.-M. — Au-dessus du Castellard, de la Giondola, entre Levens et Coarazza, Luceram, Entraune, Saint-Dalmas-le-Sauvage, la Clue de Saint-Auban (*Ard.*).

B.-A. — Colmars, la Condamine près de Barcelonette (*Roux*).

1523. E. RITRO. L. — G. G., 2, p. 201. — ♃. Juin-août. — Commun dans les lieux secs et arides; Marseille dans les bois de pins de Mazargues, de Saint-Julien, etc.; Martigues; Aix, Toulon, Touris, le Luc, Fréjus; Cannes, Grasse, Nice, Menton; Digne; Avignon, Mont-Ventoux.

### TRIBU II. — SILYBEÆ (Less)

**Galactites. Mœnch.**

1524. G. TOMENTOSA. Mœnch. — *Centaurea galactites*. L. — G. G., 2, p. 202. — ♃. Juillet-août. — Bords des champs, lieux pierreux de la rég. litt.

B.-R. — Cassis, la Ciotat (*Roux*); Martigues (*Autheman!*)

Var. — Toulon, Hyères, le Luc, Fréjus (*Hanry*). Collobrières, la Verne (*Roux*).

A.-M. — Commun dans les lieux stériles, le bord des champs (*Ard.*).

**Tyrimnus. Cass.**

1525. T. LEUCOGRAPHUS. Cass. — *Carduus leucographus*. L. —

G. G., 2, p. 203. — ②. Mai-juin.—Lieux incultes, bords des champs et des chemins dans la rég. litt.

B.-R. — Marseille à Montolivet, Saint-Julien, etc.; Pas-des-Lanciers (*Roux*); Martigues au chemin de la Raillottes, la Mède, Saint-Mître sur les bords du Pourrat, Pas-des-Lanciers dans le vallon de la Nerthe (*Autheman!*); Aix sur la rive droite du petit chemin du Tholonet (*F. A.*).

Var. — Toulon, le Luc, Draguignan (*Hanry*). Collobrières (*Roux*).

A.-M. — Nice à Saint-André, Antibes, la Paote près de Grasse (*Ard.*).

**Silybum.** Vail.

1526. S. Marianum. Gœrtn. — G. G., 2, p. 204. — *Carduus Marianus*. L. — ②. Juillet-août.

Çà et là sur le bord des champs, les décombres.

B.-R. — Champs voisins de l'étang de Marignane, le long de la route de Châteauneuf aux Martigues et surtout de celle de Martigues à Port-de-Bouc; Saint-Martin-de-Crau; entrée du vallon de la Bédoule de Cassis (*Roux*); Aix au jardin de Grassi, vers le mur du levant, Fenouillère (*F. A.*).

Var. — Toulon, Hyères, Fréjus sur la rive d'Argens (*Hanry*).

A.-M. — Assez rare: Nice, Antibes, Ile Sainte-Marguerite, Cannes, le Rouca près de Grasse (*Ard.*).

**TRIBU III. — CARDUINEÆ** (Less.)

**Onopordon.** Vaill.

1527. O. acanthium. L. — G. G. 2, p. 204. — ②. Juillet, août. — Cultures, bords des champs et des routes.

B.-R. — Commun dans les champs de la rive gauche de l'Arc depuis Berre jusqu'aux Milles; de Saint-Chamas à Miramas au bord de l'étang; route de Peyrolles au pont de Mirabeau (*Roux*); Aix bords des champs et lieux incultes (*F. A.*).

Var. — Bords des chemins (*Hanry*).

A.-M. — Bords des routes dans toute la rég. mont., Tende, etc. (*Ard.*).

1528. O. ILLYRICUM. L. — G. G., 2, p. 205. — ②. Juillet, août. — Lieux incultes, rives, bords des routes.

B.-R. — Bords des chemins de Marignane à Martigues, de Martigues à Port-de-Bouc, rives de l'Arc; vallon de la Bourdonnière; Aubagne; vallon de la Bedoule de Cassis, Coulin, route d'Aubagne à Cuges (*Roux*).

Var. — La Garde près de Toulon, Roquebrune, Fréjus (*Hanry*); commun au Plan d'Aups (*Roux*).

Vaucl. — Avignon (*G. G.*).

**Notobasis. Cass.**

1529. N. SYRIACA. Cass. — G. G., 2, p. 207. — *Carduus syriacus*. L. — ①. Mai, juin. — Lieux incultes.

B.-R. — Martigues sur les talus de la route de Saint-Mître à l'étang desséché de Courtine (*Autheman !*). (Je crois que cette plante a disparu).

Var. — Toulon dans les fossés des remparts et chemin couvert des fortifications (*Huet !*).

**Picnomon. Lob.**

1530. P. ACARNA. Cass.—G. G., 2, p. 208.—*Carduus acarna*. L. — ①. Juin, juillet. — Lieux secs et pierreux de la rég. litt.

B.-R. — Marseille à Saint-Julien, aux Martégaux; Gémenos au vallon de Saint-Pons; vallon de la Vache à la Bourdonnière; vallon de la Bedoule de Cassis; plan de Rouvière; Aix sur les bords de l'Arc (*Roux*); Martigues (*Autheman !*); Salon, La Ciotat (*G. G.*).

Var. — Bandol, Tourves (*Roux*); Toulon, le Luc, Fréjus (*Hanry*).

A.-M. — Menton, Nice, col de Braus, Levens, Le Mas (*Ard.*).
B.-A. — Château-Arnoux près de Sisteron (*G. G.*).
Vaucl. — Avignon (*G. G.*).

**Cirsium.** Tourn.

### Section I. — Eriolepis (Cass.)

1531. C. LANCEOLATUM. Scop. — G. G., 2, p. 209. — *Carduus lanceolatus.* L. — ②. Juin - septembre. — Çà et là dans les haies, le bord des champs, les lieux pierreux dans toute la Provence.

1532. C. FEROX. DC. — G. G., 2, p. 210. — *Cnicus ferox.* L.— ②. Juillet, août. — Lieux incultes et pierreux.
B.-R. — Marseille à Notre-Dame des Anges (*Castag*); vallon de la Vache à la Bourdonnière; Roussargues au-dessus d'Auriol (*Roux*); Aix vers le Pont-des-Gardes (*F. A.*); les Milles (*Roux*); Velaux sous la Garenne (*Autheman !*).
Var. — Plan d'Aups (*Roux*); Toulon, Barjols, Aups, Cannet-du-Luc, Fréjus (*Hanry*).
A.-M. — Lieux rocailleux au-dessus de Menton, Castillons, Col de Braus, Grasse, Mont-Lachen (*Ard.*).

1533. C. ERIOPHORUM. Scop. — *Cnicus eriophorus.* L. — G. G., 2, p. 211. — ②. Juillet, août. — Lieux incultes.
A.-M. — Assez commun dans toute la rég. alp. et mont.; col de Tende, etc. (*Ard.*).
B.-A. — Digne, Faillefeu, au-dessus de Prads, Allos, etc. (*Roux*).

### Section II. — Onotrophe (Cass.)

1534. C. PALUSTRE. Scop. — *Carduus palustris.* L. — G. G., 2, p. 212. — ②. Juillet, août. — Rég. alp. et mont.
A.-M. — Val de Pesio, mont Bego, Sainte-Anne de Vinaï (*Ard.*).

1535. C. MONSPESSULANUM. All. — *Carduus monspessulanum.* L. — G. G., 2, p. 213. — ♃. Juillet, août. — Bord des eaux, fossés et prairies marécageuses.

B.-R. — De Saint-Victoret à Marignane; prairies de la Mède près des Martigues; Gémenos au vallon de Saint-Pons, etc., Roquevaire, etc. (*Roux*); Aix sur les bords de l'Arc (*F. A.*); Roquefavour (*Roux*); Martigues (*Autheman!*).

Var. — Bords des fossés (*Hanry*); Toulon, Fréjus (*G. G.*).

A.-M. — Rare à Menton, abondant à Nice près du Var, Auribeau, etc. (*Ard.*).

B.-A. — Digne à Saint-Benoit (*Roux*).

Vaucl. — L'Isle dans les Jonquières (*Autheman!*).

1536. C. ERISITHALES. Scop. — G. G., 2, p. 217. — *Cnicus erisithales*. L. — ♃. Juillet, août.

A.-M. — Rég. alp. et mont. d'où il descend jusqu'au bois de Forghet et de la Maïris (*Ard.*).

1537. C. BULBOSUM. Dc. — G. G., 2, p. 218. — ♃. Juin-août. — Rives et prairies humides.

B.-R. — Marseille dans les prés le long des allées de la Reynarde; prairies des bords de l'étang de Marignane sous Châteauneuf; Saint-Pons de Roquefavour (*Roux*); Aix dans le vallon humide de Valcros (*F. A.*); paluds de Saint-Remy (*Autheman!*).

A.-M. — Le long de la Roja, Tende, Carlin, entre la Tour et Saint-Sauveur, Saint-Martin-Lantosque, Entraune, la Maïris, le Bar (*Ard.*).

Vaucl. — L'Isle dans les Jonquières (*Autheman!*).

B.-A. — Vallon du Bachelard, route d'Allos à Barcelonette (*L. Granier*).

1538. C. ANGLICUM. Lob. — G. G., 2, p. 219. — ♃. Juillet, août.

Vaucl. — Vallon du Rhône, Orange (*G. G.*).

1539. C. ALLIONII. Thurn. in sch. ad (*Ard.* Alp.-Marit. 198). — *C. Pyrenaicum*. — ♃. Juillet, août.

M. Ardoino dit qu'il est voisin du *C. rivulare* Link. et qu'il s'en distingue par ses calathides plus grandes, pourvues d'une grande bractée foliacée ; les folioles de l'involucre sont peu inégales, longuement atténuées, fortement nervées au sommet, et les inférieures sont étalées au-dessus du milieu. — Région alp. et mont.

A.-M. — Prairies humides au bord des eaux ; vallée de la Gordalasca, Saint-Martin-Lantosque, la Trinité, vallon de Boréon, Sainte-Anne de Vinaï (*Ard.*).

1540. C. spinosissimum. Scop. — G. G., 2, p. 220. — *Cnicus spinosissimus*. L. — ♃. Juillet, août. — Rég. mont.

A.-M. — Assez répandu dans les hautes vallées de Fenestre et d'Entraunes, lac des Merveilles (*Ard.*).

1541. C. acaule. All. — G. G., 2, p. 224. — *Carduus acaulis.* L. — ♃. Juillet, août. — Lieux incultes.

B.-R. — Aix sur le coteau exposé au nord, aux confins du quartier de la Lèque et du cabanon du domaine de Saint-Hippolyte, revers de la Trévaresse (*F. A.*) ; Baou de Bretagne (*Roux*).

Var. — Plan d'Aups (*Roux*) ; Sainte-Baume (*Hanry* d'après *Robert*).

A.-M. — Assez commun au bord des chemins, dans les collines élevées et dans la rég. mont. (*Ard.*)

1542. C. bulboso-acaule *Nœgeli*. — G. G., 2, p. 224. — ♃. Juillet, août. — Rég. alp. et mont.

A.-M. — Alpes de Sospel, de Tende, Alpes de Braus et de Raus (*Ard.*).

**Section III. — Cephalouplos** (Neck.)

1543. C. arvense. Scop. — G. G., 2, p. 226. — *Serratula arvensis*. L. — ♃. Juin-août. — Commun dans les champs et les vignes dans toute la Provence.

**Carduus.** Gœrtn.

1544. C. tenuiflorus. Curt. — G. G., 2, p. 226. — ①. ②. Mai-juin. — Lieux incultes, bord des chemins, décombres dans toute la Provence; il est constamment à fleurs blanches dans le vallon de Vaufrège près de Marseille.

1545. C. PYCNOCEPHALUS. L. — G. G., 2, p. 227. — ②. Juin, juillet.
— Dans les mêmes lieux et mêlé au précédent : Marseille, Aix, Martigues, etc.; Toulon, le Luc, etc.; Nice, Antibes, Grasse, etc.; Avignon, etc.

1546. C. PERSONATA. Jacq. — G. G., p. 229. — *Aretium personatum*. L. — ♃. Juillet, août. — Rég. alp. et mont.

A.-M. — Val de Pesio, Sainte-Anne-de-Vinaï, Bauziego, source de la Tinée (*Ard.*).

1547. C. NUTANS. L. — G. G., 2, p. 231. — ②. Juillet-août. — Lieux incultes, bord des champs dans la rég. mont.

A.-M. — Vallon de Boréon, Saint-Etienne, Saint-Dalmas-le-Sauvage (*Ard.*).

B.-A. — Digne au pied de Cousson, etc.; commun entre Tersiers et Faillefeu au-dessus de Prads (*Roux*).

1548. C. NIGRESCENS. Vill. — G. G., 2, p. 232. — ②. Mai-juillet. Commun dans les champs, les lieux pierreux, sur les coteaux et les montagnes.

B.-R. — Marseille à Saint-Julien, aux Martégaux, Montolivet, etc.; Saint-Jean de Garguier; Pas-des-Lanciers ; Simiane, Mimet, Saint-Pons de Gémenos; Aix; La Ciotat, etc. (*Roux*); Martigues (*Autheman!*).

Var. — Plan d'Aups jusqu'au Saint-Pilon au-dessus de la Sainte-Baume; Saint-Cyr, le Beausset (*Roux*); Toulon, Le Luc au Coulet-Bas, à Sainte-Hélène (*Jord. Hanry*).

B.-A. — Digne (*Roux*); Sisteron, Castellane, Colmars (*G. G.*).

Vaucl. — Avignon, mont Ventoux (*G. G.*).

1549. C. HAMULOSUS. Ehrh. — G. G. 2, p. 233. — *C. spinigerus*. Jord. — ②. Juin, juillet. — Champs et lieux incultes, plus rare que le précédent.

B.-R. — Aix, Venelle, vallon de Parouvier, les Milles, Roquefavour; Miramas, la Crau (*Roux*).

Var. — Toulon (*G. G.*).

B.-A. — Sisteron et vallée de l'Arche (*G. G.*).

1550. C. Sanctæ-Balmæ. Lois. — G. G., 2. p. 233. — ②. Juin-août. — Vallons et bois montueux.

Var. — Nans, dans le vallon de Tardéou et à la montée de la Sainte-Baume (il n'est pas dans le bois de la Sainte-Baume); vers le sommet de la montagne la Sauvette aux Mayons-du-Luc, Draguignan (*Roux*); mont Coudon près de Toulon (*Huet!*); le Luc (*Hanry*). Collobières, la Verne (*Roux*).

A.-M. — Chemins rocailleux: La Turbie, Nice, Grasse, l'Estérel, l'Escarène, Tende, Saint-Martin-Lantosque (*Ard.*).

B.-A. — Sisteron, Castellane (*G. G,*); Digne au vallon de Richelme, etc. (*Roux*).

1551 C. acicularis. Bertol. fl. ital. 8, p. 627. — ②. Mai-juin. — Il diffère du précédent par ses calathides portées par de longs pédoncules non ailés, spinuleux, toujours solitaires ; par ses écailles du péricline plus longues, plus raides, toutes dressées, d'un vert pâle et non purpurin, égalant ou dépassant les fleurs qui sont d'un pourpre plus pâle, par ses feuilles plus profondément laciniées, moins épineuses, plus blanches en dessous.

Var. — Lieux cultivés des terrains calcaires peu élevés au Luc (*Hanry! Cartier!*); champs élevés de la colline Sainte-Hélène au Luc (*Roux*).

1552. C. carlinæfolius. Lamk. — G. G., 2, p. 235. — ♃. Juillet, août. — Rég. alp. et mont.

A.-M. — Vallon de Fenestre, Saint-Martin-Lantosque et Val de Jallorgues (*Ard.*).

B.-A. — Forêt de Faillefeu au-dessus de Prads, Seyne (*Roux*).

Vaucl. — Mont Ventoux (*Roux*).

1553. C. defloratus. L. — G. G., 2, p. 235. — ♃. Juillet, août. — Rég. alp. et mont.

A.-M. — Sainte-Anne de Vinaï (*Ard.*).

**Carduncellus. Adans.**

1554. C. monspeliensium. All. — G. G., 2, p. 238. — *Carthamus carduncellus*. L. — Coteaux et lieux incultes.

B.-R. — Baou de Bretagne (*Roux*); Aix sur le coteau exposé au nord, aux confins des quartiers de la Lèque et du cabanon du domaine de Saint-Hippolyte, devers la Trévaresse (*F. A.*).

Var. — Plan d'Aups et Sainte-Baume (*Roux*).

A.-M. — Rare; Suscolles au-dessus de Luceram, environs d'Utelle, Bois de Saint-François, près de Grasse (*Ard.*).

B.-A. — Sisteron, Digne (*G. G.*).

Vaucl. — Mont-Ventoux (*G. G.*).

**TRIBU IV. — CENTAURIEÆ** (DC.).

**Rhaponticum. DC.**

1555. R. heleniifolium. — G. G., 2, p. 239. — *Centaurea rhapontica*, Vill. — ♃. Juillet-août. — Alpes de Provence, Seyne (*G. G.*).

1556. R. scariosum. Lum. — G. G., 2, p. 239. — *Centaurea rhapontica*, Vill. — ♃. Juillet-août. — Rég. alp.

A.-M. — Rare; vallon de Rio-Fredo au-dessus de Tende; Sainte-Anne-de-Vinaï (*Ard.*).

**Centaurea. L.**

Section I. — Jacea (Cass.)

1557. C. amara. L. — G. G., 2, p. 240. — ♃. Août-octobre. — Rives, lieux secs et montueux.

B.-R. — Marseille au vallon du Rouet; Baou de Bretagne; rives de l'Arc de Roquefavour aux Milles (*Roux*); Aix dans les prés, sur les rives de l'Arc (*F. A.*); marais de Fos (*Autheman !*).

Var. — Lieux incultes (*Hanry*); Sainte-Baume, bois des Maures au Luc (*Roux*).

A.-M. — Commun dans les bois ; Menton, Nice et dans la rég. mont.

1558. C. JACEA. L. — G. G., 2, p. 241. — ♃. Mai-septembre. — Commun dans les prés, les lieux humides dans toute la Provence.

1559. C. PROCUMBENS. Balb. — G. G., 2, p. 244. — ♃. Mai-juin — Rég. mont.

A.-M. — Tourette, Levens, Duranus, Uselle (*Ard.*).

1560. C. JORDANIANA. G. G. — *C. procumbens* Jord. — G. G., 2, p. 245. — ♃. Juillet. — Rég. mont.

B.-A. — Annot (*G. G.*).

1561. C. PECTINATA. L. — G. G., 2, p. 245. — ♃. Juillet-août. — — Rég. mont.

B.-R. — Aix, vers le sommet nord de Sainte-Victoire ; parmi les chênes-kermès sur les hauteurs des Alpines, entre Eyguières et Eygalières (*Roux*), vallon de Vaulongue dans les Alpines (*Peuzin!*).

A.-M. — Levens (*Ard.*).

Vaucl. — Orange (*G. G.*).

1562. C. UNIFLORA. L. — G. G., 2, p. 246. — ♃. Juillet, août. — Rég. alp. et mont.

A.-M. — Assez répandu dans toutes nos Alpes (*Ard.*).

B.-A. — Faillefeu au-dessus de Prads (*L. Granier!*); montée de Valgelaye sur la route d'Allos à Barcelonnette (*Roux*); Colmars (*G. G.*); prairies du Lauzaunier près de Barcelonnette (*Gacogne*).

1563. C. NERVOSA. Willd. — G. G., 2, p. 246. — ♃. Juillet, août. — Rég. alp. et mont.

A.-M. — Notre-Dame de Fenestre (*Ard.*).

1564. C. FERDINANDI. Gren. — G. G., 2, p. 247. — ♃. Juillet, août. Rég. alp. et mont.

A.-M. — Colmiane, vallon de Nanduébis, la Briga (*Ard.*).

### Section II. — Cyanus (Desp.)

1565. C. MONTANA. L. — G. G., 2, p. 248. — ♃. Juillet, août. — Rég. alp. et mont.

A.-M. — Assez répandu dans toutes nos Alpes, jusqu'aux montagnes au-dessus de Menton, de Vence et de Grasse (*Ard.*). — M. Ardoino confond probablement le *C. semi-decurrens* (Jord.) avec le *C. montana* (L.)?

B.-A. — Vallon de Juan au-dessus de Villars-Colmars (*Roux*).

1566. C. SEMI-DECURRENS. Jord. — G. G., 2, p. 249. — ♃. Juin. — Bois mont.

Var. — Assez commun dans le bois de la Sainte-Baume (*Roux*); Maurière près de Toulon sous le nom de *C. montana* (*Hanry*).

B.-A. — Environs de Sisteron (*Jord., G. G.*).

1567. C. AXILLARIS. Willd. — G. G., 2, p. 250. — ♃. Juillet, août. — Rég. alp.

A.-M. — Col de Tende, Colmiane, vallon de Nanduébis près de Saint-Martin, vallon de Salèse et de la Madone (*Ard.*).

B.-A. — Prairies de Lauzet près de Barcelonnette (*Gacogne*).

1568. C. SEUSEANA. Chaix. — G. G., 2, p. 250. — ♃. Juin, juillet. — Rég. mont

Var. — Hauteurs de Nans sur la route de la Sainte-Baume, un peu avant le Plan d'Aups (*Roux*); sommet de Barzaude à Ampus près de Draguignan et versant méridional de Morgès à Aiguines (*Albert!*).

B.-A. — Montagne de Lure (*Legré*).

Vaucl. — Mont Ventoux (*G. G.*).

1569. C. CYANUS. L. — G. G., 2, p. 251. — ♃. Juin, juillet. — Champs et moissons de toute la Provence, surtout dans la rég. mont.

1570. C. scabiosa. L. — G. G., 2, p. 251. — ♃. Juillet, août. — Lieux incultes, bords des champs.

    B.-R. — Rare: Aix, dans les moissons et les jardins de la ville (*F. A.*).

    Var. — Fréjus, Bagnol (*Hanry*).

    A.-M. — Çà et là dans les lieux pierreux: Grasse, Nice, Menton et dans la rég. mont.

    B.-A. — Commun: Digne, à Saint-Benoit, les hautes cultures de Cousson, Faillefeu au-dessus de Prads, Allos (*Roux*). Montagne de Lure (*Legré*).

    Vaucl. — Basses montagnes, au pied du Ventoux (*Roux*).

1571. C. calcarea. Jord.! — ♃. Juillet. — Ne diffère du précédent que par les cils des écailles calicinales qui sont d'un fauve pâle et non noirâtres.

    B.-R. — Talus du remblai de la voie ferrée à Meyrargues (*Autheman!*).

    B.-A. — Sisteron (*Jord!*).

1572. C. kotschyana. Heuf. — G. G., 2, p. 252. — ♃. Août. — Rég. alp. et mont.

    B.-A. — Prairies de Lauzonnier près de Barcelonnette (*Gacogne*).

### Section III. — Cheirolophus (Cass.)

1573. C. sempervirens. L. — G. G., 2, p. 252. — ♄. Juin, juillet. — Naturalisé sur quelques points de la rég. littorale de la Provence.

    B.-R. — Vallon de Fondacle et sur les coteaux voisins au quartier de Saint-Julien, près de Marseille; Cassis, au Baou de Canaille.

    Var. — Toulon, au Baou-de-Quatre-Heures (*Chambeiron!*) où il existe quelques vieux pieds.

1574. C. intybacea. Lamk. — G. G., 2, p. 253 — ♄. Juillet-août. — Rochers maritimes.

    B.-R. — Marseille dans les montagnes et les vallons de

Marseille-Veïre, environs de là fontaine d'Ivoire à Mazargues, Podestat, vallons de Morgiou, de Sormiou, île de Maïre; rochers les plus élevés au-dessus de la gare de Rognac; sous le Baou de Canaille entre Cassis et la Ciotat (*Roux*).

Var. — Toulon (*Hanry*).

### Section IV. — Acrolophus (Cass.)

1575. C. maculosa. Lamk. — G. G., 2, p. 254.— ②. Juillet-août. — Rég. mont.

A.-M. — Sainte-Anne-de-Vinaï (*Ard.*).

1576. C. cinerea. Lamk, dict. 1, p. 669. — DC. fl. fr. 4, p. 96.

A.-M. — Rare; Luceron, Baou-Rous, près de Villefranche (*Ard.*).

1577. C. Hanrii. Jord. — G. G., 2, p. 255. — ②. ♃. Juin-juillet. — Rég. élevée.

B.-R. — Roquefourcade au-dessus d'Auriol, Baou-de-Bretagne (*Roux*).

Var. — Haut du bois de la Sainte-Baume et Saint-Pilon (*Roux*); sommet de la Sauvette des Mayons-du-Luc (*Hanry!*). Collobrières, la Verne (*Roux*).

La plante de cette dernière localité, que l'on rencontre également dans les grès rouges du bois des Maures, depuis Gonfaron jusqu'aux Mayons, est plus élevée, 2 à 5 décim.; d'un vert glauque, sans tomenteux blanchâtre.

1578. C. leucophœa. Jord. — G. G., 2, p. 255. — ②. Juillet, août. — Rég. mont.

A.-M. — Commun dans toute la rég. mont. et sur les collines pierreuses; Menton? Nice? Grasse? (*Ard.*); ne serait-ce pas le *C. polycephala* que M. Ard. prend pour le *C. leucophœa* ?

B.-A. — Bords des chemins entre Chasse et Villars-Colmars (*Roux*); Sisteron, Serre, Castellane (*G. G.*).

1579. C. paniculata. L. — G. G., 2, p. 256. — ②. Juillet, août. — Lieux incultes.

B.-R. — Aix à Sainte-Victoire (*F. A.*, *Autheman!*) rives de l'Arc de Roquefavour à Saint-Pons (*Roux*).

Var. — Toulon, Fréjus (*G. G.*); bords des champs montueux au Luc *(Roux)*.

B.-A. — Gréoulx, d'Allos à Barcelonnette (*Roux*).

Vaucl. — De Bedouin au pied du mont Ventoux (*Roux*).

1580. C. polycephala. Jord. — G. G., 2, p. 256. — ②. Juin-septembre. — Commun sur les coteaux, les lieux incultes, les bois de pins, etc.

B.-R. — Marseille dans les sables de Mazargues, vallon de Vaufrège, Saint-Julien, Montolivet, les Martégaux, Notre-Dame des Anges, vallon de la Bourdonnière, Valdonne; Pas-des-Lanciers, rives de l'Arc de Roquefavour à Aix (*Roux*); Martigues à Gueule-d'Enfer, Vitrolles, Rognac sur les hauteurs (*Autheman!*); Aubagne, Gémenos, Roquevaire (*Roux*); Montaud-les-Miramas (*G. G.*).

Var. — Toulon, Hyères (*Jord.*, *Hanry*, *G. G.*); montée de la Sainte-Baume par Saint-Zacharie, Plan d'Aups (*Roux*).

B.-A. — Forcalquier (*Jaillieu*).

1581. C. rigidula. Jord. — G. G., 2, p. 257. — ②. Juin, juillet. — Lieux incultes.

Var. — Sables maritimes à Saint-Raphaël (*Hanry*, *Roux*).

A.-M. — Cap d'Antibes, lieux secs et stériles à Antibes (*Ard.*).

Vaucl. — Avignon (*G. G.*); l'Isle, fontaine de Vaucluse (*Roux*).

1582. C. tenuisecta. Jord. M. 53. in Cat. gen. 1950 et Pugill. p. 110; Bor. fl. du cent. 3ᵐᵉ édit. 355. — ②. ♃. Juillet, août.

Vaucl. — Sur un coteau sablonneux à droite du village de Bedouin près de Carpentras (*Roux*).

### Section V. — Acrocentron (Cass.).

1583. C. COLLINA. L. — G. G., 2, p. 257. — ♃. Juin, juillet. — Coteaux, rives, champs pierreux, lieux incultes.

B.-R. — Aix, champs et rives (*F. A.*); Salon (*G. G.*); Marseille, à Château-Gombert, vallon du Rouet, Saint-Julien, les Olives, la Valentine, etc.; Gémenos, aux vallons de Saint-Pons, de Saint-Clair, etc. (*Roux*); Martigues, dans les champs à Laverra, Saint-Pierre, Courtine, Gueule-d'Enfer (*Autheman !*)

Var. — Coteaux et bords des champs (*Hanry*); le Luc (*Roux*); Toulon, Fréjus (*G. G.*).

A.-M. — Peu commun: entre la Turbie et Eze, Nice, Antibes, Grasse (*Ard.*).

Vaucl. — Avignon (*G. G.*),

### Section VI. — Seridea (DC. prodr. 6, p. 598.)

1584. C. ASPERA. L. — G. G., 2, p. 259. — ♃. Juin-septembre. — Commun dans les lieux stériles, sur les vieux murs, les bords des chemins.

B.-R. — Marseille, dans les sables de Montredon, Bonneveine, Mazargues, à Saint-Julien, Montolivet, etc.; Aix, Martigues (*Roux*); Salon (*G. G.*).

Var. — Toulon (*G. G.*); Bandols, Saint-Nazaire (*Roux*); le Luc, Fréjus (*Hanry*).

A.-M. — Champs pierreux, surtout de la rég. litt. (*Ard.*).

Vaucl. — Avignon, Orange, Mont-Ventoux (*G. G.*).

Le *C. prœtermissa* de Martrin! n'est qu'une forme de *C. aspera* dont les cils sont plus courts, tous dressés et non étalés comme dans le type!

Le *C. sonchifolia*. L., cité à Marseille par G. G., n'y a pas été trouvé, même dans les lavoirs à laine.

### Section VII. — Calcitrapa (Kock)

1585. C. ASPERO-CALCITRAPA. — G. G., 2, p. 260. — *C. hybrida*, Chaix. — ②. Juillet-août. — Çà et là en compagnie des *C. aspera* et *calcitrapa*.

B.-R. — Marseille, sous le fort Saint-Nicolas, rives du béal à Saint-Loup, traverse de Saint-Dominique à la Pomme, etc. (*Roux*).

1586. C. CALCITRAPO-ASPERA. — G. G., 2, p. 260. — ②. Août-septembre. — Comme le précédent, mais plus commun.

B.-R.—Marseille, aux Martégaux; gare de Saint-Chamas 1867; Fos-les-Martigues (*Roux*); Martigues, Istres, Port-de-Bouc, Saint-Mitre (*Autheman!*); Aix sur le bord des chemins (*F. A.*); Montaud, Roquefavour (*G. G.*); Raphèle près d'Arles (*Duval-Jouve!*).

J'indique ci-dessus les localités où ces hybrides ont été observées, sans assurer qu'on les y retrouve l'année après.

1587. C. CALCITRAPA. L. — G. G., p. 261. — ②. Juillet-août.
Commun sur le bord des chemins et les lieux incultes dans toute la Provence.

1588. C. MELITENSIS. L. — G. G., 2, p. 262. — ①. Juillet, août. — Champs pierreux et lieux incultes.

B.-R. — Roquefavour (*F. A.*, *Roux*); la Mirandole près du Réaltor, le long de la voie ferrée depuis l'Arc jusqu'au ruisseau la Durançole vers Berre, vallon de Valtrède entre Châteauneuf et Carry; hauteurs du Tholonet près d'Aix; marais desséchés entre Mouriès et Maussanne; Cassis (*Roux*); Montaud-les-Miramas, la Crau d'Arles, Rognac, la Couronne, Martigues (*Autheman!*)

Var. — Champs siliceux à Pierrefeu (*Chambeiron!*); Toulon, aux Sablettes (*Huet!*); Mourière, Saint-Raphaël (*Hanry*); Fréjus (*G. G.*).

Vaucl. — Avignon (*G. G.*).

1589. C. solstitialis. L. — G. G., 2, p. 263. — ①. Juillet-septembre. — Commun dans les champs de la Provence, excepté dans la rég. mont. et dans le comté de Nice.

**Michrolonchus.** DC.

1590. M. salmanticus. DC. — G. G., 2, p. 264. — *Centaurea salmantica*. L. — ♃. Juillet, août. — Lieux incultes, rives, bords des chemins.

B.-R. — Marseille, sur les bords du Jarret au moulin de Sartan près de la Rose, Montolivet, Saint-Julien, Mazargues dans la petite route, Vaufrège sous la chapelle de Saint-Joseph, Saint-Tronc, Saint-Antoine, etc. ; Saint-Jean de Garguier, Aubagne (*Roux*); Martigues (*Autheman !*) ; Aix sur la rive gauche du chemin de Marseille en face de la glacière artificielle (*F. A.*).

Var — Fréjus (*G. G.*).

Vaucl. — Avignon. (*G. G.*).

**Kentrophyllum**, Neck.

1591. K. coeruleum. — G. G., 2, p. 264. — *Carthamus cœruleus*. L. — ♃. Mai, juin.

B.-R. — Marseille, bords des champs dans la traverse de Saint-Julien aux fours à chaux au-dessus des Martégaux ((*Gouirand !*).

Var. — Toulon, à Sainte-Marguerite (*Huet !*) ; Toulon, Roquebrune (*Hanry*) ; Fréjus (*G. G.*).

A.-M. — Ile Sainte-Marguerite (*G. G.*) ; Antibes (*Ard.*).

1592. K. lanatum. DC. — G. G., 2, p. 245. — *Carthamus lanatus*. L. — ①. Juillet, août. — Lieux secs et pierreux, bords des chemins dans toute la Provence.

**Cnicus.** Vaill.

1593. C. benedictus. L. — G. G., 2, p. 266. — ①. Mai-juillet.

B.-R. — Rare, à Marseille, Saint-Loup, Château-Gombert vers Palama (*Roux*) ; Sainte-Marthe (*Jaillieu*) ; Roquefavour (*Roux*); Pas-des-Lanciers, Martigues *(Autheman !)*; Montaud-les-Miramas (*G. G.*).

Var. — Toulon (*G. G.*); la Garde près de Toulon (*Hanry.*).

A.-M. — Grasse, Cannes (*G. G.*); colline de Teneron en face d'Auribeau (*Ard.*)

B.-A. — Gréoulx (*G. G.*).

Vaucl. — L'Isle (*Autheman !*).

## TRIBU V. — CRUPINEÆ (G. G.)

**Crupina** (Cass.).

1594. C. vulgaris. Cass. — G. G., 2, p. 267. — ①. Juin-août. — Lieux incultes.

B.-R. — Marseille, Aix, Martigues, Salon, etc.

Var. — Toulon, Hyères, Fréjus (*G. G.*).

B.-A. — Digne (*Mulsant !*); Villeneuve derrière l'église (*Jaillieu*).

Il est constamment à fleurs blanches dans le vallon du Gord-de-Roubaou aux Camoins près de Marseille.

**Serratula.** DC.

### Section I. — Sarreta (DC.)

1595. S. tinctoria. L. — G. G., 2, p. 268. — ♃. Juillet, août. — Prairies et rives humides.

B.-R. — Prairies au-dessus du village du Pas-des-Lanciers (*Roux*); berges du canal d'Arles au Galejon près de Fos-les-Martigues (*Autheman !*); Raphèle près d'Arles (*Roux*); marais du Mas-Thibert (*Legré*).

Var. — Bois et prés humides (*Hanry*); vallon de la route de Gonfaron à Collobrières (*Roux*).

A.-M. — La Napoule près de Cannes (*T. Moggridge !*). — Rare à Menton, pont de Tournon sur la Siagne; plus commun dans la rég. mont. (*Ard.*).

**Section II. — Klasea** (Cass.)

1596. S. HETEROPHYLLA. Desf. — G. G., 2, p. 269. — ♃. Juin, juillet. — Rég. alp. et mont.

A.-M. — Montagnes de Coussols, de Thorenc, du Cheiron dans l'arrondissement de Grasse (*Ard.*).

1597. S. NUDICAULIS. DC. — G. G., 2, p. 269. — *Centaurea nudicaulis.* L. — ♃. Juin, juillet. — Lieux secs et pierreux de la rég. mont.

B.-R. — Aix, au sommet de Sainte-Victoire (*Roux, F. A.*); sommet du vallon de Saint-Clair en vue de Roquefourcade (*Roux*).

Var. — Hauteurs de Saint-Cassien au-dessus de la Sainte-Baume (*Roux*); Aiguines dans les lieux herbeux de Morgès (*Albert !*).

A.-M. — Mine de Tende, col des champs entre Entraunes et Colmars (*Ard.*).

B.-A. — Lure près de Sisteron (*G. G.*).

**TRIBU VI. — CARLINEÆ** (Cass.)

Jurinea. Cass.

1598. J. BOCCONI. Huss. — G. G., 2, p. 270. — ♃. Juin, juillet. — Lieux élevés.

B.-R. — Marseille, dans les sables dolomitiques du Pilon-du-Roi (*Roux.*)

Var. — Dans les débris de calcaire marneux (néocomien), au-dessus de la Sainte-Baume, sommet dit *Pointe-des-Béguines.* (*Roux.*)

Leuzea. D. C.

1599. L. CONIFERA. DC. — G. G., 2, p. 271. — *Centaurea conifera* L. — ♃. Mai-juillet. — Commun dans les lieux montueux, au milieu des bois de pins.

B.-R. — Marseille, aux vallons de Toulouse, Saint-Loup,

Saint-Julien, Martégaux, vallon des Tuves à Saint-Antoine, sud de l'Etoile, etc.; Gémenos, aux vallons de Saint-Pons, des Crides, Baou-de-Bretagne, etc. (*Roux*); Martigues (*Autheman!*); Aix à Cuques, etc. (*F. A.*); Salon (*G. G.*)

Var. — Côteaux, bois (*Hanry*), Toulon, Fréjus (*G. G.*).

A.-M. — Collines pierreuses au-dessus de Menton et de Nice, la Turbie, Saorgio, la Briga, Saint-Martin-Lantosque, Grasse (*Ard.*)

Vaucl. — Avignon (*G. G.*)

**Berardia.** Vill.

1600. B. SUBACAULIS. Vill. — G. G., 2, p. 271. — ♃. Juillet, août. — Rég. alp., rare.

A.-M. — Eboulis de la Roche-Grande au val de Strop, au-dessus d'Entraunes, et entre Saint-Dalmas-le-Sauvage et Bouziejo. (*Ard.*)

B.-A. — Terrains marneux de la montée des Boules à Faillefeu, au-dessus de Prads. (*Abbé Mulsant! Roux.*)

**Saussurea.** DC.

1601. S. DEPRESSA. Gren. — G. G., 2, p. 272. — ♃. Juillet-août. — Rég. alp. élevée.

A.-M. — Rare : Pierraille au sommet du col de Jallorgues (*Ard.*)

B.-A. — Col de Crachet (*G. G.*); Barcelonnette à Meyronnes, au Rocher de l'Ours (*Abbé Jean et Olivier!*).

**Stæhelina.** DC.

1602. S. DUBIA. L. — G. G., 2, p. 274. — ♂. Juin-juillet. — Côteaux secs, bois de pins, surtout dans la rég. litt.

B.-R. — Marseille, à Mazargues, vallon de Toulouse, Saint-Loup, Saint-Julien, les Olives, vallon de la Vache, l'Etoile, etc.; Gémenos : aux vallons de Saint-Pons, des Crides, de Saint-Clair, etc.; Cassis, La Ciotat, etc. (*Roux*); Martigues, Rognac, Velaux (*Autheman!*); Aix, au Montaiguet, etc. (*F. A.*); Salon (*G. G.*)

Var. — Toulon, Clairet, îles d'Hyères, Fréjus (*Hanry*).

A.-M. — Ile Sainte-Marguerite (*Hanry*); Menton, Villefranche, l'Escarène (*Ard.*)

Vaucl. — Avignon, Mont-Ventoux (*G. G*).

**Chamæpeuce.** Prosp.

1603. C. Casabonæ. DC. — G. G., 2, p. 274.— *Carduus Casabonæ*. L. — ②. Juin-juillet.

Lieux secs au bord des bois.

Var. — Toulon, îles d'Hyères (*G. G.*); île du Levant (*Chambeiron* !)

**Carlina.** Tournef.

1604. C. vulgaris. L. — G. G., 2, p. 275. — ②. Juillet-août. — Lieux secs et pierreux, bois montagneux.

B.-R. — Marseille : à Saint-Cyr, au Pilon-du-Roi, vallon de la Vache, etc.; Gémenos, Aix, etc.

Var. — Toulon, le Luc, etc.

A.-M. — Grasse, Nice, etc.

Vaucl. — Avignon, l'Isle, Mont-Ventoux, etc.

1605. C. lanata. L. — G. G.. 2, p. 277. — ①. Juillet-août. — Lieux incultes, rives, bord des chemins.

B.-R. — Marseille : au Cabot, au-dessus de Sainte-Marguerite, Saint-Louis, au lieu dit Mourrepiano, Martigues sur la route de Fos; Cassis, à l'anse de l'Arène ; Raphèle près d'Arles ; les Milles (*Roux*) ; Salon (*G. G.*); Aix, au petit chemin du Tholonet, peu après le pont des Gardes et chemin parallèle au-dessus, avant le vallon des Gardes (*F. A.*).

Var. — Toulon, Hyères, Fréjus (*G. G.*).

A.-M. — Menton, Beaulieu, Nice, Antibes, île Sainte-Marguerite, Grasse (*Ard.*).

Vaucl. — Avignon (*G. G*).

1606. C. corymbosa. L. — G. G. 2, p. 277. — ①. Juillet, août.

Lieux incultes, côteaux pierreux de toute la rég. litt.

B.-R. — Marseille, à Mazargues, aux Martégaux, etc ; Aix, Salon, Martigues, Raphèle, Fos, etc.

Var. — Toulon, le Luc, Fréjus, etc.

A.-M. — Cannes, Nice, Menton, etc.

Vaucl. — Avignon, Orange, etc.

1607. C. ACAULIS. L. — G. G. 2, p. 278.— ②. Juin-août.— Côteaux. lieux incultes.

Var. — A la Cabrière et sommet du bois de Lagnes à Ampus près de Draguignan *(Albert!)*

A.-M. — Assez commun dans la région montagneuse d'où il descend jusqu'aux montagnes de Menton et de Grasse *(Ard.)*.

Vaucl. — Région moyenne auprès du Mont-Ventoux *(Roux)*.

1608. C. ACANTHIFOLIA. All. — G. G. 2, p. 278. ②. Juin-août. — Côteaux secs et pierreux.

B.-R. — Aix, au versant nord de la Trévaresse *(F. A.)* ; Mimet, Baou-de-Bretagne *(Roux)*.

Var.— Montée de la Sainte-Baume par Saint-Zacharie avant la Grand-Bastide, Plan d'Aups, Sainte-Baume *(Roux)* ; Mourière près de Toulon *(Hanri)*.

A.-M. — Depuis le col de Tende jusqu'aux montagnes de Menton, de Nice, de Vence et de Coussols *(Ard.)*.

Vaucl. — Côteaux au pied du mont Ventoux *(Roux)*.

**Atractylis. L.**

1609. A. CANCELLATA. L. spec. 1161. (Excl. syn. Alp. et Moris.). DC. fl. f. 4, p. 125. — ①. Mai, juin.— Lieux très arides de la rég. litt.

A.-M.—Rare: Menton *(Th. Moggridge!)* ; Menton, au pont Saint-Louis et au cap Martin, Monaco ; abonde aux quatre chemins et à la petite Afrique près de Villefranche, Cannes *(Ard.)*.

**Lappa.** Tournef.

1610. L. minor. D. C. — G. G. — ②. Juin-août. — Lieux frais, bords des haies.

B.-R. — Marseille, sur les bords du Jarret vers la Rose, bords de l'Huveaune à la Pomme, Aubagne ; Aix, décombres, haies. (*F. A.*).

Var. — Vallon de la Sauvette des Mayons. (*Roux*).

1611. L. major. Gœrtn. — G. G. 2, p. 280. — ②. Juillet, août.

Var. — A la ferme du Plan, au Plan d'Aups et à celle de la Brasque. (*Roux*).

1612. L. tomentosa. Lamk. — G. G. 2, p. 281. ②. Juillet, août. Rég. mont.

B.-A. — Digne, à la source du sommet de la montagne de Cousson et au vallon de la Marderie ; environs de l'habitation de Faillefeu au-dessus de Prads. (*Roux*).

**TRIBU VII. — XERANTHEMEÆ.** (Less.).

**Xeranthemum.** Tournef.

1613. X. inapertum. Wild. — G. G. 2, p. 282. — ②. Juin, juillet. Côteaux, champs et lieux pierreux.

B.-R. — Marseille, à la Gineste, etc. (*Roux*) ; Aix, à Cuques, etc. (*F.-A*) ; Roquefavour, la Mirandole vers le Réaltort ; Gémenos, au vallon de Saint-Pons jusqu'au Baou-de-Bretagne (*Roux*) ; (*G. G.*).

Var. — Plan d'Aups jusque sur les hauteurs du Saint-Pilon au-dessus de la Sainte-Baume (*Roux*) ; Toulon au Baou-de-Quatre-Heures ; Fréjus (*Hanry*) ; Ampus près de Draguignan (*Albert !*)

A.-M. — Lieux arides au-dessus de Menton, Utelle, la Briga, Vence, Gourdon (*Ard.*)

B.-A. — Digne, dans les hautes cultures de Cousson, champs à Barcelonnette (*Roux*).

Vaucl. — Avignon (*G. G.*) ; Rasteau (*Jaillieu*).

Le *X. annuum* L. n'a été rencontré à Marseille que sur des décombres ou dans des lavoirs à laine.

Le *X. cylindraceum* Sibth. n'a été trouvé à Marseille que dans un champ vers Luminy, en 1852, par M. Blaize, depuis lors nous ne l'avons plus revu. MM. G. G. le disent à Toulon d'où je ne l'ai jamais reçu de mes amis.

Sous-famille II. — **Liguliflores.**

# DIVISION III — CHICORACEÆ (Vaill.)

TRIBU I. — HYOSERIDEÆ (G. G.)

**Catananche.** Vaill.

1614. C. COERULEA. L. — G. G., 2, p. 285.— ♃. Juin-septembre.— Lieux incultes, rives, vallons et côteaux.

B.-R. — Marseille, aux vallons de Toulouse, d'Evêque, du Sud de l'Etoile, etc. (*Roux*); Aix, dans les lieux arides (*F. A.*); rives de l'Arc (*Roux*).

Var. — Toulon, Brignoles, le Luc, Fos-Amphoux, Bagnols (*Hanry*); Fréjus (*G. G.*).

A.-M.— Assez répandu sur les basses montagnes au-dessus de Menton, Nice et Grasse (*Ard.*); Cannes (*G. G.*).

Vaucl. — Avignon (*G. G.*).

**Cichorium.** L.

1615. C. INTYBUS. L. — G. G. 2, p. 286. — ♃. Juin-septembre. — Commun dans les champs et les lieux incultes de toute la Provence.

Var. β. *Glabratum*. G. G. 2, p. 286. — Bords des champs et des chemins.

B.-R. — Cassis (*Roux*).

1616. C. DIVARICATUM. Schousb. — G. G. 2, p. 287. — ②. Juin, juillet. — Champs et côteaux de la rég. litt.

Var. — Toulon, à Castigneau (*G. G. d'après Robert*); champs schisteux au cap Brun (*Huet!*); Pierrefeu (*Chambeiron!*); Saint-Raphaël (*Hanry*).

A.-M. — Menton, Nice et probablement ailleurs (*Ard.*).

1617. C. INDIVIA. L. — ②. Toute l'année.

De l'Inde ; cultivé et parfois échappé.

**Tolpis. Gœrtn.**

1618. T. BARBATA. Wild. — G. G. 2, p. 287. — ①. Mai, juillet.
— Côteaux pierreux, lieux sablonneux de la rég. litt.

B.-R. — La Ciotat, à N.-D. de la Garde (*Roux*).

Var. — Saint-Nazaire, dans les champs élevés de Pipière (*Roux*); Toulon, aux Sablettes (*Huet !*) bois des Maures, Fréjus (*Hanry*) ; vallon de la Sauvette des Mayons (*Roux*).

A.-M. — Nice, Antibes, Cannes, Auribeau (*Ard.*).

1619. T. VIRGATA. Bertol. — G. G. 2, p. 228. — ②. Juin-août.
Moins commun que le précédent

Var. — Toulon, îles d'Hyères, le Luc, Fréjus (*Hanry*) ; presqu'île de Giens (*Huet !*), vallon de la Sauvette (*Roux*).

A.-M. — Menton, Nice, Antibes, Cannes, Auribeau (*Ard.*)

**Hedypnois. Tourn.**

1620. H. POLYMORPHA. Dc. — G. G. 2, p. 288. — ①. Mai, juin.
—Commun au bord des champs, sur les rives et dans les lieux ombragés de toute la rég. litt. de la Provence.

**Hyoseris. Juss.**

1621. H. SCABRA. L. — G. G. 2, p. 289.— ①. Avril, mai. — Lieux herbeux, rives.

B.-R. — Marseille, à N.-D. de la Garde, au pied du 1ᵉʳ oratoire, et bord du chemin près du couvent ; pointe d'Endoume, entre la batterie et l'anse de la Fausse-Monnaie, île de Ratoneau (*Roux*).

A.-M. — Antibes, sur la colline de N.-D. (*Thuret*) ; assez rare : Monaco, Villefranche, Nice, Antibes, île Sainte-Marguerite (*Ard.*).

1622. H. RADIATA. L. — G. G. 2, p. 289. — ♃. Mai, juin.— Très commun au bord des chemins, dans les lieux pierreux de toute la rég. litt.

B.-R. — Marseille, à N.-D. de la Garde, Saint-Giniez, Mazargues, etc., Aubagne, Saint-Jean de Garguier, Roquevaire, Cassis, la Ciotat, etc. (*Roux*).

Var. —Toulon, à la Grosse-Tour, à Clairet, Fréjus (*Hanry*).

A.-M.— Toute la rég. litt.

**Rhagadiolus.** Tourn.

1623. R. stellatus. DC. — G. G. 2, p. 290. — ①. Mai, juin. — Commun dans les champs, les haies, les lieux pierreux et ombragés de toute la rég. litt. de la Provence, avec ses diverses formes ou variétés.

**Lampsana.** L.

1624. L. communis. L.— G. G. 2, p. 291.— ①. Mai-août. — Lieux cultivés, bois, haies, rochers, vieux murs dans toute la Provence, excepté dans l'arrondissement de Marseille.

**TRIBU II — HYPOCHŒRIDEÆ.** (Less).

**Hypochœris.** L.

1625. H. glabra. L. — G. G, 2, p. 292. — ①. Juin-août. — Çà et là dans les lieux sablonneux, le long des murs, etc.

B.-R. —Marseille, à Montredon dans la traverse des Tavans, Fos-les-Martigues, la Ciotat, sur les hauteurs de Fuguerolle et au Valat de Roubaou (*Roux*).

Var. — Champs sablonneux (*Hanry*); Fréjus (*G. G.*); Toulon aux Sablettes, forêt des Maures, du Luc aux Mayons (*Roux*).

A.-M. — Menton, Nice, Cannes, l'Esterel, etc. (*Ard.*).

1626. H. radicata. L. — G. G. 2, p. 293. — ⚳. Juillet, août. — Pelouses, bords des prés, lieux incultes dans toute la Provence.

1627. H. maculata. L. — G. G. 2, p. 294. — ⚳. Juin-août. Rég. alp. et mont.

Var. — N.-D. des Anges près de Pignans (*Hanry, Legré!*)

A.-M. — Col de Tende, Colmiane, vallées du Boréon, de Nauduébis et de Jallorgues (*Ard.*).

B.-A.—Vallon de Juan au-dessus de Villars-Colmars (*Roux*)

1628. H. UNIFLORA. Vill. — G. G. 2, p. 294. — ♃. Août. — Rare.

B.-A. — Prairies du Lauzonnier près de Barcelonnette (*Gacogne*).

**Seriola.** L:

1629. S. ÆTNENSIS. L.—G. G. 2, p. 295. — ①. Juin, juillet.—Rives, bords des champs de la rég. litt.

B.-R. — Martigues, à Saint-Giniez ; Châteauneuf-les-Martigues, sur le bord de la route et de l'étang ; Gueule-d'Enfer, la Mède (*Autheman! Roux*).

Var. — Toulon (*Hanry*); Saint-Raphaël (*Roux*).

A.-M. — Assez commun au bord des champs et des chemins (*Ard.*); Cannes (*Giraudy!*)

**TRIBU III. — SCORZONEREÆ.** (Less.).

**Thrincia.** Roth.

1630. T. HIRTA. Roth.— G. G. 2, p. 296. — *Leontodon hirtum.* L. — ①. Mai-août. —Pelouses, bords des prés, champs sablonneux dans toute la Provence.

1631. T. HISPIDA. Roth. — G. G. 2, p. 296. — ①. Mai, juin.

Var. — Toulon sur les glacis du fort Malbousquet (*Hanry! Huet!*); côteaux pierreux à Bagnols, au Luc (*Müller dans Hanry*); Fréjus (*G. G. d'après Pereymond*).

1632. T. TUBEROSA. DC. — G. G. 2, p. 297. — *Leontodon tuberosum.* L. — ♃. Septembre, octobre. — Terrains pierreux et sablonneux de la rég. litt.

B.-R. —Marseille, à Mazargues, Luminy, Morgiou, Sormiou, etc. ; Cassis ; Gémenos, à Saint-Pons ; Martigues, etc. (*Roux*); Aix, dans le petit chemin du Tholonet, etc. (*F.-A.*).

Var. — Toulon, le Luc, Fréjus (*Hanry*).

A.-M. — Commun dans les lieux frais, aux bords des champs et des bois. (*Ard.*).

**Leontodon.** L.

### Section I.— Oporinia. (Don.).

1633. L. autumnalis. L. — G. G., 2, p. 297. — ♃. Juillet-septembre. — Région montagneuse.

A.-M.— Çà et là dans les prés de toutes nos Alpes jusqu'au Grammont au-dessus de Menton (*Ard.*).

B.-A.— Les prés des bords de la Blanche à Seyne (*L. Granier !*) ; Champourcin entre la Javi et Prads (*Roux*).

### Section II. — Dens Leonis. (Koch.).

1634. L. taraxaci. Lois. — G. G., 2, p. 298.— ♃. Août. — Rég. alpine.

A.-M. — Assez rare : berges dénudées des torrents au plateau de Jallorgues ; Alpes de Saint-Etienne et de Saint-Dalmas (*Ard.*).

1635. L. pyrenaicus. Gouan.— G. G., 2, p. 298. — ♃. Juin-août. — Rég. alp.

A.-M. — Assez répandu dans toutes nos Alpes (*Ard.*).

1636. L. proteiformis. Vill. — G. G., 2, p. 299. — Commun dans les prés, les lieux incultes et sur les pelouses dans toute la Provence.

1637. L. alpinum. Vill. — G. G., 2, p. 300. — ♃. Juillet-août. — Rég. mont.

A.-M. — Rochers de Sainte-Agnès à 650 mètres d'alt. au-dessus de Menton, Tende (*Ard.*).

1638. L. Villarsii. Lois. — G. G., 2, p. 300. — ♃. Juin, juillet. Côteaux, lieux incultes, champs pierreux.

B.-R. — Marseille, à Luminy, etc.; Roussargues ; Pas-des-Lanciers ; côteaux des bords de l'Arc, etc. (*Roux*) ; Aix, au Montaiguet et sur les côteaux stériles (*F.-A.*) ; Martigues, Velaux (*Autheman !*).

Var. — Toulon, Touris (*Robert*).

A.-M. — Collines élevées et basses montagnes au-dessus de Menton, de Nice et de Grasse, Braus, Puget-Thénier. (*Ard.*).

### Section III. — Asterothria. (Cass.).

1639. L. crispus. Vill. — G. G., 2, p. 300. — ♃. Juin-août. Côteaux, montagnes, lieux arides.

B.-R. — Marseille, aux vallons de la Nerte, de Toulouse, d'Evêque, etc.; Berre, sur les bords de l'Arc (*Roux*); Martigues (*Autheman !*); Aix, au vallon des Gardes, à la tour de la Kairié (*F.-A.*).

Var. — Toulon, au Fort-Rouge; le Luc (*Hanry*).

A.-M. — Basses montagnes au-dessus de Menton, de Nice, etc. (*Ard.*).

B.-A. — Sisteron (*G. G*).

Vaucl. — Sommet du mont Ventoux (*G. G.*, *Roux*).

**Picris**. Juss.

1640. P. spengeriana. Lam.—G. G., 2, p. 301.— ①. Mai-juillet. Lieux secs et pierreux.

B.-R. — Cassis, au haut de la montée de la route de Marseille, près d'une ruine et vallon aboutissant dans celui de Peïro-Redouno entre Cassis et La Ciotat. (*Roux*).

Var.— Toulon, à Clairet (*G. G.*), champs micaschiteux au cap Brun (*Huet !*).

A.-M. — Rare: Villefranche, Nice, à Carabacel (*Ard.*).

1641. P. pauciflora Wild.— G. G., 2, p. 302.— ①.Mai-juillet. Côteaux, champs pierreux et lieux incultes.

B.-R.— Marseille, au vallon de Panouse, à la Treille, etc., Gémenos, au vallon de Saint-Pons, etc. (*Roux*); Aix, au vallon de Bouénoure et sommet ouest du vallon des Gardes (*F. A.*).

Var.— Toulon, le Luc, Fréjus (*Hanry*); Nans au vallon de Tardeou (*Roux*).

A.-M.—Rare : Nice, au Vinaigrier, sur la route entre Tende et Foutou, Utelle, Gilette (*Ard.*).

1642. P. SPINULOSA. Guss.— *P. stricta* Jord.— G. G., 2, p. 302.— ②.Juin-août.—Commun dans les lieux secs et pierreux, les garrigues, sur le bord des champs.

B.-R.— Marseille, à Saint-Julien, les Martégaux, Château-Gombert, vallon du Rouet, etc. ; Aubagne, Gémenos, Baou-de-Bretagne, Martigues, etc. (*Roux*); Aix, commun (*F.-A.*).

Var.— Champs (*Hanry*).

A.-M.— Commun (*Ard.*).—F. A., Hanry et Ard. le nomment *P. hieracioides*.

B.-A.— Gréoulx, Faillefeu au-dessus de Prads (*Roux*); Sisteron (*G. G.*).

Vaucl.— Avignon (*G. G.*).

**Helminthia.** Juss.

1643 H. ECHIOIDES. Gœrtn.— G. G., 2, p. 304. —*Picris echioides* L.— ①. Juin-août.— Commun dans les lieux incultes, le long des chemins, des sentiers et des prés, dans toute la Provence.

**Urospermum.** Juss.

1644. U. DALECHAMPII. Desf. — *Tragopogon Dalechampii*. L. — G. G., 2, p. 305.— ♃. Mai-juillet.— Commun dans les champs, le long des sentiers, des chemins, sur les côteaux, dans les vallons et les lieux rocailleux de toute la région litt. de la Provence : Marseille, Aix, Martigues,etc; Toulon, le Luc, Fréjus, les A.-M.

1645. U. PICROIDES. Desf.— *Tragopogon pricroides*. L.—G. G., 2, p. 305.— ①.Juin-juillet.— Rives, bords des champs, creux des vieux murs et lieux pierreux dans toute la rég. litt. de la Provence.

B.-R.— Marseille, aux Caillols, à Saint-Henri, au vallon de Morgiou, etc. (*Roux*); Martigues (*Autheman !*); Aix, au vallon des Gardes, etc., etc. (*F. A.*).

Var. — Lisières des bois, bords des champs (*Hanry*); Toulon, Fréjus, Draguignan (*G. G.*).

A.-M. — Commun (*Ard.*); Grasse (*G.G.*).

Vaucl. — Avignon (*G. G.*).

**Scorzonera. L.**

### Section I. — Lasiospora. (Less.)

1646. S. hirsuta. L. — G. G., 2, p. 306. — ♃. Mai, juin.
Lieux secs et montueux, côteaux pierreux.

B.-R. — Marseille, au vallon de la Nerthe, sur la chaîne de l'Etoile, etc.; les Alpines (*Roux*); Aix, au Montaiguet, Cuques et collines des Pauvres (*F. A.*); route de la ferme de la Galinière, à Mimet et crête du mont Mimet (*Reynier et Roux*); Gémenos, en montant à la Grand'-Baoumo par Fouent de Grayet (*Roux*); Pas-des-Lanciers; Martigues, au pied des collines de la Mède (*Autheman !*).

Var. — Toulon, au mont Coudon (*Hanry*); côteaux marneux à Ampus (*Albert !*)

A.-M. — Très rare ; environs de Nice, Sospel, col de Tende, (*Ard.*).

B.-A. — Gréoulx (*G. G.*).

### Sect. II. — Scorzonera (Less.).

1647. S. austriaca. Wild. — G. G., 2, page 307. — ♃. Mai.
Lieux secs et montagneux.

B.-R. — Aix, au sommet de Sainte-Victoire (*F. A*); crête du mont Mimet et hauteurs voisines (*Reynier et Roux*); Saint-Jean de Garguier, au sommet du vallon de Saint-Clair, en vue de Roque-Fourcade (*Roux*).

Var. — Plan d'Aups et hauteurs de Saint-Cassien, au-dessus de la Sainte-Baume (*Roux*); Ampus, parmi les rochers de la Cabrières (*Albert !*).

1648. S. parviflora. Jacq. — G. G., 2, p. 307. — ♃. Mai, juillet.

B.-R. — Commun dans les prairies marécageuses, le long des fossés du bord de l'étang de Berre à Saint-Chamas, Miramas, et de celui de Marignane (*Roux*).

Var. — Toulon (*G. G.*).

1649. S. HISPANICA. L. — Var. β *glastifolia*. — G. G., 2, p. 308. — ♃. Mai, juillet. — Rég. mont.

A.-M. — Col de Tende, Entraunes, Vence, montagnes au dessus de Grasse (*Ard.*).

**Podospermum.** DC.

1650. P. LACINIATUM. DC. — *Scorzonera laciniata*. L. — G. G., p. 309. — ②. Avril-juillet. — Commun au bord des champs, des sentiers, sur les rives et autres lieux incultes.

B.-R. — Marseille, à Saint-Tronc, Saint-Loup, Saint-Julien, les Olives, etc. (*Roux*); Aix, au vallon de Brunet, etc., (*F. A.*); Martigues (*Autheman!*).

Var. — Bords des champs (*Hanry*); Toulon, Fréjus (*G. G.*).

A.-M. — Nice, Antibes, île Sainte-Marguerite, mont Agnel, Braus, Tende, Puget-Thénier (*Ard.*).

1651. P. DECUMBENS. G. G., 2, p. 310 — *P. calcitrapæfolium DC*. — ②. Mai-juillet. — Mêmes lieux que le précédent, mais plus rare.

B.-R. — Assez commun de Martigues au cap Couronne, à Roque-Martine, près d'Eyguière, à Cassis, Arles, etc.

B.-A. — Digne, Colmars (*DC*).

**Tragopogon.** L.

1652. T. PRATENSIS L. — G. G., 2, p. 310. — ②. Mai-juillet. — Commun dans les prés, les lieux frais de toute la Provence.

1653. T. ORIENTALIS. L. — G. G., 2, p. 311. — ②. Mai-juillet. — Assez commun dans les prairies, surtout dans la rég. litt.

B.-R. — Bord de l'étang de Berre, à la Mède, près des Martigues, berges du canal d'Arles à Fos (*Roux*); Aix, dans les prés (*F. A.*).

A.-M. — Antibes, Grasse, Entraunes, Tende et probablement ailleurs où il a été pris pour le *T. pratensis*(*Ard.*).

1654. T. CROCIFOLIUS. L.— G. G., 2, p. 311.— ①.Mai-juin.— Côteaux, rives, champs incultes, etc.

B.-R. — Marseille, à Saint-Marcel au vallon de Forbin, à Saint-Loup au vallon d'Evêque, hauteurs de Montredon, la Treille, etc. (*Roux*); Aix, au Montaiguet (*F.A.*) et vallon de Parouvier, Saint-Jean de Trets ; Roque-Martine, près d'Eyguière ; Roquevaire, vallon de Saint-Clair à Saint-Jean-de-Garguier (*Roux*); Martigues, rare ! (*Autheman !*).

Var. — Sainte-Baume, Nans au vallon de Tardeou (***Roux***); Fos-Amphoux ; Ampus (*Hanry*).

A.-M.— L'Agel au-dessus de Menton, col de Tende, Saint-Vallier (*Ard.*).

B.-A.— Digne, à Saint-Benoit (*Roux*).

1655. T. STENOPHYLLUS.Jord.— G. G., 2, p. 311.— ②.Avril-juin.— Champs, rives et lieux incultes.

B.-R.— Depuis les coteaux de Camp-Major, la Treille, le vallon de Gord-de-Roubaou jusqu'au pied de Garlaban à Aubagne (*Roux*); Aix au vallon de Brunet et au bord des chemins (*F. A.*) ; Martigues sur le bord des champs à la Mède (*Autheman !*)

Var.— Hyères (*Jord.*).

1656. T. AUSTRALIS. Jord.— G. G., 2, p. 312. — ②. Mai-juin.— Commun sur les côteaux, les rives, le bord des champs et autres lieux incultes.

B.-R.—Marseille, à Saint-Loup, Saint-Marcel, Saint-Julien, la Treille, etc.; les Alpines, **Arles**, etc. (*Roux*); Aix, aux bords des champs et des chemins (*F. A.*).

Var.— Sainte-Baume (*Roux*); Toulon (*G. G.*); Hyères, le Luc, Fréjus (*Hanry*),

A.-M.— Menton, Nice, Antibes, Grasse (*Ard.*).

Vaucl.— Avignon (*G. G.*).

1657. T. major Jacq.— G. G., 2, p. 313.— ②. Juin.— Bord des champs et lieux herbeux.

B.-R.—Allauch, au château de la Vieille (*Roux*); Velaux, Fos-les-Martigues, Cabassol dans le vallon de Vauvenargues (*Roux*).

Var.— Plan d'Aups et lisière du bois de la Sainte-Baume (*Roux*); Fréjus (*Hanry d'après Peyremond*).

1658. T. dubius. Vill.— G. G, 2, p. 313.— ②. Juin-juillet. — vallons, côteaux incultes.

B.-R.—Gémenos, au vallon de Saint-Pons et dans celui en face du moulin à ciment, environs de la Glacière sous le Baou-de-Bretagne (*Roux*), bois des Béguignes, assez commun au-dessus du Baou-de-Bretagne, en face de la Brasque (*Roux*).

Var.— Haut du bois de la Sainte-Baume (*Roux*).

A.-M.— Prés et vignes : Breglio et probablement ailleurs (*Ard.*).

Vaucl.— Avignon (*G. G.*).

**Geropogon**. L.

1659. G. glabrum. L.— G. G., 2, p. 314.— ②. Mai-juin. — Rives, bords des champs et lieux incultes.

B.-R.—Martigues, sur la rive droite de l'étang de Caronte, étang desséché de Courtine (*Roux*).

Var.— Toulon, à Castignaux, Touris, le Luc, Draguignan, (*Hanry*); champs au-dessus du Luc et colline Sainte-Hélène (*Roux*).

A.-M.—Peu commun : Nice, au Vinaigrier, Antibes, Grasse (*Ard.*).

**TRIBU IV. — CREPOIDEÆ. (G. G.)**

**Chondrilla**. L.

1660. C. juncea. L.— G. G., 2, p. 314.— ②. Juin-septembre.—

Commun dans les champs, les vignes, le long des chemins, les lieux sablonneux de toute la Provence.

**Willemetia.** Neck.

1661. W. PRENANTHOIDES. — G. G., 2, p. 315. — ♃. Juillet, août.

Var. — Le long des murs à Fréjus (*Hanry* d'après *Ardoino*, G. G. d'après *Ray.*, hist. 228). — Je doute fort que cette plante soit à Fréjus ?

**Taraxacum.** Juss.

1662. T. OFFICINALE. Wigg. — G. G., 2, p. 316. — ♃. Mars-septembre. — Commun dans les prés, le bord des champs et des chemins dans toute la Provence.

1663. T. LÆVIGATUM. DC. — G. G., 2, p. 316. — ♃. Avril-juin. — Rives et pelouses du bord des chemins, bois, etc.

B.-R. — Marseille, à Saint-Tronc, Saint-Loup, Carpiagne, etc. (*Roux*) ; Aix, à la Colline des Pauvres (*F. A.*); Roquefavour (*Roux*).

Var. — Lieux secs (*Hanry*) ; bois de la Sainte-Baume (*Roux*).

1664. T. OBOVATUM. DC. — G. G., 2, p. 317. — ♃. Avril-mai. Lieux frais, vallons et bois de pins.

B.-R. — N.-D. de la Garde à Marseille, dans les bois à Saint-Loup, à Saint-Marcel, Luminy, etc., Aubagne, Roquevaire, vallon de Saint-Clair, etc. (*Roux*) ; Martigues et Châteauneuf-les-Martigues (*Autheman !*) Aix, au Montaiguet dans les vallons frais du Chicalou et du vallon du Coq (*F. A.*).

Var. — Bois de la Sainte-Baume (*Roux*) ; l'Esterel (*Hanry*).

1665. T. ERYTHROSPERMUM. Andrez.—G. G., 2, p. 316.— ♃. Avril, mai. — Bois de pins.

B.-R. — Marseille, à Saint-Loup, au fond du vallon de Toulouse, à Saint-Julien, les Martégaux, etc.; Cassis, au Baou-de-Canaille (*Roux*) ; Aix, sur les rives sèches du chemin de Meyreuil et moulin Destista (*F. A.*).

1666. T. leucospermum. Jord. — G. G., 2, p. 316. — ♃. Avril, mai.

B.-R. — Marseille, à N.-D. de la Garde (*Micial*).

Var. — Toulon, à Coudon (*Jord.*); nord de Faron (*Hanry*).

1667. T. gymnanthum. DC. — *T. autumnale*. Cast. — G. G., 2, p. 317. — ♃. Septembre, octobre. — Lieux sablonneux du bord des chemins et des traverses.

B.-R. — Marseille, à Mazargues, Saint-Barnabé, Montolivet, Saint-Julien, etc.; Cassis, sur la route de La Ciotat (*Roux*).

Var. — Environs du village des Lecques (*Roux*).

1668. T. commutatum. Jord. pugill. pl. nov. p. 116. — ♃. Avril.

Var. — Pâturages sur les côteaux à Hyères (*Jord.*).

1669. T. palustre. DC. — G. G., 2, p. 317. — ♃. Mars-septembre.

B.-R. — Commun dans les prairies marécageuses de Berre (*Roux*); Aix, sur le versant méridional de Sainte-Victoire, près de la source qui est au levant de la métairie de Rioulfe (*F. A.*).

A.-M. — Lieux humides : Nice, au Var, golfe Jouan, col de Fenestre (*DC*), Salèze (*Ard.*).

**Lactuca. L.**

1670. L. ramosissima. — G. G., 2, p. 318. — ②. Juillet, août. — Côteaux, lieux pierreux, rocailles.

B.-R. — Marseille, à Saint-Tronc, Montolivet, Saint-Julien, les Martégaux, la Treille, vallon de la Vache à la Bourdonnière, côteaux à Valdonne, sémaphore des Goudes, etc.; champs graveleux des bords de l'Arc vers la Fare ; Martigues, sur la rive gauche de l'étang de Caronte, Miramas, etc. (*Roux*); Martigues, le long de la route de Saint-Pierre à Tabouret, Châteauneuf-les-Martigues, lieux montueux (*Autheman!*)

Var. — Toulon, à Touris (*G. G., d'après Robert*).

A.-M. — Gravier des bords de la mer ; Menton, au cap Martin, Nice, à Sainte-Hélène (*Ard.*).

1671. L. viminea. Linck.— G.G., 2, p. 318.— ②. Juillet-septembre.— Lieux stériles.

B.-R. — Aix, au Montaiguet, dans le vallon de Chicalou, et généralement dans les endroits secs et pierreux (*F. A.*).

A.-M. — Nice, l'Escarène, Sospel, la Briga, Tende, Saint-Martin-Lantosque, Grasse, etc. (*Ard.*).

1672. L. chondrillæflora. Bor. — G. G., 2, p. 318. — ②. Août-novembre.— Champs maigres et montueux, rocailles des vallons et des côteaux.

B.-R.— Marseille, à Mazargues vers la Fontaine d'Ivoire, à Saint-Tronc, au Cabot, Luminy, la Treille, etc.; Gémenos, dans les champs et vignes du calcaire blanc de Saint-Jean-de-Garguier et vallon de Saint-Clair, etc· (*Roux*).

A.-M.— Montagnes au-dessus de Menton et probablement ailleurs. (*Ard. d'après Moggridge*).

Vaucl.— Sentier qui conduit à la fontaine de Vaucluse. (*Autheman!*)

1673. L. saligna. L.— G. G., 2, p. 319.— ②. Juin-septembre.— Bord des chemins, des sentiers et sur les rives dans toute la Provence.

1674. L. scariola. L.— G. G., 2, p. 319.— ②. Juin-septembre.— Dans les champs, les vignes, les haies, dans toute la Provence. — Marseille, aux Martégaux, etc., Saint-Jean-de-Garguier, Marignane, etc.

1675. L. dubia. Jord. cat. Dijon, 1848, p. 26.—*L. virosa.*L., G.G., part. — ②. Août-septembre.—Commun dans les champs de toute la Provence. — Marseille, aux Martégaux, Saint-Loup, etc., vallon de Saint-Pons, etc., Martigues, Raphèle près d'Arles, etc.

1676. L. flavida. Jord. cat. Dijon, 1848, p. 26.— *L. virosa.* L.— Var. *flavida.* G. G., 2, p. 320. — ②. Juillet. — Rochers, buissons de la rég. mont.

B.-R.—Gémenos, sur les hauteurs du vallon de Saint-

Pons, Baou-de-Bretagne (*Roux*); Martigues, à Saint-Giniez, parmi les chênes kermès *(Autheman!)*; vallon de Figuière en montant par la route de Cuges au vallon de Rouvière *(Roux)*.

Var.— Rochers et buissons sur la route de Saint-Zacharie à la Sainte-Baume (*Roux*).

1677. L. CHAIXII. Vill. G. G., 2, p. 320. — ②. Juillet, août.— Rég. alp. et mont.

A.-M.— Alpes de Tende, de Saint-Etienne et de Saint-Dalmas *(Ard.)*.

1678. L. MURALIS. Fresenius.—*Prenanthes muralis*, L.— G. G., 2, p. 321.— ①. Juin-septembre.— Murs, rochers ombragés dans toute la Provence.

B.-R.— Marseille, depuis le Pilon du Roi jusqu'à Mimet ; Gémenos, à Saint-Pons *(Roux)*; Aix, à Sainte-Victoire au Garagay *(F. A.)*.

Var.— Bois de la Sainte-Baume, la Sauvette des Mayons, la Verne (*Roux*); Pignans, Gonfaron, cap Roux (*Hanry*).

A.-M.— L'Estérel (*Hanry*); Menton, Nice, Saint-Arnous, le Bar, Grasse (*Ard.*).

B.-A.— Forêt de Faillefeu au-dessus de Prads (*Roux*).

1679. L. PLUMIERI. G. G., 2, p. 322. — *Sonchus Plumieri*. L.— ♃. Août.— Rochers et lieux pierreux.

Var.— Aiguines à Morges (*Albert*). M. Albert ne se trompe-t-il pas ?

1680.— L. PERENNIS. L.— G. G., 2, p. 322.— ♃. Mai-juillet. — Rochers, côteaux secs et pierreux.

B.-R.— Marseille, à Mazargues, Saint-Loup, Saint-Marcel, etc.; Aix, etc.

Var.— Toulon, le Luc, etc.

A.-M.— Menton, Nice, Saint-Vallier et montagnes de Grasse, gorges de Saorgio, Saint-Martin-Lantosque, etc. (*Ard.*).

B.-A.— **Digne**, etc.

1681. L. tenerrima. Pourr.— G. G., 2, p. 323.— ♃. Juillet-août. Rég. mont.

A.-M.— Entre Roubion et Saint-Sauveur (*Ard.*).

**Prenanthes. L.**

1682. P. purpurea. L.—G. G., 2, p. 323.— ♃. Juin-août.— Bois, coteaux.

Var.— Aiguines dans les bois de Morgès (*Albert!*); forêt des Maures?(*Hanry*).

A.-M.— Çà et là dans les bois de la rég. mont. d'où il descend jusqu'au bois du Var près de Nice, îlots du Var (*Ard.*).

B.-A. — Seyne, dans les bois (*L. Granier!*) ; forêt de Faillefeu au-dessus de Prads (*Roux*) ; Enchastrayes près de Barcelonnette (*abbé Olivier!*); montagne de Lure (*Legré!*)

Vaucl.— Mont Ventoux, dans les bois de hêtres (*Roux*).

**Sonchus. L.**

1683. S. tenerrimus. L. — *S. pectinatus*. DC.— G. G., 2, p. 324. — ♃. Avril-septembre. — Lieux incultes, décombres, vieux murs et surtout sur les falaises et les rochers du bord de la mer.

B.-R. —Marseille, où il est très abondant : Saint-Giniez, Roucas-Blanc, Montredon, murs de Saint-Just à la Rose, Saint-Antoine, etc. (*Roux*) ; Aix, sur les vieux murs et le bord des sentiers (*F. A.*) ; Arles (*Jacquemin*), manque aux environs de Martigues.

Var. — Cap Baumelles à Saint-Cyr, Saint-Raphaël (*Roux*), Toulon au Revest (*Robert*); Fréjus (*Pereymond*).

1684. S. oleraceus. L.— G. G., 2, p. 324. — ①. Mai-octobre. — Commun dans les champs de toute la Provence.

1685. S. asper. Vill.— G. G., 2, p. 324. — ①. Juin-octobre, avec le précédent et presque aussi commun.

B.-R. — Marseille, sur les bords du Jarret, Montredon, **Carpiagne**, etc., Pas-des-Lanciers, Velaux, les Milles,

Saint-Martin-de-Crau, vallon de Saint-Pons, etc.(*Roux*);
Aix, au Montaiguet, vallon des Auges (*F. A.*).

Var. — Au fort Saint-Louis, au cap Brun (*Hanry*); le Luc,
Draguignan (*Roux*)

A.-M. — Mêmes lieux, mais moins commun que le précédent (*Ard.*).

1686. S. GLAUCESCENS. Jord. — G. G., 2, p. 325. — ②. Mai-août.
Rochers et lieux pierreux des bords de la mer.

B.-R. — Marseille, aux Catalans, à Montredon, aux Goudes,
cap Croisette, très commun dans les îles de Pomègue, de
Ratoneau, l'île Plane (*Roux*).

Var. — Saint-Cyr, au cap Baumelles (*Roux*); Toulon
(*Huet!*); la Seyne (*Abbé Mulsant!*); Sainte-Marguerite (*Jord.*); îles d'Hyères, Porquerolle (*Hanry*).

1687. S. ARVENSIS. L. — G. G., 2, p. 326. — ♃. Juin-septembre.
— Type. Champs et vignes.

B.-R. — Marseille : assez rare ; champs en face du hameau
des Martégaux, champs voisins du bassin d'épuration de
Sainte-Marthe ; champs marécageux des bords de l'étang
de Berre à Saint-Chamas, à Miramas, forme luxuriante (*S. decorus*. Cast.); Arles sur les berges du
Rhône (*Roux*); Marignane, Martigues, à la Mède
(*Autheman!*); Aix, champs et bords de l'Arc (*F. A.*).

Var. — Lieux cultivés (*Hanry*).

A.-M. — Çà et là dans la rég. mont., rare dans la région
litt. (*Ard.*).

Var. β. *lœvipes*. — G. G., 2, p. 326.

Marseille, dans les vignes de la ferme dite la Route à
Luminy.

1688. S. MARITIMUS. L. — G. G. 2, p. 326. — ♃. Juillet-septembre.
Rivage de la mer, lieux marécageux, bords des
fossés, etc.

B.-R. — Marseille, à Montredon ; fond du vallon du Rouet ;
bord de l'étang de Marignane et de celui de Berre à Berre,

Saint-Chamas, Miramas (*Roux*) ; marais de Mouriès (*Autheman ! Roux*); Raphèle près d'Arles, Roquefavour, etc. (*Roux*).

Var. — Le long de la côte (*Hanry*); Saint-Nazaire (*Roux*).

A.-M. — Nice au Var, golfe Jouan (*Ard.*).

Le *S. palustris*. L. sp. 1116 n'est pas à Marseille ; il n'est même pas signalé en Provence.

**Mulgedium.** Cass.

1789. M. ALPINUM. Less. — G.G. 2, p. 327. — *Sonchus alpinus*. L. — ♃. Juillet, août. — Rég. alp.

A.-M. — Vallée de Boreou au-dessus de Saint-Martin, Saint-Antoine-de-Vinaï, etc. (*Ard.*).

**Picridium.** Desf.

1690. P. VULGARE. Desf. — *Scorzonera picroides*. L. — G. G., 2, p. 328. — ♃. Mai, juin, etc. — Commun dans les lieux secs et pierreux de toute la Provence.

Le *Picridium Derbesii*. Cast. herbier et cat. des plantes des environs de Marseille, supp. p. 24, qui croît à Montredon, n'est pas autre chose que le *Sonchus maritimus* de Linn.

**Zacintha.** Tourn.

1691. Z. VERRUCOSA. Gœrtn. — G. G. 2, p. 328. — ①. Avril-juin. — Champs pierreux, lieux arides, côteaux et vallons.

B-R. — Marseille, au vallon de la Nerte, à Montredon, Saint-Tronc, etc. (*Roux*) ; Martigues, à la Couronne, à l'étang desséché de Courtine ; Saint-Mitre, à Rouquet (*Autheman !*) ; Aix, à Vauvenargues, au vallon des Masques (*F. A.*).

Var. — Toulon, à la Garenne, le Luc, Fréjus (*Hanry*); Nans, au vallon de Tardeou, les Maures du Luc aux Mayons, vallon de la Sauvette, Collobrières, la Verne (*Roux*).

A.-M. — Assez commun dans les champs pierreux de toute la rég. litt. (*Ard.*).

**Pterotheca.** Cass.

1692. P. nemausensis. Cass. — *Hieracium sanctum*. L.? — ①. Avril-juin. — Très commun dans les champs, les vignes et les lieux incultes de toute la rég. litt. de la Provence.

**Crepis.** L.

### Section I. — Barkhausia (Mœnch.).

Le *Crepis vesicaria*. L.—G. G., 2, p. 330,—n'a été trouvé à Monteaut qu'accidentellement parmi des décombres ; nous ne le retrouvons plus.

1693. C. taraxacifolia. Thuil.— G. G., 2, p. 330.— ②. Avril-juin.— Commun sur le bord des prés, des champs, sur les rives et les côteaux dans toute la Provence.

1694. C. recognita. Hall. — G. G. 2, p. 331. — ②. Mai, juin. — Commun sur les pelouses sèches du bord des chemins, sur les côteaux et autres lieux incultes.

B.-R. — Marseille, à Saint-Julien, les Martégaux, la Rose, Montolivet, Saint-Tronc, Luminy, etc.; Cassis, la Ciotat, etc. (*Roux*) ; Aix, au vallon du Saint-Esprit (*F. A*) ; Roquefavour (*Roux*).

Var. — Non cité par Hanry ; Plan d'Aups et jusque sur les hauteurs du Saint-Pilon (*Roux*).

A.-M. — Ardoino ne le signale pas, mais il y est incontestablement ; il aura été confondu avec le précédent.

1695. C. bursifolia. L. — *C. erucœfolia*, G. G., 2, p. 331. — ②. Mai-novembre.

Introduit au lazaret de Marseille avec les laines étrangères, d'où il s'est répandu dans tous les environs; aujourd'hui on le récolte à profusion pour la salade, et peu à peu il a envahi tout le territoire ; on le rencontre déjà sur les bords des chemins à Montolivet, Saint-Julien, la Pomme, Saint-Tronc, etc.; plus loin, au Pas-des-Lanciers; près d'une bergerie entre le vallon de Passotèms et celui de Gord-de-Roubaou, à la Treille ; sur les bords de la mer à Sormiou ; Cassis, sur l'aire, près du port ; à La Ciotat ; enfin il vient de faire son apparition dans le Var : M. Huet l'a récolté en juin et juillet 1872, sur les pelouses sèches, le long des chemins, à Toulon ; sous le village de la Cadière, côté sud ; il le dit rare, mais je suppose qu'il y sera très abondant dans quelques années.

1696. C. SETOSA. Hall. — G. G., 2, p. 331. — ①. Juin-août. — Çà et là, sur le bord des chemins, des traverses et dans les haies.

B.-R. — Marseille, dans la traverse de Saint-Loup, au vallon de Valbarelle, de la Rose à Château-Gombert, bord du Jarret, vers la Rose ; vallon de la Vache, à la Bourdonnière ; Bonneveine ; les Contes, près de la Pomme (*Roux*) ; Aix, indiqué à la Pioline par M. Teissier (*F.A.*).

Var. — La Sainte-Baume, Collobrières (*Roux*).

A.-M. — Rég. mont., Bellona, Roccabigliera, Saint-Sauveur (*Ard.*).

1697. C. LEONTODONTOIDES. All. — G. G., 2, p. 333. — ②. Mai-juin. — Rochers humides, rocailles dans les bois de pins.

B.-R. — Marseille, à la fontaine d'Ivoire, près de Mazargues ; vallon de Maou-Valon, derrière Marseille-Veïre, dernier petit vallon à droite en descendant le vallon de Morgiou, île de Pomègue, sous le Sémaphore ; île de Maïre ; gorges entre Châteauneuf-les-Martigues et la Mède ; La Ciotat, sous Notre-Dame de la Garde, vers la mer (*Roux*).

Var. — Toulon, dans les lieux boisés du Baou-Rouge (*Huet!*) ; îles d'Hyères (*G. G.*).

1698. C. SUFFRENIANA. Lloyd. — G. G., 2, p. 333. — ①. Mai-juin. — Côteaux et lieux sablonneux.

B.-R. — Marseille, dans le vallon entre Saint-Cyr et la tête de Carpiagne, devant la grotte de Saint-Cyr, de Saint-

Marcel, Carpiagne, Château-Gombert (*Roux*); Aix, au sommet de Sainte-Victoire (*Roux*) ; la Crau, à Entressen (*Castag.*); Arles (*G. G.*).

1699. C. FOETIDA. L.— G. G., 2, p. 334.— ①. Juin-août.— Champs, côteaux et lieux incultes dans toute la Provence.

### Sect. II. — Paleya (Cass.)

1700. C. ALBIDA. Vill.— G. G., 2, p. 335.— ♃. Mai-août. — Lieux montueux et rocailleux, vallons, bois de pins.

B.-R. — Marseille, au vallon d'Evêque à Saint-Loup, vallons de Toulouse et de la Panouse, Luminy, vallon du Rouet, etc.; Gémenos, au vallon de Saint-Clair, mont de Mimet, Roquevaire, etc., (*Roux*); Aix, à Sainte-Victoire, entre le couvent et le Garagay (*F. A.*).

Var. — Nans, la Sainte-Baume ; Toulon, au mont Coudoux (*Hanry*).

A.-M. — L'Estérel (*Hanry*); au-dessus de Menton, Braus, la Briga, Tende, Saint-Dalmas-le-Sauvage, etc. (*Ard.*).

### Sect. III. — Crépis (DC.)

1701. C. BULBOSA. Cass. — *Leontodon bulbosum* L. — G. G., 2, p. 335. — ♃. Mai-juin. — Bois et vallons, lieux sablonneux.

B.-R. — Marseille, aux sables de Mazargues et de Bonneveine, vallon de Morgiou, île de Pomègue, etc.; Martigues, à la Mède, sous les tamaris (*Roux*); bord des étangs de Berre et de Marignane (*Autheman l*).

Var. — Ile de Porquerolle, presqu'île de Giens, le Luc, Fréjus (*Hanry*).

A.-M. — Çà et là, dans les champs sablonneux de la rég. litt. (*Ard.*); Cannes (*Hanry*); Grasse (*G. G.*).

1702. C. AUREA. Cass. — G. G., 2, p. 336.— ♃. Juillet-août.— Rég. alp.

A.-M. — Alpes de la Briga, mont Bego, Sainte-Anne de Vinaï (*Ard.*).

1703 C. biennis. L.—G., G., 2, p. 337.—②. Mai-juin. — Rare.

B.-R. — Aix, au vallon des Mourgues (*F.-A.*).

Var. — Les prés à Fréjus, Bagnol (*Hanry*).

1704. C. nicæensis. Balb. — G. G., 2, p. 337. — ②. Mai-juillet.— Bois, rives, prairies sèches.

B.-R. — Aix, dans le vallon de Vauvenargues, au-dessus du château (*Roux, F.-A.*), château d'Arboy, entre la Mirandolle et le bassin de Réaltor; Baou-de-Bretagne (*Roux*).

Var. — Montée de la Sainte-Baume, par Nans, lisière du bois de la Sainte-Baume; Draguignan, à Saint-Michel (*Roux*).

A.-M. — Castellar, Castillon, au-dessus de Menton, Antibes, Grasse, etc. (*Ard.*).

1705. C. virens. Vill. — G. G., 2, p. 338. — ①. Juin-août. — Champs, bords des chemins.

B.-R. — Rare; Aix, sur les bords de Luynes, à un kilom. environ en aval du hameau (*F.-A.*).

Var. — Toulon, Fréjus (*Hanry*); le Luc (*Roux*).

A.-M. — Peu commun; Saint-Martin du Var, Drap, Pierlas (*Ard.*).

1706. C. pulchra. L.—G. G., 2, p. 339.— ①. Mai-juillet. — Haies, bords des champs, vignes.

B.-R. — Marseille, dans la traverse de Saint-Loup à Valbarelle, vallon de la Panouse, Saint-Julien, etc.; Aix, dans les lieux ombragés, souvent sur les vieux saules (*F.A.*); Saint-Jean de Trets, les Milles, les Alpines (*Roux*); Sainte-Victoire (*Derbés !*); Martigues, dans les vignes, à Saint-Giniez (*Roux*).

Var. — Saint-Nazaire, à Pipière (*Roux*); Sainte-Baume, le Luc, Fréjus (*Hanry*).

A.-M. — Sospel, col de Braus, Nice, Antibes, Coussols, etc. (*Ard.*).

1707. C. pygmæa. L. — G. G., 2, p. 339.— ♃. Juillet-août. — Rég. alp.

    A.-M. — Sommet du mont Monnier, d'Entraunes à Jallorgues, par Villars, val de Strop et Bouziego, au-dessus de Saint-Dalmas-le-Sauvage (*Ard.*).

    B.-A. — Montagne de Lure (*Legré !*).

    Vaucl. — Mont Ventoux, débris mouvants *(Roux)*.

1708. C. blattarioides. Vill. — G. G., 2, p. 341. — ♃. Juin-août. — Rég. alp. et mont.

    A.-M. — Mont Frontère, Sainte-Anne de Vinaï, Entraune (*Ard*).

1709. C. grandiflora. Tausch. — G. G., 2, p. 341. — ♃. Juillet, août. — Rég. alp.

    A.-M. — Mont Bego, Notre-Dame de Fenestre, vallée du Boréon, Sainte-Anne de Vinaï (*Ard.*).

**Soyeria.** Monn.

1710. S. montana. Monn. G. G., 2, p. 342. — ♃. Juillet, août. — Rég. alp. et mont.

    A.-M. — Col de la Maddalena (*Ard.*).

1711. S. paludosa. Godr. — G. G., 2, p. 342. — ♃. Juin-août. — Rég. mont.

    A.-M. — Tendes, Saint-Martin-Lantosque (*Ard.*).

**Hieracium.** L.

    Sect. I. — **Piloselloidea** (Koch)

1712 H. pilosella. L. — C. G., 2, p. 345. — ♃. Mai-octobre. — Commun sur les rives, les lieux incultes et arides de toute la Provence.

1713. H. auranticum. L. — G. G., 2, p. 348. — ♃. Juin, juillet. — Rég. alp.

    A.-M. — Col de Fremamorta et de la Maddalena (*Ard.*).

1714. H. auricula. L. — G. G., 2, p. 349. — ♃. Juin-août. — Région alp. et mont.

A.-M. -- Montagnes au-dessus de Grasse, commun au col de Tende et à Saint-Martin-Lantosque (*Ard.*).

Var. — Ampus dans les prés de Lagnes et à Ruès. (*Albert !*).

1715. H. PRÆALTUM. Vill. — G. G., 2, p. 350. — ♃, Mai-juillet.

B.-R. — Rare : La Ciotat, dans un petit bois de pins à droite de la chapelle de Notre-Dame de la Garde, où l'on n'en rencontre que quelques touffes (*Roux*); Aix, au vallon de Fongamate, à l'endroit où il débouche dans l'Arc. (*F. A.*).

Var. — Les Mayons du Luc et vallon de la Sauvette (*Roux*); dans les bois de Lagnes à Ampus. (*Albert !*).

A.-M. — Çà et là dans toute la rég. mont. jusqu'aux vallées fraîches près de Menton et de Nice. (*Ard.*).

1716. H. FLORENTINUM. All. — G. G., 2, p. 351. — ♃. Juin-août.

B.-R. — Marais de Saint-Remy (*Peuzin!, Autheman !*).

A.-M. — Tende, Periot (*Ard.*).

B.-A. — Digne, sur les bords de la Bléone vers Saint-Benoit, vallon de la Marderie, descente de Valgelaye sur la route d'Allos à Barcelonnette, la Condamine ; bords de la Bléone à Blégiers (*Roux*).

1717. H. CYMOSUM. L. — G. G., 2, p. 352. — ♃. Juillet-août.

Var. — Ampus, dans les bois de Bargeaude (*Albert !*).

1718. H. GLACIALE. Lachn. — G. G., 2, p. 352. — ♃. Juillet-août. — Rég. alp.

A.-M. — Mont-Maunier, col de l'Encastraye (*Ard.*).

1719. H. SABINUM. Seb. et Mauri. — G. G., 2, p. 353. — ♃. Juin-août. — Rég. alp. et mont.

A.-M. — Mont Mulacé au-dessus de Menton, mine et col de Tende (*Ard.*).

### Section II. — Aurella (Fries).

1720. H. STATICÆFOLIUM. Vill. — G. G., 2, p. 353. — ♃. Juin-août. — Rég. mont.

Var. — Ampus, le long des torrents (*Albert !*)

A.-M. — Çà et là dans toute la rég. mont. d'où il descend dans les torrents jusque près de Nice et de Menton (*Ard.*).

B.-A. — Dans les graviers de la Bléone à Saint-Benoit et sur la montagne de Cousson ; bords des champs et graviers de l'Ubaye à la Condamine près de Barcelonnette (*Roux*) ; Forcalquier (*Jaillieu*) ; Montagne de Lure (*Legré!*).

Vaucl. — Vallons et basses montagnes de Bédouin au Ventoux (*Roux*).

1721. H. SUBNIVALE. — G. G., 2, p. 356.

B.-A. — Dans les prairies de Lauzet près de Barcelonnette (*Gacogne*).

1722. H. SCORZONERÆFOLIUM. Vill. — *H. glabatrum*. Hopp. — G. G., 2, p. 358. — ♃. Août. — Rég. alp. et mont.

A.-M. — Frontero, val de Pasio, mont Bego (*Ard.*).

B.-A. — Montée des Boules à Faillefeu au-dessus de Prads (*Roux*).

1723. H. PSEUDO-CERINTHE. Koch. — G. G., 2, p. 364. — ♃. Juillet-août.

Vaucl. — Mont Ventoux (*Raverchon*).

1724. H. AMPLEXICAULE. L. — G. G., 2, p. 364. — ♃. Juin-août. — Fentes des rochers élevés.

B.-R. — Marseille, au Pilon-du-Roi ; Mimet, Baou de Bretagne (*Roux*) ; Aix, à Sainte-Victoire (*F. A.*, *Roux*).

Var. — Sainte-Baume (*Hanry, Roux*) ; Aiguines sur les bords du Verdon (*Albert !*).

A.-M. — Assez répandu dans toutes nos Alpes jusqu'aux montagnes au-dessus de Menton (*Ard.*) ; l'Esterel (*Hanry*).

B.-A. — Digne, vers le sommet de Cousson (*Roux*).

Vaucl. — Mont Ventoux (*abbé Tisseur*).

1725. H. PULMONARIOIDES. Vill. — G. G., 2, p. 365. — ♃. Juillet.

Vaucl. — Mont Ventoux (*Reverchon*).

Var. — Aiguines dans les escarpements d'Artuby et du Verdon (*Albert!*).

### Section III. — Pulmonarea (Fries).

1726. H. LANATUM. Vill. — G. G., 2, p. 365. — ♃. Juin-août.
Var. — Aiguines sur le sommet des rochers de Morgès (*Albert!*).
A.-M. — Rég. mont. où il abonde et descend jusque près de Menton et de Nice (*Ard.*).

1727. H. ANDRYALOIDES. Vill. — G. G., 2, p. 366. — ♃. Juin-août. — Fentes des rochers dans la rég. mont.
Var. — Sainte-Baume, surtout vers les hauteurs de Saint-Cassien, Baou-de-Bretagne (*Roux*); Aiguines dans les escarpements d'Artuby (*Albert!*).
A.-M. — Col de Braus, Bouyon, la Roquette (*Ard.*).
B.-A. — Descente de Valgelaye, sur la route d'Allos à Barcelonnette, descente de Labouret (*Roux*).

1728. H. KOCHIANUM. Jord. — G. G., 2, p. 366. — ♃. Juillet, août.
B.-R. — Marseille, au Pilon-du-Roi, dans les fentes des rochers exposés au nord, et rochers les plus élevés de Notre-Dame des Anges; Mimet, contre les rochers calcaires (néocomiens), au-dessus du village (*Roux*)

1729. H. MURORUM. L. — G. G., 2, p. 372. — ♃. Juin-octobre. — Cette espèce, si variable soit par sa pubescence, soit par la forme de ses feuilles, longuement ou brièvement pédonculées, entières, d'autres en lanières, glabres ou couvertes de longs poils, vertes ou plus ou moins glaucescentes, parfois maculées de violet; portant une ou deux feuilles caulinaires quelquefois avortées; par ses calathides plus ou moins grandes, plus ou moins nombreuses, est commune dans les lieux incultes, les haies, les vallons, sur les rives, les côteaux, dans les bois de pins, depuis la plaine jusque sur les hauteurs de toute la Provence.

1730. H. umbrosum. Jord.— G. G, 2, p. 374.— ♃. Juillet, août. — Rég. alp.

B.-A. — Forêt de Faillefeu, au-dessus de Prads, montée d'Allos au lac (*Roux*).

Var. — Ampus, dans les bois de Bargeaude (*Albert* !).

1731. H. rupicola. Jord. — G. G., 2, p. 376. — ♃. Mai, juin. — Rég. mont.

B.-A. — Sisteron (*G. G*).

1732. H. jacquini. Vill. — G. G., 2, p. 377. — ♃. Mai, juin. — Fentes des rochers des lieux élevés.

B.-R. — Marseille, au Pilon-du-Roi, Mimet; Aix, au sommet de Sainte-Victoire; Baou de Bretagne (*Roux*); hauteur de Pechaury (*Reynier !*).

Var. — Sainte-Baume (*Roux*); Aiguines, au sommet de Morgès (*Albert !*).

1733. H. albicans. Vill. — G. G., 2, p. 377. — ♃. Août. — Rég. alp. et mont.

A.-M. — Vallée de la Gordolosca, vallon du Cavallé près du col de Cérès (*Ard.*).

B.-A. — Colmars et mont Monnier (*G. G.*).

1734. H. picroides. Vill. — G. G. 2, p. 378. — ♃. Août. — Rég. alp.

A.-M. — Val. de Pesio, col de Fremamorta, bois de la Fraca (*Ard.*).

1735. H. cydoniæfolium. Vill. — G. G. 2, p. 378. — ♃. Août. — Rég. alp.

A.-M. — Vallée de la Gordolosca, Colmiane prè de Saint-Martin (*Ard.*).

Vaucl. — Mont Ventoux (*Reverchon*).

1736. H. prœnanthoides. Vill. — G. G. 2, p. 379. — ♃. Juillet, août. — Rég. alp.

Var. — Ampus; la Martre dans la forêt de Brouis; la Bastide, bois de Lachen (*Albert !*). Bargeaude; Aiguines dans les bois de Morgès (*Albert !*).

A.-M. — Val de Pesio, alpes de Beuil et de Saint-Etienne (*Ard.*).

B.-A. — Digne, dans le vallon de la Marderie, Faillefeu au-dessus de Prads, dans le vallon de Sagnas et à la montée des Boules (*Roux*).

1737. H. ELATUM. Fries. — G. G. 2, p. 380. — ♃. Juin, juillet. — Rég. alp.

A.-M. — Val de Pesio, descente de N.-D. de Fenestre (*Ard.*).

1738. H. PROVINCIALE. Jord. — G. G. 2, p. 384. — ♃. Septembre, octobre.

Var. — Forêt des Maures aux Mayons du Luc (*Hanry!, Huet!, Roux*), Chartreuse de la Verne (*Hanry et Jordan*).

1739. H. BOREALE. Fries. — G. G. 2, p. 385. — ♃. Septembre, octobre.

A.-M. — Assez commun dans les lieux frais, au bord des bois : Menton, Nice, le Bar et dans la rég. mont. (*Ard.*).

1740. H. DUMOSUM. Jord. — G. G. 2, p. 386. — ♃. Août, septemb.

B.-R. — Alliens à la montagne du Varnègue (*Gouirand!*); Aix, sur la rive gauche du chemin des Baumettes en montant (*F. A.*).

Var. — Châteauvieux, dans les bois de pins (*Albert!*).

1741. H. UMBELLATUM. L. — G. G. 2, p. 387. — ♃. Août-octobre. — Rég. mont., bois taillis, bruyères.

A.-M. — Tende, etc., très rare dans la rég. litt. (*Ard.*).

Vaucl. — Mont Ventoux (*Reverchon*).

**Andryala. L.**

1742. A. SINUATA. L. — G. G. 2, p. 388. — ①. Juin-août. — Commun sur les rives, dans les champs pierreux, etc., de de tout le littoral de la Provence.

**TRIBU V. — SCOLYMEÆ**

**Scolymus.** L.

1743. S. maculatus. L. — G. G. 2, p. 390. — ①. Juillet-août. — Dans les champs et sur leurs bords, rare.

B.-R. — Les Martigues, au quartier de Saint-Giniez (*Autheman* !).

1744. S. hispanicus. L. — G. G. 2, p. 390. — ②. Juin-août. — Commun le long des chemins, les lieux incultes dans toute la rég. litt. de la Provence.

# AMBROSIACÉES

**Xanthium.** Tourn.

1745. X. strumarium. L. — G. G. 2, p. 393. — ①. Juillet-septembre. — Décombres, bords des rivières, des étangs et des champs sablonneux.

B.-R. — Marseille, au valon de la Nerto, près du hameau, bords des étangs, Saint-Chamas, etc., Raphèle (*Roux*); Aix, à Fenouillère (*F.A.*).

Var. — (*Hanry*).

A.-M. — Cannes, Nice et probablement ailleurs (*Ard.*).

1746. X. macrocarpum. DC. — G. G. 2, p. 393. — ①. Août, septembre.

B.-R. — Aix, sur les bords de l'Arc à Fenouillère (*F.A.*); assez commun dans les graviers de l'Arc depuis son embouchure jusqu'à la hauteur de la Fare; fossés de la route d'Arles à Mont-Major; bords des champs et prairies à Raphèle près d'Arles (*Roux*). Il n'est cité ni dans le Var, ni dans les Alpes-Maritimes par Hanry et Ardoino.

1747. X. italicum. Moretti. — G. G. 2, p. 394. — ①. Août, septembre. — Parmi les décombres.

A.-M. — Menton (*Th. Moggridge*!); cité aussi par Ardoino, et il ajoute probablement ailleurs.

Var. — Hyères dans les sables maritimes (*Albert!*).

1748. X. spinosum. L. — G. G. 2, p. 394. — ①. Juillet-septembre. — Décombres, bords des chemins.

B.-R.— Marseille, à Saint-Giniez, Sainte-Marthe, au Rouet, le long du Jarret, etc.; Gémenos, etc. (*Roux*); Aix, autour de la ville (*F. A.*); Velaux, Martigues, port-de-Bouc, Fos, Berre, Istres (*Autheman!*)

Var. — Toulon, le Luc, Fréjus (*Hanry*).

A.-M. — Antibes, Nice, Menton, etc. (*Ard*).

Vaucl. — L'Isle (*Autheman!*).

## LOBÉLIACÉES

**Laurentia**. Neck.

1749. L. Michelii. DC. — G. G., 2, p. 397. — ①. Mai, juin. — Lieux humides, bords des mares.

Var. — Iles d'Hyères, le Luc, les Maures du Luc, Fréjus, Saint-Raphaël (*Hanry*).

A.-M.— Antibes (*Hanry*); îles Sainte-Marguerite (*E. Burnat!*).

## CAMPANULACÉES

**Jasione**. L.

1750. J. montana. L. — G. G., 2, p. 398. — ① et ②. Juin-septembre. — Lieux pierreux, bois sablonneux.

B.-R. — La Crau d'Arles (*Roux*); Montaud-les-Miramas (*Castagne!*).

Var. — Saint-Nazaire, sur les hauteurs de Pipière, vallon de la Sauvette des Mayons du Luc (*Roux*); Hyères, sables maritimes au Ceinturon (*Albert!*).

A.-M. — Auribeau, la Roquette, Antibes, Berre. — Plus abondant dans la rég. mont.

**Phyteuma.** L.

1751. P. pauciflora L. — G. G., 2, p. 400. — ♃. Juillet, août.
   A.-M. — Assez répandu dans toute la rég. alp. (*Ard.*).
   B.-A. — Sommet des Boules à Faillefeu, au-dessus de Prads (*Roux*); mont Monnier et col de l'Arche (*G. G.*), Meyronnet dans la tourbière du Vallonet (*abbés Jean et Olivier!*).

1751. P. Charmelii. Vill. — G. G., 2, p. 401. — ♃. Juillet, août. — Rég. alp. et mont.
   Var. — Draguignan, à Château-Double (*G. G.* d'après *Pereymond*); Aiguines, aux rochers de Morgès (*Albert!*).
   A.-M. — Rare dans les Alpes de Tende, plus abondant dans les Alpes d'Entraigues, de Vaudier et de Vinaï (*Ard.*).
   B.-A. — Barcelonnette à Meyronnet, au rocher de l'Ours (*abbés Jean et Olivier!*).
   Vaucl. — Mont Ventoux (*abbés Gonnet! et Tisseur!*).

1753. P. orbicularis. L. — G. G., 2, p. 401. — ♃. Juin-août. — Rég. mont.
   B.-R. — Gémenos, au Baou-de-Bretagne; Aix, au sommet de Sainte-Victoire (*Roux*).
   Var. — Bois de la Sainte-Baume (*Roux*).
   A.-M. — Çà et là dans la rég. mont. jusqu'au bois de Farghet et aux montagnes au-dessus de Menton et de Grasse (*Ard.*).
   Vaucl. — Mont Ventoux (*abbé Gonnet!*).

1754. P. scorzoneræfolium. Vill. — G. G., p. 402. — ♃. Juillet, août. — Rég. alp. et mont.
   A.-A. — Alpes de Tende, Colmiane et vallée de Boréon (*Ard.*).

1755. P. betonicæfolium. Vill. — G. G., 2, p. 403. — ♃. Juillet, août. — Rég. alp. et mont.
   A.-M. — Alpes de Tende, Colmiane et vallée de Boréon (*Ard.*).

1756. P. spicatum. L. — G. G., 2, p. 403. — ♃. Juin-août.— Rég. mont.

Var. — Dans les prés montueux (*Hanry*, d'après *Cavalier*); Aiguines, dans les bois de Morgès (*Albert!*)

B.-A. — Faillefeu, au-dessus de Prads, au vallon de Sagnas (*Roux*).

1757. P. Halleri. All. — G. G., 2, p. 404. — ♃. Juillet, août. — Rég. alp.

A.-M. — Col de Tende, vallée de Boréou; est au-dessus d'Entraunes, Salsemorena (*Ard.*).

B.-A. — Prairies de Lauzet près de Barcelonnette (*Gacogne*).

**Specularia.** Heist.

1758. S. speculum. A. DC.—*Campanula speculum*. L.—G. G., 2, p. 404. —①. Mai-juillet.—Champs et moissons de toute la Provence.

1759. S. hybrida. A. DC. — *Campanula hybrida*. L. — G. G., 2, p. 405.—①. Mai, juin.—Champs, jardins, lieux pierreux de tout le littoral de la Provence.

1760. S. falcata. A. DC. —G. G., 2, p. 405. - ①. Mai, juin. — Vallons et lieux montueux.

B.-R. — Marseille, à Saint-Loup, dans le vallon sous Puits de Paul et la baume de Blaion, vallon de Toulouse, Mazargues à la fontaine d'Ivoire et au vallon de Morgiou; La Ciotat, au vallon de Toumet (*Roux*).

Var.—Ile du Levant, Touris, le Luc, Roquebrune (*Hanry*); Toulon, dans la vallée du Fort-Rouge *(Huet!)*; Ampus, dans les buissons des escarpements de la rivière (*Albert!*)

A.-M. — L'Estérel *(Hanry)*; çà et là dans les champs pierreux de toute la rég. litt. (*Ard.*)

1761. S. pentagonia. A. DC. —*Campanula pentagonia*. L.—G. G., 2, p. 405. — ①. Avril, mai. — Quelquefois dans les moissons.

B.-R.— Marseille, en mai 1859 et en avril 1860 *(Blaize !)*; dans les blés, sous le cimetière de la Treille, en mai 1877 *(Roux)* et 1878 *(Reynier !)*; dans un champ de blé, le long de la voie ferrée, à Gignac, en avril 1876, d'où il a disparu *(Autheman !)*

**Campanula. L.**

1762. C. MEDIUM. — G. G., 2, p. 407. — ②. Juin, juillet. — Bois, ravins, lieux pierreux.

B.-R.— Marseille, depuis la Treille jusqu'au pied de Garlaban ; Gémenos, à Saint-Pons, au-dessus de la cascade du Gord-de-l'Oule ; Mimet ; Pont de Mirabeau *(Roux)* ; Roquevaire, à Lascous *(C. Pathier !)* ; Rognac, dans un ravin sous les ruines du château *(Autheman !)* ; Aix, au Montaiguet, dans le vallon de la Chapelle et du Coq *(F. A.)*

Var. — La Sainte-Baume, dans les bois taillis des Béguines, sous Saint-Cassien *(Roux)* ; le Luc à la Lauzade *(Hanry)* ; Mourière, Rioms, Fréjus, dans la vallée de Reyron *(Hanry)*.

A.-M. — Menton, Nice, Grasse et dans presque toute la rég. mont. *(Ard.)*

Vaucl. — Apt, au vallon de la Rochellière *(Coste !)*

1763. C. ALLIONII. Vill. — G. G., 2, p. 408. — ♃. Juillet, août. — Rég. alp.

A.-M. — Alpes de Tende, d'Entraune et de Bouziojo, au-dessus de Saint-Etienne, col de la Maddalena *(Ard.)*

B.-A. — Prairies de Lauzet, près de Barcelonnette *(Gacogne)* ; montagne de Lure *(Legré)*.

Vaucl. — Mont-Ventoux *(Roux)*.

1764. C. PETRÆA. L. — G. G., 2, p. 408. — ♃. Juillet, août. — MM. G. G., (fl. de F., p. 408), Hanry (prodr. du Var, p. 286), et Ardoino (fl. des Alpes-Maritimes, p. 259), signalent cette plante comme rare, et d'après Pereymond dans les A.-M. aux Escallés, dans la vallée de l'Esteron.

1765. C. GLOMERATA. L. — G. G., 2, p. 409. — ♃. Juin-septembre. — Broussailles, rochers des lieux montueux.

B.-R. — Marseille, au nord de l'Etoile; Mimet (*Roux*); Aix, au Montaiguet près de la Simone (*F. A.*); Meyrargues (*Autheman !*) ; Salon (*Gouirand !*)

Var. — Château-Double près de Draguignan (*Albert !*)

A.-M. — Entre Levens et Tour, Raus, la Briga, Saint-Martin-Lantosque, la Malle au-dessus de Grasse (*Ard.*)

Vaucl. — Environs de la fontaine de Vaucluse (*Roux*).

1766. C. SPICATA. L. — G. G., 2, p. 410. — ②. Juillet-août. — Rég. alp.

A.-M. — Col de Tende, au-dessus de Saint-Martin et de Saint-Dalmas-le-Sauvage, Sainte-Anne-de-Vinaï (*Ard.*)

B-A. — Colmars (*G. G.*) ; rochers sous le village de Chatelard (*Gacogne*).

1767. C. THYRSOIDES. L. — G. G., 2, p. 410. — ②. Juillet-août. — Rég. alp. et mont., rare.

A.-M. — Au-dessus de Berthemont près de Roccabigliara (*Ard.*)

1768. C. LATIFOLIA. L. — G. G., 2, p. 411. — ♃. Juin-juillet. — Rég. alp. et mont.

A.-M. — Les Viosennes, val de Pesio, Sainte-Anne-de-Vinaï. (*Ard,*).

1769. C. TRACHELIUM. L. — G. G., 2, p. 411. — ♃. Juin-août. — Rives, haies, bois taillis, rochers.

B.-R. — Marseille, à Notre-Dame des Anges; Gémenos, à Saint-Pons au-dessus de la cascade du Gord-de-l'Oule et fond du vallon de Saint-Clair; Mimet (*Roux*); Aix, sur les bords de Luynes (*F. A., Roux*) ; le Sambuc près de Meyrargues (*Autheman !*)

Var. — Bois de la Sainte-Baume, la Sauvette des Mayons du Luc (*Roux*); forêt des Maures, Pignans (*Hanry*).

A.-M. — Assez commun dans les haies et les bois (*Ard.*)

1770. C. RAPUNCULOIDES. L. — G. G., 2, p. 412. — ♃. Juillet-août. — Çà et là sur le bord des bois de la rég. alp.

B.-R. — Au Sambuc près Meyrargues (*Autheman !*)

Var. — Ile des Imbiers (*Hanry*).

A.-M. — Assez répandu dans les bois jusqu'au col de Braus, à Castillon, à Sainte-Agnès au-dessus de Menton, Seranon, Saint-Auban (*Ard.*)

B.-A. — Digne, sur la montagne de Cousson, Prads sur les bords de la Bléone, Faillefeu au-dessus de Prads, la Condamine près de Barcelonnette, dans les bois de pins (*Roux*); Gréoulx (*Jaillieu*).

1771. C. BONONIENSIS. L. — G. G., 2, p. 412. — ♃. Juin, juillet. — Lieux montueux.

A.-M. — Mont Rosel au-dessus de Menton, Levens, entre le col de Saint-Sauveur, Saint-Martin-Lantosque, Croix de Villeneuve d'Entraunes, Saint-Vallier (*Ard.*)

1772. C. ERINUS. L. — G. G., 2, p. 412. — ①. Avril-juin. — Champs, lieux pierreux, vieux murs, décombres de tout le littoral de la Provence : Marseille, Martigues, Aix, Toulon, le Luc, Nice, Avignon, etc.

1773. C. RHOMBOIDALIS. L. — G. G., 2, p. 413. — ♃. Juin, juillet. Rég. alp.

A.-M. — Val de Pesio, Sainte-Anne de Vinaï (*Ard.*)

B.-A. — Haute-Provence (*G. G.*).

1774. C. LINIFOLIA. Lamk. — G. G., 2, p. 414. — ♃. Juin-août. Rég. alp. et mont.

A.-M. — Col de Tendes, Saint-Martin-Lantosque, Guillaume, Entraune, etc., etc. (*Ard.*)

1775. C. ROTUNDIFOLIA. L. — G. G., 2, p. 416. — ♃. Juin-août. — Lieux pierreux, fentes des rochers des lieux élevés.

B.-R.— Marseille, à Mazargues, aux vallons de Toulouse et de la Panouse, à Saint-Loup, à Saint-Cyr de la Nerthe, etc. les Alpines, etc. (*Roux*) ; Aix, à Sainte-Victoire (*F'. A.*)

Var. — La Sainte-Baume, Toulon (*Hanry*) ; Ampus (*Albert!*)

A.-M. — Assez rare : Val de Pesio, Tende (*Ard.*)

Vaucl. — Mont Ventoux (*Roux*).

La forme pubescente se trouve à Marseille depuis le vallon de Toulouse jusqu'à Vaufrège.

1776. C. MACRORHIZA. Gay. ann. sc. nat. 1838. — Ard. fl. des Alp. Maritimes, p. 250.— *Campanula nicæensis*. Risso. — ♃. Presque toute l'année. — Rochers.

A.-M. — Abonde dans tout le comté de Nice depuis Tende, Saint-Martin-Lantosque jusqu'à Menton, Monaco et Nice; se retrouve à Saint-Vallier, au Bar, à Coussol et à Gourdon, près de Grasse (*Ard.*)

1777. C. SCHEUCHZERI. Vill.— G. G., 2, p. 415.— ♃. Juillet, août. — Rég. alp.

A.-M. — Alpes de Tende, abonde à Colmiane et au vallon du Cavallé au-dessus de Saint-Martin (*Ard.*)

1778. C. STENOCODON. Boiss. et Reut. Diagn. 1858.—Ardoino fl. Alp. Marit., p. 251. — Rég. alp.

A.-M. — Val de Pesio, mines de Tende (*Ard.*)

1779. C. PUSILLA. Haenk. — G. G., 2, p. 417. — ♃. Juin. — Rég. alpine.

B.-R.— Aix, à Sainte-Victoire ? rochers de la plaine ? (*F.-A.*)

Je ne crois pas que l'on trouve cette plante aux environs d'Aix ; il y a là une fausse détermination.

1780. C. SUBHAMULOSA. Jord. — G. G., 2, p. 418. — ♃. Août. — Rég. alp.

B.-A.— Faillefeu au-dessus de Prads, au vallon du Sagnas (*Roux*).

1781. C. RAPUNCULUS. L. — G. G., 2, p. 419. — ②. Mai-août. — Commun dans les haies, les lieux pierreux et incultes de toute la Provence.

1782. C. PATULA. L. — G. G., 2, p. 420. — ②. Mai-juillet.— Rég. montagneuse,

A.-M. — Mont Rosel, au-dessus de Menton, Bellone, entre Saint-Sauveur et Saint-Etienne, Saint-Martin-Lantosque, Claus (*Ard.*)

1783. C. PERSICIFOLIA. L. — G. G., 2, p. 420. — ♃. Mai-août. — Prairies des bois montagneux.

Var. — Bois de la Sainte-Baume (*Hanry, Roux*).

A.-M. — Berre, Levens, Saint-Martin-Lantosque, Saint-Vallier, Bar-la-Combe, à Audun (*Ard.*)

B.-A.— Forêt de Faillefeu, au-dessus de Prads (*Roux*).

## VACCINIÉES

**Vaccinium.** L.

1784. V. MYRTILLUS. L. — G. G., 2, p. 423. — ♂. Mai; juin; puis août, septembre. — Rég. alp. et mont.

A.-M. — Commun dans les bois frais de toute la région alp. (*Ard.*)

1785. V. ULIGINOSUM. L.— G. G., 2, p. 423. — ♂. Mai, juin, puis août, septembre. — Bords des marais et lieux humides de la rég. alp.

A.-M.— Col de l'Abisso, cols de Salese et de Saint-Dalmas-le-Sauvage (*Ard.*).

1786. V. VITIS IDOEA. L.— G. G., 2, p. 423. — Mai, juin, puis juillet, août.— Pâturages de la rég. alp.

A.-M.— Alpes de Saint-Dalmas-le-Sauvage, col de la Maddelena (*Ard.*).

## ERICINÉES

**Arbutus.** Tourn.

1787. A. UNEDO. L. — G. G., 2, p. 425.— ♂. Octobre-janvier. — Bois des côteaux de la rég. litt.

B.-R.— Marseille: rare ; à Saint-Loup, à la Roulasse, etc ; Cassis, La Ciotat, assez commun en montant au Sémaphore (*Roux*).

Var. — Hyères, très commun sur les collines (*abbé Mulsant !*); forêt des Maures, Colle-Noire, Garde-Frainet (*Hanry*).

A.-M.— Assez commun dans les bois, les bruyères de la rég. litt. jusqu'à Grasse (*Ard.*).

**Arctostaphylos. Adans.**

1788. A. officinalis. Wimm. et Grab.—*Arbutus Uva-ursi*. L.— G. G., 2, p. 426. — ♃. Avril, mai; puis août. — Région alp. et mont.

Var. — Aiguines, dans les bois de Morgès, la Martre, très commun à Brouis et sur les coteaux voisins ; rare à Morgès et au bois de Fayet à Comps (*Albert !*)

A.-M. — Çà et là dans toutes les Alpes jusqu'au col de Veguy dans le mont Chairon (*Ard.*).

Vaucl.— Mont Ventoux dans les bois de hêtres (*Roux*).

**Calluna. Salisb.**

1789. C. vulgaris. Salisb.—*Erica vulgaris*. L. –G. G., 2, p. 428. — ♃. Juin-septembre. — Dans les bois et les lieux arides.

Var.—Saint-Nazaire, à Pipière; commun dans les bois des Maures (*Hanry, Roux*); Bargème, Hyères dans les bois de Fenouillet (*Albert !*)

A.-M.— Abonde dans les bois arides (*Ard.*).

Vaucl.— Apt, au Roucas, route de Rustrel (*Cast. !*)

**Erica. L.**

1790 E. multiflora. L.— G. G., 2, p, 429.— ♃. Septembre, octobre.— Bois et lieux montueux de la rég. litt.

B.-R.— Marseille, à Montredon, Mazargues, Saint-Loup, Saint-Marcel, etc.; Cassis, La Ciotat, etc. ; Aix (*Castagne*, n'a pas été retrouvé par MM. F. et A.!) Vitrolles, dans les bois, sur les hauteurs (*Autheman !*) ; montée de Saint-Jean-de-Trets, rare (*Roux*).

Var.— Saint-Cyr, Bandols (*Roux*); la Seyne (*Mulsant !*)

A.-M.— Rare : Saint-Hospice près de Villefranche (*Moggridge !* ); Nice, au vallon de Magnon et à Bellet (*Ard.*)

1791. E. ARBOREA. L — G. G., 2, p. 432.— ♃. Mars, avril.— Bois, lieux arides.

B.-R.—Marseille, à Saint-Loup, au vallon d'Evêque, rare; Montredon, camp. Pastré, Notre-Dame des Anges, rare ; Gémenos, à Saint-Pons et dans le vallon des Signores à Saint-Jean-de-Garguier, mais peu fréquent ; La Ciotat, en montant au Sémaphore, assez commun ; vallon de la Figuière entre Rouvière et la route de Cuges (*Roux*) ; Aix, sur le plateau qui domine la colline deï Dedaou et Malasses (*F. A.*).

Var. — Commun dans les bois des Maures (*Roux*) ; La Seyne, près de Toulon (*Abbé Mulsant !*)

A.-M. — Assez commun dans les bois arides de toute la rég. litt. (*Ard.*)

Vaucl. — Gadagne, près d'Avignon (*Th. Brown !*)

1792. E. SCOPARIA. L. — G. G., 2, p. 433. — ♃. Avril-juin. — Bois, côteaux, lieux arides.

B.-R. — Rare : Martigues, au bas de la colline de Bel-Air ; la Bédoule de Cassis, dans les bois de pins ; Saint-Jean-de-Trets (*Roux*) ; Aix, sur la rive droite de l'Arc, vis-à-vis de l'embouchure du ruisseau de Fontgamate (*F. A.*)

Var. — Saint-Nazaire, dans les bois de Pipière, et sur le bord de la mer, entre le cap Nègre et le Brusc (*Roux*) ; La Seyne près de Toulon (*Mulsant !*) ; commun dans les bois (*Hanry*) ; Draguignan (*Triboul !*)

A.-M. — Peu commun : Menton, Nice, Berre, Antibes, Cannes, etc. (*Ard.*)

Vaucl. — Apt, au Roucas, route de Rustrel (*Coste !*)

**Loiseleuria.** Desv.

1793. L. PROCUMBENS. Desv. — G. G., 2, p. 435. — ♃. Juillet août. — Rég. alp.

A.-M. — Rare : Pizzo d'Ormea, dans les Voisennes ; Alpes de Tende (*Ard.*)

**Rhododendron.** L.

1794. R. FERRUGINEUM. L. — G. G., 2, p. 435. — ♂. Juin-août. — Rég. alp.

A.-M. — Abonde dans toutes les Alpes, entre 1500 et 2000 mètres d'altit. (*Ard.*)

B.-A. — Forêt de Faillefeu, au-dessus de Prads ; montagne de la Vacherie, etc. (*Roux*).

## PYROLACÉES

**Pyrola.** Tourn.

1795. P. ROTUNDIFOLIA. L. — G. G, 2, p. 437. — ♃. Juin, juillet. — Rég. alp. et mont.

A.-M. — Alpes de Roubion, Tende (*Ard.*)

B.-A. — La Condamine au bois de Tardée (*Abbé Jean !*)

1786. P. MINOR. L. — G. G., 2, p. 438. — ♃. Juin, juillet. — Rég. alp. et mont.

A.-M. — Luceron, Alpes de l'Authion, de Fenestre, de l'Isola (*Ard.*)

B.-A. — Enchastrayes, col de Four, près de Barcelonnette (*Abbé Olivier !*)

1797. P. CHLORANTHA. Swartz. — G. G., 2, p. 438. — ♃. Mai-juillet. — Rég. alp.

Var. — Vérignon, dans les bois (*Albert !*)

B.-A. — Forêt de Faillefeu, au-dessus de Prads (*Roux*).

1798. P. SECUNDA. L. — G. G., 2, p. 438. ♃. Juin, juillet. — Rég. alp. et mont.

Var. — Aiguines, dans les bois de Morgès (*Albert !*)

A.-M. — La Maïris, la Fraca, forêt de Claus, bois de Boréon, Fenestre, bois de l'Isola (*Ard.*)

B.-A. — Forêt de Faillefeu, au-dessus de Prads, dans le

vallon de Sagnas (*Roux*); Barcelonnette, à la Condamine, dans le bois de Tardée (*Abbé Jean!*)

1799. P. UNIFLORA. L. — G. G., 2, p. 439. — ♃. Juin, juillet. — Rég. alp. et mont.

A.-M. — Bois du Forghet, au-dessus de l'Escarène, col de Braus, Claus-Saint-Dalmas (*Ard.*)

B.-A. — La Condamine, au bois de Tardée, près de Barcelonnette (*Abbé Jean !*)

## MONOTROPÉES

**Monotropa.** L.

1800. M. HYPOPITHYS. L. — G. G., 2, p. 440. — ♃. Juin-août. -- Dans les bois, sur les racines des pins.

B.-R. — Rare; Marseille, au sommet du vallon d'Evêque à Saint-Loup ; Gémenos, au vallon des Crides et au-dessus de Fouen-de-Grayó (*Roux*); Aix, à Sainte-Victoire sur les racines du *Juniperus communis* (*F. A.*)

Var. — Toulon (*G. G.*) ; le Luc, à Coulet-Bas, sur les racines des pins (*Hanry*).

A.-M. — Rare : Nice, au bois du couvent de Cimiez, en 1838 ; Saint-Etienne-le-Sauvage, forêt de Claus. (*Ard.*)

B.-A. — Forêt de Faillefeu, au-dessus de Prads, abonde sur les racines des sapins (*Roux*) ; la Condamine, près de Barcelonnette, dans les bois de Tardée (*Abbé Jean !*)

# COROLLIFLORES

## LENTIBULARIÉES

**Pinguicula.** Tourn.

1801. P. vulgaris. L. — G. G. 2, p. 442. — ♃. Mai-juillet. — Rég. alp. et mont.

A.-M. — Çà et là sur les rochers humides à toutes nos Alpes jusqu'à Sainte-Agnès, au-dessus de Menton (*Ard.*).

B.-A. — Forêt de Faillefeu et montagne de la Vachère au-dessus de Prads (*Roux*).

1802. P. grandiflora. Lamk. — G. G., 2, p. 442. — ♃. Mai-juillet.
Rég. alp. et mont.

A.-M. — Gorges du Saorgio, Frontan, Saint-Dalmas, mont. de l'Abisso (*Ard.*)

1803. P. alpina. L. — G. G. 2, p. 443. — ♃. Juin, juillet. — Rég. alp.

A.-M. — Val de Pesio, Carlin, mont Bego, col de Frema-morta (*Ard.*)

**Utricularia.** L.

1804. U. vulgaris. L. — G. G., 2, p. 444. — ♃. Juin-août. — Mares et canaux.

B.-R. — Berre, dans le canal (*Roux*).

Var. — Hanry le dit dans le département, d'après Perreymond.

Vaucl. — Fossés de l'Isle (*Autheman!*)

1805. U. NEGLECTA. Lehm. — G. G., 2, p. 444. — ♃. Juin-
août. — Dans les mares.

A.-M. — Nice, aux Grenouillères, Vaugrenier, près d'Antibes (*Ard.*)

1806. U. MINOR. L. — G. G., 2, p. 445. — ♃. Juin-août.
— Mares et fossés aquatiques.

Var. — Toulon à Castigneaux (*Hanry*).

A.-M. — Nice, au Var (*Ard.*)

## PRIMULACÉES

**Primula**. L.

1807. P. GRANDIFLORA. Lamk. — G. G., 2, p. 447. — ♃. Mars, avril.
— Lieux frais.

B.-R. — Marais à Raphèle près d'Arles (*Duval-Jouve* !)

Var. — Ampus, près de Draguignan, le long du ruisseau. (*Clairet, Albert !*)

A.-M. — Assez commun dans les vallons ombragés: Menton, Nice, Cagne, le Bar, Auribeau, etc. (*Ard.*)

Vaucl. — Apt, au vallon de la Rochellière (*Coste !*).

1808. P. OFFICINALIS. Jacq. — G. G., 2, p. 448. — ♃. Mars-mai. — Lieux ombragés de la rég. mont.

B.-R. — Nord de Roquefourcade à Roussargues, au-dessus d'Auriol ; Aix, montée de Sainte-Victoire par Vauvenargues (*Roux*) ; prairies voisines du Moulin-Fort, Sainte-Victoire, au levant de la Baume du Sambu. (*F. A.*)

Var. — Bois de la Sainte-Baume (*Roux*); montagne de Mourières, la Sauvette des Mayons, Fox-Amphoux (*Hanry*).

A.-M. — Rég. mont. jusqu'au-dessus de Grasse, Nice et Menton (*Ard.*)

1809. P. FARINOSA. L. — G. G., 2, p. 450. — ♃. Mai-août. — Rég. alp.

A.-M. — Alpes de Tende, Entraune, col de Jallorgues, Saint-Dalmas-le-Sauvage, col de la Maddalena (*Ard.*)

B.-A. — Hautes prairies du col de Valgelaye, sur la route d'Allos à Barcelonnette (*Roux*).

1810. P. MARGINATA. Curt. — G. G., 2, p. 451. — ♃. Juin-juillet. — Rég. alp.

A.-M. — Commun dans toutes les Alpes jusqu'aux montagnes au-dessus de Menton et de Thorenc. (*Ard.*)

Var. — La Martre, rochers au sommet de Brouis à l'ouest (*Albert*).

B.-A. — Prads, sur les rochers humides du bord de la Bléone (*Roux*).

1811. P. VISCOSA. Vill. — G. G., 2, p. 451. — ♃. Mai-juin. — Région alpine.

A.-M. — Les Viosennes, Alpes de Tende et de Fenestre (*Ard.*).

1812. P. LATIFOLIA. Lap. — G. G., 2, p. 452. — ♃. Mai-juillet. — Rég. alp. et mont.

A.-M. — Col de Tende, vallée de la Gordolosca, vallon de Nondiebis, lac d'Entrecoulpes, la Clue au-dessus de Saint-Auban (*Ard.*); Gorges de Saorgio et nord-ouest de Tende (*Th. Moggridge!*)

**Gregoria.** Duby.

1813. G. VITALIANA. Duby. — G. G. 2, p. 453. — — ♃. Juillet-août. — Rég. alp.

A.-M. — Sommet de l'Abisso, Alpes de Saint-Étienne (*Ard.*)

B.-A. — Faillefeu au-dessus de Prads (*abbé Mulsant!*); montagne de Lure (*Legré!*).

Vaucl. — Sommet du mont Ventoux (*abbé Gonnet! Roux*).

**Androsace.** Tourn.

1814. A. IMBRICATA. Lamk. — G. G., 2, p. 455. — ♃. Juillet-août. — Rég. élevée des Alpes.

A.-M. — Sommet de l'Abisso, Sainte-Anne de Vinaï (*Ard.*)

1815. A. villosa. L. G. G., 2, p. 455. — ♃. Juillet-août. — Rég. alp. élevée.

A.-M. — Sommet du col de Tende, col de Fremamorta, etc. (*Ard.*)

Vaucl. — Sommet du mont Ventoux. (*Roux*).

1816. A. carnea. L. — G. G., 2, p. 456. — ♃. Juillet-août. — Rég. alp.

A.-M. — Répandu dans toutes nos Alpes (*Ard.*)

B.-A. — Faillefeu au-dessus de Prads (*Roux*); prairies du Lauzet près de Barcelonnette (*Gacogne*).

1817. A. obtusifolia. All. — G. G., 2, p. 457. — ♃. Juillet-août. — Rég. alp.

A.-M. — Alpes d'Utelle, col de la Mala, Sainte-Anne-de-Vinaï (*Ard.*)

1818. A. Chaixi. — G. G., 2, p. 458. — *A. septentrionalis.* Vill. — ① et ②. Mai, juin. — Rég. mont.

Var. — Lagne à Bargeaude, près d'Ampus (*Albert !*)

A.-M. — Mont Cheiron, montagne de Lachen au-dessus de Seranon, Brec d'Utelle (*Ard.*)

B.-A. — La Baume sur Sisteron, Castellane (*G. G.*)

Vaucl. — Mont Ventoux (*G. G.*)

1819. A. maxima. L. — G. G., 2, p. 458. — ①. Avril, mai. — Ça et là dans les champs montueux et les lieux incultes.

B.-R. — Marseille, à la Treille ; Septême ; Aix, à Roquefavour, au vallon de Parouvier sous Venelle (*Roux*); Saint-Victoret, dans un champ près du Griffon (*Autheman !*) ; vallon de la Canarde près du château de Vauvenargues, Sainte-Victoire dans les moissons, vis-à-vis du château de Saint-Marc (*F. A.*)

Var. — Toulon (*G. G.*); Ampus (*Albert*), Signe (*Hanry*).

A.-M. — Les moissons de N.-D. d'Utelle, Valdiblora, Tonel-de-Beuil, Villeneuve d'Entraune, la Malle, Coussols au-dessus de Grasse (*Ard.*)

B.-A.— Castellane (*Hanry*) ; Digne, dans les hautes cultures de Cousson (*Roux*).

**Cyclamen.** Tourn.

1820. C. neapolitanum. Ten.— G. G., 2, p. 460.— ♃. Septembre.
— Autrefois commun sur les côteaux pierreux du vallon de l'Oriol à Marseille ; aujourd'hui ces localités sont détruites ou fermées (*Roux*).

1821. C. repandum. Sibth. — G. G., 2, p. 460. — ♃. Avril, mai. — Dans les bois.

Var. — Les Siouves entre les Arcs et Draguignan (*Hanry d'après DC*).

**Soldanella.** Tourn.

1822. S. alpina. L. — G. G., 2, p. 461. — ♃. Juillet, août. — Rég. alp.

A.-M. — Assez répandu dans toutes nos Alpes (*Ard.*)

**Asterolinum.** Link.

1823. A. stellatum. Link. — G. G., 2, p. 462. — *Lysimachia Linum stellatum*, L. — ①. Mars, avril. — Lieux secs et pierreux, côteaux et rochers herbeux.

B.-R.— Marseille, au vallon d'Evêque, de Toulouse, de la Panouse, de Morgiou, la Gineste, etc. ; Gémenos, à Saint-Pons, Roquevaire, etc. (*Roux*) ; Aix, à Cuque, colline des Pauvres, au Montaiguet et autres endroits pierreux (*F. A.*) ; Roquefavour (*Roux*).

Var. — Le Luc et tous les lieux sablonneux (*Hanry*).

A.-M. — Rég. litt. de Menton à l'Estérel et à Grasse (*Ard.*)

**Lysimachia.** L.

1824. L. vulgaris. L. — G. G., 2, p. 464. — ♃. Juin, juillet.— Çà et là sur les bords des eaux dans toute la Provence.

B.-R. — Marseille, le long de l'Huveaune, au château Borély, à Saint-Loup, à la Pomme, etc. ; Saint-Chamas ; Miramas ; Aix, sur les bords de l'Arc, Marignane, etc.

(*Roux*); Var, Alpes Maritimes, etc. ; Vaucluse, Avignon, chaussée du Rhône (*Coste!*)

1825. L. NUMMULARIA. L. — G. G., 2, p. 464.— ♃. Juin, juillet. — Rare en Provence ; prairies et lieux humides.

B.-R.— Marseille, à la Pomme, dans le pré en face du pont en bois sur l'Huveaune (*Roux*).

Var. — La Seyne, le Revest, Fréjus (*Hanry*).

A.-M. — Grasse et probablement ailleurs (*Ard.*).

**Coris.** Tourn.

1826. C. MONSPELIENSIS. L. — G. G., 2, p. 465. — ②. Avril, mai. — Côteaux, rochers et lieux pierreux de tout le littoral et des îles de la Provence.

**Anagallis.** Tourn.

1827. A. CŒRULEA. Lamk.—*A. arvensis*, var. β. G. G., 2, p. 467.— ①. Mai-août. — Champs, jardins et autres lieux humides de toute la Provence.

1828. A. PHŒNICEA. Lamk.—*A. arvensis*, var. α., G. G., 2, p. 467. — ②. Mai-août. — Champs secs et un peu montueux de toute la Provence.

1829. A. TENELLA. L. — G. G., 2, p. 467. — ①. Juin-août. — Rochers infiltrés, rives, bords des fossés et autres lieux humides.

B.-R. — Gémenos, à la source de la glacière du Baou-de-Bretagne; Simiane, rives de l'étang de Marignane; marais de Raphèle, près d'Arles (*Roux*); Aix, sur la rive droite de l'Arc, vis-à-vis le vallon du Tier (*F. A.*).

Var. —Toulon, le Revest (*Hanry*); la Seyne, aux Sablettes (*Mulsant!*); Ampus, à l'aqueduc du Plan (*Albert!*).

A.-M. — Rives du Var, l'Esterel (*Hanry*); entre Sainte-Agnès et l'Aiguille, au-dessus de Menton ; Nice, au vallon de Saint-André (*Ard.*).

**Samolus.** Tourn.

1830. S. VALERANDI. L. — G. G., 2, p. 468. — ♃. Juin-août. —

Marais, fossés, ruisseaux, prairies, murs humides et bord des étangs de presque toute la Provence ; Aix, Marseille, Berre, etc.; le Luc, Nice, etc.

## ÉBÉNACÉES

**Diospyros.** L.

1831. D. LOTUS. L. — G. G., 2, p. 469.— ♄. Mai, juin ; fruit, septembre. — Indiqué par G. G. comme cultivé et subspontané dans le midi de la France ; ne se rencontre en Provence que cultivé dans quelques jardins.

## STYRACÉES

**Styrax.** Tourn.

1832. S. OFFICINALIS. L. — G. G. 2, p. 470. - ♄. Mai. — Dans les bois.

Var. — Toulon (*G. G. d'après Robert*) ; Hyères (*Hanry d'après Mutel*) ; Touris (*Hanry*) ; Montrieux (*Huet ! Cartier !*) ; Méounes (*Giraudy !*).

A.-M. — Grasse (*G. G. d'après Giraudy*).

## OLÉACÉES

**Fraxinus.** Tourn.

1833. F. EXCELSIOR. L. — G. G., 2, p. 471. — ♄. Avril, mai. — Çà et là sur le bord des eaux.

B.-R. — Marseille, le long de l'Huveaune, Saint-Giniez, etc.

A.-M. — Région montagneuse (*Ard.*).

B.-A. — Colmars, Seyne, etc. (*Roux*).

1834. F. OXYPHYLLA. Bieb. — G. G., 2, p. 472. — ♄. Mars, avril. — Commun sur le bord des rivières, des ruisseaux, etc.

B.-R. — Marseille, sur les bords du Jarret, de l'Huveaune, etc.; Aubagne, Gémenos, Aix, Requefavour, etc.

Var. — Sainte-Baume (*Roux*); bords du Gapeau, etc. (*Hanry*).

A.-M. — Rare à Menton, Vaugrenier près d'Antibes, abonde dans la plaine de Siagne près de Cannes (*Ard.*). Très variable, soit par ses feuilles, soit par ses samares.

1835. F. ornus. L. — G. G., 2, p. 472. — ♃. Avril, mai. — Planté çà et là.

B.-R. — Marseille, le long de l'Huveaune, entre Saint-Marcel et Saint-Menet; gare de Roquefavour (*Roux*).

A.-M. — Lieux stériles, le long des torrents de la région litt., Monaco, le Bar au bord du Loup (*Ard.*).

**Lilac.** Tourn.

1836. L. vulgaris. Lamk. — G. G., 2, p. 473. — ♃. Avril, mai.— Originaire d'Orient: planté dans les jardins, les haies, les bosquets, d'où il s'échappe parfois et devient presque spontané.

1837. L. persica. Lamk., dict. 1, p. 513. — DC. f. f. 3, p. 495. — ♃. Avril, mai. — Cultivé dans les jardins et les bosquets.

1838. L. europoea. L. — G. G. 2, p. 474. — ♃. Mai; fruits, septembre, octobre.

Cultivé dans presque toute la basse Provence, surtout dans les départements des Bouches-du-Rhône, du Var et des Alpes-Maritimes; on le rencontre assez souvent dans un état preque sauvage ou dans les vieilles cultures abandonnées.

**Phillyrea.** Tourn.

1839. P. angustifolia. L.—G. G. 2, p. 474.—♃. Avril, mai; fruits, août, septembre. — Rives, coteaux, rochers, vallons de toute la partie littorale de la Provence.

1840. P. media. L. — G. G. 2, p. 474. — ♃. Avril, mai; fruits, août, septembre. — Lieux secs et arides, bois et vallons.

B.-R. — Marseille, à Saint-Loup, au vallon d'Évêque, etc.; Gémenos, à Saint-Pons, au vallon de Saint-Clair, etc.

(*Roux*); Aix, sur les collines, très abondant à Sainte-Victoire, dans le vallon du Chacheur (*F. A.*).

Var. — Toulon au Revest (*Huet!*); le Luc (*Hanry*), etc.

A.-M. — Menton, Braus, Nice, Vallauris, Saint-Césaire, l'Esterel, etc. (*Ard.*).

**Ligustrum.** Tourn.

1841. L. VULGARE. L. — G. G. 2, p. 475.— ♃. Mai, juin.— Commun dans les haies, sur les rives, le bord des champs et des ruisseaux dans toute la Provence.

1842. L. JAPONICUM. Thumb. — Lamk., dict. 8, p. 121. — ♃. — Planté dans les jardins, les bosquets, les haies et subspontané dans les lieux frais.

## JASMINÉES

**Jasminum.** Tourn.

1843. J. OFFICINALE. L. sp. 7. — ♃. Juin, juillet. — De l'Inde, généralement cultivé dans les jardins, aux alentours des habitations rustiques, souvent échappé.

B.-R. — Lamanon parmi les broussailles (*Peuzin!*); Aix, à la colline des Pauvres, dans une carrière abandonnée (*F. A.*).

1844. J. FRUTICANS. L. — G. G., 2, p. 476. — ♃. Avril, mai. — Commun dans les haies, sur les rives, les vieux murs, les lieux montueux et pierreux de tout le littoral de la Provence : Marseille, à Saint-Loup, Saint-Julien, à la Nerte, etc.; Aix, Martigues, Toulon, Hyères, le Luc; Grasse, Nice, Menton; Avignon; Forcalquier, etc.

## APOCYNÉES

**Vinca.** L.

1845. V. MAJOR. L. — G. G. 2, p. 477.— ♃. Mars-juin.—Bords des ruisseaux, lieux frais et ombragés.

B.-R. — Marseille, le long de l'Huveaune, du Jarret, etc. ; Aix, Martigues, Gémenos à Saint-Pons, etc. (*Roux*).

Var. — Commun dans les haies (*Hanry*); Sainte-Baume (*Roux*).

A.-M. — Grasse, Biot, Antibes, Nice, Menton (*Ard.*)

Vaucl. — Apt (*Coste !*).

1846. V. ACUTIFLORA. Bertol.— V. *media*. — G. G. 2, p. 477 (non Link et Hoffm., ni DC. prodr.). — ♃. Décembre-avril.— Coteaux de la rég. litt. parmi les chênes kermès.

B.-R. — Martigues dans le vallon de Saint-Pierre (*Autheman !*) ; Fos-les-Martigues (*Peuzin !*).

Var. — Hyères (*G. G.*).

A.-M. — Dans les haies et les lieux frais, abonde à Menton (*Ard., Moggridge!*).

1847. V. MINOR. L. — G. G. 2, p. 477.— ♃. Février-mai.— Haies, rives, broussailles.

Var. — Bord du Beyran près de Fréjus, Montrieux, Toulon aux Dardennes (*Hanry*), bords de la Verne à Collobrières (*Roux*).

B.-A. — Digne, au vallon de la Marderie (*Roux*).

**Nerium.** L.

1848. N. OLEANDER. L. — G. G. 2, p. 478. — ♂. Juin-août. — Cultivé et subspontané.

B.-R. — Dans les jardins et les parterres.

Var. — Hyères le long des ruisseaux (*Mulsant !*); Toulon au vallon des Dardennes; Bormes, le Muy, Bagnol, Fréjus (*Hanry*).

A.-M. — Abonde dans la vallée de la Nervia près de Vintimille, au vallon des Lattes entre Vintimille et Menton, Maures de Vallauries (*Ard.*)

## ASCLÉPIADÉES

**Cynanchum.**

1849. C. ACUTUM. L. — G. G. 2, p. 479. — ♃. Juillet, août.—Rare.

B.-R. — Sur la rive gauche du canal d'Arles à Pont-Clapet, sous Fos-les-Martigues (*Roux*).

Var. — Le Luc dans les lieux sablonneux (*Hanry*).

**Vincetoxicum.** Mœnch.

1850. V. officinale. Mœnch L. — G. G. 2, p. 480. — ♃. Mai-août. — Çà et là dans les lieux pierreux ou sablonneux dans toute la Provence.

Il y a là probablement plusieurs espèces confondues. La plante ou les plantes qui croissent sur le littoral me semblent différer de celles que l'on rencontre dans l'intérieur.

1851. V. laxum. — G. G. 2, p. 480. — ♃. Juillet, août. — Région alpine.

B.-A. — Faillefeu au-dessus de Prads, dans le vallon de Sagnas (*Roux*)..

1852. V. nigrum. Mœnch — G. G. 2, p. 481. — ♃. Mai-août. — Haies, bois.

A.-M. — Menton (*Th. Moggridge!*).

Vaucl. — Carpentras (*Huet!*).

**Gomphocarpus.** R. Br.

1853. G. fruticosus. R. Br. — *Asclepias fruticosa*. L. — G. G. 2, p. 481. — ♂. Juin, juillet. — Subspontané.

Var. — Toulon au Mourillon (*Huet!*).

A.-M. — Monaco sur le bord des chemins (*Ard.*).

# GENTIANÉES

**Erythrœa.** Rencalm.

1854. E. pulchella. Horn. — G. G. 2, p. 483. — ①. ②. Juin-septembre. — Lieux herbeux, humides ou secs.

B.-R. — Marseille, à Montredon, Saint-Marcel au vallon des Eaux-Vives, au puits de Sormiou, etc.; Aix, sur la petite route du Tholonet; bords de l'étang de Marignane;

Berre; Martigues; Fos; Saint-Chamas, etc. (*Roux*); la Mède, étangs de Courtine, du Pourrat, etc. (*Autheman!*).

Var. — Toulon, le Luc, Fréjus (*Hanry*); Ampus, la Farlède (*Albert!*).

A.-M. — Lieux humides (*Ard.*).

B.-A. — Barcelonnette, dans les prés (*abbé Jean!*).

1855. E. CENTAURIUM. Pers. — G. G. 2, p. 483. — ②. Juillet-septembre. — Çà et là dans les champs, les prés et les bois humides de toute la Provence.

B.-R. — Marseille, à Saint-Marcel, au vallon des Eaux-Vives; fond du vallon du Rouet (*Roux*).

Var. — Sainte-Baume (*Jaillieu!*); Collobrières; au vallon de la Verne (*Roux*).

Vaucl. — Cucuron (*Deidier!*); Caumont, au bord de la Durance (*Coste!*).

1856. E. LATIFOLIA. Smith. — G. G., 2, p. 454. — ①. ②. Juin. — Pâturages et autres lieux humides.

Var. — Hyères (*G. G.*); les Maures du Luc (*Hanry, Huet!*); Fos-Amphoux (*Hanry*).

Vaucl. — Avignon (*G. G.*).

1857. E. TENUIFOLIA. Griseb. — G. G., 2, p. 485. — ①. Juillet, août. — Graviers et mares desséchées des bords de la Durance.

B.-R. — Meyrargues (*Autheman!*).

Vaucl. — Au Cheval-Blanc (*Autheman!*); Avignon (*G. G.*).

1858. E. SPICATA. Pers. — G. G., 2, p. 485. — ①. ②. Août. — Prairies marécageuses, gazons humides.

B.-R. — Marseille, à Sainte-Marthe (*Jaillieu!*); bords des étangs de Marignane et de Berre (*Roux*); Martigues, la Mède, le Pourrat, Courtine, Fos, bords de la Durance à Meyrargues (*Autheman!*); Aix, ruisseau du petit chemin du Tholonet et à l'entrée du vallon de Valeras (*F.-A.*).

Var. — Toulon, le Luc, Fréjus (*Hanry*).

A.-M. — Ilots du Var (*Hanry*) ; Menton, Nice, golfe Jouan, île de Sainte-Marguerite, Touron sur Piagne (*Ard.*).

1859. E. MARITIMA. Pers. — G. G., 2, p. 486. — ①. Mai, juin. — Lieux sablonneux du littoral.

B.-R. — La Ciotat, à Notre-Dame de la Garde (*Roux*).

Var. — Saint-Nazaire, dans les bois de Pipière (*Roux*); Toulon, aux Sablettes (*Huet!*); bois des Maures (*Hanry*); la Farlède, bois de pins; Hyères; côteaux secs à Fenouillet (*Albert!*)

A.-M. — Çà et là dans les champs sablonneux de toute la rég. litt. (*Ard.*).

**Cicendia. Adans.**

1860. C. FILIFORMIS. Delarbre. — G. G., 2, p. 486. — ①. Mai-septembre. — Lieux humides et inondés pendant l'hiver.

Var. — Toulon, aux Sablettes, le Luc, Saint-Raphaël (*Hanry*).

1861. C. PUSILLA. Griseb. — G. G., 2, p. 487. ①. Juin-septembre. — Lieux humides.

Var. — Fréjus (*G. G.*).; Saint-Raphaël (*Hanry.*).

A.-M. — Nice (*Hanry*).

**Chlora. L.**

1862. C. PERFOLIATA. L. — G. G., 2, p. 487. — ①. Juin-août. — Assez commun sur les côteaux incultes, dans les lieux humides de presque toute la Provence.

1863. C. IMPERFOLIATA. L. — G. G., 2, p. 488. — ①. Juillet. — Prairies et autres lieux marécageux de la rég. lit.

B.-R. — Dans le fond du vallon du Rouet ; bords des étangs de Marignane et de Berre, prairies salées de Marignane ; Fos-les-Martigues; marais desséchés entre Mouriès et Maussane (*Roux*); Martigues, à la Mède et dans les sables de la chaussée du Jay; Fos-les-Martigues, dans les marais (*Autheman*); la Camargue (*Hanry*).

Var. — Toulon *(Hanry)*; Ampus, lieux inondés l'hiver, à Fontigon et Ville-Haute *(Albert)*.

**Gentiana**. Tourn.

1864. G. LUTEA. L. — G. G., 2, p. 488. — ♃. Juillet-août. — Rég. alp.

    A.-M. — Assez répandu dans toutes nos Alpes jusqu'au bois de Farghet et au-dessus de Saint-Auban et de Séranon *(Ard.)*; le Chairon *(Hanry)*.

    B.-A. — Assez commun dans les bois, notamment dans la forêt de Faillefeu au-dessus de Prads *(Roux)*.

1865. G. BURSERI. Lapeyr. — G. G., 2, p. 489. — ♃. Juillet-août. — Rég. alp.

    A.-M. — Assez rare : vallon du Boréon à Peirastrecia, Clans, la Fraca, col de Fremomorta, col de la Maddalena *(Ard.)*

1886. G. CRUCIATA. L. — G. G., 2, p. 490. — ♃. Juillet-sept.— Rég. alp. et mont.

    A.-M. — L'Authion, la Fraca, abonde dans la vallée de Castain près de Tende, Roccabigliara, Saint-Martin-Lantosque, Entraune, Thorenc, Saint-Auban *(Ard.)*.

    B.-A. — Faillefeu, au-dessus de Prads, dans le vallon du Sagnas, descente de Valgelaye sur la route d'Allos à Barcelonnette *(Roux)*.

1867. G. ASCLEPIADEA. L.—G.G., 2, p. 491. —♃ Août-sept. — Prairies et lieux humides de la rég. alp.

    A.-M. — Assez rare; lac de la vallée d'Enfer, Castarin près de Tende, bois de la Fraca, Sainte-Anne-de-Vinaï *(Ard)*

    B.-A. — Prairies du Lauzonnier près de Barcelonnette (*Abbé Jean ! Gacogne*).

1868. G. PNEUMONANTHE. L.—G. G., 2 p. 491. — ♃.Juillet-octobre. Prairies marécageuses.

    B.-R. — Fos-les-Martigues, au pont Clapet *(Autheman!)*; Mas de l'Audience en Coustière *(Peuzin!)*; Raphèle près d'Arles (*Roux*) ; marais de Capeau près Mas-Thibert (*Legré*).

A.-M. — Rare; vallée de Thorenc au-dessus de Grasse (*Ard.*).

1869. G. acaulis. L.—G. G., 2, p. 491. — ⚥. Mai-juin.— M. Ardoino le décrit ainsi : « Feuilles ovales ou lancéolées réunies en rosette radicale; corolle à 5 lobes acuminés ; plante de 6 à 12 cent. y compris la fleur, grande, unique, bleue. »

A.-M. — Assez répandu dans toutes les Alpes jusqu'aux montagnes au-dessus de Menton (*Ard.*).

Il y a là sans doute plusieurs espèces confondues, telle que *G. Kochiana* et *Clusii* (*Perrier et Songeon*).

1870. G. bavarica. L. —G. G., 2, p. 493. — ⚥. Août. — Rég. alp.

B.-A. — Prairies de Lauzet près de Barcelonnette *(Gacogne)*.

1871. G. verna. L. — G. G., 2, p. 493. — ⚥. Mai-août. — Rég. alp. et mont.

A.-M. — Les Alpes de tout le département jusqu'à la montagne de Cheiron (*Ard.*).

B.-A. — Sommet des Boules à Faillefeu au-dessus de Prads (*abbé Mulsant*! *Roux*) ; montagne de Lure (*Legré*).

1872. G. germanica. Willd.— G. G., 2, p. 494— ①. Août, septembre. — Rég. alp.

A.-M. — Rare : mont Sciacaré et col Bertrand (*Ard.*).

1873. G. campestris. L. — G. G., 2, p 495. — ①. Juillet, août. — Rég. alp. et mont.

A.-M. — Forêt de la Maïris et de Claus, Alpes de Tende, Roccabigliera, vallon du Liboré, de Nanduebi et de Colmiane, Sainte-Anne de Vinaï, Salsamorena (*Ard.*).

B.-A. — Les Boules, les prairies de Faillefeu au-dessus de Prads, Valgelaye sur la route d'Allos à Barcelonnette (*L. Granier et Roux.*).

1874. G. tenella. Rottbel. — G. G., 2, p. 495. — ①. Août.
— Rég. alp.

A.-M. — Rare; les Voisennes (*Ard.*).

1875. G. nivalis. L. — G. G., 2, p. 495. — ①. Juillet, août. —
Rég. alp. et mont.

A.-M. — Assez rare : Les Voisennes, Mont Bego, col de Fenestre, le Garrot au-dessous d'Entraunes (*Ard.*).

B.-A. — Forêt de Faillefeu au-dessus de Prads (*L. Granier* !)

Prairies du Lauzet près de Barcelonnette (*Gacogne*).

1876. G. ciliata. L. — G. G., 2, p. 496. — ①. Août, septembre. — Rég. alp. et mont.

A.-M. — Thorane, au-dessus de Grasse, au-dessus de l'Escarène, Forghet, col de Tende, Utelle (*Ard.*).

**Swertia.** L.

1877. S. perennis. L. — G. G., 2, p. 496. ♃. Juillet-septembre. — Prairies et lieux marécageux de la rég. alp.

A.-M. — Rare : Alpes de Tende, Alpes de la Briga et col de la Maddalena (*Ard.*).

B.-A. — Montée d'Allos au lac (*Roux*); Larche, Lauzonier (*abbés Jean et Olivier !*)

**Limnanthemum** Gmel.

1878. L. nymphoides. Link. — G. G., 2, p. 497. — ♃. Juin-août. — Eaux tranquilles, étangs, canaux.

B.-R. — Fos-les-Martigues, au Galegeon, (*Autheman !*)

Var. — Toulon, dans les eaux de l'Argoutier, la Garde (*Hanry*).

# POLÉMONIACÉES

Cette famille, qui ne renferme qu'un genre et une seule espèce, n'existe pas en Provence.

# CONVOLVULACÉES

**Convolvulus. L.**

1879. C. sepium. L. — G. G., 2, p. 500. — ♃. Juin-octobre. — Haies, buissons et broussailles dans toute la Provence.

1880. C. sylvestris. W. et K. — G. G., 2, p. 500. — ♃. Juin-octobre. — Haies.

A.-M. — Menton (*Th. Moggridge!*).

1881. C. soldanella. L. — G. G., 2, p. 500. — ♃. Juin, juillet. — Sables maritimes.

B.-R. — Marseille, derrière les ruines de la fabrique des Goudes; cap Couronne, dans l'anse du Verdun (*Roux*).

Var. — Bandol (*Roux*); Toulon, aux Sablettes, Saint-Raphaël (*Hanry*); Saint-Nazaire, entre le cap Nègre et le Brusc (*Roux*).

A.-M. — A la Croisette, près de Cannes (*Hanry*); golfe Juan (*Ard.*).

1882. C. arvensis. L. — G. G., 2, p. 500. — ♃. Juin, juillet. — Commun dans les champs, les vignes et les lieux incultes de toute la Provence.

1883. C. tomentosus. Choisy. — G. G., 2, p. 501. — ♃. Juin. — Bords des chemins, haies et champs de blé; rare.

Var. — Entre Toulon et Hyères (*G. G., Hanry, d'après Robert*).

A.-M. — Très rare, dans un champ à Cannes, en 1865 (*Ard.*).

1885. C. althæoïdes. L. — G. G., 2, p. 501. — ♃. Avril-juin. — Talus, rives, bords des champs.

B.-R. — Marseille, à Malpassé entre Saint-Just et la Rose; Saut-de-Maroc; Cassis, La Ciotat (*Roux*); à la Salette de la Valentine (*Jaillieu!*)

Var. — Saint-Nazaire (*Roux*); Toulon (*Huet!*); Le Luc (*Hanry*).

A.-M. — Assez commun dans toute la région litt. (*Ard.*).

1885. C. ARGYROEUS. DC. — *C. althœoides.* V. β. G. G., 2, p. 501. — ♃ Mai. — Rare.

B.-R. — Aix, au vallon de Brunet, sur une rive sèche de la propriété de M. Joseph Vieil. — M. Grenier le considère comme une forme différente du *C. althœoides*; suivant lui c'est une espèce non encore trouvée en France et signalée seulement en Sicile par Gussone (*F. A.*).

1886. C. LANUGINOSUS. Desr. — V. β. *argenteus.* G. G., 2, p. 501. — *C. linearis.* DC. — ♃ Mai, juin. — Côteaux, lieux secs et pierreux.

B.-R. — La Ciotat, au-dessus de la gare; abonde dans les bois de pins en montant au Sémaphore; Ceyreste (*Roux*).

Var. — Montée de Cuges par le Bausset, route de Saint-Cyr à la Cadière (*Roux*); du Bausset à la Cadière (*Chambeiron ! Huet !*)

1887. C. CANTABRICA. L. — G. G., 2, p. 502. — ♃. Juin. — Commun dans les lieux pierreux de tout le litt. de la Provence.

1888. C. LINEATUS. L. — G. G., 2, p. 502. — ♃. Juin, juillet. — Pelouses, rives et prairies sèches.

B.-R. — Marseille, au Pharo, à la Viste (*Roux*); bords de l'étang de Berre à Marignane (*Autheman!*); la Mède, prairies des bords de la Durançole, vers la voie ferrée (*Roux*); Aix, rives du petit chemin du Tholonet près de la campagne de M. Fougous (*F. A.*); entre Saint-Martin de Crau et Mouriès (*Roux*).

Var. — Toulon (*G. G.*).

Vaucl. — Avignon (*G. G.*).

1889. — C. TRICOLOR. L. — G. G., 2, p. 502. — ①. Mai, juin. — Trouvé quelquefois parmi les décombres aux environs de Marseille; Toulon, au Pradet et au fort Rouge (*Hanry G. G., d'après Robert*); cap Brun (*Huet !*)

1890. C. pseudo-tricolor. Bert.— Ard. fl. alp. marit. p. 262. — ①. Mai.— Moissons.

A.-M.— Rare et adventif : Castillon, au-dessus de Menton, entre Eza et la Turbie (*Ard.*).

1891. C. siculus. L.— G. G., 2, p. 503.— ①. Mai.— Lieux pierreux du litt.

Var.— Toulon, Hyères, aux rochers de Saint-Jean, presqu'île de Giens (*Hanry*); Fenouillet (*Huet !*); Toulon, à Faron où cette plante n'occupe qu'un espace de 4 à 5 mètres (*Huet !*)

A.-M. — Sur les rochers escarpés ; rare : Menton, au pont Saint-Louis (*Th. Moggridge !*) ; entre Monaco et Eza (*Ard.*).

**Cressa.** L.

1892. C. cretica. L. — G. G., 2, p. 503. — ♃. Août, septembre. — Champs humides.

B.-R. — Bords de l'étang de Marignane (*Roux*); Châteauneuf-les-Martigues et terrains salés de l'anse de la Revaille à Saint-Pierre (*Autheman !*).

Var. — Toulon (*G. G.*) ; Hyères, aux Pesquiers (*Hanry, Huet !*)

A.-M. — Nice, autrefois à Saint-Hospice et au Var, golfe Juan (*Ard., Giraudy !*).

**Cuscuta.** Tourn.

1893. C. europæa. L. — G. G., 2, p. 504. — ①. Juin-août.

B.-R. — Aix, à la couelo deï Dedaou et ailleurs (*F. A.*) ; c'est très douteux.

Var. — Dans les champs, sur les luzernes et les chanvres (*Hanry*) ; même observation.

A.-M. — Rég. mont. : Grasse, Saint-Martin-Lantosque, vallon de Fenestre, sur l'*Urtica* et autres plantes (*Ard.*).

B.-A. — Sur l'*Urtica dioica*, les *Thalictrum*, *Nepeta*

*lanceolata* et autres plantes au village de Tersier et montagne de la Vachère, au-dessus de Prads (*Roux*).

1894. C. EPITHYMUM. L. — G. G., 2, p. 504. — ①. Juillet, août.

Assez commun ; parasite sur diverses plantes telles que : *Thymus vulgaris, Satureia montana, Lavandula vera, Silene saxifraga, Genista pilosa, Galium corrudæfolium, Laserpitium gallicum*, etc. ; côteaux secs, lieux arides de tout le litt. de la Provence.

1895. C. GODRONI Desmoulin. — *C. alba.* — G. G., 2, p. 505. — ①. Juin, juillet.

Croît sur les mêmes plantes que le précédent ; assez commun sur les côteaux, les lieux secs et pierreux de la rég. litt.

B.-R. — Marseille, à Montredon, surtout aux environs de la fabrique de l'Escalette ; Martigues, à la Mède ; Gémenos, au vallon des Crides, Baou-de-Bretagne ; Roquevaire, au vallon de Bassan, etc. (*Roux*).

Var. — La Sauvette des Mayons-du-Luc (*Roux*).

A.-M. — Çà et là : Menton, Nice, Grasse, Saint-Martin etc., (*Ard.*).

M. Ch. Grenier m'écrivait le 26 mai 1861 : « C'est le *C. Alba* de notre flore qui n'est pas celui de Presl. et pour cela M. Desmoulin a fait de celui-ci le *C. Godroni*. »

1896. C. TRIFOLII. Babingt. — G. G., 2, p. 505. — ①. Juillet, août.

Croît en grandes touffes si serrées qu'elles font périr les plantes qu'elles embrassent, telles que trèfles, luzernes, etc.

B.-R. — Aix (*F.A.*) ; Roquefavour, Berre, Arles (*Roux*).

A.-M. — Rég. mont. : Puget-Théniers, Tende (*Ard.*).

1897. C. CORYMBOSA. R. et Pav. — G. G., 2, p. 505. — ①. Août, septembre.

Indiqué dans le cat. des pl. des Bouches-du-Rhône, de

Castagne, page 109, à Istres, Miramas, sur la luzerne.

1898. C. monogyna. Vahl. — G. G., 2, p. 506. — ①. Juillet, août

Indiqué dans le cat. des plantes des Bouches-du-Rhône, de Castagne, p. 109; à Tarascon c'est possible; à La Ciotat c'est bien douteux.

Vaucl. — Avignon (*G. G. d'après Requien*).

## RAMONDIACÉES

Cette famille ne renferme qu'un seul genre et une seule espèce en France (Pyrénées).

## BORRAGINÉES

**TRIBU I. — CERINTHEÆ** (DC. prodr.).

**Cerinthe.** Tourn.

1899. C. aspera. Roth.— G. G., 2, p. 508. — ①. Avril, juin. — Çà et là sur le bord des champs et dans les lieux pierreux.

Var. — Toulon, la Seyne (*Mulsant!*); le Luc, Fréjus (*Hanry, Roux*); la Farlède (*Albert!*)

A.-M.— Non loin de la mer, à la Roquette, à Mouans, à Cannes, Antibes, Villefranche (*Ard.*).

1900. C. alpina. Kit. — G. G., 2, p. 509. — ♃. Juin-août. — Rég. alp. et mont.

A.-M.— Col de Tende, val de Pesio (*Ard.*).

1901. C. minor. L.— G. G., 2, p. 509. — ♃. Mai-août. — Rég. alp. et mont.

Var.— Ampus, dans les clairières des bois de Courteplane (*Albert!*)

A.-M. — A la mine et au col de Tende, Saint-Etienne, Saint-Dalmas-le-Sauvage, Entraunes au Mas, Torenc, mont Cheiron, Coussols, etc. (*Ard.*).

B.-R.— Forêt de Faillefeu au-dessus de Prads, route d'Allos à Barcelonnette, à Mour (*Roux*); prairies du Lauzet près de Barcelonnette (*Gacogne*).

### TRIBU II. — ANCHUSEÆ (DC).

**Borrago.** Tourn.

1902. B. OFFICINALIS. L.— G. G.. 2, p. 510.— ①. Mai, juin. — Çà et là dans les champs et les jardins.

B.-R.—Marseille, à Saint-Giniez, aux Martégaux, etc.; plus commun à Cassis et à La Ciotat (*Roux*); Martigues (*Autheman!*); Aix: cultivé et trouvé sur les bords de l'Arc à l'état subspontané (*F. A.*).

Var. — Lieux cultivés (*Hanry*) ; Bandol, Ollioules (*Roux*).

A.-M.— Commun dans les lieux cultivés auprès des habitations rurales (*Ard.*).

**Symphytum.** Tourn.

1903. S. OFFICINALE. L. — G. G., 2, p. 511. — ♃. Mai, juin. — Prairies et lieux humides, bords des eaux.

B.-R.— Marseille, à Saint-Giniez, Saint-Loup, Saint-Marcel, etc. (*Roux*); Saint-Pons, Saint-Chamas (*Jaillieu!*)

Var.— Bord des fossés (*Hanry*); Ampus (*Albert!*).

A.-M. — Nice et rég. mont. (*Ard.*).

Vaucl.— Avignon (*Palun*).

B.-A.— Gréoulx (*Jaillieu!*).

1904. S. TUBEROSUM. L. — G. G., 2, p. 511.— ♃. Avril, mai. — Prairies, haies, rives ombragées.

B.-R. — Marseille, à Saint-Giniez le long du Béal, Saint-Loup, au bord de l'Huveaune, Saint-Marcel, bord du Jarret à la Rose, etc. (*Roux*); Aix, aux Infirmeries et sur les bords de l'Arc (*F. A.*).

Var. — Fossés et lieux humides (*Hanry*); la Sauvette des Mayons du Luc (*Roux*).

A.-M. — Assez commun dans les bois et les champs ombragés (*Ard*.).

1905. S. FLORIBUNDUM. Schuttlworth. — *S. mediterraneum*. Koch? — G. G., 2, p. 512? — ♃. Avril, mai. — Haies.
Var. — Hyères (*Schuettlworth, Huet!*).

1906. S BULBOSUM. Schimp.— G. G., 2, p. 512.— ♃. Mars, avril. Lieux cultivés, chemins ombragés.

A.-M. — Commun à Menton, Nice, Saint-Roch; c'est M. Sorato qui le premier a fait connaître cette bonne espèce que l'on confondait avec le *S. tuberosum* (*Ard*.).

**Anchusa. L.**

1907. A. OFFICINALIS. L. — G. G., 2, p. 512. — ♃. Juin-août. — Lieux incultes, décombres.

B.-R. — Rare : Marseille, à l'Estaque, en juillet 1856 (*Blaize*).

Var. — Iles d'Hyères (*G. G.*); île de Portcros (*Hanry*).

1908. A. UNDULATA. L. — G. G. 2, p. 513. — ②. Mai, juin.— Champs, vignes, lieux incultes, rare.

B.-R. — Marseille, à Saint-Henri, dans les champs montueux sous le château des Tours ; entre Saint-Joseph et les Aygalades (*Roux*); vallon des Tuves, à Saint-Antoine, Saint-Louis, au-dessus de l'église (*Reynier*).

Var. — Toulon, au bord des champs et sur les remparts (*Hanry, d'après Robert*).

A.-M. — Rare ; Nice, Cannes (*Ard*.).

1909. A. BARRELIERI. Ard. alp. marit. p. 265. — *Buglossum Barrelieri*. All. — ②. Juin, juillet.

M. Ardoino dit que cette plante a les feuilles lancéolées, entières ou dentées, la corolle à tube plus court que le limbe; que la plante est mollement velue; que les fleurs sont petites, bleues.

A.-M. — Assez rare ; la Briza, Tende, plus abondant de l'autre côté des Alpes, à Limone, Rubilant, Vaudier, etc. (*Ard*.).

1910. A. italica. Retz. — G. G. 2, p. 513. — ②. Mai-juillet. — Commun dans les champs de tout le littoral de la Provence.

1911. A. arvensis. Bieb. — *Lycopsis arvensis.* L. — G. G. 2, p. 515. — ①. Mai-juillet. — Çà et là dans les moissons et les champs cultivés; rare en Provence.

B.-R. — Berre, la Fare, Fos au Galegeon *(Roux)*; Aix *(F. A.)*.

Var. — Champs *(Hanry)*; Saint-Raphaël *(Roux)*; Hyères, dans les champs au Ceinturon *(Albert !)*

A.-M. — Bords des chemins sablonneux et champs stériles *(Ard.)*.

Vaucl. — Avignon *(Palun)*.

**Nonea.** Medik.

1912. N. alba. DC. — G. G. 2, p. 515. — ①. Mai, juin. — Champs cultivés.

B.-R. — Champs de la rive gauche de l'Arc, de l'étang de Berre à la voie ferrée *(Roux)*; Tarascon *(DC. d'après Requien)*.

Vaucl. — Moissons des deux rives du Rhône, au-dessus d'Avignon *(DC. d'après Requien)*; Beaucaire *(G. G.)*.

**TRIBU III. — LITHOSPERMEÆ** (DC.).

**Alkanna.** Tausch.

1913. — A. lutea. DC. — G. G., 2, p. 516. — ①. Mai, juin. — Très rare.

Var. — Hyères, dans l'île de Porquerolle, près de l'Engoustier, sur un rocher *(DC. d'après Requien)*; île de Porquerolle *(Hanry!)*; rare.

1914. A. tinctoria. Tausch. — *Lithospermum tinctorium* L. — G. G., 2, p. 516. — ♃. Mai, juin. — Lieux arides et sablonneux.

B.-R. — Marseille, aux sables de Mazargues, de Montredon

et de Bonneveine ; bords de l'étang de Berre entre Châteauneuf et Martigues (*Roux*); Montaud-les-Miramas (*G. G.*).

Var. — Rare (*Hanry*).

Vaucl. — Avignon (*G. G.*); bas du Mouré-Blanc, du côté de Pujault et à Château-Brulé, près de Sorgues (*Palun*).

**Onosma.** L.

1915. O. ECHIOIDES. L. — G. G., 2, p. 517. — ♃. Juin, juillet. — Rég. alp. et mont.

A.-M. — Tende, Entraunes, Saint-Dalmas-le-Sauvage, Grasse (*Ard.*).

B.-A. — Digne, entre Melezet et Tournon, Allos (*G. G.*); Morjouan, sur la route d'Allos à Barcelonnette (*Chavanis! Roux*); côteaux à la Condamine, près de Barcelonnette (*Gacogne*).

1916. O. ARENARIUM. Waldst. — G. G., 2, p. 517. — ♃. Mai, juin. — Lieux sablonneux.

Vaucl. — Avignon (*G. G.*); terrains incultes et sablonneux des bords du Rhône à Courtine ; devient rare! (*Palun*).

**Lithospermum.** Tourn.

1917. L. FRUTICOSUM. L. — G. G., 2, p. 517. — ♂. Mai, juin. — Lieux secs et arides.

B.-R. — Derrière le village des Pennes, sur la route de Roquefavour ; hauteurs de Rognac ; côteaux des bords de l'Arc à Roquefavour et en dessus d'Aix (*Roux*); côteaux et collines du Montaiguet et de la Keirié (*F.-A.*); Gémenos, sur les hauteurs de Saint-Pons (*Baraize!*); Cassis, à Bellefille, au-dessus de la route d'Aubagne à La Ciotat (*Roux*).

Var. — Sainte-Baume, sur les rochers les plus élevés de Saint-Cassien 1.100 mèt. (*Roux*).

Vaucl. — Avignon (*G. G.*).

1918. L. purpuræo-cæruleum. L. — G. G., 2, p. 519. — ♃. Mai, juin. — Çà et là, dans les haies, les bois, etc.

B.-R. — Aix, les Milles, le long de l'Arc, etc.; bords de la Luyne, au château de Valabre (*Roux*).

Var. — (*Hanry*); commun dans les bois de la Ste-Baume (*Roux*).

A.-M. — (*Ard.*).

Vaucl. — Avignon (*Palun*); Apt, au vallon de la Rochelière (*Coste!*).

1919. L. officinale. L. — G. G., 2, p. 520. — ♃. Mai, juin. — Haies, bords des chemins, chaussées.

B.-R. — Marseille, sur les bords de l'Huveaune à la Moutte (*Roux*); Aix, rive droite de l'Arc vis-à-vis le vallon du Tier (*F. A.*).

Var. — Au bord des champs (*Hanry*); Ampus près de Draguignan (*Albert !*).

A.-M. — Nice et toute la rég. mont. (*Ard.*).

B.-A. — Bord de l'Ubaye à la Condamine (*Roux*).

Vaucl. — Avignon (*Palun*).

1920. L. arvense. L. — G. G., 2, p. 520. — ①. Mai, juin. — Commun dans les champs et sur leurs bords dans toute la Provence.

1921. L. permixtum. Jord. — *L. incrassatum.* G. G., 2, p. 520. — ①. Mai, juin. — Lieux incultes et montagneux.

Var. — Ampus, sur les côteaux, à Lagnes (*Albert !*).

A.-M. — Rare, montagne du Mulacé à 1,200 mèt. d'alt. au-dessus de Menton, Berre, Coussols, mont Cheiron, col de Vegay où il abonde (*Ard.*).

1922. L. apulum. Vahl. — G. G., 2, p. 521. — *Myosotis apula.* L. — ①. Mai, juin. — Çà et là dans les lieux incultes, mais assez rare.

B.-R. — Marseille, à Mazargues, Château-Gombert, Luminy, Pas-des-Lanciers, Aiguines dans les Alpines; Martigues, à la Mède; Cassis; La Ciotat; la Mirandole, entre

Roquefavour et le Réaltor (*Roux*); Aix, au vallon des Gardes, à la colline des Pauvres (*F. A.*); Montaud-les-Miramas (*G. G.*).

Var.— Toulon, Fréjus (*G. G.*); les Sablettes (*Mulsant !*); Saint-Raphaël (*Hanry*).

A.-M.— Antibes, Menton, Villefranche (*Ard.*).

Vaucl.— Avignon (*Palun*, *G. G.*).

**Echium. Tourn.**

1923. E. ITALICUM. L.— G. G., 2, p. 521.— ②. Mai-juillet.—Lieux secs et arides, bord des champs et des routes.

B.-R.— Pas-des-Lanciers, Marignane, Châteauneuf, Martigues, Berre, Roquefavour, etc. (*Roux*); Aix, sur les bords de l'Arc (*F. A.*).

Var. — Saint-Nazaire, à fleurs blanches (*Roux*); Toulon, Hyères (*G. G.*).

A.-M.— Antibes, Nice, Pagama (*Ard.*).

Vaucl.— Avignon (*Palun*).

1924, E. VULGARE. L.—G. G., 2, p. 522.— ②. Mai-juillet. — Çà et là sur le bord des champs, le long des chemins, peu commun.

B.-R. — Marseille, à la Rose, Saint-Julien, Saint-Loup, etc. (*Roux*).

Aix, très commun (*F. A.*).

Vaucl. — Avignon (*Palun*).

1925. E. TUBERCULATUM. Hoffm. — *E. pustulatum* Sibth. — G. G., 2, p. 522. — ①. Mai-juillet. — Commun dans les lieux secs et arides, les terrains sablonneux.

B.-R.— Marseille, aux sables de Mazargues, etc.; Gémenos, à Saint-Pons, etc.; Cassis; La Ciotat, etc. (*Roux*); Aix, à Repentance (*F.-A.*); Montaud-les-Miramas (*G. G*).

Var.— Toulon (*G. G.*).

A.-M.— Commun (*Ard.*).

Cette plante n'est probablement qu'une forme de la précédente.

1926. E. MARITIMUM. Willd.— G. G., 2, p. 523.— ②. Mai, juin.— Sables maritimes.

Var.— Toulon (*Hanry*); îles d'Hyères (*G. G.*).

1927. E. CRETICUM. L. — G. G., 2, p. 523. — ①. Juin, juillet. — Lieux incultes, rare.

B.-R.— Aix, au quartier de Fonlèbre dans les haies d'un jardin (*F. A.*).

Var.— Bormes, dans les terrains siliceux (*Chambeiron !*); sommet de la Sauvette des Mayons-du-Luc (*Hanry ! Roux*); Fréjus (*G. G.*); Collobrières, en montant au col de la Sauvette (*Roux*).

A.-M.— L'Estérel, Agay (*Ard.*).

1928. E. PLANTAGINEUM. L. — G. G., 2, p. 524. — ②. Mai-juillet.

B.-R.— Çà et là, mais très rare; Marseille, le long du Jarret, du Béal de Saint-Loup (*Roux*); bord des fossés à Miramas (*Peuzin ! Roux*); Aix, rive gauche de l'Arc un peu au-dessus des Milles (*F. A.*); Salon (*G. G.*).

Var.— Toulon, Hyères (*G. G.*); Fréjus (*G. G., Roux*).

A.-M.— Cannes, Antibes, Nice, peu commun (*Ard.*).

1929. E. CALYCINUM. Viv.— G. G., 2, p. 521.— ①. Avril, mai. — Lieux incultes, pelouses, champs pierreux.

B.-R.— Marseille, sous le fort Saint-Nicolas, en face des Catalans, pointe d'Endoume, vallon de l'Oriol, remparts de Saint-Julien (*Roux*); La Ciotat (*G. G.*).

Var.— Toulon, Fréjus (*G. G.*).

A.-M. — Ile de Sainte-Marguerite (*G. G.*); Nice, Menton, Villefranche (*Ard.*).

**Pulmonaria.** Tourn.

1930. P. ANGUSTIFOLIA. L.— G. G., 2, p. 526.— ♃. Avril, juin.— Bois de la rég. mont.

Var.— Bois à Varignon (*Albert !*).

A.-M. — Forêts de la Mairis et de Clans, Alpes de Tende.

1931. P. SACCHARATA. Mill. — G. G., 2, p. 527. — ♃. Avril, mai. — Lieux frais.

A.-M. — Depuis la rég. mont. jusqu'auprès de Menton, de Nice et de Cagne (*Ard.*).

B.-A.— Forêt de Faillefeu, au-dessus de Prads (*Roux*).

**Myosotis.** L.

1932. M. palustris. Wither. —G. G., 2, p. 528. — ♃. Mai-septembre. — Prés, lieux humides, bords des fossés.

Var. — La Garde, près de Toulon (*Hanry*); vallon de la Sauvette des Mayons-du-Luc, vallon de la Verne à Collobrières (*Roux*).

A.-M. — Grasse, Coussols, peu commun dans le département, si ce n'est peut-être dans la région montagneuse (*Roux*).

Vaucl. — Avignon (*Palun*)

1933. M. lingulata. Lehm. — G. G., 2, p. 529. — ②. Juin-septembre. — Fossés, lieux humides, prairies marécageuses.

B.-R.— Rare : dans les ruisseaux des Paluds, sous la gare de Raphèle, près d'Arles (*Roux*); entre Mouriès et Maussanne (*Roux*).

A.-M.— Antibes, à l'étang de Vaugrenier (*Ard.*).

1934. M. pusilla. Lois. — G. G., 2, p. 530. — ①. Mars, avril. — Graviers, lieux sablonneux.

B.-R. — Marseille, à Montredon, sous les bois de pins, chez M. Pastré (*Derbès*); bords de l'étang de Marignane; bords de l'étang de Berre, vers la ferme du Paty (*Roux*); sables de la chaussée du Jay, entre les étangs de Marignane et de Berre (*Autheman !*)

Var. — Fréjus, Saint-Raphaël (*Hanry*).

1935. — M. stricta. Linck. — G. G., 2, p. 530. — ①. Avril, mai. — Rare en Provence.

Var. — Pelouse sur la Cabrière à Ampus (*Albert !*)

A.-M. — Saint-Vallier (*Ard.*).

1936. M. versicolor. Pers. — G. G., 2, p. 531. — ①. Avril, mai.— Lieux frais et humides.

Var.— Bords des prés, au Bosquet et à Saint-Michel, près d'Ampus (*Albert!*)

A.-M. — Peu commun : la Roquette, Menton (*Ard.*).

1937. M. hispida. Schlecht. — G. G., 2, p. 531. ①. Avril, mai. — Lieux incultes et montueux.

B.-R. — Marseille, au vallon de Toulouse, de la Panouse, de Morgiou, Pilon du Roi, etc.; Roquevaire, Saint-Paul-les-Durance, au château de Cadarache (*Roux*); Aix, sur les rives sèches à Pinchinat (*F. A.*); Châteauneuf-les-Martigues; Martigues, au vallon de Gueule-d'Enfer; La Mède (*Autheman!*)

Var.— Hyères (*Hanry*); Ampus (*Albert!*); hauteurs de la Sainte-Baume (*Roux*).

A.-M.— Champs sablonneux, à Nice, Menton (*Ard.*).

1938. M. intermedia. Link. — G. G., 2, p. 532. — ②. Mars-mai. Commun dans les lieux humides, les bois, les rives ombragées.

B.-R. — Marseille, au vallon de Toulouse, etc.; Roquefavour, les Milles, Raphèle près d'Arles, les Baux; Saint-Paul-les-Durance, au château de Cadarache, etc. (*Roux*); Martigues, à la Mède (*Autheman!*); Aix, au chemin de Meyreuil et sur les rives fraîches (*F. A.*).

Var. — Sainte-Baume, jusque sur les hauteurs de Saint-Cassien, la Sauvette des Mayons-du-Luc (*Roux*); Ampus (*Albert!*)

A.-M. — Lieux cultivés, bords des fossés, commun (*Ard.*).

Vaucl.— Avignon, au bord du Rhône (*Palun*); Fontaine de Vaucluse (*Autheman!*)

1939. M. sylvatica. Hoffm — G. G., 2, p. 533. — ②. Mai-juillet. — Bois de la rég. mont.

Var. — Aiguines dans les bois de Morges (*Albert!*).

A.-M. — Col de Tende; Saint-Martin-Lantosque; Entraunes (*Ard.*).

B.-A. — Forêt de Faillefeu au-dessus de Prads (*Roux*).

1940. M. ALPESTRIS. Schmidt. — G. G., 2, p. 533. — ②. Juillet-août. — Pâturages de la rég. alp.

A.-M. — Col de Tende, Alpes de Fenestre et d'Entraunes de Saint-Etienne. (*Ard.*).

B.-A. — Sommet des Boules à Faillefeu au-dessus de Prads et aux environs du lac d'Allos (*Roux*); Colmars (*G. G.*); montagne de Lure (*Legré* !).

Vaucl. — Sommet du mont Ventoux, débris mouvants (*Roux*).

### TRIBU IV. — CYNOGLOSSEÆ. (DC)

**Eritrichium.** Schrad.

1941. E. NANUM. Schrad. — *Myosotis nana*. Vill. — G. G., 2, p. 534. — ♃. Juillet-août. — Rég. alp. élevée.

A.-M. — Sommet du mont Bego ; col de Fenestre; lac du Marcontour; val de Raboun, près de Saint-Etienne. (*Ard.*)

**Echinospermum.** Swarts.

1942. E. LAPPULA. Lehm. — G. G., 2, p. 535. — ①. Juin-août. — Champs arides, décombres ; rare en Provence.

B.-R. — Çà et là parmi les décombres : Marseille, à Mazargues, Sainte-Marthe, mais accidentellement (*Roux*); assez commun dans les paluds de Saint-Remy (*Autheman* !).

Var. — Environs de Toulon (*abbé Mulsant* !).

A.-M. — Peu commun et parmi des décombres ; Villefranche; Touel de Breuil; Saint-Sauveur (*Ard.*).

B.-A. — Montée d'Allos au lac, bord de l'Ubaye à la Condamine, près de Barcelonnette *(Roux)* ; Castellane (*Hanry*).

Vaucl. — Avignon, à Courtine, rare *(Palun)*.

**Cynoglossum.** Tourn.

1943. C. CHEIRIFOLIUM. L. — G. G., 2, p. 535. — ①. Mai-juin. —

Lieux secs et pierreux, bords des champs et des sentiers.

B.-R. — Marseille, à Saint-Tronc, aux vallons de Toulouse et de la Panouse, Mazargues, la Treille, etc. *(Roux)*; Martigues *(Autheman!)*;Aix, sur toutes les rives*(F. A.)*; Roquefavour, Roquevaire *(Roux)*.

Var. — Toulon, le Luc, Fréjus, Fox-Amphoux *(Hanry)*; Ampus *(Albert!)*.

A.-M.— Rég. mont.; assez rare; Luceron, Saint-Vallier, Grasse *(Ard.)*.

Vaucl.— Avignon *(Palun)*.

1944. C. PICTUM. Ait. — G. G., 2, p. 536. — ①. Mai, juin.
— Bords des champs et des routes, pelouses et lieux incultes.

B.-R. — Marseille, aux Martégaux, aux Olives, la Valentine, la Treille, Saint-Loup, etc.; Aubagne, Saint-Jean-de-Garguier, Roquevaire, etc. *(Roux)*; Aix *(F.A.)*; Martigues *(Autheman!)*

Var.— Bords des champs *(Hanry)*; le Luc *(Roux)*.

A.-M. — Grasse, Nice, Menton, etc. *(Ard.)*.

Vaucl.— Avignon, etc. *(Palun)*.

1945. C. OFFICINALE. L.— G. G., 2, p. 536.— ②. Mai, juin. — Lieux secs et pierreux.

B.-R. — Aix, aux bords de l'Arc *(F. A.)*; Auriol, à la montée de Roussargue, par le vallon de Vèdes; rare *(Roux)*.

Var. — Montée de la Sainte-Baume par Saint-Zacharie; montée de la Sauvette des Mayons-du-Luc *(Roux)*.

A.-M. — Tende, Val de Pesio, Coussols au-dessus de Grasse *(Ard.)*.

B.-A. — Assez commun, surtout dans la forêt de Faillefeu, au-dessus de Prads *(Roux)*.

1946. C. MONTANUM. Lamk. — G. G., 2, p. 537. — ②. Juin, juillet. — Bois de la rég. mont.

Var.— Aiguines, dans les bois du bord du Verdon *(Albert)*.

A.-M. — Val de Pesio et probablement ailleurs (*Ard.*).

1947. C. Dioscoridis. Vill. — G. G., 2, p. 537.— ②. Mai, juin.— Rég. mont.

A.-M. — Entre Duranus et Levens, Varranson, Tende (*Ard.*).

**Omphalodes.** Tourn.

1948. O. linifolia. Mœnch. — G. G., 2, p. 539.— Mars-juillet. Vaucl. — Au pied du mont Ventoux (*G. G., d'après Requien*).

M. Autheman est allé à sa recherche, d'après les indications de M. Fabre, d'Avignon, et n'a pu la rencontrer.

**Asperugo.** Tourn.

1949. A. procumbens. L. — G. G., 2, p. 539. — ①. Mai-juillet. — Décombres, lieux arides ; rare en Provence.

B.-R. — Aix, à Fenouillère (*F. A., d'après Garidel*); rives gauche de l'Arc, au-dessous de l'aqueduc de Roquefavour (*F. A.*).

A.-M. — Au sanctuaire de Laghet, abonde à Tende, le long de la grand'route, mont Cheiron, col de Vegay (*Ard.*).

B.-A.— Digne, à la base ombragée des grands rochers du sommet de Cousson (*Roux*).

**Heliotropium.** C.

1950. H. europæum. L. — G. G., 2, p. 539. — ①. Juin-septembre.

Commun dans les champs, au bord des chemins et lieux incultes de toute la Provence.

1951. H. curassavicum. L. — G. G., 2, p. 540.— ①. Juillet.

B.-R.— Bords de la mer à Port-de-Bouc, près des Martigues (*Autheman!*).

# SOLANÉES

**Lycium. L.**

1952. — L. barbarum. L.— G. G., 2, p. 541.— ♂. Avril-juin.—
— Haies, talus.

B.-R. — Assez commun aux environs d'Aix; bord de la route de l'Arc à Aix (*Roux*); forme des haies sur le petit chemin du Tholonet, près de la Torse et sur le chemin de Saint-Mitre, un peu avant la chapelle (*F. A.*).

Var.— Le long des chemins à Sixfours, Pierrefeu et Fréjus (*Hanry*).

1953. L. mediterraneum. Dunal. — G. G., 2, p. 542. — ♂. Mai-septembre.— Haies, bords des chemins, vieux murs.

B.-R. — Marseille, dans la traverse du Fada à Saint-Giniez, Montredon, talus sur la route de la Rose, ancien chemin des Martégaux, l'Estaque, etc.; Pas-des-Lanciers, Marignane, etc. (*Roux*); Aix, forme des haies à la Rotonde et tout autour de la ville (*F. A.*).

Var. — Ruines de Sixfour (*Hanry d'après Robert*).

A.-M.— Peu commun : Menton, Nice, etc. (*Ard.*).

**Solanum. L.**

1954. S. villosum. Lamk. — G. G., 2, p. 543. — ①. Juillet-septembre.— Çà et là dans les champs, les vignes et sur les décombres.

B.-R. — Marseille, aux Crottes, à Saint-Giniez, dans les jardins, etc. (*Roux*); Aix (*F. A.*); Salon (*G. G.*); Martigues (*Autheman !*).

Var.— Décombres (*Hanry*) ; commun dans les champs entre le Luc et le Cannet (*Roux*).

1955. S. nigrum. L.— G. G., 2, p. 543.— ①. Presque toute l'année. Lieux cultivés et décombres.

B.-R. — Marseille, rare et accidentellement sur la plage d'Arenc ; champs sablonneux de la rive droite de l'Arc en le remontant vers le pont de la Fare, Raphèle (*Roux*) ; Martigues, sur les bords de l'étang, à la Mède (*Autheman !*).

A.-M.—Très commun dans les champs et parmi les décombres (*Ard.*).

1956. S. miniatum. Willd. — *S. nigrum. V. miniatum*. M. et K. — G. G., 2, p. 543.— ①. Presque toute l'année.

B.-R.— Rare : la Fare, dans les graviers de l'Arc (*Roux*) ; Aix, commun autour de la ville (*F. A.*) ; comme il ne cite pas le suivant, il doit y avoir confusion.

A.-M.— Très commun dans les lieux cultivés et parmi les décombres (*Ard.*). (Ne serait-ce pas le *villosum ?*)

1957. S. ochroleucum. Bast. — *S. nigrum* V. β. *chlorocarpum*. Spenn. — G. G., 2, p. 543. — ①. Presque toute l'année. Champs, vignes décombres.

B.-R.— Marseille, très commun aux Olives, Saint-Loup, etc. ; Cassis, La Ciotat, etc. (*Roux*) ; probablement dans toute la Provence et confondu avec le précédent.

1958. S. tuberosum, L.— G. G., 2, p. 544.— ♃. Juin-septembre. — Du Pérou, cultivé en grand dans toute la Provence.

1959. S. dulcamara. L.— G. G., 2, p. 544.— ♄. Juin-septembre,— Haies, bords des ruisseaux.

B.-R.— Marseille, le long du Jarret vers la Rose, de l'Huveaune à Saint-Loup, etc. ; Aubagne, Marignane, Berre, Raphèle, Arles, Saint-Martin de Crau, etc. (*Roux*) ; Aix, sur les bords de la Torse, etc. (*F. A.*) ; le Tholonet (*Jaillieu !*).

Var.— Bord des fossés (*Hanry*).

A.-M.— Nice au Var, Auribeau, le Bar et dans la rég. mont. (*Ard.*).

1960. S. melongena. L. — DC. f. f., 3, p. 615. — ①. Juillet, août. — De l'Inde, cultivé dans les jardins potagers.

**Lycopersicum.** Dunal.

1961. L. esculentum. Dunal.—*Solanum Lycopersicum*. L.— DC.

f. f., 3, p. 614. — ①. Juin-septembre. — De l'Amérique mérid.; cultivé dans les jardins et dans les champs d'où il s'échappe fréquemment.

**Capsicum. L.**

1962. S. annuum. L.— DC. f. f., 3, p. 615.— ①. Juin-août.— De l'Amérique mérid.; cultivé dans les jardins potagers.

**Physalis. L.**

1963. P. alkekengi. L.— G. G., 2, p. 545. — ♃. Juin-août. — Çà et là dans les champs.

B.-R.— Aix, à Puyricard, entre le village et Move *(F.A.)*.

Var.— Haies et vignes *(Hanry)*; vigne de la Lamberte, au Luc *(Roux)*.

A.-M. — Vallauris, Grasse, le Bar, Sainte-Agnès au-dessus de Menton, Tourrette, Levens, etc. *(Ard.)*.

**Atropa. L.**

1964. A. belladona. L.— G. G., 2, p. 545.— ♃. Mai-juillet. — Bois couverts de la rég. mont.

B.-R. — Eyguière, au pied des Grandes Alpines *(Peuzin !)*

Var.— Bois montueux de Mourière *(Hanry)*; la Sainte-Baume, très rare *(Hanry, Roux)*.

A.-M.— Forêt de la Maïris, la Tour de Saint-Sauveur, bois de la Fraca, forêt de Claus, montagne d'Audon, au-dessus de Grasse *(Ard.)*.

**Datura. L.**

1965. D. stramonium. L. — G. G., 2, p. 546. — Juillet-septembre. — Plante étrangère que l'on rencontre çà et là dans les décombres.

B.-R. — Champs voisins de l'étang de Marignane, rive droite de l'Arc en remontant vers La Fare *(Roux)*; Aix, au bord de l'Arc, près de Parade; bords de la Touloubre *(F. A)*.

Var.— Toulon, Hyères, le Luc, Vidauban *(Hanry)*.

A.-M. — Rare et accidentellement, à Nice, Menton *(Ard.)*.

**Hyoscyamus**. L.

1966. H. niger. L. — G. G., 2, p. 546. — ①. Mai, juin. — Champs et décombres.

B.-R.— Marseille, très rare; hauteurs de Saint-Pons, vers la Grand-Baoumo ; Saint-Paul-les-Durance dans les bois de Cadarache, Raphèle, près d'Arles (*Roux*) ; Aix, commun dans les trous et au pied des murailles autour de la ville (*F. A.*).

Var. — Décombres et bords des routes (*Hanry*); Plan d'Aups, à la ferme de Ginié et jardin de l'hospice de la Sainte-Baume (*Roux*).

A.-M. — Rég. mont.; Saorgio, Tende, Caille, les Lattes dans le canton de Saint-Auban (*Ard.*).

1967. H. albus. L.— G. G., 2, p. 546. — ①. ②. Mai-août. — Assez commun ; contre et au bas des vieux murs, les décombres, etc., dans toute la région litt. de la Provence : Marseille, Marignane, Martigues, Aix , Toulon, le Luc, Fréjus, Nice, Menton, Avignon, etc.

**Nicotiana**. Tourn.

1968. N. glauca. Crah. — ♂. Mai-août. — Jardins, d'où il s'échappe et va pousser sur les vieux murs ; MM. F. A. en citent un pied sur les remparts d'Aix, au boulevard du Roi-René, qui compte plus de quarante années.

1969. N. tabacum. L.— DC. f. f., 3, p. 608. — ①. — De l'Amérique, cultivé sur quelques points de la Provence.

1970. N. rustica. L — DC. f. f., p. 609.— ①. Juin-septembre. De l'Amérique ; subspontané dans quelques jardins des environs de Marseille.

# VERBASCÉES

**Verbascum**. Lin. gen. 97.

1971. V. thapsus. Lin. fl. suec. 69. — G. G., 2, p. 548. — ②. Juin-août.

Assez commun dans les lieux incultes et pierreux, sur les côteaux, dans les vallons et les ravins de toute la Provence.

1972. V. MONTANUM. Schrad. hort. gœtt. fasc. 2, p. 18.— G. G., 2, p. 548.— ②. Juin-août. — Lieux secs et pierreux ; rare.
B.-R. — La Couronne, près Martigues (*Autheman !*)
A.-M. — Rég. mont.; Tende (A*rdoino*).
Vaucl.— (*G. G.*).

1973. V. THAPSIFORME. Schrad. monog. 1, p. 24. — G. G., 2, p. 549.— ⊙. Juin-août.— Rég. montagneuse.
B.-R.— Lieux pierreux du vallon de Saint-Pons de Gémenos (*Roux*).
A.-M. — Grasse, Tende (*Ard.*).

1974. V. SINUATUM. Lin. sp. 254. — G. G., 2, p. 550. — ②. Juin-août. — Commun dans les lieux incultes, le long des chemins, dans presque toute la Provence ; Marseille, Aix, Salon, Martigues, Toulon, Le Luc, Nice, Menton, Avignon, etc.

1975. V. BOERHAAVII. Lin. mont. 45. — G. G., 2, p. 550. — Juillet, août. — Lieux incultes, vallons et côteaux.
B.-R.— Marseille: aux sables de Mazargues, vallon de la Nerthe, les Martégaux, la Treille, etc. (*Roux*); Gémenos, dans le vallon de Saint-Pons, en montant au Baou-de-Bretagne, où il abonde ; j'en ai rencontré quelques pieds à fleurs blanches et un seul à fleurs roses (*Roux*); La Ciotat (*Roux*) ; Aix, au vallon des Trois-Bons-Dieux (*F. A.*); Montaud-les-Miramas (*G. G.*) ; Martigues (*Autheman !*).
Var.— Sur les côteaux ; Toulon; Fréjus (*Hanry*).
A.-M. — Assez commun à Nice, Menton, etc. (*Ard.*).

1976. V. PULVERULENTUM. Vill. Dauph. 2, p. 240. — G. G., 2, p. 551. — ②. Juin-août. — Lieux secs et pierreux.
B.-R. — Rare; Marseille: Saint-Marcel, dans le vallon de

Saint-Cyr dit Pescatory; Aix, à Vauvenargues; Gémenos, au Baou-de-Bretagne *(Roux).*

Var. — Assez commun au Plan d'Aups et dans le vallon de la Sauvette des Mayons-du-Luc *(Roux).*

A.-M. — Assez abondant dans la région alpine *(Ard.).*

1977. V. LYCHNITIS. Lin. sp. 253. — G. G., 2, p. 552. — ②. Juin-août. — Bois montagneux.

B.-R. — Aix, au Montaiguet et colline des Pauvres *(F. A.).* N'y aurait-il pas confusion avec l'espèce précédente que j'ai rencontrée à Vauvenargues?

A.-M. — Tende, Venanson, Lantosque, Valdiblora, Saint-Sauveur, Roubion *(Ard.).*

B.-A. — Je crois l'avoir vu assez abondant dans les clairières de la forêt de Faillefeu au-dessus de Prats?

1978. V. NIGRUM. Lin. sp. 253. — G. G., 2, p. 552. — ②. Juillet-septembre. — Région montagneuse.

B.-R. — Aix, dans un vallon montant de Vauvenargues à Sainte-Victoire *(Roux).*

A.-M. — Saorgio, Fontan, Saint-Martin-Lantosque, Val de Gallorgues *(Ard.).*

B. A. — Forêt de Faillefeu au-dessus de Prats *(Roux).*

1979. V. CHAIXII. Vill. Dauph, 2, p. 491.— G. G., 2, p. 553. — ♃. Juin-août. — Bois et taillis de la région montagneuse.

B.-R. — Gémenos, dans le vallon de Saint-Pons, vers la Grand'-Baoumo, et Baou-de-Bretagne *(Roux);* Aix *(G. G.).*

Var. — Haut du bois de la Sainte-Baume et taillis des Béguines; vallon de la Sauvette des Mayons-du-Luc *(Roux).*

A.-M. — Abonde dans la région montagneuse et descend jusqu'au-dessus de Menton et de Grasse *(Ard.).*

B.-A. — Digne, à Saint-Vincent, etc. *(Roux).*

1980. V. BLATTARIA. Lin. sp. 254. — G. G., 2, p. 553. — ②. Juin-septembre.—Fossés, ruisseaux et champs humides.

B.-R. — Marseille, sur les bords du Jarret, rare, bords d'un petit ruisseau entre les vallons de Toulouse et de Panouse, aujourd'hui fermé (*Roux*); Aix, une seule fois dans une haie près le Pont-de-Béraud *(F. A.)*; bords de l'étang à Saint-Chamas; Miramas (*Roux*).

Var. — Haies et bords des champs (*Hanry*); bords de la route de la Cadière à Bandol (*Roux*).

A.-M. — Assez commun dans les lieux cultivés *(Ard.)*.

## SCROPHULARIÉES

**Scrophularia.** Tournef. inst. p. 166. t. 74.

1981. S. VERNALIS. Lin. sp. 864. — G. G., 2, p. 563. — ②. Mai, juillet. — Région alpine et montagneuse.

A.-M. — Entre Tende et Carlin; vallée de la Gordolosca, Venanson et presque dans toutes les Alpes-Maritimes (*Ard.*).

1982. S. PEREGRINA. Lin. sp. 866. — G. G., 2, p. 564. ①. Avril-juin. — Lieux frais et herbeux des vallons et champs cultivés.

B.-R. — Marseille, près d'une bergerie en montant à la grotte Rolland, à Montredon; Gémenos, à Saint-Pons, dans le vallon, en face du moulin à ciment (*Roux*).

Var. — Bords de la rivière entre Saint-Nazaire et Ollioules (*Roux*); le Revest, près Toulon (*D$^r$ Bouisson*); Draguignan (*Roux*).

A.-M. — Assez commun dans les lieux cultivés de la région littorale (*Ard.*).

1983. S. NODOSA. Lin. sp. 863. — G. G., 2, p. 566. — Région montagneuse,

A.-M. — La Maïris, Valdiblora; Saint-Martin-Lantosque (*Ard.*).

B.-A. — Forêt de Faillefeu au-dessus de Prats (*L. Granier et Roux*).

1984. S. aquatica. Lin. sp. 864. — G. G., 2, p. 567. — ①. Juin-juillet. — Lieux humides, bords des ruisseaux, des fossés de toute la Provence.

1985. S. lucida. Lin. sp. 865. — G. G., 2, p. 567. — ♃. Juillet-août. — Lieux secs et pierreux, vallons et ravins.

B.-R. — Marseille: à Saint-Loup, aux Caillols, à la Treille, etc.; Gémenos, à Saint-Pons, etc. (*Roux*).

A.-M. — Assez commune dans les endroits pierreux de toute la région littorale; à Grasse, remonte jusqu'à Tende (*Ard.*).

1986. S. canina. Lin sp. 865. — G. G.,2, p. 568. — ②. ♃. Juin-août. — Lieux secs et pierreux.

Var. — Toulon (*Chambeiron!*); gare de Soliès-Pont (*Huet*).

A.-M. — Mêmes localités que la précédente, mais plus rare (*Ard.*).

1987. S. Hoppii. Koch. Deutsch. fl. 4, p. 410. —G.G., 2, p. 568. ♃. Juillet-août. — Rég. montagneuse.

A.-M.— Col de Tende; val de Pesio; Mont Monnier (*Ard.*).

1988. S. ramosissima. Lois. Gall. éd. 1, p. 381 et éd. 2. — G. G., 2, p. 568.— ♃. Avril-juin. — Sables du littoral.

Var.— Commune au bord de la mer entre Fréjus et Saint-Raphaël (*Roux*).

A.-M.— Nice, à la pointe de Carras, où il est aujourd'hui presque détruit; Cagne (*Ard.*).

**Antirrhinum.** Tourn. inst. p. 167. t. 75.

1989. A. orontium. Lin. sp. 860. — G. G., 2, p. 269.— ①. Juin-août. — Assez commun dans les champs et les lieux incultes de toute la Provence.

1990. A. majus. Lin. sp. 859. — G. G., 2, p. 569. — ♃. Juin-septembre. — Plante anciennement cultivée que l'on rencontre çà et là sur les vieux murs, le long des chemins assez voisins des jardins.

1991. A. tortuosum. Bosc. in Chav. mon. 87 — G. G., 2, p. 570

— ♃. Mai-juillet. — Sur et contre les vieux murs; rare en Provence.

Var.—Murs romains, à Fréjus (*Hanry, T. Moggride! Roux*).

A.-M.—Grasse; vallée de la Vésubie, près de Contes (*Ard.*).

1992. A. LATIFOLIUM. DC. fl. fr. 5, p. 411. — G. G., 2, p. 570. — ♃. Mai-septembre. — Cailloux roulants, fentes des rochers dans les lieux montueux.

B.-R. — Marseille: au vallon de la Nerte, la Treille, île de Maïré, etc.: Gémenos, dans les vallons de Saint-Pons, des Crides et de Saint-Clair; Roquevaire; Aix, à Sainte-Victoire (*Roux*).

Var.—Saint-Zacharie, montée de la Sainte-Baume (*Roux*); Toulon, Le Luc, Fréjus (*Hanry*).

Vaucl.— Apt, au vallon de la Rochellière (*Coste* !).

A.-M. — Commun dans toute la région littorale d'où il remonte dans presque tout le département (*Ard.*).

**Anarrhinum.** Desf. fl. Atl. 2, p. 51. — ②. Juin-août.

1993. A. BELLIDIFOLIUM. Desf. fl. Atl. ?, p. 51. — G. G., 2, p. 571.— Rare en Provence; rochers calcaires des lieux montueux.

B.-R. — Aix, au vallon des Masques (*F. et A., d'après Philibert*).

Var.— Nans, de la Sambuque aux sources de l'Huveaune; Saint-Zacharie, sur la route de la Sainte-Baume, après un pont à droite du chemin (*Roux*); le Revest (*Hanry d'après Robert*); Tourves, dans le vallon de Rimbert (*Roux et Pradelle*).

A.-M. — Rare; le long de la route de Grasse à Saint-Vallier (*Ard., Hanry*); île Sainte Marguerite (*Ard.*).

**Linaria.** Tournef. inst. p. 168. t. 76.

1994. L. CYMBALARIA. Mill. dict. N. 17.— G. G., 2, p. 573.— ♃. Mai-octobre.— Cette plante paraît être rare en Provence, car elle n'est citée ni par F. et A., ni par Hanry, ni par Ardoino. Elle est assez commune aux environs de Marseille, contre les vieux murs humides, le bord des ruisseaux; dans la traverse du chemin de Saint-Giniez à celui de Sainte-Marguerite, le long du Jarret, à Saint-Loup, à Saint-Jean-du-Désert, sur plusieurs murs de la ville, à la plaine Saint-Michel et au Calvaire, campagne Talabot, etc. (*Roux*).

1995. L. spuria. Mill. dict. N. 15. — G. G., 2, p. 574. — ①. Juin-octobre. — Commune dans les champs frais de toute la Provence.

1996. L. elatine. Desf. Atl. 2, p. 37. — G. G., 2, p. 574. — ①. Juin-octobre. — Mêmes lieux dans toute la Provence.

1997. L. græca. Chav. monog. 108. — G. G., 2, p. 575. — ♃. Juin-août. — Lieux humides et sablonneux; plus rare que les deux précédentes.

B.-R. — Marseille, dans les prairies marécageuses du fond du vallon du Rouet, sous le Pilon du Roi; sous le pont de la Rose; Gémenos, près du moulin à ciment; Aubagne, le long du ruisseau dit les Maïré (*Roux*); Cassis, au midi du vieux château (*Roux*).

Var. — Toulon, aux Sablettes (*Huet !*); Le Luc (*Hanry*); le Brusc, près Saint-Nazaire (*Roux*); îles d'Hyères (*G.G. Hanry, d'après Merat*).

A.-M. — Rare; les Maures de Tenneron-sur-Siagne (*Ard.*).

Var. — Toulon, aux Sablettes (*Huet !*); îles d'Hyères (*G. G., Hanry*).

1999. L. vulgaris. Mœnch. meth. 524. — G. G., 2, p. 576. — ♃. Juin-septembre — Lieux incultes.

B.-R. — Arles, sur les berges du Rhône (*Roux*); toute l'île de la Camargue (*Peuzin !*).

A.-M. — Çà et là, mais rare et accidentellement au bord des chemins (*Ard.*).

Vaucl. — Avignon, le long du Rhône (*Roux*).

2000. L. Pelisseriana. DC. fl. fr., 3, p. 589. — G. G., 2, p. 577. — ①. Mai-septembre.— Champs et lieux sablonneux.

Var.— Toulon, au Baou-Rouge *(Huet !)* ; bois des Maures, du Luc aux Mayons *(Hanry, Roux)* ; sommet de la Sauvette, versant de Collobrières *(Roux)*.

A.-M. — Peu commune : Menton, Nice, Antibes, Cannes et la Roquette *(Ard.)*.

2001. L. arvensis. Desf. Atl. 2, p. 45.— G. G. 2, p. 577.— ①. Mai-août. — Champs sablonneux, rare en Provence.

Var.— Saint-Nazaire, sur les côteaux de Pipière *(Roux)* ; Pierrefeu *(Chambeiron !)* ; champs et côteaux *(Hanry)*.

A.-M.— Rare : la Roquette, près de Grasse *(Ard.)*.

2002. L. simplex. DC. fl. fr. 3, p. 588. — G. G. 2, p. 578. — ①. Mai-août.— Assez commun dans les champs, les lieux incultes un peu sablonneux.

B.-R. — Marseille : à Saint-Julien, les Martégaux, Saint-Loup, la Treille, etc.; Saint-Jean de Garguier ; Berre ; Martigues, etc. *(Roux)* ; Aix, au vallon do Cascaveou et autres lieux stériles *(F. A.)*.

Var.— Moissons et sables maritimes *(Hanry)* ; Saint-Nazaire *(Roux)*.

A.-M.— Lieux sablonneux, bord des chemins *(Ard.)*.

2003. L. chalepensis. Mill. dict. N. 12.— G. G. 2, p. 578.— ①. Avril-mai.— Rare en Provence.

Var. — Sainte-Marguerite près Toulon *(Hanry d'après Robert)* ; bord des champs au Luc *(Hanry)*.

A.-M. — Grasse *(Hanry)* ; Menton, Sainte-Agnès, Nice à Mont-Chauve, Antibes *(Ard.)* ; Cannes *(Giraudy !)*.

2004. L. striata. DC. fl. fr., 3, p. 586. — G. G. 2, p. 579. — ♃. Juillet-août. — Commun dans les champs pierreux, les lieux incultes et le long des sentiers.

B.-R.— Marseille : à Saint-Loup, la Pomme, Saint-Jean-du-Désert, Montolivet, Saint-Julien, etc.; Gémenos, à Saint-Jean de Garguier, dans les vallons de Saint-Pons, de St-

Clair, Roquefourcade ; Martigues ; Cassis, etc. (*Roux*) ; Aix, dans le pré de Magnan et dans les lieux incultes (*F. A.*).

Var.— Côteaux secs au Muy, à Roquebrune (*Hanry*).

A.-M.— Commun au bord des champs arides et pierreux (*Ard.*).

2005. L. TRIPHYLLA. Mill. dict. N. 2. — G. G. 2, p. 579. — ①. Avril-mai.— Rare en Provence.

B.-R. — Marseille, parmi des décombres ou le long des chemins voisins des jardins (*Roux*).

Var.— Toulon, dans les grès verts et la craie (*Huet et Niederlinder !*); moissons au Revest près Toulon (*Hanry*).

A.-M.— Lieux cultivés de la région littorale ; Cannes, Nice (*Ard.*).

2006. L. REFLEXA. Desf. Atl. 2, p. 42.— Benth. in prodr. DC. x, p. 284.— ①. Mars-avril.

A.-M.— Menton (*Th. Moggridge !*) ; M. Ardoino dit : « Cette jolie plante vient d'être trouvée cette année (1867) pour la première fois et assez abondamment par M. Moggridge dans la propriété de M. Mouton, au-dessus de Roquebrune. »

2007. L. ALPINA. DC. fl. fr., 3, p. 590. — G. G., 2, p. 580.— ②. Août.— Rég. alp. et mont.

A.-M. — Alpes de Tende, col de Jallorgues ; entre Saint-Auban et Castellane (*Ard.*).

B.-A.— Castellane (*Hanry*); Faillefeu, au-dessus de Prats (*Abbé Mulsant !*).

2008. L. SUPINA. Desf. Atl. 2, p. 44.— G. G., 2, p. 581.— ②. Juin-septembre.— Çà et là dans les lieux pierreux et sablonneux de toute la Provence.

B.-R.—Marseille : dans les îles, aux Goudes, vallon de Morgiou, Saint-Loup, etc. ; Martigues (*Roux*); Aix, au vallon de Fongamate, au Tholonet, Sainte-Victoire (*F.A.*); Roquefavour, etc. (*Roux*).

Var. — Champs et côteaux sablonneux *(Hanry)*; Ampus (*Albert* !).

A.-M. — Dans toute la région montagneuse d'où il descend jusqu'à l'Escarène, Tourette, Coussol et l'Estérel (*Ard.*).

Vaucl. — Mont Ventoux *(Roux)*.

2009. L. MINOR. Desf. Atl. 2, p. 46. — G. G., 2, p. 582. — ①. Juillet-octobre. — Commun dans les lieux pierreux ou sablonneux de toute la Provence, excepté à Marseille où je ne l'ai rencontré que dans le vallon de Forbin, à Saint-Marcel, dans les vallons du Rouet et de la Vache; commun à Saint-Pons; à Aix, dans les sables de l'Arc, etc. (*Roux*).

2010. L. RUBRIFOLIA. DC. fl. fr., 5, p. 410. — G. G., 2, p. 583. — ①. Mai-juin. — Lieux secs et montueux.

B.-R. — Marseille, dans les vallons de Toulouse, de Morgiou, de Sormiou, Luminy, les Aygalades, au-dessus de la Cascade ; Pilon-du-Roi, etc. *(Roux)*; Gémenos, dans le vallon de Saint-Pons (*Roux*); Martigues et Châteauneuf (*Autheman !*); Aix, au vallon des Gardes, au couchant, et sur les hauteurs, Barret (*F. A.*); Roquefavour (*Roux*).

Var. — Toulon, le Luc, Draguignan, Saint-Raphaël (*Hanry*); Fréjus *(Perreymond)* ; montée de la Sainte-Baume, par Saint-Zacharie (*Roux*).

A.-M. — Rare; Braus, Tende, sur les rochers, au vallon du Renard, près de l'Escarène ; Levens, Saint-Vallier (*Ard.*).

2011. L. ORIGANIFOLIA. DC. fl. fr. 3, p. 591. — G. G., 2, p. 583. — ♃. Avril-juillet. — Fentes des rochers des lieux élevés.

B.-R. — Marseille : dans le vallon entre la Tête de Saint-Cyr et celle de Carpiagne ; Nord du Pilon-du-Roi et ruines du monastère du Rouet, vers Notre-Dame des Anges (*Roux*).

Var. — Sainte-Baume, rochers de la Grotte (*Roux*); Maurière, Paleyrotte, près Sainte-Victoire, limites du département du Var (*Hanry*).

**Gratiola.** Lin. gen. 29.

2012. G. officinalis. Lin. sp. 24. — G. G., 2, p. 584. — ♃. Juin-juillet. — Fossés, ruisseaux et autres lieux aquatiques.

B.-R. — Aubagne, dans le ruisseau dit les Maïré; fossés des environs de l'étang de Marignane et ruisseau dit le Gros-Martin (*Roux*); la Mède, près Martigues [(*Autheman !*); Raphèle, près Arles, dans les fossés; Aix, lieux humides (*F. A.*, *d'après Garidel*).

Var. — Rochers humides du bord de la mer, à Saint-Raphaël (*Roux*).

A.-M. — Nice, au Var, Antibes, Laval, près de Saint-Auban (*Ard.*).

**Veronica.** Tournef. inst., p. 143, t. 60.

2013. V. spicata. Lin. sp. 14. — G. G., 2, p. 585. — ♃. Juillet-août. — Région alpine.

A.-M. — Saint-Dalmas-de-Tende; Saint-Martin-Lantosque (*Ard.*).

2014. V. Teucrium. Lin. sp. 16. — G. G., 2, p. 586. — ♃. Mai-juillet. — Lieux montueux, bords des bois.

B.-R. — Marseille : à Carpiagne, au Pilon-du-Roi, vallon de Canal vers Notre-Dame des Anges; Gémenos, aux vallons de Saint-Pons, des Crides et de Saint-Clair (*Roux*); Aix, à Fonlèbre, au vallon de Saint-Esprit (*F. A.*); mont de Mimet; Roquefavour, Entressen : dans le bois, au bord de l'étang; pont de Mirabeau (*Roux*).

Var. — La Sainte-Baume (*Roux*).

A.-M. — Assez rare; côteaux à Menton; Nice au Vinaigrier; Maloussane, Tende, Grasse (*Ard.*).

B.-A. — Montagne de Lure (*Legré !*).

Vaucl. — Hauteurs du Luberon (*Autheman !*).

2015. V. Chamædrys. Lin. sp. 17. — G. G., 2, p. 584. — ♃. Mai-juin. — Prairies, lieux herbeux.

B.-R. — Marseille : à la Pomme, dans les prés en face du pont en bois (*Roux*).

Var. — Commun dans le bois de la Sainte-Baume et parmi les taillis des Béguines, sous Saint-Cassien ; vallon de la Sauvette des Mayons du Luc (*Roux*).

A.-M. — Lescarène ; Saint-Martin-Lantosque ; Grasse, etc. (*Ard.*).

Vaucl. — Apt, au vallon de la Rochellière (*Coste!*).

2016. V. urticæfolia. Lin. fils. supp. 83. — G. G., 2, p. 588 — ♃. Juin-juillet. — Région alpine et montagneuse.

Var. — Bois de Morgès à Aiguine (*Albert!*).

A.-M. — Tende ; la Fraca ; vallon de Fenestre ; Sainte-Anne-de-Vinaï (*Ard.*).

B.-A. — Forêt de Faillefeu au-dessus de Prats (*Roux*).

2017. V. Beccabunga. Lin. sp. 16. — G. G., 2, p. 588. — ♃. Mai-septembre. — Çà et là dans les ruisseaux, dans les fossés et autres lieux aquatiques.

B.-R. — Marseille : sur le bord du Jarret, au pont de Sainte-Marguerite, ruisseau du bord du chemin au-dessus de la Rose, etc. (*Roux*) ; Aix, commun dans les mares et les fossés (*F. A.*) ; dans l'Arc à Roquefavour (*Roux*).

Var. — La Sainte-Baume, dans le jardin, sous Font-Croutado ; Le Luc (*Roux*).

A.-M. — Nice ; Grasse, etc. (*Ard.*).

B.-A. — Digne (*Roux*).

2018. V. Anagallis. Lin. sp. 16. — G. G., 2, p. 580. — ♃. Mai-septembre. — Ruisseaux, fossés et autres lieux aquatiques de toute la région littorale de la Provence.

2019. — V. anagalloïdes. Guss. ic. rar. p. 5. — G. G., 2, p. 589. — ♃. Mai-juin. — Fossés et ruisseaux ; rare.

B.-R. — Marignane : dans les fossés des prés salés du bord de l'étang ; lit du ruisseau dit le Gros-Martin (*Roux*).

2020. V. aphylla. Lin. sp. 14. — G. G., 2, p. 590 — ♃. Juillet-août. — Région alpine.

A.-M. — Alpes de Tende; Mont-Bego et Mont Monnier *(Ard.)*.

B.-A. — La Vachière et les Boules, au-dessus de Prats *(Roux)*.

Vaucl. — Nord du mont Ventoux *(abbé Gonnet!)*

2021. V. Allionii. Vill. prosp. 20 et Dauph. 2, p. 8. — G. G., 2, p. 591. — ♃. Juillet.

A.-M. — Assez répandu dans toute la région montagneuse *(Ard.)*.

B.-A. — Sommet des Boules au-dessus de Prats *(L. Granier!)*.

2022. V. officinalis. Lin. sp. 14. — G. G., 2, p. 591 — ♃. Juin-juillet. — Lieux secs et pierreux de la région montagneuse.

B.-R. — Baou-de-Bretagne *(Roux)*.

Var. — Bois de la Sainte-Baume; bois des Maures et vallon de la Sauvette-des-Mayons-du-Luc *(Roux)*.

A.-M. — Bois de la région montagneuse d'où il descend jusque près de Menton et de l'Estérel *(Ard.)*.

B.-A. — Forêt de Faillefeu, au-dessus de Prats *(Roux)*.

2023. V. fruticulosa. Lin. sp. 15. — G. G., 2, p. 592. — ♃. Juillet-septembre. — Région alpine.

A.-M. — Assez répandu dans toutes nos Alpes *(Ard.)*.

B.-A. — Digne, sur les hauteurs de Cousson; Montée des Boules à Faillefeu, au-dessus de Prats *(Roux)*; montagne de Lure *(Legré!)*.

2024. V. bellidioïdes. Lin. sp. 15 — G. G., 2, p. 593 — ♃. Juillet-août. — Région alpine.

A.-M. — Mont Bego; Alpes de Tende et col de l'Abisso *(Ard.)*.

2025. V. alpina. Lin. sp. 15. — G. G., 2, p. 593. — ♃. Juillet-août. — Région alpine.

A.-M.— Assez répandu dans toutes nos Alpes (*Ard.*).

2026. V. SERPYLLIFOLIA. Lin. sp. 15. — G. G., 2, p. 594.— ♃. Mai-octobre. — Çà et là dans les prairies, les lieux ombragés.

Var.— Sainte-Baume, dans les prairies de la lisière du bois et Font-Croutado (*Roux*).

A.-M.—Grasse, Nice, Menton et région montagneuse(*Ard.*).

2027. V. ARVENSIS. Lin. sp. 18. — G. G., 2, p. 595. — ①. Avril-septembre. — Commun dans les lieux secs et arides, sur les vieux murs de toute la Provence.

2028. V. VERNA. Lin. sp. 19. — G. G., 2, p. 596. — ①. Mai. — Rare en Provence.

Var. — Pelouses sèches de la Cabrière à Ampus (*Albert*!).

2029. V. ACINIFOLIA. Lin. sp. 19. — G. G., 2, 596. — ①. Avril-mai. — Champs argileux.

A.-M. — Nice, Antibes, la Roquette (*Ard.*).

2030. V. PERSICA. Poirr. dict. enc. 8, p. 542.— G. G., 2, p. 568.— ①. Avril-mai. — Çà et là sur les pelouses, le bord des chemins et dans les lieux cultivés.

B.-R.— Rare ; Marseille : le long du Jarret, vers le pont de Saint-Barnabé et au bas du mur de l'ancien jardin des Plantes ; quelques pieds au hameau des Martégaux et dans la traverse de Puits-de-Paul à Saint-Loup ; Saint-Giniez (*Roux*).

Var.— Assez commun; bord de la mer entre Bandol et Saint-az aire ; de la gare à Ollioules ; Sainte-Baume, dans le jardin sous Font-Croutado (*Roux*) ; Toulon (*abbé Mulsant!*); Le Luc (*Roux*).

A.-M. — Commun dans les lieux cultivés, au bord des chemins (*Ard.*).

2031. V. DIDYMA. Ten. fl. Nap. prod. 6. (1811 et 13). — G. G., 2, p. 599.— ①. Mars-octobre.— Commun dans les lieux secs et arides, vieux murs et cultures de tout le littoral de la

Provence: Marseille, à Saint-Giniez, Saint-Marcel, Mazargues, Saint-Julien, les Martégaux, les Olives, etc.; Aix; Martigues, Salon, Toulon, Nice, etc.

2032. V. HEDERÆFOLIA. Lin. sp. 19.— G. G., 2, p. 599.— ①. Mai-juin. — Commun dans les haies et les lieux cultivés de toute la Provence.

2033. V. CYMBALARIA. Badard. din. (1798). — G. G., 2, p. 600. — ①. Février-avril. — Lieux pierreux, vieux murs.

B.-R.— Marseille : autrefois au vallon de l'Oriol ; vieux murs à Saint-Julien, à l'entrée des bois de pins des propriétés Le Maistre ; Cassis, rare ; la Ciotat, assez commun (*Roux*); Martigues (*Autheman !*).

Var.— Commun à Ollioules, etc. (*Roux*).

A.-M.— Abonde dans les lieux cultivés de toute la région littorale (*Ard.*).

**Erinus.** Lin. gen. 318, part.

2034. E. ALPINUS. Lin. sp. 878.— G. G., 2, p. 601.— ♃. Mai-août.

A.-M. — Région alpine d'où il descend jusqu'aux rochers du pont de Saint-Louis près Menton, jusqu'au vallon de Saint-André près de Nice et jusqu'au bois de Gourdon, près de Grasse (*Ard.*).

**Digitalis.** Tournef. inst. p. 165, t. 73.

2035. D. LUTEA. Lin. sp. 867.— G. G., 2, p. 603.— ♃. Juin-août.
— Bois, rochers ombragés et ravins de la région montagneuse.

B.-R.— Roquefourcade au-dessus de Roussargues : Baou-de-Bretagne ; Aix, en montant à Sainte-Victoire par Vauvenargues (*Roux*); au levant de la Baoumo de la Sambuco (*F. A.*).

Var.— Bois de la Sainte-Baume (*Roux*) ; Fréjus, bois des Maures (*Hanry*); vallon de la Sauvette des Mayons du Luc (*Roux*).

A.-M.— Région montagneuse d'où il descend jusqu'à Menton (*Ard.*).

B.-A. — Digne sur la montagne de Cousson; forêt de Faille-feu au-dessus de Prats, etc. (*Roux*).

Vaucl. — Apt, au vallon de la Rochellière (*Coste !*).

2036. D. GRANDIFLORA. All. ped. 1, p. 70. — G. G., 2, p. 603. — ♃. Juin-août. — Rég. alp. et mont.

A.-M. — Vallon de Libaré près de Venanson, Val de Jallorgues; Sainte-Anne de Vinaï, etc. (*Ard.*).

B.-A. — Descente de Valgelaye au Bachelard, route d'Allos à Barcelonnette (*Roux*).

**Euphrasia.** Tournef. inst. p. 174, t. 78.

2036. E. HIRTELLA. Jord. — ①. Juillet-août. — Çà et là depuis la région littorale jusqu'aux régions alpines.

B.-R. — Abonde dans les prairies marécageuses de Berre, vers les Pati (*Roux*); Saint-Rémy (*Autheman !*).

B.-A. — Digne, vers le sommet de la montagne de Cousson; vallon de Sagnas à Faillefeu au-dessus de Prats et dans les bois de pins du bord de l'Ubaye en face de la Condamine près de Barcelonnette (*Roux*).

2038. E. SALISBURGENSIS. Funk. — *E. nemorosa.* Pers. *Var. intermedia.* S. W. — G. G., 2, p. 605. — ②. Juillet-août. — Rég. alp. et mont.

A.-M. — Sainte-Agnès au-dessus de Menton; Saint Martin Lantosque; Sainte-Anne de Vinaï (*Ard.*).

B.-A. — Digne, sur la terre des rochers, vers le sommet de Cousson; Blégiers, sur les rochers humides des bords de la Bléone; Faillefeu, au-dessus de Prats, sur les pelouses du haut des bois; la Condamine près Barcelonnette, dans les bois de pins au bord de l'Ubaye (*Roux*).

2039. E. MAIALIS. Jord. pug. pl. nov. p. 130. — Bor. fl. cent. éd. 3. p. 493. — ①. — Mai-juin. — Pelouses sèches et prairies montagneuses.

B.-R. — Aix: vallon au nord et sous le Pilon du Roi; sommet de Sainte-Victoire vers les ruines du monastère (*Roux*).

Var. — Lisière du bois de la Sainte-Baume, vers la source du côté de la ferme de Ginié et vers le sommet de Saint-Cassien (*Roux*).

2040. E. MONTANA. Jord. pug. pl. nov. p. 132. — ①. Août. — Région alpine et montagneuse.

B.-A. — Abonde dans les prairies des environs du lac d'Allos (*Roux*).

2041. E. ERICOETORUM. Jord. in Bor. fl. du Cent. éd. 3, p. 495. Vaucl. — J'ai trouvé cette plante que je crois être l'espèce de Jordan, au sommet du mont Ventoux, aux environs de la Chapelle (*Roux*). — ①. Août-septembre.

2042. E. CUPREA. Jord. pug. pl. nov. p. 136. — ①. Août. — Région montagneuse.

B.-A.— Sommet de la Nive à la Pulle près Seyne *(L. Granier!)* ; montagne de Lure (*Legré !*).

**Bartsia.** Lin. gen. 739.

2043. B. ALPINA. Lin. sp. 839. — G. G., 2, p. 609. — ♃. Juin-août. — Région alpine.

A.-M. — Alpes de Tende; Salsomorena; Val de Jallorgues (*Ard.*).

B.-A. — Vallon de Juan au-dessus de Colmars (*L. Granier!*)

**Trixago.** Stev. mém. mosq. 6, p. 4.

2044. T. APULA. Stev. mém. mosq. 6, p. 4. — G. G., 2, p. 610. — ①. Mai-juin.— Coteaux, champs sablonneux de la région littorale.

B.-R. — Marseille, trouvé sur les hauteurs de Marseille-veire au lieu dit la Selle (*Roux*); Aix, à Cuques, quelques mètres avant d'arriver à la campagne de M. Crémieux *(F. A.)*; Martigues, dans les lieux montueux, à la Mède et au pied d'une colline à l'entrée du Pati; lieux incultes autour de Rassuen près d'Istres (*Autheman !*) ; Arles (*Cast. Cat. pl. B. R.*).

Var. — Saint-Nazaire, sur la plage et sur les côteaux voisins (*Roux*); Toulon, Hyères, Gonfaron, Saint-Tropez Fréjus, Ramatuelle (*Hanry*); la Crau d'Hyères (*Albert!*).

A.-M. — Beaulieu; cap Ferrat de Villefranche; Cannes; île Sainte-Marguerite; la Roquette (*Ard.*).

**Eufragia.** Griseb. spic. rum. 2, p. 13.

2045. E. VISCOSA. Benth. in. DC. prodr. 10, p. 543. — G. G., 2, p. 611. — ①. Mai-juin. — Lieux frais et humides, fossés de la région littorale.

B.-R. — La Crau à Entressen et la Camargue (*Cast. B. R.*).

Var. — Toulon (*abbé Mulsant!*); marais salés de Saint-Mandrier (*Roux*); Hyères, Le Luc, Fréjus (*Hanry*); sommet de la Sauvette, versant de Collobrières (*Roux*); vallon de Tourdourette, entre Collobrières et la Verne, près d'une source (*Roux*).

A.-M.—Cannes; île Sainte-Marguerite; la Roquette (*Ard.*).

2046. E. LATIFOLIA. Griseb. spic. Rum. 2, p. 14. — G. G., 2, p. 611.— ①. Mai-juin.— Prairies, pelouses sablonneuses, etc.

B.-R. — Marseille : à Saint-Tronc, vallon de Toulouse, Cabot, Luminy, etc. (*Roux*); Aix, bord de l'Arc, au vallon de la Guiramande et sur les pelouses du chemin, entre le hameau de Luynes et celui de Turen (*F.A.*).

Var. — Les prés et les gazons (*Hanry*); prairies de la lisière du bois de la Sainte-Baume (*Roux*); Ampus (*Albert !*); Draguignan (*Roux*).

A.-M. — Grasse, l'Estérel, Cannes, Antibes, Berre, Nice au Var, la Fraca (*Ard.*).

**Odontites.** Hall. Pers. syn. 2, p. 150.

2047. O. RUBRA. Pers. syn. 2, p. 150. — G. G., 2, p. 606. — ①. Mai-juillet.— Haies, prairies, champs humides.

B.-R. — Marseille: à la Pomme, sur les rives de l'Huveaune, à Saint-Loup, à la Moutte (*Roux*); les prés de Montferran (*Cast. Cat. B. R.*); Aix, allée des Platanes, à la Pioline, du côté de l'Arc (*F. A.*); Marignane, le long du ruisseau (*Roux*); Fos-lès-Martigues, le long du canal (*Peuzin !*).

A.-M. — Nice ; Saint-Martin-Lantosque, etc. (*Ard.*).

2048. O. SEROTINA. Rchb. fl. exc. 2, p. 359. — G. G., 2, p. 606. — ①. Juillet-septembre. — Lieux ombragés, rives et champs humides.

B.-R. — Aix : sur les rives de l'Arc, à Saint-Pons de Roquefavour, aux Milles (*Roux*); rive gauche de l'Arc, un peu en dessus de la prise d'eau de la Pioline (*F. A.*); Raphèle, près d'Arles (*Roux*); marais de Fos (*Autheman !*).

A.-M. — Roubion et probablement ailleurs (*Ard.*).

2049. O. VISCOSA. Rchb. fl. exc. p. 360. — G. G., 2, p. 608. — ①. Août-octobre. — Côteaux secs et pierreux.

B.-R. — Marseille : aux Camoins, dans le vallon de Gorde-Roubaou ; vallon vers Notre-Dame des Anges ; Pilon du Roi ; vallon de la Vache ; Gémenos, dans le vallon de Saint-Pons en montant au Baou de Bretagne et vallon de Saint-Clair (*Roux*); Pas-des-Lanciers, près la chapelle qui domine le plan de Marignane (*Roux*); Martigues, sur le plateau de Gros-Mourré, versant septentrional des collines de l'étang de Caronte (*Autheman !*); Mont-de-Mimet (*Roux*); Aix, à Cuques, à la colline des Dedaou, au bord de l'Arc (*F. A.*).

A.-M. — Région montagneuse : Sainte-Anne de Vinaï (*Ard.*).

2050. O. LUTEA. Rchb. fl. exc. p. 359. — G. G., 2, p. 608. — ①. Juillet-septembre. — Commun dans les bois de pins, les champs secs, sur les rives, etc., de toute la Provence.

2051. O. LANCEOLATA. Rchb. fl. exc. p. 362. — G. G., 2, p. 609. — ①. Juin-août. — Région montagneuse.

Var. — Rare ; hauteurs de la Sainte-Baume, sous Saint-Cassien, en face de Nans (*Roux*).

A.-M. — Grasse : aux Sausses, près de Saint-Auban ; au col de Tende, à Saint-Etienne-le-Sauvage (*Ard.*).

B.-A. — Abonde, surtout à Faillefeu, au-dessus de Prats (*Roux*).

Vaucl.— Avignon, sables du Rhône, dans l'île de la Barthelasse, rare (*Th. Brown !*).

**Rhinanthus.** Lin. Gen. 740 part.

2052. R. MAJOR. Ehrh. bietr. 6, p. 144. — G. G., 2, p. 612. — ①. Mai-juin. — Dans les prés et sur les pelouses humides.

B.-R. — Marseille : dans les prés de la Rente, à Saint-Marcel, de la Reynarde, près de la Penne ; Gémenos au vallon de Saint-Pons (*Roux*) ; Aix, à Roquefavour (*Roux*).

Var. — Plan d'Aups (*Roux*).

A.-M.— Nice et toute la région montagneuse (*Ard.*).

B.-A. — Faillefeu, au-dessus de Prats ; montée de Valgelaye sur la route de Barcelonnette (*Roux*).

2053. R. MINOR. Ehrh. bietr. 6, p. 144. — G. G., 2, p. 612. — ①. Mai-juin.

B.-R. — Aix, dans les prés de la Torse et du Tholonet (*F. A.*). — Sans doute par confusion avec le précédent que l'on trouve à Roquefavour.

**Pedicularis.** Tournef. inst. p. 171, t. 77.

2054. P. VERTICILLATA. Lin. sp. 846. — G. G., 2, p. 614. — Rég. alpine.

A.-M. — Sur le plateau de Jallorgues, près de Saint-Dalmas-le-Sauvage ; col de la Madalena (*Ard.*).— ♃. Juin-juillet.

2055. P. ALLIONII. Rchb. — Région alpine.

A.-M. — Les Viosennes; Carlin; Alpes de Tende; Colla Lombarda (*Ard.*). — ♃. Juillet-août.

2056. P. foliosa. Lin. Mant. 86. — G. G., 2, p. 614.

A.-M. — Région alpine (*de Notaris*); vallon de Nandubis, près de Saint-Martin-Lantosque (*Ard.*). — ♃. Juillet-août.

2057. P. rosea. Wulf. in Jacq. Call. 2, p. 57.— G. G., 2., p. 615. Région alpine.

B.-A. — Prairies de Langet, près de Barcelonnette (*Gacogne*). — ♃. Août.

1058. P. palustris. Lin. sp. 845. — G. G., 2, p. 615. — Lieux humides.

B.-R. — Marais aux embouchures du Rhône (*Cast. Cat.* pl. B.-du-R.); prairies marécageuses de Raphèle, près d'Arles (*Roux*). — ②. Septembre.

2059. P. comosa. Lin. sp. 847. — G. G., 2, p. 616. — Rég. alpine.

A.-M. — Col de Raus; Alpes de Tende; col de Fenestre; Sainte-Anne-de-Vinaï (*Ard.*); mont Mongiabo (*Th. Moggridge!*). — ♃. Juillet-août.

2060. P. incarnata. Jacq. Austr. 2, p. 24. — G. G., 2, p. 616. — Région alpine et montagneuse.

A.-M. — Saorgio; l'Authian; col de Raus; col de Tende; lac d'Entrecoulpe; col de Salèse et dans les alpes d'Entraunes (*Ard.*). — ♃. Août.

2061. P. gyroflexa. Vill. Dauph. 2, p. 426 (excl. var. β). — G. G., 2, p. 617. — Région alpine.

A.-M. — Col de Raus; col de Tende (*Ard.*).

B.-A. — La Vachière au-dessus de Prats (*Roux*). — Montagne de Lure (*Legré!*).

2062. P. fasciculata. Bell. app. alt. ad ped in Willd. sp. 3, p. 218. — G. G., 2, p. 618. — ♃. Juillet-août. — Région alpine.

A.-M. — Col de Tende; Sainte-Anne-de-Vinaï; vallon de Fenestre; lac de Rabuons, près de Saint-Etienne (*Ard.*).

2063. P. rostrata. Lin. sp. 845. — G. G., p. 618. — ♃. Juillet-
août.

A.-M. — Assez répandu dans toute la région alpine (*Ard.*).

2064. P. tuberosa. Lin. sp. 847. — G. G., 2, p. 619. — ♃.
Juillet-août. — Région alpine.

A.-M. — Sainte-Anne-de-Vinaï ; le Garret au-dessus d'Entraune (*Ard.*).

**Melampyrum.** Tournef. inst. 173, t. 78.

2065. M. cristatum. Lin. sp. 843. — G. G., 2, p. 620. — Juillet-
août. — Région alpine et montagneuse.

A.-M. — Bois de Gourdon au-dessus de Grasse (*Ard.*).

B.-A. — Montagne de Lure (*Legré*).

2066. M. arvense. Lin. sp. 842. — G. G., 2, p. 620. — ①. Juin-
juillet. — Moissons et prairies.

B.-R. — Aix : à Puyricard et à Meyreuil (*F. et A.* d'après
*Garidel*); ils n'ont plus retrouvé cette plante ; Auriol,
sur la route de la Sainte-Baume entre Roussargues et le
Plan d'Aups (*Roux*).

Var. — Moissons de la Brasque et de la ferme de Ginié au
Plan d'Aups (*Roux*); Bagnol; Le Luc (*Hanry*).

A.-M. — Castillon au-dessus de Menton ; Tende ; Entraune
et la Malle au-dessus de Grasse (*Ard.*).

B.-A. — Gréoulx, au bord du Verdon (*L. Granier !*)

2067. M. nemorosum. Lin. sp. 843. — G. G., 2, p. 620. — ①. Juillet-août. — Assez commun dans les bois de la région
alpine et montagneuse.

A.-M. — Assez abondant dans toute la région alpine jusqu'au Forghet (*Ard.*).

B.-A. — Assez répandu : Digne, au vallon de la Marderie ;
Euvernet, près de Barcelonnette, etc. (*Roux*).

2068. M. pratense. Lin. sp. 843. — G. G., 2 p. 621. — ①. Juin-
septembre. — Bois et pelouses.

A.-M. — A Bellona, etc. (*Ard.*).

2069. M. sylvaticum. Lin. sp. 843. — G. G., 2, p. 621.— ①. Juillet-août. — Région alpine et montagneuse.

A.-M. — La Fraca ; bois du Boréon ; col de Salèze ; Alpes de Saint-Etienne ; Sainte-Anne-de-Vinaï (*Ard.*).

**Tozzia.** Lin. gen. 306.

2070. T. alpina. Lin. sp. 844. — G. G., 2, p. 622. — ♃. Juin-juillet. — Région alpine, mais rare.

A.-M. — Col de l'Abisso ; vallon de Nandubis, près de Saint-Martin-Lantosque ; col de Frema-Morta, près le sanctuaire de Sainte-Anne-de-Vinaï (*Ard.*).

## OROBANCHÉES

**Phelipæa.** C. A. Meyer in Ledeb alt. 1, p. 459.

2071. P. cærulea. C. A. Meyer en cauc. 104. — G. G., 2, p. 624. — Sur les racines de l'*Achillea millefolium*.

B.-R. — Aix : sur le mont Sainte-Victoire (*F. A.*).

Var. — Sables maritimes aux Ambiers (*Hanry* d'après *Robert*), et de Fréjus (d'après *Perreymond*) ; sommet de la Sauvette des Mayons-du-Luc (*Hanry!*).

A.-M. — Saint-Martin-Lantosque (*Ard.*).

Vaucl. — Avignon, rare ; graviers de la Durance (*Palun*). — ♃. Juin, juillet.

2072. P. coesia. Reut. in D. C. prod. 11, p. 6 (non *Griseb*).—G. G., 2, p. 624. — Rég. litt. ; sur les racines des *Artemisia gallica et glutinosa*, sur celles du *Camphorosma monspeliaca*.

B.-R. — Marseille (*Jordan*) : le Pharo, les Catalans, batterie de Montredon (*Roux*). Aix : champs incultes au couchant du vallon de Cascaveou (*F. A.*), de Martigues au cap Couronne et Fos-les-Martigues, sur les bords du canal d'Arles (*Autheman! Roux*).

Var. — Abonde sur la plage sablonneuse entre Fréjus et Saint-Raphaël (*Roux*). — ♃. Mai, juin.

2073. P. ARENARIA. Walp. rep. 3, p. 459. — G. G. 2, p. 625.—Rég. mont. ; sur les racines de l'*Artemisia campestris*. — ♃. Juin, juillet.

A.-M. — Entre Duranus et Figaret ; col de Braus, près de Tende (*Ard.*).

2074 P. OLBIENSIS. Coss. not. fasc. 1., 1848, p. 8. — G. G. 2, p. 623. — Rég. litt.; sur les racines de l'*Helichrysum stœchas* et du *Phagnalon saxatile*. — ♃. Mai, juin.

B.-R. — Marseille, rare ; dans les sables de Mazargues (*Roux*); La Ciotat, à N.-D. de la Garde et au Bec de l'Aigle (*Roux*).

Var. — Iles d'Hyères, Porquerolle (G. G.).

2075. P. LAVANDULACEA. Schultz, arch. fl. Fr. et All. 99. — G. G. 2, p. 626. — Sur les racines du *Psoralea bituminosa*, du *Thapsia villosa*, etc. — ♃. Juin, juillet.

B.-R. — Rare ; Marseille dans le vallon dit Maouvallon, au sud de Marseille-Veyre (*Roux*); Aix, au mont Sainte-Victoire (G. G., d'après D. C.).

Var. — Le Luc (*Hanry, Jordan et G. G.*).

A.-M. — Villefranche, au Baou-Rous, Nice, Saint-Roch et à Brancolar, Saint-Vallier (*Ard. et G. G.*).

2076. P. MUTELI. Reut. in D. C. prodr. 11, p. 8.— G. G., 2, p. 626. — Sur les racines de divers végétaux, tels que : *Rosmarinus officinalis, Thymus vulgaris, Helichrysum stœchas, Medicago sativa, Trigonella gladiata*, etc. — ①. Mai, juin.

B.-R. — Marseille, aux Sables de Mazargues, à Luminy, vallon de Morgiou, tête de Carpiagne, etc. (*Roux*); Gémenos, abonde dans le vallon de Saint Pons sur la route de la Sainte-Baume (*Roux*); Martigues, très rare (*Autheman!*); assez commun sur les falaises du bord de l'étang entre Miramas et Istres (*Autheman et Roux*).

Var. — Commun aux environs d'Hyères (*Jordan, Hanry*), à Fenouillet (*Albert!*).

A.-M. — Çà et là, à Sospel, Menton, Nice, Antibes, la Roquette, etc. (*Ard.*).

2077. P. RAMOSA. C. A. Meyer, en. pl. cauc. 104.— G. G. 2, p. 627.

— Sur les racines de diverses plantes, telles que : *Erodium cicutarium, Anthriscus sylvestris*, divers *Galium, Petasites fragrans, Senecio vulgaris, Lactuca chondrillæflora, Podospermum laciniatum, Crepis recognita, Nicotiana tabacum, Polygonum fagopyrum, Cannabis sativa*, etc. — ①. Mai-juillet.

B.-R. — Martigues (*Autheman!*), Berre, Roquefavour, les Milles (*Roux*).

Var. — Plan d'Aups, Sainte-Baume, le Luc (*Roux*), Ile du Levant, Fréjus (*Hanry*, d'après *Robert et Perreymond*).

A.-M. — Nice, la Roquette, Menton (*Ard.*).

Vaucl. — Avignon, rare (*Palun*), L'Isle-sur-Sorgues (*Autheman*).

**Orobanche.** Lin. gen. 779 part.

2078. O. RAPUM. Thuill., éd. 2, p. 317. — G. G. 2, p. 628. — ♃. Mai, juin.

A.-M. — Rare; sur les racines du *Sarothamnus scoparius*, aux environs de Nice et de Saint-Vallier (*Ard.*).

B.-R. — Aix? Dans une vigne au levant de la campagne de M. Guiraud au quartier de Brunet (*F.-A.*).

2079. O. CRINITA. Viv. fl. cors. nov. diagn. 11 (non Rchb.). — G. G. 2, p. 629. — ♃. Mai.

Var. — Iles d'Hyères; presqu'île de Gien, sur les racines du *Lotus procumbens* (*Hanry*, d'après *Jordan*); sur celles du *Lotus Allionii* (G. G.).

2080. O. CRUENTA. Bert. Rare ital. — G. G. 2, p. 629. — ♃. Juin, juillet.

Var. — Sur les racines du *Cytisus triflorus*, vallon de la Sauvette des Mayons-du-Luc (*Roux*), sur celles du

*Lotus corniculatus, Tetragonolobus siliquosus, Hippocrepis glauca, Dorycnium suffruticosum et Genista tinctoria*, à Hyères, au Luc et à Fréjus (*Hanry*).

A.-M. — Assez commun sur le *Dorycnium suffruticosum* et autres légumineuses (*Ard.*).

Vaucl. — Près des bords du Rhône à l'île *Piot* à Avignon (*Palun et Brown !*), sommet du Léberon près de Robion (*Autheman*).

2081. O. VARIEGATA. Wallr. orob. diasc., p. 40. — G. G. 2, p. 630.—Sur les racines de diverses Papilionacées ligneuses, telles que *Coronilla juncea, Dorycnium suffruticosum, Anthyllis cytisoides* et *montana, Genista cinerea* et *scoparia*, etc. — ♃. Avril-juin.

B.-R. — Marseille, à Saint-Tronc, Saint-Loup, vallon de Morgiou, etc.; Gémenos, de Saint-Pons au Baou de Bretagne; Cassis, La Ciotat, etc. (*Roux*); Aix, à Sainte-Victoire (*F.-A. Autheman !*), Pont de Mirabeau (*Autheman*).

Var. — Nans, sur la route de la Sainte-Baume (*Roux*); Toulon, au mont Faron (*Huet !*); Fréjus (*Hanry*); La Farlède (*Albert !*).

A.-M. — Entre l'Escarène et Sospel, entre Fontan et Tende, entre Tende et Lupega, Saint-Martin-Lantosque (*Ard.*)

B.-A. — Les Mées (*Hanry*).

2082. O. FULIGINOSA. Reut. in D. C. prodr. 11, p. 23. — G. G. 2, p. 633. — Sur les racines du *Senecio cineraria*. — ♃. Mai-juin.

B.-R. — Marseille, à Mazargues sur les hauteurs au-dessus de la fabrique de Morgiou, en suivant la voie charretière qui mène au vallon de Morgiou, plus abondant en suivant la route qui descend vers Sormiou (*Roux*); La Ciotat, à N.-D. de la Garde (*Roux*).

Var. — Iles d'Hyères, à Porquerolle et presqu'île de Gien (*Jord.*).

A.-M. — Ile Sainte-Marguerite (*E. Burnat!*).

2083. O. COLUMBARIÆ. Vauch. Mono. 57. — G. G. 2, p. 634. — Sur les racines du *Scabiosa columbaria*, *Anthriscus sylvestris* et *Mentha arvensis*. — ♃. Mai, juin.

Var. — Hyères (*G. G.*); suivant M. Hanry, d'après Perreymond, on le rencontre depuis Fréjus jusqu'à Cannes; il dit l'avoir trouvé lui-même sur l'*Artemisia gallica* à Fréjus, sur la côte, le 11 mai 1850. J'ai visité cette localité, le 4 juin 1873, où je n'ai rencontré sur cette Artémise que le *Phelipœa cœsia !*

A.-M. — Sur le *Scabiosa candicans (Jord.)*, au golfe Jouan et sur le *Centaurea aspera* à Cannes et dans l'Estérel (*Ard.*).

2084. O. SPECIOSA. D.C fl. fr. 5, p. 393. — G. G. 2, p. 631. — Sur les racines de Papilionacées annuelles, telles que *Pisum sativum*, *Vicia sativa*, *faba* et *bithynica*, *Lens esculenta*, *Ervum tetraspermum*, etc.; trouvé à Pipière sur le *Picris spinulosa*. — ①. Mai-juin.

B.-R. — Marseille, à Saint-Giniez, campagne Zizinia (*Roux*).

Var. — Abonde dans les champs de Pipière, près Saint-Nazaire, à la Seyne, près Toulon (*Roux*); Toulon, au cap Brun (*Huet!*); le Revest, la Farlède (*Albert!*).

A.-M. — Antibes, Nice, Monaco (*Ard.*).

2085. O. GALII. Duby, bot. 349. — G. G. 2, p. 631. — Sur les racines de divers *Galium*. — ♃. Juin-juillet.

B.-R. — Bords de l'Huveaune entre Roquevaire et Auriol, Baou de Bretagne; Beaulieu près d'Aix; mont de Mimet (*Roux*).

Var. — Lisière du bois de la Sainte-Baume et rochers du Pas de la Chèvre au haut du bois (*Roux*); Fréjus (*Hanry*).

A.-M. — Roquebrune, Nice, Castillon, etc. (*Ard.*).

2086. O. EPITHYMUM. D. C. fl. fr. 3, p. 490.— G. G. 2, p. 632.— Sur les racines du *Thymus vulgaris*, *Satureia montana* et *Lavandula spica*. — ♃ Mai-juillet.

B.-R. — Marseille, au vallon de la Nerte; au Pilon du Roi; Baou de Bretagne; Pas-des-Lanciers, etc. (*Roux*); Aix, à Cuques et Repentance (*F. A.*); Martigues et Saint-Remy (*Autheman!*).

Var. — Montée de la Sainte-Baume par Nans; bois des Maures du Luc (*Roux*); le Luc, Brignoles (*Hanry*).

A.-M. — Çà et là (*Ard.*).

Vaucl. — Bonnieux et mont Ventoux (*Autheman!*).

2087. O. SCABIOSÆ. Koch, Deutsch. pl. 4, p. 440. — G. G. 2, p. 633. — Très rare et sur les racines du *Carduus nigrescens*. — ① Mai-juillet.

B.-R. — Une seule fois sur les hauteurs du vallon de Fondacle, au lieu dit le Verdaou, au-dessus des Olives (*Roux*); Saint-Barnabé (*C. Julian!*).

A.-M. — Levens et gorges du Saorgio (*Ard.*).

2088. O. TEUCRII. Hall. et Schultz. — G. G. 2, p. 634. — Sur les racines du *Teucrium chamædrys*; suivant G. G. il croît aussi sur les racines des *Teucrium montanum, scorodonia, pyrenaicum*, le *Thymus serpyllum* et le *Bromus erectus*. — ♃. Juin-juillet.

B.-R. — Roquefavour, Baou de Bretagne (*Roux*).

Var. — Sainte-Baume au Pas de la Chèvre (*Roux*).

A.-M. — Rare; Tende (*Ard.*).

2089. O. RITRO. — G. G. 2, p. 635.— Sur les racines de l'*Echinops ritro*. — ♃. Juin, juillet.

B.-R. — Marseille, rare; sables de Mazargues; vallon de la montée du Pilon du Roi par Simiane (*Roux*).

Var. — Entre Saint-Cyr et le Bausset (*Autheman!*); commun au Plan d'Aups, dans les champs au-dessous du village (*Roux*).

2090. O. Picridis. Schultz, ap. Koch. — G. G. 2, p. 638. — Sur les racines du *Picris spinulosa Guss.* — ①. Juin.

Var. — Rare ; rive gauche de la route du Luc à Gonfaron (*Roux*) ; Draguignan (*Hanry*).

2091. O. major. L. fl. suec. 561. — G. G. 2 p. 636. — Commun sur les racines des *Centaurea aspera, collina*, etc. ; dans toute la Provence. — ♃. Mai-juin.

2092. O. Artemisiæ. Gaud. helv. 4, p. 179 (1849). — G. G. 2, p. 638. — Sur les racines des *Artemisia campestris* et *glutinosa*. — ♃. Avril-juin.

B.-R. — Marseille ; commun dans les sables de Mazargues (*Roux*) ; Fos-les-Martigues, sur les berges du canal d'Arles près du Pont-Clapet (*Roux*) ; Aix, au vallon du Marbre Noir, au haut d'un rocher à droite en montant, sur les racines du *Brachypodium ramosum* (*F. A.*) ; n'y a-t-il pas erreur ?

Var. — Brignoles (G. G. d'après *Loret*) ;

A.-M. — Sur les racines du *Galactites tomentosa* ; Cannes (*Traherne Moggridge !*).

2093. O. Salviæ. F. Schultz, ann. Gewk. — G. G. 2, p. 639. — Sur les racines du *Salvia glutinosa*. — ♃. Juin-juillet.

A.-M. — Mines de Tende et Saint-Martin Lantosque (*Ard.*).

2094. O. pubescens. D'Urville enum. p. 761. — G. G. 2, p. 639. — Sur les racines du *Crepis bulbosa*. — ♃. Avril, mai.

B.-R. — Marseille (*Jordan*) ; dans les bois de pins de Bonneveine, propriété Musso ; Pomègue (*Roux*).

Var. — M. Huet pense l'avoir trouvé au Luc.

A.-M. — Entre l'Escarène et Nice.

2095. O. Hederæ. Duby, bot. 350. — G. G. 2, p. 640. — Très commun sur les racines du lierre. — ♃. Mai-juillet.

B.-R. — Marseille, campagnes Talabot et Salle ; bords du Jarret à Malpassé, St-Marcel sur les bords de l'Huveaune et à N.-D. de Nazareth, etc. (*Roux*) ; Gémenos, à Saint-

Pons (*Roux*); Aix, sur les bords de la Torse, derrière la campagne de M. Pontier, notaire (*F.-A.*).

A.-M. — Assez rare; Nice, Menton, Villefranche, etc. (*Ard.*).

2096. O. MINOR. Sutton, trans. lin, 4, p. 178. G. G. 2, p. 640. — Assez commun sur les racines de diverses plantes, telles que *Medicago sativa, Trifolium pratense et repens, Daucus carotta et gingidium, Hypochœris radicata, Urospermum Dalechampii, Crepis fœtida, Sideritis hirsuta*, etc. — ①. Mai-juillet.

B.-R. — Marseille, à Fondacle près Saint-Julien, sables de Mazargues, etc.; Gémenos dans le vallon de Saint-Pons, etc.; Saint-Jean-de-Garguier au vallon des Signores; Cassis sur les bords de la mer, La Ciotat à N.-D. de la Garde, les Alpines (*Roux*), pont de Mirabeau (*Autheman!*).

Var. — Plage de Saint-Nazaire (*Roux*), le Luc, Fréjus (*Hanry*), la Farlède; sur le *Borrago officinalis* et le *Cerinthe aspera* (*Albert!*).

A.-M. — Commun (*Ard.*)

2097. O. AMETHYSTEA. Thuill. fl. Paris, éd. 2, p. 317. — G. G. 2, p. 641. — Commun sur les racines de l'*Eryngium campestre*. — ♃. Mai-juillet.

B.-R. — Marseille, dans les sables de Mazargues, Saint-Julien, la Treille, Martigues, la Couronne, etc. (*Roux*); Aix, plateau au nord de Repentance (*F. A.*).

Var. — Hyères, Brignoles, le Luc (*Hanry*); Solliès-Ville, Coudon (*Albert!*). J'ai rencontré la même espèce à forme naine, croissant en masse sur le *Jasione montana*, dans les champs abandonnés du sommet de la Sauvette, versant de Collobrières, le 1ᵉʳ juin 1873 (*Roux*).

A.-M. — Cannes (*Hanry*); la Roquette, Nice (*Ard.*).

2098. O. cernua. Lœfl. it. hisp. 152. — G. G. 2, p. 642. — Sur les racines de l'*Artemisia gallica*. — ♃. Juin.

B.-R. — Marseille, sur les bords de la mer vers les Goudes (*Roux*); bords de l'étang entre la Mède et Martigues; Berre, dans les prairies en dessus des Salines; sur le *Lactuca chondrillæflora*, dans le vallon de Saint-Clair à Saint-Jean-de-Garguier; Fos-les-Martigues, Plan d'Aren sur les bords des étangs de Lavalduc et d'Engrenier, au Galéjon (*Autheman!*).

## LABIÉES

**Lavandula.** Lin. gen. 711.

2099. L. Stæchas. Lin. sp. 820 (encl. var. β). — G. G. 2, p. 647. — Lieux secs et sablonneux, surtout des terrains siliceux du littoral de Provence. — ♂. Juin, juillet.

B.-R. — Rare; Marseille, dans les bois de pins des sables de Mazargues, à gauche de la route de Sormiou (*Roux*); La Ciotat, au Bec de l'Aigle et à N.-D. de la Garde (*Roux*).

Var. — Commun sur les coteaux à Saint-Nazaire; au val d'Arène (*Roux*); la Seyne (*abbé Mulsant!*); Hyères, îles d'Hyères, Fréjus (*Hanry*); bois des Maures du Luc, aux Mayons, etc. (*Roux*).

A.-M. — Commun sur tout le littoral (*Ard.*).

2100. L. vera. D. C. fl. fr. 5, p. 398.—*L. spica* Lin. sp. 800 (encl. var. β). — G. G. 2, p. 647. — Commun sur toutes les hauteurs de la Provence. — ♂. Juillet-août.

B.-R. — Marseille, sur les hauteurs de Marseille-Veire, Tête de Carpiagne, Pilon du Roi, N.-D. des Anges; Roquefourcade; Baou de Bretagne, etc. (*Roux*); Aix, commun à Sainte-Victoire et plus rare au quartier de Celony (*F.-A.*).

Var. — Bois et hauteurs de la Sainte-Baume, etc. (*Roux*);

Pignans, Bagnol, Fox-Amphous, Aups (*Hanry*); Ampus (*Albert*).

A.-M. — Assez commun dans la région montagneuse, d'où il descend presque jusqu'à Nice et à Menton (*Ard.*).

B.-A. — Digne, sur la montagne de Cousson ; Faillefeu au-dessus de Prats, etc. (*Roux*); Sisteron (*G. G*).

Vaucl. — Commun sur les coteaux et les montagnes des environs du mont Ventoux, etc. (*Roux*).

2101. L. spica. D. C. fl. fr. 5, p. 397. — *L. spica*, v. β. L. sp. 800. — *L. latifolia*, Vill. Dauph. 2, p. 363. (*G. G.*) 2, p. 647. — Coteaux secs et arides de la basse région de la Provence. — ♂. Juin-juillet.

B.-R. — Marseille, N.-D. de la Garde, Montredon, Mazargues, Saint-Loup, Saint-Julien, Château-Gombert, vallon de la Nerte ; Gémenos, Roquevaire, etc. (*Roux*); Aix, dans les collines (*F. A.*).

Var. — Commun dans les lieux pierreux (*Hanry*); Aups (*Albert !*).

A.-M. — Çà et là dans les lieux arides ; Antibes, Nice, Menton, etc. (*Ard.*)

Vaucl. — Avignon (*Palun*).

**Mentha.** Lin. gen. 291.

2102. M. rotundifolia. L. sp. 805. — G. G. 2, p. 648. — Commun dans les lieux frais, les fossés et les petits cours d'eau de toute la Provence. — ♃. Juillet, août.

2103. M. sylvestris. L. sp. 804.—G. G. 2, p. 649.—♂. Juillet, août.

B.-R. — Lieux humides à Marignane (*Autheman*); **Aix**, au bord de l'Arc (*F. A.*).

Var. — Le long des ruisseaux (*Hanry*).

A.-M. — Rare dans la rég. litt., plus abondant dans la rég. mont. (*Ard.*).

Vaucl. — Avignon, sur le bord des fossés près la Durance et dans les oseraies de la Barthelasse (*Palun*).

2104. M. mollissima. Borkhousen.— Lieux frais, bord des eaux, surtout dans la rég. mont. — ♃. Août-septembre.

B.-R. — Marseille, dans les fossés de la route sous le hameau des Martégaux (*Roux*); Gignac, près la gare, le long de la voie ferrée (*Autheman !*).

A.-M. — Au Gramont au-dessus de Menton ; Saint-Martin-Lantosque (*Ard.*).

B.-A. — Digne, à Saint-Benoit (*Roux*).

2105. M. lucandiana. Perard, Cat. de Montluçon. — ♃. Août-octobre.

B.-R. — Marseille sur le bord du Jarret, près du pont de Sainte-Marguerite (1853, *Roux*).

2106. M. viridis. L. sp. 804. — G. G. 2, p. 649. — Cultivé et rencontré subspontané. — ♃. Juillet-septembre.

B.-R. — Près d'un tas de pierres, dans les champs entre Gémenos et la route de Cuges; dans les champs pierreux au pied de Sainte-Victoire, côté de Vauvenargues (*Roux*).

Var. — Lieux humides (*Hanry*).

2107. M. aquatica. L. sp. 805. — G. G. 2, p. 651. — Commun le long des fossés et des ruisseaux. — ♃. Juillet-août.

B.-R. — Le long du Jarret, de l'Huveaune, etc.; Aubagne, Marignane, Berre, Raphèle, etc. (*Roux*); Aix, rive droite de l'Arc, au-dessus du pont des Trois-Sautets et au-dessus des Infirmeries (*F. A.*).

A.-M. — Commun (*Ard.*).

Vaucl. — Avignon, commun (*Palun*).

Var. β. hirsuta. Koch. — Forme rare.

B.-R. — Fos-les-Martigues, sur le bord du canal d'Arles (*Autheman !*), Raphèle près Arles (*Roux*).

2108. M. arvensis. L. sp. 806. — G. G. 2, p. 653. — Champs humides de la région mont. — ♃. Juillet, août.

A.-M. — Saint-Martin-Lantosque (*Ard.*)

Vaucl. — Avignon, dans les lieux humides et les oseraies voisins du Rhône (*Palun*).

**Pulegium.** Mill. dict. n° 1.

2109. P. VULGARE. Mill. dict. n° 1. Perard, cat. de Montluçon. — *Mentha Pulegium*, L. sp. 807. — G. G. 2, p. 654. — Commun dans les fossés, les lieux aquatiques et même dans les endroits secs. — ♃. Juin-août-

B.-R. — Marseille, à Château-Gombert, etc. ; Pas-des-Lanciers, Marignane, etc. (*Roux*) ; Aix (*F. A.*).

Var. — Lieux humides (*Hanry*) ; Plan d'Aups à la Sainte-Baume ; plage de Saint-Cyr, etc. (*Roux*) ; La Farlède (*Albert!*).

A.-M. — Grasse, Nice, Menton, etc. (*Ard.*).

Vaucl. — Avignon, etc. (*Palun*).

**Preslia.** Opitz, in bot. zeit. 1824; p. 322.

2110. P. CERVINA. Fresen in syll. soc. Ratisb. 2, p. 238. — G. G. 2, p. 654. — Lieux humides. — ♃. Juin-août.

B.-R. — Arles, dans les sables du Rhône à Trinquetaille (*Roux*).

Vaucl. — Avignon, sur les bords du Rhône (*Roux*); bords des mares alimentées par le Rhône (*Palun*).

**Lycopus.** Lin. gen. 83.

2111. L. EUROPOEUS. L. sp. 30. — G. G. 2, p. 655. — Commun aux bords des ruisseaux, des fossés et autres lieux aquatiques de toute la Provence. — ♃. Juillet, août.

**Origanum.** Mœnch, Meth. 137.

2112. O. VULGARE. L. sp. 824. — G. G. 2, p. 656. — Commun dans les lieux incultes, les rives, les haies et le bord des chemins de toute la Provence. — ♃. Juillet, août.

**Thymus**. Benth. lab. 340.

2113. T. vulgaris. L. sp. 825. — G. G. 2, p. 657. — Très commun sur les coteaux, dans les lieux secs et pierreux de toute la rég. litt. de la Provence jusqu'à Digne, Avignon, etc. — ♃. Mai, juin.

2114. T. chamædrys. Fries, nov. 197. — G. G. 2, p. 658. — Rég. alp. et mont. — ♃. Juillet, août.

B.-A. — Digne (*L. Granier*), montagne de Cousson dans les bois taillis; forêt et vallon du Sagnas à Faillefeu, au-dessus de Prats, etc. (*Roux*).

2115. T. serpyllum. L. fl. suec 208 et sp. 82 (encl. var.), var. γ *Confertus*. — G. G. 2, p. 658. — Lieux pierreux, pelouses sèches. — ♃. Mai-septembre.

B.-R. — Marseille, à l'Etoile, au Pilon du Roi; Pas-des-Lanciers; Velaux (*Roux*); Gignac (*Autheman!*); Aix commun (*F. A.*); le Tholonet, Sainte-Victoire (*Hanry, Roux*); Saint-Paul-les-Durance (*Roux*).

Var. — Plan d'Aups (*Roux*); Nans, la Sainte-Baume, N.-D. des Anges près Pignans (*Han'y*).

A.-M. — Commun dans la région mont. d'où il descend jusqu'à Peglia, N.-D. de Laghet, le bois du Var et Grasse (*Ard.*).

**Hyssopus**. Lin. gen. 709.

2116. H. officinalis. L. sp. 796. — G. G. 2, p. 659. — Lieux secs et pierreux; rare en Provence. — ♃. Juillet-septembre.

B.-R. — Marseille, sur la crête du vallon des Ouides (*Reynier!*); Roquefavour, sur les coteaux en face du domaine Saint-Pons (*Roux*); mont Calvaire à Alleins (*Gouirand*); Aix à Puyricard, près du pont de la Touloubre et aux environs du hameau de Meyreuil (*F. A.*).

Var. — Mourière, Draguignan (*Hanry*).

A.-M. — Très rare; sommet de l'Agel, au-dessus de la Turbie, au bord de la Vésubie près de Levens ; à Tende, à Grasse, à la Paoute, au Bar, à Caussols (*Ard.*).

B.-A. — Sisteron (*G. G.*).

**Satureia.** Lin. gen. 707.

2117. S. HORTENSIS. L. sp. 795. — G. G. 2, p. 660. — Lieux secs. — ①. Juin-septembre.

B.-R. — Aix, dans les champs et sur les hauteurs (*F. A.*) ; graviers de l'Arc et surtout dans les champs graveleux plantés d'amandiers en face de la Fare (*Roux*); champs de Meyrargues à Saint-Canadet (*Peuzin!*).

Var. — Les champs (*Hanry*), le Luc à la Lamberte (*Roux*).

B.-A. — Sisteron (*G. G.*).

Vaucl. — Avignon, dans l'île la Barthelasse (*Th. Brown!*).

2118. S. MONTANA. L. sp. 794. — G. G. 2, p. 660. — Commun dans les lieux secs et rocailleux ; Marseille, au vallon de Forbin à Saint-Marcel, vallon de la Nerte, Sisteron, etc., Avignon, mont Ventoux, etc. — ♂. Juillet, août.

**Micromeria.** Benth. lab. 368.

2119. M. PIPERELLA. Benth. — Région montagneuse. — ♃. Juillet-septembre.

A.-M. — N'est pas rare sur les roches depuis Tende jusqu'à Brès et à l'Agel au-dessus de Menton, à Saint-Sauveur (*Ard.*).

**Calamintha.** Mœnch. meth. 408.

2120. C. GRANDIFLORA. Mœnch. meth. 408. — G. G. 2, p. 662. Rég. alp. et mont.; Alpes de Provence (*G. G.*). — ♃. Juillet, août.

Var. — Aiguines dans les bois humides de Morgès (*Albert!*). Çà et là dans la rég. mont. jusqu'au-dessus de l'Escarène (*Ard.*).

B.-A. — Forêt de Faillefeu au-dessus de Prads (*Roux*) ; montagne de Lure (*Legré*).

2121. C. officinalis. Mœnch. meth. 409. — G. G. 2, p. 663. — Les bois. — ♃. Juillet, août.

Var. — Collines pierreuses (*Hanry*); bois des Maures du Luc, les Mayons, sous les châtaigniers (*Roux*).

A.-M. — Lieux incultes, bord des bois, mais peu commun, Sospel, etc. (*Ard.*).

2122. C. Nepeta. Link. et Hoffem. fl. port. 1, p. 141. — G. G. 2, p. 664. — Commun le long des chemins, au bord des champs et dans les lieux pierreux de toute la Provence. — ♃. Juillet, août.

2123. C. nepetoïdes. Jord. obs. fr. p. 16. — G. G. 2, p. 665. — ♃. Juillet-septembre.

A.-M. — Rég. mont. où il abonde et semble remplacer le précédent (*Ard.*).

B.-A. — Lieux secs et pierreux à Sisteron (*Jord.*); Digne à Saint-Benoît, montagne de Cousson, etc. (*Roux*).

Vaucl. — De Bedouin au mont Ventoux (*Roux*).

2124. C. alpina. Lamk. fl. fr. 2, p. 394. — G. G. 2, p. 666. — ♃. Juillet, août.

A.-M. — Lieux pierreux de la région montagneuse où il abonde et d'où il descend presque jusqu'à Menton (*Ard.*).

2125. C. Acinos. Claire in Gaud. helv. fr., p. 84. — G. G. 2, p. 666. — Çà et là dans les champs et lieux incultes. — — ①. Juin-août.

B.-R. — Marseille, à Saint-Loup, Saint-Tronc, Carpiagne, la Treille, etc.; Saint-Jean-de-Garguier, Roquevaire, etc. (*Roux*); Aix à Cuques et autres lieux secs (*F. A.*); Roquefavour, les Alpines, etc. (*Roux*).

Var. — Champs incultes (*Hanry*).

A.-M. — Lieux incultes au-dessus de Nice, col de Braus au-dessus de Grasse, etc. (*Ard.*).

2126. C. Clinopodium. Benth. in D. C. prod. 12, p. 232. — G. G. 2, p. 667. — Bois et haies. — ♃. Juillet-août.

B.-R. — Aix, bords de l'Arc, endroits frais et ombragés (*F. A.*); rives de la Luynes vers l'auberge de Saint-Martin; haies à Saint-Chamas, Miramas et Raphèle près Arles (*Roux*).

Var. — Les bois (*Hanry*); la Sainte-Baume; vallon de la Sauvette-des-Mayons-du-Luc (*Roux*).

A.-M. — Assez commun au bord des bois et dans les buissons (*Ard.*).

**Melissa.** Lin. gen. 728.

2127. M. OFFICINALIS. L. sp. 827. — G. G. 2, p. 668. — Haies. — ♃. Juin-août.

B.-R. — Aix, derrière le château du Tholonet et dans les prairies voisines de Vauvenargues (*F. A.*).

Var. — Assez commun au bord des champs au Luc et dans le vallon de la Sauvette-des-Mayons-du-Luc (*Roux*).

A.-M. — Çà et là au bord des champs à Grasse, Nice, Menton, etc. (*Ard.*).

**Rosmarinus.** Lin. gen. 38.

2128. R. OFFICINALIS. L. sp. 33. — G. G. 2, p. 669. — Coteaux et autres lieux montueux dans toute la rég. litt. de la Provence. — ♄. Mars-mai.

**Salvia.** Lin. gen. 39.

2129. S. OFFICINALIS. L. sp. 34. — G. G. 2, p. 670. — Lieux secs et arides. — ♄. Juin, juillet.

B.-R. — Marseille, où il est cultivé autour des habitations rurales; subspontané et assez commun depuis Venelle jusqu'au château de Cadarache; sur les plateaux dominant Orgon (*Roux*); Aix, spontané ou du moins acclimaté dans les lieux secs, loin des habitations (*F. A.*).

Var. — Sur les coteaux et les vieux murs (*Hanry*).

A.-M. — Subspontané sur les coteaux arides; rare; Menton, Nice, Grasse, la Calle près Saint-Auban, Saint-Dalmas-le-Sauvage (*Ard.*).

2130. S. verticillata. L. — G. et G. 2, p. 670. — ♃. Juillet, août. — Rare, bords des prés et des routes.

B.-R. — Marseille : autrefois au pont de la Rose, sur la route des Olives ; quelques pieds trouvés le 16 juillet 1879, vers le fond du vallon de la Vache en montant vers Cadolive ; campagne Jailleu au quartier du Merlan.

Var. — Toulon (G. et G.).

A.-M. — Rare ; Menton, l'Ariane près de Nice ; Sospel ; le long de la Reja ; depuis Fontan jusqu'à Tende (*Ard.*).

2131. S. Sclarea. L. — G. et G. 2, p. 671. — ♃. Juin, juillet. — Coteaux, lieux incultes et bords des sentiers.

B.-R. — Marseille : le long du canal à Saint-Loup, Saint-Julien, les Martégaux, etc. (*Roux*) ; Aix : au vallon de Brunet, au Montaiguet, dans le vallon du Tir (*F. A.*).

Var. — Toulon, le Luc, Roquebrune (*Hanry*).

A.-M. — Çà et là depuis Tende jusqu'à Menton, la Turbie, Grasse, le Bar (*Ard.*).

B.-A. — Gréoulx (*Roux*).

2132. S. Æthiopis. — G. et G. 2, p. 671. — ♃. Juin, juillet.

B.-R. — Aix : vallée de Vauvenargues (*Hanry*) ; Sainte-Victoire (*Castagne*), où je l'ai cherché en vain.

B.-A. — Rochers dans le village de Chatelard près Barcelonnette (*Gacogne*).

2133. S. glutinosa. L. — G. et G. 2, p. 671. — ♃. Juin-août.— Régions alpines et montagneuses.

A.-M. — Toute la région alpine jusqu'aux bois du Var près Nice (*Ard.*).

B.-A. — Montée de l'Ubaye au fort de Saint-Vincent. route de Barcelonnette à Digne (*Roux*).

2134. S. pratensis. L. — G. et G. 2, p. 672. — ♃. Mai-juillet. — Commun dans les prés, les lieux frais et le bord des bois dans toute la Provence (*Roux*), excepté dans le bassin de Menton (*Ard.*).

2135. S. sylvestris. L. — DC. fl. fr. 3, p. 518. — ♃. Mai, juin.
— Rare, çà et là et par pieds isolés.

B.-R. — Marseille : au Cabot, à la Treille *(Blaize!)*, Mazargues *(Reynier!)*, vallon de la Nerte *(Roux)*.

Var. — Vidauban et Puget-de-Cuers *(Hanry)*.

2136. S. clandestina. L. — *S. Horminoides*. G. G. 2, p. 673 (non Pourret). — ♃. Mai-septembre. — Commun sur les pelouses sèches, le long des chemins du littoral de la Provence.

B.-R. — Marseille : aux Catalans, Endoume, Saint-Giniez, Saint-Loup, vallon de la Nerthe, etc.; Cassis; Aix ; Salon; Roquefavour, etc. *(Roux)*.

Var. — Hyères *(Huet!)*

A.-M. — Assez commun de Cannes à Menton *(Ard.)*

2137 S. Verbenaca. L. — G. et G. 2, p. 672. — ♃. Mai-août. — Assez commun le long des sentiers, sur les rives et dans les champs.

B.-R. — Marseille à Sainte-Marguerite, aux Olives, Château-Gombert, la Valentine, vallon de Tuves à Saint-Antoine, etc. ; Aubagne, Roquevaire, etc. *(Roux)*; Aix : rives sèches *(F. et A.)*.

Var. — Sur les pelouses *(Hanry)* ; le Luc, à fleurs blanches ; Draguignan *(Roux)*.

A.-M. — Grasse, Cannes, Antibes, Nice *(Ard.)*.

2138. S. viridis. L. — DC. prod. xii, p. 277 et fl. fr. 3, p. 510. — ①. Mai, juin. — Est-il spontané en Provence ?

Var. — Toulon : sur les glacis du fort Malbousquet et dans les lieux pierreux à Sainte-Marguerite *(Huet!)*.

A.-M. — Rare ; dans les lieux incultes de Nice à Carabacel *(Ard.)*.

**Nepeta**. Lin. gen. 710.

2139. N. lanceolata. Lamk. — G. et G. 2, p. 674. — ♃. Juillet, août. — Lieux secs, arides et montagneux.

B.-R. — Aix : Puyricard, au bord du chemin aux environs de la Touloubre (sous le nom de *N. Nepetella, F. et A.*); Gémenos, au Baou de Bretagne (*Roux*), et sous le nom de *N. Nepetella* (G. et G. d'après *Castagne.*)

Var. — Plan d'Aups : à la Brasque, à la ferme de Ginié, etc. (*Roux*); Toulon : sur le bord des torrents à Mourière (*Huet !*).

A.-M. — Sous le nom de *N. Nepetella*; abonde au col de Tende et descend dans les torrents de toutes nos Alpes (*Ard.*).

B.-A. — Digne : dans le vallon de Richelme et sur les hautes cultures de Cousson, etc. (*Roux*); Sisteron (*G. et G.*).

Vaucl. — Coteaux de la route de Bédouin au mont Ventoux (*Roux*).

2140. N. Cataria. L. — G. et G. 2, p. 674. — ♃. Juin-août. — Rare en Provence.

B.-R. — Rencontré dans la vallée de Saint-Pons, sur les rives escarpées en dessus du moulin à ciment, où je ne l'ai plus revu (*Roux*); Aix : autour d'une ferme en ruine, sur la route de Sambuc à Vauvenargues (*Autheman !*); quartier de Fonlebré (*F. A.*).

A.-M. — Assez abondant à Eze, à la Girandola, à Saorgio, à la Malle et à Caussols au-dessus de Grasse (*Ard.*).

2141. N. nuda. L. — G. et G. 2, p. 676. — ♃. Juillet, août.
A.-M. — Val de Pesio, col de Tende et col de Fenestre (*Ard.*).

**Dracocephalum.** Lin. gen. 723.

2142. D. Ruyschiana. L. — G. et G. 2, p. 677. — ♃. Juillet, août.
A.-M. -- Rare, région alpine, entre l'Enchastraye et le col de la Maddalena (*Ard.*).

2143. D. austriacum. L. — G. et G. 2, p. 677. — ♃. Mai.

B.-A. — Digne : à la montagne des Dourbes ; montagne de Reynier (*G. et G.*).

**Glechoma.** Lin. gen. 714.

2144. G. HEDERACEA. L. — G. et G. 2, p. 678. — ♃. Avril, mai. — Commun le long des haies, dans les prés et les lieux couverts de toute la Provence, surtout dans la région montagneuse.

**Lamium.** Lin. gen. 716.

2145. L. LONGIFLORUM. Ten. — G. et G. 2, p. 678. — ♃. Juin, juillet.

B.-R. — Baou de Bretagne, au-dessus de Gémenos (*Roux*).

Var. — Rochers élevés de la Sainte-Baume (*Roux*); Aiguine, parmi les rochers à Morgès (*Albert !*)

A.-M. — Descend de la région alpine et montagneuse jusqu'à 900 mètres d'altitude sur toutes les montagnes au-dessus de Menton et de Nice (*Ard.*).

Vaucl. — Mont Ventoux (*G. et G.*).

2146. L. AMPLEXICAULE. L. — G. et G. 2, p. 679. — ①. Avril, mai. Commun dans les champs, le long des chemins, sur les vieux murs dans toute la Provence.

2147. L. HYBRIDUM. Vill. — G. et G. 2, p. 680. — ①. Avril, mai. — Rare en Provence.

Var. — Dans les champs (*Hanry*).

A.-M. — Rare ; lieux cultivés à Sainte-Agnès et à Nice (*Ard.*).

2148. L. MACULATUM. L. — G. et G. 2, p. 681. — ♃. Avril-octobre.

B.-R. — Marseille : le long du béal à Saint-Giniez, les prés de Monferron, etc. (*Roux*).

Var. — Dans les haies (*Hanry*); bois de la Sainte-Baume; les Mayons-du-Luc (*Roux*).

A.-M. — Gorbio au-dessus de Menton, Levens, Grasse, Saint-Etienne-le-Sauvage, etc. (*Ard.*).

2149. L. Galeobdolum. Crantz. — G. et G. 2, p. 682. — ♃. Mai, juin.

A.-M. — Bois au-dessus de Tende (*Ard.* d'après *Moggridge*).

2150. L. purpureum. L. — G. et G. 2, p. 680. — ♃. Mars-mai.— Lieux frais, haies, champs cultivés et bois dans toute la Provence.

**Leonurus.** Lin. gen. 722.

2151. L. Cardiaca. L. — G. et G. 2, p. 683. — ♃. Juin, août.

A.-M. — Rare; haies et décombres aux Lattes près de Saint-Auban; accidentellement à Nice, une seule fois à Menton (*Ard.*).

**Galeopsis.** Lin. gen. 717.

2152. G. angustifolia. Ehrh. — G. et G. 2, p. 684. — ①. Juin-septembre. — Dans les champs, les lieux incultes depuis les bords de la mer jusque sur les plus hauts points de la Provence; Marseille; Aubagne; Cassis; Le Luc; Digne; Allos; Avignon; Carpentras; Mont Ventoux.

2153. G. arvatica. Jord. — Ard. Alp.-Marit. p. 299. — ①. Juin-septembre.

A.-M. — Champs pierreux, torrents et bord de la mer à Menton, Nice, etc. (*Ard.*).

2154. G. glaucescens. Reut. — Ard. Alp.-Marit. p. 299. — ①. Juillet-septembre.

A.-M. — Commun dans les champs secs, les sentiers de la rég. mont. (*Ard.*).

2155. G. intermedia. Vill. — G. et G. 2, p. 684. — ①. Juillet-septembre. — Rég. alp. et mont.

B.-A. — Coulebrasse (G. et G.), entre la forêt de Faillefeu et la Vachière au-dessus de Prats (*Roux*).

2156. G. Tetrahit. L. — G. et G. 2, p. 686. — ①. Juillet-septembre.

A.-M. — Haies, lieux pierreux à Nice, Roubion, au-dessus de Saint-Martin-Lantosque, Saint-Auban (*Ard.*).

2157. G. Richembachii. Reut. Soc. Hall. de Genève, Bull. 2, p. 27. — ①. Juillet, août.

B.-A. — Forêt de sapins à Faillefeu au-dessus de Prats; aux alentours d'une bergerie vers le lac d'Allos (*Roux*).

2158. G. sulfurea. Jord. — G. et G. 2, p. 686. — ①. Juillet-septembre.

A.-M. — Lieux frais, bords des eaux à Tende et au val de Pesio (*Ard.*).

**Stachys.** Lin. gen. 719.

2159. S. germanica. L. — G. et G. 2, p. 687. — ①. Juin-août. — Assez rare.

B.-R. — Gémenos, à la Glacière sous le Baou de Bretagne; champs aux environs des Milles et surtout vers le château de l'Enfant (*Roux*); Martigues, lieux incultes et pierreux à Saint-Pierre (*Autheman!*); Aix, dans l'enclos de Galice (*F. et A.*), et, d'après *Garidel*, à Sainte-Victoire et à Beaurecueil.

Var. — Sur le bord des champs (*Hanry*); Fréjus, le long du Reyran (*Reynier!*).

A.-M. — Peu commun; Grasse, Antibes, au Vinaigrier, Nice (*Ard.*),

2160. S. italica. Mill. dict. n. 13. — Benth. in DC. prodr. xii, p. 465. — ♃. Juin. — Plante nouvelle pour la Provence et pour la France; lieux secs et pierreux.

B.-R. — Marseille: la Treille dans le vallon des Bellons et autres lieux circonvoisins; commun dans un petit vallon vers le fond du Vallat de Peiro-Redoune ou de Roubaou, entre Cassis et La Ciotat, à droite en le remontant (*Roux*); Mazargues, près de la fabrique de soude (*Reynier!*).

2161. S. heraclea. All. — G. et G. 2, p. 687. — ♃. Juin, juillet.

Var. — Lieux rocailleux; Bagnols; le Luc (*Hanry!*); Ampus dans le bois de la Cabrière (*Albert!*); Fréjus (*G. et G.*).

A.-M. — Depuis Tende jusqu'aux montagnes au-dessus de Menton et de Nice, Antibes, Grasse, etc. (*Ard.*).

2162. S. ALPINA. L. — G. et G. 2, p. 688. — ♃. Juillet, août. — Rég. alp. et montag.

A.-M. — Col de Tende; mont Lachen au-dessus de Séranon, etc. (*Ard.*).

2163. S. SYLVATICA. L. — G. et G. 2, p. 688. — ♃. Juin-août. — Bois frais et humides.

Var. — Pignans, à la fontaine de N.-D.-des-Anges (*Hanry*); vallon des Mayons-du-Luc (*Roux*).

A.-M. — Nice au Var, Saint-Martin-Lantosque et probablement ailleurs (*Ard.*).

2164. S. PALUSTRIS. L. — G. et G. 2, p. 689. — ♃. Juin-août. — Fossés, marais.

B.-R. — Marignane, dans les fossés du bord de l'étang; Arles, dans les Roubines (*Roux*); marais du Mas-Thibert en Coustière (*Peuzin! Legré!*).

Var. — Fossés et lieux humides (*Hanry*); Fréjus (*Giraudy!*).

A.-M. — Nice au Var, Gourdon, le Revest et probablement dans la rég. alpine (*Ard.*).

2165. S. ARVENSIS. L. — G. et G. 2, p. 689. — ①. Avril-septembre.

Var. — Lieux incultes (*Hanry*); coteau de Pipière entre Saint-Nazaire et Six-Fours, champs à Saint-Raphaël (*Roux*); la Crau d'Hyères, dans les bois à Maraval (*Albert!*); le long de la Verne à Collobrières; le Brusq (*Roux*).

A.-M. — Çà et là dans les lieux cultivés à Antibes, la Roquette, Menton, etc. (*Ard.*).

2166. S. HIRTA. L. — G. et G. 2, p. 691. — ①. Mai, juin.

Var. — Toulon : sur les glacis du fort Malbousquet (*Huet!*); îles d'Hyères (*G. et G.*).

A.-M. — Cannes, île Sainte-Marguerite (G. et G.); île Saint-Honorat, archipel de Lérins (*Reynier!*); Nice, Menton, Monaco, Villefranche (*Ard.*).

2167. S. ANNUA. L. — G. et G. 2, p. 691. — ①. Juin-octobre.
B.-R. — Çà et là mais peu commun : la Treille, dans le vallon de Passo-Tèms; Gémenos ; Auriol, dans le vallon de Vède ; Saint-Chamas; Peyrolle (*Roux*); Aix: au vallon de Valcros, sur la rive droite de la Luynes (*F. et A.*).
Var. — Champs cultivés (*Hanry*) ; le Luc (*Roux*).
A.-M. — Rare : Draps, col de Braus, Fontan ; Saint-Martin-Lantosque, Grasse (*Ard.*)
Vaucl. — L'Isle, dans les champs (*Autheman!*); montée du mont Ventoux (*Roux*).

2168. S. MARITIMA. L. — G. et G. 2, p. 692. — ♃. Mai, juin.
B.-R. — Marseille : Sables de Mazargues, de Montredon, des Goudes ; Martigues, au cap Couronne (*Roux*).
Var. — Sables maritimes de Toulon, Saint-Tropez et Fréjus (*Hanry*); la Seyne (*Mulsant!*); Hyères, à la Plage (*Roux*).
A.-M. — Graviers à Nice, golfe Jouan, Cannes (*Ard.*).

2169. S. RECTA. L. — G. et G. 2, p. 692. — ♃. Juin-octobre. — Lieux arides et pierreux dans toute la Provence, depuis les bords de la mer jusqu'au sommet des Alpes.

**Betonica.** Lin. gen. 718.

2170. B. HIRSUTA. L. — G. et G. 2, p. 694. — ♃. Juillet, août.
A.-M. — Assez répandu dans toute la rég. alp. et mont.; une localité singulière, c'est le vallon de Saint-Michel près d'Eze, à 2 kilomètres de la mer (*Ard.*).

2171. B. OFFICINALIS. L. — G. et G. 2, p. 695. — ♃. Juin-août.— Assez commun dans les bois montueux de toute la Provence.

**Ballota.** Lin. gen. 720.

2172. B. FOETIDA. Lamk. — G. et G. 2, p. 695. — ♃. Juin-août.—

Commun sur le bord des chemins, les rives et parmi les décombres dans toute la Provence.

2173. B. spinosa. Link. — G. et G. 2, p. 695. — ♂. Juin, juillet.

A.-M. — Rochers ombragés : Grasse, à l'hermitage de Saint-Arnoux (*Duval-Jouve!*); Menton (*Thr. Moggridge!*); Saorgio, Breglio, Sospel, Vintimille, entre Castelar et Castillon, entre Sainte-Agnès et Gorbio, Eze, Nice, Levens, Duranus, le Bar (*Ard.*).

B.-A. — Entrevaux (*G. et G.*).

**Phlomis.** Lin. gen. 723.

2174. P. Lychnitis. L. — G. et G. 2, p. 696. — ♃. Mai, juin.

B.-R. — Marseille : lieux rocailleux à Carpiagne, Château-Gombert, vallon de la Nerte (*Roux*); Pas-des-Lanciers (*Roux*); Aix : commun sur tous les coteaux (*F. et A.*); Meyrargues (*Autheman!*); Montaud - les - Miramas (*G. et G.*); de Saint-Martin-de-Crau à Mouriès (*Roux*).

Var. — Toulon : sur les hauteurs du Baou de Quatrouro (*Hanry*).

Vaucl. — Avignon, Orange (*G. et G.*).

2175. P. Herba-venti. L.—G. et G. 2, p. 696.— ♃. Mai-juillet.

B.-R. — Auriol, sur les hauteurs de Roussargues ; Septème, dans le vallon de Fabregoule ; Roquefavour, les Milles (*Roux*); Aix : commun à Saint-Donat et au Défens (*F. A.*); environs de la tour de la Keyrié (*Roux*); Meyrargues (*Autheman!*); la Crau d'Arles (*Roux*).

Var. — Montée de la Sainte-Baume par Saint-Zacharie ; commun au Plan d'Aups (*Roux*); Toulon (*G. et G.*); Nans, le Luc, Touris, Fréjus (*Hanry*).

**Sideritis.** Lin. gen. 712.

2176. S. romana. L. — G. et G. 2, p. 697. — ①. Juin-août. — Commun dans les lieux secs et incultes, sur les coteaux pierreux de tout le littoral de la Provence ; Marseille,

Martigues, Aix, Salon, etc., Toulon, Fréjus, Cannes, Nice, Avignon, etc.

2177. S. MONTANA. L. — DC. fl. fr. 3, p. 530. — ① et ②. Juin, juillet. — Rare ; champs, lieux pierreux et décombres.

B.-R. — Marseille à la Treille (*Blaize!* 1853) ; Saint-Menet, dans une carrière de pierre, sur la route de Marseille à Aubagne (*Laué et Pathier !*) ; les Camoins, dans le vallon de Gord-de-Roubaou (*Derbès et Roux*, 1863) ; Meyrargues, dans le vallon de Reclavier (*Autheman!*) ; Aix : quartier de Saint-Hilaire (*F. A.*).

2178. S. HIRSUTA. L. — G. et G. 2, p. 698. — ♂. Juillet, août.— Commun dans les lieux secs et pierreux, sur les coteaux d'une grande partie de la Provence.

B.-R. — Marseille : à Montredon, Mazargues, Saint-Tronc, etc. ; Gémenos ; Auriol ; Simiane ; Pas-des-Lanciers ; Roquefavour ; Aix ; les Alpines, etc. (*Roux*).

A.-M. — Roquebrune, Villefranche, Antibes, Levens, Utelle, col de Braus, etc. (*Ard*).

**Marrubium.** Lin. gen. 721.

2179. — M. VULGARE. L. — G. et G. 2, p. 699. — ♃. Juillet-septembre. — Décombres, lieux incultes, bords des chemins dans toute la Provence.

2180. — M. PEREGRINUM. L. sp. 817. — ♃. Juillet.

B.-R. — Aix : au hameau des Cayols près Simiane, dans un champ inculte et dans un autre, pavé de cailloux et servant d'aire ; mentionné par *Garidel*, p. 306, sous le nom de *M. Album villosum* (*F. et A.*) ; je l'ai récolté dans cette localité avec son hybride (*Roux*) ; il en existe quelques pieds aux environs de la Pomme près Marseille (*Roux*).

**Melittis.** Lin. gen. 731.

2181. M. MELISSOPHYLLUM. L. — G. et G. 2, p. 700. — ♃. Juin-août. — Assez commun dans les lieux frais, les bois et les taillis.

B.-R. — Au nord du Pilon du Roi, N.-D. des Anges; vallon de Saint-Clair à Saint-Jean-de-Garguier, Roquefourcade; mont de Mimet, Saint-Jean-de-Trets, les Alpines, pont de Mirabeau (*Roux*); Aix : au Pregnon, colline des Pauvres (*F. et A.*).

Var. — Montée de la Sainte-Baume par Saint-Zacharie et par Nans; Draguignan (*Roux*).

A.-M. — Assez commun dans la rég. mont. d'où il descend jusqu'à Menton (*Ard.*).

**Scutellaria.** Lin. gen. 734.

2182. S. ALPINA. L. — G. et G. 2, p. 701. — ♃. Juillet, août.

A.-M. — Col de Tende, col de Fenestre, Entraunes, Saint-Dalmas-le-Sauvage, mont Lachen au-dessus de Séranon (*Ard.*).

B.-A. — Allos, à la montée du lac, descente de Valgelaye sur la route d'Allos à Barcelonnette et bois de pins à la Condamine sur les bords de l'Ubaye (*Roux*).

2183. S. GALERICULATA. L. — G. et G. 2, p. 702. — ♃. Juillet, août.

B.-R. — Marais de la Crau, de Mont-Major et de la Camargue (*Castag.* cat. pl. des B.-du-Rhône; *Legré !*); marais de Fos-les-Martigues (*Autheman !*).

Var. — Environs de la source d'Argens à Seillons (*Hanry* d'après *Gérard*).

A.-M. — Bords des eaux; rare à Nice; mines de Tende et Molière (*Ard.*).

**Brunella.** Tourn. inst. 1, p. 182, t. 84.

2184. B. HYSSOPIFOLIA. C. Bauh. — G. et G. 2, p. 703. — ♃. Mai-août. — Lieux secs et montueux, prairies sèches.

B.-R. — Marseille : dans les vallons des Ouides, du Rouet et de N.-D. des Anges; Gémenos; au vallon de

Saint-Pons, à la Glacière et au Baou-de-Bretagne ; Cassis, non loin de la gare ; Berre, etc. ; Aix : sur les bords de l'Arc, Montaiguet, dans le vallon de Lévèze (*F. A.*)

Var. — Bords des fossés et gazons (*Hanry*) ; Plan d'Aups, Sainte-Baume, Saint-Nazaire (*Roux*) ; Toulon, Hyères (*G. et G.*).

A.-M. — Assez commun dans la région littor. (*Ard.*) ; Grasse, Cannes (*G. et G.*).

B.-A. — Digne, Sisteron (*G. et G.*).

Vaucl. — Avignon (*G. et G.*).

2185. B. VULGARIS. Mœnch. — G. et G. 2, p. 703. — ♃. Juin, juillet. — Commun dans les prés, les lieux humides de toute la Provence.

2186. B. ALBA. Pallas. — G. et G. 2, p. 704. — ♃. Juin-août. — Bords des chemins, bois et prairies montagneuses.

B.-R. — Marseille : dans les vallons de Saint-Cyr, du Rouet, de l'Evêque à Saint-Loup, des Tuves à Saint-Antoine ; dans les prairies de Berre (*Roux*) ; Aix : au quartier de Sautolèbre ; sur les bords de l'Arc à Mouret (*F. et A.*).

Var. — Commun dans les bois de la Sainte-Baume ; vallon de la Sauvette-des-Mayons (*Roux*).

A.-M. — Assez commun au bord des champs et des bois (*Ard.*).

2187. B. GRANDIFLORA. Mœnch. — G. et G. 2, p. 704. — ♃. Juin-août.

Var. — Collines et prés montagneux (*Hanry*) ; Ampus (*Albert l*).

A.-M. — Çà et là dans les bois de la rég. montag. (*Ard.*).

**Ajuga.** Lin. 3, p. 785.

2188. A. REPTANS. L. — G. et G. 2, p. 706. — ♃. Mai, juin. — Commun dans les prés, les lieux frais de toute la Provence.

2189. A. PYRAMIDALIS. L. — G. et G. 2, p. 706. — ♃. Mai, juin.

A.-M. — Alpes de Tende, Valdiblora, col de Fenestre, lac d'Entrecoulpes, col de Salèse, Alpes de Saint-Etienne (*Ard.*).

2190. A. GENEVENSIS. L. — G. et G. 2, p. 706. — ♃. Mai, juin.

A.-M. — Rég. alp. et. mont. : Malaussane, vallon de Fenestre, col de Tende, Briançonnet, le Bar (*Ard.*).

2191. A. CHAMÆPITYS. Schreb. — G. et G. 2, p. 707. — ①. Juin-octobre. — Commun dans les champs et les guérets de toute la Provence.

2192. A. IVA. Schreb. — G. et G. 2, p. 707. — ♃. Mai-septembre. — Champs pierreux, coteaux, pelouses sèches, creux des vieux murs.

B.-R. — Marseille : à Sainte-Marguerite, à la Pomme, à Saint-Jean-du-Désert, aux Martégaux, à Château-Gombert, etc. ; Martigues (*Roux*) ; Aix : bords des chemins et rives sèches (*F. A.*) ; Montaud-les-Miramas, Istres (*G. G.*).

Var. — Toulon, le Luc, Fréjus, Saint-Raphaël (*Hanry*).

A.-M. — Çà et là dans toute la région littorale (*Ard.*)

Vaucl. — Avignon (*G. et G.*).

2193. A. PSEUDO-IVA. Robil. et Castg. in DC. fl. fr. 5, p. 395. — ♃. Juin-août. — *Grenier* et *Godron* confondent cette plante à fleurs jaunes et inodores avec la précédente. Elle est assez rare, croît sur les pelouses sèches et les trous des vieux murs.

B.-R. — Marseille : à Saint-Giniez dans la traverse du Fada, à Mazargues dans la traverse du roi d'Espagne, dans le chemin du Cheval-Marin allant de Marseille à la Pomme, dans le chemin de Saint-Jean-du-Désert vers le milieu de la montée après Saint-Pierre (*Roux*) ; Aix, Arles et en Coustière (*Cast. cat. B.-du-R.*).

Var. — Hyères dans l'île du Levant (*Hanry* d'après *Robert*).

**Teucrium**. Lin. gen. 706.

2194. T. pseudo-chamæpitys. L. — G. et G. 2, p. 708. — ♂. Juin-septembre. — Coteaux, bois de pins et rives sèches.

B.-R. — Marseille: dans le vallon des Tuves à Saint-Antoine, aux Aygalades sur les rives de la route, l'Estaque dans le vallon des Sardines, à Saint-Henri sur les hauteurs de Mourepiane, Saint-Louis dans la propriété de M. Petit et au château des Tours chez M. de Foresta (*Roux*).

Var. — Fréjus (*G. et G.*).

2195. T. Botrys. L. — G. et G., 2, p. 709. — ①. Juin-sept.

B.-R. — Gémenos dans le vallon des Crides ; les Alpines près d'Eyguières (*Roux*); Aix aux Infernets (*F. et A.*).

Var. — Coteaux secs et sablonneux (*Hanry*); bois de la Sainte-Baume, Saint-Pilon et aux alentours des grandes crevasses du Plan d'Aups vers l'hospice (*Roux*).

A.-M. — Champs pierreux à Menton, à Puget-Théniers, à Grasse, à Tende, etc. (*Ard.*).

B.-A. — Montagne de Lure (*Legré!*).

2196. T. Scordium. L. — G. G. 2, p. 709. — ♃. Juin-août. — Ruisseaux, fossés et autres lieux marécageux.

B.-R. — Marseille : dans le fond du vallon du Rouet, près N.-D. des Anges ; Marignane : fossés des bords de l'étang (*Roux*); Aix : vallon de la Durance, de Valcros (*F. et A.*).

Var. — Plan d'Aups dans les prairies marécageuses près la ferme du Plan (*Roux*).

A.-M. — Rare; Menton, Nice, à Riquier et au Var, golfe Juan, Grasse (*Ard.*).

2197. T. Scorodonia. L. — G. et G. 2, p. 710. — ♂. Juin-sept.

Var. — Dans les bois (*Hanry*); les Mayons-du-Luc, Collobrières, etc. (*Roux*).

A.-M. — Çà et là, dans les bois secs de toute la région

mont. jusque près de Menton, de Nice et d'Auribeaux (*Ard.*).

2198. T. Chamædrys. L. — G. et G. 2, p. 711. - ♂. Juin-sept.— Commun dans les bois secs, parmi les rochers, les cailloux, les vieux murs, dans toute la Provence.

2199. T. massiliense. L. — G. et G. 2, p. 710. — ♂. Juin, juillet. — Très rare ; Var, Hyères dans l'île du Levant (*Huet et Chambeyron !*) ; île de Porquerolle (*DC.*).

2200. T. lucidum. L. — G. et G. 2, p. 711. — ♂. Juin-août.

A.-M. — Assez commun dans les lieux rocailleux de la région alpine depuis Castillon jusqu'à Tende, Duranus, Utelle, Saint-Sauveur, Saint-Martin-Lantosque, aux Lattes, à Séranon, etc. (*Ard.*). ; mont Cheiron (*Huet!*).

B.-A. — Digne : dans les vallons de la Marderie et de Richelme ; Prats : à la montée de Tersier à Faillefeu ; bois de pins vis-à-vis la Condamine (*Roux*) ; entre Tournoux et Meyranne (*Chavanis !*) ; Colmars et Entrevaux (*G. et G.*).

2201. T. ochroleucum. Jord. pugil. pl. nov. p. 137. — ♃. Juin, juillet.

B.-A. Montagnes de Sisteron (*Jord.*). ; je ne connais pas cette plante.

2202. T. flavum. L. — G. et G. 2, p. 711. — ♂. Juin, juillet.— Assez commun sur les rochers, les lieux ombragés des vallons.

B.-R. — Marseille : à Montredon, Mazargues, Saint-Tronc, Saint-Loup, Saint-Marcel, N.-D. des Anges, etc. ; Gémenos, à Saint-Pons, Cuges, etc. (*Roux*); Péchaury (*Reynier!*); Martigues (*Autheman!*); Aix : commun au Tholonet, au couchant de la campagne des Pères jésuites, au Prégnon *(F. et A.)* ; Simiane, Mimet, etc. (*Roux*).

Var. — Toulon à Clairet, le Luc (*Hanry*).

A.-M. — Peu commun à Menton, plus abondant à Saint-Michel d'Eza, à Nice et à Grasse (*Ard.*).

2203. T. Marum. L. — G. et G. 2, p. 712. — ♂. Juin, juillet.
Var. — Hyères, dans les îles du Levant et de Port-Cros (*Chambeyron!*); de Porquerolles (*Hanry!*).
A.-M. — Rare; à la Cascade près de Grasse où il est cultivé; il n'appartient pas à la flore des Alpes-Maritimes (*Ard.*).

2204. T. montanum. L. — G. et G. 2, p. 713. — ♂. Mai-août. — Sur les coteaux, dans les lieux secs et montueux, les bois de pins.
B.-R. — Marseille: à Saint-Marcel au vallon de Forbin, tête de Saint-Cyr et de Carpiagne, Pilon du Roi, etc.; Roquefavour, etc. (*Roux*); vallon des Tuves à Saint-Antoine (*Reynier!*); Velaux et Rognac sous le château (*Autheman!*); Aix: à Cuques, au Montaiguet et autres collines du territoire (*F. A.*).
Var. — Coteaux secs et bois (*Hanry*).
A.-M. — Assez abondant dans les lieux secs, le bord des chemins (*Ard.*).
B.-A. — Digne à Saint-Benoît, etc. (*Roux*).
Vaucl. — Mont Ventoux, etc. (*Roux*).

2205. T. aureum. Schreb. — G. et G. 2, p. 713. — ♂. Juin-août. — Lieux secs et pierreux, depuis les bords de la mer jusque sur les points presque les plus élevés de la Provence.
B.-R. — Marseille, depuis le Puits-des-Passants à Sormiou jusqu'au plan des Cailles, vallon de Morgiou, de Toulouse et de la Panouse, hauteurs de Saint-Marcel jusqu'à la tête de Saint-Cyr, vallon du Rouet, N.-D. des Anges, etc.; Gémenos, depuis Saint-Pons jusqu'à Roquefourcade, etc. (*Roux*); Aix: à Sainte-Victoire, au Tholonet près du barrage (*F. A.*).
Var. — La Sainte-Baume au Saint-Pilon (*Roux*).
Vaucl. — Rocher des Arnauds, Saint-Giniez et sources de Vaucluse (*G. et G.*).

2206. T. Polium. L. (excl. var. α.) — G. et G. 2, p. 714. — ♃. Juin-août. — Commun dans les lieux secs et pierreux, les vallons et sur les coteaux. Cette espèce varie beaucoup soit par la couleur des fleurs, la forme des feuilles ou la taille de la plante.

1° La forme à grandes feuilles et à fleurs blanches ou type est la plus commune.

B.-R. — A Marseille dans les sables de Mazargues, à Saint-Tronc, à Château-Gombert; au Baou-de Bretagne, etc.; Aix: sur les collines et les bords de l'Arc (*F. A.*).; à Fos, au Galegeon (*Autheman!*).

Var. — Coteaux secs (*Hanry*); plage de Saint-Nazaire, etc. (*Roux*).

A.-M. — Commun dans les endroits pierreux (*Ard.*).

B.-A. — Digne à Saint-Benoit, etc. (*Roux*).

2° La forme à grandes feuilles et à fleurs purpurines se trouve sur les bords de la mer à la Madrague de Montredon, dans les sables de Mazargues, dans le vallon entre Sormiou et Morgiou, à l'île de Jarre (*Roux*).

3° La forme à feuilles étroites et à fleurs blanches se trouve, dans les Bouches du Rhône, sur les bords de la mer à Montredon; au vallon de Toulouse et à Saint-Menet; Gémenos au vallon des Crides, etc. (*Roux*); dans le Var, à la plage de Saint-Raphaël (*Hanry!*).

4° Enfin la forme à feuilles étroites, à capitules très grands, à fleurs blanches, à rameaux atteignant jusqu'à près de 4 décim., se trouve sur les rochers du bord de la mer à N.-D. de la Garde de La Ciotat (*Roux*); je l'ai reçue d'Hyères, des Pesquiers et du Ceinturon, récoltée par *Huet et l'abbé le Lièvre*, sous le nom de *T. Capitatum*.

# ACANTHACÉES

**Acanthus.** Tourn. inst. t. 80.

2207. A. mollis. L. — G. et G. 2, p. 712. — ♃. Mai, juin. — Rare en Provence et probablement échappée des jardins.

Var. — Saint-Nazaire, sur la rive gauche de la Reppe, en face de la gare; Fréjus, parmi les ruines romaines (*Roux*); Hyères, au château (*Abbé Mulsant, Huet!*).

A.-M. — Rare et subspontané aux abords des champs; Nice à Saint-Philippe et à Magnan, Biot, Grasse et le Bar (*Ard.*).

# VERBÉNACÉES

**Verbena.** Tourn. inst. 94.

2208. V. officinalis. L. — G. et G., 2, p. 718. — ♃. Juin-octobre. — Commun sur les rives, le bord des champs, des sentiers et dans tous les lieux humides de la Provence.

Le *Zapania nodiflora*. Pers. — *Verbena nodiflora*. L. — ♃. Juin-juillet, — se rencontre assez souvent sur les pelouses du bord des chemins, les lieux vagues et incultes autour de Marseille, échappé des jardins et prend quelquefois des extensions considérables.

Le *Lippia citriodora*. Kunth. — *Verbena triphylla*. L'Her. ♄. Juin-août, — est cultivé dans presque tous les jardins de Marseille.

**Vitex.** Lin. gen. 790.

2209. V. Agnus-castus. L. — G. et G., 2, p. 718. — ♄. Juin, juill. — Lieux incultes, bords des torrents dans la région littorale.

B.-R. — Bord de la mer à Font-Sainte entre La Ciotat et les Lecques (*Roux*).

Var. — Commun à Saint-Nazaire entre le Cap Nègre et le Brusq (*Roux*); la Seyne (abbé *Mulsant !*) les Sablettes, Fréjus, Sainte-Maxime *(Henry)*.

A.-M. — Foux de Mouans, Châteauneuf, Antibes, Nice, Menton (*Ard.*).

# PLANTAGINÉES

**Plantago.** Lin. gen. 141.

2210. P. major. L. — G et G., 2, p. 720. — ♃. Mai-novembre. — Commun dans les lieux humides, le bord des champs dans toute la Provence.

2211. P. intermedia Gilibert. — G. et G., 2, p. 720. — ♃. Juin-octobre. — Aussi commun que le précédent.

B.-R. — Marseille ; au bord des chemins, prairies sèches à Saint-Giniez, etc. ; bords de l'étang à Marignane, Rognac, le Rove, etc. (*Roux*); Aix, au bord de l'Arc, etc. (*F. A.*). Probablement dans toute la Provence, mais confondu avec le précédent.

2212. P. media. L. — G. et G., 2, p. 721. ♃. Mai-juillet. — Prairies, pelouses et rives fraîches, etc.

B.-R. — Marseille, sur les bords du Jarret au moulin de Sartan, aux Martégaux vers Fondacle ; Aix, sur les rives de l'Arc (*Roux*); Fenouillère, au gour entre le chemin de fer et le Jas de Bouffon (*F. et A.*).

Var. — Lieux humides (*Hanry*); assez commun dans les prairies de la Sainte-Baume (*Roux*).

A.-M. — De la région montagneuse jusqu'au dessus de Menton (*Ard.*).

B.-A. — Digne, dans les hautes cultures de Cousson (*Roux*); Montagne de Lure (*Legré !*).

2213. P. coronopus. L. — G. et G., 2, p. 722. — ②. Mai-août. — Plante très polymorphe ; commune sur les pelouses, le long des chemins, les lieux sablonneux, dans presque toute la Provence.

2214. P. CRASSIFOLIA. Forsk (non Roth). — G. et G., 2, p. 722. — Juin-août. — Çà et là sur les pelouses, les rives et les lieux frais.

B.-R. — Marseille, en montant du vallon de Vaufrège à la ferme de la Route ; Roquevaire, dans le vallon de Bassan et dans celui de Saussette ; entre Pas-des-Lanciers et le plan de Marignane ; sables de l'Arc à Roquefavour (*Roux*) ; Salon, sur les bords du canal de Crapone (*Gouyrand !*) ; sables du Jay à la Mède, près Martigues (*Autheman !*).

Var. — Toulon (G. G.) ; Plan d'Aups vers la Sainte-Baume (*Roux*).

A.-M. — Rare et sur les bords de la mer (*Ard.*)

2215. P. MARITIMA. L. — G. et G., 2, p. 723. — ♃. Juin-septembre. — Assez commun sur le bord des étangs et de la mer.

B.-R. — Berre, au moulin de Merveille, Fos-les-Martigues, etc. (*Roux*).

Var. — Saint-Nazaire ; commun sur la côte jusqu'au Brusq (*Roux*) ; Toulon, Sainte-Maxime (*Hanry*).

2216. P. SERPENTINA. Vill. (non Koch.). — G. et G., 2, p. 724. — ♃. Juillet, août.

B.-R. — Rive gauche de l'Arc vers la gare de Berre (*Roux*) ; Istres, Roquefavour (G. G.). ; Aix : rives de l'Arc et petit chemin du Tholonet (*F. A.*) ; Cassis, dans les marnes de la Bedoule (*Roux*).

Var. — Dans les montagnes des Maures (*Hanry*) ; Draguignan (*Heckel !*) ; Plan d'Aups et bois de la Sainte-Baume (*Roux*).

A.-M. — Au-dessus de Menton, col de Braus et jusqu'à Saint-Martin-Lantosque et au col de Tende (*Ard.*).

B.-A. — Digne, Torenc *(G. G.)*; vallon du Sagnas et Sommet de Boules à Faillefeu ; bois de la Condamine près Barcelonnette *(Roux)*.

Vaucl. — Avignon *(G. G.)*.

2217. P. ALPINA. L. — G. G., 2, p. 724. — ♃. Juillet, août.

A.-M. — Au mont Frontero, val de Pesio, Alpes de Tende et de Fenestre; Sainte-Anne de Vinaï *(Ard.)*.

B.-A. — Seyne, etc. *(G. G.)*.

2218. P. SUBULATA. L. — G. et G., 2, p. 724. — ♃. Mai, juin. — Très commun sur les rochers et les lieux sablonneux du bord de la mer.

B.-R. — Marseille : Endoume, Roucas-Blanc, Montredon, les Goudes, etc.

Var. — Plage de Saint-Nazaire; cap Nègre *(Roux)*; le Brusq, les Sablettes *(Hanry)*. Porquerolles *(Abbé Olivier)*.

A.-M. — Rare ; Cannes *(Ard.)*.

2219. P. CARINATA. Schrad. — G. et G., 2, p. 725 — ♃. Juin-septembre.

B.-R. — Rare; la Crau, le long des fossés de la route de Miramas à Istres *(Autheman!)* ; de celle de Miramas à Salon *(Roux)*.

Var. — Rochers vers le haut de la montagne la Sauvette des Mayons *(Roux)*.

2220. P. LAGOPUS. L. — G. et G., 2, p. 726. — ①. Mai, juin — Commun dans les lieux sablonneux du littoral de la Provence et remonte assez avant dans l'intérieur.

B.-R. — Marseille : Montredon, Mazargues, etc.; Martigues ; Aix.

Var. — Remonte jusqu'à la Sainte-Baume ; Cannes, Nice ; Avignon, etc.

2221. P. LANCEOLATA. L. — G. et G., 2, p. 727. — ♃. Avril-octobre. — La forme α ou type est commun dans les prés, les pâturages, le bord des champs et des chemins dans toute la Provence.

Var. γ *montana*, G. et G., 2, p. 727.

B.-R. — Marseille : dans les bois de pins à Saint-Julien, aux Olives et dans les graviers du vallon du Rouet, etc. (*Roux*); Aix, à Sainte-Victoire (*G. et G.*).

Var. — Montée de la Sauvette aux Mayons-du-Luc (*Roux*).

2222. P. ARGENTEA. Chaix. — G. et G., 2, p. 727. — ♃. Mai, juin.

B.-R. — Dans les lieux secs et pierreux; Aix, vers le mont Sainte-Victoire, vallon de Parouvier sous Venelle; les Alpines (*Roux*); les Baux (*G. G.*).

Var. — La Sainte-Baume sur les hauteurs de Saint-Cassien (*Roux*); les hauts pâturages à Ampus (*Albert!*).

B.-A. — Prairies du Lauzanier près Barcelonnette (*Gacogne*).

2223. P. ALBICANS. L. — G. et G., 2, p. 728. — ♃. Avril, mai.
— Sur les rives et les pelouses sèches du bord des chemins.

B.-R. — Marseille : à Saint-Giniez dans la traverse du Fada, petite route de Marseille à Mazargues, de Marseille à la Pomme, chemin de Saint-Jean-du-Désert, de la Rose à Château-Gombert, etc. Berre : sur les rives de l'Arc en dessus du pont du chemin de fer; de Rognac à la Tête-Noire (*Roux*); Velaux, Vitrolles, Gignac à Laure sur la route de Château-Neuf (*Autheman!*); Aix, au chemin de Berre sur la rive droite en venant d'Aix, 50 à 60 mètres après la campagne de M. Champsaur (*F. A.*).

2224. P. BELLARDI. All. — G. et G., 2, p. 728. — ①. Avril, mai.

B.-R. — Marseille: sables de Montredon, de Mazargues, etc.; coteaux secs à Mouriès (*Roux*); bords de l'étang de Berre à Martigues, à la Mède (*Autheman!*).

Var. — Toulon aux Sablettes, Hyères dans l'île du Levant, Fréjus (*Hanry*). Ile de Porquerolles (*Abbé Olivier, Roux*).

A.-M. — Commun dans toute la région littorale (*Ard.*).

2225. P. fuscescens. Jord. — G. et G., 2, p. 729. — ♃. Juin, juillet.

A.-M. — Régions alpines et montagneuses; Berre au-dessus de l'Escarène, la Maïris, l'Aution, col de Tende, col de la Maddalena (*Ard.*).

2226. P. Psyllium. L. — G. et G., 2, p. 730. — ①. Mai, juin. — Lieux secs, pierreux ou sablonneux du littoral de la Provence.

2227. P. arenaria. Wal. et Kit. — G. et G., 2, p. 731. — ①. Mai-juillet — Dans les champs et les lieux sablonneux de la région littorale.

B.-R. — Marseille à Montredon, Mazargues, etc.; de Port-de-Bouc à Fos, etc. (*Roux*); Aix: près le moulin Detesta et surtout dans le champ des manœuvres (*F. A.*).

Var. — Toulon, Fréjus (*Hanry*).

A.-M. — Menton, Nice au Var, Golfe Jouan, etc. (*Ard.*).

2228. P. Cynops. L. — G. et G., 2, p. 731. — ♂. Mai-juillet. — Lieux secs et pierreux, bords des chemins, des sentiers et sur les rives dans toute la Provence.

# PLUMBAGINÉES

**Armeria.** Willd., Enum. hort. ber., 333.

2229. A. filicaulis Boiss., Voy. Esp., p. 527; DC., Prodr., XII, p. 678. — ♃. Avril.

Var. — Lieux sablonneux à La Tourne près de Belgentier (*Huet!*)

2230. A. plantaginea Willd. — G. et G., 2, p. 735. — ♃. Juin, juillet.

Var. — Commun dans les lieux incultes du plan d'Aups vers la Sainte-Baume (*Roux*). Bagnols (*Hanry*).

A.-M. — Depuis les Alpes jusqu'aux montagnes au-dessus de Menton (*Ard.*).

B.-A. — Digne : vers le sommet du vallon de Richelme ; entre Faillefeu et la Vachière au-dessus de Prats (*Roux*).

2231. A. BUPLEUROIDES G. et G., 2, p. 736. — ♃. Mai, juin. — Lieux secs, montueux, surtout dans les sables dolomitiques.

B.-R. — Marseille : vallon de l'Evêque près de Saint-Loup, vallon du Rouet ; N.-D. des Anges, Mimet (*Roux*). Aix : Sainte-Victoire (*Autheman!*) ; prairie montagneuse au levant de la Baume de la Sambuc (*F. A.*).

Var. — Montée de la Sainte-Baume par Nans, hauteurs de Saint-Cassien (*Roux*). Toulon : cap Garonne (*Huet!*). N.-D. des Anges de Pignans, Saint-Aigou et cap Roux (*Hanry*). Montagne de la Sauvette aux Mayons du Luc (*Roux*).

Vaucl. — Mont Ventoux (*G. G.*).

2232. A. ALPINA Willd. — G. et G., 2, p. 736. — ♃. Juillet, août.

A.-M. — Région alpine : l'Authion, Raus, mont Bego, Sainte-Anne de Vinaï, col de Fenestre, le Garret, col de Jallorgues (*Ard.*).

**Statice**. Willd., Enum. hort. ber., 333.

2233. S. SINUATA L. — G. et G., 2, p. 739. — ♃. Mai-septembre.

Var. — Iles d'Hyères (*G. G.*) ; île du Levant (*Hanry*) ; île de Porquerolles (*Arias!*), où je ne l'ai pas rencontrée (*Roux*).

2234. S. SEROTINA Rchb. — G. et G., 2, p. 740. — ♃. Juin-octobre.

B.-R. — Commun dans les prairies salées du bord des étangs : Marignane, Berre, Saint-Chamas ; Miramas, etc. (*Roux*). La Camargue : sur le bord du Valcarès (*Peuzin!*)

Var. — Toulon, Fréjus (*Hanry*). Hyères : aux Pesquiers (*Roux*). Ile de Porquerolles (*Abbé Olivier, Roux*).

A.-M. — Jadis au Var et à Antibes ; île Sainte-Marguerite, d'après Stire, où il n'a plus été retrouvé (*Ard.*).

2235. S. GLOBULARIÆFOLIA Desf. — G. et G., en note, t. 2, p. 743. ♃. Juin-août.

B.-R. — Marseille : autrefois sur les falaises argileuses depuis Arenc jusqu'à Mourrepiane près de Saint-Henri, d'où il disparaît peu à peu par l'agrandissement des nouveaux ports ; falaises sèches des bords de l'étang de Berre, entre Saint-Chamas et Istres *(Roux)* ; entre Rouquet et Istres (*Autheman !*)

2236. S. CONFUSA G. et G., 2, p. 743. — ♃. Juillet, août.

B.-R. — Marécages : Martigues : au Labion, sur la rive droite de l'étang de Caronte (*Autheman ! Roux*) ; près du poste de la douane de la Gaffette, chaussée du canal de navigation de Port de Bouc (*Autheman !*). Arles : commun en Camargue et surtout aux Saintes-Maries (*Roux*).

2237. S. GIRARDIANA Guss. — G. et G., 2, p. 744. — ♃. Juin, juillet.

B.-R. — Commun dans les prairies sèches et sablonneuses du moulin de Merveille, entre Berre et Saint-Chamas ; plus rare sur les bords de l'étang de Caronte à Martigues ; assez commun dans les sables et sur les rochers du bord de la mer entre Port de Bouc et Fos (*Roux*). Mares desséchées du bord de la mer à Font de Maure près de Martigues (*Autheman !*)

Var. — Toulon, Hyères (*G. G.*).

2238. S. DURIUSCULA Gir. — G. et G., 2, p. 745. — ♃. Juillet, août.

B.-R. — Bord de la mer au cap Couronne et entre Port de Bouc et Fos (*Autheman !*). Bords des étangs au moulin de Merveille entre Berre et Saint-Chamas, et entre La Mède et Martigues (*Roux*). Etangs d'Engrenier et de Citis ; étang desséché du Pourra près de Saint-Mitre ;

Martigues à Ponteau ; Fos ; Plan d'Arenc, entre Saint-Mitre et Istres (*Autheman!*)

2239. S. MINUTA L. — G. et G., 2, p. 745. — ♃. Juin-octobre.

B.-R. — Commun sur la côte de Marseille, depuis l'Estaque jusqu'au cap Croisette et dans les îles voisines ; Carry ; bords des étangs de Berre et de Caronte ; Cassis, etc. (*Roux*).

Var. — Saint-Cyr : aux ruines de Taurœntum et au cap Baumelles (*Roux*). Saint-Nazaire : depuis le cap Nègre jusqu'au Brusq (*Mulsant! Roux*). Toulon (*Chambeiron!*) Les Imbiers, Saint-Raphaël (*Hanry*).

La forme pubescente, *S. pubescens* DC., Fl. fr., 5, p. 380 ; G. et G., 2, p. 743, se rencontre :

B.-R. — Marseille, avec le type, au Roucas-Blanc, Montredon, etc., ; Cassis ; bords de l'étang de Berre à La Mède, etc. (*Roux*).

Var. — Saint-Cyr : depuis les ruines de Taurœntum jusqu'au cap Baumelles (*Roux*). Fréjus (*Hanry*).

A.-M. — Menton et Monaco (*Th. Moggridge*, qui dit l'avoir vu dans l'herbier de Linné, récolté à Nice et envoyé par Allioni sous le nom de *S. cordata*. Ardoino, sous le nom de *S. cordata* All., la cite comme commune sur les rochers maritimes de Menton, Cannes et dans les îles de Lérins, ajoutant, d'après Moris : « Le seul exemplaire qui se trouve dans l'herbier de Linné provient de Nice, envoyé par Allioni. »

Malgré toutes ces remarques, je persiste à croire qu'il n'y a qu'une seule espèce variant par la taille, la grandeur de ses feuilles et plus ou moins de pubescence.

2240. S. VIRGATA Willd. — G. et G., 2, p. 746. — ♃. Juillet, août.

B.-R. — Marseille : commun sur tout le littoral et dans les îles voisines. Cassis. Les Saintes-Maries (*Roux*). Bords de l'étang de Berre et plage de Fos (*Autheman*).

Var. — De Saint-Nazaire au Brusq (*Roux*). Ile des Embiez (*Hanry*). Toulon (*Chambeiron !*) Hyères : aux Pesquiers (*Roux*).

2241. S. BELLIDIFOLIA Gouan. — G. et G., 2, p. 749. — ♃. Juillet.
B.-R. — Sables du bord de la mer à Fos-les-Martigues, au Galégeon, aux Saintes-Maries (*Roux*).
Var : Toulon : aux Sablettes (*Hanry*).

2242. S. ECHIOIDES L. — G. et G., 2, p. 750. — ☉. Mai-août.
B.-R. — Marseille : sables de Montredon, du plan des Cailles ; Carpiagne, etc. Sur le bord des étangs à Châteauneuf, la Mède, Martigues, Fos, moulin de Merveille. Champs à Roquefavour (*Roux*). Velaux, Istres (*Autheman !*) Montaud-les-Miramas, Arles (*G. et G.*).
Var. — Toulon, Gonfaron, le Luc, Fréjus (*Hanry*).
A.-M. — Cannes (*Hanry*). Sur les rochers et les ruines de la ville de Vintimille (*Ardoino*).
Vaucl. — Coteaux arides à l'Isle (*Autheman !*)

**Plumbago.** Tourn.

2243. P. EUROPÆA L. — G. et G., 2, p. 753. — ♃. Juillet, août.
— Assez commun le long des chemins et dans les autres lieux incultes.
B.-R. — Marseille : Montredon, Sainte-Marguerite, les Martégaux, la Viste. Martigues : entre Ponteau et Lauron, Des Milles à Aix. Raphèle près d'Arles (*Roux*). Aix : au vallon de Brunet et sur les rives sèches (*F. A.*)
Var. — Toulon, le Luc, Fréjus (*Hanry*).
A.-M. — Toute la région littorale (*Ard.*)
B.-A. — Gréoulx (*Roux*).

# GLOBULARIÉES

**Globularia.** L.

2244. G. CORDIFOLIA L. — G. et G., 2, p. 755. — ♄. Mai-juillet.

Le type : B.-A. — Vallon du Sagnas à Faillefeu au dessus de Prats (*Roux*). Probablement dans les A.-M.

La variété NANA G. et G. : sur les hauteurs dans les fentes des rochers exposés au nord.

B.-R. — Marseille : Pilon du Roi, Mimet et Notre-Dame des Anges. Aix : Sainte-Victoire : aux ruines du couvent (*Roux*).

Var. — Toulon : au mont Faron (*Hanry*). Sainte-Baume (*Roux*).

A.-M. — Région alpine ; descend jusqu'à 800 mètres sur toutes les montagnes au-dessus de Menton, de Nice, et à la Marbrière près de Grasse (*Ard.*)

Vaucluse. — Sommet du mont Ventoux (*Roux*).

2245. G. ALYPUM L. — G. et G., 2, p. 756. — ƶ. Mars-novembre.
Commun dans les lieux secs et pierreux, sur les coteaux et dans les bois de pins de tout le littoral de la Provence.

2246. G. NUDICAULIS L. — G. et G., 2, p. 755. — ♃. Juin-août.
A. M. — Alpes de Tende et de Claus (*Ard.*)

2247. G. VULGARIS L. — G. et G., 2, p. 754. — ♃. Avril-juin.
B.-R. — Marseille : çà et là ; bois de pins du vallon de l'Evêque à Saint-Loup, de Saint-Julien, Fondacle ; etc. (*Roux*). Aix : vallon de Chicalon, colline des Pauvres (*F. A.*)

Var et A.-M. — Assez commun dans les lieux pierreux, au bord des bois (*Hanry, Ard.*)

# PHYTOLACCÉES

**Phytolacca. L.**

2248. P. DECANDRA L. — G. et G., 3, p. 1. — ♃. Juillet-septembre. — Plante de l'Amérique du Nord ; se rencontre çà et là dans les haies, sur le bord des champs, surtout aux abords des habitations rurales.

B.-R. — Marseille : bords de l'Huveaune, au parc Borély, à la Pomme ; d'Aubagne à Saint-Pierre, etc. (*Roux*). Aix : naturalisée dans les jardins (*F. A.*).

Var. — Autour de la ville de Fréjus *(Hanry*, d'après *Perreymond)*.

A.-M. — Naturalisée dans les lieux cultivés, parmi les décombres ; au Bar, à Nice, Menton (*Ard.*).

## AMARANTACÉES

**Amarantus. L.**

2249. A. DEFLEXUS L. — G. et G., 3, p. 3. — ♃. Juillet-septembre. Commun le long des sentiers, au bas des murs, dans toute la Provence.

2250. A. BLITUM L. — G. et G., 3, p. 3. — ⊙. Juillet-septembre. — Çà et là dans les champs et sur le bord des chemins.

B.-R. — Marseille : Château Borély, Saint-Giniez, la Capelette, la Pomme, etc. (*Roux*). Aix : commun sur le bord des champs près du pont des Troits-Sautets (*F. A.*)

Var. — Terres cultivées et jardins (*Hanry*).

A.-M. — Assez rare : Menton ; Nice : à Saint-Roch (*Ard.*).

2251. A. SYLVESTRIS Desf. — G. et G., 3, p. 4. — ⊙. Juin-septem. Commun dans les cultures, les lieux incultes et les décombres, dans toute la Provence.

2252. A. PATULUS Bert. — G. et G., 3, p. 4. — ⊙. Juillet-octobre.

B.-R. — Aix : dans le pré vis-à-vis du boulevard du roi René (*F. A.*).

A.-M. — Plus commun que le suivant, parmi les décombres, le long des chemins et les lieux cultivés (*Ard.*).

2253. A. RETROFLEXUS L. — G. et G., 3, p. 5. — ⊙. Juillet-octobre.

Çà et là parmi les décombres, le long des chemins et dans les cultures de toute la Provence.

2254. A. paniculata Moq. Tand. — ⊙. Juillet-septembre.

Plante de Perse et d'Amérique, que l'on rencontre souvent parmi les décombres, le long des chemins, de graines échappées des jardins.

2255. A. albus L. — G. et G., 3, p. 6. — ⊙. Juillet-septembre.

— Çà et là dans les champs, les jardins et parmi les décombres.

B.-R. — Marseille : bords du Jarret, au moulin de Sartan ; Montolivet, les Martégaux, etc. Gémenos. Champs entre les Milles et Aix (*Roux*). Aix : commun dans les jardins, autour des habitations et sur les bords de l'Arc (*F. A.*). Gignac (*Autheman !*). Raphèle près d'Arles (*Roux*).

Var. — Saint-Nazaire : du cap Nègre au Brusq (*Roux*). Toulon, le Luc, Fréjus (*Hanry*). Porquerolles (*Abbé Olivier*).

A.-M. — Assez rare ; Antibes, Nice (*Ard.*).

**Polycnemum**. L.

2256. P. majus All. — G. et G., 1, p. 613, et 3, p. 6. — ⊙. Juillet-septembre.

Commun parmi les chaumes et dans les lieux incultes de la Provence, excepté à Menton où il n'a été trouvé qu'une seule fois suivant Ardoino.

## SALSOLACÉES

**Atriplex**. Tournefort.

2257. A. hortensis L. — G. et G., 3, p. 9. — ⊙. Août. — Originaire de l'Asie et cultivé dans les jardins, d'où il se répand dans les champs ; je l'ai trouvé assez abondant près des villages de Saint-Victoret, de Marignane, du Rove, à Martigues, etc.

2258. A. microtheca Moq. Tand. — G. et G., 3, p. 9. — ⊙. Août, septembre.

B.-R. — Environs d'Arles (*Gr. et God.*, d'après *Loiseleur*).

2259. A. rosea L. — G. et G., 3, p. 10. — ⊙. Août, septembre.

B.-R. — Marseille : très commun sur le bord des chemins à Saint-Giniez, Montredon ; le long du Jarret, etc. (*Roux*). Martigues (*Autheman!*)

Var. — Toulon, assez répandu (*Reynier!*)

A.-M. — Décombres à Vintimille et les prés maritimes entre Nice et le Var (*Ard.*).

2260. A. crassifolia C.-A. Meyer.—G. et G., 3, p. 10. — ⊙. Août, septembre.

B.-R. — Marseille : commun sur le littoral de Montredon aux Goudes, plage du Roucas-Blanc, etc. Bords de l'étang de Berre à Marignane, la Mède, Fos, etc. (*Roux*). La Camargue (*Legré!*)

Var. — Commun sur la plage de Saint-Nazaire jusqu'au Brusq (*Roux*). Toulon ; Hyères : aux Pesquiers (*Huet et Jacquin!*). Ile de Porquerolles (*Abbé Olivier*).

2261. A. laciniata L. — G. et G., 3, p. 11. — ⊙. Juillet-septembre.

B.-R. — Cette espèce, qui n'avait été trouvée, à Marseille, que sous le fort Saint-Nicolas au-dessus du bassin de carénage et sur les bords du Jarret près du pont de Saint-Pierre, est aujourd'hui très abondante dans les terrains vagues des Catalans, du Rouet, etc. Bords de l'étang de Caronte à Martigues, bords du canal à Fos, les Saintes-Maries (*Roux*).

A.-M. — Rare ; Nice (*Ard.*, d'après *All.*, *Risso* et *Montalivo*).

2262. A. Halimus L. — G. et G., 3, p. 11. — ♃. Août, septembre.

Planté sur les bords des champs et des jardins. Commun sur les bords de la mer et des étangs du littoral.

2263. A. hastata L. — G. et G., 3, p. 12. — ⊙. Juin-octobre.

Type : Commun dans les haies, le bord des chemins et des fossés, dans toute la Provence.

Variété γ salina Walh. G. et G. — Marseille : sur les bords

de la mer au Roucas-Blanc, à Montredon, aux Goudes. Var : Saint-Cyr, au cap des Baumelles (*Roux*).

Variété δ *microsperma* Walh. G. et G. — Marseille : parmi les décombres du bord de la mer, entre l'Escalette et les Goudes (*Roux*).

2264. A. PATULA L. — G. et G., 3, p. 13. — ⊙. Juillet, août.
Commun dans les champs et les lieux incultes de toute la Provence.

2265. A. LITTORALIS L. — G. et G., 3, p. 13. — ⊙. Juillet, août.
B.-R. — Aix : dans les champs (*F. A.*) ??

Var. — Iles d'Hyères (*Hanry*, d'après *Boccone*).

A.-M. — Bord des chemins de la région littorale : Nice, Menton, etc. (*Ard.*)

**Obione.** Gærtner.

2266. O. PORTULACOIDES Moq. Tand. — G. et G., 3, p. 14. — ♂. Juillet-septembre.

B. R. — Marseille : à la batterie de Montredon, au cap Croisette. Martigues : dans les marais du bord de la mer entre Ponteau et Lauron ; commun sur les bords de l'étang de Marignane et de celui du Galégeon près de Fos ; etc. (*Roux*).

Var. — Toulon ; Fréjus ; Saint-Raphaël : aux rochers des Lions (*Hanry*). Ile des Embiez. Hyères : bords de l'étang des Pesquiers et presqu'île de Giens. (*Roux.*)

A.-M. — Bords des fossés maritimes au golfe Jouan ; île Sainte-Marguerite (*Ard.*)

**Spinacia.** Tournefort.

2267. S. OLERACEA L. — G. et G., 3, p. 15. — ⊙. Juin-septembre.
Cultivé, mais moins fréquemment que le suivant.

2268. S. GLABRA Mill. — G. et G., 3, p. 15. — ⊙. Juin-septembre.
Plus généralement cultivé que le précédent ; se répand, comme lui, dans les champs et les vignes.

**Beta.** Tournefort.

2269. B. vulgaris L. — G. et G., 3, p. 16. — ②. Juillet-septembre.

Cultivé ; se reproduit dans les champs, le long des chemins, de graines échappées des jardins.

2270. B. maritima L. — G. et G., 3, p. 16. — ♃. Mai-septembre.

B.-R. — Martigues : sur les bords de l'étang desséché de Courtine. Fos : depuis le pont Clapet jusqu'à l'étang du Galégeon (*Roux*).

Var : île des Embiez, le long des salines (*Roux*).

A.-M. — Graviers maritimes entre Eze et Saint-Hospice (*Ard.*).

2271. B. Bourgæi Cosson. — G. et G., 3, p. 16. — ♃. Août.

Vaucl. — Dans les champs cultivés des environs d'Avignon (*Gr. et Godr.*, d'après *Delacourt*).

**Chenopodium.** Linné.

2272. C. ambrosioides L. — G. et G., 3, p. 17. — ☉. Juin-septembre. — Plante du Mexique, subspontanée sur quelques points de la Provence.

B.-R. — Marseille : aux Catalans, au Prado ; n'a plus été retrouvée.

Var : Toulon, champs incultes et parmi les décombres (*Huet, Chambeiron !*)

A.-M. — Subspontané à Nice (*Ard.*).

2273. C. Botrys L. — G. et G., 3, p. 17. — ☉. Juin-septembre.

B.-R.—Pas des Lanciers : vers le tunnel de la Nerte. Presque tout autour de l'étang de Berre. Sous les oliviers, entre Mouriès et Maussane (*Roux*). Alleins (*Gouirand !*) Aix : commun sur les bords de l'Arc (*F. A.*).

Var. — Bords de l'Argens près de Fréjus ; le Luc et la Sainte-Baume (*Hanry*).

A.-M. — Nice : dans le lit du Paillon, du Magnan, du Var, etc. (*Ard.*).

Vaucl. — Avignon (*Docteur Triboutl*)

2274. C. VULVARIA L. — G. et G., 3, p. 18. — ①. Août-septembre.
Champs, décombres, bords des chemins de toute la Provence.

2275. C. POLYSPERMUM L. — G. et G., 3, p. 18. — ⊙. Août-septembre. — Rare en Provence.
B.-R. — La Pioline et Montplaisir près d'Aix (*F. A.*).
A.-M. — Çà et là dans les lieux cultivés; Nice, Menton (*Ard.*).

2276. C. FICIFOLIUM Smith. — G. et G., 3, p. 19. — ⊙. Août-septembre. — Rare.
A.-M. — Dans les vignes au Bar (*Ard.*, d'après *Goati*).

2277. C. ALBUM L. — G. et G., 3, p. 19. — ⊙. Juillet, août.
Commun (avec des formes variées) dans les champs de toute la Provence.

2278. C. OPULIFOLIUM Schrad. — G. et G., 3, p. 20. — ⊙. Juillet-octobre.
Mêmes lieux et aussi commun que le précédent.

2279. C. HYBRIDUM L. — G. et G., 3, p. 20. — ⊙.
B.-R. — Aix: sur le bord des chemins (*F. A.*)?
Var. — Lieux cultivés et sablonneux (*Hanry*)?
Je n'ai rencontré cette plante qu'à Marseille, parmi des décombres, sur les bords du Jarret, en 1854 (*Roux*).

2280. C. MURALE L. — G. et G., 3, p. 21. — ⊙. Juillet-septembre.
Commun le long des chemins, au bas des murs et parmi les décombres, dans toute la Provence.

2281. C. RUBRUM L. — G. et G., 3, p. 22. — ⊙. Juillet-septembre. — Lieux maritimes inondés l'hiver.
B.-R. — Marseille: autrefois à l'anse de la Joliette, localité disparue.
Var. — Hyères: au Ceinturon (*Huet!*)
A.-M. — Rare; Nice, Caussols et le Farghet (*Ard.*).

2282. C. BONUS-HENRICUS L. — G. et G., 3, p. 22. — ♃. Août, septembre. Région alpine.

Var. — Bagnols (*Hanry*, d'après *Perreymond*). Débris de rochers à Margès près d'Aiguines (*Albert!*).

A.-M. — La Maïris, l'Authion, Sainte-Anne de Vinaï, au-dessus d'Entraunes, et montagnes de Grasse (*Ard.*).

B.-A. — Digne : parmi les rochers du sommet de Cousson (*Roux*).

Vaucluse. — Aux environs de quelques bergeries et à la fontaine d'Angelle sous le mont Ventoux (*Roux*).

**Roubieva.** Moquin Tandon.

2283. R. MULTIFIDA Moq. Tand. — G. et G., 3, p. 23. — ♃. Août, septembre.

Plante américaine naturalisée à Toulon, parmi les décombres, dans l'enceinte des remparts (*Huet! Roux*).

**Kochia.** Roth.

2284. K. PROSTRATA Schrad. — G. et G., 3, p. 24. — ♂. Août, septembre.

B.-R. — Tarascon (*Gr. et Godr.*)

2285. K. ARENARIA Roth. — G. et G., 3, p. 25. — ☉. Août, sept.

Vaucluse. — Champs à Avignon et à Carpentras (*Gr. et Godr.*). Hauteurs en face du village de Bédouin (*Roux*).

2286. K. HIRSUTA Nolte. — G. et G., 3, p. 25. — ☉. Août, sept.

B.-R. — Bords de l'étang de Marignane (*Roux*), de ceux de Berre et de Caronte à Martigues (*Autheman!*)

Var. — Hyères : aux Pesquiers (*Hanry*, d'après *Robert*).

**Camphorosma.** Linné.

2287. C. MONSPELIACA L. — G. et G., p. 26. — ♂. Août, septembre.

Commun sur les pelouses sèches, le bord des chemins et les lieux incultes du littoral de la Provence.

**Corispermum.** Ant. de Jussieu.

2288. C. HYSSOPIFOLIUM L. — G. et G., 3, p. 26. — ☉. Juillet-sept.

B.-R. — Champs sablonneux de la rive gauche de l'Arc, entre la gare de Berre et le chemin de la Fare (*Roux*).

Arles et le lit de la Durance (*Castagne*). Bords de la Durance (*F. A.*). Bords du Rhône à Arles (*Peuzin!*)

Vaucl. — Avignon (*Gr. et Godr.*)

**Salicornia.** Tournefort.

2289. S. HERBACEA L.— G. et G., 3, p. 27.— ⊙. Août, septembre.

B.-R. — Bords de l'étang de Marignane ; Martigues : entre Ponteau et Lauron, etc. (*Roux*).

Var. — Hyères : isthme de Giens (*Roux*).

A.-M. — Autrefois aux Grenouillères ; golfe Jouan et île Sainte-Marguerite (*Ard.*).

2290. S. FRUTICOSA L. — G. et G., 3, p. 28. — ♃. Juillet octobre.

B.-R. — Bords des étangs de Marignane et de Berre; marécages entre Ponteau et Lauron près de Martigues; étang du Galégeon près de Fos; etc. *(Roux)*.

Var. — Hyères : isthme de Giens *(Roux)*.

A.-M. — Golfe Jouan (*Ard.*).

2291. S. MACROSTACHYA Moric. — G. et G., 3, p. 29. — ♃. Julllet-septembre.

B.-R. — Rochers maritimes du cap Croisette et de l'île de Jarro, à Marseille. Fossés des bords des étangs de Marignane, de Caronte (à Martigues) et du Galégeon (à Fos) (*Roux*).

Var.—Hyères : Giens (*Roux*). Porquerolles (*Abbé Olivier*).

**Suæda.** Forskael.

2292. S. FRUTICOSA Forsk. — G. et G., 3, p. 30. — ♃. Mai-juillet.

B.-R. — Marseille : autrefois commun sur les falaises de l'Estaque à Arenc, du Pharo ; persiste encore çà et là jusqu'au cap Croisette ; île de Jarro, etc. Berre : sur les bords des salines. Martigues sur les bords de l'étang de Caronte, etc. (*Roux*).

Var. — Toulon : tend à disparaître ; quelques rares pieds près de la poudrière de Milhau (*Reynier!*)

A.-M. — Jadis au Var. Sur les murs de la ville d'Antibes, du côté de la mer (*Ard.*).

2293. S. MARITIMA Dumont. — G. et G., 3, p. 30. — ④. Juillet-octobre.

B.-R. — Commun sur les bords des étangs de Berre et de Marignane. Martigues : sur les bords de la mer entre Ponteau et Lauron (*Roux*). La Camargue : sur les digues du Valcarès (*Peuzin !*)

Var. — Toulon : prairies maritimes (*Huet !*)

A.-M. — Prés entre Nice et le Var (*Ard.*).

2294. S. SPLENDENS G. et G., 3, p. 30. — ⊙. Juillet-septembre.

B.-R. — Bords de l'étang de Marignane et de celui du Galégeon à Fos. Entre Istres et Saint-Chamas (*Roux*).

Var. — Hyères : marais desséchés du Ceinturon (*Huet et Jacquin !*)

**Salsola. Gærtn.**

2295. S. KALI L. — G. et G., 3, p. 31. — ⊙. Août-septembre.

B.-M. — Marseille : Montredon, les Goudes, etc. Bords des étangs de Marignane et de Berre (*Roux*). Aix : bords de l'Arc, au dessus du pont des Trois Sautets (*F. A.*).

Var. — Entraigues près de Vidauban ; Fréjus (*Hanry*).

A.-M. — Assez commun entre Cannes et Menton (*Ard.*).

2296. S. TRAGUS L. — G. et G., 3, p. 32. — ⊙. Août, septembre.

B.-R. — Marseille : çà et là sur les bords du Jarret. Rive gauche de l'Arc au-dessus des Milles (*Roux*). Aix : bords de l'Arc entre le pont de l'Arc et les Milles (*F. A.*).

Var. — Toulon : dans les marais de Castigneaux (*Hanry*).

Vaucl. — Avignon : sur les bords du Rhône dans l'île de la Barthelasse (*Th. Brown !*)

2297. S. SODA L. — G. et G., 3, p. 32. — ⊙. Août, septembre.

B.-R. — Fossés et champs des bords de l'étang de Marignane (*Roux*).

A.-M. — Autrefois à Nice : au Var. Golfe Jouan, île Sainte-Marguerite (*Ard.*).

# POLYGONÉES

**Oxyria.** Hill.

2298. O. digyna Campd. — G. et G , 3, p. 34. — ♃. Juillet, août.
A.-M. — Région alpine. Vallée du Clapier, mont Bégo, col de Fenestre, lac de Mercantoun et vallon de Strop près d'Entraunes (*Ard.*).

**Rumex.** Linné.

2299. R. maritima L.—G. et G., 3, p. 34.— ②. Juillet-septembre.
A.-M. — Marais maritimes à Nice (*Ard.*, d'après *Allioni*, *Risso* et *Montolivo*).

2300. R. pulcher L. — G. et G., 3, p. 36. — ②. Juin-août.
Commun aux bords des chemins, des haies et des fossés, dans toute la Provence.

2301. R. Friesii G. et G., 3, p. 36. — ♃. Juillet, août.
B.-R. — Marseille, assez commun : Saint-Giniez, Saint-Loup, la Pomme, la Rose, etc. (*Roux*). Aix : dans les ruisseaux (*F. A.*).
Var. — Bord des prés (*Hanry*).
A.-M. — Assez commun dans les lieux cultivés et le bord des chemins (*Ard.*).

2302. R. conglomeratus Murr. — G. et G., 3, p. 37. — ♃. Eté. — Lieux aquatiques.
B.-R. — Marseille : Saint-Loup, la Pomme, les Olives, les Martégaux, etc. Berre, Saint-Chamas, etc. (*Roux*). Aix (*F. A.*).
Var. — Les Mayons du Luc, etc. (*Roux*).
A.-M. — Commun dans les fossés et les lieux cultivés (*Ard.*).

2303. R. nemorosus Schrad. — G. et G., 3, p. 37. — ♃. Juillet, août.
A.-M. — Bords des fossés des chemins et dans les lieux cultivés à Menton, etc. (*Ard.*).

2304. R. crispus L. — G. et G., 3, p. 38. — ♃. Juillet, août.

B.-R. — Marseille : aux Martégaux, aux Olives ; bords du canal de la Durance. Fossés à Marignane, prairies à Berre, champs aux Saintes-Maries, etc. (*Roux*). Aix (*F. A.*).

Var. — Lieux humides (*Hanry*). Plan d'Aups. Hyères : isthme de Giens (*Roux*).

A.-M. — Assez rare ; Eze, Saint-Pons et Carabacel près de Nice (*Ard.*).

2305. R. alpinus L. — G. et G., 3, p. 40. — ♃. Août.

A.-M. — Région alpine ; col de Tende, lac de Rabouns et probablement ailleurs (*Ard.*).

2306. R. bucephalophorus L. — G. et G., 3, p. 41. — ☉. Mai, juin. — Coteaux, champs sablonneux ou pierreux.

B.-R. — Marseille, Saint-Jean de Garguier, Cassis, La Ciotat, etc. (*Roux*).

Var. — Nans, Saint-Nazaire, Toulon, la Valette, les Mayons, Fréjus, Saint-Raphaël, etc. (*Roux*).

A.-M. — Commun dans toute la région littorale (*Ard.*).

2307. R. tingitanus L. — G. et G., 3, p. 42. — ♃. Juillet.

B.-R. — Arles (*Gren. et Godr.*).

2308. R. scutatus L. — G. et G., 3, p. 42. — ♃. Mai-août. — Débris de rochers, surtout dans la région montagneuse.

Var. — Margès à Aiguines (*Albert!*)

A.-M. — Au-dessus de Menton, Levens, Grasse et toute la région mont. (*Ard.*).

B.-A. — Digne : à Saint-Benoît. La Condamine près de Barcelonnette (*Roux*). Montagne de Lure (*Legré!*)

Vaucl. — Fontaine de Vaucluse, mont Ventoux (*Roux*).

2309. R. tuberosus L. — DC., Fl. fr., 3, p. 376. Ardoino, Fl. des Alp.-Marit., p. 323. — ♃. Mai, juin.

A.-M. — Très rare ; le Baou-Rous entre Eze et Saint-Hospice (*Ard.* d'après *Allioni, Cesati* et *Montolivo*).

2310. R. arifolius All. — G. et G., 3, p. 43. — ♃. Juillet.

A.-M. — Assez répandu dans toute la région alpine (*Ard.*).

B.-A. — Forêt de Faillefeu au-dessus de Prats (*L. Granier!*)

2311. R. PSEUDO-ACETOSA Bert. — R. Acetosa L. *ex parte* G. et G., 3, p. 43. — ♃. Mai, juin.

B.-R. — De Gémenos à Saint-Pons. Roquefourcade : dans les bois taillis (*Roux*).

Var. — Bois de la Sainte-Baume, etc. (*Roux*).

A.-M. — Çà et là dans les prés de la rég. montagneuse : Tende, Grasse, etc. (*Ard.*).

2312. R. THYRSOIDES Desf. — G. et G., 3, p. 44. — ♃. Mai, juin. — Commun dans les haies, les bois de pins et les lieux secs et pierreux.

B.-R. — Marseille, La Mède près de Martigues, etc. (*Roux*). Aix : sur toutes les collines des environs (*F. A.*).

Var. — Lieux incultes ; Bagnols (*Hanry*).

A.-M. — Lieux sablonneux et herbeux de la région littorale ; Monaco (*Ard.*).

2313. R. ACETOSELLA L, — G. et G., 3, p. 45. — ♃. Mai, juin.

B.-R. — Marseille : Bonneveine, Montredon, etc. (*Roux*).

Var. — Champs sablonneux (*Hanry*). Presqu'île de Giens (*Legré!*) Du Luc aux Mayons ; de Gonfaron aux Mayons (*Roux*).

A.-M. — Assez commun dans les champs sablonneux (*Ard.*).

**Polygonum.** Linné.

2314. P. BISTORTA L. — G. et G., 3, p. 45. — ♃. Mai-août.

A.-M. — Commun dans les prairies de toute la région montagneuse (*Ard.*).

B.-A. — Vallon de Juan au-dessus de Villars-Colmars ; environs du lac d'Allos, etc. (*Roux*).

2315. P. VIVIPARUM L. — G. et G., 3, p. 46. — ♃. Juillet, août.

A.-M. — Alpes de Tende, col de Fremamorta, Sainte-Anne de Vinaï, Alpes d'Entraunes (*Ard.*).

B.-A. — Faillefeu au-dessus de Prats, montée des Boules et prairies de la Vachère (*Roux*).

2316. P. amphibium L. — G. et G., 3, p. 46. — ♃. Juillet, août.
B.-R. — Aubagne : dans le ruisseau des Maïrès. Roquefavour et les Milles : dans l'Arc (*Roux*). Aix : dans la Touloubre près de la Calade (*F. A.*).
Var. — Les fossés (*Hanry*). Dans les fossés du fort Lamalgue (*Huet* et *Jacquin!*)

2317. P. lapathifolium L. — G. et G.., 3, p. 47. — ⊙. Juillet-septembre.
B.-R. — Marseille : lieux humides au pont du Jarret à Sainte-Marguerite. Aubagne : bords de l'Huveaune. Lit de l'Arc, de Berre à la Fare, etc. (*Roux*).
A.-M. — Assez commun (*Ard.*).

2318. P. Persicaria L. — G. et G., 3, p. 47. — ⊙. Juillet-octobre
Commun dans les lieux humides, au bord des ruisseaux, dans toute la Provence.

2319. P. serrulatum Lag. — G. et G., 3., p. 48. — Juin-septemb.
Var. — Toulon : dans un marais à Castigneau (*Chambeiron!*) ; étang de la Foux près du Pradet (*Huet!*)
A.-M. — Nice : au Var ; golfe Juan (*Ard.*).

2320. P. dubium Stein. — G. et G., 3, p. 48. — ⊙. Août-octobre.
B.-R. — Raphèle et d'Arles à Montmajour, dans les fossés aquatiques (*Roux*).

2321. P. Hydropiper L. — G. et G., 3, p. 49. — ⊙. Juillet-octob.
— Fossés, mares et ruisseaux de toute la Provence.

2322. P. herniarioides Spreng. — G. et G., 3, p. 51. — C'est par erreur que Grenier et Godron indiquent cette plante dans les sables maritimes de Marseille ; elle n'a été trouvée qu'une seule fois dans un lavoir à laine de la rue de la Joliette, aujourd'hui disparu.

2323. P. maritimum L. — G. et G., 3, p. 51. — ♃. Avril-octobre.
B.-R. — Marseille : au cap Croisette. Bord de l'étang de Marignane ; la Mède (*Roux*).
Var. — Des Lecques à Saint-Cyr ; Saint-Nazaire ; Hyères :

à la Plage, à l'isthme de Giens ; île de Porquerolles (*Roux*). Sainte-Maxime (*Hanry*).

A.-M. — Assez commun dans les sables maritimes (*Ard.*).

2324. P. Roberti Lois. — G. et G., 3, p. 52. — ②. ♃. Juin-août.

Var. — Toulon : au Polygone (*Robert*) ; on l'y cherche vainement aujourd'hui (*Reynier*). Ile de Porquerolles (*Hanry!*)

2325. P. aviculare L. — G. et G., 3, p. 53. — ☉. Juin-octobre.

Le type est très commun sur le bord des chemins et des champs, ainsi que dans les rues peu passantes des villages et des villes ; cependant Ardoino (Fl. des Alp.-Marit.) ne le cite qu'à Saint-Martin-Lantosque ; il ajoute : « Cette plante, la plus répandue sur le globe, semble chez nous ne pas sortir de la région montagneuse ; elle est remplacée, dans la région littorale, par le *P. romanum* Jacq.? (*P. flagellare* Bert. non Gr. et God., *P. controversum* Gussone), aux akènes petits, lisses, d'un châtain luisant, à souche ligneuse. »

Variété β *erectus* Roth. —G. et G., 3, p. 53 —B.-R. : parmi les buissons de la rive gauche de l'Arc, un peu au-dessus du pont du chemin de fer près de la gare de Berre (*Roux*).

Variété γ *urenarium* Loiseleur (non W. et K.) — G. et G., 3, p. 53. — Commune dans les Bouches-du-Rhône : Marseille, au Roucas-Blanc, à Montredon, dans les champs argileux des Camoins en allant à Aubagne ; bords des étangs de Marignane et de Berre (*Roux*) ; Montaud-les-Miramas (*Castagne!*) Dans le Var : champs des bords de la route du Luc au Mayons (*Roux*).

2326. P. arenarium W. et K. (non Lois.). — G. et G., 3, p. 53.— ☉. Juin-octobre.

B.-R. — Marseille : abonde dans les terres fortes, depuis la Bastidonne (la Penne) jusqu'aux Camoins (*Laué, Pathier, Roux*).

Var. — Champs et bords des fossés à la Garde près de Toulon (*Robert*). Fréjus (*Perreymond*).

2327. P. Bellardi All. — G. et G., 3, p. 54. — Juin-août.

B.-R. — Marseille : çà et là sur les bords du Jarret, de l'Huveaune à la Pomme. Aubagne et Saint-Pierre : dans le lit de l'Huveaune. Champs voisins de l'étang de Marignane. Les Milles, la Mérindole entre Roquefavour et le bassin de Réaltor (*Roux*).

Var. — La Garde près de Toulon. Le Muy : à Femme-Morte (*Hanry*).

2328. P. Convolvulus L. — G. et G., 3, p. 54. — ⊙. Juillet-octobre. — Commun dans les champs, les jardins, les haies, dans toute la Provence.

2329. P. alpinum All. — G. et G., 3, p. 55. — ♃. Juillet-août.

A.-M. — Région alpine ; les Voisennes, vallon de Nandue bis et de Fenestre, Salsamorena, Bousiego au-dessus de Saint-Dalmas-le-Sauvage (*Ard.*).

2330. P. Fagopyrum L. — G. et G., 3, p. 55. — Juillet, août. — Cultivé, se rencontre quelquefois échappé des cultures.

2331. P. orientale L. — D. C., Fl. fr., 3, p. 367. — ⊙. D'Orient ; cultivé dans les jardins, d'où il s'échappe quelquefois.

## DAPHNOIDÉES

**Daphne.** Linné.

2332. D. Mezereum. — G. et G., 3, p. 57. — ♃. Février-avril.

Var. — Bois de Morgès à Aiguine (*Albert!*)

A.-M. — Mont Mulacé au-dessus de Menton, forêt de la Maïris, Tende, Saint-Michel Lantosque, Sainte-Anne de Vinaï, Saint-Etienne-le-Sauvage, Estenc au-dessus d'Entraunes (*Ard.*).

B.-R. — Forêt de Faillefeu et montée des Boules, au-dessus de Prats (*Mulsant!* (*Roux*).

2333. D. Laureola L. — G. et G., 3, p. 57. — ♄. Mars, avril.

B.-R. — Gémenos : près de la source de Saint-Pons ; Baou

de Bretagne; Roquefourcade (*Roux*). Tretz : au nord de l'Olympe (*Reynier !*)

Var. — Commun dans le bois de la Sainte-Baume (*Roux*).

A.-M. — Au-dessus de Menton, de l'Escarène; château de la Garde près de Villeneuve; Grasse, le Bar, Gourdon (*Ard.*).

Vaucl. — Vallon de la Rochelierre à Apt (*Coste!*)

2334. — D. ALPINA L. — G. et G., 3, p. 58. — ♃. Avril, mai.

B.-R. — Nord de Roquefourcade, Baou de Bretagne. Sainte-Victoire (*Roux*).

Var. — Assez commun sur toute la chaîne de la Sainte-Baume (*Roux*).

A.-M. — Monts Mulacé au-dessus de Menton, Ferrion au-dessus de Coarazza; entre Tende et Carlin; Estenc au-dessus d'Entraunes (*Ard.*).

2335. D. CNEORUM L. — G. et G., 3, p. 59. — Région alpine.

Var. — Ampus : dans les lieux pierreux de la Cabrière (*Albert!*). Montagne de Lachen (*Hanry*).

A.-M. — Col de Fenestre, Saint-Etienne-le-Sauvage. Montagnes de Caussols et du Défends au-dessus de Grasse (*Ard.*).

2336. D. GNIDIUM L.—G. et G., 3, p. 60.—♃. Mars, avril.—Lieux secs et sablonneux de toute la rég. litt. de la Provence.

B.-R. — Marseille, Gémenos, Roquevaire, etc. (*Roux*). Aix : vallon du Coq, le Tholonet (*F. A.*).

Var. — Lieux incultes, haies (*Hanry*).

A.-M. — Bois de pins et lieux incultes (*Ard.*).

**Passerina**. Linné.

2337. P. ANNUA Spreng. — G. et G., 3, p. 60. — ⊙. Juin-septembre.

B.-R. — Marignane. Bords de l'Arc depuis Berre jusqu'à Aix, Raphèle près d'Arles (*Roux*).

Var. — Champs (*Hanry*. Le Luc (*Roux*).

A.-M. — Grasse, Antibes. Nice, Menton, etc. (*Ard.*).

2338. P. Thymelæa DC. — G. et G., 3, p. 61. — ♃. Mai-juillet.

B.-R. — Nord du Pilon du Roi (*Peuzin!* (*Roux*). Entre la ferme de Roussargues et le Plan d'Aups. Aix : dans le vallon de Parouvier, sur les coteaux voisins de la ferme et de la fontaine (*Roux*).

Var. — Toulon, Bagnols (*Hanry*). Ampus : dans les bois taillis de la Cabrière (*Albert!*). Cotignac (*Laurans!*).

B.-A. — Castellane (*Gren. et Godr.*, d'après *Duval-Jouve*).

2339. P. dioïca Ram. — G. et G., 3, p. 61. — ♃. Mdi, juin. — Région montagneuse.

A.-M. — Rare ; Levens, rochers au-dessus de Tende ; Saint-Martin-Lantosque (*Ard.*).

B.-A. — Castellane (*Gren. et Godr.*, d'après *Loret*).

2340. P. Tarton-raira DC. — G. et G., 3, p. 63. — ♃. Avril-septembre.

B.-R. — Martigues : à Gueule d'Enfer, à la Mède. Marseille : bois sablonneux de Mazargues ; Montredon, tout le long de la côte depuis le Collet de Bonneveine jusqu'au Plan des Cailles et Podestat (*Roux*).

Var. — Toulon : à Saint-Mandrier (*Huet! abbé Mulsant!*); à la batterie Saint-Elme (*Reynier!*). Ile du Levant (*Legré!*)

2341. P. hirsuta L. — G. et G., 3, p. 63. — ♃. Novembre-mars.

B.-R. — Marseille : commun sur les bords de la mer à Montredon. — Ile de Jarro. De La Ciotat aux Lecques (*Roux*).

Var. — Saint-Nazaire : du cap Nègre jusqu'au Brusq (*Roux*). Toulon, Fréjus (*Hanry*).

A.-M. — Rare ; Antibes (*Ard.*). Iles de Lérins (*Reynier!*)

# LAURINÉES

**Laurus**. Tournefort.

2342. L. nobilis. — G. et G., 3, p. 64. — ♃. Avril, mai.

Planté dans les bosquets, auprès des puits et devant les maisons de campagne de la région littorale ; subspontané et naturalisé çà et là.

## SANTALACÉES

**Thesium.** Linné.

2343. T. ALPINUM L. — G. et G., 3, p. 65. — ♄. Juin, juillet. — Région alpine.

Var. — Margès près d'Aiguines (*Albert !*)

A.-M. — Sainte-Anne de Vinaï, col de Tende, Alpes de Fenestre au-dessus d'Entraunes (*Ard.*).

B.-A. — Forêt de Faillefeu, au-dessus de Prats, bois de pins à la Condamine près de Barcelonnette (*Roux*).

2344. T. DIVARICATUM Rchb. — G. et G., 3, p. 67. — ♃. Juin, juillet.

Commun sur les coteaux secs, les lieux arides et pierreux de tout le littoral de la Provence.

2345. T. MONTANUM Ehr. — Ardoino, Fl. des Alpes-Maritimes, p. 329. — ♃. Juin, juillet.

A.-M. — Mont Mulacé au-dessus de Menton ; dans les bois au bord de la Roïa près de la ville de Tende (*Ard.*).

**Osyris.** Linné.

2346. O. ALBA L. — G. et G., 3, p. 68. — ♄. Mai, juin.

Commun dans les haies et lieux incultes de presque toute la Provence.

## ELEAGNÉES

**Hippophae.** Linné.

2347. H. RHAMNOIDES L. — G. et G., 3, p. 69. — ♄. Fleurs en avril, fruits en août.

B.-R. — Commun dans les iscles et sur les bords de la Durance (*F. A.*); Peyrolles, pont de Mirabeau, Saint-Paul-les-Durance, Cadarache (*Roux*).

Var. — Cannet du Luc (*Hanry*).

A.-M. — Rare ; lisière du Var (*Ard.*, d'après *Risso*).

B.-A. — Bords de Verdon à Vinon et à Gréoulx (*Hanry*, *Roux*).

Vaucl. — Caumont : dans les graviers de la Durance (*Coste !*)

**Elæagnus**. Linné.

2348. E. ANGUSTIFOLIUS L. — G. et G., 3, p. 70. — ♂. Fleurs en mai, juin; fruits en août.

Cultivé et assez fréquemment subspontané sur le bord des fossés dans la région littorale.

# CYTINÉES

**Cytinus**. Linné.

2349. C. HYPOCISTIS L. — G. et G., 3, p. 71. — ♃. Avril-juin. — Parasite sur les racines de diverses espèces de cistes.

B.-R. — Marseille : rare ; Montredon, vers les Goudes, etc. La Ciotat : au Bec de l'Aigle et à N.-D. de la Garde (*Roux*). Aix : à Sainte-Victoire (*F. A.*).

Var. — Assez fréquent sur les coteaux micaschisteux du littoral, depuis Saint-Nazaire jusqu'à Fréjus (*Hanry*, (*Roux*). Ile de Porquerolles (*Abbé Olivier*, *Roux*).

A.-M. — Toute la région littorale, mais peu commun (*Ard,*).

# ARISTOLOCHIÉES

**Asarum**. Tournefort.

2350. A. EUROPÆUM L. — G. et G., 3, p. 71. — ♃. Avril, mai.

A.-M. — Bois de la région montagneuse : mines de Tende, vallée de Castarin près de Tende, val de Pesio (*Ard.*).

**Aristolochia.** Tournefort.

2351. — A. CLEMATITIS L. — G. et G., 3, p. 72. — ♃. Mai, juin.

B.-R. — Saint-Chamas, sur la route de Miramas près de la minoterie et route de Saint-Chamas à Istres. Bords de la Durance, au pont de Mirabeau (*Roux*).

Var. — Champs et vignes; Draguignan, Giens, Fréjus (*Hanry*).

A.-M. — Assez commun dans les haies, au bord des champs (*Ard.*).

Vaucl. — Avignon: sur la route de Montferrat (*Coste!*)

2352. A. PISTOLOCHIA L. — G. et G., 3, p. 72. — ♃. Mai, juin. — Lieux secs et montueux, coteaux pierreux.

B.-R. — Marseille: vallon de Morgiou, hauteurs de Saint-Loup et de Saint-Marcel. Roquefavour. Petite Crau entre Berre et Saint-Chamas *(Roux).* Martigues vers la Mède (*Autheman !*) Aix : à Saint-Marc. *(F. A.).*

Var. — Lieux arides (*Hanry*).

A.-M. — Peu commun; l'Estérel, Grasse, Utèle, Gilette, Levens, Nice (*Ard.*).

B.-A. — Digne (*abbé Mulsant !*)

Vaucl. — Avignon (*Th. Brown !*)

2353. A. ROTUNDA L. — G. et G., 3, p. 73. — ♃.Avril, mai.

B.-R. — Marseille : bords de l'Huveaune à Saint-Loup, la Pomme, Saint-Marcel ; Aubagne ; Fos-les-Martigues, etc. (*Roux*). Aix : rive droite de l'Arc près du moulin Fort (*F. A.*).

Var. — Champs pierreux (*Hanry*). Ampus (*Albert !*) Presqu'île de Giens (*Roux*).

A.-M. — Commune dans les champs pierreux de toute la rég. litt. (*Ard.*).

2354. A. PALLIDA Willd. — Ardoino, Flore des Alpes-Maritimes, p. 330. — ♃. Mai, juin.

Var. — Micaschistes du vallon de la Sauvette, aux Mayons du Luc (*Hanry, Huet! Roux*). Hyères (*Huet !*)

A.-M. — Très rare ; environs de Nice, Torretta-Revest (*Ard.*).

2355. A. LONGA L. — G. et G., 3, p. 73. — ♃. Avril, mai

Var. — Rare ; champs et vignes à Fréjus (*Hanry*) ; champs des environs de la Tourne près de Belgentier (*Huet !*)

A.-M. — Environs de Nice, entre le vieux Castellar et le Grammont au-dessus de Menton (*Ard.*).

## EMPÉTRÉES

**Empetrum.** Tourn.

2356. E. NIGRUM L. — G. et G., 3, p. 74. — ♂. Mai, juin.

A.-M. — Rare ; région alpine : col de Fremamorta, Alpes de Tende et de Briga (*Ard.*),

## EUPHORBIACÉES

**Euphorbia.** Linné.

2357. E. CHAMÆSYCE L. — G. et G., 3, p. 75. — ☉. Juin, juillet.

B.-R. — Marseille : Madrague de Montredon ; Luminy : à l'entrée du vallon de Ricard ; la Viste : sur la terrasse du château des Tours ; etc. Le Rove. Champs des bords de l'étang de Marignane et de Berre (*Roux*). Aix : champs frais et jardins (*F. A.*)

Var. — La Garde près de Toulon, Fréjus (*Hanry*).

A.-M. — Peu commun ; lieux sablonneux, bords des chemins (*Ard.*).

Vaucl. — Cucurron (*Deidier !*)

2358. E. PEPLIS L. — G. et G., 3, p. 76. — ☉. Juin-octobre.

B.-R. — Marseille : anse des Goudes. Commun dans les sables de l'étang de Marignane et de Berre (*Roux*).

Var. — Plages de Saint-Cyr, de Saint-Nazaire (*Roux*). Toulon, Sainte-Maxime (*Hanry*).

A.-M. — Commun dans les sables maritimes depuis Cannes jusqu'à Menton (*Ard.*).

2359. E. PRESLII Guss. — Ardoino, Flore des Alpes-Maritimes, p. 332. — ⊙.

A.-M. — Très rare; lit de la Roïa près du pont de Vintimille; Nice: aux sables du Var (*Ard.*); entre Menton et Vintimille (*Th. Moggridge!*).

Var. — Dans un jardin à Cotignac (*Laurens!*).

2360. E. HELIOSCOPIA L. — G. et G., 3, p. 76. — ⊙. Avril-août. Champs et bords des sentiers dans toute la Provence.

2361. E. PLATYPHYLLA L. — G. et G., 3, p. 77. — ⊙. Juin-septembre. — Champs humides, bords des fossés, etc.

B.-R. — Peyrolles, Marignane, Rognac, Raphèle, Montmajor, Camargue (*Roux*).

Var. — Lieux cultivés (*Hanry*). Route de Gonfaron aux Mayons (*Roux*).

A.-M. — Lieux cultivés de la région montagneuse (*Ard.*)

2362. E. AKENOCARPA Guss. — G. et G., 3, p. 78. — ⊙. Mai, juin.

B.-R. — Marseille: aux Catalans et au chemin de Cassis (*Gr. et Godr.*, d'après *Blaize*). Plante adventice (*Roux*).

2363. E. PUBESCENS Desf. — G. et G., 3, p. 79. — ♃. Juin, juillet. — Lieux humides.

B.-R. — Marseille: parc Borély. Bords des étangs de Marignane; du Galégeon à Fos; de Berre, entre Istres et Saint-Chamas; Montmajor; Raphèle; entre Mouriès et Maussanne; Roquefavour (*Roux*). Aix, Salon (*Gr. et Godr.*).

Var. — Toulon, Fréjus (*Hanry*).

A.-M. — Région littorale (*Ard.*).

2364. E. PILOSA L. — G. et G., 3, p. 79. — ♃. Juin, juillet.

B.-R. — Montaud près de Salon (*Gr. et Godr.*).

Var. — Toulon (*Reynier!*) La Farlède (*Albert*).

2365. E. PALUSTRIS L. — G. et G., 3, p. 80. — ♃. Mai-juillet.

B.-R. — Marais de Fos et de Raphèle; le long des roubines entre Arles et Montmajor (*Roux*).

Var. — Toulon : le long du ruisseau de Dardennes (*Hanry*).

2366. E. DULCIS L. — G. et G., 3, p. 80. — ♃. Avril, mai.

B.-R. — Aix : à Sainte-Victoire ; Auriol : à Roquefourçade (*Roux*).

Var. — Commun dans le bois de la Sainte-Baume. Collobrières : bords de la Verne. (*Roux*.) Gonfaron : à N.-D. du Figuier (*Hanry*).

A.-M. — Commun dans la région montagneuse jusqu'à Menton et Nice (*Ard.*).

2367. E. VERRUCOSA L. — G. et G., 3, p. 82. — ♃. Mai, juin.

Var. — Fréjus, Bagnol (*Hanry*). C'est sans doute l'espèce suivante (*Roux*).

A.-M. — Çà et là aux bords des bois, surtout dans la région montagneuse (*Ard.*).

2368. E. FLAVICOMA DC. — G. et G., 3, p. 82. — ♃. Mai, juin.— Coteaux et lieux pierreux ou marneux.

B.-R. — Marseille : au nord de la tête de Carpiagne et au Puy de Roumi vers Peypin (*Reynier !*). Cassis : dans le vallon de la Bédoule ; Saint-Jean de Trets (*Roux*).

Var. — Sommet de la montée du Plan d'Aups par Nans. A droite de la route de Saint-Cyr à la Cadière (*Roux*). Toulon : à Touris (*Robert*, sous le nom d'*E. verrucosa*); bois au nord de Coudon (*Huet !*).

A.-M. — Peu commun : Grasse, Braus, Menton (*Ard.*).

Vaucl. — Carpentras (*Gr. et Godr.*).

2369. E. SPINOSA L. — G. et G., 3, p. 83. — ♂. Avril, mai. Talus, lieux pierreux.

B.-R. — Marseille : rare ; vallon des Tuves à Saint-Antoine, la Treille. Très commun à Roquefavour. (*Roux*.) Aix : au Montaiguet, à l'entrée du vallon de Marjal (*F. A.*). Meyrargue (*Roux*).

Var. — Toulon, Bagnol ; Saint-Raphaël : aux rochers des Lions ; Aups, Pennafort (*Hanry*). Draguignan, Fréjus (*Gr. et Godr.*).

A.-M. — Commun dans les lieux pierreux de la région littorale (*Ard.*). Grasse (*Gr. et Godr.*).

B.-A. — Gréoulx, Digne (*Gr. et Godr.*).

2370. E. GERARDIANA Jacq. — G. et G., 3, pp. 83 et 84. — ♃. Juin, juillet.

B.-R. — Sables et graviers de l'Arc, depuis son embouchure jusqu'à la Fare et de Roquefavour à Aix (*Roux*). Aix : le Montaiguet, au couchant de la Simone (*F. A.*).

Var. — Coteaux, lieux sablonneux : Bagnol, Entraigues près de Vidauban, Ollioules (*Hanry*).

Vaucl. — L'Isle (*Autheman!*).

Var. β *tenuifolia* G. et G., 3, p. 84.

B.-R. — Marseille : commun dans les sables de Mazargues et de Montredon (*Roux*).

Var. γ *minor* G. et G., 3, p. 85 (*E. saxatilis* Lois.).

Vaucl. — Sommet du mont Ventoux, dans les débris mouvants (*Roux*).

2371. E. VARIABILIS Cesati, *E. Gayi* var. γ Salis. — Ardoino, Fl. des Alpes-Marit., p. 335. — ♃. Juin. — Région montagneuse.

A.-M. — Saint-Martin-Lantosque (*Ard.*, d'après Boissier et Reuter in DC. *Prodr.*).

2372. E. PITHYUSA L. — G. et G., 3, p. 85. — ♃. Juin-août. — Sables et rochers maritimes.

B.-R. — Marseille : d'Endoume au cap Croisette ; îles du golfe (*Roux*). Lauron, entre Martigues et la Couronne (*Autheman!*).

Var. — Bandol, Saint-Nazaire, Toulon, Hyères (*Roux*). Fréjus (*Gr. et Godr.*).

2373. E. PARALIAS L. — G. et G., 3, p. 86. — ♃. Juillet, août. — Sables et graviers maritimes.

B.-R. — Marseille : Montredon. Bords des étangs de Marignane et de Berre. Martigues, Fos. (*Roux.*)

Var. — Plages de Saint-Cyr, de Saint-Nazaire jusqu'au Brusc (*Roux*).

A.-M. — Depuis la Napoule jusqu'à Menton (*Ard*.).

2374. E. DENDROIDES L. — G. et G., 3, p. 86. — ♂. Mai, juin. — Littoral maritime.

Var. — La Garde près Toulon et Carqueyranne (*Huet! Chambeiron!*). Presqu'île de Giens (*Gr. et Godr.*). Iles du Levant et de Portcroz (*Hanry*). Saint-Tropez (*Solliès*).

A.-M. — Très commune dans les lieux arides de Nice à Menton (*Ard*.). Ne se trouve pas à l'île Sainte-Marguerite, où Grenier et Godron la citent par confusion avec le vieux château de Sainte - Marguerite près de Toulon (*Reynier*).

2375. E. NICÆENSIS All. — G. et G., 3, p. 87. — ♃. Juin.

B.-R. — Marseille : vallon de l'Evêque à Saint-Loup et vallon du Rouet. Coteaux à Roquefavour et vallon de Parouvier près d'Aix (*Roux*). Aix : au Montaiguet, au-dessus de la campagne de M. Pissin (*F. A.*).

Var. — Bords des champs au Plan d'Aups vers les mines de lignite (*Roux*). Hyères, Bagnol, le Luc (*Hanry*).

A.-M. — Lieux secs et pierreux (*Ard*.).

B.-A. — Bords de la Bléone en face de Saint-Benoît, à Digne (*Roux*).

2376. E. SARATI Ardoino, Flore des Alpes-Maritimes, p. 336. — ♃. Mai, juin.

B.-R. — Marseille : au pont sur le Jarret à Sainte-Marguerite ; bords du béal au moulin à blé sous Saint-Loup. Gémenos : route de Saint-Pons près de la scierie. Rives de de la Luyne sous le château de Valabre. (*Roux.*)

A.-M. — Nice : à l'Ariane, parmi les saules des bords du Paillon (*Ard., E. Burnat !*).

Vaucl. — Avignon : le long du Rhône (*Autheman !*)

2377. E. TENUIFOLIA Lmk. — G. et G., 3, p. 88. — ♃. Mai, juin.

B.-R. — Martigues : sur les coteaux arides (*Gr. et Godr.*, d'après *Requien*). N'y a pas été retrouvée : c'est une plante de marais plutôt que de coteaux. — Paluds de

Mollégès près de Saint-Remy (*Peuzin ! Autheman !*).

Vaucl. — Blouvac près de Carpentras (*Abbé Gonnet !*)

2378. E. TERRACINA L. — G. et G., 3, p. 89. — ♃. Mai-septembre. — Sables maritimes.

 Var. — Château d'Hyères (*Huet !*) Les Pesquiers (*Hanry, Huet !*) Les Salins d'Hyères (*Reynier !*). Fréjus et Saint-Raphaël (*Hanry, Roux*).

 A.-M. — Assez rare. Cannes (*Hanry*). Nice (*Ard.*). Vintimille (*Thr. Moggridge !*).

2379. E. SERRATA L. — G. et G., 3, p. 89. — ♃. Mai, juin. — Commun dans les lieux incultes, au bord des champs et des routes de tout le littoral de la Provence.

2380. E. ALEPPICA L. — G. et G., 3, p. 90. — ⊙. Juillet, août.

 B.-R. — Assez commun dans les champs de la rive droite de l'Arc, depuis son embouchure jusqu'à la hauteur de la Fare, abonde au hameau de Mauran ; plus rare sur la rive gauche (*Roux*). Aix : rive droite de l'Arc, à environ 2 kilom. au-dessus des Milles (F. A.).

 Var. Toulon (*Gr. et Godr.*, d'après *Cavalier*). Mes correspondants du Var ne l'ont jamais rencontrée.

2381. E. CYPARISSIAS L. — G. et G., 3, p. 90. — ♃. Avril, mai. — Assez commun aux bords des champs et des sentiers dans toute la Provence.

2382. E. EXIGUA L. — G. et G., 3, p. 91. — ⊙. Mai-octobre. — Commun dans les champs, les moissons et les lieux incultes de toute la Provence.

2383. E. SULCATA De Lens *in* Loiseleur. — G. et G., 3, p. 92. — ⊙. Avril, mai. — Champs, moissons et lieux incultes, mais plus rare que le précédent.

 B.-R. — Marseille : à Vaufrège, dans les fossés de la route de Cassis. Champs sablonneux du bord de l'étang de Marignane entre Châteauneuf et la Mède. Champs pierreux entre la route des Milles et l'Arc en amont de Roquefavour. (*Roux*.) Aix : au vallon de Cascaveou et de la Guiramande (*F. A.*). Arles : champs cultivés des coteaux de Montmajor (*Duval-Jouve !*).

Var. — Plan d'Aups, dans les champs pierreux à droite de la route de Saint-Zacharie à la Sainte-Baume (*Roux*).

2384. E. FALCATA L. — G. et G., 3, p. 92. — ⊙. Juin-septembre. — Commun dans les champs pierreux, les moissons de presque toute la Provence.

2385. E. TAURINENSIS All. — G. et G., 3, p. 93. — ⊙. Mai-juillet.

B.-R.— Marseille: à Ste-Marguerite, au vallon de Vaufrège, à Saint-Marcel, au vallon de Forbin ; à la Treille, au vallon de Passo-Tèn ; à Saint-Antoine, au vallon des Tuves. Lit et champs voisins des bords de l'Arc, depuis l'étang de Berre jusqu'à la Fare . Gardanne. (*Roux.*) Aix : au vallon des Gardes, le Tholonet (*F. A.*). Champs entre Eyguières et les Alpines (*Roux*). Salon (*Gr. et Godr.*).

Var. — Le Beausset (*Autheman!*). Draguignan (*Roux*). Le Luc: sous les oliviers (*Hanry*). Fréjus (*Gr. et Godr.*).

A.-M. — Champs de la rég. mont. ; entre Castillon et Sospel, Breil, la Giandola, Saorgio, Fontan (*Ard.*). Tende (*Loret*). Grasse (*Gr. et Godr.*). Golfe Jouan (*Hanry, Duval-Jouve!*).

B.-A. — Lieux humides et rocailleux de la montée de Prats à Tersier (*Roux*). Castellane, Sisteron (*Gr. et Godr.*).

2386. E. PEPLUS L. — G. et G., 3, p. 93. — ⊙. Juin octobre. — Très commun dans les champs, les jardins, le long des chemins dans toute la Provence.

2387. E. PEPLOIDES Gouan. — G. et G., 3, p. 94. — ⊙. Mars avril.— Commun dans les lieux secs et pierreux, surtout des bords de la mer.

B.-R. — Marseille , Cassis, la Ciotat (*Roux*). Martigues (*Autheman!*). Aix: au Tholonet, sur les pelouses au levant du château (*F. A.*).

Var. — Gorges d'Ollioules et rivage maritime (*Roux*).

A.-M. — Commun dans toute la région littorale (*Ard.*).

2388. E. BIUMBELLATA Poir. — G. et G., p. 94. — ♃. Mai, juin. Coteaux et bois.

Var. — Hyères : sur le bord des torrents près des Salines Vieilles (*Chambeiron! Huet!*). Forêt des Maures, Fréjus (*Hanry*).

A.-M. — Rare. L'Estérel (*Ard.*).

Vaucl. — Avignon (*Gr. et Godr.*).

2389. E. SEGETALIS L. — G. et G., 3, p. 94. — ⊙. Juin, juillet. — Très commun dans les champs et aux bords des chemins de toute la Provence.

2390. E. ARTAUDIANA DC., Fl. franç., 5, p. 360. — *E. pinea L. ?* G. et G.. 3, p. 95.— ♃. Avril, mai.—Fentes des rochers, coteaux et sables maritimes.

B.-R. — Marseille : tout le long de la côte et aux îles du golfe. Martigues, Port de Bouc. (*Roux.*) Arles (*De Candolle*; probablement en Camargue).

Var. — Toulon, Hyères (*Roux*). Saint-Aigou, Saint-Raphaël (*Hanry*).

Je ne puis admettre cette prétendue espèce que comme une forme de l'*E. segetalis* L., vivant plusieurs années à cause de la température plus douce du voisinage de la mer; je ne trouve aucune différence dans leurs graines (*Roux*).

2391. E. AMYGDALOIDES L. — G. et G., p. 97. — ♃.Avril, mai. — Haies, rives des cours d'eau et bois frais dans toute la Provence.

2392. E. CHARACIAS L. — G. et G., 3, p. 97.— ♃. Avril, mai. — Commun dans les vallons, sur les coteaux, les lieux pierreux de toute la Provence.

2393. E. LATHYRIS L. — G. et G., 3, p. 98. — ⊙. Mai, juillet.

B.-R. — Marseille : dans quelques jardins (*Roux*). Aix : spontané dans les jardins (*F. A.*).

Var. — Jardins et vieux murs (*Hanry*).

A.-M. — Lieux cultivés; assez rare; Nice, Menton (*Ard.*).

**Mercurialis** Tournefort.

2394. M. PERENNIS L. — G. et G., 3, p. 99. — ♃. Avril, mai.

B.-R. — Aix : au sommet nord de Sainte-Victoire (*Roux*).

Var. — Bois de la Sainte-Baume (*Roux*). Bords du Gapeau à Solliès-Pont et la Roquette près d'Hyères (*Reynier!*) Aups (*Hanry*).

A.-M. — Assez commun dans les bois frais de la région montagneuse (*Ard.*).

B.-A. — Digne : dans les bois de Cousson et dans le vallon de Richelme (*Roux*).

Vaucl. — Apt: au vallon de Rochelierre (*Coste!*).

2395. M. ANNUA L. — G. et G., 3. p. 99. — ⊙. Mai-octobre. — Commun dans les champs, les jardins et sur les décombres de toute la Provence.

2396. M. AMBIGUA L. — G. et G., 3, p. 99. — ⊙. Mai-juillet.

B.-R. — La Ciotat : sur les bords de la mer entre le Pré et le Bec de l'Aigle (*Roux*).

Var. — Sous les remparts de Sixfours, à la partie méridionale (*Roux*). Lieux cultivés à Fréjus (*Hanry*).

A.-M. — Rochers : l'Estérel, Antibes, Nice (*Ard.*).

2397. M. HUETII Hanry *Annot.*, 1863. — ⊙. Avril, mai.

Cette plante, qui n'est peut-être qu'une forme rabougrie du *M. annua*, se trouve dans le Var, aux environs du Luc, et croît dans les lieux incultes des terrains jurassiques, entre les fentes des rochers disloqués. Je l'ai reçue de MM. Hanry, Huet, Jacquin et Cartier.

2398. M. TOMENTOSA L. — G. et G., 3, p. 100. — ♂. Avril-juin.

B.-R. — Autrefois à Sainte-Anne près de Mazargues et à la Blancarde près de Marseille ; a été détruite par le développement des cultures (*Roux*).

**Crozophora** Necker.

2399. C. TINCTORIA Juss. — G. et G., 3, p. 101. — ⊙. Juin, juillet. — Champs et vignes.

B.-R. — Marseille : à l'entrée du vallon de la Vache, à la Bourdonnière (*Roux*). Pichaury (*Reynier!*). Roquevaire (*Pathier!*). Roquefort : au vallon de Rouvière. Le Rove. Marignane. Champs des deux rives de l'Arc, depuis Berre jusqu'au-dessus d'Aix (*Roux*).

Var. — Hyères, le Luc, Fox-Amphoux (*Hanry*). Pierrefeu (*Chambeiron !*).

A -M. — Lieux pierreux de la rég. littor. ; peu commun (*Ard.*).

Vaucl. — Avignon (*Gr. et Godr.*). Cucurron (*Deidier !*).

**Buxus** Tournefort.

2400. B. sempervirens L. — G. et G., 3, p. 101. — ♃. Mars, avril. — Sur le versant nord des basses montagnes : Pilon du Roi, fond du vallon de la Vache, Sainte-Victoire, le Tholonet, les Alpines, pont de Mirabeau ; Vinon, Sospel, Grasse, Gréoulx, Digne, etc.

## MORÉES

**Morus** Tournefort.

2401. M. alba L. — G. et G. 3, p. 103. — ♃. Fl. en mai, fruct. en juillet.
Originaire d'Orient, cultivé en Provence pour la nourriture des vers à soie.

2402. M. nigra L. — G. et G., 3, p. 103. — ♃. Fl. en mai, fruct. en juillet.
De l'Asie ; planté çà et là en Provence pour son fruit comestible.

**Broussonetia** Ventenat.

2403. B. papyrifera Vent. — ♃. Mai.
De la Chine et du Japon ; se propage facilement par rejetons autour des sujets cultivés.

## ARTOCARPÉES

**Ficus** Tournefort.

2404. F. carica L. — G. et G., 3, p. 103. — ♃. Juillet, août.
Cultivé dans toute la Provence, sous un grand nombre de variétés. Subspontané dans les haies, le long des ruisseaux, les fentes des rochers.

# CELTIDÉES

**Celtis** Tournefort.

2405. C. australis L. — G. et G., 3, p. 104. — ♂. Fl. en avril ; fruct. en juillet, août.

Planté comme arbre d'ornement ; subspontané çà et là, dans la région littorale, aux bords des champs et des ruisseaux. Semble indigène sur certains points, tels que parmi les rochers du vallon des Fabrecouliers dans l'Estérel, etc.

# ULMACÉES

**Ulmus** Linné.

2406. U. campestris Smith. — G. et G., *partim*, 3, p. 105. — ♂. Mars, avril.

Planté sur les promenades publiques ; croît spontanément le long des routes et aux bords des champs dans toute la Provence.

2407. U. suberosa Ehrh. — *U. campestris v.* β G. et G., 3, p. 105. — ♂. Mars, avril.

Cet arbre, moins commun que le précédent, n'en est peut-être qu'une simple forme ; on le rencontre sur les rives des fossés et dans les haies.

2408. U. montana Smith. — G. et G., 3, p. 106. — ♂. Mars, avril. — Rare en Provence.

B.-R. — Marseille : sur le bord du Jarret vers Malpassé ; bords de l'Huveaune, à la Moutte près de Saint-Loup (*Roux*). Aix : deux pieds sur le chemin de Vauvenargues, à l'entrée de la Pinette (*F. A.*).

Var. — Bord des routes (*Hanry*).

B.-R. — Entre Allos et Valgelaye, route d'Allos à Barcelonnette (*Roux*).

# URTICÉES

**Urtica** Tournefort.

2409. U. urens L. — G. et G., 3, p. 107. — ☉. Mai-octobre.
Commun dans les cultures, les jardins et parmi les décombres.

2410. U. membranacea Poir. — G. et G., 3, p. 107. — ☉. Avril, mai.

B.-R. — Marseille : au pied d'un mur, traverse de Mazargues aux sablières (*Reynier!*). Arles : en Camargue (*Catalogue de Castagne*).

Var. — Décombres à Toulon et Fréjus (*Hanry*). Château d'Hyères (*Roux*).

A.-M. — Lieux cultivés ; très commun à Menton ; plus rare à Nice et dans l'île Sainte-Marguerite (*Ard.*).

2411. U. dioica L. — G. et G., 3, p. 108. — ♃. Juillet–septembre.
Commun en Provence, le long des fossés, des haies, des chemins, etc.

2412. U. pilulifera L. — G. et G., 3, p. 108. — ⊛. Juillet-octobre. — Décombres, lieux ombragés des vallons.

B.-R. — Marseille : sous le fort Saint-Nicolas ; Saint-Loup, devant la grotte de Blaïon ; vallons de Morgiou et de Sormiou ; fontaine d'Ivoire. Village de la Couronne. Les Baux. Roquefavour. (*Roux*.) Aix : près du château de Saint-Marc (*F. et A.*).

Var : Bords des champs, décombres (*Hanry*).

A.-M. — Rare. Grasse, Nice (*Ard.*).

**Parietaria** Tournefort.

2413. P. diffusa M. et K. — G. et G., 3, p. 109. — ♃. Juin-septembre.
Très commun contre les vieux murs dans toute la Provence.

2414. P. lusitanica L. — G. et G., 3, p. 110. — ☉. Mai, juin. —
Fentes des rochers, vieux murs.

B.-R. — Marseille : à Saint-Loup, gorge de Puits de Paul (*Derbès!*) ; à Château-Gombert, chemin de la Baume-Loubière (*Reynier!*) ; à la Treille, grottes de Passo-Tèn (*Roux*). Velaux : vallon du Duc ; Saint-Pons de Gémenos : au-dessus de la cascade de l'Oule ; Cassis : vers le Baou de Canaille ; la Ciotat : Vallat de Roubaou et traverse de la gare à Fontsainte (*Roux*).

Var. — Gorges d'Ollioules ; quartier des Routes et pied du Faron à Toulon (*Roux*). Ermitage de Saint-Arnoux (*Hanry*).

## CYNOCRAMBÉES

**Theligonum** Linné.

2415. T. Cynocrambe L. — G. et G., 3, p. 111. — ⊙. Avril, mai. chemins pierreux, vieux murs.

B.-R. — Très commun à la Ciotat (*Roux*). Saint-Jean de Garguier, non loin de l'antique chapelle, près de l'*Anagyris fœtida* (*Reynier!*).

Var. — Saint-Nazaire, gorges d'Ollioules, le Luc (*Roux*). Toulon, îles d'Hyères, Roquebrune (*Hanry*).

A.-M. — Commun dans les lieux cultivés, murs et rochers de toute la rég. littorale (*Ard.*).

## CANNABINÉES

**Cannabis** Tournefort.

2416. C. sativa L. — G. et G., 3, p. 112. — ⊙. Juin-septembre. Cultivé et souvent échappé des cultures.

**Humulus** Linné.

2417. H. Lupulus L. — G. et G., 3, p. 112. — ♃. Juillet, août. — Haies et lieux frais.

B.-R. — Marseille : à Saint-Giniez, Saint-Loup, Saint-Marcel, etc. (*Roux*). Aix : aux Pinchinats, à Fenouillères (*F. A.*). Raphèle, Arles, etc. (*Roux*).

Var. — Dans les haies (*Hanry*).

A.-M. — Grasse, Antibes, Nice et plus commun dans la rég. mont. (*Ard.*).

# JUGLANDÉES

**Juglans** Linné.

2418. J. regia L. — G. et G., 3, p. 113. — ♄. Fl. mai ; fruct. août, septembre.

De la Perse ; cultivé dans toute la Provence, surtout dans la région montagneuse.

# CUPULIFÈRES

**Fagus** Tournefort.

2419. F. sylvatica L. — G. et G., 3, p. 115. — ♄. Fl. avril ; fruct. juillet, août.

B.-R. — Gémenos : à Saint-Pons, où ils ont été plantés.

Var. — Commun dans le bois de la Sainte-Baume (*Roux*).

A.-M. — Commun dans la région montagneuse (*Ard.*).

B.-A. — Digne : à Cousson, etc. (*Roux*).

Vaucl. — Mont Ventoux (*Roux*). Apt : dans les bois de la Garde (*Coste !*).

**Castanea** Tournefort.

2420. C. vulgaris Lmk. — G. et G., 3, p. 115. — ♄. Fl. mai, juin ; fruct. septembre, octobre. — Surtout sur les terrains siliceux.

B.-R. — Allauch, devant le ménage de Pichaury, et Cassis, devant la ferme de Carpiagne, quelques pieds sur terrain dolomitique (*Reynier !*). La Ciotat : quelques pieds sur le grès du Bec de l'Aigle (*Roux*). Aix : au levant du Grand Cabrier (*F. A.*).

Var. — La Sainte-Baume, à la ferme de Ginié, sur le calcaire. Toulon : quelques rares pieds sur les dolomies et pieds plus nombreux, mais isolés, sur la zone micaschisteuse. Plus fréquent après Hyères, dans le massif des Maures, où il est cultivé en grand et forme des forêts à Gonfaron, à Collobrières, aux Mayons, à la Garde-Frainet, etc. (*Roux*).

A.-M. — Assez abondant dans les bois de la rég. montagneuse et dans quelques vallées fraiches de Menton, de Nice et de la Siagne (*Ard.*).

**Quercus** Tournefort.

2421. Q. lanuginosus Thuill. — *Q. pubescens* Willd., G. et G., 3, p. 116. — ♂. Fl. avril, mai; fruct. août, septembre.

Commun dans toute la région littorale, dans la plaine et sur les hauteurs.

2422. Q. pedunculata Ehrh.— G. et G., 3, p. 116.— ♂. Fl. avril, mai ; fruct. août, septembre. — Rare en Provence.

B.-R. — Alleins, montagne de Vernègue (*Gouiran !*). La Crau : à la Grande-Vaquière, etc. (*Roux.*)

A.-M. — Région montagneuse (*Ard.*).

2423. Q. apennina Lmk. — G. et G., 3, p. 117.—♂. Fl. avril, mai; fruct. août, septembre.

Var.— Forêt des Maures, aux Mayons du Luc (*Huet !* ).

2424. Q. Cerris L. -- G. et G., 3, p. 118, — 5 Avril, mai ; fruct. août, septembre.

A.-M. — Rare : trois sujets seulement à Font-des-Gavots près de Grasse (*Ard.*).

2425. Q. Fontanesii Guss. — G. et G., 3, p. 118. — ♂. Fl. avril, mai ; fruct. août.

Var. — Abondant à 2 kilom. du pont de Tournon sur Siagne, territoire de Montauroux (*Ard.*).

A.-M. — Grasse : sur le bord des torrents (*Loret, Huet!*).

2426. Q. Suber L. — G. et G., 3, p. 118. — ♂. Fl. avril, mai ; fruct. août. — Terrains siliceux.

Var. — Apparaît sur les coteaux entre Saint-Nazaire et Sixfours et devient fort commun dans les bois des Maures (*Roux*).

A.-M. — Abonde dans l'arrondissement de Grasse et dans l'Estérel ; rare à Nice et à Menton (*Ard.*).

2427. Q. Ilex L. — G. et G., 3, p. 118. — ♂. Fl. avril, mai ; fruct. août.

Très variable par son port, son feuillage et ses fruits, cet arbre est commun dans la plaine et sur les hauteurs d'une grande partie de la Provence.

2428. Q. Auzandri Gren. et Godr., 3, p. 119. (Lizez *Auzandi* et non *Auzandri*.). — ♄. Fl. mai, fruct. septembre. — Croît en société des Q. *Ilex* et Q. *coccifera*, mais presque toujours par pieds isolés.

B.-R. — Marseille : un pied à Saint-Tronc, dans une propriété fermée ; un autre à Saint-Loup, dans la propriété Billaud, au pied des collines, entre Puits-de-Paul et le vallon de l'Evêque ; un autre en remontant ce dernier vallon ; deux ou trois pieds dans la propriété Talabot au Roucas-Blanc et dans les bois de pins du Verdaou à Saint-Julien. Vallon de Saint-Pons en montant à Roquefourcade. Sur la route de Martigues à la Couronne. (*Roux*.) Aix : à Repentance, sur le bord de la route ; quartier de la Félicité et du Seuil (*F. A.*).

Var. — Le Luc (*Hanry !*). Un pied dans un vallon de la propriété *La Frégate* entre Saint-Cyr et Bandol (*Roux*). Les Pesquiers d'Hyères (*Huet et Jacquin !*), localité où M. Auzande a récolté l'exemplaire qui a servi à la description de Gren. et Godr.

2429. Q. coccifera L. — G. et G., 3, p. 119. — ♄. Fl. avril, mai ; fruct. août.

Très commun dans les lieux secs et pierreux de toute la région littorale, excepté dans une partie des Alpes-Maritimes : Ardoino dit qu'il manque à Menton, qu'il est très rare à Nice ; il le cite au cap d'Antibes, à Saint-François près de Grasse, etc.

**Corylus** Tournefort.

2430. C. Avellana L. — G. et G., 3, p. 120. — Fl. février-avril ; fruct. août.

B.-R. — Marseille : cultivé. Spontané au Baou de Bretagne (*Roux*). Aix : aux Pinchinats ; au Montaiguet, versant nord (*F. A.*).

Var. — Ravins et bois (*Hanry*). Bois taillis des Béguines à la Sainte-Baume et de la montagne des Aurèles près de Pourcieux (*Roux*).

A.-M. — Assez commun dans les vallées fraîches de la région littor. et sur les rochers de la région montagneuse (*Ard.*).

Vaucl. — Apt : au vallon de Rochelierre (*Coste!*).

**Carpinus** Linné.

2431. C. Betulus L. — G. et G., 3, p. 120. — ♂. Fl. avril mai; fruct. juillet, août.

Var. — Bois de la Sainte-Baume? (*Hanry*). Tournon sur Siagne (*Ard.*).

A.-M. — Forêts de la rég. montagn. (*Ard.*), d'après *Risso* et *de Notaris*).

**Ostrya** Micheli.

2432. O. carpinifolia Scop. — G. et G., 3, p. 121. — ♂. Mars, avril; fruct. août.

Var. — Fréjus (*Gren. et Godr.*)

A.-M. — Assez commun dans les bois à Menton, Castillon, Sospel, Nice, Vaugrenier près d'Antibes ; Aiglun, Sainte-Anne, le Bar, Grasse et Auribeau (*Ard.*)

## SALICINÉES

**Salix** Tournefort.

2433. S. fragilis L. — G. et G., 3, p. 124. — ♂. Avril, mai.

Var. — Au bord des eaux (*Hanry.*)

A.-M. — Mêmes lieux que le *Salix alba*, mais plus rare : Menton, le Bar, Auribeau (*Ard.*)

2434. S. alba L. — G. et G., 3, p. 125. — ♂. Avril, mai.

Généralement planté sur le bord des cours d'eau, où il se multiplie spontanément.

Var. β. *Vitellina* Ser. — Plantée sur les bords des prés et des rigoles.

2435. S. babylonica L. — G. et G., 3, p. 126. — ♂. Avril, mai.

D'Orient ; planté en Provence au bord des pièces d'eau.

2436. S. amygdalina L. — G. et G., 3, p. 126. — ♂. Avril, mai.

B.-R. — Commun sur les rives de l'Arc, de Berre à Aix (*Roux*).

A.-M. — Nice : sur les bords du Var. (*Ard.*)

B.-A. — Gréoulx : au bords du Verdon (*Roux*).

2437. S. INCANA Schrank. — G. et G., 3, p. 128. — ♂. Mars, avril. Commun sur les bords des rivières et le long des torrents montagneux de la Provence.

2438. S. PURPUREA L. — G. et G., 3, p. 128. — ♂. Mars, avril.

B.-R. — Marseille : le long du Jarret, vers la Rose ; de l'Huveaune, à Saint-Loup, Saint-Marcel, etc. Commun sur les bords de l'Arc, de Berre à Aix.. (*Roux.*) Le Tholonet (*F. A.*)

Var. — Bords du petit Argens près de Fréjus (*Hanry*).

A. M. — Assez commun au bord des eaux (*Ard.*)

2439. S. CINEREA L. — G. et G., 3, p. 134. — ♂. — Mars, avril.

B.-R. — Berre : vers l'embouchure de l'Arc ; Saint-Martin de Crau ; Raphèle près d'Arles (*Roux*). Bords de la Luyne près d'Aix (*F. A., Roux*).

A.-M. — Nice : au Var et dans la rég. montagn. (*Ard.*)

B.-A. Bords du Verdon, entre Allos et la Foux (*Roux*).

2440. S. CAPRÆA L. — G. et G., 3, p. 135. — ♂. Avril, mai. — Bois humides.

A.-M. — Nice, au Var. Roccabigliera, Venanson, Saint-Martin-Lantosque (*Ard.*)

2441. S. NIGRICANS Smith. — G. et G., 3, p. 138. — ♂. Avril, mai. Région alpine et montagneuse.

A.-M. — Sainte-Anne de Vinaï, Salèse, Saint-Etienne (*Ard.*)

2442. S. MYRSINITES L. — G. et G., 3, p. 141. — ♂. Juillet.

A. M. — Les Voisennes (*Ard.*)

2443. S. RETICULATA L. — G. et G., 3, p. 142. — ♂ Juillet, août. — Région alpine.

A.-M. — Col de l'Abisso, col de Jallorgues, etc. (*Ard.*)

2444. S. RETUSA L. — G. et G., 3, p. 142. — ♂. Juillet, août. — Région alpine.

A.-M. — Alpes de Tende et de l'Abisso, Jallorgues, etc. (*Ard.*)

2445. S. herbacea L. — G. et G., p. 143. — ♃. Juillet, août. — Région alpine.

A.-M. — Alpes de Tende, lac d'Entrecoulpe, col de Fremamorta, Salsamorena au-dessus d'Entraunes (*Ard.*)

B.-A. — Les Boules à Faillefeu au-dessus le Prats (*abbé Mulsant !*) Vallon de Juan au-dessus de Villars-Colmars (*Roux*).

**Populus** Tournefort.

2446. P. tremula L. — G. et G., 3, p. 143. — ♃. Mars, avril.

A.-M. — Nice : au Var et rég. montagn. (*Ard.*)

B.-A. — Seyne, Villars-Colmars (*Roux*). Montagne de Lure (*Legré !*)

2447. P. alba L. — G. et G., 3, p. 144. — ♃. Mars, avril.
Bords des eaux et lieux humides dans toute la Provence.

2448. P. virginiana L. — G. et G., 3, p. 145. — ♃. Mars, avril.
D'Amérique ; planté çà et là dans les parcs.

2449. P. nigra L. — G. et G., 3, p. 145. — ♃. Mars, avril.
Commun le long des cours d'eau et dans les bois humides de la Provence.

2450. P. pyramidalis Rosier. — G. et G., 3, p. 145. ♃. Mars, avril.
Généralement planté le long des fossés au bord des routes.

# PLATANÉES

**Platanus** Linné.

2451. P. orientalis L. — G. G., 3, p. 145. — ♃. Fl. avril, mai ; fruct. août.

D'Orient ; orne les places publiques qu'il ombrage quand on ne les taille et ne les écime pas démesurément ainsi qu'on le fait à Marseille. Subspontané sur différents points : Roquefavour, Aix, Gémenos.

2452. P. occidentalis L. — G. et G., 3, p. 146. — Fl. avril, mai ; fruct, août.

De la Virginie ; planté, mais plus rarement que le précédent ; quelques pieds à Marseille au parc Borély, la plupart mutilés sous prétexte de leur donner une forme pyramidale ! Parfois subspontané : un pied au pont de Viveau, route de Saint-Loup à Marseille ; un autre à Roquefavour. Nombreux sujets cultivés et subspontanés au vallon de Saint-Pons de Gémenos.

## BÉTULACÉES

**Betula** Tournefort.

2453. B. ALBA L. — G. et G., 3, p. 147. — ♃. Fl. mars ; fruct. août. septembre. — Région montagneuse.

Var. — Sainte Baume ? *(Hanry)*

A.-M. — Forêt de Molière *(Ard.)*

B.-A. — Entre Chasse et Villars-Colmars ; Seyne : sur les bords de la Blanche *(Roux.)*

**Alnus** Tournefort.

2454. A. VIRIDIS. DC. — G. et G., 3, p. 149. — ♃. Fl. mai, juin ; fruct. juillet-août.

B.-R. — Bords de la Durance à S.-Paul-les-Durance *(Roux.)*

A.-M. — Très répandu jusqu'au sommet du Mulacé au-dessus de Menton *(Ard.)*

2455. A. GLUTINOSA Gœrtn. — G. et G., 3, p. 149. — ♃. Fl. mars ; fruct. août, septembre.

Var. — Hyères : sur les bords du Gapeau *(Huet !)* Bords de l'Argens, à Entraygue près du Cannet ; vallon de la Sauvette aux Mayons *(Roux)*.

A.-M. — Abondant aux bords du Var et de la Siagne, Antibes, le Bar, etc. *(Ard.)*

Vaucl. — Bords de la Sorgue, entre l'Isle et Vaucluse *(Roux)*.

2456. A. INCANA DC. — G. et G., 3, p. 150. — ♃. Février-mars ; fr. août.

B.-R. — Quelques pieds sur les bords d'un ruisseau entre Roquefavour et Saint-Pons *(Roux)*. Bords de la Durance près du pont de Pertuis *(F. A.)*

A.-M. — Nice : au Var et rég. montagn. (*Ard.*)

B.-A. — Descente de Valgelaye sur la route d'Allos à Barcelonnette (*Roux*).

Vaucl. — Caumont : dans les graviers de la Durance (*Coste!*)

## ABIÉTINÉES

**Pinus** Linné.

2457. P. SYLVESTRIS L. — G. et G., 3, p. 152. — ♃. Mai.

B.-R. — Marseille : Pilon du Roi, N.-D. des Anges ; vallon des *Pinsots* près d'Allauch. Sommets des vallous de Saint-Clair et de Saint-Pons. Aix : à Sainte-Victoire. (*Roux*)

Var. — Plan d'Aups (*Roux*). Sommet de Caoumé près de Toulon (*Reynier!*)

A.-M. — Abondant dans la région alpine ; quelques pieds descendent jusqu'à Menton (*Ard.*)

B.-A. — Forêt de Faillefeu au-dessus de Prats ; Barcelonnette, etc. (*Roux*).

Vaucl. — Mont Ventoux (*Roux*).

2458. P. UNCINATA Ram. — G. et G., 3, p. 152. — ♃. Juin, juillet.

A.-M. — Assez rare. Col de Tende ; Alpes de Fenestre, forêts de Molière et de Fremamorta (*Ard.*)

Vaucl. — Partie méridionale du mont Ventoux, au dessus des *Pinus sylvestris* (*Roux*).

2459. P. HALEPENSIS Mill. — G. et G., 3, p. 153. — ♃. Mai.

Couvre toutes les montagnes, les vallons et les lieux pierreux du littoral de la Provence.

2460. P. PINEA L. — G. et G., 3, p. 154. — ♃. Mai.

Planté çà et là dans la région littorale : Montredon, Mazargues, etc. près de Marseille. Doit provenir d'anciennes plantations sur les points relativement éloignés de la mer tels que Beaulieu, Aix. Spontané aux plages de Saint-Cyr, des Pesquiers d'Hyères (*Roux*), entre Cannes et l'Estérel (*Ard.*)

2461. P. pinaster Soland. — G. et G., 3, p. 154. — ♃. Mai.

B.-R. — Marseille : rare ; quelques pieds aux sables de Mazargues, vers la fontaine d'Ivoire ; un certain nombre de sujets sur les pentes de l'Etoile (*Roux*), où ils paraissent provenir de semis, de même qu'à Trets entre l'ermitage de Saint-Jean et l'Olympe (*Reynier !*)

Var. — Très commun dans les bois des Maures du Luc aux Mayons, Collobrières, etc. (*Roux*).

A.-M. — Constitue de petites forêts sur plusieurs points entre l'Esterel et Menton (*Ard.*)

2462. P. Cembra L. — G. et G., 3, p. 155. — ♃. Juin. Région alpine.

A.-M. — Rare. Au-dessus de Fontan, mont Bego, vallon d'Entrecoulpe, col de Salèse ; vallon de Jallorgues, au lieu dit : le Trou de l'Ane ; dans la forêt de Molière (*Ard.*)

2463. P. Picea L. — G. et G., 3, p. 155. — ♃. Mai. Région alpine.

A.-M. — Çà et là dans toutes les Alpes, d'où quelques individus descendent jusque près de Menton (*Ard.*)

B.-A. — Çà et là dans la forêt de Faillefeu au-dessus de Prats, etc. (*Roux*).

2464. P. Abies L. — G. et G., 3, p. 155. — ♃. Mai.

A.-M. — Çà et là dans toute la région alpine, d'où il ne descend guère au-dessous de 800 mètres d'altitude (*Ard.*)

B.-A — Commun, surtout à Faillefeu où il constitue d'immenses forêts (*Roux*).

2465. P. Larix. L. — G. et G., 3, p. 156. — ♃. Juin.

A.-M. — Abonde dans toutes les Alpes, d'où il ne descend guère au-dessous de 1200 mètres d'altitude (*Ard.*)

B.-A. — Faillefeu au-dessus de Prats, Villars-Colmars, Allos, etc. (*Roux*)

## CUPRESSINÉES

**Cupressus** Tournefort.

2466. C. fastigiata DC. Cat. hort. monsp. 22 et Fl. fr., 5, p. 336. — ♃. Mars, avril.

D'Orient ; planté en Provence pour couper les vents et abriter les jardins potagers.

2467. C. HORIZONTALIS Mill. DC., Fl fr., 5, p. 336. — ♂. Mars, avril.

Cultivé comme le précédent, mais plutôt comme arbre d'ornement dans les bosquets, les jardins et autour des monuments funèbres.

**Juniperus** Linné.

2468. J. COMMUNIS L. — G. et G., 3, p. 157. — ♂. Avril. — Sur les hauteurs et à l'exposition nord.

B.-R. — Marseille : L'Etoile, le Pilon du Roi, N.-D. des Anges, etc. Chaîne de Roussargue. Sainte-Victoire, d'où il descend jusqu'à Aix, les Milles, Roquefavour en suivant les bords de l'Arc. (*Roux.*)

Var. — Commun (*Hanry*). Plan d'Aups, bois de la Sainte-Baume, le Luc ; etc. (*Roux*)

A.-M. — Assez commun dans les bois de la rég. montagn. d'où il descend jusque près de Menton.(*Ard.*)

2469. J. ALPINA Clus. — G. et G., 3, p. 157. — ♂. Avril.

A.-M. — Assez répandu dans toute la région alpine (*Ard.*)

B.-A. — Assez commun, notamment dans le vallon de Sagnas à Faillefeu au-dessus de Prats (*Roux*). Montagne de Lure (*Legré !*)

Vaucl. — Mont Ventoux (*Roux*).

2470. J. OXYCEDRUS L. — G. et G., 3, p. 158. — ♂. Mai.

Très commun sur les coteaux et dans les bois de pins de tout le littoral de la Provence. — Ardoino dit, de la forme des Alpes-Maritimes, qu'« elle tient le milieu, par la grosseur de ses fruits et la largeur de ses feuilles, entre le vrai *Oxycedrus* et le *J. macrocarpa* Ten. non Sibth. » M. Huet m'a donné cette forme, qu'il avait cueillie à Antibes et je l'ai reçue aussi des environs de Menton récoltée par M. Th. Moggridge ; elle est identique à celle que j'ai prise à la plage de Saint-Cyr (Var).

2471. J. PHŒNICEA L. — G. et G., 3, p. 159. — ♂. Mai.

Commun sur les coteaux et les lieux rocailleux de toute la

région littorale de la Provence ; ce genévrier présente deux formes, dont une à gros fruits (*J. Lycia* L. ) se voit, dans le Var, depuis la plage de Saint-Cyr jusqu'à Monaco, Eze, Menton, où Ardoino indique le *J. phœnicea* sans parler de la grosseur des fruits. C'est sans doute au sujet de la forme à fruits plus petits qu'Ardoino dit : « Remonte les Alpes et se retrouve à l'Isola, ce qui est cause qu'on a indiqué dans nos montagnes le *J. Sabina.* »

2472. J. Sabina L. — G. et G., 3, p. 159. — ♃. Mai, juin.

B.-A. — Région alpine. Çà et là, sur plusieurs poi montée du lac d'Allos, Mourjuan sur la route d'Allos à Barcelonnette ; bois de *Pinus sylvestris* en face du village de la Condamine près de Barcelonnette, etc. (*Roux.*)

## TAXINÉES

**Taxus** Tournefort.

2473. T. baccata L. — G. et G., 3, p. 159. — ♃. Avril. — Fréquemment cultivé dans les parcs ; rare à l'état spontané.

Var. — Pieds nombreux et fort beaux dans le bois de la Sainte-Baume (*Roux*). Quelques rejetons de sujets jadis arborescents, abattus par suite de coupes forestières, sur le versant nord de la montagne des Aurèles près de Saint-Maximin (*Reynier !*)

A.-M. — Région montagneuse, mais rare : forêt de la Maïris, vallon du Liberé près de Saint-Martin-Lantosque ; montagne de Courmes au-dessus de Grasse et à Collongues dans la vallée de l'Esteron (*Ard.*)

## GNÉTACÉES

**Ephedra** Linné.

2474. E. distachya L. — G. et G., 3, p. 160. — ♃. Mai, juin.

Marseille : île de Pomègue (*Roux*) ; île de Ratoneau (*Castagne*). Petits coteaux du bord de l'étang de Berre entre la Mède et Martigues. Cassis : sur les rochers voisins de la mer sous le Baou de Canaille (rare). Rochers marneux de l'étage santonien, sous le Baou de Bretagne, au sommet du vallon de Saint-Pons, à environ 900 mètres d'altitude ; ce dernier pourrait bien être l'*E. helvetica.*

2475. E. HELVETICA C.-A. Meyer. — G. et G., 3, p. 161. — ♂. Mai, juin.

B.-A. — Montagne de la Baume près de Sisteron (*Burle*) ; Annot, mont Ribier près de la Roche de Blaye (*Reverchon*).

Vaucl. — Orange (*Th. Delacour*).

Espèce distincte de la précédente ?

2476. E. NEBRODENSIS Tineo in Guss. — *E. Villarsii* G. et G., 3, p. 161. — ♂. Mai.

B.-R. — Assez commun parmi les rochers élevés des Alpines, entre Eyguière et Eygalière ; on y rencontre des pieds mâles mesurant jusqu'à 1 mètre 50, dénudés à la base et offrant la forme d'un vrai balai. Arles : dans les fentes des rochers de la montagne de Cordes près de Montmajor (*Peuzin ! Roux*)

B.-A. — Murs de la citadelle de Sisteron (*Gren. et Godr.*, d'après *Villars*). Valerne (*Chaix in Villars*). Annot (*Reverchon*).

Vaucl. — Baume près d'Orange (*Reverchon*). Vallée de l'*Yeuse*, commune de Mérindol (*Achintre*). Montagne de Jouque près de Cavaillon (*Th. Delacour*).

# MONOCOTYLÉDONES

## ALISMACÉES

**Alisma** Linné.

2477. A. Plantago L. — G. G., 3, p. 164. — ♃. Juillet, août. — Commun dans les fossés, les mares et les ruisseaux de toute la Provence.

2478. A. arcuatum Michalet. — G. G., 3, p. 165. — ♃. Juillet, août.
Vaucl. — Avignon : ruisseaux et mares, où il prend de grandes dimensions. (*Gr. et Godr.*)

2479. A. ranunculoides L. — G. G., 3, p. 166. — ♃. Juin-septembre.
B.-R. — Fossés des bords des étangs à Marignane, Berre ; Raphèle près d'Arles *(Roux)*. Entressens (*de Larambergue !*)
A.-M. — Entre Nice et le Var, Vaugrenier, golfe Jouan, Biot (*Ard.*)

**Sagittaria** Linné.

2480. S. sagittæfolia L. — G. G., 3, p. 167. — ♃. Juin, juillet.
B.-R. — Arles: dans les roubines vers Montmajour. Saint-Martin de Crau. (*Roux*). Marais de Mouriès (*Autheman !*)

## BUTOMÉES

**Butomus** Linné.

2481. B. umbellatus L. — G. G., 3, p. 169. — ♃. Juin-août.
B.-R. — Roubines entre Arles et Montmajor (*Roux*).
Var. — Les prés et les mares (*Hanry*).
Vaucl. — Dans les fossés à Avignon (*Roux*).

## COLCHICACÉES

**Bulbocodium** Linné.

2482. B. vernum L. — G. G., 3, p. 169. — ♃. Mars, avril.
A.-M. — Rare. Alpes du comté de Nice. (*Ard.*)

**Merendera** Ram.

2483. M. filifolia Camb., Mem. Mus., 14, p. 310. — Kunth, Enum., 4, p. 149. — ♃. Septembre, octobre.

B.-R. — Coteau sablonneux de Bonnieu entre Laurons, Carro et la Couronne. Plante nouvelle pour la France, découverte le 12 septembre 1858 par M. le professeur Derbès.

**Colchicum** Tournefort.

2484. C. autumnale L. — G. G., 3, p. 170. — ♃. Sept. -octobre.

B. R. — Marseille : bords de l'Huveaune à Saint-Loup, Saint Marcel, etc. (*Roux*). Aix : bords de la Torse et dans les lieux humides (*F. et A*). Roquefavour (*Roux*).

Var. — Gazons et prés secs (*Hanry*). Plan d'Aups (*Roux*).

A.-M. — Prairies de la rég. montagn.; la Giandola, Saint-Martin Lantosque, Tende, etc. (*Ard.*),

Vaucl. — Apt : vallon de la Rochelierre (*Coste*).

2485. C. arenarium W. et K. — G. G., 3, p. 170.— ♃. Septembre, octobre. — Çà et là dans les lieux ombragés et montueux de la rég. litt.

B.-R. — Marseille : au fond du vallon de Ricard, à Luminy : Carpiagne, etc. Vallon de Saint-Clair. Le Rove, parmi les chênes kermès. Coteaux au dessus de Roquefavour. (*Roux*) Aix : vallon de Cascaveou (*F. et A.*) Martigues et les Alpines (*Autheman !*)

Var. — Lieux sablonneux au Luc (*Hanry*). Forêt des Maures ; la Sauvette (*Huet !*)

A.-M. — Menton : au cap Martin ; Nice : mont Gros et Saint-Roch ; Antibes, Cannes, l'Estérel. Monte jusqu'à 1200 m. d'altit. sur les montagnes de Menton (*Ard.*), qui le nomme C. neapolitanum Ten., prétendant que ce n'est pas l'espèce décrite par W. et Kit.

Vaucl. — Carpentras (*Gr. et Godr.*)

2486. C. alpinum DC. — G. G., 3, p. 171. — ♃. Juillet, août. — Région alpine.

A.-M. — Sospel, Tende, Berre, Saint-Etienne le Sauvage, val de Jallorgues ; mont Cheiron au dessus de Grasse (*Ard.*)

B.-A. — Montagne de la Vachère au-dessus de Prats (*Roux*).

**Veratrum** Tournefort.
2487. V. ALBUM L. — G. G., 3, p. 174. — ♃. Juillet, août.
   A.-M. — Assez commun dans toutes nos Alpes jusqu'aux montagnes au-dessus de Menton *(Ard.)*
   B.-A. — Environs du lac d'Allos, etc. *(Roux)*.

**Tofieldia** Huds.
2488. T. CALYCULATA Wahlbg. — G. G., 3, p. 173. — ♃. Juillet, août. — Région alpine.
   A.-M. — Prés tourbeux du col de Tanarello, mont Bégo, Sainte-Anne de Vinaï, N.-D. de Fenestre, Entraunes *(Ard.)*

# LILIACÉES

**Tulipa** Tournefort.
2489. T. CLUSIANA DC. — G. G., 3, p. 176. — ♃. — Champs cultivés.
   B.-R. — Saint-Jean de Garguier *(Solliès!)* Propriété Samat, à Sainte-Marthe *(Marion!)* Aix : au quartier de la Torse, au Montaiguet, à Peiblan, dans les moissons et au pied des oliviers *(F. et A.)* Vallon de Repentance *(Derbès!)* Roquevaire *(Pathier!)* Propriété Rambaud, à la Ciotat *(Coste!)*
   Var. — Toulon, le Luc, Fréjus *(Hanry)*. La Seyne *(abbé Mulsant!)* Ampus : à Montferrat *(Albert!)*
   A.-M. — Assez commune à Menton, plus rare à Nice, Cannes, Grasse *(Ard.)*
2490. T. OCULUS-SOLIS Saint-Amans. — G. G., 3, p. 176. — ♃. Mars, avril. — Champs cultivés, vignes.
   B.-R. — Marseille, Cassis, etc. *(Roux.)* Martigues *(Autheman!)* Aix *(F. et A.)*
   Var. Le Luc *(Hanry)*. Ampus *(Albert!)*
   A.-M. — Nice, Cannes, Grasse *(Ard.)*
2491. T. PRÆCOX Ten. — G. G., 3, p. 176. — ♃. Mars, avril. Champs et vignes de la région littorale.
   B.-R. — Marseille : entre Saint-Julien et les Martégaux ; Saint-Loup, vers les collines ; etc. *(Roux.)* Aix : vallons de Brunet et de Bouenouro *(F. et A.)* Cassis, la Ciotat *(Roux.)* Martigues *(Autheman.)*

Var. — Entre le Castellet et le Bausset (*Roux.*) Le Luc, Draguignan *(Hanry)*.

A.-M. — Assez rare à Menton, Nice; plus commun à Antibes, Cannes, Grasse (*Ard.*)

2492. T. Lortetii Jord., Descript. de quelques Tulipes nouvelles.

B.-R. — Champs aux environs de Cassis (*Lortet*, 1ᵉʳ Mars 1859). Marseille : aux Martégaux, dans le vallon de l'Oule ; la Valentine ; toujours mêlée à l'*Oculus-solis* (*Roux.*) Aix (*Philibert! Derbès!*)

2493. T. sylvestris L. — G. G., 3, p. 177. — ♃. Avril.

B.-R. — Aix : commun dans les moissons, surtout au quartier de Saint-Mitre (*F. et A.*) Le Défens (*Achintre!*) Tretz (*Reynier!*)

Var. — Toulon : au mont Faron (*Robert*). Sans doute l'espèce suivante.

2494. T. gallica Lois. — G. G., 3, p. 178. — ♃. Avril, mai.

Var. — Toulon (*Gr. et Godr.*) Hyères (*Jordan*). Draguignan (*Loiseleur*).

2495. T. Celsiana DC. — G. G., 3, p. 178. — ♃. Avril, mai. — Coteaux et montagnes pierreuses.

B.-R. — Marseille : Sainte-Croix, à Saint-Loup ; vallons de la Panouse, de Passo-Tèms. Commun sur les hauteurs du vallon de Saint-Clair (*Roux.*) Châteauneuf-les-Martigues, Meyrargues (*Authéman!*) Aix : vallons du Coq et de Fontgamate, au Montaiguet (*F. et A.*)

Var. — Toulon, le Luc, Fréjus (*Hanry*).

A.-M. — La Giandola, Saorgio, col de Tende, Clans au-dessus de Grasse, mont Cheiron, l'Estérel (*Ard.*)

B.-A. — Sisteron, Castellane (*Gr. et Godr.*)

**Fritillaria** Linné.

2496. F. delphinensis Ard., Fl. des Alp.-Marit., p. 374, *pro parte* (non Grenier et Godron). — ♃. Mai.

A.-M. — Bois de Farghet, Alpes de Breil, l'Authion, Alpes de Tende (*Ard.*)

B.-A. — Prairies de Lauzanier (*Gacogne*). Montagne de Lure (*Legré!*)

2497. F. involucrata All. — G. G., 3, p. 180. — ♃. Mai.

B.-R. — Aix : hauteurs de Vauvenargues en montant à Sainte-Victoire (*Roux*). Mont Concoux ; Sainte-Victoire : entre le couvent et le Garagay et dans le vallon de Baou-Trouca (*F. et A.*) Hauteurs des environs du pont de Mirabeau (*Peuzin !*)

Var. — Environs de Saint-Maximin (*Reuter !*) Ampus : sur les escarpements de la rivière (*Albert !*) Bois de Vérignon (*Gr. et Godr.*)

A.-M. — Mont Mulacé au-dessus de Menton, bois de Farghet, Molinet, Breil, Tende, Clans, Utelle, etc. (*Ard.*)

B.-A. — Sisteron, Digne, Castellane (*Gr. et Godr.*)

2498. F. caussolensis Goaty et Pons, inédit ; Ardoino, Fl. des Alp.-Marit., p. 375. — ♃. Avril, mai.

A.-M. — Caussols, Roque-Bérenguier et le Défends dans l'arrondissement de Grasse (*Ard.*) Montagne de Caussols au dessus de Grasse (*Huet !* sous le nom de *F. montana*).

**Lilium** Linné.

2499. L. pomponium L. — G. G., 3, p. 181. — ♃. — Mai, juin.

A.-M. — Lieux montagneux. Grasse (*Hanry, Goaty !*) Montagnes au-dessus de Menton, Lantosque, Saorgio, Malaucène. Aiglun, le Mas, Saint-Vallier, etc. (*Ard.*)

2500. L. Martagon. — G. G., 3, p. 181. — ♃. Juin.

B.-R. — Aix : mont Sainte-Victoire, dans le vallon du Chasseur (*Philibert !*)

Var. — Commun dans le bois de la Sainte-Baume (*Roux*). Bois montueux aux Mayons du Luc (*Hanry*).

A.-M. — Çà et là dans toutes les Alpes jusqu'à la Maïris et les montagnes au-dessus de Menton (*Ard.*)

2501. L. bulbiferum L. — G. G., 3, p. 182. — ♃. Juin.

A.-M. — Région alpine ; çà et là dans toutes les Alpes jusqu'aux montagnes au-dessus de Menton (*Ard.*)

2502. L. candidum L. — G. G., 3, p. 182. — ♃. Juin. — Cultivé ; se rencontre parfois, en Provence, subspontané aux environs des habitations rurales.

**Lloydia** Salisb.

2503. L. serotina Rchb. — G. G., 3, p. 183. — ♃. Juillet, août.

A.-M. — Région alpine : lac des Merveilles, Alpes de Tende, vallée de la Gordolasca et de Raboun, col de Fenestre et lac d'Entrecoulpes. (*Ard.*)

**Urginea** Steinh.

2504. U. Scilla Steinh. — G. G., 3, p. 184. — ♃. Août, sept. Sables maritimes.

Var. — Les Sablettes près de Toulon (*Robert*).

A.-M. — Rarement en fleurs : Menton, au Baussi-Rossi, Monaco (*Ard.*)

2505. U. undulata Kunth. — G. G., 3, p. 184. — ♃. Août, sept.

Var. — Touris (*Hanry*).

A.-M. — Grasse (*Hanry*).

**Scilla** Linné.

2506. S. autumnalis L. — G. G., 3, p. 185. — ♃. Août, septembre. Commun sur les coteaux, dans les lieux secs et pierreux, les bois de pins de toute la Provence.

2507. S. hyacinthoides L. — G. G., 3, p. 185. — Avril, mai.

B.-R. — Aix : à l'entrée du vallon de Valcros, du vallon de Bouenouro, sur une rive du Défens (*F. et A.*)

Var. — Haies, rochers : la Valette Hyères, le Luc, Fréjus (*Hanry*). Toulon (*Huet ! Chambeiron !*)

A.-M. — Grasse (*Hanry*). Cannes, Antibes, Levens, Nice, Menton ; fleurit rarement (*Ard.*)

2508. S. amæna L. — G. G., 3, p. 186. — ♃. Mars, avril.

Var. — Environs de Toulon (*Gr. et G.* d'après *Auzende*). Baou de Quatro-Houros (*Hanry* d'après *Robert*).

A.-M. — Nice (*Hanry*).

2509. S. italica L. — G. G., 3, p. 186. — ♃. Avril, mai.

Var. — Fréjus ; forêt des Maures (*Hanry*). Ampus : dans les bois de Barjeaude (*Albert !*)

A.-M. — Grasse, bois de Canaux, Nice (*Hanry*). La Roquette (*Hanry !*) Parmi les rochers ombragés de la rég. littorale élevée : Menton, Castillon, Sainte-Agnès, Gorbio, la Turbie, Gourdon, le Bar, Foux de Mouan, etc. (*Ard.*)

B.-M. — Sisteron (*Gr. et G.*)

**Adenoscilla** Gr. et Godr.

2510. A. BIFOLIA G. G., 3, p. 187. — ♃. Mai, juin.

A.-M. — Région montagneuse : Cima d'Ours au-dessus de Menton, forêt de la Maïris, col de Tende (*Ard.*)

**Ornithogalum** Linné.

2511. O. NARBONENSE L. — G. G., 3, p. 188. — ♃. Mai, juin. — Région littorale.

B.-R. — Marseille, Martigues (*Roux*). Aix (*F. et A.*)

Var. — Sur les coteaux, dans les vignes (*Hanry*). Presqu'île de Giens, Porquerolles (*Roux*).

A.-M. — Assez commun dans les lieux cultivés (*Ard.*)

2512. O. PYRENAICUM L. — G. G., 3, p. 189. — ♃. Mai, juin. — Région montagneuse.

Var. — Assez commun parmi les rochers du bois de la Sainte-Baume (*Roux*).

A.-M. — Entre Tende et Carlin, mont Cheiron, Grasse, Villefranche et Menton (*Ard.*)

2513. O. NUTANS L. — G. G., 3, p. 189. — ♃. Avril. — Dans les champs.

B.-R. — Roquevaire (*Pathier !*) Entre Gémenos et Saint-Jean de Garguier (*Reynier !*) Aix : commun dans les moissons, dans tous les quartiers (*F. et A., Roux*).

Var. — Hyères : à Fenouillet (*Robert*).

A.-M. — Rare ; prairies entre Fontan et Saint-Dalmas (*Ard.*)

2514. O. PATER-FAMILIAS G. G., 3, p. 190. — ♃. Mai.

B.-R. — Marseille : le long du ruisseau d'Arenc ; champs et moissons à Carpiagne, etc. Champs des bords de l'Arc à Saint-Pons de Roquefavour (*Roux*). Aix : au Montaiguet, versant nord (*F. et A.*)

2515. O. DIVERGENS Bor. — G. G., 3, p. 190. — ♃. — Mars, avril. Commun dans les champs, les haies, etc., de presque toute la Provence.

2516. O. UMBELLATUM L. — G. G., 3, p. 191. — ♃. Mai, juin.

B.-R. — Gémenos : vallons de Saint-Pons et des Crides ; Roussargues au-dessus d'Auriol ; Roquevaire : au bord de l'Huveaune (*Roux.*) Aix: coteaux au-dessus de Luynes (*Roux*).

Var. — Commun dans le bois de la Sainte-Baume (*Roux*).

A.-M. — L'Esterel, col de Braus, Tende. (*Ard.*)

2517. O. TENUIFOLIUM Guss. — G. G., p. 191. — ♃. Mai, juin.

B.-R. — Simiane : Saint-Germain ; Roquefavour ; les Alpines ; La Crau : à Entressen (*Roux*). Prairie au fond du vallon du Rouet sous le Pilon du Roi ; Tretz: sous la fontaine du Cerisier (*Reynier !*) Aix : vallon de Cascaveou (*F. et A.*) Bois taillis au Réaltor (*Autheman !*)

A.-M. — Vallée des mines de Tende, Alpes de Tende (*Ard.*)

2518. O. ARABICUM L. — G. G., 3, p. 192. — ♃. Avril, mai.

Var. — Coteaux à Toulon (*Hanry, Gr. et Godr.*) Vieux château d'Hyères, provenant d'anciennes cultures (*Roux*).

A.-M. — Très rare ; Nice: entre Sainte-Hélène et Carras (*Ard.)* Cannes (*Gr. et Godr.* d'après *Perreymond*).

**Gagea** Salisb.

2519. G. LUTEA Schultz. — G. G., 3, p. 192. — ♃. Avril, mai.

A.-M. — Rare. Sommet du mont Cheiron ; Caussols au-dessus de Grasse (*Ard.*)

2520. G. LIOTTARDI Schultz. — G. G., 3, p. 194. — ♃. Juin, juillet. Région alpine.

A.-M. — Mangiabou au-dessus de Sospel ; Alpes de Tende, col de Fenestre, col de Jallorgues (*Ard.*)

B.-A. — Sommet des Boules à Faillefeu, au-dessus de Prats (*abbé Mulsant !*)

2521. G. ARVENSIS Schultz. — G. G., 3, p. 194. — ♃. Mars, avril. Champs cultivés.

B.-R. — Marseille ; Roussargues au-dessus d'Auriol (*Roux*). Martigues (*Autheman !*) Aix (*F. et A.)*

Var. — Dans les champs (*Hanry*)

A.-M. — Assez rare : Grasse ; se retrouve à la montagne de Grammont au-dessus de Menton et au lac des Merveilles au-dessus des mines de Tende (*Ard.*)

2522. G. SAXATILIS Koch, apud Schultz Syst. veg., 7, p. 550. — ♃.

Var. — Lieux gazonnés du sommet de Barjeaude, à Ampus

près de Draguignan (*Albert!*) Espèce nouvelle pour la Provence et pour la France.

**Allium** Linné.

2523. A. scorodoprasum L. — G. G., 3, p. 197. — ♃. Juin, juillet.
B.-R. — Aix: dans les champs le long de l'Arc, sous les oliviers à Barret (*F. et A.*)?
A.-M. — Rég. montagn., rare: Saint-Vallier, Saint-Martin Lantosque (*Ard.*)

2524. A. vineale L. — G. G., 3, p. 197. — ♃. Juin, juillet. — Champs et vignes dans toute la Provence.

2525. A. ampeloprasum L. — G. G., 3, p. 198. — ♃. Juin, juillet Dans les champs, les vignes, mais peu commun.
B.-R. — Marseille: le long de l'Huveaune à Saint-Giniez, Saint-Loup, Saint-Marcel (*Roux*).
Var. — Toulon, Fréjus (*Hanry*).
A.-M. — Menton, Nice, Golfe Jouan (*Ard.*) Ile Saint-Honorat (*Hanry*).
Vaucl. — Avignon (*Mutel*, d'après *Palun*).

2526. A. polyanthum Rœm. et Schultz. — G. G., 3, p. 198. — ♃. Juin, juillet.
B.-R. — Marseille: assez commun dans les champs et les vignes. Berre: dans les prairies salées. Martigues: parmi les joncs du bord de l'étang de Caronte, etc. (*Roux.*) Aix: endroits secs et pierreux (*F. et A.*)
Var. — Champs à Toulon (*Hanry*). Porquerolles (*abbé Ollivier*). Le Luc (*Roux*).
A.-M. — Nice (*Hanry*).

2527. A. rotundum L. — G. G., 3, p. 199. — ♃. Juin, juillet.
B.-R. — Assez rare aux environs de Marseille. Champs aux Milles près d'Aix. Saint-Jean de Trets. Arles, à Montmajor. (*Roux*). Aix: rives et lieux incultes (*F. et A.*)
Var. — Toulon, Hyères (*Hanry*). Champs au nord du mont Coudon, Roquebrussane (*Huet et Jacquin! Chambeiron!*)
A.-M. — Lieux cultivés, rare; Cannes (*Ard.*, d'après *Loret*).

2528. A. acutiflorum Lois. — G. G., 3, p. 199. — ♃. Juin. — Lieux sablonneux et rocailleux de la rég. littorale et des îles.

B.-R. — Marseille: Madrague de Montredon, aux Goudes, à Ratoneau, Pomègue (*Roux*).

Var. — Toulon: rochers du bord de la mer au cap Brun (*Huet !*) Hyères (*Hanry*) Porquerolles (*abbé Ollivier*, *Roux*).

A.-M. — Cannes: à la Croisette; île Saint-Honorat (*Hanry*). Çà et là de Menton à Cannes, remonte jusqu'à l'Escarène et Tende (*Ard*).

2529. A. SPHÆROCEPHALUM L. — G. G., 3, p. 200. — ♃. Juin, août. Coteaux et champs incultes, à Aix, Marseille, Gémenos, Sainte-Baume, Toulon, Hyères, Cannes, Nice, etc.

2530. A. DESCENDENS L. — G. G., 3, p. 201. — ♃. Juin, juillet.

B.-R. — Commun dans les prairies sablonneuses du bord de la mer à Fos-les-Martigues (*Roux*). Marseille (*Gren. et Godr.*)

Var. — Toulon, Hyères (*Gren. et Godr.*)

2531. A. ASCALONIUM L. — G. G., 3, p. 201. — ♃. Juin, juillet. Cultivé dans quelques champs; bords de l'étang de Marignane; Cassis, la Ciotat, à N.-D. de la Garde, etc.

2532. A. CEPA L. — G. G., 3, p. 202. — ♃. Juin, juillet. Cultivé dans les champs et jardins potagers, de même que l'*Allium sativum* et l'*A. Porrum*.

2533. A. SCHOENOPRASUM L. — G. G., 3, p. 202. — ♃. Juin, juillet. Région alpine.

A.-M. — Assez répandu dans les prairies humides de toute les Alpes (*Ard.*)

B.-A. — Montée de Valgelaye sur la route d'Allos à Barcelonnette (*Roux*).

2534. A. CHAMÆMOLY L. — G. G., 3, p. 203. — ♃. Mars.

B.-R. — Marseille: sur les hauteurs de Montredon, au lieu dit La Selle, où il est rare; coteaux sablonneux du bord de la mer à Bonnieu entre Lauron et Carro, près de la Couronne, mêlé au *Merendera filifolia*; Fos-les Martigues (*Roux*).

Var. — Sables maritimes à Hyères, près de l'isthme de Giens (*Hanry*). — On trouve une forme de cette espèce parmi les bruyères, dans les grès rouges, au Luc : elle a les feuilles plus allongées, non étalées sur la terre, c'est le *Saturnia viridula* Jordan et Fourreau, Breviarium, 1866.

2535. A. SUBHIRSUTUM L. — G. G., 3, p. 203. — ♃. Avril, mai.

B.-R. — Aix : aux quartiers du Prégnon, de Mauret (*F. et A.*) ?

Var. — Toulon : à Mourières (*Hanry*).

A.-M. — Cannes, Nice (*Hanry*). Sous les oliviers, mais peu commun : Menton, Nice, Grasse (*Ard.*) Sous les oliviers au-dessus du Casino de Menton (*Em. Burnat!*)

2536. A. TRIQUETRUM L. — G. G., 3, p. 203. — ♃. Mars-mai. — Bords des fossés, lieux frais.

Var. — Toulon, le Luc, Fréjus (*Hanry*). Hyères (*Gren. et Godr.*). Bormes (*Chambeiron!*) Le Lavandou (*Roux*). Les Mayons du Luc (*Hanry! Cartier!*) Collobrières : au bord de la Verne (*Roux*).

A.-M. — Lieux ombragés au bord des champs du littoral ; peu commun : Menton, Nice (*Ard.*).

2537. A. ROSEUM L. — G. G., 3, p. 204. — ♃. Mai. — Très répandu le long des haies de la région littorale, depuis Arles jusqu'à Menton.

2538. A. NEAPOLITANUM Cyrill. — G. G., 3, p. 205. — ♃. Mars, Avril.

B.-R. — Marseille : rive gauche du ruisseau d'Arenc près des Crottes ; dans quelques jardins à Saint-Giniez.

Var. — Coteaux pierreux à Toulon (*Robert*) ; Hyères (*Auzende*).

A.-M. — Commun dans les lieux cultivés à Nice, Menton ; plus rare à Cannes et à Grasse (*Ard.*).

2539. A. NIGRUM L. — G. G., 3, p. 205. — ♃. Mai. — Champs et vignes.

B.-R. — Marseille : à Saint-Julien, propriété Baumont ; à la Treille, entrée du vallon de Passo-Tèms ; château des Tours à la Viste (*Roux*). Martigues (*Autheman!*). Aix : dans les champs près des Figons (*F. et A.*). Roquevaire (*Pathier !*).

Var. — Toulon (*Hanry*).

A.-M. — Çà et là sous les oliviers dans toute la rég. littor. (*Ard.*).

2540. A. ursinum L. — G. G., 3, p. 206. — ♃. Avril, mai.

A.-M. — Rég. montagn. : environ de Saorgio, val de Pesio, etc. (*Ard.*).

2541. A. oleraceum L. — G. G., 3, p. 207. — ♃. Juillet, août.

B.-R. — Marseille : bords de l'Huveaune, à la Pomme, Saint-Marcel, etc. (*Roux*).

Var. — Champs cultivés à Touris (*Hanry*). Cultures du plan d'Aups (*Roux*).

A.-M. — Champs de la rég. montagn. ; assez rare ; montagne de Fontan, Saint-Etienne le Sauvage, Saint-Martin Lantosque, Caussols au-dessus de Grasse (*Ard.*).

2542. A. carinatum L. — G. G., 3, p. 207. — ♃. Juillet, août.

B.-R. — Marseille : bord du béal à la Pomme ; haies des environs de Marignane ; champs de la rive droite de l'étang de Caronte (*Roux.*).

2543. A. pulchellum Don. — G. G., 3, p. 308. — ♃. Août.

A.-M. — Rochers de la rég. subalpine : col d'Eze, Sainte-Agnès, Castillon, col de Brouis, entre Levens et la Tour (*Ard.*).

2544. A. flavum L. — G. G., 3, p. 209. — ♃. Juillet, août. — Rare en Provence.

B.-R. — Çà et là dans les vallons qui montent au sommet de l'Etoile (*Roux*); les Alpines, en allant de Fontvieille à Saint-Remy (*Peuzin !*).

Var. — Iles d'Hyères (*Hanry*).

A.-M. — Sainte-Baume du cap Roux, Nice (*Hanry*). — Non cité par Ardoino.

2545. A. paniculatum L. — G. G., 3, p. 209. — ♃. Juin-août.

B.-R. — Marseille : à N.-D. des Anges (*Roux*). Aix : le long de la Torse, le Tholonet (*F. et A.*). Rives de l'Arc (*Roux*). Berges du canal d'Arles à Fos (*Autheman !*).

Var. — Commun sur les rochers du haut du bois de la Sainte-Baume (*Roux*). Champs à Toulon, au Luc, à Fréjus (*Hanry*). Cap Brun près de Toulon (*Huet !*).

A.-M. — Antibes, Touët de Beuil (*Ard.*).

2546. A. MOSCHATUM L.— G. G., 3, p. 210.— ♃. Juillet-septembre.
— Rocailles, lieux secs et pierreux.

B.-R. — Marseille : Notre-Dame de la Garde, vallon de la Nerthe ; Pas-des-Lanciers ; les Alpines, etc. (*Roux*). Aix : vallons de Cascaveou, de Levèze, de Fontgamate (*F. et A.*)

Var.— Coteaux des environs de Toulon (*Hanry*). Sommet du Faron (*Huet !*). Le Cannet du Luc, sur la route d'Entraigues (*Roux*). Ampus (*Albert !*).

Vaucl. — Cavaillon : sur le versant nord de la colline Saint-Jacques (*Coste !*).

2547. A. NARCISSIFLORUM Vill. — G. G., 3, p. 211. — ♃. Août.

A.-M. — Mont Frontère, col de Tende, col de la Maddalena, val de Strop au-dessus d'Entraunes (*Ard.*)

B.-A. — Faillefeu au-dessus de Prats (*Roux*).

Vaucl. — Nord du mont Ventoux, parmi les sapins (*Roux*).

2548. A. FALLAX Don. — G. G., 3, p. 212. — ♃. Juin-août.

A.-M. — Rég. alpine : Sainte-Anne de Vinaï, Alpes de Guillaumes, montagnes de Grasse et de Saint-Auban (*Ard*).

2549. A. SICULUM Ucr. — G. G., 3, p. 212. — ♃. Mai.

Var. — Versant de la Suvière du Malpey, près de Fréjus (*Perreymond*). Agay (*Hanry*). L'Estérel (*Loret*).

**Nothoscordium** Kunth.

2550. N. FRAGRANS Kunth. — G. G., 3, p. 213. — ♃. Avril, mai.

Var. — Environs d'Hyères (*Hanry, Huet !*)

**Erythronium** Linné.

2551. E. DENS-CANIS L. — G. G., 3, p. 214. — ♃. Mars, avril.

A.-M. — Assez commun dans les bases montagnes jusqu'au-dessus de Menton, de l'Escarène et de Vence (*Ard.*) Lieux élevés des environs de Grasse (*Hanry*).

**Hyacinthus** Tournefort.

2552. H. ORIENTALIS L. — G. G., 3, p. 215. — Ravins, lieux cultivés de la région littorale.

B.-R. — Aix : dans les collines à gauche du pont de l'Arc, au Tholonet près du château (*F. et A.*)

Var. — Au Luc, au Cannet du Luc, Fox-Amphoux (*Hanry*).

A.-M. — Menton, Nice (*Ard.*)

2553. H. ALBULUS Jord. — G. G., 3, p. 216. — Février, mars.
Var. — Sous les oliviers, au Luc (*Hanry!*)
A.-M. — Champs à Grasse (*abbé Goaty!*)

2554. H. PROVINCIALIS Jord. — G. G., 3, p. 215.
Var. — Champs à Toulon et au Luc (*Hanry*).
A.-M. — Grasse (*Hanry*).

**Bellevalia** Lap.

2555. B. ROMANA Rchb. — G. G., 3, p. 217. — ♃, Avril, mai. — Lieux humides.
B.-R. — Coteaux au-dessus de Luynes (*Roux*).
Var. — Toulon: aux Sablettes et à la Garde (*Hanry*). Hyères à la Moutonne (*Huet!*)
A.-M. — Saint Cassien près de Cannes (*Loret*). Antibes; Levens; Menton, où il est très rare (*Ard.*)

2556. B. TRIFOLIATA Kunth. — G. G., 3, p. 217. — ♃. Mai.
Var. — Toulon : au Pradet (*Cavalier, Huet!*) La Crau d'Hyères (*Albert*).

**Muscari** Tournefort.

2557. M. RACEMOSUM DC. — G. G., 3, p. 218. — ♃. Mars, avril. Rare en Provence.
Var. — Rochers du haut du bois de la Sainte-Baume (*Roux*). Toulon (*Huet!*)
A.-M. — Lieux cultivés, à Antibes, à Cannes (*Ard.* d'après *Loret*).
Vaucl. — Avignon (*Gren. et Godr.*)

2558. M. NEGLECTUM Guss. — G. G., 3, p. 218. — ♃. Mars, avril.
Commun aux bords des champs de toute la Provence.

2559. M, BOTRYOIDES DC. — G. G., 3, p. 219. — ♃. Mars, avril.
Var. — Bord des champs (*Hanry*).
A.-M. — Rare, Col de Tende (*Ard.*). Grasse (*Ard., Gren. et Godr.* d'après *Giraudy*).

2560. M. COMOSUM Mill. — G. G., 3, p. 219. — ♃. Mai, juin. — Commun dans les champs de toute la Provence.

**Hemerocallis** Linné.

2561. H. FULVA L. — G. G., 3, p. 220. — ♃. Juin. — Lieux humides.

B.-R. — Aix : à Sainte-Victoire (*Castagne*). Paleyrotte près Sainte-Victoire (*Hanry*). Environs de Pourrières (*Gérard*).

Var. — Bord des champs, fossés des prairies au Luc (*Hanry, Roux*).

**Phalangium** Tournefort.

2562. P. Liliago Schreb. — G. G., 3, p. 221. — ♃. Mai, juin. — Coteaux, bois montueux.

B.-R. — Marseille : vallons de la Nerthe, de Toulouse, hauteurs de Montredon, etc. Gémenos : vallon de Saint-Clair. Roquevaire (*Roux*). Aix : Sainte-Victoire, versant nord ; vallon des Masques (*F. et A.*).

Var. — Bois et coteaux (*Hanry*).

A.-M. — Depuis les Alpes jusqu'à Menton, Nice, Cannes, l'Estérel (*Ard.*).

2563. P. ramosum Link. — G. G., 3, p. 222. — ♃. Juin, juillet.

B.-A. — Bois du Défends, entre le Revest-Enfangat et Saint-Etienne-les-Orgues (*Legré !*).

**Simethis** Kunth.

2564. S. planifolia. — G. G., 3, p. 222. — ♃. Avril, mai. — Lieux sablonneux.

Var. — Toulon : assez commun sur les coteaux de grès permien (*Reynier !*) Montagne de Coudon (*Hanry*).

A.-M. — D'Agay à Théoules, Cannes, golfe Jouan (*Hanry*).

**Asphodelus** Linné.

2565. A. fistulosus L. — G. G., 3, p. 223. — ♃. Avril, mai. — Lieux incultes de la région littorale.

B.-R. — Marseille : ile de Ratoneau. Fos-les-Martigues, Falaises des bords de l'étang de Berre entre Miramas et Istres ; très abondant dans la Crau. (*Roux*).

Var. — Toulon, Fréjus (*Hanry*).

A.-M. — Nice, Villefranche, ile Sainte-Marguerite (*Ard.*)

2566. A. microcarpus Viv. — G. G., 3, p. 223. — ♃. Mai.

B.-R. — Marseille : ile de Ratoneau (*Roux*).

Var. — Tout le massif des Maures, où elle s'écarte de la mer jusque vers Collobrières. Bords des marais saumâtres depuis les Pesquiers d'Hyères jusqu'à Fréjus. (*Roux*). —

M. Jordan cite à Hyères l'*A. littoralis* et à Toulon l'*A. crinipes*, deux espèces qu'il a créées aux dépens du *microcarpus*.

A.-M. — Agay, Auribeau, île Sainte-Marguerite (*Ard.*)

2567. A. CERASIFERUS J. Gay. — *A. albus* G. G., 3, p. 224, part. — ♃. Mai, juin. — Très répandu sur les coteaux, dans les bois de pins depuis le bord de la mer jusqu'aux points les plus élevés de la région littorale.

M. Jordan en a fait plusieurs espèces, parmi lesquelles *A. petrophyllus*, environs de Toulon ; — *A. comosus*, environs de Marseille et de Toulon ; — *A. Chambeironii*, île de Portcros ; — *A. Rouxii*, environs de Marseille.

**Aphyllanthes** Tournefort.

2568. A. MONSPELIENSIS L. — G. G., 3, p. 225. — ♃. Avril, mai. — Commun dans les lieux secs et arides, les bois de pins de toute la région littorale de la Provence.

## SMILACÉES

**Paris** Linné.

2569. P. QUADRIFOLIA L.—G. G., 3, p. 227.—♃. Mai.—Bois humides.

A.-M. — Assez commun dans toutes les Alpes jusqu'à la Maïris et Saint-Auban (*Ard.*).

B.-A. — Forêt de Faillefeu au-dessus de Prats, etc. (*Roux*).

**Streptopus** L.-C. Richard.

2570. S. AMPLEXIFOLIUS DC. — G. G., 3, p. 228. — ♃. Juillet.

A.-M. — Région alpine : mines et col de Tende, bois de Boréon, Sainte-Anne de Vinaï, Saint-Dalmas le Sauvage (*Ard.*).

**Polygonatum** Tournefort.

2571. P. VULGARE Desf. — G. G., 3, p. 228. — ♃. Mai, juin.

B.-R. — Marseille : au pied des rochers du col entre Saint-Cyr et Carpiagne ; nord du Pilon du Roi ; nord de Roquefourcade (*Roux*). Aix : au Montaiguet, vis-à-vis de Meyreuil (*F. et A.*).

Var. — Abonde dans le bois de la Sainte-Baume (*Roux*). Toulon : au sommet du Caoumé (*Reynier!*).

A.-M. — Assez commun dans toutes les Alpes, descend jusqu'aux montagnes au-dessus de Menton et de Grasse (*Ard.*)

B.-A. — Castellane (*Hanry*).

2572. P. MULTIFLORUM All. — G. G., 3, p. 229. — ♃. Mai, juin.

A.-M. — Assez répandu dans toutes les Alpes, quoique moins commun que le *P. vulgare. (Ard.)*.

2573. P. VERTICILLATUM All. — G. G., 3, p. 229. — ♃. Juin, juillet. — Bois de la région montagneuse.

A.-M. — Alpes de Breglia, la Fraca, Saint-Martin Lantosque, Sainte-Anne de Vinaï (*Ard.*).

B.-A. — Forêt de Faillefeu au-dessus de Prats (*Roux*).

**Convallaria** Linné.

2574. C. MAJALIS L. — G. G., 3, p. 229. — ♃. Mai, juin.

B.-A. — Montagne de Lure (*Legré !*).

**Maianthemum** Wigers.

2575. M. BIFOLIUM DC. — G. G., 3, p. 230. — ♃. Mai, juin.

A.-M. — Rég. montagn.: forêt de Molière, col de Tende, val de Pesio, etc. (*Ard*).

**Asparagus** Linné.

2576. A. OFFICINALIS L. — G. G., 3, p. 231. — ♃. Juin, juillet. — Peu répandu à l'état spontané.

B.-R. — Aubagne: rives de l'Huveaune (*Roux*). Aix : bords de l'Arc (*F. et A.*) Berre : le long de l'Arc et prairies sablonneuses du bord de l'étang. Fos-les-Martigues: berges du canal d'Arles. (*Roux*)

Var. — Fréjus (*Perreymond*).

A.-M. — Rare : Nice, au Var (*Ard.*)

2577. A. SCABER Brign. — G. G., 3, p. 231. — ♃. Mai, juin.

B.-R. — Arles, dans la Camargue (*Gren. et Godr.*)

2578. A. ACUTIFOLIUS L. — G. G., 3, p. 232. — ♃. Août, sept. — Commun dans les haies, les buissons, les bois de pins de tout le littoral de la Provence.

**Ruscus** Linné.

2579. R. ACULEATUS L. — G. G., 3, p. 232. — ♂. Février-avril.

— Bois, lieux rocailleux et haies de presque toute la Provence.

2580. R. hypoglossum L. — G. G., 3, p. 234. — ♂. Mars-avril. — Très rare en Provence; provenant peut-être d'anciennes cultures.

Var. — Vieux château d'Hyères (*Roux*).

A.-M. — Le Vinaigrier près de Nice (*Ard.* d'après *De Mercey*).

**Smilax** Linné.

2581. S. aspera L. — G. G., 3, p. 234. — ♂. Août, septembre. — Le type est commun dans les haies, parmi les rochers dans les bois de pins de toute la région littorale.

Variété β *mauritanica*, plus rare, mêlée au type.

B.-R. — Marseille: bois à Saint-Loup, aux Olives, Vallon des Signores, à Saint-Jean de Garguier (*Roux*).

Var. — Entre Six-Fours et le cap Sicié (*Reynier !*). Iles d'Hyères, Fréjus (*Hanry*).

A.-M. — Grasse (*Gr. et Godr.*). Nice (*Hanry*).

## DIOSCORÉES

**Tamus** Linné.

2582. T. communis L. — G. G., 3, p. 235. — ♃. Mars, avril.

B.-R. — Marseille : vallon derrière Marseille-Veïré, vallon de Morgiou, île de Maïré, Notre-Dame des Anges, hauteurs de Saint-Pons de Gémenos, La Ciotat, etc. (*Roux*).

Var. — Haies et bois (*Hanry*). Bois de la Sainte-Baume (*Roux*).

A.-M. — Çà et là : Nice, au Var; Menton, Grasse, l'Estérel (*Ard.*).

## IRIDÉES

**Crocus** Linné.

2583. C. vernus All. — G. G., 3, p. 236. — ♃. Avril, mai.

A.-M. — Rég. montagn. : forêt de la Maïris, col de Tende, etc. (*Ard.*).

2584. C. versicolor Gawl. — G. G., 3, p. 237. — ♃. Mars, avril.
— Coteaux et basses montagnes de la région littorale.

B.-R. — Environs du Baou de Bretagne (*Roux*). Roquevaire, entre le Regage et Peypin (*Pathier*). Aix: sur le plateau entre la tour de la Keyrié et le Cascaveou (*F. A.*, *Roux*).

Var. — Bagnol, Flassans (*Hanry*); le Luc (*Hanry*); Toulon, Draguignan, Fréjus (*Gr. et Godr.*).

A.-M. — Grasse (*Gr. et Godr.*). Depuis le cap Martin jusqu'à l'Estérel (*Ard.*).

2585. C. MEDIUS Balbi. — Ardoino, Fl. des Alp.-Marit., p. 364. — ♃. Septembre-octobre.

A.-M. — Lieux ombragés entre Gorbio et Roquebrune; mont Mulacé au-dessus de Menton; Tende (*Ard.*). Roquebrune près de Menton (*Th. Moggridge !*).

**Romulea** Moretti.

2586. R. RAMIFLORA Ten. — *Trichonema Bulbocodium* G. G., 3, p. 238, *part.* — ♃. Fl. mars, avril; fruct. mai, juin. — Prairies, lieux herbeux de la région littorale.

B.-R. — Berre: bords de l'étang vers l'embouchure de l'Arc, au lieu dit Le Pati (*Roux*). Arles: vers Mas-Thibert (*Legré !*).

Var. — Toulon, Le Luc, Fréjus (*Hanry, Gr. et Godr.*) Isthme de Giens (*Roux*).

A.-M. — Cannes (*Loret, Gren. et Godr.*) Menton (*Th. Moggridge !*) Menton: au Casino de Carnolès. Antibes (*Ard.*).

2587. R. COLUMNÆ Seb. et Maur. — *Trichonema Columnæ* G. G., 3, p. 238. — ♃. Mars-avril. — Lieux sablonneux.

Var. — Toulon, Hyères (*Gren. et Godr.*) Presqu'île de Giens (*Hanry*).

A.-M. — Çà et là dans les endroits herbeux et sablonneux de toute la rég. littorale (*Ard.*)

**Iris** Linné.

2588. I. CHAMÆIRIS Bertol. — G. G., 3, p. 239. ♃. Avril.

B.-R. — Marseille: sables de Mazargues; vallons de Morgiou, de la Panouse; bois de pins à Saint-Julien; etc. Gémenos: vallons de Saint-Clair, des Crides (*Roux*). Châteauneuf-les-Martigues (*Autheman !*) Aix: au Montaiguet, à la tour de la Keirié (*F. et A.*) Arles: à Montmajor (*Gren. et Godr.*) Pont de Mirabeau (*Peuzin !*)

Var. — Toulon: au Revest; Fréjus (*Hanry*).

A.-M. — N'est pas cité par Ardoino.

Vaucl. — Carpentras (*Gren. et Godr.*)

2589. I. LUTESCENS Lmk. (non Desf.) — G. G., 3, p. 240. ♃. Mars, avril.

Var. — Lieux arides : le Luc (*Hanry et Gren. et Godr.*)

2590. I. OLBIENSIS Hénon. G. G., 3, p. 240. — ♃. Avril, mai.

Var.— Toulon (*Gr. et Godr.*). Hyères : au Ceinturon (*Hanry, Roux*). Les Salins d'Hyères (*Roux*). Forêt des Maures, le Luc (*Hanry*).

A.-M. — Eze (*Ard.*).

2591. I. ITALICA Parl. — Ardoino, Fl. des Alp.-Marit., p. 363.

A.-M. — Nice : au col de Villefranche, Gairaut ; Vence ; l'Estérel.

2592. I. GERMANICA L. — G. G., 3, p. 241. — ♃. Avril, mai. — Aussi souvent cultivé que spontané, dans presque toute la Provence.

2593. I. FLORENTINA L. — G. G., 3, p. 241. — ♃. Avril, mai. — Cultivé ; s'échappe quelquefois, mais rarement, des jardins·

2594. I. PSEUDO-ACORUS L.— G. G., 3, p. 242. — ♃. Juin, juillet. Assez répandu aux bords des fossés aquatiques de presque toute la Provence.

2595. I. FŒTIDISSIMA L. — G. G., 3, p. 243. ♃. Mai, juin. — Rare en Provence.

B.-R. — Lieux ombragés dans la Camargue (*Roux*).

Var.— Bord des fossés (*Hanry*). Solliès-Pont : le long des Gapeau (*Reynier !*).

A.-M. — Antibes : bords de la Brague (*Ard.*).

2596. I. SPURIA L. G. G., 3, p. 243. — ♃. Mai, juin.

B.-R. — Berre : sur les berges du canal et dans les prairies voisines ; Fos-les-Martigues : berges du canal d'Arles en dessus du pont Clapet. Garrigues du Mas des Chanoines en Crau (*Duval-Jouve !*).

Var. — Hyères : dans les prairies maritimes du Ceinturon (*Huet !*). Isthme de Giens (*Roux*).

**Hermodactylus** Tournefort.

2597. H. TUBEROSUS Salisb. — G. G., 3, p. 245. — ♃. Mars, avril. — Lieux gazonnés, bord des fossés.

Var. — Toulon, le Luc, Fréjus (*Hanry*). Coteaux calcaires des environs de Toulon (*Huet et Jacquin !*). Hyères (*Gr. et Godr.*).

A.-M. — Rare : Nice, au vallon de Magnan ; Grasse, à Saint-Jacques (*Ard.*).

**Gladiolus** Linné.

2598. G. ILLYRICUS Koch. — G. G., 3, p. 247. — ♃. Avril, mai.

Var. — Toulon : au Baou de Quatro-Houros (*D$^r$ Ventre* et *Muller*, de Genève). Saint-Nazaire : coteau de Pipière (*Legré*).

2599. G. DUBIUS Guss. — *G. atrorubens* Hanry, Prodr. du Var, p. 353. — ♃. Mai, juin.

Var. — Bois et terrains sablonneux : le Luc à la Pardiguière (*Hanry*). Forêt des Maures du Luc aux Mayons (*Hanry ! Roux*).

2600. G. BORNETI. — Ardoino, Fl. des Alp.-M., p. 363. — ♃. Avril.

A.-M. — Nice, Antibes et probablement ailleurs (*Ard.*).

2601. G. COMMUNIS L. — G. G., 3, p. 248. — ♃. Mai, juin. — Rare.

B.-B. — Je crois l'avoir vu dans les bois de pins d'un petit vallon au midi de la Vieille près d'Allauch (*Roux*).

Var. — Collines arides au pied du Baou de Quatro-Houros, à Toulon (*Huet ! De Larambergues ! Roux*).

2602. G. SEGETUM Gawl. — G. G., 3, p. 248. — ♃. Mai, juin. — Commun dans les champs et les moissons de toute la Provence.

## AMARYLLIDÉES

**Leucoium** Linné.

2603. L. VERNUM L. — G. G., 3, p. 251. — ♃. Mars.

A.-M. — Région montagn. : Tende, Saint-Dalmas de Tende (*Ard.*).

2604. L. ÆSTIVUM L. — G. G., 3, p. 251. — ♃. Avril, mai.

B.-R. — Fos-les-Martigues, dans les prairies salées et sur le bord du canal d'Arles, au-dessus du pont Clapet (*Peuzin ! Roux*).

2605. L. nicæense. — Ardoino, Fl. des Alp.-Marit., p. 371. — L. *hyemale* v. α. De Candolle, Fl. fr., 5, p. 327.— ♃. Mars, avril.

A.-M. — Çà et là sur les rochers, entre Menton et Nice et plus spécialement au pont Saint-Louis, au-dessus de Roquebrune, au-dessus de Monaco, à la Turbie, à Eze, à Villefranche et à Montalban.

**Sternbergia** W. et K.

2606. S. lutea Gawl. — G. G., 3, p. 252. — ♃. Septembre. — Rare.

B.-R. — Aix : cultivé et quelquefois subspontané autour des habitations rurales (*F. et A.*). Martigues : çà et là, dans les terrains incultes, où cette plante, échappée des jardins, se multiplie sans culture (*Autheman !*) Ceyreste : non loin d'une ferme (*Reynier !*).

Var. — Six-Fours (*Robert*). Lieux pierreux des environs de Sainte-Marguerite près de Toulon (*Huet !*).

A.-M. — D'origine suspecte ; croît sur le bord des champs à Menton, Grasse, Saint-Césaire (*Ard.*).

**Narcissus** Linné.

2607. N. pseudo-narcissus L — G. G., 3, p. 253. — ♃. Mars.

Var. — Prairies, bord des ruisseaux et dans les champs (*Hanry*). Sommet de Bargeaude à Ampus près de Draguignan (*Albert !*).

A.-M. — Au-dessus de Vence, bois de Gourdon, au-dessus de Grasse, mont Eusel au-dessus de Menton, Saint-Dalmas de Tende, col de Tanarelles (*Ard.*).

2608. N. major Curt. — G. G., 3, p. 254. — ♃. Mars, avril.

Var. — Dans les champs de la Garde, près de Toulon (*Huet !*). Prés et champs, berges des ruisseaux au Luc (*Hanry ! Cartier !*)

2609. N. incomparabilis Mill. — G. G., 3, p 255. — ♃. Mars, avril.

B.-R. — Marseille : quelques touffes dans les prés de la Rente à Saint-Marcel (*Roux*). Aix : champs cultivés à la campagne de M<sup>me</sup> Fouque, chemin d'Avignon, entre la croix de Célony et la Calade (*F. et A.*). Tarascon (*Gr. et Godr.*).

Var. — Toulon (*Hanry*). Le Luc (*Hanry ! Huet ! Cartier!*).
A.-M. — Rare à fleurs simples : Grasse, Menton (*Ard.*).
Vaucl. — Avignon (*Gr. et Godr.*).

2610. N. POETICUS L. — G. G., 3, p. 256. — ♃. Avril, Mai.
B.-R. — Marseille : prés de la vallée de l'Huveaune, depuis Bonneveine jusqu'à Aubagne ; bois de pins du sommet du vallon de l'Evêque à Saint-Loup, où il y est rare (*Roux*). Aix : dans les prairies des Infirmeries et au Prégnon (*F. et A.*). Prairies de Berre, Entressens, etc. (*Roux*). Marais de Fos (*Autheman !*).
Var. — Prairies au plan d'Aups (*Roux*).
A.-M.— Rég. montagn. : Tende, la Giandola, la Faye-Saint-Auban, l'Estérel, Caussols, Gourdon (*Ard.*).

2611. N. BIFLORUS Curt. — G. G., 3, p. 256. — ♃. Avril, mai.
A.-M. — Rare : Menton, au-dessus du Castellar ; Grasse (*Ard.*).

2612. N. JUNCIFOLIUS Req. — G. G., 3, p. 257. — ♃. Avril, mai.
— Coteaux pierreux.
B.-R. — Aix : sur toutes les collines des environs, principalement à la Keirié et au Montaiguet (*F. et A., Roux*). Sainte-Victoire, où il monte presque jusqu'au sommet (*Roux*). Meyrargues (*Autheman !*). Hauteurs des environs du pont de Mirabeau (*Peuzin !*).
Vaucl. — Pied du mont Ventoux (*Requien*).

2613. N. JONQUILLA L. — G. G., 3, p. 258. — ♃. Avril.
A.-M. — Subspontané à Grasse (*Ard.*).
B.-A. — Mirabeau, près de Manosque (*De Fontvert*). Sans doute subspontané.

2614. N. INTERMEDIUS Lois. — G. G., 3, p. 258. — ♃. Mars, avril.
A.-M. — Rare : bord des champs à Menton, à Grasse (*Ard.*).

2615. N. ODORUS L. — G. G., 3, p. 259. — ♃. Mars, avril.
Var. — Environs de Toulon (*Robert*).
A.-M. — Grasse (*Perreymond*). Subspontané à Grasse, Menton (*Ard.*).

2616. N. CHRYSANTHUS DC. — G. G., 3, p. 259. — ♃. Mars.
Var. — Toulon (*Robert*). Environs du Luc (*Hanry ! Huet !*).

A.-M. — Rare : bord des champs à Grasse, au Bar (*Ard.*).
Variété β.

Var. — Gazons près de Flassans, le Luc (*Hanry*).

A.-M. — Rare : bord des champs à Monaco, Menton, Cimiez, près de Nice, Grasse (*Ard.*).

2617. N. AUREUS Lois. — G. G., 3, p. 260. ♃. Mars.

Var. — Ile de Bandol (*Robert*). Le Luc (*Hanry*).

A.-M. — Bords des champs ; rare : Menton, Nice, le Bar (*Ard*). Grasse (*Giraudy* et *Perreymond*).

2618. N. PAPYRACEUS Gawl. — *N. niveus* Lois. G. G., 3, p. 260. — ♃. Mars, avril. — Bords des champs.

Var. — Toulon (*Robert*)

A.-M. — San-Remo (*Th. Moggridge!*) Grasse, Nice, Saint-Hospice (*Ard.*)

2619. N. DUBIUS Gouan. — G. G., 3, p. 260. — ♃. Mars, avril. — Coteaux pierreux.

B.-R. — Aix: à la Keirié, au Montaiguet (*F. et A.*) ; plaine des Dédaou (*De Candolle*). Marseille : sur les hauteurs de Montredon, de Saint-Loup, etc. (*Roux*). Martigues : dans les bois de pins (*Autheman !*) Roquevaire : près du pont de Joux (*Pathier*). Arles : à Montmajor (*Roux*).

Var. — Toulon : au Baou de Quatro-Houros (*Huet et Jacquin ! Mulsant !*) au Faron (*Reynier !*)

Vaucl. — Avignon (*Gren. et Godr.*)

2620. N. POLYANTHOS Lois. — G. G., 3, p. 260. — ♃. Mars avril. — Bords des champs.

Var. — Toulon, le Luc (*Hanry*)

A.-M. — Cannes (*Hanry*)

2621. N. PATULUS Lois. — G. G., 3, p. 261. — ♃. Avril. — Prés et gazons.

Var. — Hyères (*Gren. et Godr.*) Ile du Levant (*Hanry*). Ile de Porquerolles : au cap des Mèdes (*Reynier !*)

2622. N. TAZETTA L. — G. G., 3, p. 261. — ♃, Février, mars. — Prairies marécageuses.

B.-R. — Berre, Fos-les-Martigues, étang d'Entressens (*Roux*). Vallon de Saint-Pierre, à Martigues (*Autheman !*).

Var. — Prés et fossés au Luc, Fréjus (*Hanry*). Toulon : aux Sablettes (*Huet !*). Ile des Embiers, île de Porquerolles (*Roux*).

A.-M. — Prés humides (*Ard.*).

**Pancratium** Linné.

2623. P. MARITIMUM L. — G. G., 3, p. 262. — ♃. Août-septembre. — Sables maritimes.

B.-R. — Marseille : au cap Croisette ; îles de Riou, de Pomégue, de Maïré, etc. Cap Couronne, à l'anse du Verdon. Plage de Fos-les-Martigues (*Roux*).

Var.— Saint-Nazaire, entre le cap Nègre et le Brusc ; Hyères, à la Plage (*Roux*). Ile de Porquerolles (*abbé Ollivier*). Fréjus (*Hanry*).

A.-M. — Jadis au Var, près de Nice. Cannes, La Napoule, île de Sainte-Marguerite, Vintimille (*Ard.*).

# ORCHIDÉES

**Spiranthes** L.-C. Richard.

2624. S. ÆSTIVALIS Rich. — G. G., 3, p. 267. — ♃. Juin, juillet. Prairies humides.

B.-R. — La Mède près de Martigues (*Autheman !*). Bords de l'étang de Marignane, et de celui de Berre, à Berre (*Roux*).

Var. — Hyères, le Luc, Fréjus (*Hanry*).

A.-M. — Nice : au Var ; golfe Jouan, Grasse, les Maures de Tanneron (*Ard.*).

2625. S. AUTUMNALIS Rich. — G. G., 3, p. 267.— ♃. Septembre, octobre. — Prairies, pelouses, lieux frais, bord des bois dans presque toute la Provence,

**Goodyera** Rob. Brown.

2626. G. REPENS R. Brown. — G. G., 3, p. 268. — ♃. Juillet, août.

A.-M. — Rare ; rég. alpine, parmi les mousses, sous les sapins : forêt de la Maïris et de Clans, vallée de Thorenc (*Ard.*).

**Cephalanthera** L.-C. Richard.
2627. C. GRANDIFLORA Bab. — G. G., 3, p. 269. — ♃. Mai, juin.
  B.-R. — Aix : au Montaiguet, au-dessus du vallon du Tir et ailleurs (*F. et A.*).
  Var. — Toulon : au sommet du Faron (*Reynier !*). Le Revest (*Hanry*).
  A.-M. — L'Estérel, Cannes, Grasse, Levens, Berre, Nice, Castellar ; mais peu commun (*Ard.*).
2628. C. ENSIFOLIA Rich. — G. G., 3, p. 268.— ♃. Avril, mai. — Bois montueux et rocailleux de toute la Provence.
2629. C. RUBRA Rich. — G. G., 3, p. 269. — ♃. Avril, mai. — Même stat que le précédent et presque aussi commun.

**Epipactis** L.-C. Richard.
2630. E. LATIFOLIA All. G. G., 3, p. 270. — ♃. Juillet, août. — Assez commun dans les lieux frais, au bord des bois, dans les vallons, sur les hauteurs, de presque toute la Provence.
2631. E. ATRORUBENS Hoffm. — G. G., 3, p. 270. — ♃. Juin, juillet.
  A.-M. — Bois de Farghet, Saint-Martin Lantosque, Saint-Etienne le Sauvage (*Ard.*).
2632. E. MICROPHYLLA Swartz. — G. G., 3, p. 271.— ♃. Mai, juin. — Rare. Montaud-les-Miramas (*Castagne*).
  B.-R. — Aix : sur la rive droite de l'Arc près des Infirmeries (*F. et A.*). Marseille : vallon de Morgiou (*Reynier !*)
  Var. — Toulon : flanc méridional du Faron (*Reynier !*).
  A.-M. — Nice : à Brancolar, près de Cimiez, Gairaut, vallon de Laghet, bois du Farghet (*Ard.*).
2633. E. PALUSTRIS Crantz. — G. G., 3, p. 271. — ♃. Mai, juin. Prairies marécageuses.
  B.-R. — Bords de l'étang de Marignane aux Palunettes, de l'étang de Berre à Saint-Chamas, Saint-Martin de Crau (*Roux*). Paluds de Saint-Remy (*Autheman !*) Aix : sur la rive droite de l'Arc, un peu en amont de la Simone (*F. et A.*) Roquefavour (*Roux*)
  Var. — Marais (*Hanry*). Ampus : dans les prés tourbeux à Fontigon (*Albert !*)

A.-M. — Nice : au Var ; Fontan, Grasse, le Bar (*Ard.*)
B.-A. — Digne : au bord de la Bléone *(abbé Mulsant !)*
**Listera** R. Brown.
2634 L. ovata R. Br. — G. G., 3, p. 272. — ♃. Mai-juillet. — Bois et pâturages humides.
B.-R. — Marseille : dans les prés de la Rente à Saint-Marcel ; Aubagne *(Roux)*. Marais de la Crau, Montmajor, la Camargue (*Jacquemin*). Simiane : au Verger (*Reynier !*)
Var. — Toulon : au Revest ; Notre-Dame des Anges près de Pignans (*Hanry*). Ampus (*Albert !*)
A.-M. — Menton, Nice, le Bar, l'Estérel ; moins rare dans la rég. montagneuse (*Ard.*)
Vaucl. — L'Isle : dans les haies (*Autheman !*)
2635. L. cordata R. Br. — G. G., 3, p. 272. — ♃. Juin, juillet.
A.-M. — Région alpine : forêt de Clans, col de Fenestre (*Ard.*)·
**Neottia** L.-C. Rich.
2636. N. Nidus-avis Rich. — G. G., 3, p. 273. ♃. Mai, juin.
B.-R. — Aix : dans les bosquets du château de Saint-Antonin (*Pathier !*)
Var — Bois de la Sainte-Baume (*Roux*)
A.-M. — La Maïris, col de Tende, forêt de Clans, Colmiane près de Saint-Martin Lantosque, Saint-Etienne, Grasse à Saint-Jean, etc. (*Ard.*).
**Limodorum** L.-C. Richard.
2637. L. abortivum Swartz. — G. G., 3, p. 273.— ♃. Mai-juillet. — Croît çà et là dans les clairières des bois de pins de toute la Provence.
**Epipogium** Gmelin.
2638. E. Gmelini Rich. — G. G., 3, p. 274. — ♃. Juillet, août.
A.-M. — Région alpine ; rare : Saint-Dalmas le Sauvage, Entraigues sur le versant nord de nos Alpes (*Ardoino* d'après *Allioni*).
**Corallorhiza** Haller.
2639. C. innata R. Brown. — G. G., 3, p. 274. — ♃. Juin-août.
A.-M. — Rare, région alpine : forêt de Clans, Alpes de Tende (*Ard.*).

**Serapias** Linné.

2640. S. cordigera L. — G. G., R 3, p. 276. — ♃. Avril-juin. — Bois sablonneux.

Var. — Pipière entre Saint-Nazaire et Six-Fours (*Roux*). Les Sablettes (*Reynier !*) La Garonne, près de Toulon (*Huet !*). Le Lavandou, île du Levant, Fréjus (*Hanry*). Presqu'île de Giens (*Roux*).

A.-M. — Menton, Contes, Berre, Cannes, la Roquette, l'Estérel, île Sainte-Marguerite (*Ard*).

2641. S. neglecta De Notaris. — Ardoino, Flore des Alpes-Marit., p. 358. — ♃. Avril, mai. — Bois sablonneux de la région littorale.

Var. — Bormes (*Chambeiron !*). Le Lavandou (*Roux*). Ile de Porquerolles (*abbé Ollivier*). Le Cannet et les Maures du Luc (*Hanry*).

A.-M. — Menton, Biot, l'Estérel (*Ard.*). Cannes (*Th. Moggridge !*).

2642. S. longipetala Pall. — G. G., 3, p. 278. — ♃. Avril-juin. — Çà et là dans les lieux sablonneux de la région littorale, depuis le Val d'Arène entre la Cadière et les gorges d'Ollioules (*Roux*), jusqu'à Menton (*Ard.*).

2643. S. lingua L. — G. G., 3, p. 280. — Çà et là au bord des bois sablonneux de la région littorale, depuis Toulon jusqu'à la frontière italienne.

2644. S. occultata Gay. — G. G., 3, p. 280. — ♃. Mai. — Gazons.

Var. — Parmi des joncs vers le Brusq (*Roux*). Toulon : Balaguier, les Sablettes (*Reynier !*). Entre le Pradet et Carqueyranne (*Huet !*) Prairies maritimes aux Pesquiers (*Roux*). Le Lavandou et Saint-Raphaël (*Hanry*).

2645. S. triloba Viv. ? — Ardoino, Fl. des Alp.-Marit., p. 358. — *Isias triloba* De Notaris. — M. Ardoino pense que c'est une hybride du *Serapias lingua* et de l'*Orchis papilionacea*, parmi lesquels elle a été trouvée une seule fois à Berre près de Nice.

**Aceras** R. Brown.

2646. A. antrhopophora R. Brown. — G. G., 3, p. 281. — ♃. Avril, mai. — Çà et là dans les lieux montueux et les bois de presque toute la Provence.

2647. A. DENSIFLORA Boiss. — G. G., 3, p. 282. — ♃. Avril, mai. — Lieux boisés.

B.-R. — Assez commun à Marseille, dans les bois de pins à Montredon, Bonneveine, Mazargues, Saint-Loup, la Penne, Vallon de Saint-Clair à Saint-Jean de Garguier. Pilon du Roi. Cassis : à Baou-Redoun (*Roux*). Martigues (*Autheman!*) Aix : une seule fois à Saint-Eutrope au-dessus des Capucins (*F. et A.*).

Var. — Toulon : au nord du Faron et cap Cépet (*Reynier!*) Hyères, Porquerolles, la Napoule, Fréjus (*Hanry*).

A.-M. — Menton (*Th. Moggridge!*).

2648. A. LONGIBRACTEATA Rchb. — G. G., 3, p. 282. — ♃. Février, mars. — Clairières des bois, lieux frais.

B.-R. — Marseille : autrefois à Saint-Barnabé chez M. Allibert de Bertier (*Roux*) Arles : à Montmajor (*Jacquemin*).

Var. — Environs de Toulon (*Chambeiron! Huet et Jacquin!*) Hyères, Fréjus (*Hanry*).

A.-M. — Nice, Menton, où il n'est pas rare (*Ard.*).

2649. A. HIRCINA Lindl. — G. G., 3, p. 283. — ♃. Mai, juin. — Taillis et pelouses ; rare.

B.-R. — Simiane : dans les bois de pins au quartier de Siège, un seul exemplaire (*Roux*). Aix : au Prégnon (*F. et A.*, d'après *Garidel*). La Camargue (*Jacquemin*). Marseille : pied unique à Mazargues, non loin de la fabrique de soude (*Reynier!*).

Var. — Fréjus (*Hanry*).

A.-M. — Cannes : à Saint-Cassien. Nice : au vallon de la Montega, où il n'a pas été retrouvé ; retrouvé en 1865 sur la nouvelle route du Fabron près de Nice ; à Drap, Contes, Vence, Grasse, Sainte-Anne, Gourdon (*Ard.*).

2650. A. PYRAMIDALIS Rchb. — G. G., 3, p. 283. — ♃. Mai, juin.—

B.-R. — Marseille : vallons de la Nerthe et du Rouet. Roquefavour (*Roux*).

Var. — Lisière des bois (*Hanry*). Montée de la Sainte-

Baume par Nans; rochers élevés du bois de la Sainte-Baume (*Roux*).

A.-M. — Peu commun : Menton, Nice, Contes, Berre, château de la Garde près de Villeneuve, bois de Gourdon, la Roquette, etc. (*Ard.*).

**Orchis** Linné.

2651. O. PAPILIONACEA L. — G. G., 3, p. 284. — ♃. Avril, mai. — Pelouses, bruyères.

Var. — Le Luc : à la Pardiguière (*Hanry*).

A.-M. — Assez rare : Nice, Contes, Berre, Biot, Châteauneuf, Cannes, l'Estérel (*Ard.*).

2652. O. MORIO L. — G. G., 3, p. 285. — ♃. Avril, mai.

B.-R. — Aix : à Sainte-Victoire (*F. et A.*).

Var. — Prés humides (*Hanry*). Ampus : pelouses et lieux pierreux de la Cabrière (*Albert !*).

A.-M. — Assez commun dans les bois et les prairies de toute la rég. littor. et montagn. (*Ard.*).

2653. O. PICTA Lois. — G. G., 3, p. 286. — ♃. Avril, mai.

B.-R. — Marseille : commun dans les bois de pins frais. La Ciotat (*Roux*). Aix : au Montaiguet (*F. et A.*).

Var. — Toulon, île de Porquerolles, Fréjus (*Hanry*). Bois des Maures aux Mayons (*Hanry !*).

A.-M. — Cannes (*Gren. et Godr.*).

2654. O. CHAMPAGNEUXII Barneaud. — G.G., 3, p. 286. — ♃. Mars, mai.

Var. — Coteaux schisteux au nord d'Hyères vers Fenouillet (*Huet et Jacquin ! Chambeiron !*) Hyères : au-dessus du château (*Reuter !*).

2655. O. USTULATA L. — G. G., 3, p. 287. — ♃. Mai, juin.

B.-R. — Marseille : bois de pins des hauteurs de Saint-Tronc, de Saint-Loup, de Saint-Marcel. Gémenos : vallon de Saint-Clair. Roquevaire (*Roux*). Aix : à Sainte-Victoire, près du monastère (*F. et A.*).

Var. — Touris, près de Toulon (*Hanry*).

A.-M. — Au-dessus de Menton et de Nice, Férion, le Farghet, Braus, la Briga, Tende, Clans, Saint-Martin Lantosque, Caussols (*Ard.*).

2656. O. coriophora L. — G. G., 3, p. 287. — ♃. Mai, juin.
> B.-R. — Marseille : sables de Mazargues, vallons des Ouïdes, du Rouet et de Ganal, vers N.-D. des Anges. La Ciotat; vers N.-D. de la Garde (*Roux*). Paluds de Saint-Remy, vers Mollèges (*Autheman !*).
>
> Var. — Toulon : aux Sablettes. Le Luc. La Garde-Freinet, Fréjus (*Hanry*).
>
> A.-M.— Assez commun dans les prés, les bois humides (*Ard.*)

2657. O. tridentata Scop. — G. G., 3, p. 288. — ♃. Mai, juin. — Bois montueux.
> B.-R. — Aix : à Sainte-Victoire (*F. et A.*) ?
>
> Var. — Forêt des Maures. Aups (*Hanry*).

2658. O. Hanrici Hénon. — *O. tridentata* v. β G. G., 3, p. 288. — Mars, avril.
> Var. — Lieux incultes et sablonneux du Luc (*Hanry !*). La Pardiguière ; le Cannet, à la verrerie ancienne (*Hanry*).

2659. O. militaris L. — G. G., 3, p. 289. — ♃. Mai, juin.
> Var. — Bagnol ; entre les deux Montrieux ; Fenouillet (*Hanry*). Bois de la Sainte-Baume (*Legré !*).
>
> A.-M. — Drap, l'Escarène, bois de Farghet, de Tende, Villars-du-Var, Utelle, Clans (*Ard.*).

2660. O. purpurea Huds. — G. G., 3, p. 289. — ♃. Avril, mai.
> B.-R. — La Treille ; dans un vallon exposé au nord. Saint-Jean de Garguier (*Roux*). Roquevaire (*Pathier !*). Aix : sur toutes les rives ombragées (*F. et A.*).
>
> Var. — Toulon : dans les bois au nord du Faron (*Huet !*). Fox-Amphoux, Aups (*Hanry*).
>
> A.-M. — Rare ; une seule fois au cap Martin près de Menton. Eze. Nice : à Gairaut, au Ray et au Temple. Drap, Fontan, la Briga (*Ard.*).
>
> Vaucl. — Apt : au vallon de la Rochelierre (*Coste !*).

2661. O. globosa L. — G. G., 3, p. 291. — ♃. Juin, juillet.
> Var. — Mourières près de Toulon (*Hanry*) ?
>
> A.-M. — Çà et là dans toutes les Alpes jusqu'aux montagnes au-dessus de Menton (*Ard.*).
>
> B.-A. — (*Hanry*).

2662. O. MASCULA L. — G. G., 3, p. 292. — ♃. Mai, juin.

B.-R. — Aix : au Montaiguet, sur le plateau qui est au midi de Melousse (*F. et A.*) Sainte-Victoire (*F. et A., Roux*).

Var. — Bois de la Sainte-Baume (*Roux*).

2663. O. OLBIENSIS Reut. — *O. mascula* v. *olivetorum* Grenier, Rech. sur quelques Orchidées des environs de Toulon dans les Mém. de la Soc. d'émul. du Doubs. — ♃. Avril, mai. — Bois de pins.

B.-R. — Assez commun aux environs de Marseille : vallon de l'Evêque à Saint-Loup, vallon de Forbin à Saint-Marcel. (*Roux*) Martigues : à Gueule d'Enfer, à Châteauneuf (*Autheman !*)

A.-M. — Montagnes des environs de Menton (*Th. Moggridge !*)

2664. O. PALLENS L. — G. G., 3, p. 293. — ♃. Mai.

Var. — Bois de la Sainte-Baume (*Hanry, Roux*). Pignans (*Robert*).

A.-M. — Dans les bois de Farghet ; Mangiabou au dessus de Sospel ; l'Authion ; col de Tende et de Tanarello (*Ard.*)

2665. O. PROVINCIALIS Balb. — G. G , 3, p. 293. — ♃. Avril, mai. — Lieux couverts.

Var. — Bois de la Sainte-Baume (*Roux*). Sous les châtaigniers aux Mayons, à la Garde-Freinet, Fréjus (*Hanry*). Collobrières (*Chambeiron !*)

A.-M. — Menton, rare à Nice, Contes, Berre, l'Estérel, Auribeau, île Sainte-Marguerite (*Ard.*)

2666. O. LAXIFLORA Lmk. — G. G., 3, p. 293. — ♃. Avril, mai. Assez répandu en Provence, dans les prairies marécageuses ; plus commun que l'espèce suivante.

2667. O. PALUSTRIS Jacq. — G. G., 3, p. 294. — ♃. Mai, juin.

B.-R. — Marignane : aux Palunettes ; paluds de la Crau, de Montmajour, de la Camargue ; Saint-Martin de Crau (*Roux*). Aix : au vallon de Valcros (*F. et A.*).

Var. — Marais de la plage de Saint-Nazaire ; Hyères au Ceinturon (*Roux*). Toulon (*Gr. et Godr.*). Prés tourbeux de Fontigon, près d'Ampus (*Albert !*).

A.-M. — Nice : au Var (*Ard.*).

2668. O. saccata Ten. — G. G., 3, p. 295. — ♃. Mars, avril. — Coteaux des terrains schisteux.

Var.— Coteaux au nord de la ville d'Hyères (*Hanry, Huet !*). Bois des environs de Pierrefeu (*Chambeiron !*).

2669. O. sambucina L. — G. G., 3, p. 295. — ♃. Mai, juin. —
Var. — Ampus : dans les bois taillis de Bargeaude (*Albert !*).

A.-M. — Assez commun dans toutes les Alpes jusqu'à la Maïris et la vallée de Thorenc (*Ard.*).

2670. O. latifolia L. — G. G., 3, p. 295. — ♃. Mai, juin.

B.-R. — Prairies au-dessus du pont de Roquefavour (*F. et A., Roux*). Les Milles. La Mède près de Martigues (*Roux*).

Var. — Pignans : près de la fontaine de N.-D. des Anges (*Hanry*).

A.-M. — Nice : au Var ; Entraunes (*Ard.*).

2671. O. incarnata L. — G. G., 3, p. 296. — ♃. Mai, juin.

B.-R. — Prairies marécageuses à la Mède près de Martigues ; Saint-Martin de Crau, à la grande Vachière à Santa-Fé (*Roux*).

2672. O. maculata L. — G. G., 3, p. 296. — ♃. Bois taillis, prairies.

B.-R. — Bord de l'étang de Marignane aux Palunettes, de celui de Berre à la Mède près de Martigues (*Roux*). Aix ; sur la rive gauche de l'Arc au-dessus du pont des Trois-Sautets ; Roquefavour (*F. et A*).

Var. — Bagnol, Montrieux (*Hanry*). Ampus : à Bargeaude (*Albert*).

A.-M. — Commun dans la région montagneuse, très rare sur le littoral (*Ard.*).

2673. O. bifolia L.— G G.., 3, p. 297. — ♃. Mai, juin. — Lieux ombragés.

B.-R. — Marseille : vallons de Toulouse, de l'Evêque, etc. Prairies de Berre (*Roux*). Paluds de Saint-Remy (*Autheman !*).

Var. — Bois de la Sainte-Baume (*Roux*). Toulon : à Coudon, Bagnol, Hyères ; le Luc (*Hanry*).

A.-M. — Assez commun au bord des bois (*Ard.*).

2674. O. montana Schmith. — G. G., 3, p. 297. — ♃. Mai.

Var. — Bois de la Sainte-Baume (*Legré*).

A. M. — Mont Mulacé au-dessus de Menton, au Farghet, à Braus et à Berre (*Ard.*).

2675. O. CONOPSEA L. — G. G., 3, p. 298. — ♃. Juin, juillet.— Pelouses fraîches.

B.-R. — Auriol: vallon de Vède (*Roux*). Aix : à Sainte-Victoire (*Hanry, F. et A., Roux*). Paluds de Saint-Remy à Mollèges (*Autheman !*).

Var.— Ampus : dans les prés humides de Mourjaï (*Albert !*).

A.-M. — Rég. montagn.: Berre, Utelle, Villars-du-Var, le Farghet, Braus, la Maïris, Saorgio, col de Tende, Clans, Saint-Martin Lantosque, Caussols, etc. (*Ard.*).

2676. O. ODORATISSIMA L.— G. G., 3, p. 293.— ♃. Juin, juillet.

A.-M.— Région alpine : vallée de la Gordolasca, Clans, mont Tenibre au-dessus de Saint-Etienne (*Ard.*).

2677. O. VIRIDIS Crantz. — G. G., 3, p. 298. — ♃. Juin, juillet. — Région montagneuse.

Var. — Aiguines : dans les lieux herbeux de Margès (*Albert!*)

A.-M. — La Maïris, Tende, la Briga, Saint-Martin-Lantosque, Venanson, Saint-Etienne, Entraunes, etc. (*Ard.*)

2678. O. ALBIDA Scop. — G. G., 3, p. 299. — ♃. Juillet, août.

A.-M. — Région alpine : col de Tende et de Salèze ; la Maïris, vallée de Caïros et de la Gordolasca, Saint-Etienne (*Ard.*).

**Nigritella** Richard.

2679. N. ANGUSTIFOLIA Rich. — G. G., 3, p. 300. — ♃. Juillet, août.

Var. — Toulon : sur les lieux élevés (*Hanry*)?

A.-M. — Assez commun dans toutes les Alpes jusqu'à la forêt de la Maïris (*Ard.*)

B.-A. — Forêt de Faillefeu au-dessus de Prats (*Roux*)

**Ophrys** Linné.

2680. O. ARANIFERA Huds. — G. G., 3, p. 301. — ♃. Avril-juin.— Assez commun sur les pelouses, au bord des bois de toute la Provence.

2681. O. VIRESCENS Philippe dans Grenier, Rech. sur quelques Orchidées des envir. de Toulon, Mémoires de la Soc. d'émul. du Doubs. — ♃. Avril-juin.

B.-R. — Marseille : vallons de Toulouse, de la Panouse, etc. Valabre, près d'Aix (*Roux*). Martigues : bois de pins (*Autheman !*).

Var. — Toulon ; à Coudon (*Philippe !*) à Faron (*Chambeiron !*)

2682. O. ATRATA Lindl. — *O. aranifera* var. *atrata* G. G., 3, p. 301. — ♃. Avril, mai. — Pelouses.

B.-R. — Marseille : Saint-Marcel vers Saint-Cyr, Saint-Julien, Aubagne : sur les rives des champs au pied de Garlaban. Aix : sur la route de la tour de la Keyrié (*Roux*). Environs de Martigues (*Autheman !*).

Var. — Toulon (*Grenier*, d'après *Philippe*). Hyères : plage du Ceinturon (*Reynier !*). Le Luc (*Hanry !*).

2683. O. EXALTATA Ten. — Grenier, Rech. sur quelques Orchidées des environs de Toulon, Mémoires de la Soc. d'émul. du Doubs.

B.-R. — Rare. Marseille : à Saint-Julien, dans les bois de pins de la propriété de Beaumont (*Roux*).

Var. — Environs de Toulon (*Philippe*, dans Grenier).

2684. O. BERTOLONI Moretti. — G. G., 3, p. 312. — ♃. Avril-juin. — Coteaux pierreux, lieux sablonneux.

B.-R. — Martigues : au vallon de Saint-Pierre et sur la route de Marseille vers Gueule d'Enfer (*Autheman ! Roux*). Abonde dans les lieux sablonneux à Fos. Entressen en Crau, sur la route qui mène à l'étang (*Roux*).

Var. — Toulon (*Chambeiron !*) Coteaux du bord de la mer à Sainte-Marguerite (*Huet et Jacquin !*) Hyères (*Gr. et Godr.* d'après *Auzande*). Ampus : aux Colles (*Albert !*)

2685. O. APIFERA Huds. — G. G., 3, p. 303. — ♃. Avril, mai. — Assez commun sur les coteaux incultes, sur les pelouses fraîches dans toute la Provence.

2686. O. BOMBILIFLORA Link.— G. G., 3, p. 303. — ♃. Mars, avril. Rare en Provence.

A.-M. — Castel d'Appio près de Vintimille; vallée de Gorbio près de Menton (*Ard.*) Assez abondant dans les prés qui bordent la Brague à Antibes (*Ard., Huet !*)

2687. O. SCOLOPAX Cav. — G. G., 3, p. 304. — ♃. Mars-mai.

Var. — Saint-Nazaire : près de la vieille chapelle de Pépiole

(*Reynier !*) Montrieux (*Huet !*) Ampus : dans les lieux herbeux un peu humides (*Albert !*)

2688. O. muscifera Huds. — G. G., 8, p. 304. — ♃. Mai, juin. — Coteaux secs, bord des bois.

Var. — Toulon (*Hanry*)?

A.-M. — Rég. montag.; rare : La Giandola, Tende, Saint-Martin, Fenestre (*Ard.*)

2689. O. fusca Link. — G. G., 3, p. 305. — ♃. Mars-avril.

B.-R. Abonde à Marseille, dans les sables de Mazargues, à Saint-Loup, Saint-Marcel, etc. Aix : au Montaiguet, à Saint-André, au vallon des Gardes. (*F. et A.*)

Var. — Toulon (*Hanry*). Hyères (*Gr. et Godr.*)

A.-M. — Pelouses sèches à Menton, Nice, Contes, Drap, Vallauris, Grasse (*Ard.*)

2690. O. lutea Cav. — G. G., 3, p. 305. — ♃ Mars-mai.

B.-R. — Marseille : assez commun dans les sables de Mazargues, au Roucas-Blanc, etc. Aubagne : sur les pelouses au pied de Garlaban. Berges du canal d'Arles à Fos. Arles : à Montmajor. (*Roux.*) Martigues : abonde à Saint-Mitre près d'Istres (*Autheman !*)

Var. — Saint-Nazaire : près de la vieille chapelle de Pépiole; Salins d'Hyères : le long du chemin du Père Eternel (*Reynier !*) Notre-Dame d'Hyères (*Hanry*).

A.-M. — Grasse; assez abondant à Menton, rare à Eze et à Saint-Hospice (*Ard.*)

## HYDROCHARIDÉES

**Hydrocharis** Linné.

2691. H. Morsus-ranæ L. — G. G., 3, p. 307. — ♃. Juin-août.— Eaux stagnantes.

B.-R. — Arles : dans les roubines (*Roux*). Fos-les-Martigues : dans un étang au Galégeon, au pont Clapet. Fossés des paluds de Mouriès (*Autheman !*) Mas-Thibert (*Peuzin !*)

Var. — Fréjus (*Hanry*).

**Valisneria** Mich.

2692. V. spiralis L. — G. G., 3, p. 308. — ♃. Août-octobre.

B.-R. — Fos-les-Martigues dans le canal d'Arles au pont Clapet (*Autheman!*) Arles : dans les roubines (*Roux*). Etang du Grand Clar (*Duval-Jouve!*)

Vaucl. — Orange (*Gr. et Godr.*)

## JUNCAGINÉES

**Triglochin** Linné.

2693. T. PALUSTRE L. — G. G., 3, p. 309. — ♃. Juin, juillet. — Marais.

B.-R. — Marseille : bord du canal de la Durance à Saint-Antoine, aux Olives, bassin de Sainte-Marthe (*Roux*). Meyrargues : mares du bord de la Durance (*Autheman!*)

A.-M. — Rég. montag., d'où il descend jusque près de Nice. (*Ard.*)

B.-A. — Vallon du Sagnas à Faillefeu au-dessus de Prats, limon de l'Ubaye à la Condamine (*Roux*).

2694. T. BARRELIERI Lois. — G. G., 3, p. 310. — ♃. Avril, mai.— Marais saumâtres.

B.-R. — Marignane : bords de l'étang aux Palunettes (*Autheman! Roux*).

Var. — Hyères : prairies maritimes (*Albert!*) Les Pesquiers (*Roux*).

2695. T. MARITIMUM L. — G. G., 3, p. 310. — ♃. Juin, juillet, — Marais saumâtres.

B.-R. — Commun sur les bords de l'étang de Berre et de Marignane (*Roux*).

Var. — Toulon : prairies maritimes entre Tamaris et l'isthme des Sablettes (*Reynier!*)

## POTAMÉES

**Potamogeton** Linné.

2696. P. NATANS L. — G. G., 3, p. 312. — ♃. Juillet, août.

B.-R. — Aix : dans l'Arc (*F. et A.*) Berre : dans l'Arc et fossés des environs d'Arles (*Roux*).

Var. — Eaux stagnantes (*Hanry*).

A.-M. — Très rare à Menton. Nice : au Var (*Ard.*).

2697. P. RUFESCENS Schrad. — G. G., 3, p. 313. — ♃. Juin-août.

A.-M. — Région alpine : lac du col de la Maddalena et autres lacs de nos Alpes (*Ard.*)

2698. P. plantagineus Ducros. — G. G., 3, p. 315. — ♃. Juin-août.

B.-R. — Marignane : fossés du bord de l'étang. Arles : canal de Craponne. Berre : dans la Durançole. Fos : fossés au pont Clapet (*Roux*). En Coustières, au Mas-Thibert (*Legré !*)

A.-M. — Nice : au Var; golfe Jouan (*Ard*).

2699. P. lucens L. — G. G., 3, p. 315. — ♃. Juin-août.

B.-R. — Commun dans le canal d'Arles à Fos (*Roux*)., au pont Clapet (*Autheman !*)

Var. — Toulon; Fréjus : dans l'ancien lit d'Argens (*Hanry*).

A.-M. — Lac du col de la Maddalena (*Ard.*)

2700. P. perfoliatus L. — G. G., 3, p. 316. — ♃. Juin-août.

B.-R. — Dans les eaux du canal d'Arles, au pont Clapet (*Autheman !*)

Var. — Etangs et fossés (*Hanry*).

Vaucl. — Dans les eaux de la Sorgue à l'Isle (*Roux*).

2701. P. crispus L. — G. G., 3, p. 316. — ♃. Juin-août.

B.-R. — Eaux du canal d'Arles, au pont Clapet (*Autheman.*) Petits cours d'eau à Raphèle près d'Arles (*Roux*).

Var. — Dans les fossés (*Hanry*). A Cabasse (*Laurans !*)

A.-M. — Nice : au Var ; le Bar ; Caussols au-dessus de Grasse et probablement ailleurs (*Ard.*)

Vaucl. — Fossés du bord de la route de l'Isle à la fontaine de Vaucluse (*Roux*).

2702. P. pusillus L. — G. G., 3, p. 317. — ♃. Juin-août. — Mares, ruisseaux.

B.-R. — Arles (*Castagne*).

2703. P. pectinatus L. — G. G., 3, p. 319. — ♃. Juillet, août.

B.-R. — Eaux saumâtres de l'étang de Marignane; étang de Berre, au moulin de Merveille; eaux tranquilles de l'Arc aux Milles (*Roux*). Aix : à Fenouillère, mares du bord de l'Arc (*F. et A.*) Port de Bouc (*Laurans !*)

Var. — Marais, fossés au Luc, à Fréjus (*Hanry*).

A.-M. — Nice : au Var; Vaugrenier près d'Antibes (*Ard.*)

2704. P. marinus L. — G. G., 3, p. 319. — ♃. Juillet, août.
   A.-M. — Dans le lac du col de la Maddalena (*Ard.*)
   B.-A. — Colmars dans le lac de Ligny (*Gr. et Godr.*)
2705. P. densus L. — G. G., p. 319. — ♃. Juillet-septembre. — Eaux stagnantes, ruisseaux, etc.
   B.-R. — Marseille : lit de l'Huveaune, à Saint-Loup, Saint-Marcel ; ruisseaux à la Valentine, etc. Aix : au Tholonet ; Meyrargues, etc. (*Roux*). Dans l'Arc et dans presque tous les cours d'eau (*F. et A.*)
   A.-M. — Nice : au bord de la Siagne et probablement ailleurs (*Ard.*)

**Zanichellia** Linné.

2706. Z. palustris L. — G. G., 3, p. 320. — ♃. Mai, juin.
   B.-R. — Marignane : dans le ruisseau de la Cadière, à son embouchure dans l'étang (*Autheman*).
2707. Z. dentata Wild. — G. G., 3, p. 320. — ♃. Mai, juin.
   B.-R. — Rare : Marseille, à la Capelette, dans un ruisseau d'arrosage, au moulin Barret (*Blaize!*)
   A M. — Une fois à Menton ; Vaugrenier, golfe Jouan (*Ard.*).

**Althenia** Petit.

2708. A. filiformis Petit. — G. G., 3, p. 321. — ♃. Juin. — Eaux saumâtres.
   B.-R. — Petits étangs de la Camargue ; étang de Valcarès (*Castagne*).

## NAYACÉES

**Najas** Wild.

2709. N. major Roth. — G. G., 3, p. 322. — ☉. Juillet-septembre.
   B.-R. — Canal d'Arles, au pont Clapet sous Fos (*Autheman!*) Marais d'Arles (*Castagne*).

## ZOSTÉRACÉES

**Posidonia** Kœnig.

2710. P. Caulini. — G. G., 3, p. 322. — ♃. Avril, mai. — Forme de vastes prairies sous-marines sur toute la côte.

**Ruppia** Linné.
2711. R. maritima L. — G. G., 3, p. 324.
  B.-R. — Etang de Marignane (*Roux*).
2712. R. rostellata Koch. — G. G., 3, p. 324. — ♃. Août-octobre.
  A.-M. — Rare : golfe Jouan (*Ard.*, d'après *Thuret et Bornet*).
2713. R. brachypus Gay. — G. G., 3, p. 324. — ♃. Août.
  Var. — Rare : Toulon, à Castigneaux (*Gr. et Godr.*, d'après *Bourgeau*).

**Zostera** Linné.
2714. Z. marina L. — G. G., 3, p. 325. — ♃. Juin, juillet.
  B.-R. — Très commun dans l'étang de Berre, à Saint-Chamas, Martigues, etc.
2715. Z. nana Roth. — G. G., 3, p. 325. — ♃. Juin. — Dans la mer.
  A.-M. — Plage vaseuse entre Antibes et la pointe de la Grenille, où il croît en touffes éparses au milieu des prairies de *Phucagrostris* (*Ard.*, d'après *Thuret et Bornet*.)

**Phucagrostis** Caval.
2716. P. major Caval. — *Cymodocea æquorea* Kün. Ard., Flore des Alpes-Maritimes, p. 386. — ♃. Fleurit en mai, fructifie en août.
  A.-M. — Dans la mer. Observé pour la première fois par MM. Thuret et Bornet sur la plage vaseuse peu profonde à Antibes, et par M. Thiou à Cannes, où il forme des prairies sous-marines au bord du rivage ; il doit se retrouver sur tout le littoral (*Ard.*)

# LEMNACÉES

**Lemna** L.
2717. L. trisulca L. — G. G., p. 327. — ☉. Avril, mai.
  B.-R. — Marseille : dans les ruisseaux voisins de l'Huveaune (*Castagne*).
2718. L. minor L. — G. G., 3, p. 327. — ☉. Avril-juin. — Dans les eaux stagnantes de presque toute la Provence.
2719. L. gibba L. — G. G., 3, p. 327. — ☉. Avril-juin.

B.-R. — Marignane : dans les mares voisines de l'étang (*Reynier!*) Saint-Chamas dans un fossé près de l'église de Saint-Pierre *(Castagne)*.

Var et A.-M. — Dans les fossés et les eaux stagnantes (*Hanry, Ard.*)

2720. L. ARHIZA L. — G. G., p. 328. — ☉. Mai-juin.

B.-R. — Miramas : dans les fossés près du Moulin-Neuf (*Castagne*). Fossés du bord de l'étang, entre Saint-Chamas et Miramas (*Roux*).

## AROIDÉES

**Arum** Linné.

2721. A. DRACUNCULUS L. — G. G., p. 329. — ♃. Mai, juin.

Var. — Toulon (*Gr. et Godr.*). Fenouillet près d'Hyères (*Robert*). Spontané??

2722. A. MACULATUM L. — G. G., 3, p. 330. — ♃. Avril, mai.

Var. — Assez commun dans le bois de la Sainte-Baume (*Roux*). Haies, lieux ombragés (*Hanry*).

A.-M. — Rare à Grasse ; région montagneuse (*Ard.*).

2723. A. ITALICUM Mill. — G. G., 3, p. 330. — ♃. Avril, mai. — Commun dans les lieux ombragés de toute la région littorale.

2724. A. ARISARUM L. — G. G., 3, p. 331. — Novembre-février. — Lieux pierreux et ombragés.

B.-R. — Arles : à la montagne de Cordes (*Castagne*). La Ciotat : dans les gorges au pied du Bec de l'Aigle (*Roux*).

Var. — Gorges d'Ollioules ; Toulon : au pied du Faron ; Hyères : presqu'île de Giens ; île de Porquerolles (*Roux*). Fréjus (*Hanry*).

A.-M. — Commun dans les lieux cultivés de la région littorale (*Ard.*).

## TYPHACÉES

**Typha** Linné.

2725. T. LATIFOLIA L. — G. G., p. 333. — ♃. Juin-août.

B.-R. — Bords de la Durance à Meyrargues (*Autheman !*) Raphèle (*Roux*).

A.-M. — Rare à Menton, Nice, Vaugrenier près d'Antibes ; Cannes : dans la Siagne (*Ard.*).

2726. T. angustifolia L. — G. G., 3, p. 334. — ♃. Juin-août. — Commun dans les fossés et les mares de toute la Provence.

2727. T. Suttlworthii Koch et Sonder. — G. G., 3, p. 334. — ♃. Juillet, août.
Var (*Loret*).

2728. T. minima Hoppe. — G. G., 3, p. 335. — ♃. Mai, juin.
B.-R. — Marais de Raphèle près d'Arles (*Duval-Jouve!*) Bords de la Durance : à Orgon; au pont de Mirabeau (*Roux*); près du pont de Pertuis (*F. et A.*).
Var (*Loret*).
A.-M. — Sables des bords du Var à Nice (*Ard.*).
Vaucl. — Avignon (*Grenier, abbé Gonnet!*)

2729. T. gracilis Jord. — G. G., 3, p. 335. — ♃. Juillet, août.
B.-R. — Marseille : bassin de Sainte-Marthe, venue avec les eaux de la Durance (*Blaize!*) Fossés à Raphèle près d'Arles (*Roux*).

**Sparganium** Linné.

2730. S. ramosum Huds. — G. G., 3, p. 336. — ♃. Juin-août.
B.-R. — Dans le lit de l'Huveaune. Marignane. (*Roux*). Dans l'Arc, à Roquefavour (*F. et A.*)
Var. — Fossé (*Hanry*).
A.-M. — Nice, Caussols, Pégomas, etc. (*Ard.*).

## JONCÉES

**Juncus** Linné.

2731. J. conglomeratus L. — G. G., 3, p. 338. — ♃. Juin-août.
Var. — Bois des Maures du Luc aux Mayons. Saint-Raphaël, parmi les rochers voisins de la mer (*Roux*).

2732. J. diffusus Hopp. — G. G., 3, p. 339. — ♃. Juin-août.
A.-M. — Commun sur le bord des eaux, les lieux humides (*Ard.*).
B.-A. — Marécages du vallon du Sagnas à Faillefeu au-dessus de Prats (*Roux*).

2733. J. glaucus Ehr. — G. G., 3, p. 339. — ♃. Assez rare.
B.-R. — Velaux (*Autheman!*) Bouc-la-Malle : le long des ruisseaux; Cabassol près de Vauvenargues (*Roux*).
Var. — Toulon : à Castigneaux (*Robert*). Plan d'Aups (*Roux*).

B.-A. — Digne : à Saint-Benoît (*Roux*).

2734. J. paniculatus Hoppe. — G. G., p. 340. — ♃. Juin-août.

B.-R. — Marseille : bords de l'Huveaune, du Jarret, etc. Aix : bords de l'Arc. Martigues. (*Roux*). Abonde à la station de Raphèle (*Duval-Jouve, Roux*).

A.-M. — Cannes (*Gr. et Godr., d'après Loret*).

2735. J. filiformis L. — G. G., 3, p. 340. — ♃. Juin, juillet.

A.-M. — Rég. alpine : Tende, lac des Merveilles près Tende. La Trinité près de Saint-Martin ; bois de Boréon ; lac d'Entrecoulpes (*Ard.*).

2736. J. acutus var. α L. — G. G., 3, p. 341. — ♃. Mai, juin. — Commun sur tout le littoral.

B.-R. — Marseille : Bonnevaine ; d'Arenc à l'Estaque ; bords des étangs à Berre, Marignane, etc. (*Roux*).

Var. — Plage de Saint-Nazaire ; isthme de Giens, etc. (*Roux*).

A.-M. — Cannes, Nice, Menton (*Ard.*).

2737. J. maritimus Lmk. — G. G., 3, p. 341. — ♃. Juin-août. — Avec le précédent.

B.-R. — Marseille : autrefois depuis Arenc jusqu'à l'Estaque ; commun sur les bords des étangs de Berre et de Marignane. Raphèle près d'Arles, etc. (*Roux*).

A.-M. — Golfe Jouan, Nice, Cannes, île Ste-Marguerite (*Ard.*).

2738. J. Jacquini L. — G. G., 3, p. 341. — ♃. Août, septembre.

A.-M. — Rég. alpine : mines de Tende, Saint-Anne de Vinaï, mont Tenibre au-dessus de Saint-Etienne, val de Rabuon (*Ard.*).

2739. J triglumis L. G. G., 3, p. 342. — ♃. Août, septembre.

A.-M. — Rég. alpine : col de Raus, mont Bego, N.-D. de Fenestre, Salsamorena au-dessus de Saint-Etienne, mont Garrat au-dessus d'Entraunes (*Ard.*).

2740. J. trifidus L. — G. G., 3, p. 342. — ♃. Août.

A.-M. — Assez commun dans toute la région alpine (*Ard.*).

2741. J. pygmæus Thuill. — G. G., 3, p. 342. — ☉. Mai-juillet.

B.-R. — Marais de Fos-les-Martigues, où il est très rare (*Autheman!*)

A.-M. — Menton : à la vallée des châtaigniers (*Thr. Moggridge!*)

2742. J. capitatus Verg. — G. G., 3, p. 343. — ⊙. Mai-juillet. — Lieux sablonneux inondés l'hiver.

Var. — Forêt des Maures, sur la route du Luc aux Mayons. Collobrières : sur les bords de la Verne (*Roux*).

A.-M. — Cannes, golfe Jouan, Menton (*Ard.*).

2743. J. lamprocarpus Ehr. — G. G., 3, p. 345. — ♃. Juin, août.

B.-R. — Gémenos : à Saint-Pons; tout le lit de l'Arc; fossés à Raphèle près d'Arles, etc. (*Roux*).

Var. — Toulon (*Gren. et Godr.*)

2744. J. repens Requien. — *J. lagenarius* Gay. G. G., 3, p. 346. — ♃. Mai, juin.

B.-R. — Marseille : le long du canal aux Olives, à Saint-Loup, etc. Lit de l'Arc depuis Berre jusqu'à Aix. (*Roux*). Marais et prairies de Raphèle près d'Arles (*Duval-Jouve ! Roux*).

Var. — Plage des Lecques (*Roux*). Toulon : aux Sablettes ; le Luc (*Huet !*) Porquerolles (*abbé Ollivier*).

B.-A. — Fossés des bords de la Bléone aux environs de Prats (*Roux*).

Vaucl. — Avignon (*Gren. et Godr.*)

2745. J. striatus Schausb. — G. G., 3, p. 346. — ♃. Mai, juin. Peu commun.

B.-R. — Marseille : prairie marécageuse du fond du vallon du Rouet. Aix : le long de la petite route du Tholonet (*Roux*). Bords de l'étang de Berre, à la Mède près des Martigues (*Autheman !*)

A.-M. — Nice : au Var (*Ard.*, d'après *Parlatore*).

2746. J. anceps Laharpe. — G. G., 3, p. 347. — ♃. Juin, août.

B.-R. — Abonde dans les fossés du chemin de fer, aux gares de Berre, de Raphèle (*Duval-Jouve ! Roux*).

A.-M. — Golfe Jouan (*Ard*).

2747. J. alpinus Vill. — G. G., 3, p. 348. — ♃. Juillet, août.

A.-M. — Rég. alpine : Saint-Dalmas (*Ard.*, d'après *Risso*).

2748. J. obtusifolius Ehr. — G. G., 3, p. 348. — ♃. Juin-août.

B.-R. — Marseille : fond du vallon du Rouet. Bords des étangs de Berre et de Marignane. Simiane : vers Bouc-la-Malle. (*Roux*).

B.-A. — Digne : à Saint-Benoit, etc. (*Roux*).

2749. J. MULTIFLORUS Desf. — G. G., 3, p. 349. — ♃. Mai, juin.
  B.-R. — Assez commun sur le bord de l'étang de Marignane jusqu'aux Palunettes, de celui de Berre à Saint-Chamas, etc. (*Roux*).
  Var. — Toulon *(Gr. et Gord.)* La Farlède (*Albert*).
2750. J. COMPRESSUS Jacq. — G. G., 3, p. 350. — ♃. Juin-septembre.
  A.-M. — Rég. montagn. : Saint-Martin Lantosque (*Ard.*).
2751. J. BOTTNICUS Wahl. (non Lois.) — *J. Gerardi* Lois. G. G., 3, p. 350. — ♃. Juin-août. — Lieux humides du littoral.
  B.-R. — Marignane : sur le bord des fossés et dans les prairies salées ; fossés vers le moulin de Berre, etc. (*Roux*).
  Var. — Hyères : aux Pesquiers et au Ceinturon (*Roux*).
  A.-M. — Golfe Jouan, Menton, Nice (*Ard.*).
2752. J. TENAGEIA L. — G. G., 3, p. 351. — ☉. Juin-août.
  B.-R. — Aix : lit de la Torse (*Autheman !*)
  Var. — Le Luc (*Hanry*). Ampus : champs inondés l'hiver (*Albert !*) Porquerolles (*abbé Ollivier*).
  A.-M. — Peu commun : Nice, au Var ; au Vinaigrier près d'Antibes (*Ard.*).
2753. J. ACICULARIS Nobis. — ☉. Août, septembre.
  Fleurs solitaires, espacées, sessiles, disposées en cimes lâches *pauciflores* (2 à 3) ; divisions périgonales lancéolées acuminées, les intérieures largement scarieuses. Capsules pâles, globuleuses, obtuses, *compressibles*, un peu plus courtes que les divisions du périgone. Feuilles sétacées, à gaîne non *auriculée, aussi longue que les tiges*, dressées. Tiges de 3 à 7 centim., filiformes, anguleuses, dressées, munies de 1, rarement 2 articulations, portant une feuille caulinaire à chaque nœud. Racine cespiteuse. — L'aspect de cette plante est celui d'une petite graminée.

  J'ai trouvé ce Jonc le 12 août 1855 dans les graviers de l'Arc près d'Aix, et plus tard le 29 septembre 1867 à Saint-Pons de Roquefavour. (*Roux*).
2754. J. BUFONIUS L. — G. G., 3, p. 351. — ☉. Mai-août. — Commun dans les lieux humides de toute la Provence.
  **Luzula** De Candolle.
2755. L. FORSTERI D. C. — G. G., 3, p. 352. — ♃. Avril, mai.
  B.-R. — Gémenos, à Saint-Pons : dans le vallon de Crides jusqu'au Baou de Bretagne (*Roux*).

Var. — Bois de la Sainte-Baume ; bois au nord de Sixfours ; montagne de la Sauvette aux Mayons ; Collobrières : au vallon de la Verne (*Roux*) Porquerolles (*abbé Ollivier*).

A.-M.— Commun dans la région montagneuse jusqu'à Berre, l'Escarène et Menton (*Ard.*).

2756. L. sylvatica Gaud. — G. G., 3, p. 353 — ♃. Mai, juin.

B.-R. — Au pied du Baou de Bretagne (*Roux*).

Var. — Commun dans le bois de la Sainte-Baume (*Roux*).

A.-M. — Col de Tende, vallon de Nanduébis, col de Salèze (*Ard.*).

2757. L. spadicea D. C. — G. G., 3, p. 354. — ♃. — Juillet, août.

A.-M. — Rég. alpine : mines de Tende, mont Bego, cols de Tende et de Fenestre, col de l'Abisso, Salsamorena, lac de Mercantourn et col de Jallorgues (*Ard.*).

2758. L. pedemontana Boiss et Reuter. — Ard., Flore des Alp.-Marit., p. 391. — ♃. Juin-août.

A.-M. — Rég. alpine : Alpes de Tende, col de l'Abisso, vallée de la Gordolasca, Saint-Martin Lantosque, Alpes de Molières (*Ard.*).

2759. L. nivea D. C. — G. G., 3, p. 355. — ♃. Juin-août.

Var.— Aiguines : dans les lieux herbeux de Margès (*Albert !*)

A.-M. — Assez répandu dans les Alpes jusqu'auprès de l'Escarène et au-dessus du mont Mulacé (*Ard.*).

B.-A. — Montagne de Lure (*Legré !*) Digne : vers le sommet de la montagne de Cousson (*Roux*). Forêt de Faillefeu, au-dessus de Prats (*abbé Mulsant ! Granier ! Roux*). Montagnes près de Colmars (*Duval-Jouve !*).

2760. L. lutea D. C. — G. G., 3, p. 355. — ♃. Juillet, août.

A.-M. — Rég. alpine : col de Tanarello, vallée de Clapier, vallon de Nanduébis, val d'Entrecoulpes, mont Garret au-dessus d'Entraunes (*Ard,*).

2761. L. campestris D. C. — G. G., 3, p. 355. — ♃. Mars-mai.

Var. — Lieux sablonneux des Maures du Luc (*Hanry*).

A.-M. — Commun parmi les bruyères, sur les pelouses de la rég. montagn. jusqu'à Menton (*Ard.*).

2762. L. multiflora Lejeune. — G. G., 3, p. 356. — ♃. Mai, juin.

B.-A. — Sur les bords du lac d'Allos (*Duval-Jouve !*)

2763. L. SPICATA D. C. — G G., 3, p. 356. — ♃. Juin-août. — Région alpine.

A.-M. — Alpes de Tende, lac d'Entrecoulpes, col de Salèse, Sainte-Anne de Vinaï, mont Tenibre au-dessus de Saint-Etienne (*Ard.*).

B.-A. — Prairies pastorales des Boules et de la Vachère au-dessus de Prats, prairies du sommet de Valgelaye, sur la route d'Allos à Barcelonnette (*Roux*). Environs du lac d'Allos (*Duval-Jouve !*) col Bertran (*Genari !*) Larche (*Legré !*).

2764. L. PEDIFORMIS D. C. — G. G., 3, p. 357. — ♃. Août.

A.-M. — Rég. alpine : col de Tanarello, Alpes de Saint-Dalmas (*Ard.*).

## CYPÉRACÉES

**Cyperus** Linné.

2765. C. LONGUS L. — G. G., 3, p. 358. — ♃. Juillet, août. — Lieux marécageux.

B.-R. — Abonde sur le bord des étangs de Marignane et de Berre, dans le lit de l'Arc, etc. (*Roux*). Aix : sur le bord des prés, autour de la ville (*F. et A.*).

Var. — Dans les lieux frais (*Hanry*). Porquerolles (*abbé Ollivier*).

A.-M. — Assez commun dans toute la rég. littorale (*Ard.*).

Vaucl. — Avignon : sur le bord des prés (*Th. Brown !*)

2766. C. BADIUS Desf. — G. G., 3, p. 358. — ♃. Juin-août.

B.-R. — Marseille : petite prairie naturelle à la vieille chapelle de Montredon ; anse de Malmousque (*Reynier !*)

Var. — Fossés du bord du chemin de Fréjus à Saint-Raphaël. (*Roux*). Ile du Levant (*Legré !*) Porquerolles (*abbé Ollivier*).

2767. C. OLIVARIS Targ. — G. G., 3, p. 359. — ♃. Août, septembre. — Lieux sablonneux, humides.

B.-R. — Marseille, dans des propriétés fermées : à la Belle de Mai (*Blaize !*) à Saint-Louis (*Coste !*) à Saint-Barnabé (*Granier !*) à Montredon (*Roux*).

Var. — Saint-Nazaire (*Huet !*) Toulon (*Chambeiron ! Reynier !*) Le Revest (*Hanry*).

A.-M. — Rég. littorale : Menton, Nice (*Ard.*).

5768. C. AUREUS Tenore. — G. G., 3, p. 360. — ♃. Août-octobre. — Pâturages maritimes.

Var. — Toulon (*Gren. et Godr.*), d'où je ne l'ai jamais reçu de mes amis.

2769. C. FUSCUS L. — G. G., 3, p. 360. — ☉. Juillet-août. — Assez commun dans les lieux humides de presque toute la Provence : Marseille, au bord du Jarret; bords des étangs à Marignane ; Berre ; Raphèle ; graviers de l'Arc, etc. ; Toulon, le Luc, Cotignac, etc.; Cannes, Nice, etc.; Avignon, l'Isle, etc.

2770. C. SCHOENOIDES Gris. — G. G., 3, p. 360. — ♃. Juin, juillet. Sables, surtout au bas de la mer.

B.-R. — Marseille : Bonnevaine, Mazargues, les Goudes, Fos-les-Martigues (*Roux*).

Var. — Hyères : à la Plage (*Roux*). Toulon, Saint-Raphaël (*Hanry*). Fréjus (*Gr. et Godr.*).

A.-M.— Tous les sables maritimes (*Ard.*). Grasse (*Gr. et G.*).

2771. C. MONTI L. — G. G., 3, p. 361. — ♃. Juillet, août. — Marais.

B.-R. — Arles (*Gr. et Godr.*).

Var. — Fréjus (*Giraudy !*) Petit Argens et ancien lit d'Argens près de Fréjus (*Hanry*).

A.-M. — Nice ; au Var et probablement ailleurs (*Ard.*).

Vaucl. — Avignon (*Gr. et Godr.*).

2772. C. FLAVESCENS L. — G. G., 3, p. 362. — ☉. Juillet, août. — Assez commun dans les lieux aquatiques de toute la Provence ; graviers du bord de l'étang de Marignane, de l'Arc, Raphèle, etc. (*Roux*). Miramas, l'Isle (*Autheman!*).

2773. C. GLOBOSUS All. — G. G., 3, p. 362. — ♃. Juillet-octobre.

A.-M. — Lieux fangeux du littoral : Cannes; Nice, au Var; Menton (*Ard.*).

2774. C. DISTACHYOS All. — G. G., 3, p. 362. — ♃. Juin-octobre.

A.-M. — Fossés de la région littorale, rare ; Nice, au Var (*Ard., Hanry, Gr. et Godr.* d'après *Duval-Jouve*).

**Schœnus** Linné.

2775. S. NIGRICANS L. — G. G., 3, p. 363. — ♃. Mai, juin. — Commun dans les lieux sablonneux de toute la Provence, monte jusqu'à Barcelonnette, suivant Grenier et Godron.

**Cladium** Rob. Brown.

2776. C. MARISCUS R. Br. — G. G., 3, p. 364. — ♃. Juin-août.

B.-R. — Marseille : bords du canal à Saint-Antoine ; bords des étangs à Marignane, Berre, Saint-Chamas, Miramas ; Raphèle, Saint-Martin de Crau, etc. (*Roux*). Prairies inondées près le pont de Pertuis (*F. et A.*). Marais de Fos-les-Martigues (*Autheman !*)

Var. — Hyères, Fréjus (*Hanry*).

A.-M. — Nice : au Var ; golfe Juan, Cannes (*Ard.*).

Vaucl. — Dans un étang entre la Durance et Vaucluse (*Th. Brown !*)

**Eriophorum** Linné.

2777. E. ALPINUM L. — G. G., 3, p. 365. — ♃. Avril, mai.

A.-M. — Rég. alpine : Alpes de Carlin et de Tende, Sainte-Anne de Vinaï (*Ard.*).

2778. E. SCHEUCHZERI Hoppe. — G. G., 3, p. 365. — ♃. Juillet. — Région alpine.

A.-M. — Col de Tende, lac de Fremamorta, lac de Sainte-Anne de Vinaï, Salsamorena, plateau de Jallorgues près de Saint-Dalmas (*Ard.*).

B.-A. — Environs de Colmars (*Duval-Jouve !*).

2779. E. VAGINATUM L. — G. G., 3, p. 366. — ♃. Avril, mai.

A.-M. — Rég. alpine : lac des Merveilles (*Ard.*).

2780. E. ANGUSTIFOLIUM Roth. — G. G., 3, p. 367. — ♃. Mai, juin.

A.-M. — Rég. alpine : Alpes et mines de Tende, Sainte-Anne de Vinaï (*Ard.*).

2781. E. LATIFOLIUM Hoppe. — G. G., 3, p. 368. — ♃. Mai, juin. — Région alpine.

A.-M. — Mines de Tende, vallée du Boréon, etc. (*Ard.*).

B.-A. — Vallon du Sagnas à Faillefeu au-dessus de Prats (*Roux*).

**Scirpus** Linné.

2782. S. MARITIMUS. L. — G. G., 3, p. 370. — ♃. Juillet, août.

B.-R. — Marseille : lit de l'Huveaune à la Pomme ; très commun sur le bord des étangs à Marignane, Rognac, Berre, Saint-Chamas, etc. (*Roux*). Aix : sur le bord de l'Arc (*F. etA.*).

Var. — Fossés, marais (*Hanry*).

A.-M. — Nice : au Var : golfe Jouan (*Ard.*).

2783. S. macrostachys Willd. — *S. maritimus* G. G., *ex parte*. — ♃. Juin-septembre.

B.-R. — Fossés du bord des étangs de Marignane et de Berre ; lit de l'Arc, à son embouchure (*Roux*). Bords de la Durence à Meyrargues (*Autheman !*). Abonde à Arles, dans un fossé près de la croix du Coadjuteur (*Duval-Jouve !*)

2784. S. compressus Pers. — G. G., 3, p. 371. — ♃ Juin, juillet.— Lieux aquatiques de la région montagneuse.

Var. — Le long du ruisseau de la montée du Baou de Bretagne par le plan d'Aups (*Roux*).

A.-M. — Nice : au Var ; col de Tende ; la Maïris ; vallée du Boréon ; Saint-Dalmas le Sauvage (*Ard.*).

B.-A. — Digne : à Saint-Benoit (*Roux*).

2785. S. Holoschoenus L. — G. G., 3, p. 372. — ♃. Juillet, août. — Commun dans les lieux humides de la plaine et de la région montagneuse de toute la Provence.

2786. S. lacustris L. — G. G., 3, p. 372. — ♃ Juin, juillet.

B.-R. — Fossés à Marignane, Berre, Saint-Chamas ; lit de l'Arc ; Saint-Martin de Crau, Mouriès, Maussane (*Roux*). Aix : rive gauche de l'Arc, un peu en aval des Infirmeries (*F. etA.*).

A.-M. — Nice : au Var (*Ard.*).

2787. S. littoralis Schred. — *S. triqueter* G. G., 3, p. 373 (*non Linné*).

B.-R. — Canal de Port de Bouc à Arles (*Autheman ! Roux*). Saint-Mitre près de Martigues (*De Candolle* d'après *Requien*).

Var. — Marais maritimes à Hyères (*Huet !*).

2788. S. triqueter D C. — *S. Pollichii* G. G., 3, p. 374. — ♃ Juillet, août.

Vaucl. — Marais à Avignon (*Gr. et Godr.*).

2789. S. Rothii Hoppe. — G. G., 3, p. 375. — ♃ Juillet, août.
B.-R. — Marécages à la Tour Saint-Louis *(Duval-Jouve !)*
Var. — Le long des rivières à Fréjus (*Hanry, Giraudy!*).
A.-M. — Nice : au Var (*Ard.*).

2790. S. mucronatus L. — G. G., 3, p. 375. — ♃ Juillet, août.
B.-R. — Marseille : bassin de Sainte-Marthe, venu avec les eaux de la Durance (*Blaize !*) La Camargue (*Gr. et Godr.*).

2791. S. setaceus L. — G. G., 3, p. 376. — ⊙. Juillet, août.
B.-R. — Marseille : dans une mare à la Belle de Mai (*Blaize !*) Aix : au bord d'un ruisseau au vallon de Valcros (*F. et A.*).
Var. — Bords de la Verne et sources en montant à la chartreuse ; bords des ruisseaux du vallon de la Sauvette, aux Mayons *(Roux)*.
B.-A. — Mares près de la Fous, route d'Allos à Barcelonnette *(Roux)*.

2792. S. Savii Seb. et Maur. — G. G., 3, p. 377. — ⊙. Mai-août.
B.-R. — Bords de l'étang de Marignane : entre Châteauneuf et la Mède, aux Palunettes ; commun dans les prés marécageux vers le moulin de Merveille, à Berre, Raphèle (*Roux*).
Var. — Forêt des Maures et hameau des Mayons (*Gr. et Godr.* d'après *Hanry*). Hyères *(Gr. et Godr.)* Ile de Porquerolles (*abbé Olivier*).
A.-M. — Cannes, la Roquette, Antibes, Nice, Menton (*Ard.*).

2793. S. pauciflorus Lightf. — G. G., 3, p. 379. — ♃. Juin, juillet.
A.-M. — Rég. alpine : cols de Fenestre et de Salese, Estenc au-dessus d'Entraunes (*Ard.*).

2794. S. coespitosus L. — G. G., 3, p. 379. — ♃ Mai-juillet.
A.-M. — Rég. alpine : col de Tende, forêt de Clans, col de Salese, Estenc au-dessus d'Entraunes (*Ard.*).

**Eleocharis** R. Brown.

2795. E. palustris R Brown. — G. G., 3, p. 380. — ♃. Juin-août.
B.-R. — Marseille : le long de quelques petits cours d'eau ; Aubagne ; Marignane, etc. (*Roux*). Aix : au bout de la Rotonde (*F. et A.*).

Var. — La Farlède (*Albert !*) Fréjus (*Hanry !*)

A.-M. — Rare : Nice, Menton, etc. (*Ard.*).

2796. E. uniglumis Koch. — G. G., 3, p. 380. — ♃. Juin-août.

B.-A. — Prairies tourbeuses : Barcelonnette (*Gr. et Godr.*)

2797. E. multicaulis Dietz. — G. G., 3, p. 380. — ♃ Juin, août.

Var. — Fréjus (*Hanry*).

A.-M. — L'Estérel (*Hanry, Ard.*) Nice : au Var (*Ard.*).

**Fimbristylis** Vahl.

2798. F. dichotoma Vahl. — *F. laxa* G. G., 3, p. 382. — ⊙. Août, septembre.

A.-M. —Terrains d'alluvion des prairies de l'embouchure du Var (*Huet et Canut !*) Lieux humides et sablonneux à l'endroit dit la Grenouillère du Var près Nice. (*Ard.* d'après *Montalivo*).

**Carex** Mich.

2799. C. Davalliana Smith. — G. G., 3, p. 385. — ♃. Avril, mai.

A.-M. — Rég. alpine : Saint-Martin du Var, col de Tende, Molières, Thorenc (*Ard.*)

2800. C. pulicaris L. — G. G., 3, p. 386. — ♃. Mai, juin.

B.-R. — Marseille: lieux frais et humides (*Castagne*). — Malgré toutes mes recherches, je n'ai jamais rencontré cette plante.

2801. C. rupestris All. — G. G., 3, p. 388. — ♃. Juillet, août. Fentes des rochers de la région alpine.

A.-M. — Mont Frontera (*Ard.*).

Vaucl. — Mont Ventoux (*Gr. et Godr.*).

2802. C. fœtida Vill. — G. G., 3, p. 389. — ♃. Juillet, août.

A.-M. — Cols Bertrand et de Fenestre ; lac d'Entrecoulpes ; Sainte-Anne de Vinaï, autour du lac de Rabouns, mont Tenibre au-dessus de Saint-Etienne (*Ard.*).

2803. C. divisa Huds. — G. G., 3, p. 390. — ♃. Avril, juin.

B.-R. — Marseille : commun ; Marignane, Berre, Gardanne, etc. (*Roux*). Aix: ruisseau du chemin de Vauvenargues ; chemin de Berre; rives sèches à Bouenouro, etc. (*F. et A.*).

Var. — Toulon (*Hanry*). Hyères : aux Pesquiers et au Ceinturon (*Roux*). Porquerolles (*abbé Olivier*).

A.-M. — Commun au bord des chemins sablonneux de toute la région littorale (*Ard.*).

Vaucl. — Avignon (*Th. Brown !*)

Le *Carex setifolia* G. G., p. 390, n'est qu'une forme de cette espèce venue dans des lieux secs ; il n'est pas rare de rencontrer le *Carex divisa* luxuriant au bord des eaux ; or, quand ses racines longuement rampantes atteignent les pelouses sèches, cette partie de la même plante devient plus petite dans toutes ses parties et sa floraison est plus précoce.

2804. C. DISTICHA Huds. — G. G., 3, p. 391. — ♃. Mai, juin.

B.-R. — Marseille : lieux sablonneux au vallon de l'Evêque à Saint-Loup. Prairies du bord du canal d'Arles à Port de Bouc (*Roux*).

Var. — Villepey, la Napoule (*Hanry*).

2805. C. SCHREBERI Schrank. G. G., 3, p. 392. — ♃ Avril, mai. — Lieux herbeux et sablonneux.

B.-R. — Aix (*Castagne*, d'après l'herbier *F. et A.*).

Var. — Toulon, Fréjus (*Hanry*). Hyères (*Gr. et Godr.*)

A.-M. — Ilots du Var (*Hanry*).

Vaucl. — Avignon (*Gren. et Godr.*).

2806. C. VULPINA L. — G. G., 3, p. 393. — ♃ Mai, juin. — Commun dans les lieux aquatiques de toute la Provence.

2807. C. MURICATA L. — G. G., 3, p. 394. — ♃ Mai, juin.

B.-R. — Aix : à Mauret, vallon de Brunet (*F. et A.*).

Var. — Haies, bois à Toulon (*Hanry*). Porquerolles (*abbé Ollivier*).

A.-M. — Commun au bord des champs, des prés, etc. (*Ard.*).

B.-A. — Montagnes de Digne (*Roux*).

2808. C. DIVULSA Good. — G. G., 3, p. 394. — ♃. Mai, juin.

B.-R. — Marseille : le long du Jarret, de l'Huveaune, à St-Loup, les Caillols, etc. La Ciotat : dans les bois vers le Bec de l'Aigle. Roquevaire. (*Roux*). Martigues (*Autheman !*)

Var. — Toulon, Hyères, Fréjus, (*Hanry*). Montée de la chartreuse de la Verne (*Roux*).

A.-M. — Assez commun au bord des champs et des bois (*Ard.*).

2809. C. ELONGATA L. — G. G., 3, p. 394. — ♃. Mai, juin.

A.-M. — Lieux marécageux de la région montagneuse : Lupéga (*Ard.*).

2810. C. leporina L. —G. G., 3, p. 397. — ♃. Mai, juin.

B.-R. — Marseille : le long du Jarret, etc. Prairies sous les Pennes, bords de l'étang de Berre, etc. (*Roux*). Aix : au bord d'un ruisseau un peu en aval du pont de la Fourchette (*F. et A.*).

A.-M. — L'Estérel (*Hanry*). Tende, col de Tende au-dessus de Saint-Martin Lantosque (*Ard.*).

2811. C. echinata Murr. — G. G., 3, p. 398. — ♃. Mai, juin.

A.-M. — Au lac des Merveilles au-dessus des mines de Tende, cols de Fenestre et de Salese, vallée du Boréon (*Ard.*).

2812. C. canescens L. — G. G., 3, p. 398. — ♃. Mai, juin.

A -M. — Rég. alpine : entre Tanarello et Lupega, Sainte-Anne de Vinaï (*Ard.*).

2813. C. remota L. — G. G., 3, p. 399. — ♃. Mai, juin. — Lieux humides et ombragés.

B.-R. — Dans la Crau (*Castagne*).

Var. — Vallon de la Sauvette, aux Mayons (*Roux*). Porquerolles (*abbé Ollivier*).

A.-M. — L'Estérel (*Perreymond*). Nice et probablement ailleurs (*Ard.*).

2814. C. Linkii Ehr. — G. G., 3, p. 399. — ♃. Avril, mai. — Bruyères, bois de pins.

B.-R. — Marseille : Montredon, sables de Mazargues, etc. La Ciotat : Bec de l'Aigle et N.-D. de la Garde (*Roux*).

Var. — Bois de la Sainte-Baume (*Roux*). Bois à Hyères (*Huet !*) Toulon, Fréjus (*Gr. et Godr.*). Porquerolles (*abbé Ollivier*).

A.-M. — Peu commun ; Menton, Monaco, Biot, Vallauris, Cannes, la Roquette (*Ard.*).

2815. C. œdipostyla Duval Jouve, Bulletin de la Soc. Botan. de France, t. 17, p. 70. — ♃. Mai.

Var. — Toulon : entre Sainte-Marguerite et le Pradet (*Huet !*) Taillis entre les Sablettes et le Baou Rouge (*Reynier !*) Au pied des *Erica arborea*, au val de Ginouvier près d'Hyères (*Huet et Schutleworth !* Porquerolles (*abbé Ollivier*). Bois des Maures, du Luc aux Mayons (*Roux*).

2816. C. bicolor All. — G. G., 3, p. 402. — ♃. Juillet, août.

B.-A. — Au bord du lac de Ligny (*Gr. et G.*).

2817. C. Goodenowi — Gay. — G. G., 3, p. 402 — ♃. Mai-juillet.

B.-R. — Saint-Martin de Crau ; Santa-Fé à la Grande Vachère (*Roux*).

A.-M. — Bois de Boréon, Sainte-Anne de Vinaï, col de Fremamorta (*Ard.*).

B.-A. — Allos, parmi les rochers des environs du lac (*Roux*).

2818. C. acuta Friès. — G. G., 3, p. 403. — ♃. Mai. — Commun aux bord des eaux dans toute la Provence.

2819. C. glauca Scop. — G. G., 3, p. 404. — ♃. Avril, mai. — Çà et là dans les lieux pierreux.

B.-R. — Baou de Bretagne (*Roux*).

Var. — Quartier de Mélen, au Cannet du Luc (*Hanry*).

B.-A. — Vallon de Sagnas à Faillefeu au-dessus de Prats (*Roux*).

Variété β *erythrostachys* Anders. — G. G., 3, p. 405. — ♃. Avril, mai.

B.-R. — Marseille : Saint-Loup, les Martégaux. etc. Aix : bords du ruisseau de Luynes ; lieux incultes au pied de Sainte Victoire. Rives des prairies à Raphèle près d'Arles (*Roux*). Martigues : bord des chemins de Bel-Air (*Autheman!*)

Var. — Lieux secs et pierreux de Pipière près de Saint-Nazaire (*Roux*). Toulon : dans les fossés des remparts ; Hyères : au val de Ginouvier (*Huet!*)

2820. C. microcarpa Salzm. — G.G., 3, p. 405. — ♃. Juin, juillet.

Var et A.-M. — Pâturages montagneux ; Toulon et Grasse (*Gren. et Godr.*)

2821. C. maxima Scop. — G. G., 3, p. 405. — ♃. Avril-juin.

B.-R. — Marseille : le long du ruisseau d'Arenc, des Martégaux ; bords de l'Huveaune à Saint-Loup (*Roux*). Aix : le long des cours d'eau aux Infirmeries, aux Pinchinats (*F. et A.*).

Var. — Fossés ombragés aux Sablettes près de Toulon, Hyères ; Fréjus (*Hanry*). Draguignan (*Roux*).

A.-M. — Menton ; Nice ; bords du Loup, de la Siagne ; l'Estérel (*Ard.*).

2822. C. alba Scop. — G. G., 3, p. 406. — ♃. Avril, mai.
Suivant Grenier et Godron, se trouve à Aix (B.-R.); Toulon (Var); Seyne (B.-A.).

2823. C. capillaris L. — G. G., 3, p. 407. — ♃. Juin, juillet.
B.-A. — Région alpine : environs du lac d'Allos (*Gren. et Godr.*).

2824. C. pallescens L. — G. G., 3, p. 407. — ♃. Mai.
A.-M. — Bois ombragés de la rég. montagn., d'où il descend jusqu'à Menton (*Ard.*).

2825. C. olbiensis Ford. — G. G., 3, p. 408. — ♃. Mai, juin. — Parmi les bruyères, etc.
Var. — Toulon : à la Garonne (*Huet !*). Forêt des Maures, bords des torrents aux environs d'Hyères (*Huet ! Chambeiron !*) Les Mayons du Luc (*Hanry !*).
A.-M. — Menton (*Th. Moggridge !*). Menton : vallée des châtaigniers ; Cannes (*Ard.*).

2826. C. panicea L. — G. G., 3, p. 408. — ♃. Mai, juin.
B.-R. — Prairies du bord de l'étang de Marignane, vers Châteauneuf (*Roux*).
A.-M. — Rég. montag. d'où il descend jusqu'à l'Estérel (*Ard.*)

2827. C. obæsa All. — G. G., 3, p. 409. — ♃. Mai, juin.
B.-R. — Gémenos, sur les rochers des hauts plateaux de la gauche du vallon de Saint-Pons (*Roux*).
Var. — Bois sablonneux à Roquebrussane (*Huet !*).

2828. C. atrata L. — G. G., 3, p. 410. — ♃. Juillet, août. — Rég. alpine.
A.-M. — Les Voisiennes, Alpes de Saint-Etienne, val de Jallorgues (*Ard.*).
B.-A. — Environs de Barcelonnette (*Gr. et Godr.*).

2829. C. nigra All. — G. G., 3, p. 410. — ♃. Juillet, août.
A.-M. — Rég. alpine : mont Bego ; le Garret près d'Entraunes (*Ard.*).

2830. C. hispida Willd. — G. G., 3, p. 412. — ♃. Avril, mai. — Rég. littor.
B.-R. — Marignane, aux environs de l'étang ; prairies salées de Berre, Raphèle près d'Arles (*Roux*).
Var. — Toulon : aux Sablettes (*Huet !*). Hyères, Fréjus

(*Hanry*). Le Luc (*Hanry, Roux*). La Farlède (*Albert !*). Pignans, le long des ruisseaux (*Roux*). Porquerolles (*abbé Ollivier*).

A.-M. — Grasse (*Gr. et Godr.*). Golfe Jouan, Cannes, Nice (*Ard.*).

2831. C. PRÆCOX Jacq. — G. G. 3, p. 412. — ♃. Mars, avril. — Rég. montagn.

A.-M.— La Briga, Tende, Molières, la Trinité près de Saint-Martin (*Ard.*).

2832. C. TOMENTOSA L. — G. G., **3**, p. 413. — ♃. Mai, juin.

B.-R. — Bois du bord de l'étang d'Entressen en Crau (*Roux*).

Var. — Sainte-Baume, dans les prairies de la lisière du bois (*Roux*). Fréjus (*Hanry*).

A.-M. — Nice (*Ard.*).

Vaucl. — Parmi les joncs, à l'Isle (*Autheman !*).

2833. C. BASILARIS Jord. G. G., 3, p. 415. — ♃. Avril, mai.

A.-M. — Bois frais de la rég. littor. : sous les châtaigniers à Menton (*Huet et Jacq. !*). Cap de la Croisette à Cannes (*Thuret !, Hanry, Jordan*). Abonde à Menton, Cannes, Grasse à Saint-Jean de la Roquette (*Ard.*).

2834. C. HALLERIANA Asso. — G. G., 3, p. 410. — ♃. Avril, mai.

B.-R. — Marseille : bois de pins à Montredon, Mazargues, vallons de Toulouse, de l'Evêque, Saint-Marcel, Saint-Julien, les Olives (*Roux*). Aix : au Montaiguet, vallon de Cascaveou ; Sainte-Victoire (*F. et A.*). Martigues (*Autheman !*)

Var. — Sainte-Baume (*Roux*). Le Luc (*Hanry !*). Toulon, Draguignan, Fréjus (*Gren. et Godr.*). Porquerolles (*abbé Ollivier*).

A.-M. — Rare à Menton, abonde à Nice, Antibes, île de Sainte-Marguerite, l'Estérel (*Ard.*). Cannes (*Gr. et God.*).

Vaucl. — Carpentras (*Gr. et God.*).

2835. C. HUMILIS Leyss. — G.G., 3, p. 417. — ♃. Mars, avril.

B.-R. — Marseille : commun dans tous les bois de pins (*Roux*). Aix : le Riqulfe, le versant nord de la plaine (*F. et A.*). Martigues (*Autheman !*)

Var. — Toulon : au sommet de Faron (*Huet !*)

A.-M. — L'Aiguille au-dessus de Menton, col de Tende (*Ard.*).

2836. C. DIGITATA L. G. G., 3, p. 417. ♃. Avril, mai.

A.-M. — Gorge de Saorgio et probablement ailleurs (*Ard.*).

2837. C. ORNITHOPODA Willd. — G. G., 3, p. 418.— ♃. Avr.-mai.

A.-M. — Rég. alpine : col de Fremamorto (*Ard.*).

2838. C. MUCRONATA All. — G. G., 3, p. 418. — ♃. Juillet, août.

A.-M. — Rég. alpine : les Voisiennes, Lupega (*Ard.*).

2839. C. FRIGIDA All. — G. G., 3, p. 419. — ♃. Juillet, août.

A.-M. — Assez répandu dans toute la région alpine jusque près de Tende (*Ard.*).

2840. C. FERRUGINEA Scop.— G. G., 3, p. 420.— ♃. Juin, juillet. — Rég. alpine.

A.-M.— Vallon de Libaré près de Venanson, col de Fenestre, etc. (*Ard.*).

B.-A. — Vallons de Sagnas à Faillefeu au-dessus de Prats (*Roux*).

2841. C. SEMPERVIRENS Will. G. G., 3. p. 420.— ♃. Juillet, août.

A.-M. — Rég. alpine : col de Tende ; Alpes de Fenestre, de Salèse et de Jallorgues (*Ard.*).

2842. C. FIRMA Host. — G. G., 3, p. 421. ♃. Juillet, août.

Vaucl. — Mont Ventoux (*Gren. et Godr.*).

2843. C. SYLVATICA Huds.— G. G., 3, p. 422. — ♃. Juin.

A.-M. — Bois de la région montagneuse, d'où il descend jusqu'à Menton, Auribeau (*Ard.*).

2844. C. HORDEISTICHOS Vill. — G. G., 3, p. 423. — ♃. Mai, juin.

B.-R. — Dans une prairie de Raphèle près d'Arles (*Duval-Jouve !*)

2845. C. FLAVA L. — G. G., 3, p. 423. — ♃. Mai-août.

A.-M. —Mines de Tende, etc. (*Ard.*),

B.-A. — Vallon du Sagnas à Faillefeu au-dessus de Prats ; bois de pins du bord de l'Ubaye en face du village de la Condamine près de Barcelonnette (*Roux*).

2846. C. ŒDERI Ehrh. — G. G., 3, p. 424. — ♃. Mai-août.

B.-R. — Graviers du bord de l'étang de Marignane ; fossés à Raphèle ; paluds desséchés entre Mouriès et Maussanne ; prairies marécageuses à Roquefavour (*Roux*).

A.-M. — Assez commun dans les lieux humides à Nice et à Menton (*Ard.*).

2847. C. Mairii Coss. et Germ. — G. G., 3, p. 424. — ♃. Mai, juin.

A.-M. — Lieux humides, rare ; Nice : au Vallon Obscur ; vallon de Chaux près de Touël de Beuil (*Ard.*).

2848. C. distans — L. G. G., 3, p. 425. — ♃. Mai, juin.

B.-R. — Marseille : commun sur les bords du Jarret, etc. Prairies à Entressen, Saint-Martin de Crau, sous le village des Pennes (*Roux*). Prés inondés voisins du pont de Pertuis (*F. et A.*). La Mède (*Autheman !*)

Var. — Prés humides (*Hanry*). Porquerolles (*abbé Ollivier*).

A.-M. — Commun au bord des fossés humides (*Ard.*).

2849. C. extensa Good. — G. G., 3, p. 426. — ♃. Juin, juillet.

B.-R. — Marignane : au bord de l'étang ; prairies salées de Berre, de Saint-Chamas, etc. (*Roux*).

Var. — Toulon : aux Sablettes (*Huet ! Roux*). Les Pesquiers près d'Hyères (*Huet !*) Porquerolles (*abbé Ollivier, Roux*). Villepey (*Hanry*).

A.-M. — Rare ; Nice, l'Estérel (*Ard.*).

2850. C. punctata Gaud. — G. G., 3, p. 427. — ♃. Avril, mai. Lieux humides de la rég. littorale.

Var. — Prés maritimes des Pesquiers près d'Hyères (*Huet!*) Toulon (*Gr. et Godr.*). Porquerolles (*abbé Olivier*). Vallon de la Sauvette aux Mayons du Luc (*Roux*).

A.-M. — Nice : au Var ; Antibes, Cannes, Contes (*Ard.*)

2851. C. pseudo-cyperus L. — G.G., 3, p. 428. ♃. Juin-août.

B.-R. — Fossés du chemin de fer sous la gare de Raphèle (*Duval-Jouve ! Roux*).

Var. — La Foux près de la Garde (*Hanry*).

2852. C. ampullacea Good. — G. G., 3, p. 428. — ♃. Mai, juin.

B. R. — Aix : sur la rive droite de l'Arc, vis-à-vis des Infirmeries (*F. et A.*).

A.-M. — Rég. alpine : col de la Maddalena (*Ard.*).

Vaucl. — L'Isle (*Autheman !*)

2853. C. vesicaria L. — G. G., 3, p. 428. — ♃. Mai, juin.

A.-M.— Bords des fossés ; Nice : au Var (*Ard.*).

2854. C. paludosa Good. — G.G., — ♃. Avril mai.

   B.-R. — Aix : sur la route de Toulon, cours d'eau en amont du Moulin-Fort *(F. et A.)*.

2855. C. riparia Curt. — G.G., 3, p. 430 — ♃. Mai, juin.

   B.-R. — Marseille : près marécageux du bord du ruisseau entre la Rose et les Martégaux, etc. La Mède près de Martigues. Arles, vers Montmajor *(Roux)*. Aix : sur la route de Toulon ; cours d'eau en amont du Moulin-Fort *(F. et A.)*.

   Var. — Fréjus *(Hanry)*.

2856. C. hirta L. — G. G., 3, p. 431. — ♃. Mai, juin.

   B.-R. — Marseille : le long du Jarret, etc. Entressen en Crau, paluds de Raphèle *(Roux)*. Saint-Remy *(Peuzin !)* Aix : sur le bord du ruisseau qui coule devant les Pères Jésuites *(F. et A.)*.

   Var. — Fréjus *(Hanry)*

   A.-M. — Commun dans les lieux sablonneux un peu humides *(Ard.)*.

## GRAMINÉES

**Leersia** Soland.

2857. L. oryzoides Soland. — G.G., 3, p. 437. — ♃. Août, septembre.

   B.-R. — Entre la Durance et Tarascon *(Castagne)*.

   A.-M. — Antibes : à la Brague, sur les bords des eaux en 1822 ; n'y a plus reparu *(Ard.)*.

   Vaucl. — Avignon : dans les fossés de Pontet *(Th. Brown !)*

**Phalaris** P. de Beauv.

2858. P. canariensis L. — G.G., 3, p. 438. ☉. Mai. — Cultivé pour la nourriture des oiseaux ; on le rencontre assez souvent subspontané au bord des champs.

2859. P. brachystachis Link. — G.G., 3, p. 438. — ☉. Mai, juin.

   B.-R. — Assez fréquent dans les moissons du bord de l'étang de Marignane *(Roux)*. Martigues : à Font-Salade *(Autheman !)* Cassis : dans les champs en descendant de la gare *(Roux)*.

   Var. — Champs élevés de Pipière *(Roux)*. Moissons à Toulon (*Huet !*) Fréjus (*Gr. et Godr.*). Porquerolles (*abbé Ollivier*).

A.-M. — Champs stériles à Grasse (*Gr. et Godr.*). Cannes, Antibes, Nice, Menton (*Ard.*).

2860. P. minor Retz. — G.G., 3, p. 439. — ⊙. Mai, juin.

B.-R. — Environs de l'étang de Marignane. Martigues : très commun dans les moissons de Jonquières (*Roux*). Lieux cultivés à Saint-Mitre (*Autheman !*) Aix : aux bords de l'Arc (*F. et A.*). Arles (*Gren. et Godr.*).

Var. — Champs sablonneux entre Saint-Nazaire et le Brusc. Champs au-dessus du Luc (*Roux*). Toulon : glacis du fort Malbousquet (*Huet ! Hanry !*) Hyères (*Gr. et Godr.*).

A.-M. — Champs sablonneux à Nice et Menton (*Ard.*).

2861. P. paradoxa L. — G.G., 3, p. 440. — ⊙. Mai, juin.

B.-R. — Marseille : accidentellement dans le lit de l'Huveaune à la Pomme. Marignane : dans quelques champs voisins de l'étang (*Roux*). Martigues (*Autheman !*)

Var. — Saint-Nazaire : graviers de la Reppe, sous la gare (*Roux*). Toulon, Hyères, Fréjus (*Gr. et Godr.*).

A.-M. — Grasse (*Gr. et Godr.*). Antibes, Nice (*Ard.*).

2862. P. cærulescens Desf. — G.G., 3, p. 440. ♃. Juin.

B.-R. — Marseille : çà et là, toujours parmi des décombres, le long du Jarret, aux Catalans, etc (*Roux*). Velaux : dans les lieux humides près de la station ; Gignac : dans les champs (*Autheman!*)

Var. — Lieux stériles, bord des champs, grès rouge à Sainte-Marguerite près de Toulon (*Huet !*) Hyères, Fréjus (*Gr. et Godr.*).

A.-M. — Grasse, Cannes (*Gr. et Godr.*). Antibes, Vaugrenier (*Ard.*).

2863. P. nodosa L. — G.G.; 3, p. 441. — ♃. Juin.

B.-R. — Marseille : çà et là, décombres sur les bords du Jarret, de l'Huveaune à la Pomme, etc. (*Roux*). Aix : ruisseau du moulin du pont de l'Arc (*F. et A.*).

Var. — Toulon : bords de la mer et talus du chemin de fer de Toulon à Nice (*Roux*). Bords des champs de la Garde près de Toulon (*Albert!*) Hyères (*Gr. et God.*).

A.-M. — Grasse, Cannes, Antibes, Nice (*Ard.*).

2864. P. arundinacea L. — G. G., 3, p. 441. — ♃. Mai, juin. — Fossés, bord des cours d'eau dans toute la Provence.

**Hierochloa** Gmel.

2865. H. borealis Ræm. et Schultz. — G. G., 3, p. 442. — ♃. Mai, juin.

B.-A. — Vallée de Barcelonnette (*Gr. et God.*). Rochers au-dessus du village du Chatelard, en remontant le torrent qui passe à la Condamine près de Barcelonnette (*Gacogne*).

**Anthoxanthum** Linné.

2866. A. odoratum L. — G. G., 3, p. 442. — ♃. Mai, juin. — Cà et là, en Provence, dans les lieux gazonnés : Marseille, au bord des prés du parc Borély, Notre-Dame de la Garde de la Ciotat, etc. (*Roux*). Les prés montueux du Var (*Hanry*). Cannes, Nice, etc. (*Ard.*).

**Mibora** Adanson.

2867. M. verna P. de B. — G. G., 3, p. 444. ☉. Mars, avril.

B.-R. — Marseille : à Saint-Loup vers Puits-de-Paul. Gémenos, etc. (*Roux*). Martigues : abonde dans les terrains secs de la Mède et de Châteauneuf. Saint-Mitre (*Autheman!*) Aix : entre la colline des Dedaou et le grand chemin de Marseille (*F. et A.*).

**Crypsis** Ait.

2868. C. alopecuroides Schrad. — G. G., 3, p. 444. — ☉. Août, septembre.

B.-R. — Arles : dans les champs entre Montmajor et Saint-Gabriel (*Duval-Jouve!*)

2869. C. schoenoides Lmk. — G. G., 3, p. 445. — ☉. Juillet, août.

B.-R. — Entre Arles et Montmajor (*Duval-Jouve!*)

Var. — Fréjus (*Giraudy!*)

A.-M. — Nice : au Var (*Ard.*).

2870. C. aculeata Ait. — G. G., 3, p. 445. — ☉. Juillet-septembre.

B.-R. — Martigues : terrains salés et sablonneux de l'anse de la Béraille, près de Ponteau ; Rognac : dans les marécages du bord de l'étang (*Autheman!*) Sausset : dans les sables du bord du Grand Vallat (*Roux*). Entre Arles et Montmajor (*Duval-Jouve!*)

Var. — Plage de Saint-Nazaire (*Roux*). Toulon (*Huet ! Reynier !*) Fréjus *(Giraudy !)*

A.-M. — Grasse (*Gr. et Godr.*). Nice : aux Grenouillères (*Ard.*).

**Phleum** Linné.

2871. P. pratense L. — G. G., 3, p. 446. — ♃. Mai, juillet. — Plante polymorphe dont Jordan considère à tort ou à raison comme des espèces distinctes les formes suivantes :

1. *P. pratense* Jord. — Marseille : au bord des prés du moulin sous Saint-Loup, etc. (*Roux*). Dans les prés de l'Isle (Vaucluse) (*Authéman !*)

2. *P. intermedium* Jord., Billot. Arch., p. 325. — Marseille : dans les champs frais aux Martégaux. Le Plan d'Aups, entrée du bois de la Sainte-Baume par Nans (*Roux*).

3. *P. præcox* Jord., Billot. Arch., p. 325. — Commun à Marseille, aux vallons de Toulouse, de la Panouse, aux Martégaux, à Notre-Dame des Anges, etc. La Sainte-Baume, Saint-Nazaire, le Brusc, la Sauvette des Mayons, etc. *(Roux).*

4. *P. serotinum* Jord., Pugil., p. 151 *(P. geniculatum L.).* — Marseille : lit de l'Huveaune, à Saint-Loup, la Pomme, etc. Digne : parmi les rochers ombragés des hautes cultures de Cousson. Vallon de Sagnas à Faillefeu au-dessus de Prats (*Roux*). Avignon *(Th. Brown !)*

2872. P. Boehmeri Wibel. — G. G., 3, p. 446. — ♃. Juin, juillet.

Var. — Ampus : sur les coteaux arides (*Albert !*).

A.-M. — Mines de Tende, Saint-Martin Lantosque, val de Pesio (*Ard.*).

Vaucl. — Carpentras (*Gr. et Godr.*).

2873. P. asperum Jacq. — G. G., 3, p. 447. — ☉. Mai-juin. — Plante commune en Provence, suivant Gren. et Godr. — ?

A.-M. Rég. montagn. : Saint-Martin-Lantosque, Valdiblora, Saint-Sauveur (*Ard.*).

2874. P. arenarium L. — G. G., 3, p. 448. — ☉ Mai-juin.

B.-R. — Marseille : Montredon, sables de Mazargues, etc. Marignane : au bord de l'étang. Plage de Fos et étang du Galegeon (*Roux*).

Var. — Hyères : aux Pesquiers. Plage de St-Raphaël. (*Roux*).

A.-M. — Rare. (*Ard*).

2875 P. alpinum L. — G. G., 3, p. 447. — ♃ Juillet, août.

    A.-M. — Assez répandu dans la rég. alpine (*Ard*).

    B.-A. — Sommet des Boules à Faillefeu au-dessus de Prats. Montée et hauteurs du lac d'Allos (*Roux*).

2876. P. tenue Schrad. — G. G., 3, p. 449. — ☉. Juin.

    B.-R. — Marseille : Saint-Julien, les Martégaux, Saint-Loup, le Cabot, Luminy, etc. (*Roux*). Aix : rive droite de l'Arc près des Milles (*F. et A.)* Martigues (*Autheman !*).

    Var. — Nans, plan d'Aups (*Roux*). Toulon : au cap Brun (*Huet !*). La Farlède (*Albert !*). Le Luc, la Sauvette des Mayons (*Roux*). Fréjus *(Hanry)*. Hyères (*Gr. et Godr.*). Porquerolles (*abbé Olivier*).

    A.-M. — Nice (*Hanry*).

    Vaucl. — Le Léberon : à Robion (*Autheman !*) Champs à Bédouin près de Carpentras (*Roux*).

2877. P. Michelii All. — G. G., 3, p. 448. — ♃. Juillet, août.

    A.-M. — Alpes de Tende, de Lantosque, de Saint-Etienne (*Ard.*)

**Alopecurus** Linné.

2878. A. pratensis L. — G. G., 3, p. 450. — ♃. Mai, juin.

    A.-M. — Prairies des régions montagneuses, peu commun (*Ard.*) ; Saint-Vallier (*Hanry*).

2879. A. agrestis L. — G. G., 3, p. 450. — ☉. Mai, juin.

    B.-R. — Martigues : à l'étang desséché de Courtine. Bords de l'étang de Berre, à l'embouchure de l'Arc. Champs marécageux entre Mouriès et Maussane, commun. (*Roux*). Aix: moissons autour de la ville (*F. et A.*).

    Var. — Dans les champs (*Hanry*).

    A.-M. — Rare à Antibes, Nice ; commun dans la rég. montagneuse (*Ard.*).

    Vaucl. — Champs, friches à Avignon *(Th. Brown !)*

2880. A. geniculatus L. — G. G., 3, p. 450. — ☉. Mai-août.

    B.-R. — Commun dans les mares et sur leurs bords à Marignane *(Castagne)*.

    Var. — Fossés, marais (*Hanry*).

    A.-M. — Nice : au Var (*Ard.*).

2881. A. bulbosus L. — G. G., 3, p. 451. — ♃. Mai, juin.
    B.-B. — Prairies des bords des étangs de Berre et Marignane (*Roux*). Très commun à Arles (*Duval-Jouve !*)
    Var. — Marais, pâturages (*Hanry*).
    A.-M. — Lieux humides au golfe Jouan (*Ard.*).

2882. A. Gerardi Vill. — G. G., 3, p. 452. — ♃ Juillet, août. — Région alpine.
    A.-M. — Col de Tende, vallée de la Gordolasca, Alpes de Saint-Etienne, col de Fenestre, val de Strop près d'Estenc (*Ard.*).
    B.-A. — Prairies de la Vachère et des Boules au-dessus de Prats ; environs du lac d'Allos (*Roux*).

**Sesleria** Scop.

2883. S. cærulea Arduin. — G. G., 3, p. 453. — ♃. Mars, avril. — Sur les hauteurs.
    B.-R. — Marseille : à Saint-Loup, vallon d'Evêque ; tête de Carpiagne. Pilon du Roi. Baou de Bretagne, Roquefourcade etc. (*Roux*). Aix : colline des Pauvres, au couchant du vallon des Gardes (*F. et A.*). Sainte-Victoire (*Roux*).
    Var. — Nans, la Sainte-Baume, etc. (*Roux*).
    A.-M. — Assez commun depuis les Alpes jusqu'au-dessus de Menton (*Ard.*).
    B.-A. — La Vachère et sommet des Boules au-dessus de Prats (*Roux*).

2884. S. argentea Savi. — G. G., 3, p. 453. — ♃. Mai, juin.
    Var. — Rochers au Luc (*Hanry ! Huet !*).
    A.-M. — Collines aux environs de Grasse (*Duval-Jouve !*) Ravins, bords des champs à Nice, Menton, Braus, Lucéram, Sospel, col de Tende, Saint-Martin Lantosque (*Ard.*).

**Oreochloa** Link.

2885. O. pedemontana Boiss. et Reut. — G. G., 3, p. 454. — ♃. Août.
    A.-M. — Rég. alpine : entre le col de Tende et le sommet de l'Abisso ; vallée du Clapier ; cols de Fenestre, de Fremamorta, d'Entrecoulpes, du Mercantourn, de Salèse ; mont Tenibre au-dessus d'Entraunes (*Ard.*).

**Echinaria** Desf.

2886. E. capitata Desf. — G. G., 3, p. 455. — ⊙. Mai, juin. — Lieux secs et arides.

B.-R. — Marseille : à Saint-Julien, Château-Gombert, etc. De Cassis à la gare. Roquefavour. Saint-Paul les Durance, etc. (*Roux*). Sommet de Garlaban (*Reynier !*) Velaux : à la Garenne ; Châteauneuf, Istres, Saint-Mitre *Autheman !*) Aix : rives sèches près du moulin Détesta, vallon du Coq (*F. et A.*). Tour de la Keyrié (*Roux.*).

Var. — Lieux arides (*Hanry*). Plan d'Aups (*Roux*).

A.-M. — Menton, col de Braus, Villeneuve d'Entraunes, Caussols, Saint-Lambert au-dessus de Grasse, Vence (*Ard.*).

**Tragus** Haller.

2887. T. racemosus Hall. — G. G., 3, p. 456. — ⊙. Juin-sept.— Champs sablonneux.

B.-R. — Marseille : Montredon, anse de l'Escalette, l'Estaque, etc. Ensuès. Martigues. Berre. La Fare. (*Roux*). Aix : au bord de l'Arc. Cuques. Saint-André (*F. et A.*)

Var. — Bois des Maures du Luc (*Huet !*) Cotignac (*Laurans !*)

A.-M. — Cannes, Nice (*Ard*).

Vaucl. — Avignon (*Th. Brown !*)

**Setaria** P. de Beauvois.

2888. S. glauca P. de B. — G. G., 3, p. 456. — ⊙. Août, septembre. — Très commun sur le bord des champs, le long des sentiers et dans les prairies de toute la Provence.

2889. S. viridis P. de B. — G. G., 3, p. 457. — ⊙. Juillet, août.— Dans les mêmes lieux et aussi commun que le précédent.

2890. S. verticillata P. de B. — G. G., 3, p. 458. — ⊙. Juillet, août.—Champs, vignes. Moins commun que les précédents.

B.-R. — Marseille, Aubagne, Gémenos, Roquevaire, les Milles, Aix, etc. (*Roux*).

Var. — Champs et jardins (*Hanry*).

A.-M. — Cannes, Nice, etc. (*Ard.*)

2891. S. ambigua Guss. — G. G., 3, p. 457. — ⊙. Juin, juillet.

B.-R. — Marseille : sur le bord des prés et le long du béal de Saint-Giniez, au midi du champ de manœuvres, où l'on ne rencontre pas le *S. verticillata* ; ce n'est donc pas une hybride ; mais c'est plutôt une forme de ce dernier à épi non accrochant.

2892. S. ITALICA P. de B. — G. G., 3, p. 458. — ⊙. Juillet, août.
Var. — Naturalisé près de Toulon ( *Gren. et Godr.*) Hyères, parmi les haricots tardifs (*Hanry!*)

**Panicum** Linné.

2893. P. CAPILLARE L. — G. G., 3, p. 459. — ⊙. Août, septembre. Lieux sablonneux.
Var. — Toulon (*Gren. et Godr.*)
A.-M. — Lieux cultivés, jardins, prairies à l'embouchure du Var (*Duval-Jouve ! Huet !*)

2894. P. REPENS L. — G. G., 3, p. 460. — ♃. Septembre.
Var. — Toulon (*Gr. et Godr.*) Hyères : sables maritimes aux Pesquiers (*Huet!*)
A.-M. — Nice (*Hanry*).

2895. P. MILIACEUM L. — G. G., 3, p. 460. — ⊙. Juillet. — Cultivé pour la nourriture des oiseaux, assez souvent subspontané près des habitations rurales.

2896. P. CRUS-GALLI L. — G. G., 3, p. 460. — ⊙. Juillet, août. — Champs, bord des sentiers et lieux frais dans toute la Provence.

2897. P. SANGUINALE L. — G. G., 3, p. 461. — ⊙. Juillet-septembre. — Aussi commun que le précédent, dans les lieux moins humides.

2898. P. GLABRUM Gaud. — G. G., 3, p. 462. — ⊙. Juillet-oct.
B.-R. — Très abondant à Raphèle (*Duval-Jouve!*)
Var. — Grasse (*Duval-Jouve!*)

2899. P. VAGINATUM (*sub Paspalo*) W. — G. G., p. 462. — ♃. Août-novembre.
B.-R. — En Coustière d'Arles, au Mas-Thibert, sur les bords de la roubine la Vidange (*Legré!*) — Plante nouvelle pour la Provence.

2900. P. DILATATUM (*sub Paspalo*) Pourr. — ♃. Août-novembre.
Var. — Abonde dans les prairies du bord de l'Argens, au moulin d'Entraigues, commune du Cannet du Luc (*Hanry, Huet, Roux*). — Plante nouvelle pour la Provence et pour la France.

**Cynodon** Rich.

2901. C. DACTYLON Pers. — G. G., 3, p. 463. — ♃. Juillet-septembre. Très commun dans toute la Provence, sur les pelouses sèches, au bord des champs jusqu'aux plages maritimes.

**Spartina** Schreb.

2902. S. VERSICOLOR Fabre. — G. G., 3, p. 463. — ♃. Novembre-mars. — Sables maritimes.

B.-R. — Commun en Camargue, sur les berges, aux Saintes-Maries, entre Saint-Louis et la mer (*Duval-Jouve*).

Var. — Fréjus (*Gr. Godr.*, d'après *Perreymond*).

A.-M. — Cannes : au cap Croisette (*Ard*).

**Andropogon** Linné.

2903. A. ISCHOEMUM L. — G. G., 3, p. 465. — ♃. Juin-août. — Commun dans les lieux secs et arides d'une grande partie de la Provence.

2904. A. PROVINCIALE Lmk. — G. G., 3, p. 466. — ♃. — Cette plante ne serait, selon Duval-Jouve, qu'une hybride entre les *A. Ischœmum* et *A. distachyon* ; malheureusement pour cette théorie, cette dernière espèce ne se trouve ni à Marseille, ni à Aix, où l'*A. provinciale* a été cité à l'Estaque par la Statistique des Bouches-du-Rhône et au pied de Sainte-Victoire par Garidel. Personne, à notre connaissance, n'a retrouvé cette graminée depuis 1763, époque où Gérard la trouva en Provence sans indiquer la localité.

2905. A. DISTACHYON L. — G. G., 3, p. 467. — ♃. Mai-novembre. — Lieux incultes.

Var. — Au pied du Baou de Quatro-Houros et du mont Faron (*Roux*). Fréjus (*Hanry*). Ampus (*Albert!*)

A.-M. — Cannes, Nice (*Ard*).

2906. A. ALLIONII DC. — G. G., 3, p. 467. — ♃. Août-novembre.

A.-M. — Lieux pierreux ; Antibes (*Huet!*) Menton : au pont Saint-Louis (*Th. Moggridge!*) Entre Nice et Villefranche ; entre Monaco et Mala ; Biot (*Ard.*)

2907. A. GRYLLUS L. — G. G., 3, p. 468. — ♃. Juin, juillet. — Pelouses, prairies sèches.

B.-R. — Aix : rive droite de l'Arc vis-à-vis du Moulin Fort et rare en aval, près des Infirmeries (*F. A.*). Autrefois sur la rive gauche de l'Arc en face de Saint-Pons de Roquefavour et aux alentours d'un vieux moulin à vent au Tholonet, où je ne l'ai plus retrouvé *(Roux)*. Meyrargues, Arles *(Gr. et Godr.)*

Var. — Toulon, Fréjus *(Gr. et Godr.)*

A.-M. — Rare; Nice, Biot, Menton *(Ard.)*

Vaucl. — Avignon, Carpentras *(Gr. et Godr.)*

2908. A. HIRTUM L. — G. G., 3, p. 469. — ♃ Juin. — Lieux secs et pierreux.

Var. — Toulon : au pied du mont Faron *(Huet !)* ; la Valette *(Roux)* ; les Sablettes *(Legré)*. Porquerolles *(abbé Ollivier)*. Fréjus *(Hanry)*.

A.-M. — Commun sur le littoral *(Ard.)*.

2909. A. PUBESCENS Vis. — G. G., 3, p. 469. — ♃. Juin-août. — Lieux secs et rocailleux.

B.-R. — Marseille : l'Estaque, vallon de Morgiou. Cassis. La Ciotat. Bords de l'étang de Berre entre le moulin de Merveille et Saint-Chamas et de Saint-Chamas à Istres *(Roux)*;

Var. — Toulon, : au mont Faron *(Huet !)* ; au vieux fort des Pomets *(Reynier !)* Hyères, Bormes *(Gr. et Godr.)*. Châteaudouble *(Albert !)*.

A.-M. — Commun sur le littoral *(Ard.)*.

**Sorghum** Persoon.

2910. S. HALEPENSE Pers. — G. G., 3, p. 470. — ♃. Juillet. — Çà et là dans les champs, vignes et prairies.

**Erianthus** Richard.

2911. E. RAVENNÆ P. de B. — G. G., 3, p. 471. — ♃. Septembre.

B.-R. — Aix : à Saint-Canadet *(F. et A.)*. Istres : le long du canal de Grignan *(Castagne)*. La Crau : le long du canal de Craponne *(Duval-Jouve !)*. Bords du Rhône à Arles et la Camargue *(Peuzin !)* Sables maritimes à Fos ; Entressen, Saint-Martin de Crau, Raphèle *(Roux)*.

Var. — Le long de la côte, marais *(Hanry)*. Les Pesquiers d'Hyères *(Roux)*. Toulon, Fréjus *(Gr. et G.)*.

Vaucl. — Avignon : bords du Rhône et de la Durance *(Gr. et Godr.)*. Cavaillon : le long du Calavon *(Coste !)*.

**Imperata** Cyrill.

2912. I. cylindrica P. de B. — G. G., 3, p. 472. — ♃. Juillet, août. — Sables maritimes.

B.-R. — Montredon : dans le fond de la traverse des Tavans ; plage de la Ciotat et de Fos les Martigues (*Roux*).

Var. — Plages de Saint-Cyr, de Saint-Nazaire jusqu'au Brusc, les Sablettes (*Roux*). La Farlède : sur les talus de la route de la Crau d'Hyères (*Albert !*) Fréjus (*Gr. et Godr.*).

A.-M. — La Napoule (*Hanry*). Antibes, Nice (*Ard.*) Menton (*Th. Moggridge !*)

Vaucl. — Avignon : sur les chaussées de la Durance (*Th. Brown !*)

**Arundo** Linné.

2913. A. Donax L. — G. G., 3, p. 472. — ♃. Septembre, octobre.
— Planté communément dans la région littorale de la Provence pour abriter les cultures contre les coups de vent.

2914. A. Pliniana Turr. — G. G., 3, p. 473. — ♃. Septembre, octobre.

Var. — Environs de Fréjus (*Giraudy ! Hanry !*) ; commun dans les haies vers Saint-Raphaël (*Roux*).

A.-M. — Antibes (*Gr. et Godr.*). Golfe Jouan (*J. Gay*; n'y a plus été retrouvé ; *Ard.*).

**Phragmites** Trin.

2915. P. communis Trin. — G. G., 3, p. 473. — ♃. Juillet, août.

α *vulgaris* G. G. — Bord des eaux dans toute la Provence ; atteint dans les haies, aux Martégaux près de Marseille, jusqu'à 3 mètres 50.

β *flavescens* Curt. — G. G., 3, p. 474. — Sur les bords de l'Arc vers la Fare, golfe des Lecques.

γ *nigrescens* G. G. — Assez rare; aux alentours d'une grande source dans les anciennes salines de Carry le Rouet, où elle n'atteint que 4 à 5 centimètres ; bords du Grand Vallat à Sausset (*Roux*).

**Calamagrostis** Adanson.

2916. C. epigeios Roth. — G. G., 3, p. 475. — ♃. Juillet, août.

B.-R. — La Crau d'Arles (suivant *Duval-Jouve*).

Var. — Fossés à Fréjus (*Hanry*).

A.-M. Golfe Jouan (*Ard.*).

2917. C. littorea DC. — G. G., 3, p. 475. — ♃. Juillet, août.

B.-R. — Marseille : au bassin de Sainte-Marthe (*Blaize !*) Mares entre Roquefavour et les Milles (*Roux*).

A.-M. — Embouchure du Var (*Ard*).

B.-A. — Gréoulx : sur les bords du Verdon ; Digne : à Saint-Benoît (*Roux*).

Vaucl. — Avignon : à la Barthelasse (*Th. Brown !*) Rives de la Durance, sur les rives du Lozon (*Gr. et Godr.*).

2918. C. villosa Mut. — G. G., 3, p. 476. — ♃. Juillet, août.

A.-M. — Notre-Dame de Fenestre (*Ard.*, d'après *Bourgeau*).

2919. C. tenella Host. — G. G., 3, p. 477. — ♃. Juillet, août.

A.-M. — Alpes de Lantosque (*Ard.*, d'après l'herbier de Turin).

2920. C. varia Schrad. — G. G., 3, p. 477. — ♃. Juillet, août.

A.-M. — Val de la mine de Tende, Saint-Martin et val de Pesio (*Ard.*).

B.-A. — Digne, Seyne, vallée de Larche (*Gr. et Godr.*) Montagne de Lure (*Legré !*) Faillefeu au-dessus de Prats, haies à Allos, bois vis à vis de la Condamine près de Barcelonnette (*Roux*).

2921. C. arundinacea Roth. (non DC.). — G. G., 3, p. 478. — ♃. Juillet, août.

A.-M. — Val de Pesio (*Ard.*, d'après *Thuret et Bornet*).

**Psamma** P. de Beauv.

2922. P. arenaria Rœm. et Schultz. — G. G., 3, p. 480. — ♃. Mai-juillet. — Sables du littoral.

B.-R. — Marseille : Montredon, sables de Mazargues, île de Maïré, etc. Plage de Fos, etc. (*Roux*). La Camargue (*Castagne*).

Var. — Plages de Saint-Cyr (*Huet et Jacquin ! Roux*), de Saint-Nazaire au Brusc (*Roux*). Porquerolles (*abbé Ollivier*). Hyères : à la Plage (*Roux*).

A.-M. — Cannes, Antibes, Nice (*Ard.*).

**Agrostis** Linné.

2923. A. alba L. — G. G., 3, p. 480. — ♃. Juillet, août.

α *genuina* Godron. — Pelouses sèches, terrains sablonneux ;

commun dans toute la Provence. — La forme à chaumes géniculés : Marseille, sur l'écluse de l'Huveaune à la Pomme; dans les fossés aux Milles, etc. (*Roux*); graviers de la Durance à Meyrargues (*Autheman!*)

β *gigantea* Mey. — G. G., 3, p. 481. — Dans les petits cours d'eau et les fossés. — B.-R. Marseille : Château-Gombert, vallon de la Vache à la Bourdonnière. Aix : au moulin du pont de l'Arc Peyrolles (*Roux*). — B.-A. Gréoulx : au bord du Verdon; Digne : à Saint-Benoît (*Roux*).

2924. A. MARITIMA Lmk. — *A. alba* var. γ, G. G., 3, p. 481. — ♃. Juin.

B.-R. — Marseille : à Saint-Loup, au vallon d'Evêque, bords de l'étang de Berre, vers le moulin de Merveille. Plage de Fos, etc. (*Roux*). Très commun à Arles (*Duval-Jouve*).

Var. — Sables maritimes (*Hanry*). Plage de St-Cyr (*Roux*).

2925. A. VERTICILLATA Vill. — G. G., 3, p. 482. — ♃. Juin-août.— Lieux humides, petit cours d'eau.

B.-R. — Marseille : très commun. Cassis, la Ciotat, etc. (*Roux*). Aix : commun dans les ruisseaux autour de la ville (*F. et A.*).

Var. — Toulon, Hyères, Fréjus (*Gr. et God.*) Porquerolles, le Luc (*Roux*).

A.-M. — Assez commun dans la région littorale (*Ard.*).

Vaucl. — Sables de la Barthelasse à Avignon (*Th. Brown!*)

2926. A. VULGARIS With. — G. G., 3, p. 482. — ♃. Juin, juillet.

B.-R. — Aix : commun le long de l'Arc et sur les rives humides (*F. et A.*)?

Var. — Coteaux et bois (*Hanry*)?

A.-M. — Nice : à l'Ariane ; Tende, Lantosque, Saint-Etienne (*Ard.*).

B.-A. — Digne : au vallon de Richelme. Forêt de Faillefeu an-dessus de Prats. Environs du lac d'Allos. Valgelaye sur la route de Barcelonnette, etc. (*Roux*). Montagne de Lure (*Legré!*)

2927. A. OLIVETORUM G. G., 3, p. 483. — ♃. Juillet. — Terrains siliceux.

Var. — Saint-Nazaire dans les bois de Pipière et de Saint-

Nazaire au Brusc (*Roux*). Toulon : les Sablettes (*Huet!*) côteau de grès permien entre la Garde et la Valette (*Reynier!*) Bois des Maures de Gonfaron aux Mayons (*Roux*). La Farlède (*Albert!*) Montée de la Verne par Collobrières (*Roux*). Ile du Levant (*Legré!*)

A.-M. — Saint-Martin Lantosque (*Ard.*).

2928. A. CANINA L. — G. G., 3, p. 483. — ♃. Juillet, août.

Var. — Champs et fossés (*Hanry*). Lieux incultes du Plan d'Aups, le long de la route par Saint-Zacharie (*Roux*).

A.-M. — Bois des Alpes (*Ard.*, d'après *de Notaris et Risso*).

B.-A. — Montagne de Lure (*Legré!*)

2929. A. ALPINA Scop. — G. G., 3, p. 484. — ♃. Juillet, août.— Rég. alpine.

A.-M. — Mont Frontere, mont Bego, la Trinité près de Saint-Martin, Estenc près d'Entraunes, Salsamorena au-dessus de Saint-Dalmas (*Ard.*).

B.-A. — Environs du lac d'Allos (*Roux*).

Vaucl. — Parmi les rochers du sommet du mont Ventoux (*Roux*).

2930. A. RUPESTRIS All. — G.G., 3, p. 485. — Juillet, août.

A.-M. — Région alpine : col de Tendo, la Trinité près de Saint-Martin, lac d'Entrecoulpes, col de Jallorgues, mont Garret au-dessus d'Entraunes (*Ard.*).

2931. A. ELEGANS Thore. — G.G., 3, p. 485. — ⊙. Mai, juin.

Var. — Lieux sablonneux. Toulon : aux Sablettes (*Huet!*) Hyères, Fréjus (*Gr. et God.*). Bois des Maures aux Mayons du Luc (*Hanry!*).

2932. A. PALLIDA DC. — G. G., 3, p. 486. — ⊙. Avril, mai.

Var. — Lieux humides dans les clairières du bois des Maures du Cannet (*Hanry! Huet!*) Fréjus (*Giraudy!*)

A.-M. — Cannes (*Gr. et God.*).

2933. A. SPICA-VENTI L. — G.G., 3, p. 486. — ⊙. Juin, juillet.

A.-M. — Moissons à Nice, rare (*Ard.*, d'après *Risso* et *de Notaris*).

**Sporobolus** R. Brown.

2934. S. PUNGENS Kunth. — G. G., 3, p. 488. — ♃. Août, octobre. — Sables et rochers maritimes.

B.-R. — Marseille : aux Goudes et au cap Croisette (*Roux*).

Var. — Plages de Saint-Cyr vers les Lèques, de Saint-Nazaire entre le cap Nègre et le Brusc (*Roux*). Toulon, Hyères, Fréjus (*Gr. et God.*). Porquerolles (*abbé Ollivier*).

A.-M. — Cannes : à la Croisette (*Hanry*). Ile Sainte-Marguerite; Nice : à Carras; Vintimille (*Ard.*).

**Gastridium** Palisot de Beauvois.

2935. G. LENDIGERUM Gaud.— G.G., 3, p. 488.— ☉. Juin, juillet.
— Lieux secs et arides.

B.-R. — Marseille : la Gineste, Saint-Loup à Puits-de-Paul, vallon de la Vache à la Bourdonnière. Carry. De Martigues à Port de Bouc. N.-D. de la Garde à la Ciotat, etc. (*Roux*). Rognac : sur le plateau couronnant les hauteurs vis-à-vis de la gare (*Autheman!*)

Var. — Saint-Nazaire, le Luc, les Mayons, île des Embiers (*Roux*). Porquerolles (*abbé Ollivier*).

A.-M. — Antibes, Nice, Menton (*Ard.*).

2936. G. SCABRUM Presl. — G. G., 3, p. 489. — ☉. Mai, juin.

Var. — Toulon : les Sablettes, la Garde (*Huet!*) Le Luc (*Hanry!*) Fréjus (*Giraudy!*)

A.-M. — Ile Sainte-Marguerite, Antibes (*Ard.*).

**Polypogon** Desfontaines.

2937. P. MONSPELIENSIS Desf.— G.G., 3, p. 490.— ☉. Juin, juillet.

B.-R.— Bords des étangs de Marignane, de Berre, etc. (*Roux*). Martigues : le long de l'étang de Caronte (*Autheman!*) Aix : commun dans tous les ruisseaux près des anciennes boucheries (*F. et A.*). Ruisseau le long du petit chemin du Tholonet (*Roux*).

Var. — Plage de Saint-Nazaire; Hyères, à l'isthme de Giens (*Roux*).

A.-M. Rare. Nice (*Ard.* d'après *Risso* et l'herbier *Stire*).

2938. P. MARITIMUS Willd.— G.G., 3, p. 490.—☉. Mai, juin.—
Sables du littoral.

B.-R. Bords des étangs de Marignane, de Berre, etc. (*Roux*). Martigues : dans les terrains marécageux de la Rode (*Autheman!*)

Var. — Plage de Saint-Nazaire, isthme de Giens et le Ceinturon près d'Hyères (*Roux*). Toulon : dans les fossés des remparts et aux Sablettes (*Huet !*) Porquerolles (*abbé Ollivier*).

A.-M.— Peu commun. Vaugrenier, Antibes, entre Menton et Monaco (*Ard.*)

2939. P. SUBSPATHACEUM Requien.—G.G., 3, p. 490.— ⊙. Mai-juin.
Var. — Iles d'Hyères (*Gr. et God.*) Porquerolles (*Hanry ! Roux*).
A.-M. — Ile Sainte-Marguerite (*Hanry* d'après *Müller*).

2940. P. LITTORALE Sm. — G.G., 3, p. 491. — ♃. Juin, juillet.
B.-R. — Rare en Provence. Marignane : lieux humides le long de la route, en face de la gare. Martigues : dans les fossés à Labion ; lit de la Réraille à Saint-Pierre près Font de Maure ; fossés de la route de Saint-Mitre (*Autheman !*)

**Lagurus** Linné.

2941. L. OVATUS L. — G.G., 3, p. 492. — ⊙. Mai, juin.
B.-R. — Marseille : Montredon, sables de Mazargues ; îles de Pomègue, de Ratoneau, etc. Fos-les-Martigues, Cassis, La Ciotat, etc. (*Roux*). Bords des étangs de Berre et de Marignane (*Autheman !*)
Var. — Plages de Bandol, de Saint-Cyr, do Saint-Nazaire, du Brusc, des Pesquiers, de Giens, etc.; Porquerolles (*Roux*). Ile du Levant (*Hanry*). Le Lavandou et Bormes (*Roux*).
A. M.—Cannes, Antibes, Nice (*Ard.*). Ile St-Honorat (*Hanry*).

**Stipa** Linné.

2942. S. TORTILIS Desf. — G. G., 3, p. 492. — ⊙. Avril-mai. Terrains secs et pierreux.
B.-R. — Marseille, Aix (*Gr. et God.*)? Martigues : à l'entrée du vallon de Saint-Pierre, à droite de la route de Carro, voisinage de la mer. (*Roux*).
Var. — Rochers à la Garde près de Toulon (*Huet !*)
A.-M. — Nice, Villefranche (*Ard.*).

2943. S. CAPILLATA L. — G. G., 3, p. 493.— ♃. Juin-novembre.— Pelouses sèches.
B.-R. — Gignac : près du hameau du Laure (*Autheman !*) Aix : colline deï Dedaou, Cuques (*F. et A.*). Rives de l'Arc entre Roquefavour et les Milles au-dessus du village

(*Roux*). La Crau d'Arles (*Duval-Jouve! Peuzin! Tribout!*) Saint-Martin de Crau (*Roux*).

B.-A. — Sisteron (*Gr. et God.*). Environs de Manosque (*Laurans!*)

Vaucl. — Avignon, Carpentras (*Gr. et God.*).

2944. S. juncea L. — G. G., 3, p. 493. — ♃. Mars-juin, — Coteaux, lieux secs.

B.-R. — Marseille : sables de Mazargues, vallons de Toulouse, de Morgiou, Saint-Loup, Carpiagne, etc. (*Roux*). Martigues (*Autheman!*) Aix : Cuques, vallon de Cascaveou (*F. et A.*).

Var. — Toulon (*Huet!*) Hyères, Fréjus (*Gr. et God.*) Le Luc (*Hanry*. Ampus (*Albert!*)

A.-M. — L'Esterel, Nice (*Ard.*). Menton (*Th. Moggridge!*)

Vaucl. — Avignon, Carpentras (*Gr. et God.*).

2945. S. pennata L. — G. G., 3, p. 494. — ♃. Mai, juillet. — Çà et là, dans les lieux rocailleux, généralement sur les hauteurs calcaires, dans presque toute la Provence.

**Aristella** Bertoloni.

2946. A. bromoides. Bert. — G. G., 3, p. 495. — ♃. Mai, juin. — Lieux incultes et ombragés.

B.-R. — Marseille ; vallon de la Bourdonnière. Aubagne : bords de l'Huveaune. Gémenos : à Saint-Pons. Roquevaire : à Saussette, etc. (*Roux*). Arles (*Gr. et Godr.*).

Var. — Saint-Zacharie : sur la route de la Sainte-Baume (*Roux*). Toulon : au fort Rouge (*Reynier!*) Fréjus (*Hanry*). Le Luc, bois des Maures de Gonfaron aux Mayons (*Roux*). Porquerolles (*abbé Ollivier*).

B.-R. — Grasse (*Gr. et Godr.*) Ile Sainte-Marguerite, Antibes, Nice (*Ard.*).

**Lasiagrostis** Link.

2947. L. calamagrostis Link. — G. G., 3, p. 495. — ♃. Juillet, août. — Hauteurs rocailleuses.

B.-R. — Aix : Sainte-Victoire (*Autheman!*) Gémenos : Baou de Bretagne, où il est rare (*Roux*).

Var. — Sommet de Saint-Cassien, à la Sainte-Baume (*Legré!*) Bords du Verdon et d'Artuby à Aiguines (*Albert!*)

A.-M. — Rochers au nord de Grasse (*Duval-Jouve!*)

Depuis les Alpes jusqu'au-dessus de Nice et de Menton (*Ard.*)

B.-R. — Gréoulx. Digne : à Cousson, Saint-Benoît, etc. (*Roux*). Barcelonnette, Tournon (*Gr. et Godr.*) Montagne de Lure (*Legré !*)

Vaucl. — Mont Ventoux : au vallon de la Grave (*Roux*).

**Piptatherum** P. de Beauvois.

2948. P. cærulescens P. de B. — G. G., 3, p. 496. — ♃ Mai-juillet.

B.-R. — Marseille : fond du vallon de Toulouse ; Morgiou : dans la gorge qui monte à Luminy; îles de Pomègue et de Ratoneau (*Roux*). L'Estaque : ravin du tunnel (*Reynier !*) Martigues : bois de pins à la Folie et au Grand-Vallat (*Autheman !*) Gémenos : vallon de Saint-Pons. La Ciotat (*Roux*).

Var. — Toulon, le Luc, Fréjus (*Hanry*).

A.-M. — Grasse, Cannes, Nice, etc. (*Ard.*).

2949. P. paradoxum P. de B. — G. G., 3, p. 497. — ♃. Juin-juillet.

B.-R. — Gémenos : à l'ombre des grands rochers au-dessus de la cascade de l'Oule (*Roux*).

Var. — Toulon : rochers au nord du mont Faron (*Huet ! Chambeiron !*) Aiguines : au pied des rochers dans les escarpements d'Artuby (*Albert !*)

2950. P. multiflorum P. de B. — G. G., 3, p. 497. — ♃. Mai-octobre. — Commun dans les lieux secs, contre les murs des chemins, sur les décombres, dans tout le littoral de la Provence.

2951. P. Thomasii Kunth. — *Milium Thomasii* Duby, Botan. Gall., p. 505. — ♃. Mai-novembre.

Var. — La Farlède : sur le bord des champs (*Albert !*). Pierrefeu. Collobrières, etc. (*Roux*). Toulon : coteau des Améniers (*Reynier !*)

Plante distincte de la précédente par ses verticilles complets, ses rameaux fructifères ou stériles, ses graines plus grosses, plus renflées, d'un blanc presque argenté.

**Milium** Linné.

2952. M. effusum L. — G. G., 3, p. 498. — ♃. Mai-juillet. — Bois de la région alpine.

A.-M. — Val de Pesio (*Ard.*).

B.-R. — Forêt de Faillefeu, au-dessus de Prats (*Roux*).

2953. M. scabrum C. Rich.— G. G., 3, p. 498.— ⊙. Mai-juin.

Var. — Clairières du bois de la Sainte-Baume jusque sous les rochers les plus élevés, en montant au Saint-Pilon ; bois taillis des Béguines sous le sommet de St-Cassien (*Roux*).

**Airopsis** P. de Beauvois.

2954. A. globosa Desv.— G. G., 3, p. 499.— ⊙. Mai-juin. — Lieux sablonneux et ombragés.

Var. — Toulon : les Sablettes (*Huet !*) Les Maures du Luc (*Hanry ! Roux*). Vallon de la Verne (*Roux*). Fréjus (*Giraudy !*)

A.-M. — La Roquettte près de Mouans (*Burnat !*) Golfe Jouan (*Ard.*). Antibes (*Hanry*).

**Molineria** Parlatore.

2955. M. minuta Parl. — G. G., 3, p. 500. — ⊙. Mars-avril.

A.-M. — Collines sèches de Biot (*Thuret et Bornet*).

**Corynephorus** Palisot de Beauvois.

2956. C. canescens P. de B. — G. G., 3, p. 501.— ♃. Juin.

Vaucl. — Lieux sablonneux. Sur le coteau en face du village de Bédouin près de Carpentras (*Roux*).

2957. C. articulatus P. de B. — G. G., 3, 502.— ⊙. Mai-juin. — Falaises et sables maritimes.

B.-R. — Commun aux Saintes-Maries en Camargue (*Duval-Jouve*).

Var. — Entre le Brusc et Saint-Nazaire (*Roux*). Toulon : aux Sablettes (*Huet !*) Hyères : aux Salines Vieilles ; Cavalaire, Fréjus (*Hanry*), les Pesquiers (*Huet !*) Porquerolles (*abbé Ollivier*). La Verne, plage de Saint-Raphaël (*Roux*).

A.-M. — La Croisette près de Cannes (*Hanry*). Golfe Jouan, Nice (*Ard.*)

2958. C fasciculatus Boiss. et Rent.— G.G., 3, p. 502. — ⊙. Mai-juin.— Sables du littoral.

B.-R. — Les Saintes-Maries en Camargue (*Duval-Jouve*).

Var. — Entre Saint-Nazaire et le Brusc ; Toulon : aux Sablettes ; Porquerolles ; vallon de la Verne à Collobrières (*Roux*). Hyères : aux Pesquiers (*Huet !*)

**Aira** Linné.
2959. A. CARIOPHYLLEA L. — G. G., 3, p. 503. — ⊙. Mai-juin.—
Lieux sablonneux de la région montagneuse.
A.-M. — Vallon de Pesio, Saint-Martin-Lantosque, Berre (*Ard.*). Cannes (*Duval-Jouve*).
B.-A. — Montagne de Lure (*Legré!*)
2960. A. TENORII Guss. — G. G., 3, p. 504. — ⊙. Mai-juin.
Var. — Lieux sablonneux. Saint-Nazaire dans les bois de Pipière (*Roux*). Toulon : aux Sablettes et à Sainte-Marguerite (*Huet!*) Bois de pins à la Farlède (*Albert!*) La Sauvette des Mayons du Luc (*Hanry!*) Vallon de la Verne à Collobrières (*Roux*). Porquerolles (*abbé Ollivier*).
2961. A. AMBIGUA De Notaris. — *A. elegans* Gaud. v. β *aristata* G. G., 3, p. 505. — ⊙. Mai-juin.
Var.— Plan d'Aups, dans les petits bois de pins et lisière du bois de la Sainte-Baume (*Roux*). Hyères : aux Pesquiers (*Jordan!*) La Sauvette des Mayons du Luc et vallon de la Verne à Collobrières (*Roux*). Porquerolles (*abbé Ollivier*).
2962. A. PROVINCIALIS Jord.— G. G., 3, p. 505.— ⊙. Mai-juin.
Var. — Saint-Nazaire dans les bois de Pipière ; Toulon : aux Sablettes ; bois entre le Luc et la gare ; Collobrières et la Verne (*Roux*). Les Maures et la Sauvette des Mayons du Luc (*Hanry*). Fréjus (*Gren. et Godr.*).
A.-M. — Cannes (*Jord.*) Golfe Jouan : sous les pins (*Ard.*).
2963. A. CUPANIANA Guss. — F. G., 3, p. 505. — ⊙. Avril-mai.
B.-R. — Marseille : commun dans les sables de Mazargues, Saint-Tronc, Luminy, etc. La Ciotat : à N.-D. de la Garde, etc. (*Roux*). Marignane (*Peuzin!*)
Var. — La Cadière : au val d'Arène ; Saint-Nazaire : dans les bois de Pipière ; vieux château d'Hyères, les Pesquiers ; Porquerolles (*Roux*). Ile du Levant (*Legré!*) Bois entre le Luc et la gare, forêt des Maures (*Hanry*). Vallons de la Sauvette des Mayons du Luc et de la Verne à Collobrières (*Roux*). Fréjus (*Gren. et Godr.*).
A.-M.— Cannes, Nice, etc. (*Ard.*).
**Deschampsia** Palisot de Beauvois.
2964. D. CÆSPITOSA P. de B.— G. G., 3, p. 507.— ♃. Juin-juillet.

A.-M. — Prairies, bois. L'Estérel (*Perreymond*). Val d'Entrecoulpe, Salsamorena, aux sources de la Tinée, col de Maddalena (*Ard.*).

2965. D. MEDIA Rœm. et Schultz. — G. G., 3, p. 507. — ♃. Juillet.
— Lieux secs et arides, terrains argileux.

B.-R. — Marseille : bords du canal de la Durance à Saint-Antoine; Pas des Lanciers (*Roux*). Les Milles, sur les rives sèches (*F. et A.*). Graviers de la Durance à Meyrargues (*Autheman !*)

Var. — Plan d'Aups et lisière du bois de la Sainte-Baume (*Roux*). Toulon (*Hanry !*)

B.-A. — Sisteron, Castellane (*Gr. et God.*). Montagne de Lure (*Legré !*)

Vaucl. — Avignon (*Hanry*).

2966. D. FLEXUOSA Gris. — G.G., 3, p. 508. — ♃. Juin-août.

Var. — Pignans (*Hanry*). Les Mayons, Collobrières, la Verne, etc. (*Roux*).

A.-M. — Assez répandu dans toutes nos Alpes (*Ard.*). L'Estérel (*Hanry*).

B.-A. — Montagne de la Vachère au-dessus de Prats ; environs du lac d'Allos (*Roux*). Montagne de Lure (*Legré*).

**Ventenata** Kœler.

2967. V. AVENACEA Kœl. — G.G., 3, p. 509. — ʘ. Mai, juin.

Var. — Champs incultes vers les Maures, sur la route du Luc aux Mayons ; bords de la Verne à Collobrières (*Roux*).

A.-M. — Nice (*Hanry*).

**Avena** Linné.

2968. A. SATIVA L. — G.G., 3, p. 510. ʘ. Juin, juillet. — Cultivée et souvent échappée des cultures.

2969. A. ORIENTALIS Schreb. — G. G., 3, p. 510. — ʘ. Juillet, août.
— Cultivée comme la précédente et parfois subspontanée.

2970. A. BARBATA Brot. — G.G.; 3, p. 512. — ʘ. Juin-août. — Lieux stériles de la région littorale.

B.-R. — Marseille : le long du Jarret; Montredon ; îles de Pomègue et de Ratoneau, etc. Cassis. La Ciotat. Berre. Fos (*Roux*). Aix : vallon nord-ouest de la tour de la Keirié (*F. et A.*).

Var. — Saint-Nazaire ; Saint-Cyr, au cap Baumelle. Hyères : aux Pesquiers; Porquerolles *(Roux)*. Fréjus *(Hanry)*.

A.-M. — Cannes, Nice, etc. *(Ard.)*.

2971. A. sterilis L. — G. G., 3, p. 514. — ☉. Mai, juin. — Commun dans les vignes, au bord des champs et dans les lieux incultes de la majeure partie de la Provence.

2972. A. setacea Vill. — G. G., 3, p. 514. — ♃. Juillet, août. — Région alpine.

A.-M. — Mont Frontero. Alpes de Tende, de la Briga et de l'Isola *(Ard.)*.

B.-A. — Sommet des Boules au-dessus de Prats *(Roux)*.

Vaucl. — Sommet du mont Ventoux *(abbé Gonnet ! Roux)*.

2973. A. sempervirens Vill. — G. G., 3, p. 514. — ♃. Juillet, août.

B.-A. — Région alpine : montée du lac d'Allos *(Roux)*.

2974. A. montana Vill. — G. G., 3, p. 515. — ♃. Juillet, août. — Région alpine.

A.-M. — Col de Pouriac au-dessus de Saint-Etienne *(Ard.)*.

B.-A. — Montagnes de la Vachère et des Boules au-dessus de Prats *(Roux)*.

Vaucl. — Mont Ventoux, au vallon du Glacier *(abbé Gonnet !)*.

2975. A. sesquitertia L. — G. G., 3, p. 518. — ♃. Juin, juillet.

B.-A. — Montagne de Lure *(Legré !)*.

Vaucl. — Sommet du mont Ventoux *(abbé Gonnet ! Roux)*.

2976. A. bromoides Gouan. — G. G., 3, p. 518. — ♃, Juin, juillet.

B.-R. — Marseille : sables de Mazargues, Saint-Tronc, Saint-Julien, la Treille, etc. Gémenos : à Saint-Pons. La Ciotat, etc. *(Roux)*. Aix : à Mauret et généralement dans les lieux secs *(F. et A.)*. Montaud-les-Miramas *(Castagne)*.

Var. — Saint-Cyr *(Roux)*. Le Luc *(Huet !)*.

A.-M. — Cannes, Nice, etc. *(Ard.)*.

B.-A. — Digne : à Saint-Benoît, etc. *(Roux)*.

2977. A. pratensis L. — G. G., 3, p. 519. Juin, juillet.

B.-R. — Mont de Mimet, sommet de Sainte-Victoire *(Roux)*. Aix : vallon du Coq, colline des Pauvres *(F. et A.)*.

Var. — Environs de la Grande Bastide, de Saint-Zacharie à la Sainte-Baume, lisière du bois et parmi les rochers depuis le Saint-Pilon jusqu'à la pointe de Saint-Cassien *(Roux)*.

A.-M. — Tende (*Ard.*).

B.-A.— Digne : au sommet de Cousson. La Vachère au-dessus de Prats, La Condamine, etc. (*Roux*).

Vaucl. — Sommet du mont Ventoux (*Roux*).

**Arrhenatherum** Palisot de Beauvois.

2978. A. ELATIUS M. et K. — G. G., 3, p. 520. — ♃. Mai-juillet.— Commun dans les prés, les bois de toute la Provence.

β *bulbosum* Gaud. — Est plus rare. Bord de l'Etang de Berre sous Vitrolles (*Roux*). Haies de roseaux à la Mède et terrains arides et pierreux à Martigues (*Autheman !*).

**Trisetum** Persoon.

2979. T. NEGLECTUM Rœm. et Schultz. — G. G., 3, p. 522. — ☉. Avril-juillet.

B.-R. — Falaise à droite de la route de Martigues à Marseille, vis-à-vis de la maison dite marseillaise ou de tolérance (*Roux*). Autour de la chapelle de Sainte-Anne ; bord des chemins à la Couronne (*Autheman !*) Rochers ombragés au-dessous et au couchant du village de la Couronne. Fos, sur la berge droite du canal d'Arles, près du pont Clapet (*Autheman ! Roux*)

2980. T. FLAVESCENS P. de B. — G. G., 3, p. 523. — ♃. Juin, juillet.— Bois, prairies sèches de presque toute la Provence.

2981. T. DISTICHOPHYLLUM P. de B.— G. G., 3, p. 523.— ♃. Août. — Région alpine.

B.-A. — Allos : à la montée et aux environs du lac ; hauteurs de Valgelaye sur la route d'Allos à Barcelonnette (*Roux*).

Vaucl. — Vallon du Glacier et sommet du mont Ventoux (*abbé Gonnet ! Roux*).

**Holcus** Linné.

2982. H. LANATUS L. — G. G., 3, p. 524. — ♃. Juin-août. — Commun dans les prés, au bord des bois et des champs, dans les haies de toute la Provence.

2983. H. MOLLIS L. — G. G., 3, p. 524. — ♃. Mai, juin.

Var. — Environs de Toulon, très rare (*Huet !*).

A.-M. — Saint-Etienne le Sauvage, etc. (*Ard.*).

**Kœleria** Persoon.

2984. K. CRISTATA Pers. — G. G, 3, p. 525. — ♃. Mai, juin.

B.-R. — Aix : à la colline des Pauvres, au couchant et près du vallon des Gardes (*F. et A.*). Les Alpines (*Roux*).

Var. — Coteaux arides (*Hanry*). Plan d'Aups, surtout dans les prairies de la ferme du Plan (*Roux*). Toulon : près du campement des Anglais, sur la route de Marseille (*Huet !*)

A.-M. — Au bord des prés de la région montagn. ; peu commun ; Roubion (*Ard.*).

2985. K. GRANDIFLORA Bert. — G. G., 3, p. 526. — ♃. Mai, juin.

B.-R. — Marseille (*Gr. et Godr.*) ? La Crau : sur les bords de la route de Miramas à Salon (*Roux*).

A.-M. — Grasse (*Gren. et Godr.*). Forêt de Clans (*Ard.*).

2986. K. SETACEA Pers. — G. G., 3, p. 527. — ♃. Mai-juillet.

α *glabra* G. G. — B.-R. : Marseille, sables de Mazargues, vallons de Toulouse et de la Panouse, N.-D. des Anges, etc. (*Roux*). Martigues (*Autheman !*) Aix : bords de l'Arc jusqu'aux Milles (*F. et A.*) ; le Tholonet (*Roux*). — B.-A. : Faillefeu au-dessus de Prats, montée du lac d'Allos, etc. (*Roux*). Montagne de Lure (*Legré !*)

β *ciliata* G. G. — Plus rare. Marseille : à Saint-Tronc. La Crau, de Miramas à Eyguières. Saint-Paul-les-Durance (*Roux*). Châteauneuf les Martigues (*Autheman !*)

γ *pubescens* Parl. — Très rare. Coteaux sablonneux en face du village de Bedouin près de Carpentras (*Roux*).

2987. K. VILLOSA Pers. — G. G., 3, p. 528. — ☉. Mai, juin.

B.-R. — Marseille : à Montredon, sables de Mazargues, cap Croisette, etc. Bords des étangs de Marignane et de Berre ; sables maritimes à Fos (*Roux*).

Var. — De Saint-Nazaire au Bruc. Toulon : aux Sablettes. Presqu'île de Giens. Porquerolles (*Roux*). Fréjus, Saint-Raphaël (*Hanry !*)

A.-M. — Cannes (*Gr. et God.*). Menton, Nice, Cannes (*Ard.*).

Vaucl. — Avignon (*Gr. et God.*).

2988. K. PHLEOIDES Pers. — G. G., 3, p. 529. — ☉. Mai, juin.

B.-R. — Marseille, commun dans les champs pierreux. Roquefavour, Aix, etc. (*Roux*).

Var. — Lieux sablonneux (*Hanry*).

A.-M. — Assez commun dans les lieux cultivés (*Ard.*).

**Catabrosa** Palisot de Beauvois.

2989. C. AQUATICA P. de B. — G. G., 3, p. 529. — ♃. Juin.

B.-R. — Fossés aquatiques à Eyguières sur la route de Miramas (*Roux*).

Var. — La Seyne près de Toulon (*Huet !*)

**Glyceria** R. Brown.

2990. G. FLUITANS R. B. — G. G., 3, p. 531. — ♃. Mai-juillet. — Dans les marais et les ruisseaux de toute la Provence.

2991. G. PLICATA Friès. G.G., 3, p. 531. — ♃. Mai-juillet. — Souvent mêlé au précédent.

2992. G. FESTUCÆFORMIS Heynh. — G.G., 3, p. 534. — ♃. Juin, juillet. — Prairies salées.

B.-R. — Bords des étangs de Marignane, de Berre, de Caronte, de Courtine et du Galégeon, etc. (*Roux*).

Var. — Toulon (*Gr. et Godr.*).

2993. G. CONVOLUTA Friès. — G.G., 3, p. 535. — ♃. Juin, juillet.

B.-R. — Marseille : (*Gr. et Godr.*) ? Bords des étangs de Marignane, Berre, Martigues, etc. (*Roux*).

2994. G. DISTANS Walhemb. — G. G., 3, p. 536. — ♃. Mai, juin.

Var. — Plage de Bandol. Hyères au Ceinturon. Rare à Porquerolles (*Roux*).

**Schismus** Palisot de Beauvois.

2995. S. MARGINATUS P. de B. — G. G., 3, p. 537. — ☉. Mai, juin. — Cette plante ne croît pas dans les champs, comme le dit De Candolle, mais sur les pelouses sèches et sablonneuses du bord des chemins aux alentours de Marseille. On la rencontre : le long du chemin de Saint-Jean du Désert, à la montée entre le deuxième pont du chemin de fer et le chemin à gauche allant à Saint-Barnabé ; plus abondante en suivant la traverse qui de Saint-Jean du Désert va aboutir aux Contes; se trouve aussi dans la traverse des Pierres de Moulins, après la gare de la Blancarde ; sur la route de Montolivet, un peu avant la montée qui précède le village; dans la petite traverse allant de Sainte-Marguerite au Cabot (*Roux*); terrains vagues à la Belle-de-Mai (*Laurans !*) Paraît être spontanée, car elle croit dans des lieux éloignés du trafic du commerce.

**Poa** Linné.

2996. P. annua L. — G. G., 3, p. 539. — ⊙. Presque toute l'année. — Commun partout en Provence.

2997. P. laxa Hoenke, — G. G., 3, p. 540. — ♃. Juillet, août.
A.-M. — Rég. alpine : N.-D. de Fenestre (*Ard.*).

2998. P. nemoralis L. — G. G., 3, p. 541. — ♃. Mai, juin.
α *vulgaris* G. G. — Bois de la Sainte-Baume ; la Condamine près de Barcelonnette ; Fontaine de Vaucluse (*Roux*).
β *rigidula* G. G. — Marseille : le long du Jarret, au pied des peupliers (*Roux*). Digne : à Cousson. Forêt de Faillefeu, la Vachère au-dessus de Prats (*Roux*). Montagne de Lure (*Legré !*)
γ *alpina* G. G. — Rochers des environs de la fontaine de Vaucluse (*Autheman !*)

2999. P. cæsia Smith. — G. G., 3, p. 540. — ♃. Juillet, août.
Vaucl. — Rare. Sommet du mont Ventoux (*Roux*).

3000. P. alpina L. — G. G., 3, p. 542. — ♃. Juillet, août.
A.-M. — Assez répandu dans toutes nos Alpes (*Ard.*).
B.-A. — Sommet des Boules et de la Vachère au-dessus de Prats ; Allos (*Roux*) ; montagne de Lure (*Legré !*)
Vaucl. — Sommet du mont Ventoux (*Roux*).

3001. P. bulbosa L. — G. G., 3, p. 543. — ♃. Mai, juin. — Commun, ainsi que sa forme *vivipara*, dans les lieux secs et arides, sur les pelouses, les vieux murs, etc.

3002. P. compressa L. — G. G., 3, p. 543. — ♃. Juin, juillet.
B.-R. — Marseille : hauteurs des Martégaux et des Olives (*Roux*). Aix : dans les ruisseaux du Chemin neuf ; Repentance ; rive droite du chemin qui monte à la Keirié (*F. et A.*). Les Alpines de Saint-Remy (*Autheman !*)
Var. — Lieux secs, murs (*Hanry*). Plan d'Aups et bois de la Sainte-Baume (*Roux*).
A.-M. — Rare : Nice, Menton (*Ard.*).
B.-A. — Digne : à Saint-Benoît, etc. (*Roux*).

3003. P. distichophylla Gaud. — G. G., 3, p. 544. — ♃. Juillet, août. — Rocailles de la région alpine.
A.-M. — Col de Fenestre, Sainte-Anne de Vinaï (*Ard.*).
Vaucl. — Sommet du mont Ventoux (*Roux*).

3004. P. pratense L. — G. G., 3, p. 544. — ♃. Mai, juin. — Prés, bords des champs, etc., toute la Provence, surtout la forme à feuilles étroites.

3005. P. trivialis L.—G.G., 3, p. 545.— ♃. Juin, juillet. —Prés, bord des champs et lieux humides de toute la Provence.

3006. P. sudetica Hœnke. — G. G., 3, p. 545. — ♃. Juin, juillet. — Région montagneuse.

Var. — Ampus : à Bargeaude ; Aiguines : dans les bois de Margès (*Albert !*).

A.-M. — Les Voisennes *(Ard.)*.

B.-A. — Montagne de Lure *(Legré !)*

**Eragrostis** Palisot de Beauvois.

3007. E. megastachya Link. — G. G., 3, p. 547. — ⊙. Mai, juin· — Çà et là, assez répandu dans les cultures, les lieux sablonneux, au pied des murs et au bord des ruisseaux.

3008. E. poæoides P. de B. — G. G., 3, p. 547. — ⊙. Juillet, août. — Moins commun que le précédent.

B.-R. — Marseille (*Gr. et Godr.*). Aix : bords de l'Arc aux Milles *(Roux)*. Abondant sous les oliviers au-dessus des ruines des Beaux (*Duval-Jouve !*). Environs de la gare de Graveson (*Autheman !*)

Var. — Toulon, Hyères (*Gr. et Godr.*).

A.-M. — Cannes (*Gr. et Godr.*).

Vaucl. — Avignon, Carpentras (*Gr. et Godr.*). Bedouin (*Autheman !*).

3009. E. pilosa P. de B. — G. G., 3, p. 548. — ⊙. Août, septem.

B.-R. — Environs de la gare de Rognac ; fossés à Raphèle (*Roux*). Aix : rive droite de l'Arc, près du pont de l'Arc (*F. et A.*).

Var. — Hyères, Pignans, Fréjus (*Hanry*).

Vaucl. — Dans les sables de la Durance (*Autheman !*), de la Barthelasse *(Th. Brown !)*

**Briza** Linné.

3010. B. maxima L. — G. G., 3, p. 548. — ⊙. Mai, juin. — Lieux incultes et sablonneux.

B.-R. — Marseille : Montredon, Bonneveine. Cassis. La Ciotat La Couronne, etc. (*Roux*). Martigues (*Autheman !*)

Var et A.-M. — Commun dans les champs stériles de la région littorale, surtout sur les terrains siliceux.

3011. B. MEDIA L. — G. G., 3, p. 549. — ♃. Mai-août. — Prairies et lieux frais dans toute la Provence.

3012. B. MINOR L. — G. G., 3, p. 550. — ☉. Mai-juillet.

B.-R. — Martigues : champs humides du Grand Vallat, à la Folie *(Autheman !)* Aix : aux Pinchinats et aux bords de l'Arc *(F. et A.)* La Crau : dans le voisinage de l'étang d'Entressen *(Roux)*.

Var. — Toulon : fossés au Revest *(Reynier !)* La Farlède : dans les moissons aux Mauniers *(Albert !)* Hyères : au vieux château, aux Pesquiers. Vallons de la Sauvette des Mayons, de la Verne. Forêt des Maures du Luc *(Roux)*. Porquerolles *(abbé Olivier)*.

A.-M. — Commun dans les champs sablonneux, surtout dans la rég. littorale *(Ard.)*

**Melica** Linné.

3013. M. MAGNOLII G. G., 3, p. 550. — ♃. Juin, juillet. — Rochers et vieux murs.

B.-R. — Marseille : la Rose, Saint-Julien, les Martégaux, vallons de Toulouse et de la Panouse, etc. *(Roux)*. Martigues : la Mède *(Autheman !)* Aix : sur toutes les rives stériles *(F. et A.)*.

Var. — Sainte-Baume : sur les rochers élevés du Saint-Pilon, le Luc *(Roux)*. Porquerolles *(abbé Ollivier)*.

A.-M. — Menton, Nice, Antibes, etc. *(Ard.)*.

3014. M. NEBRODENSIS Parl.— G. G., 3, p. 551.— ♃. Juin, juillet. — Coteaux et lieux pierreux.

B.-R. — Aix : vallon des Gardes *(F. et A.)*. Martigues : hauteurs de la Mède *(Autheman !)* Coteaux à gauche de l'étang de Caronte. Les Beaux. Gémenos : du vallon de Saint-Pons au Baou de Bretagne. Vallon de Saint-Clair, jusqu'à Roquefourcade ; etc. *(Roux)*.

Var. — Champs montueux au Luc *(Roux)*.

B.-A. — Digne, Barcelonnette, etc. *(Roux)*.

Vaucl. — Bedouin près de Carpentras *(Autheman !)*

3015. M. BAUHINI All.—G. G., 3, p. 552.—♃. Mai, juin.—Rochers.

B.R. — Marseille : mont Rose près de la Madrague de Montredon; hauteurs de Sormiou. Gémenos : du vallon de Saint-Pons au Baou de Bretagne, etc. (*Roux*). Martigues : hauteurs de la Mède (*Autheman!*) Roquefaveur, Sainte-Victoire (*F. et A.*).

Var. — Toulon : à Faron (*Chambeiron!*) Le Luc (*Roux*).

A.-M. — Menton, Baou-Roux près de Villefranche, Gourdon, Saint-Arnoux (*Ard.*).

3016. M. major Sibth.— G. G., 3, p. 552.— ♃. Avril, mai.— Lieux pierreux, dans le voisinage de la mer.

B.-R. — Abonde entre Istres et Saint-Mitre (*Duval-Jouve!*). La Ciotat : au Bec de l'Aigle, à N.-D. de la Garde et le long de la route des Lecques (*Roux*).

Var. — Toulon : Saint-Mandrier (*Roux*); falaises de l'anse du Pin de galles (*Reynier!*) Hyères (*Gr. et God.*). Porquerolles (*abbé Ollivier*). Le Lavandou (*Huet!*)

A.-M. — Menton, Cannes, Grasse (*Ard.*).

3017. M. minuta L. — G. G., 3, p. 553. — ♃. Mai, juin. — Lieux pierreux des coteaux.

B.-R. — Marseille : Montredon, Mazargues, vallon de Toulouse, Saint-Loup, la Treille, île de Pomègue, etc. Cassis. La Ciotat (*Roux*). Martigues (*Autheman!*) Aix : au Tholonet (*Roux*). Salon (*Gr. et God.*).

Var. — Toulon, Fréjus (*Gr. et God.*). Le Luc (*Hanry!*).

A.-M. — Menton, Villefranche, Grasse (*Ard.*).

Vaucl. — Avignon (*Gr. et God.*).

3018. M. nutans L. — G. G., 3, p. 554. — ♃. Mai, juin.

A.-M. — Bois de la région montagneuse : au-dessus de l'Escarène, vallée de Cairos près de la Giandola, Saint-Martin Lantosque (*Ard.*).

3019. M. uniflora Retz. — G. G., 3, p. 555. — ♃. Mai-juillet.

B.-R. — Aix : vallons de Cascaveou, des Gardes et de la Bérarde (*F. et A.*) Pont de Mirabeau. Haies sur la route de Gémenos à Saint-Pons et au-dessus de la cascade de l'Oule (*Roux*).

Var. — Bois de la Sainte-Baume; vallon de la Sauvette des Mayons (*Roux*).

A.-M. — Nice : au Vallon Obscur et à Magnan ; val de Pesio (*Ard.*).

**Sphenopus** Trin.

3020. S. GOUANI Trin. — G. G., 3, p. 555. — ⊙. Avril, mai. — Sables maritimes et marécages à eau saumâtré.

B.-R. — Bords de l'étang de Marignane : salines de Berre et du Galégeon, près de Fos (*Roux*). Martigues : salines des étangs de Caronte et de Lavalduc près de Fos (*Autheman !*) La Camargue (*Gr. et Godr.*).

Var. — Toulon, Hyères (*Gr. et Godr.*).

A.-M. — Rare. Nice, littoral d'Eze, Cannes (*Ard.*)

**Sclerochoa** Palisot de Beauvois.

3021. S. DURA P. de B. — G. G., 3, p. 538. — ⊙. Mai, juin.

A.-M. — Rare : Nice (*Ard.*) Grenier et Godron le citent à Toulon et à Avignon.

**Scleropoa** Grisebach.

3022. S. MARITIMA Parl. — G. G., 3, p. 555. — ⊙. Mai, juin.

B.-R. — Marseille : Montredon, sables de Mazargues (*Roux*).

Var. — Toulon : aux Sablettes (*Huet !*) Hyères : à la Plage. Porquerolles (*Roux*).

A.-M. — Nice, golfe Jouan, Cannes (*Ard.*)

3023. S. HEMIPOA Parl. — G. G., 3, p. 556. — ⊙. Juin.

B.-R. — Marseille : sables de Mazargues et du fond du vallon du Rouet. Plage de Fos (*Roux*).

Var. — Plage de Saint-Nazaire. Toulon : aux Sablettes, Hyères : à la Plage. Saint-Raphael (*Roux*).

3024. S. RIGIDA Gris. — G. G., 3, p. 556. — ⊙. Mai, juin. — Commun dans les champs, les lieux arides, sur les pelouses et les vieux murs de tout le littoral de la Provence.

3025. S. LOLIACEA G. G., 3, p. 557. — ⊙. Mai, juin.

B.-R. — Marseille : aux Catalans, Endoume, Montredon, les Goudes, les iles du golfe. Bords des étangs de Marignane et de Berre, etc. (*Roux*).

Var. — De Saint-Nazaire au Brusc. Porquerolles (*Roux*).

A.-M. — Sables maritimes, çà et là : de Menton jusqu'à Cannes (*Ard.*).

**Æluropus** Trin.

3026. Æ. LITTORALIS Parl. — G. G., 3, p. 558. — ♃. Mai-août.
 B.-R. — Très abondant dans les prairies salées du bord des étangs de Marignane et de Berre, la Camargue (*Roux*).
 Var. — Toulon : aux Sablettes (*Hanry*). Hyères : aux Pesquiers (*Huet ! Roux*).

**Dactylis** Linné.

3027. D. GLOMERATA L. — G. G., 3, p. 559. — ♃. Mai, juin. — Commun dans les prés et les lieux herbeux au bord des champs.

3028. D. HISPANICA Roth.— G. G., 3, p. 559.— ♃. Mai-septembre.
 B.-R. — Marseille : l'Estaque, Montredon, Roucas-Blanc, cap Croisette, îles du golfe. Cassis. La Ciotat (*Roux*).
 Var. — Plage de Saint-Cyr : au cap Baumelle. Porquerolles (*Roux*). Toulon (*Gr. et Godr.*).
 A.-M. — Très commun au bord des champs et des chemins dans toute la région littorale (*Ard.*).

**Diplachne** Palisot de Beauvois.

3029. D. SEROTINA Link. — G. G., 3, p. 559. — ♃. Août-octobre.
 B.-R. — Marseille (*Gr. et Godr.*). ? Salon. Miramas. Istres : le long des canaux d'arrosage (*Castagne*).
 Var. — Collines pierreuses près du Luc (*Huet !*). Les Mayons-du-Luc, sous les châtaigniers (*Hanry ! Roux*). Fréjus (*Hanry, Gr. et Godr.*).
 A.-M. — Assez rare. Antibes, Grasse, Utelle (*Ard.*).
 Vaucl. — Avignon (*Gr. et Godr.*).

**Molinia** Schrank.

3030. M. CÆRULEA Mœnch. — G. G., 3, p. 560.—♃. Août-sept.
 B.-R. — Marseille : fond du vallon du Rouet. Marignane. Rives de l'Arc, de Berre à Aix. Saint-Chamas, Raphèle (*Roux*). Montaud les Miramas (*Castagne*). Meyrargues : au bord de la Durance (*Autheman !*).
 Var.— Lieux humides (*Hanry*). Les Mayons du Luc (*Roux*).
 A.-M. — Çà et là dans les lieux frais et sur les rochers humides (*Ard.*).
 B.-A. — Gréoulx : sur les bords du Verdon. Digne : à Saint-Benoît (*Roux*).

**Danthonia** De Candolle.

3031. D. DECUMBENS DC. — G. G., 3, p. 561. — ♃. Juin.

B.-R. — Berre : prairies salées vers l'embouchure de l'Arc (*Roux*).

Var. — Vallons de la Sauvette des Mayons, de la Verne à Collobrières (*Roux*). Maures du Luc à Péguier (*Hanry !*). Ampus : au Borguet (*Albert !*).

A.-M. — Nice, l'Estérel et la rég. montagneuse (*Ard.*).

3032. D. PROVINCIALIS DC. — G. G., 3, p. 562. — ♃. Mai, juin.

B.-R. — Bords du canal de Craponne au-dessus de la Roque d'Anthéron (*Castagne*).

A.-M. — Bois et pelouses de la rég. montagneuse (*Ard.*).

B.-A. — Castellanne, Sisteron (*Gr. et Godr.*).

**Cynosurus** Linné.

3033. C. CRISTATUS L. — G. G., 3, p. 562. — ♃. Mai-juillet.

B.-R. — Rare à Marseille : bords de la grande allée de la Reynarde (*Roux*). Aix : à Mauret *Derbès !*)

Var. — Commun au plan d'Aups et sur la lisière du bois de la Sainte-Baume. Vallon de la Verne, à Collobrières (*Roux*).

A.-M. — Assez commun à Nice et dans la rég. montagn. (*Ard.*)

3034. C. ECHINATUS L. — G. G., 3, p. 563. — ⊙. Mai, juin. — Commun dans les lieux secs et pierreux de la basse Provence.

3035. C. ELEGANS Desf. — *C. polybracteatus* G. G., 3, p. 563 (non Poir. ; la plante de Poiret a plus de rapports avec le *C. cristatus* qu'avec cette espèce). — Terrains légers, pierreux et ombragés de la rég. littorale.

B.-R. — Marseille : à la Treille, devant les grottes de Passo-Tèn. Saint-Jean de Garguier, vallon de Saint-Clair. Auriol : sous les rochers en montant de Roussargues à Roquefourcade. Roquevaire : au dessus du cimetière. Ruines du vieux château de Ners près de Pichaury. Simiane : vers le quartier de Siège. (*Roux*).

Var. — Val d'Arène et gorges d'Ollioules (*Roux*). Toulon : à Coudon (*Huet !*) Maures de Pierrefeu (*Chambeiron !*) La Verne (*Hanry*).

A.-M. — Rare. Cannes (*Ard.*). L'Estérel (*Perreymond*).

La variété β *gracilis* G. G. est, je crois, propre aux terrains siliceux ; je ne l'ai rencontrée qu'en montant de Collobrières à la chartreuse de la Verne.

3036. C. aureus L. — G. G., 3, p. 564. — ⊙. Avril, mai. — Lieux pierreux de la région littorale.

Var. — Hyères, Fréjus (*Gr. et God.*). Collobrières (*Hanry*). Bormes : descente de la ville à la gare et en allant au Lavandou (*Roux*).

A.-M. — Monaco, Villefranche (*Ard.*).

**Vulpia** Gmelin.

3037. V. pseudomyuros Soy.Vill.—G.G., 3, p. 564.—⊙. Mai, juin.

B.-R.—Aix : rives et ilots de l'Arc (*F. et A.*). Arles : commun au mas de Rabet à Raphèle (*Duval-Jouve*). La Ciotat : au Bec de l'Aigle et à N.-D. de la Garde (*Roux*).

Var. — Vallon de la Verne. Hyères : au Ceinturon (*Roux*).

A.-M. — Assez commun au bord des champs (*Ard.*)

3038. V. sciuroides Gmel.— G. G., 3, p. 565. — ⊙. Mai, juin.— Coteaux et champs sablonneux.

B.-R.—La Ciotat : Bec de l'Aigle et N.-D. de la Garde (*Roux*).

Var. — Cannet du Luc : le long de la rivière d'Aille (*Hanry*). Vallon de la Verne, à Collobrières. Porquerolles (*Roux*).

A.-M. — Eze, Saint-Hospice, golfe Jouan, Cannes (*Ard.*).

3039. V. myuros Rchb. — G.G., 3, p. 566. — ⊙. Mai-juin. — Assez répandu en Provence.

B.-R. — Marseille : vallon de Toulouse, Saint-Julien, les Martégaux, etc. (*Roux*). Aix : commun à Cuques et sur les pelouses (*F. et A.*).

Var. — Toulon, Hyères (*Hanry*). Hyères : à Fenouillet (*Albert !*) Vallon de la Verne (*Roux*).

A.-M.— Menton, Nice, etc. (*Ard.*). Cannes (*Hanry*).

Vaucl. — Avignon (*Th. Brown !*)

3040. V. setacea Parl. — G. G., 3, p. 566.— ♃. Avril-mai.— Lieux arides.

Var.— Fréjus (*Gren. et Godr.*).

A.-M. — Cannes (*Loret*).

Le *V. geniculata* Link, G. G., 3, p. 567, n'a été trouvé à Marseille qu'accidentellement, ainsi qu'à Menton où on ne l'a cueilli qu'une seule fois.

3041. V. ligustica Link. — G. G., 3, p. 568. — ⊙. Avril-mai.

B.-R. — Marseille : accidentellement et non spontané. Baou de Bretagne (*Roux*).

Var.— Abords du village de Reynier au midi de Sixfours près de Toulon. Nord du hameau de Giens, où il est rare. Commun aux Salins d'Hyères (*Roux*). Porquerolles (*abbé Ollivier*). Gonfaron ; lieux sablonneux au Luc (*Hanry*).

A.-M. — Une seule fois à Menton ; Nice ; Cannes (*Ard.*).

3042. V. bromoides Rchb. — G. G., 3, p. 568. — ⊙. Mai, juin. — Commun partout dans les lieux sablonneux de la région littorale.

3043. V. Michelii Rchb. — G. G., 3, p. 569. — Bois secs et sablonneux.

B.-R. — Marseille : Montredon, sables de Mazargues. La Ciotat : dans le vallon qui monte au sémaphore (*Roux*).

Var. — Saint-Nazaire : dans les bois de Pipière (*Roux*). Toulon : aux Sablettes (*Huet !*) Hyères. Les Mayons du Luc. Fréjus (*Hanry*).

A.-M. — Assez rare. Menton. Golfe Jouan (*Ard.*).

**Festuca** Linné.

3044. F. tenuifolia Sibth.— G. G., 3, p. 570.— ♃. Mai-juin.— Çà et là, à l'ombre des rochers ombragés.

B.-R. — Baou de Bretagne (*Roux*).

Var. — Bois de la Sainte-Baume (*Huet ! Roux*.)

B.-R. — Forêt de Faillefeu au-dessus de Prats (*Roux*).

3045. F. duriuscula L. — G. G., 3, p. 572. — ♃. Mai-juillet. — Très commun sur les coteaux, les collines, les montagnes et généralement dans tous les lieux secs et pierreux de la Provence. Présente plusieurs formes différant par la longueur, la couleur des feuilles, leur forme droite ou arquée ; la forme la plus commune est à feuilles courtes et glauques.

3046. F. rubra L. — G. G., 3, p. 574. — ♃. Mai-juin. — Lieux ombragés.

B.-R. — Marseille : le long du Jarret, de l'Huveaune à Saint-Marcel ; Saint-Julien près des fours à chaux. Bords de l'étang de Marignane. Gémenos : sur les hauteurs de Saint-Pons. La Ciotat, etc. (*Roux*).

Var.—Prés, gazons (*Hanry*). Bois de la Sainte-Baume (*Roux*). Le Bausset (*Huet !*)

A.-M. — Antibes, Tende et probablement ailleurs (*Ard.*).

B.-A. — Environs du lac d'Allos, etc. (*Roux*).

3047. F. heterophylla Lmk. - G.G., 3, p. 575. — ♃. Juin-août. Région montagneuse.

Var. — Bois de la Sainte-Baume (*Roux*).

A.-M. — Menton ; plus commun dans la région montagneuse (*Ard.*).

B.-A. — Vallée de Larche (*Gr. et God.*).

Vaucl. — Sommet du mont Ventoux (*Roux*).

3048. F. pumila Chaix. — G. G., 3, p. 575. — ♃. Juillet, août.— Région alpine.

A.-M. — Mont Frontero, les Voisiennes, Alpes de Carlin et de Fenestre (*Ard.*).

B.-A. — Sommet des Boules au-dessus de Prats (*Roux*). Montagne de Lure (*Legré !*)

3049. F. varia Hænk. — G. G., 3, p. 576. — ♃. Juillet, août.

A.-M. — Rég. alpine : mont Frontero, les Voisiennes, col de Tende (*Ard.*).

3050. F. flavescens Bell.— G.G., 3, p. 577. ♃. —Juillet.

A.-M. — Rég. alpine : mont Frontero, Alpes de Pesio, de Tende, Saint-Martin Lantosque et bords du Var au-dessus d'Entraunes (*Ard.*)

3051. F. pilosa Hall. — G. G., 3, p. 577. ♃. — Juin, juillet.

A.-M. — Rég. alpine : col de l'Abisso, Salsamorena aux sources de la Tinée (*Ard.*)

3052. F. spadicea L.— G. G., 3, p. 579. —♃. Juillet, août. — Rég. alpine.

A.-M. — L'Esterel (*Gr. et Godr.*) Alpes de Tende, vallon du Cavallé, col de Salèze, Bonnet des Trois Evêques (*Ard.*)

B.-A. — Vallon de Juan au-dessus de Colmars (*Roux*).

3053. F. interrupta Desf. — G. G., 3, p. 580. — ♃. Mai, juin. — Lieux secs et arides.

B.-R. — Marseille : L'Estaque, Montredon ; Saint-Loup, au vallon d'Evêque ; Saint-Marcel, le long du canal ; île de Maïré. La Ciotat. Baou de Bretagne. Bords de l'étang de

Marignane. La Couronne. Martigues. Fos. Aix : au sommet de Sainte-Victoire. Les Milles. Maussanne. Mouriès. (*Roux*).

Var. — Plan d'Aups, Sainte-Baume, le Bausset, plages de Bandol et de Saint-Cyr, les Pesquiers d'Hyères, Porquerolles; le Luc (*Roux*).

B.-A.—Gréoulx : bords du Verdon. Digne : à St-Benoît *(Roux)*.

Vaucl. — Avignon (*Th. Brown!*)

3054. F. ARUNDINACEA Schreb. — G. G., 3, p. 580. — ♃. Mai-août. — Plante bien plus rare que la précédente, toujours au bord des prés ou des ruisseaux.

B.-R. — Marseille ; parc Borély, bords du Jarret, de l'Huveaune, etc. Roquefavour. Marignane. Raphèle : le long des fossés. (*Roux*). Rive gauche de l'Arc en aval de Pioline (*F. et A.*).

A.-M. — Assez commun au bord des fossés : Menton, Nice, île Sainte-Marguerite, etc. (*Ard.*).

Vaucl. — Avignon (*Roux*).

3055. F. PRATENSIS Huds. — G. G., 3, p. 581. — ♃. Mai, juin. — Çà et là dans les prés.

B.-R. — Marseille : parc Borély, les Martégaux, la Barrasse, etc. (*Roux*). Aix : dans les prés et aussi dans les endroits secs (*F. et A.*).

A.-M. — Dans les prés à Nice, Antibes, et dans la région montagneuse (*Ard.*).

3056. F. GIGANTEA Vill. — G. G., 3, p. 582. — ♃. Juin, juillet.

A.-M.— Assez rare. Bois couverts de la région montagneuse : forêt de Molières, val de Pesio (*Ard.*).

**Bromus** Linné.

3057. B. TECTORUM L. — G. G., 3, p. 582. — ☉. Mai, juin. — Commun dans les lieux secs, sur les vieux murs de toute la Provence.

3058. B. STERILIS L. — G. G., 3, p. 583. — ☉. Mai-juillet. — Presque aussi commun que le précédent dans les champs et au bord des chemins.

3059. B. MAXIMUS Desf. — G. G., 3, p. 584. — ☉. Mai, juin.

α *minor* Boissier. De cette variété, M. Jordan a fait trois espèces dont deux se trouvent en Provence :

*B. maximus* Desf.—Jordan in Billot., Annot. à la Flore de France et d'Allem., p. 228.— Lieux secs et pierreux ou sablonneux. — Marseille : Saint-Tronc ; l'Estaque, au vallon des Sardines ; îles de Pomègue et de Ratoneau. Sables maritimes de Fos (*Roux*). Cannes (*Jordan*).

*B. ambigens* Jordan (même ouvrage que ci-dessus).— Commun sur le bord des champs, dans les haies, etc. — Marseille : Montolivet, Saint-Julien, les Martégaux, les Olives, la Valentine, etc. La Sainte-Baume, le long des fossés du jardin de l'hospice. La Sauvette des Mayons, etc. (*Roux*).

β *Gussonii* G. G. — M. Jordan a créé encore aux dépens de cette variété :

*B. asperipes* Jordan.— Bill., Annot., p. 229. — Hyères (*Jordan*).

*B. Borœi* Jordan (même ouvrage). — Bords des champs et lieux incultes. — Marseille : Mazargues, vers la fabrique de Morgiou ; vallon de Luminy. Auriol, au vallon de Vède. Roquefavour. Martigues : à Saint-Giniez. Fréjus (*Roux*).

*B. propendens* Jordan (même ouvrage). — Bords des fossés près de la gare de Bouc-Cabriès. La Ciotat : au Vallat de Roubaou. Ile des Embiers. Les Pesquiers d'Hyères. Porquerolles. Sables maritimes à Saint-Raphaël (*Roux*).

3060. B. MADRITENSIS L. — G. G., 3, p. 584. — ⊙. Mai, juin. — Très commun dans les champs, les vignes, le long des murs, etc.

3061. B. RUBENS L. — G. G., 3, p. 585. — ⊙. Mai, juin. — Presque aussi commun, dans les mêmes lieux, que le précédent.

B.-R. — Marseille : Montredon, Mazargues, vallon de la Panouse, Saint-Jullien, les Martégaux, îles du golfe, etc. Aix. Roquefavour. Marignane. Cassis, la Ciotat, etc, (*Roux*).

Var. — Val d'Arène, Saint-Nazaire, etc. (*Roux*). Toulon, Hyères (*Gr. et Godr.*).

A.-M. — Cannes (*Gr. et Godr.*). Nice, Menton, peu commun (*Ard.*).

Vaucl. — Avignon (*Gr. et God.*).

3062. B. asper L. — G. G., 3, p. 586. — ♃. Juillet.
   Var. — Champs, lisière des bois (*Hanry*). Bois de la Sainte-Baume (*Roux*).
   A.-M. — Nice : au Var ; moins rare probablement dans la région montagneuse (*Ard.*).
3063. B. erectus Huds. — G. G., 3, p. 586. — Mai, juin. — Commun dans les lieux incultes, sur le bord des champs, des prés et des sentiers dans toute la Provence.
   β *macrostachys* G. G. (B. *multiflorus* Castagne, Cat. Marseille, p. 145, non Weig.) — Marseille : à Montredon (*Castagne*), sables de Mazargues (*Roux*). Martigues : au bord des chemins (*Autheman !*)

**Serrafalcus** Parlatore.

3064. S. secalinus Godr. — G. G., 3, p. 588. — ☉. Juin, juillet. — Rare en Provence.
   B.-R. — Marseille : quelquefois sur les bords du Jarret ; une fois au Roucas-Blanc. Une autre fois sur les hauteurs de Gémenos et entre Mouriès et Maussanne (*Roux*). La Crau (*Legré !*)
   Var. — Dans les champs (*Hanry*).
3065. S. arvensis Godr. — G. G., 3, p. 588. — ☉. Juin, juillet.
   B.-R. — Marseille ; décombres au bord du Jarret, au Rouet et aux Catalans (*Roux*). Champs à Marignane (*Autheman !*) Aix : rive gauche de l'Arc près des Infirmeries (*F. et A.*)
   Var. — Champs (*Hanry*).
   A.-M. — Grasse, Beuil, Saint-Martin Lantosque (*Ard.*).
   Vaucl. — Bords des ruisseaux d'arrosage à l'Isle (*Autheman !*)
3066. S. commutatus God. — G. G., 3, p. 589. — ☉. Mai, juin.
   B.-R. — Marseille ; bois de pins à Saint-Julien, aux Olives, etc. Prairies de Marignane, de Berre, etc. (*Roux*). Aix : au Montaiguet, sommet du vallon du Coq (*F. et A.*).
   Var. — Hyères : au Ceinturon. Sables maritimes à Saint-Raphaël (*Roux*).
   A.-M. — Antibes. De Frontan à Tende (*Ard.*).
3067. S. mollis Parl. — G. G., 3, p. 590. — ☉. Mai, juin. — Commun sur les pelouses, au bord des chemins, des champs et dans les lieux incultes de toute la Provence.

3068. S. Lloydianus G. G., 3, p. 591. — ☉. Mai, juin. — Cette plante, qui n'est peut-être qu'une forme rabougrie de la précédente, croît dans les lieux stériles, principalement aux bords de la mer. Marseille : les Catalans, sables de Mazargues, etc. (*Roux*). Toulon : au Pradet (*Huet !*). Hyères, Cannes (*Gr. et Godr.*).

3069. S. intermedius Parl. — G. G., 3, p. 591. — ☉. Mai, juin. — Lieux secs et pierreux.

B.-R. — Marseille : sables de Mazargues, vallons de Toulouse, de Morgiou, de Passo-Tèns à la Treille, de Luminy, de l'Estaque, de la Vache à la Bourdonnière, Gémenos : vallons de Saint-Pons et des Crides. Cassis. La Ciotat, etc. (*Roux*). Pas des Lanciers. Martigues : sur les hauteurs de la Mède (*Autheman!*)

Var. — Montée de la Sainte-Baume par Saint-Zacharie, par Nans et par Riboux (*Roux*). Toulon : à Morière (*Huet et Jacquin !*) Porquerolles (*abbé Ollivier*). Forêt des Maures, du Luc aux Mayons, la Verne (*Roux*). Bagnol (*Hanry*). Fréjus, Saint-Raphaël (*Gr. et Godr.*).

A.-M. — Grasse, Monaco (*Ard.*).

3070. S. patulus Parl. — G. G., 3, p. 592. ☉. Juin. — Lieux stériles.

Var. — Hyères (*Gr. et Godr.*).

Vaucl. — Avignon (*Gr. et Godr.*).

3071. S. squarrosus — G. G., 3, p. 592. — ☉. Mai, juin. — Lieux secs et pierreux.

B.-R. — Marseille : vallon de Toulouse, montée des Fabresses à Saint-Marcel ; vallons des Tuves à Saint-Antoine, de la Vache à la Bourdonnière. Sainte-Victoire, Marignane, Roquefavour, Gémenos, etc. (*Roux*). Martigues (*Autheman !*) Aix ; commun dans les lieux stériles (*F. et A.*).

Var. — Montée de la Sainte-Baume par Saint-Zacharie (*Roux*). Toulon, le Luc (*Hanry*).

A.-M. — Vence, Nice, Menton, Tende, etc. (*Ard.*).

B.-A. — Sisteron (*Gr. et Godr.*).

3072. S. macrostachys — G. G., 3, p. 593. — ☉. Mai, juin. — Lieux incultes, bord des champs.

B.-R. — Marseille : vallon de la Panouse, Saint-Julien, les Martégaux, entre les Olives et la Valentine. Martigues : à la Mède et au quartier de Saint-Giniez (*Roux*).

Var. — Toulon : à Coudon (*Huet !*) Iles d'Hyères, Gonfaron, Saint-Raphaël (*Hanry*). Champs montueux au Luc (*Huet !*) Du Luc aux Mayons (*Hanry ! Roux*).

A.-M. — Grasse, Cannes, Nice. (*Ard.*).

**Hordeum** Linné.

3073. H. vulgare L. — G. G., 3, p. 594. — ⊙ et ②. — Cultivé et souvent échappé des cultures.

3074. H. hexastichon L. — G. G., 3, p. 594. — ⊙. Mai, juin. — Cultivé et souvent mêlé au blé.

3075. H. murinum L. — G. G., 3, p. 594. — ⊙. Mai, juin. — Commun partout en Provence, sur le bord des chemins, au bas des murs, etc.

3076. H. secalinum Schreb. — G. G., 3, p. 595. — ② et ♃. Juin, juillet. — Lieux herbeux, prairies.

B.-R. — Bords des étangs de Marignane et de Berre (*Roux*).

Var. — Plan d'Aups : dans les prairies naturelles de la ferme dite du Plan (*Roux*).

A.-M. — Nice : au Var (*Ard.*).

3077. H. maritimum Vith. — G. G., 3, p. 595. — ⊙. Mai, juin. — Sables du littoral.

B.-R. — Bords des étangs de Marignane et de Berre (*Roux*). Martigues : bords de l'étang de Caronte et celui de Courtine. Tarascon (*Autheman!*)

Var. — Plage de Saint-Nazaire. Hyères : au Ceinturon et aux Pesquiers (*Roux*). Toulon, Fréjus (*Hanry*).

A.-M. — Golfe Jouan (*Hanry*). Nice (*Ard.*).

3078. H. bulbosum L. — G. G., 3, p. 596. — ♃. Mai, juin. — Etrangère à la Provence. Rencontrée quelquefois à Marseille, mais toujours parmi des décombres ou dans des lavoirs à laine. M. Huet l'avait trouvée aussi au lazaret de Toulon et dans la propriété de M. Gutier.

**Elymus** Linné.

3079. E. crinitus Schreb. — G. G., 3, p. 596. — ♃. Mai, juin. — Plante rare en Provence.

B.-R. — Marseille : uniquement parmi des décombres ou dans des lavoirs à laine (*Roux*). Martigues : à l'usine de Caronte, au midi du mur de clôture. Miramas-station : lieux incultes de la Crau (*Autheman!*)

Var. — Fréjus et Saint-Raphaël (*Hanry*).

A.-M. — Rare : Villefranche, Nice, Grasse (*Ard.*).

3080. E. EUROPÆUS L. — G. G., 3, p. 597. — ♃. Juin-juillet.

Var. — Assez commun vers le haut du bois de la Sainte-Baume (*Roux*).

A.-M. — Mines de Tende, val de Pesio (*Ard.*).

**Secale** Linné.

3081. S. CEREALE L. — G. G., 3, p. 598. — ⊙ et ②. Mai. — Cultivé en Provence et parfois échappé des cultures.

**Triticum** Palisot de Beauvois.

3082. T. VILLOSUM P. de B. — G. G., 3, p. 509. — ⊙. Mai, juin. — Champs et lieux incultes.

B.-R. — Marseille : très abondant à Saint-Marcel, sur la colline N.-D. de Nazareth d'où il descend dans les vallons de Forbin et de Saint-Cyr (dit Pescatory) ; la Penne, près des ruines d'un vieux tombeau romain (*Roux*). Terrains vagues à droite de la route de Saint-Joseph aux Aygalades, quartier des Bessons (*Laué !*) Aix (*Gr. et God.*) ?

Var. — Remparts de Toulon ; la Sauvette des Mayons (*Hanry*) ?

A.-M. — Nice (*Hanry*) ?

Vaucl. — Au pied du mont Ventoux (*Gr. et God.*) ?

3083. T. VULGARE Vill. — G. G., 3, p. 599. — ⊙. Juin. — Cultivé dans toute la Provence, souvent échappé des cultures.

3084. T. SPELTA L. — G. G., 3, p. 600. — ⊙. Juillet-août. — Cultivé sur quelques points élevés de la Provence ; je l'ai vu au Plan d'Aups, dans les hautes cultures de Cousson à Digne, etc.

**Ægilops** Linné.

3085. Æ. VULGARI-OVATA. — *Triticum vulgari-ovatum* G. G., 3, p. 600. — ⊙. Juin. — Cette hybride croît sur le bord des champs où l'année précécente on avait cultivé du blé.

B.-R. — Marseille : Saint-Julien, Martégaux, les Trois Lucs.

Marignane. Berre. Aix, etc. (*Roux*). Martigues, Velaux (*Autheman*)!

Var. — La Cadière vers Val d'Arène ; le Bausset, Saint-Nazaire, du Luc au Cannet, Fréjus (*Roux*).

Vaucl. — Avignon, Carpentras (*abbé Gonnet !*)

3086. Æ. vulgari-triaristata. — *Triticum vulgari-triaristatum* G. G., 3, p. 601. — ⊙. Juin.

B.-R. — Hybride rare : une seule fois sur le bord d'un champ vers Marignane, 13 juin 1880 (*Roux*).

Vaucl. — Avignon (*Gr. et God.*).

3087. Æ. vulgari-triuncialis Loret, Bull. Soc. Bot. de France, XVI, p. 288. — Cette hybride rare diffère des deux précédentes par son épi plus cylindrique et surtout par la longueur des arêtes des glumes terminales égalant la longueur de l'épi, comme dans l'*Æ. triuncialis*.

B.-R. — Marseille : Saint-Tronc sur le bord d'un champ, 14 juin 1857 (*Roux*).

Var. — Plan d'Aups, 20 juin 1867 ; même localité, 21 juin 1880. Assez commun dans les champs vers l'entrée du bois des Maures du Luc (*Roux*).

3088. Æ. ovata L. — *Triticum ovatum* G. G., 3, p. 601. — ⊙. Mai, juin. — Très commun sur les bords des sentiers et des champs dans toute la rég. littorale de Provence.

3089. Æ. triaristata Willd. — *Triticum triaristatum* G. G., 3, p. 602. — ⊙. Juin. — Lieux incultes, bord des sentiers dans la région littorale.

B.-R. — Marseille : l'Estaque, Saint-Antoine, Saint-Julien, la Treille. Berre, Marignane, Martigues (*Roux*). Aix : rives sèches à Repentance, Cuques (*F. et A.*) Arles (*Gr. et Godr.*)

Var. — Le Bausset, le Luc (*Roux*). Toulon, Hyères, Fréjus (*Gren. et Godr.*)

A.-M. — Grasse, Nice (*Ard.*)

Vaucl. — Avignon (*Gren. et Godr.*)

3090. Æ. macrochæta Shuttl. et Huet *apud* Duval-Jouve in Bull. Soc. Botan. de France, XVI, p. 385. — ⊙. Mai, coteaux et vignes. — Ressemble un peu à *Æ. triuncialis*, mais ses épillets sont plus renflés et au nombre de 2, au lieu de 5 à 7.

B.-R. — La Crau d'Arles (*Duval-Jouve*).

Var. — Toulon : au nord du Faron, vers Touris (*Shuttleworth*). Sommet du Faron (*Jacquin et Duval-Jouve).*

3091. Æ. TRIUNCIALIS L. — *Triticum triunciale* G. G., 3, p. 602. — ⊙. Bord des champs.

B.-R. — Marseille : Montredon, Mazargues, Saint-Tronc ; vallons des Tuves, du Rouet, etc. (*Roux*). Aix : au pied de Cuques ; rive gauche de l'Arc, vis-à-vis de la passerelle près du vallon du Tir (*F. et A.*)

Var. — Commun au plan d'Aups ; le Luc (*Roux).* Toulon (*Hanry*).

A.-M. — Nice, Col de Braus, Castillon, la Turbie (*Ard.*)

Vaucl. — Avignon, la Barthelasse (*Th. Brown!*)

3092. Æ. CAUDATA L. — *Triticum caudatum* G. G., 3, p. 603. — ⊙. Juin.

Var. — La Sainte-Baume (*Gren. et Godr.*, d'après *Auzende*) ? N'y aurait-il pas eu confusion avec l'*Æ. vulgaritriuncialis* qui croît dans cette localité ?

**Agropyrum** Palisot de Beauvois.

3093. A. JUNCEUM P. de B. — G. G., 3, p. 604. — ♃. Juin, juillet. — Sables maritimes.

B.-R. — Marseille : l'Estaque, Montredron, sables de Mazargues, etc. Plage de Fos (*Roux*).

Var. — Plages de Bandol, de Saint-Cyr, de Saint-Nazaire jusqu'au Brusc. (*Roux*). Toulon, Fréjus (*Hanry*). Porquerolles (*abbé Ollivier*).

A.-M. — Çà et là de Menton jusqu'à Cannes (*Ard.*).

3094. A. SCIRPEUM Rœm. et Sch. — G. G., 3, p. 604. — ♃. Juin. Prairies marécageuses.

B.-R. — Bords des étangs de Marignane, de Berre et de Caronte (*Roux*). Marécages du Grand-Vallat près de Sausset (*Autheman!*)

Var. — Toulon (*Huet!*)

3095. A. ACUTUM Rœm. et Sch. — G. G., 3, p. 605. — ♃. Juin, juillet. — Lieux sablonneux ou caillouteux.

B.-R. — Marseille : île de Jarro. Marignane : le long des fossés. Berre : au Moulin-de-Merveille. Miramas (*Roux*).

Var. — Lieux incultes du plan d'Aups. Saint-Nazaire : au cap Nègre (*Roux*). Toulon (*Huet !*) Hyères: sables maritimes (*Albert!*) Porquerolles (*abbé Ollivier*).

A.-M. — Cannes (*Gr. et Godr.*)

Vaucl. — Avignon : sur les bords du Rhône (*Roux*). Chaussée de la Durance (*Th. Brown!*)

3096. A. PUNGENS Rœm. et Sch. — G. G., 3, p. 606. — ♃. Juin, juillet.

α *genuinum* G. G.

B.-R. — Marseille : Saint-Loup dans le vallon d'Evêque. Bords des étangs de Berre, de Marignane, de Caronte, etc. (*Roux*). La Crau d'Arles (*Legré !*)

Var. — De Saint-Nazaire au Brusc (*Roux*). Toulon : aux Sablettes (*Huet!*) Porquerolles (*abbé Ollivier*).

β *megastachyum* G. G.

B.-R. — Fossés du bord de l'étang de Marignane; rive droite de l'étang de Caronte (*Roux*).

Var. — Toulon, Fréjus (*Gr. et Godr.*)

A.-M. — Cannes (*Gr. et Godr.*)

3097. A. PYCNANTHUM G. G., 3, p. 606. — ♃. Mai, juin.

B.-R. — Martigues, plage de Fos (*Roux*). Saint-Mitre, voisinage du Pourrat (*Autheman !*) La Crau (*Legré !*) Miramas (*Castagne !*)

Var. — Porquerolles (*abbé Ollivier*).

A.-M. — Antibes. Nice : à Magnan (*Ard.*)

3098. A. CAMPESTRE G. G., 3, p. 607. — ♃. Juillet, août. — Haies, bords des champs, etc.

B.-R. — Marseille : Saint-Julien, les Martégaux, Saint-Loup, etc. Les Milles. Aix : bords de l'Arc, etc. Berre, Marignane, Martigues (*Roux*).

Var. — Toulon, le Luc (*Roux*). Ampus (*Albert!*) Porquerolles (*abbé Ollivier*).

A.-M. — Assez commun au bord des champs secs (*Ard.*)

B.-A. — Barcelonnette : dans les champs (*Roux*).

Vaucl. — Avignon, Carpentras (*Gr. et Godr.*).

3099. A. GLAUCUM Rœm. et Sch. — G. G., 3, p. 607. — ♃. Août.

Var. — Lieux herbeux et incultes à Ampus (*Albert!*)

B.-A. — Gréoulx : sur le bord des champs. Digne : sur la montagne de Cousson (*Roux*). Castellane (*Gr. et Godr.*, d'après *Loret*). Montagne de Lure (*Legré !*)

3100. A. Pouzolzii G. G., 3, p. 608. — Juin, juillet.

Var. — Aiguines, dans les sables le long d'Artuby (*Albert !*)

3101. A. repens P. de B. — G. G., 3, p. 608. — ♃. Juin, juillet.

— Assez répandu dans toute la Provence, au bord des haies, lieux sablonneux, etc.

3102. A. caninum Rœm. et Sch. — G. G., 3, p. 609. — ♃. Juillet, août.

A.-M. — Saint-Martin-Lantosque, Sainte-Anne de Vinaï, Saint-Etienne (*Ard.*).

B.-A. — Faillefeu au-dessus de Prats ; la Foux près d'Allos ; gravier de l'Ubaye à la Condamine près de Barcelonnette (*Roux*). Montagne de Lure (*Legré !*)

3103. A. Rouxii Grenier et Duval-Jouve, Suppl. Fl. Massil. Adv., p. 23. — ♃. Juin.

Epi non interrompu, allongé (10 centimètres de long), grêle, accru souvent à la base par des glumes stériles ; rachis glabre. — Epillets triflores. — Glumes glabres, presque égales, *à peine plus courtes que la fleur inférieure*, étroitement lancéolées, acuminées-aristées, uninervées ou à trois nervures peu prononcées, rudes sur la carène, *nullement contiguës à leur base*, mais très distantes l'une de l'autre comme dans le genre « Elymus ». — Fleurs glabres, non écartées, les deux inférieures fort rapprochées, presque sessiles, la supérieure pédicellée ; pédicelle glabre, long de 2 millimètres. — Glumelle inférieure lancéolée, à peine nervée ou à trois nervures peu accusées, aristée ; arête surpassant, au plus de la moitié ou du tiers, la glumelle.- Feuilles étroites, enroulées, striées, beaucoup plus courtes que le chaume, glabres ; ligule très courte ; gaînes inférieures *pubescentes*, les supérieures striées, glabres. — Chaume dressé, genouillé, glabre, légèrement sillonné dans le voisinage de l'épi. — Racine *fibreuse*.

D'après Duval-Jouve, cette plante n'est qu'une hybride entre l'*Agropyrum scirpeum* et *Hordeum maritimum*. Je l'avais trouvée le 11 juin 1858, dans les prairies marécageuses des environs des salines de Berre (B.-du-R.) ; la localité a été détruite par l'aggrandissement de ces salines. On l'a retrouvée, depuis, à Béziers, croissant en abondance sur la plage de Portirargues.

**Brachypodium** Palisot de Beauvois.

3104. B. SYLVATICUM Rœm. et Sch. — G. G., 3, p. 610. — ♃. Juillet, août. — Commun le long des eaux, dans les haies et les lieux ombragés de toute la Provence.

3105. B. PINNATUM P. de B. — G. G., 3, p. 610, var. α. — ♃. Juillet, août; assez rare.

Var. — Bois de la Sainte-Baume, N.-D. de Pignans, forêt des Maures du Luc aux Mayons et des Mayons à Gonfaron (*Roux*).

B.-A. — Digne : montagne de Cousson, etc. (*Roux*).

3106. B. PHŒNICOIDES (*sub Triticum*). — *B. pinnatum* β *australe* G. G., 3, p. 355. — ♃. Juin, juillet. — Très commun dans la basse Provence, dans les lieux pierreux, au bord des champs, sur les vieux murs.

3107. B. RAMOSUM Rœm. et Sch. — G. G., 3, p. 610. — ♃. Mai, juin. — Bois de pins, lieux secs et pierreux.

B.-R. — Marseille : Endoume, N.-D. de la Garde, Mazargues, Saint-Loup, Saint-Julien, les îles. Gémenos. Cassis, La Ciotat, etc. (*Roux*). Aix : vallon de Cascaveou et rives stériles (*F. et A.*) Martigues (*Autheman!*) La Crau *(Castagne!)*

Var. — Toulon, Porquerolles, le Luc (*Roux*). Fréjus (*Gr. et Godr.*).

A.-M. — Çà et là dans les lieux arides, parmi les rochers de la région littorale (*Ard.*).

Vaucl. — Avignon (*Th. Brown!*) Carpentras (*Gr. et Godr.*).

3108. B. DISTACHYON P. de B. — G. G., 3, p. 611. — ⊙. Mai, juin. — Lieux secs et pierreux.

B.-R. — Marseille : N.-D. de la Garde, Roucas-Blanc, île de Ratoneau, Saint-Julien, les Martégaux, etc. Mouriès. La Ciotat (*Roux*). Martigues, Velaux (*Autheman!*) Aix (*F. et A.*).

Var. — Saint-Nazaire, Sixfours, les Pesquiers d'Hyères, le Luc (*Roux*). Porquerolles (*abbé Ollivier*).

A.-M. — Ile Sainte-Marguerite (*Hanry*). Cannes, Nice (*Ard.*).

**Lolium** Linné.

3109. L. PERENNE L. — G. G., 3, p. 612. — ♃. Juin-octobre. —

Commun dans toute la Provence, prairies, pelouses du bord des chemins et des champs, où l'on rencontre aussi sa forme *tenue*, plus rarement ses variations *cristatum*, *furcatum* et *ramosum*.

3110. L. ITALICUM Braun. — G. G., 3, p. 613. — ♃. Juin, juillet. — Très rare en Provence.

B.-R. — Çà et là au bord des prés du parc Borély à Marseille (*Roux*).

Var. — Porquerolles *(abbé Ollivier)*. Probablement confondu avec le suivant.

3111. L. MULTIFLORUM Lmk. — G. G., 3, p. 613. — ⊙. Juin, juillet.

B.-R. — Marseille : rare, quelquefois sur les bords du Jarret et aux sables de Mazargues. Glacière du Baou de Bretagne (*Roux*).

Var. — Iles des Embiers et de Porquerolles. Hyères : au Ceinturon. Vallon de la Verne (*Roux*). Fréjus *(Gr. et Godr.)*

3112. L. STRICTUM Presl. — G. G., 3, p. 613. — ⊙. Mai, juin. — Très commun, ainsi que ses variétés, dans les champs et lieux incultes du littoral de la Provence.

3113. L. TEMULENTUM L. — G. G., 3, p. 614. — ⊙. Mai, juin. — Çà et là dans les champs et les moissons de toute la Provence.

Variété γ *oliganthum* G. G. — Dans les champs montueux à Pourcieux près de Saint-Maximin *(Roux)*. L'Estérel (*G. et Godr.*, d'après *Loret*).

**Gaudinia** Palisot de Beauvois.

3114. G. FRAGILIS P. de B. — G. G., 3, p. 615. — ⊙. Mai, juin.

B.-R. — Marseille : rare ; bords du Jarret ; Roucas-Blanc. Roquefavour (*Roux*). Etang de Marignane : aux Palunettes (*Autheman!*) Aix : champs, rives sèches (*F. et A.*).

Var. — Hyères : au Ceinturon, à Porquerolles. Vallon de la Verne à Collobrières. Forêt des Maures. Le Luc (*Roux*).

A.-M. — Lieux sablonneux ; Menton, Nice, Cannes (*Ard.*).

**Nardurus** Rchb.

3115. N. TENELLUS — G. G., 3, p. 616. — ⊙. Mai-juillet.

α *genuinus* G. G. — *Triticum unilaterale* L.

B.-R. — Marseille : moissons au Cabot ; vallon au pied de Garlaban. Roquefavour. Sainte-Victoire (*Roux.*).

β *aristatus* Parl. — G. G., 3, p. 616. — *Triticum Nardus* D. C.

B.-R. — Marseille ; au Cabot, sur la route de Cassis ; vieux four à chaux dans le vallon de Saint-Cyr et ruines de Saint-Clair à Saint-Jean de Garguier. Gémenos : sur les hauteurs de Saint-Pons. Vallon de Parouvier sous Venelles. Saint-Paul-les-Durance (*Roux*). Aix : dans un champ inculte du Montaiguet (*F. et A.*). Châteauneuf-les-Martigues (*Autheman !*).

Var. — Au Plan d'Aups, la Sainte-Baume, le Luc, etc. (*Roux*).

M. Duval-Jouve considère ces deux variétés comme des espèces distinctes.

3116. N. LACHENALII Godr. — G. G., 3, p. 616. — ☉. Mai, juin. — Rare en Provence.

Var. — Bois de pins dans les grès rouges entre le Luc et la gare. Vallon de la Sauvette des Mayons. Coteaux à Saint-Raphaël (*Roux*).

A.-M. — Lieux arides, peu commun : Cannes, Nice (*Ard.*).

β *aristatus* Boiss. — G. G.

Var. — Montée de la chartreuse de la Verne par Collobrières, mêlée au type.

3117. N. SALZMANNI. Boiss. — G. G., 3, p. 617. — ☉. Mai, juin.— Sables et terrains légers.

B.-R. — Cette plante n'est pas rare aux environs de Marseille ; on la rencontre généralement dans les vieux fours à chaux : Saint-Tronc, vers le fond du vallon de Toulouse ; Saint-Loup, au vallon d'Evêque ; Saint-Marcel, dans le vallon de Saint-Cyr (dit vallon de Piscatory) et sous les restes des remparts de Saint-Clair du côté sud ; dans les sables dolomitiques de la partie méridionale du Pilon du Roi ; vallon des Tuves, à Saint-Antoine. Gémenos, au vallon de Saint-Pons. Cassis, au midi de la colline et non loin de la chapelle de Sainte-Croix. La Ciotat, sur les coteaux secs exposés au midi, entre autres vers N.-D. de la Garde et le Bec de l'Aigle.

**Lepturus** Rob. Brown.

3118. L. incurvatus Trin. — G. G., 3, p. 618. — ⊙. Mai-juillet, — Sables maritimes.

B.-R. — Marseille : Montredon, Callelongue au-delà des Goudes, île de Ratoneau, etc. Berre. Martigues (*Roux*).

Var. — Golfe des Lecques, plages de Bandol, de Saint-Nazaire (*Roux*). Toulon : aux Sablettes. Hyères : à l'Almanare (*Huet !*) Fréjus (*Hanry*).

A.-M. — Très rare à Menton. Çà et là de Cannes à Nice (*Ard.*) Ile Saint-Marguerite (*Hanry*).

3119. L. cylindricus Trin. — G. G., 3, p. 618. — ⊙. Mai-juillet. Sables maritimes.

B.-R. — Bord des étangs de Marignane, de Berre ; Martigues, etc. (*Roux*).

Var. — Toulon : à Castignaux (*Huet !*) Fréjus (*Hanry*).

A.-M. — Golfe Jouan. Antibes. Nice (*Ard.*).

3120. L. filiformis Trin. — G. G., 3, p. 618. — ⊙. Juin, juillet.

B.-R. — Prairies salées et bord des fossés à Berre, Marignane, etc. (*Roux*).

Var. — Saint-Nazaire : vers le cap Nègre et au Brusc. Hyères : au Ceinturon (*Roux*). Toulon : de Tamaris aux Sablettes (*Reynier !*) Ile de Porquerolles (*abbé Ollivier*). Fréjus (*Hanry*).

A.-M. — Nice, golfe Jouan (*Ard.*).

**Psilurus** Trin.

3121. P. nardoides Trin. — G. G., 3, p. 619. ⊙. Mai, juin. — Coteaux, lieux arides.

B.-R. — Marseille : dans les bois de pins à Saint-Tronc, vallon de la Panouse, Saint-Julien, les Martégaux (*Roux*). Saint-Antoine (*Reynier !*) Cassis. La Ciotat (*Roux*).

Var. — Saint-Nazaire : à Pipière. Toulon : au Baou de Quatro-Houros (*Roux*). Le Luc, Saint-Tropez, Fréjus (*Hanry*). Collobrières (*Roux*).

A.-M. — Menton, Nice, Biot, etc. (*Ard.*).

**Nardus** Linné.

3122. N. aristata L. — G. G., 3, p. 620. — ♃. Juillet, août. — Région alpine.

Var. — Aups, Fox-Amphoux (*Hanry*).

A.-M. — Commun sur les pelouses de la région montagneuse (*Ard.*).

B.-A. — Montagne de la Vachère et sommet des Boules à Faillefeu au-dessus de Prats. Vallon de Juan au-dessus de Colmar, etc. (*Roux*).

# PLANTES VASCULAIRES

## FOUGÈRES

**Botrychium** Swartz.
3123. B. Lunaria Swartz. — G. G., 3, p. 624. — ♃. Mai-juillet.
    A.-M. — Çà et là dans toutes nos Alpes (*Ard.*) Mont Cheiron (*Bornet*).
    Vaucl. — Mont Ventoux, parmi les cailloux du vallon du Glacier (*Roux*).

**Ophioglossum** Linné.
3124. O. vulgatum. L. — G. G., 3, p. 624. — ♃. Mai, juin.
    B.-R. — Marseille : dans les prés de Saint-Marcel et de la Capelette. Berre. Entressen : dans la propriété de Gallifet (*Roux*). Dans les prés de Raphèle (*Duval-Jouve!*) Prairies aux environs de la Pioline à Aix. Sous les platanes du châteaux de Fonscolombe (*F. et A.*)
    Var. — Toulon. La Seyne. Castigneaux (*Hanry*).
    A.-M. — Rare. Castel d'Appio près de Vintimille. Nice : au Var. Contes (*Ard.*)
3125. O. lusitanicum L. — G.G., 3, p. 625. — ♃. Décembre, janvier.
    B.-R. — En Coustière : à la Pissarote. Marais de Fos (*Castagne*).
    Var. — Hyères (*Triboutl*) Vidauban. Fréjus (*Hanry*).
    A.-M. — Abonde sur les bords de la mer au cap d'Antibes (*Ard.*)

**Osmunda** Linné.
3126. O. regalis L. — G.G., 3, p. 625. — ♃. Mai, juin.
    Var. — Rives d'un torrent dans le bois des Maures, les Mayons (*Roux*). La Verne (*Hanry*).
    A.-M. — A la fontaine de la Sainte-Baume du cap Roux dans l'Estérel (*Reynier!*) La Napoule ((*Ard*).

**Ceterach** Bauhin.

3127. C. officinarum Wild. — G.G., 3, p. 626. — ♃. Toute l'année. — Commun sur les rochers, les vieux murs et dans les lieux pierreux de toute la Provence.

**Nothoclæna** R. Brown.

3128. N. marantæ R. Br. — G.G., 3, p. 626. — ♃. Avril, mai.
Var. — Bord des torrents dans les Maures (*Huet!*) Indre près de Fréjus (*Perreymond*). La Garde-Freinet, dans un vallon au nord du fort Freinet (*Hanry* d'après *Muller* de Genève).
A.-M. — L'Estérel. Biot près d'Antibes (*Ard.*).

**Polypodium** Linné.

3129. P. vulgare L. — G. G., 3, p. 627. — ♃. Presque toute l'année. — Assez commun parmi les rochers ombragés des lieux montueux de toute la Provence.

3130. P. phegopteris L. — G. G., 3, p. 627. — ♃. Juin, juillet.
A.-M. — Région montagneuse. Sainte-Anne de Vinaï (*Ard*).

3131. P. rhæticum L. — G.G., 3, p. 628. — ♃. Juin-août.
Var. — Rochers ombragés. Margès à Aiguines, arrondissement de Draguignan (*Albert!*)

3132. P. dryopteris L. — G.G., 3, p. 628. — ♃. Juillet, août.
A.-M. — La Giandola, Utelle, Lantosque, Venanson, Clans, col de Fenestre (*Ard.*).
B.-A. — Digne : dans le vallon de Richelme (*Roux*).
β *calcareum* G. G.
A.-M. — Mont Cheiron au-dessus de Grasse (*Bornet*). Mont Mulacé au-dessus de Menton (*Th. Modgridge!*) Col de Braus, Saorgio, col de Tende (*Ard.*)
Vaucl. — Débris mouvants au mont Ventoux (*Roux*).

**Grammitis** Swartz.

3133. G. leptophylla Swartz. — G. G., 3, p. 629. — ☉. Mars-mai. — Lieux frais, rochers humides.
Var. — Solliès-Toucas (*Albert!*) Micachistes des Maures d'Hyères et du Luc (*Huet et Jacquin!*) Ruisseau du sommet de la Sauvette au penchant de Collobrières ; berges d'un torrent entre Bormes et le Lavandou (*Roux*). Fréjus (*Perreymond*).

A.-M. — Menton, Biot, Vallauris, Cannes, les Maures de Tanneron, vallée de l'Esteron (*Ard.*)

**Aspidium** R. Brown.

3134. A. LONCHITIS Swartz. — G. G., 3, p. 630. — ♃. Juillet, août.

A.-M. — Assez répandu dans toutes nos Alpes.

B.-A. — Environs du lac d'Allos ; montée des Boules à Faillefeu au-dessus de Prats (*Roux*).

3135. A. ACULEATUM Dœll. — G. G., 3, p. 630. — ♃. Juin-septembre. — Rochers humides, peu commun.

Var. — Mourières (*Hanry*).

A.-M. — A la fontaine de la Sainte-Baume du cap Roux dans l'Estérel (*Reynier!*) Menton. Entre Fontan et Tende. Venanson (*Ard.*)

β·*angulare* G. G.

Var. — Vallon de la Sauvette aux Mayons (*Roux*). Fréjus (*Perreymond*).

A.-M. — Menton. Roquebrune. Nice. L'Esterel, etc. (*Ard.*)

**Polystichum** Roth.

3136. P. THELYPTERIS Roth. — G. G., 3, p. 630. — ♃. Juin- septembre.

B.-R. — Paluds de Raphèle près d'Arles, de la Grande Marnière près de Mouriès (*Roux*). Mouriès (*Autheman!*) Abonde dans les marais de Meyrane (*Duval-Jouve!*)

3137. P. OREOPTERIS DC. — G. G., 3, p. 631. — ♃. Juillet, août.

A.-M. — Région montagn. Dans les bois de Molières et de l'Isola ; val de Pesio (*Ard.*)

3138. P. FILIX-MAS Roth. — G. G., 3, p. 631 — ♃. Juin-septembre.

A.-M. — Assez commun dans les bois de la région montagneuse d'où il descend jusque près de Menton (*Ard.*).

3139. P. SPINULOSUM DC. — G.G., 3, p. 632. — Juillet-octobre.

A.-M. Région alpine : cols Bertrand, de Fenestre; bois du Boréon au-dessus de Saint-Martin Lantosque (*Ard.*).

3140. P. RIGIDUM DC. — G.G., 3, p. 632. — ♃. Juillet-octobre.

Var. — Sommet de N.-D. des Anges de Pignans (*Hanry*).

A.-M. — Mont Aiguille au-dessus de Menton, col Bertrand, val de Pesio, montagnes de Caussols, de Défens et mont Lachen (*Ard.*)

**Cystopteris** Bernh.

3141. C. FRAGILIS. Bernh. — G. G., 3, p. 633. — ♃. Juillet-octobre. — Rochers, vieux murs ombragés.

B.-R. — Nord de Roquefourcade, à Roussargues au-dessus d'Auriol (*Roux*).

Var. — Haut du bois de la Sainte-Baume (*Roux*). Pignans (*Hanry*).

A.-M. — Assez répandu dans toutes les Alpes jusqu'aux montagnes au-dessus de Menton, au Villars du Var, à Caussols, à Vence (*Ard.*)

B.-A. — Faillefeu au-dessus de Prats; lac d'Allos, etc. (*Roux*).

Vaucl. — Apt : au vallon de la Rochelierre (*Coste !*)

**Asplenium** Linné.

3142. A. FILIX-FÆMINA Bernh. — G. G., 3, p. 635. — ♃. Juin-octobre. — Région montagneuse.

Var. — Le long des ruisseaux dans le vallon de la Sauvette aux Mayons du Luc et à la fontaine de l'ermitage de N.-D. des Anges de Pignans (*Roux*).

A.-M. — Vallon de Fenestre, bois du Boréon au-dessus de Saint-Martin (*Ard.*)

3143. A. HALLERI DC. — G. G., 3, p. 625. — ♃. Juin-août. — Fentes des rochers de la rég. montagneuse.

B.-R. — Nord du Pilon du Roi, Mimet; Gémenos: aux vallons de Saint-Pons et des Crides; vallon de Saint-Clair à Saint-Jean de Garguier, etc. (*Roux*). Pichaury : au pied des rocs escarpés tournés au nord (*Reynier !*) Aix : Sainte-Victoire, vallon du versant nord vis-à-vis du château de Saint-Marc (*F. et A.*)

Var. — Bois de la Sainte-Baume (*Roux*). N.-D. des Anges de Pignans. Aups (*Hanry*).

A.-M. — Assez commun dans la rég. montagneuse jusque près de Menton, Levens, Aiglun, Séranon, etc. (*Ard.*)

3144. A. LANCEOLATUM Huds. v. β *obovatum* G. G., 3, p. 636. — ♃. Avril-juin. Fentes des rochers.

Var. — Bois de la Sainte-Baume; y est rare (*Roux*). Ile de Porquerolle (*Hanry !*) Ile de Portcros (*Chambeiron !*) Ile du Levant, Fenouillet et rochers de Saint-Jean près d'Hyères (*Hanry*).

A.-M. — Le long de la rivière d'Agay (*Hanry*).

3145. A. PETRARCHÆ DC. — *A. Trichomanes* v. *pubescens* G.G., 3, p. 686. — ♃. Toute l'année. Cà et là dans les fentes des rochers exposés au midi dans la région littorale.

B.-R. — Marseille : vallon de Morgiou, surtout dans la gorge qui monte à Luminy (*Roux*); hauteurs de Marseille-Veiré, rochers au midi de la Selle (*Taxis !*); vallon de Toulouse à Saint-Tronc et ravin des Mourets à Château-Gombert (*Reynier !*) Aix : à l'entrée du vallon de Cascaveou (*F. et A.*)

Var. — Toulon au midi du Faron (*Huet ! Roux*). Baou de Quatre-Houros (*Reynier !*)

A.-M. — Rochers exposés au midi, de Menton à Antibes (*Ard.*)

Vaucl. — Fontaine de Vaucluse (*De Candolle*).

3146. A. TRICHOMANES L. — G. G., 3, p. 636. — ♃. Toute l'année. — Commun dans les fentes des rochers, contre les vieux murs dans toute la Provence.

3147. A. VIRIDE Huds. — G. G., 3, p. 636. — ♃. Eté.

A.-M. — Dans toutes nos Alpes, mais peu commun (*Ard.*)

3148. A. SEPTENTRIONALE. — G. G., 3, p. 637. — Eté, automne.

Var. — Montrieux : très rare, quelques brins sous le pont (*Laurans !*)

A.-M. — Assez répandu dans toutes nos Alpes (*Ard.*) La Minière (*Thr. Moggridge !*)

3149. A. RUTA-MURARIA L. — G. G., 3, p. 637. — ♃. Presque toute l'année. — Commun dans les fentes des rocs, contre les vieux murs dans toute la Provence.

3150. A. ADIANTHUM-NIGRUM L. — G. G., 3, p. 638. — ♃. Mai-septembre. — Assez rare sur le terrain calcaire, peu répandu conséquemment dans les Bouches-du-Rhône ; affectionne la silice : grès de la Ciotat ; micachistes du Var, où il est commun (*Roux*).

A.-M. — Sur les vieux murs ombragés, les rochers humides (*Ard.*).

**Scolopendrium** Smith.
3151. S. officinale Smith. — G. G., 3, p. 638. — ♃. Mai-septembre.
- B.-R. — Autrefois abondant dans le vallon de Saint-Pons de Gémenos ; y a été déraciné par les jardiniers, sauf dans le parc où il subsiste près de la source.
- Var. — Le Muy, le Luc, Montrieux (*Hanry*). Rochers ombragés de Margès à Aiguines (*Albert l*)
- A.-M. — Peu commun. Grasse, Nice, Menton (*Ard*).

3152. S. Hemionitis Sw. — G. G., 3, p. 638. — ♃. Avril, juillet. — Grottes, fentes des rochers.
- B.-R. — Marseille : massif de Marseille-Veiré, depuis les hauteurs de la propriété Pastré, le vallon dit Maouvallon, jusqu'à la Fontaine d'Ivoire. Le mont Rose à la Madrague de Montredon. Ile de Maïre (*Roux*).
- Var. — Autour de Toulon (*Gr. et Godr.*)?
- A.-M. — Très rare à Mala entre Monaco et Eze. Antibes (*Ard*).

**Blechnum** Roth.
3153. B. spicant Roth. — G. G., 3, p. 639. — ♃. Juin, août.
- Var. — Vallon de la Sauvette des Mayons (*Roux*).
- A.-M. — Entre la Napoule et Agay ; vallée de la Madeleine près de Nice (*Ard.* d'après *Moggridge*).

**Pteris** Linné.
3154. P. aquilina L. — G. G., 3, p. 639. — ♃. Eté. — Commun dans les lieux ombragés et sablonneux de toute la Provence.
3155. P. cretica L. — G. G., 3, p. 640. — ♃. Avril, mai.
- A.-M. — Rochers ombragés ; rare. Nice : au Vallon-Obscur, vallon de Donareou près d'Aspremont, la Giandola, Tende (*Ard.*).

**Adianthum** Linné.
3156. A. Capillus-Veneris L. — G G., 3, p. 640. — ♃. Juin, juillet. — Grottes, rochers et murs humides dans la majeure partie de la Provence.

**Allosurus** Bernhardi.
3157. A. crispus Bernh. — G. G., 3, p. 641. — ♃. Juillet, août.
- A.-M. — Rég. alpine. Cols de Tende et de l'Abisso. N.-D. de Fenestre. Saint-Anne de Vinaï. Val de Rabuons (*Ard.*)

**Cheilanthes** Sw.

3158. C. odora Sw. — G. G., 3, p. 641. — ♃. Avril-juin.

B.-R. — Marseille : parmi les cailloux roulants de Maouvallon au midi de Marseille-Veïré (*Roux*) ; vieux murs d'une traverse de la route de la Bourdonnière à Notre-Dame des Anges *(Taxis!)* ; escarpements du ravin des Mourets à Château-Gombert (*Reynier!*). Roquevaire : montée de Pierrascas par Capiens *(Reynier!)*

Var. — Vieux murs dans le chemin de Saint-Cyr à Sainte-Anne. Gorges d'Ollioules : rochers au midi d'Evenos. Baou de Quatre-Houros (*Roux*). Le Lavandou et îles d'Hyères (*Hanry*).

A.-M. — Grasse (*Loret* et *Hanry*). Roquebrune ; port de Mala entre Monaco et Eze ; Saint-Césaire au quartier de Saint-Ferréol (*Ard.*).

## EQUISÉTACÉES

**Equisetum** Linné.

3159. E. arvense L. — G. G., 3, p. 643. — ♃. Mars, avril. — Commun dans les champs et les lieux humides.

3160. E. maximum Lmk. — *E. Telmateya* Ehrh. G. G.,3, p. 663. — ♃. Mars, avril.

B.-R. — Marseille : le long du Jarret vers la Rose. Marignane, etc. (*Roux*). Aix : bords de l'Arc, ruisseaux des Infirmeries et des Pinchinats (*F. et A.*)

A.-M. — Commun dans les lieux humides au bord des ruisseaux *(Ard.)*

3161. E. palustre L. — G. G., 3, p. 644. — ♃. Mai, juin.

B.-R. — Bord des prés aux Milles (*Roux*). Bords de l'Arc à Roquefavour (*F. et A.*)

Var. — Fossés, marais (*Hanry*).

A.-M. — Peu commun. Nice : au Var. Le Bar, etc. (*Ard.*).

B.-A. — Vallon de Sagnas à Faillefeu au-dessus de Prats. Bords de l'Ubaye à la Condamine (*Roux*).

3162. E. limosum L. — G. G., 3, p. 644. — ♃. Mai, juin.

B.-R. — Arles : bords des roubines de Montmajor (*Roux*).

3163. E. hyemale L. G. G., 3, p. 644. — ♃. Mars-mai.
- A.-M. — Val de Pesio et probablement ailleurs dans la région montagneuse. (*Ard.*)

3164. E. ramosum Schl. — G. G., 3, p. 645. — ♃. Mars-mai.
- B.-R. — Marseille : le long du Jarret, les Martégaux, Saint-Giniez, Bonnevaine, Mazargues, etc. Auriol : vallon de Vède. Berre : à l'embouchure de l'Arc, etc. (*Roux*). Bords du canal de Craponne et lieux caillouteux à Arles (*Duval-Jouve!*) Aix : commun au bord de l'Arc près de la prise d'eau de la Pioline (*F. et A.*).
- Var. — De Saint-Nazaire au Brusc (*Roux*). Toulon : à la Garonne (*Robert*).
- A.-M. — Commun dans les champs stériles et les lieux sablonneux (*Ard.*).

## ISOÉTACÉES

**Isoetes** Linné.

3165. I. hystrix Durieu. — G. G., 3, p. 652. — ♃. Mars-juin.
- A.-M. — Pâturages humides près de Cannes (*Duval-Jouve*); la Roquette (*Ard.*).

3166. I. Duriœi Borg. — G.G., 3, p. 652. — ♃. Mars-mai. — Lieux sablonneux.
- Var. — Toulon : aux Sablettes, sous les pins. Hyères : pelouses des montagnes (*Huet!*). Le long des cours d'eau à Saint-Dalmas au Cannet du Luc (*Hanry!*) St-Raphaël (*Hanry*).
- A.-M. — Dunes du golfe Jouan entre Cannes et Antibes (*Huet!*) Biot, Cannes (*Ard.*).

## LYCOPODIACÉES

**Lycopodium.** Linné.

3167. L. Selago L. — G.G., 3, p. 653. — ♃. Juillet-septembre. — Région alpine.
- A.-M. — Mines et col de Tende, mont Bego, vallon du Cavallé (*Ard.*).

3168. L. chamæcyparissus A. Br. — G.G. 3, p. 655. — ♃. Eté.

A.-M. — Rég. alpine et montagn. au-dessus de San-Remo, col de Sabbion *(Ard.)*.

3169. L. clavatum L. — G.G., 3, p. 655.

A.-M. — Rég. alp.; val de Pesio *(Ard.)*.

**Selaginella** Sprengel.

3170. S. spinulosa A. Br. — G.G. 3, p. 656. — ♃. Rég. alpine.

A.-M.—Alpes de la Briga, N.-D. de Fenestre, Entraunes *(Ard.)*.

B.-A. — Prairies montagneuses du vallon de Jouan au-dessus de Villars-Colmars *(Roux)*.

3171. S. helvetica Sprengel. — G.G., 4, p. 656. — ♃. Eté. — Rég. montagneuse.

A.-M. — Tende, Venanson; abondant à Saint-Martin-Lantosque *(Ard.)*.

3172. S. denticulata Koch. — G.G., 3, p. 656. — ♃. Avril-juin. — Pelouses, rochers ombragés.

Var. — Collines granitiques de Pépiole près de Saint-Nazaire, de Sixfours *(Roux)*. Toulon, le Luc, Fréjus *(Hanry)*. Hyères et île de Porquerolles *(Reynier!)* La Sauvette des Mayons du Luc *(Roux)*.

A.-M. — Assez commun sur les rochers ombragés de toute la région littorale *(Ard.)*.

# TABLE

Les noms des genres sont imprimés en caractère............ romain.
Les noms des familles, en.................................. **égyptiennes**.

*Préface*............ I
*Abbréviations et conventions*...... VIII

## A

**Abiétinées**......... 524
Abutilon............. 93
**Acanthacées**..... 473
Acanthus............ 473
Acer................ 100
Aceras.............. 556
**Acérinées**........ 100
Achillea............ 304
Aconitum............ 15
Actæa............... 16
Adenocarpus........ 116
Adenoscilla........ 535
Adenostyles........ 279
Adianthum.......... 643
Adonis.............. 6
Adoxa............... 256
Ægilops............. 628
Ægopodium.......... 246
Æluropus........... 618
Æsculus,........... 101
Æthionema.......... 46
Æthusa............. 239
Agrimonia.......... 195
Agropyrum.......... 630
Agrostemma......... 69
Agrostis........... 599
Ailanthus.......... 109
Aira............... 607
Airopsis........... 606
Ajuga.............. 467
Alchemilla......... 196

Aldrovandia........ 61
Alisma............. 529
**Alismacées**...... 529
Alkanna............ 405
Allium............. 537
Allosurus.......... 643
Alnus.............. 523
Alopecurus......... 592
Alsine.............. 75
**Alsinées**......... 74
Althæa.............. 91
Althenia........... 567
Alyssum............. 37
**Amarantacées**.... 484
Amarantus.......... 484
**Amaryllidées**.... 549
**Ambrosiacées**.... 369
Amelanchier........ 201
Ammi............... 247
**Ampélidées**...... 101
**Amygdalées**...... 171
Amygdalus.......... 171
Anacyclus.......... 302
Anagallis.......... 387
Anagyris........... 110
Anarrhinum......... 423
Anchusa............ 404
Andropogon......... 596
Androsace.......... 384
Andryala........... 368
Anemone............. 3
Angelica........... 232
Antennaria......... 315
Anthemis........... 300
Anthoxanthum...... 590
Anthriscus......... 249
Anthyllis.......... 121

Antirrhinum........ 422
Aphyllanthes....... 544
Apium.............. 249
**Apocinées**....... 390
Aquilegia........... 13
Arabis.............. 33
**Araliacées**,..... 255
Arbutus............ 377
Arceuthobium...... 256
Arctostaphylos.... 378
Arenaria............ 79
Argyrolobium....... 115
Aristella.......... 604
Aristolochia....... 503
**Aristolochiées**... 502
Armeria............ 478
Arnica............. 287
**Aroïdées**........ 569
Aronicum........... 287
Arrhenaterum...... 610
Artemisia.......... 292
**Artocarpées**..... 513
Arum............... 569
Arundo............. 598
Asarum............. 502
**Asclépiadées**.... 391
Asparagus.......... 545
Asperugo........... 414
Asperula........... 268
Asphodelus......... 543
Aspidium........... 640
Asplenium.......... 641
Aster.............. 284
Asteriscus......... 308
Asterolinum....... 386
Astragalus......... 144
Astrantia.......... 253

Athamanta......... 237
Atractylis.......... 339
Atragene........... 2
Atriplex............ 485
Atropa............. 417
Avena.............. 608

## B

Ballota............. 463
**Balsaminées**..... 102
Barbarea........... 30
Bartsia............. 434
Bellevalia.......... 542
Bellidiastrum...... 285
Bellis.............. 286
Berardia........... 337
**Berbéridées**...... 16
Berberis........... 16
Berula............. 245
Beta............... 488
Betonica........... 463
Betula............. 523
**Bétulacées**....... 523
Bidens............. 307
Bifora............. 230
Biscutella.......... 43
Biserrula.......... 149
Blechnum.......... 643
Bonjeanea......... 140
**Borraginées**..... 402
Borrago............ 403
Botrychium........ 638
Brachypodium..... 633
Brassica........... 25
Briza............... 614
Bromus............ 623
Broussonetia...... 513
Brunella........... 466
Bryonia............ 209
Buffonia........... 75
Bulbocodium...... 529
Bulliarda.......... 215
Bunias............. 43
Bunium............ 246
Buphthalmum.... 307
Buplevrum........ 241
**Butomées**........ 529

Butomus.......... 529
Buxus............. 513

## C

Cachrys............ 253
**Cactées**.......... 220
Cactus............. 220
Cakile............. 50
Calamagrostis..... 598
Calamintha........ 453
Calendula......... 317
Calepina.......... 43
Callianthemum.... 6
Callitriche......... 206
**Callitrichinées**... 206
Calluna............ 378
Caltha............. 11
Calycotome....... 110
Camelina.......... 42
Campanula........ 373
**Campanulacées**.. 370
Camphorosma..... 490
**Cannabinées**..... 516
Cannabis.......... 516
**Capparidées**..... 50
Capparis........... 50
**Caprifoliacées**... 256
Capsella........... 47
Capsicum.......... 417
Cardamine........ 36
Carduncellus...... 326
Carduus........... 323
Carex.............. 580
Carlina............ 338
Carpinus.......... 520
Castanea.......... 517
Catabrosa......... 612
Catananche....... 341
Caucalis........... 228
**Célastrinées**..... 105
**Celtidées**........ 514
Celtis.............. 514
Centaurea......... 326
Centhranthus..... 270
Cephalanthera.... 554
Cephalaria........ 275
Cerastium......... 81

Ceratocephalus.... 6
Ceratonia.......... 170
**Cératophyllées**... 206
Ceratophyllum.... 206
Cercis.............. 170
Cerinthe........... 402
**Césalpiniées**..... 170
Ceterach........... 639
Chærophyllum.... 250
Chamæpeuce...... 338
Chamomilla....... 300
Cheilanthes....... 644
Cheiranthus....... 29
Chelidonium...... 20
Chenopodium..... 488
Chlora............. 394
Chondrilla........ 351
Chrysanthemum.. 298
Chrysosplenium... 226
Cicendia........... 394
Cicer.............. 158
Cichorium......... 341
Circæa............. 205
Cirsium............ 321
**Cistinées**......... 51
Cistus.............. 51
Cladium........... 577
Clematis........... 1
Clypeola........... 39
Cneorum.......... 109
Cnicus............. 334
Cnidium........... 237
Cochlearia......... 41
**Colchicacées**..... 529
Colchicum........ 530
Colutea............ 149
Conium............ 252
Conopodium...... 250
Convallaria....... 545
**Convolvulacées**.. 398
Convolvulus...... 398
Conyza............ 283
Corallorhiza...... 555
Coriandrum....... 230
Coriaria........... 104
**Coriariées**....... 104
Coris.............. 387
Corispermum..... 490

| | | |
|---|---|---|
| **Cornées**.......... 255 | Datura............ 417 | Erica.............. 378 |
| Cornus............ 255 | Daucus............ 226 | **Ericacées**........ 377 |
| Coronilla.......... 164 | Delphinium........ 14 | Erigeron.......... 283 |
| Corrigiola......... 214 | Dentaria.......... 37 | Erinus............ 432 |
| Corydalis.......... 21 | Deschampsia....... 607 | Eriobotrya........ 198 |
| Corylus........... 519 | Dianthus.......... 70 | Eriophorum........ 577 |
| Corynephorus...... 606 | Dictamnus......... 104 | Erithricium........ 412 |
| Cota.............. 301 | Digitalis.......... 432 | Erodium........... 96 |
| Cotoneaster........ 198 | **Dioscorées**....... 546 | Eruca............. 24 |
| Cotula............ 302 | Diospyros......... 388 | Ervilia............ 157 |
| **Crassulacées**..... 215 | Diotis...·......... 303 | Ervum............ 156 |
| Cratægus.......... 198 | Diplachne......... 618 | Eryngium......... 254 |
| Crepis............ 359 | Diplotaxis........ 25 | Erysimum........ 29 |
| Cressa............ 400 | **Dipsacées**........ 275 | Erythræa......... 392 |
| Crithmum......... 236 | Dipsacus.......... 275 | Erythronium...... 541 |
| Crocus............ 546 | Dolichos.......... 150 | Eufragia.......... 435 |
| Crozophora........ 512 | Doronicum........ 286 | Eupatorium....... 279 |
| Crucianella........ 269 | Dorycnium........ 139 | Euphorbia........ 504 |
| **Crucifères**....... 23 | Dorycnopsis....... 139 | **Euphorbiacées**... 504 |
| Crupina........... 335 | Draba............ 40 | Euphrasia......... 433 |
| Crypsis........... 590 | Dracocephalum.... 458 | Evax............. 317 |
| Cucubalus......... 64 | **Droséracées**...... 61 | Evonymus........ 105 |
| **Cucurbitacées**... 209 | Dryas............ 173 | |
| **Cupressinées**..... 525 | | **F** |
| Cupressus......... 525 | **E** | |
| Cupularia......... 312 | | Fagus............ 517 |
| **Cupulifères**...... 517 | **Ebénacées**....... 388 | Falcaria.......... 247 |
| Cuscuta........... 400 | Ecballium......... 210 | Ferula............ 234 |
| Cyclamen......... 386 | Echinaria......... 594 | Festuca........... 621 |
| Cydonia........... 199 | Echinophora...... 252 | Ficaria........... 11 |
| Cynanchum....... 391 | Echinops......... 318 | **Ficoïdées**........ 220 |
| **Cynocrambées**... 516 | Echinospermum... 412 | Ficus............ 513 |
| Cynodon.......... 596 | Echium........... 408 | Filago............ 315 |
| Cynoglossum...... 412 | **Elæagnées**....... 501 | Fimbristylis....... 580 |
| Cynosurus......... 619 | Elæagnus......... 502 | Fœniculum........ 239 |
| **Cypéracées**...... 575 | Eleocharis........ 579 | **Fougères**........ 638 |
| Cyperus........... 575 | Elymus........... 627 | Fragaria.......... 180 |
| Cystopteris........ 641 | **Empétrées**....... 504 | Frankenia......... 63 |
| **Cytinées**......... 502 | Empetrum........ 504 | **Frankéniacées**... 63 |
| Cytinus........... 502 | Ephedra.......... 527 | Fraxinus.......... 388 |
| Cytisus........... 114 | Epilobium......... 202 | Fritillaria......... 532 |
| | Epipactis......... 554 | Fumana.......... 56 |
| **D** | Epipogium........ 555 | Fumaria.......... 21 |
| | **Equisétacées**..... 644 | **Fumariacées**..... 21 |
| Dactylis........... 618 | Equisetum........ 644 | |
| Danthonia......... 619 | Eragrostis......... 614 | **G** |
| Daphne........... 498 | Eranthis.......... 12 | |
| **Daphnoidées**.... 498 | Erianthus......... 597 | Gagea............ 536 |
| | | Galactites......... 318 |

| | | |
|---|---|---|
| Galega............ 150 | Heracleum......... 235 | Jasminum......... 390 |
| Galeopsis.......... 460 | Hermodactylus..... 548 | Jasonia............ 313 |
| Galium............ 259 | Herniaria.......... 213 | **Joncées**............ 570 |
| Garidella.......... 12 | Hesperis........... 27 | **Juglandées**....... 517 |
| Gastridium......... 602 | Hieracium......... 363 | Juglans............ 517 |
| Gaudinia........... 634 | Hierochloa......... 590 | **Juncaginées**...... 565 |
| Gaya............. 236 | **Hippocastanées**.. 101 | Juncus............. 570 |
| Genista........... 111 | Hippocrepis........ 167 | Juniperus.......... 526 |
| Gentiana........... 395 | Hippophae......... 501 | Jurinea............ 336 |
| **Gentianées**....... 392 | **Hippuridées**..... 206 | Jussiæa............ 205 |
| **Géraniacées**...... 92 | Hirschfeldia........ 25 | |
| Geranium.......... 92 | Holcus............ 610 | **K** |
| Geropogon......... 351 | Holosteum......... 81 | |
| Geum.............. 173 | Homogyne......... 280 | Kentrophyllum..... 334 |
| Gladiolus.......... 549 | Hordeum........... 627 | Kernera........... 42 |
| Glaucium.......... 19 | Hugueninia........ 33 | Kerneria........... 307 |
| Glechoma.......... 459 | Humulus........... 516 | Knautia............ 276 |
| Gleditschia......... 170 | Hutchinsia......... 47 | Kochia............. 490 |
| Globularia......... 482 | Hyacinthus......... 541 | Kœleria............ 610 |
| **Globulariées**..... 482 | **Hydrocharidées**. 564 | |
| Glyceria............ 612 | Hydrocharis....... 564 | **L** |
| Glycyrrhiza........ 150 | Hydrocotyle........ 253 | |
| Gnaphalium........ 314 | Hymenocarpus..... 123 | **Labiées**......... 448 |
| **Gnétacées**........ 527 | Hyoscyamus....... 418 | Lactuca............ 353 |
| Gomphocarpus..... 392 | Hyoseris.......... 342 | Lagurus............ 603 |
| Goodyera.......... 553 | Hypecoum......... 20 | Lamium........... 459 |
| **Graminées**....... 588 | **Hypéricinées**.... 98 | Lampsana......... 343 |
| Grammitis......... 639 | Hypericum........ 98 | Lappa.............. 340 |
| **Granatées**........ 201 | Hypochœris........ 343 | Laserpitium........ 231 |
| Gratiola............ 428 | Hyssopus.......... 452 | Lasiagrostis........ 604 |
| Gregoria........... 384 | | Lathyrus........... 158 |
| **Grossulariées**.... 221 | **I** | Laurentia.......... 370 |
| Gypsophila........ 70 | | **Laurinées**........ 500 |
| | Iberis.............. 44 | Laurus............. 500 |
| **H** | **Ilicinées**......... 105 | Lavandula......... 448 |
| | Ilex................ 105 | Lavatera........... 90 |
| **Haloragées**....... 205 | Impatiens.......... 102 | Leersia............ 588 |
| Hedera............ 255 | Imperata.......... 598 | Lemna............. 568 |
| Hedypnois......... 342 | Inula.............. 309 | **Lemnacées**....... 568 |
| Hedysarum........ 168 | **Iridées**........... 546 | Lens............... 157 |
| Helianthemum..... 52 | Iris................ 547 | **Lentibulariées**.. 382 |
| Helianthus......... 308 | Isatis.............. 43 | Leontodon......... 345 |
| Helichrysum....... 313 | Isnardia............ 205 | Leontopodium..... 315 |
| Heliotropium...... 414 | Isoetes............. 645 | Leonurus.......... 460 |
| Helleborus......... 12 | | Lepidium.......... 48 |
| Helminthia......... 347 | **J** | Lepturus........... 636 |
| Helosciadium...... 248 | Jasione............ 370 | Leucanthemum.... 296 |
| Hemerocallis....... 542 | **Jasminées**........ 390 | Leucoium.......... 549 |

— 651 —

| | | |
|---|---|---|
| Leuzea ............. 336 | Melia ............... 102 | Nerium ............ 391 |
| Levisticum......... 232 | **Méliacées**......... 102 | Neslia.............. 43 |
| Ligusticum......... 237 | Melica .............. 615 | Nicotiana .......... 418 |
| Ligustrum ......... 390 | Melilotus........... 129 | Nigella............. 13 |
| Lilac................ 389 | Melissa............. 455 | Nigritella .......... 562 |
| **Liliacées** ......... 531 | Melittis ............. 465 | Nonea ............. 405 |
| Lilium.............. 533 | Mentha............. 449 | Nothoclæna ........ 639 |
| Limnanthemum.... 397 | Mercurialis......... 511 | Nothoscordium.. ... 541 |
| Limodorum ........ 555 | Merendera ......... 530 | Notobasis......... .. 320 |
| Linaria ............. 423 | Mesembryan- | Nuphar............. 17 |
| Linées..... ....... 84 | themum ......... 220 | **Nymphéacées** ... 17 |
| Linosyris............ 281 | Mespilus ........... 198 | Nymphæa.......... 17 |
| Linum.............. 84 | Meum............... 236 | |
| Listera...... ...... 555 | Mibora ............. 590 | **O** |
| Lithospermum ..... 406 | Microlonchus ....... 334 | |
| Lloydia ...... ..... 534 | Micromeria......... 453 | |
| **Lobéliacées** ...... 370 | Micropus........... 316 | Obione ............. 487 |
| Logfia .............. 316 | Milium ............ 605 | Odontites .......... 435 |
| Loiseleuria......... 379 | Morhingia.......... 78 | OEnanthe .......... 240 |
| Lolium.............. 633 | Molineria .......... 606 | OEnothera.......... 204 |
| Lonicera........... 258 | Molinia ............. 618 | Olea ............... 389 |
| **Loranthacées** .... 255 | Molopospermum ... 251 | **Oléacées**.......... 388 |
| Lotus .............. 141 | Monotropa ......... 381 | **Ombellifères** .... 226 |
| Lunaria....... .... 37 | **Monotropées**..... 381 | Omphalodes........ 414 |
| Lupinus............ 116 | Montia.............. 210 | **Onagrariées**...... 202 |
| Luzula............. 573 | **Morées**............. 513 | Onobrychis ......... 168 |
| Lychnis............. 69 | Moricandia......... 27 | Ononis............. 117 |
| Lycium ............. 415 | Morus............... 513 | Onopordon.......... 319 |
| Lycopersicum...... 416 | Mulgedium......... 358 | Onosma ........... 406 |
| Lycopodium ....... 645 | Muscari............. 542 | Ophioglossum ...... 638 |
| Lycopus............ 451 | Myagrum .......... 42 | Ophrys............. 562 |
| Lysimachia .. . ... 386 | Myosotis ........... 410 | Opoponax.. ........ 234 |
| **Lythrariées**...... 207 | Myricaria........... 209 | **Orchidées**........ 553 |
| Lythrum........... 207 | Myriophyllum...... 205 | Orchis.............. 558 |
| | Myrrhis ............ 251 | Oreochloa.......... 593 |
| **M** | **Myrtacées** ....... 209 | Origanum .......... 451 |
| | Myrtus............. 209 | Orlaya.............. 227 |
| Maianthemum...... 545 | | Ornithogalum...... 535 |
| Malachium......... 83 | **N** | Ornithopus......... 166 |
| Malcomia .......... 27 | | Orobanche ......... 442 |
| Malope............. 88 | Najas............... 567 | **Orobanchées**..... 440 |
| Malva.............. 89 | Narcissus........... 550 | Osmunda .......... 638 |
| **Malvacées**........ 88 | Nardurus .......... 634 | Ostrya ............. 520 |
| Marrubium......... 465 | Nardus............. 636 | Osyris. ............ 501 |
| Matricaria.......... 299 | Nasturtium......... 33 | **Oxalidées** ....... 102 |
| Matthiola ......... 28 | Negundo ........... 101 | Oxalis.............. 102 |
| Medicago........... 123 | Neottia ............. 555 | Oxyria............. 493 |
| Melampyrum... ... 439 | Nepeta............. 457 | Oxytropis.......... 148 |

## P

| | |
|---|---|
| Pæonia | 16 |
| Paliurus | 106 |
| Pancratium | 553 |
| Panicum | 595 |
| Papaver | 17 |
| **Papavéracées** | 17 |
| **Papilionacées** | 110 |
| Parietaria | 515 |
| Paris | 544 |
| Parnassia | 61 |
| Paronychia | 211 |
| **Paronychiées** | 210 |
| Passerina | 499 |
| Pastinaca | 234 |
| Pedicularis | 437 |
| Peplis | 208 |
| Petasites | 280 |
| Petroselinum | 248 |
| Peucedanum | 232 |
| Phaca | 148 |
| Phagnalon | 282 |
| Phalangium | 543 |
| Phalaris | 588 |
| Phaseolus | 150 |
| Phelipæa | 440 |
| Phillyrea | 389 |
| Phleum | 591 |
| Phlomis | 464 |
| Photinia | 198 |
| Phragmites | 598 |
| Phucagrostis | 568 |
| Physalis | 417 |
| Phyteuma | 371 |
| Phytolacca | 483 |
| **Phytolaccées** | 483 |
| Picnomon | 320 |
| Picridium | 358 |
| Picris | 346 |
| Pimpinella | 245 |
| Pinardia | 299 |
| Pinguicula | 382 |
| Pinus | 524 |
| Piptatherum | 605 |
| Pistacia | 108 |
| Pisum | 158 |
| Plagius | 296 |
| **Plantaginées** | 474 |
| Plantago | 474 |
| **Platanées** | 522 |
| Platanus | 522 |
| Pleurospermum | 251 |
| **Plumbaginées** | 478 |
| Plumbago | 482 |
| Poa | 613 |
| Podospermum | 349 |
| **Polémoniacées** | 397 |
| Polycarpon | 210 |
| Polycnemum | 485 |
| Polygala | 61 |
| **Polygalées** | 61 |
| Polygonatum | 544 |
| **Polygonées** | 493 |
| Polygonum | 495 |
| Polypodium | 639 |
| Polypogon | 602 |
| Polystichum | 640 |
| **Pomacées** | 198 |
| Populus | 522 |
| Portulaca | 210 |
| **Portulacées** | 210 |
| Posidonia | 567 |
| **Potamées** | 565 |
| Potamogeton | 565 |
| Potentilla | 174 |
| Poterium | 195 |
| Prenanthes | 356 |
| Preslia | 451 |
| Primula | 383 |
| **Primulacées** | 383 |
| Prunus | 171 |
| Psamma | 599 |
| Psilurus | 636 |
| Psoralea | 150 |
| Pteris | 643 |
| Pterotheca | 359 |
| Ptychotis | 247 |
| Pulegium | 451 |
| Pulicaria | 311 |
| Pulmonaria | 409 |
| Punica | 201 |
| Pyrola | 380 |
| **Pyrolacées** | 380 |
| Pyrus | 199 |

## Q

| | |
|---|---|
| Quercus | 518 |

## R

| | |
|---|---|
| Radiola | 88 |
| **Ramondiacées** | 402 |
| Ranunculus | 7 |
| Raphanus | 23 |
| Rapistrum | 50 |
| **Renonculacées** | 1 |
| Reseda | 60 |
| **Résédacées** | 60 |
| Rhagadiolus | 343 |
| **Rhamnées** | 106 |
| Rhamnus | 106 |
| Rhaponticum | 326 |
| Rhinanthus | 437 |
| Rhododendron | 380 |
| Rhus | 109 |
| Ribes | 221 |
| Ridolfia | 239 |
| Robinia | 149 |
| Rœmeria | 19 |
| Romulea | 547 |
| Roripa | 41 |
| Rosa | 182 |
| **Rosacées** | 172 |
| Rosmarinus | 455 |
| Roubieva | 490 |
| Rubia | 259 |
| **Rubiacées** | 259 |
| Rubus | 180 |
| Rumex | 493 |
| Ruppia | 568 |
| Ruscus | 545 |
| Ruta | 103 |
| **Rutacées** | 103 |

## S

| | |
|---|---|
| Sagina | 74 |
| Sagittaria | 529 |
| **Salicinées** | 520 |
| Salicornia | 491 |
| Salix | 520 |
| Salsola | 492 |

| | | |
|---|---|---|
| Salsolacées...... 485 | Silénées........... 64 | Tamus............. 546 |
| Salvia............ 455 | Siler............... 232 | Tanacetum........·.. 295 |
| Sambucus.......... 256 | Silybum............ 319 | Taraxacum.......... 352 |
| Samolus .......... 387 | Simethis........... 543 | **Taxinées**......... 527 |
| Sanguisorba....... 196 | Sinapis............ 24 | Taxus.............. 527 |
| Sanicula........... 254 | Sison............... 247 | Teesdalia........... 46 |
| **Santalacées**...... 501 | Sisymbrium........ 31 | Telephium.......... 211 |
| Santolina........... 303 | **Smilacées**......... 544 | **Térébinthacées**.. 108 |
| Saponaria.......... 70 | Smilax............. 546 | Tetragonolobus .... 140 |
| Sarothamnus....... 111 | Smyrnium.......... 252 | Teucrium .......... 469 |
| Satureia............ 453 | **Solanées**,.......... 415 | Thalictrum......... 2 |
| Saussurea.......... 337 | Solanum ........... 415 | Thapsia............ 230 |
| Saxifraga........... 221 | Soldanella.......... 386 | Theligonum ....... 516 |
| **Saxifragées**...... 221 | Solidago........... 281 | Thesium............ 501 |
| Scabiosa ........... 277 | Sonchus............ 356 | Thlaspi............. 46 |
| Scandix............ 249 | Sorbus ............. 200 | Thrincia ........... 344 |
| Schismus........... 612 | Sorghum........... 597 | Thymus............ 452 |
| Schœnus'........... 577 | Soyeria........,..... 363 | Tilia ............... 88 |
| Scilla............... 534 | Sparganium........ 570 | **Tiliacées**.......... 88 |
| Scirpus............. 577 | Spartina............ 596 | Tillæa.............. 215 |
| Scleranthus ........ 214 | Spartium........... 111 | Tofieldia........... 531 |
| Sclerochloa......... 617 | Specularia.......... 372 | Tolpis.............. 342 |
| Scleropoa........... 617 | Spergula........... 84 | Tordylium ........ 236 |
| Scolopendrium ..... 643 | Spergularia......... 84 | Torilis ............. 229 |
| Scolymus,,,,,,..... 369 | Sphenopus......... 617 | Tozzia ............. 440 |
| Scorpiurus......... 164 | Spinacia........,.... 487 | Tragopogon....,.... 349 |
| Scorzonera......... 348 | Spiræa............. 172 | Tragus..,.......... 594 |
| Scrophularia ....... 421 | Spiranthes.......... 553 | Tribulus............ 103 |
| **Scrophulariacées** 421 | Sporobolus.......... 601 | Trifolium........... 132 |
| Scutellaria......... 466 | Stachys............. 461 | Triglochin.......... 565 |
| Secale.............. 628 | Stæhelina . ........ 337 | Trigonella ......... 128 |
| Sedum............. 215 | **Staphyléacées** ... 105 | Trinia.............. 248 |
| Selaginella......... 646 | Statice.............. 479 | Trisetum........... 610 |
| Sempervivum...... 219 | Stellaria............ 80 | Triticum........... 628 |
| Senebiera.......... 49 | Sternbergia. ....... 550 | Trixago ............ 434 |
| Senecio............. 287 | Stipa................ 603 | Trochiscanthes..... 237 |
| Serapias............ 556 | Streptopus ......... 544 | Trollius............ 11 |
| Seriola............. 344 | **Styracées**......... 388 | Tulipa ............. 531 |
| Serrafalcus......... 625 | Styrax.............. 388 | Turgenia........... 228 |
| Serratula........... 335 | Suæda.............. 491 | Tussilago........... 281 |
| Seseli .............. 238 | Swertia ............ 397 | Typha.............. 569 |
| Sesleria ............ 593 | Symphitum ........ 403 | **Typhacées**....... 569 |
| Setaria ............ 594 | **Synanthérées**.... 279 | Tyrimnus.......... 318 |
| Sherardia .......... 269 | | |
| Sibbaldia ... ...... 174 | **T** | **U** |
| Sideritis............ 464 | | |
| Silaus............... 237 | **Tamariscinées**... 208 | Ulex............... 110 |
| Silene............. 64 | Tamarix........... 208 | **Ulmacées**........ 514 |

| | | |
|---|---|---|
| Ulmus............ 514 | Ventenata......... 608 | **W** |
| Umbilicus......... 220 | Veratrum.......... 531 | |
| Urginea........... 534 | **Verbascées**...... 418 | Willmetia......... 352 |
| Urospermum....... 347 | Verbascum........ 418 | |
| Urtica............. 515 | Verbena........... 473 | **X** |
| **Urticées**.......... 515 | **Verbénacées**..... 473 | |
| Utricularia........ 382 | Veronica ......... 428 | Xanthium......... 369 |
| | Viburnum......... 257 | Xeranthemum..... 340 |
| **V** | Vicia.............. 151 | |
| | Vinca............. 390 | **Z** |
| **Vacciniées**....... 377 | Vincetoxicum..... 392 | |
| Vaccinium......... 377 | Viola.............. 57 | |
| Vaillantia......... 268 | **Violariées**....... 57 | Zacintha.......... 358 |
| Valeriana......... 271 | Viscaria........... 69 | Zanichellia........ 567 |
| **Valérianées**..... 270 | Viscum ........... 255 | Zizyphus.......... 106 |
| Valerianella....... 271 | Vitex............. 473 | Zostera........... 568 |
| Vallisneria........ 564 | Vitis.............. 101 | **Zostéracées**...... 567 |
| Velezia............ 73 | Vulpia............ 620 | **Zygophyllées**.... 103 |

# NOTA

La publication du *Catalogue des Plantes de Provence* ayant été commencée en 1881 et n'étant achevée qu'en septembre 1891, il n'a pas été toujours possible, au cours de l'impression des cinq fascicules parus avec intermittence dans le laps de dix années, d'ajouter les trouvailles faites dans notre région par divers zélés botanistes, de signaler de nouveaux habitats pour plusieurs espèces rares, de rectifier certaines dénominations erronées, etc. M. Honoré Roux se propose de compléter son travail par un **Supplément** qui paraîtra dans la *Revue Horticole des Bouches-du-Rhône*, organe de la Société d'Horticulture et de Botanique de Provence, et dont il sera fait ultérieurement un tirage à part, format du présent *Catalogue*.

*Marseille, le 1ᵉʳ Septembre 1891.*

Dʳ E. HECKEL,
Président de la Société d'Horticulture et de Botanique de Provence.

---

Marseille. — Imprimerie Marseillaise, rue Sainte, 39.

# CATALOGUE

DES

# PLANTES DE PROVENCE

SPONTANÉES OU GÉNÉRALEMENT CULTIVÉES

PAR

**HONORÉ ROUX**

Président honoraire de la *Société d'Horticulture et de Botanique*,
Directeur adjoint du Jardin botanique de la ville de Marseille.

## Fascicule 2ᵉ : CALICIFLORES

MARSEILLE
SOCIÉTÉ ANONYME DE L'IMPRIMERIE MARSEILLAISE
MARIUS OLIVE, DIRECTEUR
Rue Sainte, 39

1884

*Les Personnes qui désirent souscrire à cet ouvrage, qui sera continué par fascicules, sont priées d'adresser leurs demandes à Monsieur le Secrétaire général de la SOCIÉTÉ D'HORTICULTURE ET DE BOTANIQUE, 52A, Rue Thubaneau, à Marseille.*

**(PRIX DU 2ᵉ FASCICULE : 3 Francs)**

# CATALOGUE

DES

# PLANTES DE PROVENCE

SPONTANÉES OU GÉNÉRALEMENT CULTIVÉES

PAR

**HONORÉ ROUX**

Officier d'Académie,
Président honoraire de la *Société d'Horticulture et de Botanique*,
Directeur adjoint du Jardin botanique de la ville de Marseille.

## Fascicule 3ᵉ :

### CALICIFLORES
### COROLLIFLORES

MARSEILLE
IMPRIMERIE MARSEILLAISE
Rue Sainte, 30

1887

*Les Personnes qui désirent souscrire à cet ouvrage, qui sera continué par fascicules, sont priées d'adresser leurs demandes à Monsieur le Secrétaire général de la SOCIÉTÉ D'HORTICULTURE ET DE BOTANIQUE, 52 A, Rue Thubaneau, à Marseille.*

**( PRIX DU 3ᵉ FASCICULE : 3 Francs )**

# CATALOGUE

DES

# PLANTES DE PROVENCE

SPONTANÉES OU GÉNÉRALEMENT CULTIVÉES

PAR

**HONORÉ ROUX**

Officier d'Académie,
Président honoraire de la *Société d'Horticulture et de Botanique*,
Directeur adjoint du Jardin botanique de la ville de Marseille.

Fascicule 4me : COROLLIFLORES *(suite)*
MONOCHLAMYDÉES

MARSEILLE
IMPRIMERIE MARSEILLAISE
Rue Sainte, 39

1891

www.ingramcontent.com/pod-product-compliance
Lightning Source LLC
Chambersburg PA
CBHW050102230426
43664CB00010B/1409